电站锅炉热力计算方法与通用化程序设计

赵振宁　张清峰　吕俊复　赵振宇　编著

中国电力出版社

CHINA ELECTRIC POWER PRESS

内容提要

电站锅炉是燃煤发电机组的原动机，其热力计算对于提高产品质量和我国电力行业的生产水平具有重要作用，研究和开发自主知识产权的电站锅炉热力计算软件具有非常重要的战略意义。

本书主要内容包括概述、锅炉热力计算基础、煤粉锅炉炉膛热力计算方法、对流受热面热力计算、半辐射半对流受热面热力计算、全锅炉的热力计算控制及其通用化设计、循环流化床锅炉热力计算方法简介等。

本书适用于热能动力专业技术人员和高校师生阅读使用，对锅炉设计人员有重要参考价值。

图书在版编目（CIP）数据

电站锅炉热力计算方法与通用化程序设计 / 赵振宁等编著 . -- 北京：中国电力出版社，2025. 5. -- ISBN 978-7-5198-9753-6

I. TM621.2

中国国家版本馆 CIP 数据核字第 2025V21P20 号

出版发行：中国电力出版社

地　　址：北京市东城区北京站西街 19 号（邮政编码 100005）

网　　址：http://www.cepp.sgcc.com.cn

责任编辑：赵鸣志（010-63412385）

责任校对：黄　蓓　李　楠　郝军燕

装帧设计：赵丽媛

责任印制：吴　迪

印　　刷：三河市万龙印装有限公司

版　　次：2025 年 5 月第一版

印　　次：2025 年 5 月北京第一次印刷

开　　本：787 毫米 ×1092 毫米　16 开本

印　　张：29.75

字　　数：668 千字

印　　数：0001—1000 册

定　　价：150.00 元

前 言

以煤为主的能源供应是我国基本国情。新能源快速发展为我国提供了新的能源供应，但离开了燃煤发电的"压舱石"作用和"调节器"作用，仍解决不了严重不稳定、缺乏调节能力的问题，无法独立承担提供稳定电力供应的任务，经济的发展离不开煤炭的清洁利用。

电站锅炉是燃煤发电机组的原动机，其热力计算对于提高产品质量和我国电力行业的生产水平具有重要作用。我国电站锅炉制造技术和市场份额均已世界领先，但其设计技术还是源于从西方公司引进的技术，在设计软件的研究上还有一定的差距，部分设计软件还是可执行文件的"黑匣子"，生产实践中获得的新经验和新想法想要更新到这些软件中去是非常困难的。因此，研究和开发自主知识产权的电站锅炉热力计算软件，彻底解除被卡脖子的潜在威胁，在当前具有非常重要的意义。

我国没有特别成熟的热力计算软件的首要原因是缺乏合适的热力计算算法。当前自己开发热力计算软件的是小型锅炉制造企业、高校或从事锅炉改造的小型公司，软件开发的依据是苏联 1973 年热力计算标准。通常认为该标准应用于超过 300MW 锅炉时，其炉膛热力计算不太精确，同时也没有针对 20 世纪 80 年代后兴起的三分仓空气预热器的成熟热力计算方法。我国电站锅炉的制造和使用分属机械和电力两个行业，锅炉使用过程中涌现的新经验、新技术，如超低排放、低 NO_x 燃烧技术等，无法快速反馈到制造行业。我国的电力发展呈波浪式态势，忙时人不够，闲时无工作，因此把电站锅炉作为用户的电力行业，也少有人持续地研究改进锅炉热力计算方法，更不用说去开发复杂热力计算软件系统了。

热力计算软件系统开发的另一个重要难点是电站锅炉和软件开发技术之间的巨大专业跨度，需要对两个专业都精通的人才：前者是成熟而传统的小众专业，研究对象却极其复杂，开发软件产品时投入大、产出小，而后者恰恰是当前最为热门最紧俏的朝阳产业，少有人会看得上吃力不讨好的专业软件开发上。因此，目前国内工业软件开发工作都是掌握了一点程序设计技术的专业人士凭着自己的兴趣在做，这就严重限制了我国专业软件系统的整体水平。

笔者正是一位掌握了一些软件开发技术的热能动力专业人士，一直以来有个小梦想，希望开发我国的锅炉热力计算专业软件：笔者最早于 1994 年在东南大学学完《锅炉原理》后开始接触锅炉热力计算，花大功夫把浙江大学赵翔出版的《锅炉课程设计》中 Fortran 程序补全，后来历经 Turbo C、Visual C++、Delphi（Pascal）、Java 等各种版本，至今已有三十年的光阴，但受限于软件开发技术和前述专业问题，一直在低水平徘徊尝试中。2013 年东南大学周强泰教授主编《锅炉原理（第三版）》出版后，很好地解决了三分仓空气预热器热力计算和炉膛计算精度不够的难题，加之这些年 IT（Information Technology，信息技术）的飞速发展，笔者感觉到开发我国自己的锅炉热力计算通用化软件系统的时机已经到来。

本书在热力计算算法方面，得到了教授级高级工程师张清峰和吕俊复院士全方位的大力支持。笔者有幸能与张清峰教授级高级工程师紧密合作近二十年，与吕院士合作也近十年，得到两位师友的悉心指导，虽无大成也无憾矣！编著过程中，笔者还特别邀请了中能汇智软件技术公司赵振宇参加锅炉热力计算通用化软件系统的研发工作，在他的帮助下基于面向对象的程序设计思想，设计了通过数据分层封装、统存通取和动态识别、热力计算流程自动调度的底层控制算法，为锅炉热力计算的通用化提供了很好的解决方案。

本书由国家能源集团刘建民教授和孙志春教授主审，华北电力大学自动化学院的黄孝彬副教授对书中的软件部分进行了审核，对于三位教授提出的宝贵意见表示感谢。

本书适用于热能动力专业，特别适合于锅炉的设计人员、大学生，这些年轻同志们加入锅炉热力计算的优化工作中，必将会对我国热能动力升级换代有很好的帮助与提升。

感谢华北电力科学研究院的各级领导给予的大力支持！感谢程通锐和李媛园同志在数据整理、文本编辑方面给予的大力帮助！感谢所处的这个伟大时代，虽然有很多困难，但只要不放弃希望，终究会有所收获！

本书大量内容为新研发成果，肯定存在考虑不足之处，敬请读者指正！

赵振宁

2024 年 12 月于北京

目 录

前言

第一章 概述 ·· 1

    第一节 锅炉热力计算概述 ····························· 1

    第二节 面向对象的编程技术简述 ················· 16

    第三节 C++语法简述 ··· 22

    参考文献 ··· 35

第二章 锅炉热力计算基础 ·································· 37

    第一节 燃料特性 ··· 37

    第二节 空气物性 ··· 48

    第三节 水和水蒸气性质 ··································· 55

    第四节 烟气的特性 ··· 57

    第五节 锅炉对象自定义类型 CBoiler ········· 70

    第六节 锅炉热平衡 ··· 78

    第七节 锅炉整体设计的思路 ························· 96

    参考文献 ··· 101

第三章 煤粉锅炉炉膛热力计算方法 ··········· 103

    第一节 炉膛的结构 ··· 103

    第二节 炉膛辐射换热双灰体换热模型简介 ······· 114

    第三节 煤粉锅炉炉膛出口温度的经典计算方法 ······· 123

    第四节 炉膛热力计算的封装 ······················· 156

    第五节 炉膛出口温度计算式改进与新发展 ······· 177

    第六节 CFurnace 热力计算方法的选定 ······· 188

    第七节 炉内热负荷分配 ································· 189

　　第八节　深度空气分级燃烧技术炉膛热力计算……………………196
　　参考文献………………………………………………………………201

第四章　对流受热面热力计算…………………………………203

　　第一节　对流受热面分类与结构………………………………………203
　　第二节　对流受热面结构数据的初步封装……………………………220
　　第三节　对流受热面的换热原理………………………………………232
　　第四节　汽水换热器传热系数的求解…………………………………246
　　第五节　空气预热器传热系数的求解…………………………………260
　　第六节　二元对流受热面热力计算的封装……………………………269
　　第七节　多分仓空气预热器的热力计算………………………………276
　　第八节　肋片管和鳍片管的传热系数…………………………………297
　　参考文献………………………………………………………………314

第五章　半辐射半对流受热面热力计算………………………316

　　第一节　半辐射受热面结构和热平衡…………………………………316
　　第二节　凝渣管束………………………………………………………325
　　第三节　转向室…………………………………………………………326
　　第四节　半辐射半对流受热面的热力计算封装………………………327
　　参考文献………………………………………………………………329

第六章　全锅炉的热力计算控制及其通用化设计……………330

　　第一节　全锅炉结构及热力计算方法…………………………………330
　　第二节　锅炉整体对象的封装及热力计算的调度……………………356
　　第三节　受热面对象的统一存取和动态识别…………………………391
　　第四节　热力计算调度程序的通用化…………………………………422
　　参考文献………………………………………………………………445

第七章　循环流化床锅炉热力计算方法简介…………………446

　　第一节　基于辐射换热的 CFB 炉膛传热计算 ………………………446
　　第二节　基于鳍片管对流换热的 CFB 炉膛传热计算 ………………451
　　第三节　颗粒团交替换热模型…………………………………………458
　　第四节　其他受热面的热力计算………………………………………464
　　第五节　低负荷传热计算………………………………………………468
　　参考文献………………………………………………………………468

第一章　概述

第一节　锅炉热力计算概述

电站锅炉是燃煤机组的原动机，其运行性能的优劣取决于锅炉是否有良好的锅炉设计、制造、运行和维护，其中良好的设计最为关键。锅炉设计计算主要包括热力计算、强度计算、烟风阻力计算和水动力计算，并称为锅炉设计四大计算。其中，热力计算涵盖了锅炉受热面的设计与布置工作，是水动力计算、强度计算、烟风阻力计算等其他计算工作的基础，是锅炉计算工作的核心。

一、锅炉热力计算的分类

锅炉热力计算分为设计计算和校核计算两种类型。

（一）设计计算

设计计算是锅炉还不存在时，根据设计者脑海里的锅炉形象进行计算并确定锅炉的组成、受热面设置及相关运行参数的过程。设计计算通常以额定负荷为前提，基于给定的锅炉给水参数和燃料成分条件下，计算满足额定蒸发量、额定蒸汽参数及选定经济指标的锅炉所需各个受热面的结构尺寸，并设置相应的布置方式。

设计计算是锅炉生产厂家必备的工序，技术改造时也需要设计计算，因而设计计算通常由锅炉厂或技术服务改造提供方完成。

（二）校核计算

校核计算是在锅炉各受热面结构参数已知的基础上，对锅炉效率、燃料量及各受热面的传热能力（包含相关进出口的工质温度、烟气温度、烟气流量、空气温度、空气流量等参数）进行计算验证，确认其与设计预想工况性能差别。

锅炉的运行条件与设计工况（如燃料、负荷、设备健康状态等各种因素）往往会有较大的差异，原因是多样的，如：

（1）负荷因素：随着新能源的日益发展，电站锅炉的负荷变动幅度日益增大、频率越频繁。

（2）煤种因素：随着我国煤炭市场化的充分发展，电站锅炉的供煤越来越复杂，所用煤种与设计煤种时常相差很大。

（3）参数变化：运行过程中机组的设备情况变化如漏风系数的变化、高压加热器劣化导致的给水温度变化、受热面污垢等多种因素均使得锅炉变工况复杂化。

很多情况下锅炉是否运行在正常变化范围之内都很难直观判断，对锅炉进行热力校核计算是确定各种条件变化影响量、对锅炉性能和经济性进行评价的有力工具。

如果锅炉存在问题，如再热蒸汽温度偏高、炉膛结渣、过热蒸汽超温等异常情况时对受热面进行改造时，则必须进行准确的校核计算，为决策者提供有力的判断依据。在已有数据的基础上校核并再设计，可以比直接的设计计算具有更加可靠的依赖度。

锅炉的校核计算通常由应用单位进行，如电厂或帮助它们的科研单位、学校等，能够正常运用校核计算对于提升我国锅炉的应用水平有重要意义。

（三）区别与联系

设计计算和校核计算在计算时所依据的传热原理与计算方法都是相同的，只是在校核计算中锅炉结构是不可能调整的，计算出该锅炉特定条件下的实际参数也不可调整；而在设计计算中，设计者需要根据经验先虚拟地构造出一台锅炉，然后针对这一假想锅炉进行校核计算，如果计算出的锅炉运行性能与预想的不同，则对锅炉的结构或受热面进行调整，直到锅炉参数达到预想目标；换言之，校核计算是针对一台固定不变的锅炉进行计算，而设计计算是针对一台会"变"的锅炉进行的校核计算，两者的本质完全相同。

由于设计计算调整受热面的工作比热力计算本身要简单得多，因此，热力计算研究均围绕着校核计算来进行，即假定受热面整体情况是已知的。

二、热力计算一般过程

热力计算的过程是基于电站锅炉工作过程的模拟而得到的，包含燃料燃烧到烟气离开锅炉、汽水工质升温并离开锅炉的全过程，两个过程间的连接方式即为各级受热面的传热计算过程。

（一）锅炉工作过程简述

电站锅炉的工作包括燃烧、传热与汽水工质升温升压三个过程，其中：

（1）燃烧是把燃料变为烟气并放出热量，使烟气温度升高，主要发生在炉膛中，也称炉内过程。

（2）升温升压是描述汽水侧参数变化过程的习惯性说法，指机组启动过程中，随着锅炉燃料量的增加，机组的汽水工质由水变成蒸汽并继续把参数提升到额定温度和额定压力的过程，通常也称为锅内过程。

（3）传热即为炉内过程和锅炉过程的偶合过程，即从炉膛产生高温烟气开始，烟气途径各级受热面，直到离开最后受热元件（通常为空气预热器出口）为止，通过受热面的传热"恰好"地使蒸汽达到预定参数的过程。

锅炉热力计算就是通过模拟锅炉从燃料进入锅炉后的燃烧放热和汽水工质进入锅炉的吸热升温过程中的"恰好匹配"过程。需要注意的是，热力计算中升温升压过程有另外的含义：站在某一个汽水分子的角度，从给水进入锅炉、受热蒸发并最后被加热到过热，具有了强大的做功能力后，再进入汽轮机组完成电力生产的过程中，汽水工质的温度一直是提升的，但由于阻力的存在，其压力逐渐减少，即热力计算中的"升温升压"实际上指汽水工质"减压升温"的过程。

（二）燃料燃烧计算

燃烧计算主要完成燃料进入锅炉后燃烧产物及放热量的计算工作。

　　燃烧产物就是燃料入炉燃烧后形成的烟气，由 CO_2、SO_2 两种三原子气体（统一为 RO_2）、氮气（N_2）、未用尽的氧气（O_2）及水蒸气（H_2O）组成。燃烧产物计算基于入炉燃料性质及化学成分和相应的化学反应方程式进行，主要任务是确定燃烧 1kg 燃料所需的理论空气量、实际烟气成分和标准容积，然后计算烟气中各组成所占比例、焓值、黏度、导热系数等一系列参数，为锅炉热平衡计算的热损失及受热面传热系数的确定提供条件。

　　（三）热平衡计算

　　热平衡计算的任务是计算锅炉效率、燃料量和保温系数，是传热计算的准备工作。

　　根据燃料低位发热量、燃料类型、锅炉排烟温度和过量空气系数、冷空气温度等，可以确定锅炉的各项热损失，进而计算出锅炉效率；进行热力计算时，并不知道这些参数中的锅炉排烟温度是多少，因此需要根据经验采用先假定一个值；根据这个假定值，求出锅炉效率、燃料量、烟气量，再代入锅炉各受热面的换热计算过程，就会得到一个新的排烟温度；然后用这个新的排烟温度再代替原事先假定值重新计算，直到两者的假定值误差满足要求。热平衡计算与传热计算共同构成一个先假定、再校核、逐次逼近的迭代方法。

　　机组运行后也经常需要热平衡计算，此时排烟温度、灰渣中含碳量等参数可以通过试验测量出来，因此计算锅炉效率就不用迭代方法。通过试验测定锅炉热效率通常称为锅炉性能试验，重点在于测量过程和计算过程考虑的因素，每个国家都有相应的性能试验规程规定具体的测量与计算方法，典型如 GB/T 10184《电站锅炉性能试验规程》、美国机械工程师协会（American Sociation of Mechnical Engineer，ASME）标准 ASME PTC 4《蒸汽发生器性能试验规程》等。

　　锅炉设计过程的热平衡计算应当考虑性能试验的规定，尽可能一致，这样才能使锅炉运行后的监控过程与设计过程对应起来。

　　基于燃料的发热量和计算得到的锅炉效率、主蒸汽温度、再热蒸汽温度、给水流量等热力参数，可以确定锅炉的燃料量和保温系数。燃料量用于烟气量的计算，计算传热系数时提供烟气速度。保温系数在于汽水工质减压升温过程中确定各受热面实际吸收并有效保留的热量。

　　（四）受热面的传热计算

　　根据不同的受热面类型，按烟气流程依次计算各受热面内有冷却剂流过时的传热量、烟气温度与工质温升，让它们"恰好"地匹配，是整个受热面传热的核心工作。

　　1 炉膛传热计算

　　炉膛是燃料燃烧的空间，也是锅炉布置水冷壁完成锅水蒸发的第一级受热面。现代化大容量在炉膛中还设置屏式过热器、顶棚管、壁式再热器等加热器，需要基于辐射相似原理来计算这些受热面的换热量汽和水工质的温升。

　　在计算炉膛的传热过程时，在给定的锅炉燃料量、燃烧空气容积和燃烧空气温度的条件下，还需要知道炉膛出口烟气温度才能计算炉膛的传热量，而炉膛的出口烟气温度需要从理论烟气能量中扣除炉膛传热量计算得出，因而两者具有耦合关系，需要先假定炉膛出口烟气温度、采用逐次逼近的迭代方法才能计算得到。如果炉膛中设置有前屏时，根据前屏的条件还可能需要和炉膛传热计算一并进行，使计算复杂化。

炉膛热力计算是锅炉热力计算中最为复杂的部分，也是各种热力计算技术流派的分类特征标志。

2. 半辐射半对流受热面的传热计算

最有代表性的半辐射半对流受热面是 Π 型锅炉的后屏过热器，因此其计算目标是基于半辐射半对流原理获得过热器的传热过程及相应汽水工质的温升，计算方法与炉膛的计算过程相同，也采用逐次逼近法的迭代方法。

半辐射半对流受热面计算过程的经验也较多，是研究相对较为活跃的地方。

3. 烟道内各对流受热面的传热计算

锅炉中布置有大量的对流受热面，包括各过热器、再热器、省煤器、空气预热器等，需要基于对流原理、采用逐次逼近法对这些受热面传热过程一一进行计算。各种受热面形态各异，布置千差万别，造成传热计算难以统一。此外，受热面中的冷却工质也不同，过热器、再热器、省煤器中的冷却工质是蒸汽或水，而空气预热器中的冷却工质是燃烧空气。

对流受面的传热计算是热力计算通用化的主要工作对象。

（五）热力计算过程的调度与校核

锅炉热力计算的过程中，从热平衡计算到各个传热单元，均采用先假定、再校核、逐次逼近的方法完成，主要原因除了上述各个计算过程中的参数都相互耦合以外，还因为锅炉中烟气的流向与受热面里的工质走向不尽相同、很多布置在前面的受热面传热计算时却要用在布置在后面的受热面传热计算的结果才能完成，例如：①锅炉热平衡计算时的排烟温度需要全炉计算完成后才能得到；②在炉膛计算时，只有输入的燃料是原始条件，先行假定为定值的燃烧空气温度是经过空气预热器预加热的，先假定为定值的锅水进口温度是经过省煤器预加热的，这两个参数均为后续的空气预热器受热面和省煤器受热面的传热计算完成后才能得到；③高温过热器传热计算时需要先假定进口蒸汽温度，该蒸汽温度直到后续低温过热器计算完成后才能得到；高温再热器传热计算所需的进口蒸汽温度需要后续的低温再热器传热计算完成后才能得到等。

整个锅炉可看作一堆顺序颠倒的、复杂串 / 并联传热部件的组合体。其热力计算过程要通过复杂的过程调度和校核才能平衡各部件传热求解问题：每一级受热面在计算时都需要先假定参数进行传热计算，然后再用计算出的参数反过来修正假定的参数；有时前面受热面需要用到后面受热面参数的计算结果；有时后面受热面需要用到前面受热面的参数；整个过程由多个嵌套的先假定、再修正、反复计算迭代调用的过程组成。整体计算与校核过程需要满足以下要求：

（1）燃料放热量总量 = 汽水吸热总量 + 燃烧空气吸热总量，精度满足要求。

（2）沿汽水系统入口到出口，各受热面的汽水侧参数平滑相接，精度满足要求。

（3）沿燃烧空气入口到排烟各受热面的烟风侧参数平滑相接，精度满足要求。

（4）蒸汽参数如温度、压力、流量等满足要求。

其中，放热侧放热总量为燃料和燃烧空气的进口到锅炉出口热量差值；汽水系统吸热总量为汽水工质进口到蒸汽出口热量差值；燃烧空气吸热总量为空气预热器进口到炉膛燃烧空气入口之间的热量差值。

对于纯手工计算而言，热力计算的过程是极其烦琐和复杂的，能适应不同锅炉的受热面组合的程序设计与控制更是有难度，是本书的重点。

三、热力计算主要技术路线

锅炉热力计算主要有苏联/俄罗斯技术路线和引进欧美技术两条主要技术路线；国内外学者们也在积极地研究各种新的计算方法，如周强泰、赵伶铃"考虑辐射强度沿截面方向减弱的炉内传热式"就是基于与辐射换热原理重新推导出来的、形式上与苏联1973版热力计算标准相近的自主知识产权计算方法，可以满足大锅炉计算精度要求，已经选入我国新版大学教材《锅炉原理》，是一种有潜力的成果。所有这些技术路线的核心区别在于炉膛的热力计算方法。

引进技术大多数体现为EXE的可执行文件，各引进厂家想做任何改进都很难，因此该技术类型也可以称为EXE技术路线。

（一）苏联/俄罗斯技术路线

《锅炉机组热力计算标准方法》是世界上唯一完全公开的锅炉热力计算技术标准，后被俄罗斯继承，所以称为苏联/俄罗斯技术路线。该标准先后共有4个版本。

（1）最初版本为1953年中央锅炉汽轮机研究所（UKTN）和全苏热工研究所（BTH）联合发布的《锅炉机组热力计算标准方法草案》，国内由清华大学冯俊凯译，电力工业出版社出版。

（2）《锅炉机组热力计算标准方法》于1955年最终定稿，1956年就由华中工学院马毓义译成中文，国内称苏标57。

（3）UKTN和BTH在1973年又联合发布了《锅炉机组热力计算标准方法》，由北京锅炉厂译、机械工业出版社出版，此标准在我国早期自行设计的一些锅炉及科研教育系统广泛应用，通常称为1973年热力计算标准。

（4）1998年俄罗斯又发布了最新版《锅炉机组热力计算标准方法》，但国内仅有西安交通大学的贾鸿详撰文介绍，难以找到该文献；同年代，我国锅炉厂家已经普遍使用引进技术，因而1998年俄罗斯标准应用不多，本书中称1998年热力计算标准。

以1973年热力计算标准为代表，苏联/俄罗斯技术路线把整个炉膛当作一个零维的等温对象进行考虑，因此该模型也被称为零维模型。

与后来引进的欧美技术相比，目前，普遍认为苏联/俄罗斯技术路线（或者说主要是1973年热力计算技术路线，1998年俄罗斯版技术在国内没有应用）的计算精度比较低，在当前亚临界以上大容量机组中应用不多，但其作为唯一、系统、公开的计算方法，仍被广泛地应用于我国的教育系统中，在技术改造中也还有相当普遍的应用，因而国内大部分研究工作仍基于苏联/俄罗斯技术，在吸收各厂家经验基础上，一点一点地改进，仍有其重要意义。

（二）引进欧美技术路线

20世纪90年代，我国上海、哈尔滨和东方三大锅炉厂同期引进美国燃烧公司（CE）的亚临界锅炉，后各锅炉厂又根据自身发展要求引进多家厂商的技术，如哈尔滨锅炉厂引进了日本三菱公司技术、上海锅炉厂引进了阿尔斯通技术、东方锅炉厂引进了福斯特惠勒技术，此外还有三井—巴高克技术、美国巴威等世界主要厂家均在国内或合资、或合作进入中国，成为国内主流锅炉设计技术。引进技术使中国的锅炉制造工作迅速步入世界先进行业，并且凭借我国相对便宜的人工与物质价格，我国的锅炉以其物美价廉在全世界占据有利地位。但可惜的是，大部分厂家锅炉热力计算多以可执行软件形式引进，设计人员难对其中细节窥以一斑，改进工作难度极大。这些EXE技术均受到版权的保护且保密，至今，还是很少有资料的细节公开。

热力计算的核心模块是炉膛的热力计算，苏联/俄罗斯技术计算精度低于欧美技术的关键是炉膛热力计算的差别：在200MW以下锅炉锅炉热力计算中，1973年热力计算标准的炉膛出口温度与实际还是较为符合，但是在300MW以上的大容量锅炉以后，1973年热力计算标准计算的炉膛出口烟气温度会低于实际温度$100\sim150^\circ\mathrm{C}$，而欧美技术设计机组与实际运行中温度接近，因此，国内大部分人会认为引进技术的水平比较高。但从部分公开的资料来看，引进的欧美技术也都是零维模型，在锅炉热力计算中的技术原理与苏联/俄罗斯技术并无本质不同，只是欧美没有在其国内搞统一的标准，而是由各家公司自己提供启动、调试、优化等工作，对于投产后锅炉的经验数据的反馈、吸收和改进做得比较好，所用的经验数据、计算曲线等多为内插法结果，因而结果更加精确。

国内引入这些技术后，在一开始应用得并不是很好，也是各大锅炉厂都根据国内的运行数据反馈对一些曲线和数据逐渐地修正后，在2000年以后才得到了较好的效果。应用于和欧美差异比较大的新煤种（如神华煤、锡林浩特高水分褐煤等）时出现的问题都是在2010年前才得到较好的解决。在公开的苏联/俄罗斯技术资料上，结合自己的经验，完全有可以发展出自主知识产权的技术。

（三）多维热力计算技术路线

1. 一维热力计算

为给出水动力计算时需要的沿炉膛高度热负荷的分布，1973年热力计算标准除A·M古尔维奇全炉膛计算方法外，还给出了米多尔分区段的热力计算方法，它通过把锅炉沿高度方向划分为若干个区段计算的一维模型，可以得到温度沿炉膛高度的不同分布。米多尔分区算法未考虑炉膛宽度和深度方向上的温度场、速度场和物质成分场的不均匀性，因而其结果需要和古尔维奇计算方法相互校核，这种技术称为"一维热力计算"。

美国燃烧工程公司把炉膛划分上部的屏区空间与下部空炉膛部分，两部分分开计算，比零维模型好一些，次于一维计算模型。

1998年热力计算标准也主要推荐这种计算模型。

受到启发后国内外不少学者也开始类似的多个维度进行的炉膛计算方法的研究，如关金峰等提出了对大容量锅炉炉膛换热分为"两大块"的分区计算技术、樊泉桂将燃烧器区分成4个区段的分区计算技术，均对提高锅炉炉膛传热计算精度做了有益的尝试。

这些工作丰富了锅炉热力计算的内容，但是整体应用不多，如热负荷分配，国内绝大多数还是使用 1973 年热力计算标准中提供的曲线，而很少有人采用分段计算方法。

2. 三维 CFD 计算

近年来计算机水平和计算机流体动力学（Computational Fluid Dynamics，CFD）技术的快速发展，不少人甚至开始尝试在炉膛下部通过计算流体力学的三维数值计算方法进行计算，然后再与传统的计算方法衔接起来的方法，此类方法称为多维计算方法。

依靠 CFD 技术的三维计算方法需要给定炉膛壁面的温度分布，大部分研究中简单地将水冷壁内表面温度给予一个固定值以简化处理，从理论上说其精度实际上比苏联标准中灰污壁面的模型还要简单，因而虽然它能给出炉内空气动力场、温度场的分布，但对于炉膛的传热计算过程并没有明显地强于传统方法；此外，当前大型商用 CFD 计算软件全部垄断在美国、加拿大、英国和日本等几个国家的少数公司手中。迄今为止，还没有一家锅炉厂采用这种方法设计锅炉。

四、热力计算的计算软件开发情况

锅炉热力计算所涉及的数据变量多，公式复杂，计算过程烦琐，要经过多次迭代校核才能得到最终结果，手工计算不仅费时费力，精度有限，也容易出错。随着软件开发技术的发展，学者们早早地就把目光转向计算机计算，以求简化计算过程、提高效率和精度，包括简化手工计算和计算程序通用化等方面作了尝试。

（一）简化手工计算的工具

从 20 世纪 70 年代起，国内就有一些学者采用 Basic、Fortran 等高级语言编写的电站锅炉热力计算程序出现，其中最为典型的是浙江大学任有中、赵翔针对 400t/h 超高压锅炉编制的热力计算程序，具备了前屏过热器、一次再热的形式，具备了现代化大型锅炉的相类似的结构，同时它以高校教材《锅炉课程设计》的形式出现，直到在 21 世纪初都还在使用。

软件程序的出现对于锅炉热力计算的效率提升是显著的，对于某确定的锅炉而言，以往需要数周才能完成的热力计算工作可以秒出结果；精度的提升也是远远大于手工计算，如炉膛出口温度中的手工计算往往控制在 100℃ 的偏差，而程序计算结果可以把它轻易地控制在 1℃ 之内。但是这种软件程序要求使用者除了对热力计算过程熟练掌握以外，还需对于编程语言有很高的使用技巧，而且数据输入后计算结果的展示也很低水平（只有数据文本），因而并没有流行起来。

近年来，随着办公软件 Excel 电子表格的普及，为锅炉热力计算提供了新的活力。Excel 电子表格具有强大的表格定制能力，可调用自带库函数、用户编写的外部函数，并通过 VBA（Visual Basic for Application）有了一定的循环迭代的计算功能。在电子表格的帮助下，可以通过手动控制与计算机电算相结合的方式完成复杂的热力计算，以所见即所得的方式解决锅炉热力计算各参数的输入输出和计算过程控制并方便地展示计算过程和结果，受到教学系统的青睐。有部分学者等将锅炉系统以功能为单元进行模块划分，编制了电子表格可以调用的外部函数，开发了适合大多数中压至亚临界锅炉热力计算 Excel 表格，各高校新版教材《锅炉课程设计》无一例外改用这种模式。还有不少学者利用 VBA 与 Excel 开发出具有汉化界面的、适用于 DG1025/18.2-540/540-Ⅱ 4 型大容量锅炉的热力计算软件，更接近软件系统。

北京巴威锅炉有限公司采用的引进技术也是基于 Excel 人机界面的结果，可见这一技术路线的流行程度。

基于电子表格的计算软件扩扩展性很好，但是可维护性差，使用人员需要熟知电子表格的调用方式与调用功能，且对于可改动内容的控制过于松散。虽然 Excel 可以通过加密码的方式对一部分内容进行锁定，但由于其 VBA 程序是明码，很容易被破解。

（二）通用化尝试

热力计算的通用化指热力计算能够适应不同计算条件的变化，如原始计算参数、计算目标值的变化或锅炉结构的变化。通用化一直是锅炉专业设计人员多年来的梦想之一，分为源码级的通用化、图形界面穷举法通用化两个方向。

1. 源码级的通用化

以早期热力计算程序为例，计算参数的变化如更换煤种、更换负荷率等，是可以通过输入文件中的数据来实现。如果锅炉的结构简单发生变化，如把高温过热器和高温再热器的位置对调，也可以通过源代码的较少量改动而做出适应，因而具有一定的通用性。

只是源码级的通用化需要让每个应用工作者都能会编写程序，而掌握编写程度、调试程序的能力并不是一件容易的事情。此外，编写程序和调试程序所花的时间也不少，而且如果热力计算的修改发生在源码层面上，大多数情况修改代码的时间会远远大于手工计算的时间。对锅炉热力计算应用的热能动力专业与程序设计技术差别较大，热能动力专业人员中难得有喜欢并熟练掌握编程技术的，因此该类型的软件只是在早期的教学系统中应用较为广泛，目的是也教会学生学会热力计算过程并具备一定的计算机编程能力，当以 Excel 为代表的新版教材流行后，这种技术几乎消失了，更没有为锅炉厂家所采用。

2. 图形界面穷举法通用化

20 世纪 90 年代，面向对象（Object Oriented programming，OOP）思想的出现，特别是以 VB、Delphi 等快速应用开发工具（Rapid Application Development，RAD）开发图形化的界面，把各种复杂的条件选择，用图形化、表单的方式事先选择出来，从而把计算过程与数据封装起来，实现热力计算程序的软件化是 20 世纪末比较流行的方式，为开发出电站锅炉通用热力计算通用算法提供了可能性和便利条件，如哈尔滨工程大学采用 VB 和本地数据库 Microsoft access 相结合的方法，开发了适用于工业锅炉和船用锅炉的通用热力计算软件。浙江大学与嘉兴东方日立锅炉厂联合开发了"燃气－蒸汽联合循环机组余热锅炉热力计算系统"；东南大学采用面向对象的思想对锅炉的受热面模型进行抽象，并在此基础上通过算法库的合理组织和控制，实现了热力计算的通用化。浙江大学又在对锅炉系统模型做出了深入研究的基础上，采用面向对象、应用框架、设计模式等先进的软件开发技术，开发出了适用于不同炉型、不同燃料及不同参数的锅炉热力计算软件。

　　此类软件通过图形界面实现友好的人机交互，实现计算自动化的同时也比较方便，但可适应的类型是事先预想好、固定在软件中的类型，如果出现新的炉型，则无法扩展和相互移植，不再具有通用性，而必须开发新的计算程序，因而，此类方式可称之为界面通用化穷举法。RAD 热力计算程序常见用户交互界面如图 1-1 所示。

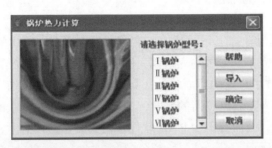

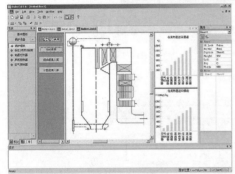

图 1-1　RAD 热力计算程序常见用户交互界面

　　我国电站锅炉已经步入大容量、超 / 超临界、世界一流水平的锅炉厂家就有五家。各锅炉厂家还会根据不同的煤种和应用条件，设计各种不同类型的锅炉，从炉膛上部布置的分隔屏过热器开始，炉膛出口各类后屏过热器 / 高温再热器 / 过热器 / 省煤器 / 空气预热器等各类受热面的布置与连接方式各有自己的特点，每一种方式改变都会导致热力计算的流程不同，因此热力计算通用化要面对的应用场景是非常多的，如果没有可根据结构数据变化动态调整的计算程序，而仅是依靠 RAD 界面中简单的选择功能，这种通用化的能力是非常有限的。

　　此外，作为一个完整的软件系统，输入输出的图形界面中往往还有用户管理、权限管理及输出的报告管理等内容，对于专业的软件开发人员而言，这些都是常规而普通的项目，特别是如果使用强大而简单浏览器界面设计技术（含 HTML、CSS、Javascript）让图形界面设计的工作普通化，但是对于仅熟悉锅炉热力计算的热能专业人员而言，则变得非常困难。

　　因此，利用 RAD 技术，把图形界面和锅炉热力计算混合起来开发，虽然比 Fortran 源码、Excel 电子表格的通用化更进一步，但考虑锅炉受热面类型至少有十余类型，各受热面又有不同的组合，最终的锅炉型式也是难以穷举的，因此通过图形化界面的选择来囊括所有的锅炉类型也是不现实的，必须有新的思路。

五、热力计算通用化新思路

锅炉热力计算工作包括计算前数据的输入、计算后的数据输出和中间的控制过程。对于一台具体的锅炉，这三个过程实际上都是确定的；但是当锅炉对象改变时，这三个过程都会发生改变，通用化程序就是通过一次程序设计、可以在这三个方向上均能适应锅炉计算对象变化导致的变化。

（一）输入输出图形界面定制化

针对固定锅炉的热力计算工作，其输入参数超过 100 个，输出的参数更多，因而想做到通用化，必须有完整的参数输入机制，图形化的是必不可少的。Excel 电子表格作为界面或采用 RAD 技术开发的桌面软件，其主要目的都是解决通过图形化模式解决数据的输入输出。近年来随着浏览器的普及，原来 RAD 设计时复杂的界面设计可以方便地由网页设计来代替，因而有不少 RAD 软件移植到浏览器模式下，称为 B/S 模型程序设计，风格如图 1-2 所示。

图 1-2　基于 B/S 风格的图形界面

针对锅炉的具有多种多样的组成，要想做到完整意义上的通用化，必须要有定制功能，也就是通常所说的组态功能。该功能通常会给出一张可由用户定制功能的画片，用一些图标代表某一类元件，通过点击或拖动这些图标把相应的元件增加到画布中并设置参数，然后用连线的方式动态地组建整个机组，实现机组不同组织的定制。在大型的工业控制软件应用已有了几十年的历史。在小型的专业软件中，汽轮机专业的性能试验计算应用地比较广泛，如图 1-3 为某大学开发的汽轮机热力性能试验通用计算软件的界面。

（二）计算过程的通用化

相对于输入输出的通用化，计算过程的通用化更为困难，且这个理念到目前也不是很普遍。前期的 RAD 开发项目之中，都是先针对固定某一类型的锅炉输入输出信息，设计其图形化输入输出界面，由图形界面得到数据后，再针对这些数据进行传统算法的程序设计。大多数情况下开发人员把处理图形化界面的程序和处理热力计算

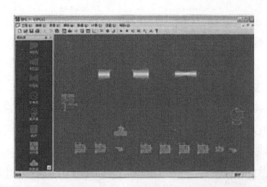

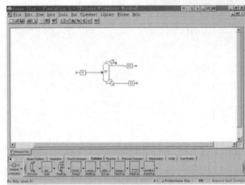
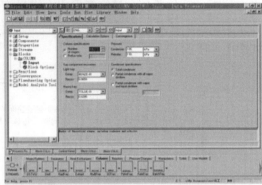

图1-3 汽轮机热力性能试验通用计算软件界面

过程的程序混合在一起进行设计的。由于软件开发专业人员很难掌握锅炉热力计算的复杂专业问题，因此这种界面与业务逻辑集成在一起开发的模式，只能让其中最难掌握的专业作为核心力量，即由从事锅炉热力计算的人员兼做不擅长的图形界面开发，导致通用化不彻底，维护难度增加，扩展性稳定性很差等问题，这种方法也不可能真正实现专业软件通用化的目标。

正确的工作方向应当是把两者完全分拆开来：让锅炉热力计算的开发人员把研究重心集中在热力计算过程的通用化，称为计算过程的通用化。在假定所有输入数据已知的条件下，研究如何用程序语言表达不同锅炉受热面灵活配置，并如何解决在这种表达各个受热面热力计算过程及受热面间联系的调度过程，仅通过修改数据就可以实现不同锅炉受热面组合的通用化计算。这样，软件界面开发人员仅处理针对这种表达下所对应输入、输出的问题即可以，从而让锅炉专业的人员专注于热力计算本身，让软件开发人员专注于图形化的定制功能，并且在软件开发技术人员的帮助下实现两者的连接过程，才能实现热力计算真正的通用化。

（三）软件系统分层架构实施

软件的分层架构可以很好地解决图形界面和热力计算业务逻辑混合开发这一难题。美国施乐公司曾在20世纪80年代为编程语言 Smalltalk — 80 发明的一种 MVC 的软件设计模式，可以有效地解决图形界面与业务逻辑混用的问题。其中：

（1）M 是 Module 的缩写，通常译为业务模型，如热力计算过程使用的计算方法。

（2）V 是 View 的缩写，通常直译为视图，在热力计算的图形化输入输出界面。

（3）C 是 Controller 的缩写，通常直译为控制器，把 Module 和 View 联系起来。

在热力计算软件系统中，M 指在热力计算表示锅炉对象的数据封装和函数设计等过程，设计者完全不用考虑图形界面的问题，而只要充分考虑可以适应各种结构调整的需求，设计可以表达各种锅炉结构多变特点的数据，根据这一数据的内容动态地调整热力计算过程的自适应算法。V 就是针对表达锅炉多变结构的数据的输入、输出界面。C 就是实现图形化数据与热力计算算法 M 的通信，完成根据数据动态调整热力计算过程，并把输入、输出与热力过程联系在一起的核心程序。

使用 MVC 编程思想把 M 和 V 完全解耦，让图形化和热力计算算法开发工作者各自专注于自己的所长，最终开发出令人满意的软件系统。采用这样的思路，可以把热力计算软件系统分为三个部分，三个部分通过数据传输弱联系，整个软件系统的架构如图 1-4 所示。

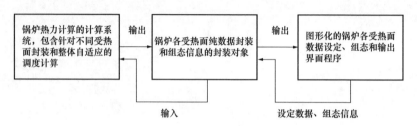

图 1-4　通用化热力计算软件设计架构

图 1-4 中中间部分表示各受热面数据封装为程序和各受热面组成锅炉结构的数据封装，左侧部分表示基于这种数据封装实现的自适应热力计算通用化算法，最右侧表示锅炉热力计算输入输出的界面程序软件。数据封装过程和自适应算法对于锅炉专业的人员而言有一定的难度，需要在软件开发人员的帮助下实现；图形化界面部分对于专业的计算机软件开发技术人员而言是简单的，但他们要了解锅炉热力计算封装对象和组态过程的数据表达。这样，整个软件开发工作划分为两大部分，锅炉结构的变化体现为输入数据的变化，数据的变化可以驱动程序完成不同的程序调用并实现结果输出，从理论上说就可以满足适应不同炉型的标准化、通用化热力计算工作，从而实现高效工作和扩大应用的目的。

（四）通用化思路总结

源码级的通用化需要为各受热面类型都配备足够模块，需要在主程序小规模调整源码就可以完成不同锅炉类型的计算程序，难度较大、要求较高。基于图形界面的穷举法通用化采用 RAD 快速设计技术，通过为锅炉整体和每一级受热面配备了输入/输出的图形界面，让选择的方式完成有限锅炉类型的热力计算，做到了一定程度的热力计算通用化，比源码级通用化方面做得更加优秀，但穷举的目标有限。本节所描述的思路，即通过改变数据的输入与输出就可以适应不同锅炉对象的热力计算，这种通用化思路称为应用级的通用化。

还有一种通用化思想指为了方便锅炉系统的定制与热力计算调度，可以设计一种专用的语言来完成。国外很多商用专业软件系统同时配备有专用的编程语言和图形化操作界面，这种高级技术虽然可真正实现通用化，实际考虑用户的范围很小并不现实，本书仅列出供参考。

六、本书技术思路及主要工作

必须依靠先进程序的开发技术以动态适应锅炉热力计算中不同部件和不同部件组合。显然它是一门交叉学科，需要精通热力计算的热能动力专业人员和熟悉计算机专业的人员相互靠拢，相互协作，共同完成，对于电站锅炉技术的人员来说尤为重要。本书采用面向对象程序设计技术实现热力计算通用化的总体目标。

（一）面向对象程序设计技术的优势

选用何种技术来实现热力计算通用化，显然是热力计算通用化程序设计首先要考虑的问题。针对电站锅炉具有配置多变的特点，面向对象的程序设计技术在处理此类问题时具有明显的优势。

首先是针对变量的传递过程的问题。早期常通过数据文件传递大量变量，浙江大学 1991 年出版的《锅炉课程设计》中给出了结构化设计技术开发的 SG400/140-50145 的计算程序范例，为我国热力计算的程序化设计做出了奠基性的贡献。但是通过分析程序也可以看出，结构化设计技术中的变量传递非常复杂：程序所用的变量文件输入的方式代替屏幕输入，但整体上变量超过 150 多个，在数据文件中以空格分隔，各个参数的含义和顺序都必须要保证无误，如果任何一个参数输入顺序有误就会导致计算结果产生严重的问题，且排错功能非常复杂，要求使用者需要对其顺序非常熟练。如果采用面向对象的编程技术，则可以把数据与功能结合在一起形成自定义数据类型，这些数据就成为某一类型的内部数据，可以一个一个单独赋值；其向外部传递数据只要调用的名称对即可而不用关心顺序，并且方便地和输入输出图形界面相结合，这样会大大减少结构化编程中函数调用的参数输入顺序问题。

其次是应用电站锅炉通用化时需要就对的多种配置和类型的表达问题。每一级受热面热力计算的核心都是传热计算，计算过程中都会用到给定的换热面积，入口烟气的温度、成分、流量及入口冷却介质的温度、成分、流量等参数，都需要先计算传热温压、传热系数和传热量，都需要先假定后计算的工作模式，但每一级受热面的换热面积、传热系数等参数的计算过程都会有所不同，需根据不同的设备特性对应来设定。对应于面向对象的编程技术，这是典型的多态性，这种特性非常适合用面向对象编程技术来实现。可以把受热面计算基本需求定义一个基础的自定义类型，如采用 C++ 语言，按微软公司的编程风格可以假定其名称为 CHeater，包含传热计算的方法 heatCalc（ ）；然后每一级下层 class 都可以在其基础上继承它，在共有的框架下根据自己的不同结构特点实现自己不同的 heatCalc（ ）方法，从而比结构化编程思路更为方便地实现热力计算的通用化。

鉴于上述原因，本书采用面向对象的编程技术进行程序设计。

（二）主要工作

主要工作是完成图 1-4 中针对锅炉各种类型的设备进行封装和对不同设备的动态组合可以自适应地完成热力计算过程的算法，具体而言包括锅炉热力计算方法自身、针对各受热面的封装和自适应热力计算调度三个层面的研究工作。

1. 热力计算方法本身的研究

锅炉热力计算本身技术也都在不断地进步中，包括计算标准本身、换热设备新型种类等都在进步，在进行热力计算通用化程序设计时需要充分研究这些技术，能够适应这些进步。

（1）标准的进步是显著的。以苏联/俄罗斯热力计算标准为例，1973年热力计算标准提供了大量的图表以方便手工计算，但随着软件开发技术的巨大进步，1998年热力计算标准把很多的图表都进行了公式化，非常方便进行程序设计。且这些公式是基于当年试验的一手材料完成的，计算精度远高于从1973年标准中查图表得到数据后再拟合后计算的结果。

（2）设备进步很多。典型的设备进步是三分仓空气预热器和H型肋片管受热面。

三分仓空气预热器是在1973年热力计算标准之后出现的，现在是300MW以上容量的大型锅炉的常规配置，但是其热力计算方法大多数都掌握在空气预热器厂家手中。各空气预热器厂家采用了三维非稳态动态换热技术进行热力计算的设计，均能给出三维壁温分布，但是由于这种技术计算量非常大，且是热能动力专业的另外一个方向；生产实践中需要寻求类似于二分仓空气预热器的简洁的算法，供非空气预热器生产厂家使用。国内的众多学者对此进行了研究，但基于稳态传热形式的整体热力计算方法在21世纪初才出现，近年来才写入《锅炉原理》的教材中。

再有的例子是肋片管。1973年热力计算标准中只给了常见的圆肋片管等计算方法，而近年来比较普遍应用的是H型肋片管，一直没有比较通用的算法，原因是H型肋片管也是1973年热力计算标准发布之后才出现的。广泛应用H型肋片管的低压省煤器厂家，对于其放热系数的确定方法也不统一。1998年热力计算标准则用较为严谨的方式给出了处理方法，给以极大启示。

凡此种种，热力计算本身的进步也是显著的，本书作为研究热力计算的专著，以苏联1973年热力计算标准为基础，在热力计算本身也收集、吸收了近年来国内最新研究和比较好的成果，如新的炉膛计算方法等，供读者参考使用。

2. 锅炉部件热力计算的数据封装研究

数据封装就是针对热力计算的需求和实际过程，采用面向对象的编程技术和思想，将热力计算的数据及热力计算过程设计为一个个的自定义数据类型，以为具有自适应的热力计算调度算法提供基础计算功能。本部分内容是国内专著中相对缺少、计算机技术和锅炉热力计算技术相互交叉的部分，是本书研究的重点内容。

为循序渐进地理解和掌握，本书按如下方式编排。

（1）第一章主要讲述工作的背景和工作思路。本书主要针对掌握热力计算技术，但软件开发能力相对较弱的读者（如热能动力专业本科3年级以上的学生）。因此，本书第一章在介绍热力计算相关背景知识的基础上，着重介绍通用化的需求、面向对象程序设计的技术及两者的契合点，并在最后一节中简单介绍C++编程技术，以让读者建立一个基本的面向对象软件开发的整体概念。如果软件开发技术的人员想要开发热力计算相关软件，也可以参考本书的相关内容。

（2）第二章主要安排热力计算前的准备计算工作。包括燃料的性质、空气的性质、烟气的性质、汽水性质及热平衡等，可以方便地求其焓温、热传导系数、普朗特系数、黏性系数参数。在这一章中，读者将结合这些特征鲜明的对象的数据封装实例，逐渐走入面向对象程序的技术中。这几个性质的封装，也可以方便地应用到其他研究中，如电站锅炉性能试验软件系统的开发等，从而感受交叉学科给科研工作带来的极大便利。

（3）第三章针对炉膛进行了面向对象的通用化封装。炉膛的计算是非常复杂的，包括炉膛热力计算的发展、不同的技术流派的思想原理和计算方法、不同的炉膛构造对象及众多曲线处理等，本书均给予了全面介绍，并结合这种"多形态"条件设计了用于方便封装炉膛热力计算的自定义类型 CFurnace。通过第三章的内容，读者可以更加全面地理解到面向对象的设计技术，特别是其中多态特性的便利性。

（4）第四章针对形形色色的对流受热面进行了面向对象的通用化封装。相对比炉膛的计算与理解的难度，对流受热面更重要的是应对多种类型构造对象的复杂程度，包括汽水工质的受热面、管式空气预热器、回转式空气预热器、扩展受热面及顺列、错列、横向冲刷、纵向冲刷等工况。同样，本书针对这些设备的特征开发封装对流受热面热力计算的自定义类型。

（5）第五章主要针对半辐射半对流受热进行了面向对象的通用化封装。

（6）通过把从炉膛到空气预热器各个受热面均利用面向对象的编程技术封装后，锅炉的炉膛、前后屏、过热器、再热器、转向室、省煤器、空气预热器等均变成一个个包含了设备特征封装和热力计算的对象，再设计一个总的程序把这些设备组装起来就成为一台锅炉，可以进行全锅炉热力计算了。第六章针对锅炉的受热面组合进行了统一封装、动态识别，并开发相应的调度与校核程序，实际基于数据规范的通用化应用。

（7）第七章针对循环流化床锅炉进行了介绍。

3. 针对机组整体自适应通用化调度和校核算法研究

针对锅炉受热面千变万化的布置与组合的形式，重点解决对锅炉及其受热面多态性的数据描述，并根据该数据描述开发可以动态适应锅炉不结构和受热面布置方案的自适应的数据封装和锅炉热力计算调度算法，让锅炉结构变化时，热力程序不用再重新设计，仅通过改变数据的输入与输出就可以完成热力计算任务。本书第六章基于各受热面传热原理的一致性，设计了可以根据类型、设备结构及其在锅炉中的位置可以动态配置、动态识别和自适应调度控制的算法，实现了应用级通用化的任务。

七、本书中代码

为帮助能源动力类专业人员介绍面向对象的程序设计技术，解决锅炉热力计算这一典型多态性应用软件系统的设计问题，本书中用大量代码进行说明。这些代码最初都在 C++ 系统中运行，但在本书编写过程中因为格式、编写和说明的需要，进行了大量的修改，因而并不能直接使用，是一种比伪代码更为真实的代码。读者需要在学习中，逐步深入地以掌握全书所介绍的思路为主，运用对象技术抽象、继承、重载和多态技术，以便在传统计算过程中的实现更有价值地应用。同时，也欢迎大家共同参与本书研究过程，共同推进电站锅炉热力计算通用化软件的进步。

<h1 style="text-align:center">第二节　面向对象的编程技术简述</h1>

面向对象的编程技术为热力计算通用化提供了新的思路和工具，但同时其作为信息技术发展的最前沿技术，面向对象的编程语言具有一般专业人员不容易理解的思想体系。本节在计算机编程语言发展的简单回顾基础上，对面向对象的编程思想进行介绍，以更于理解本书所述的通用化工作。

一、编程语言的发展

计算机语言的发展是一个不断演化的过程，其根本的推动力就是开发软件对研究对象的抽象化有越来越高的要求，以及对程序设计思想有更好的支持。具体而言，就是把机器能够理解的语言提升到也能够很好地模仿人类思考问题的形式。计算机语言的演化从最开始的机器语言到汇编语言再到各种结构化高级语言，最后到支持面向对象技术的面向对象语言。

（一）机器语言

20 世纪 40 年代，当计算机刚刚问世时，程序员必须手动控制计算机。由于电子计算机所使用的是由"0"和"1"组成的二进制数，因此人们只能用计算机的语言去命令计算机干这干那，即通过写出一串串由"0"和"1"组成的指令序列交由计算机执行，这就是机器语言，机器语言的典型输入设备是打孔机。

阅读、理解与使用机器语言是十分痛苦的，需要高度智慧与耐心，特别是在程序有错需要修改时，困难程度是几乎不可想象的。由于每台计算机的指令系统往往各不相同，所以，在一台计算机上执行的程序，要想在另一台计算机上执行，必须另编程序，造成了重复工作。但机器语言也不是全无优点，由于使用的是针对特定型号计算机的语言，因此运算效率是所有语言中最高的。

（二）汇编语言

为了减轻使用机器语言编程的痛苦，人们进行了一种有益的改进：用一些简洁的英文字母、符号串来替代一个特定的指令的二进制串，比如，用"ADD"代表加法，"MOV"代表数位移动等，这样，人们很容易读懂并理解程序在干什么，纠错及维护都变得方便了，这种程序设计语言就称为汇编语言（也称助记符），即第二代计算机语言。计算机是不认识这些符号的，这就需要一个专门的程序，专门负责将这些符号翻译成二进制数的机器语言，这种翻译程序被称为汇编程序。

汇编语言的实质和机器语言是相同的，都是直接对硬件操作，只不过指令采用了英文缩写的标识符，更容易识别和记忆。用汇编语言所能完成的操作不是一般高级语言所能实现的，源程序经汇编生成的可执行文件不仅比较小，而且执行速度很快，特别是在工作相对简单，主要用来直接操作机器动作时，如机器手的控制、家用电器的控制等方面，有比其他高级语言所不及的特长，因而至今仍是一种常用而强有力的软件开发工具。由于汇编语言等价于机器语言，所以它也十分依赖于机器硬件，移植性不好，只能针对计算机特定硬件编制程序。

（三）高级语言

从最初与计算机交流的痛苦经历中，人们意识到，应该设计一种这样的语言，这种语言接近于数学语言或人的自然语言，同时又不依赖于计算机硬件，编出的程序能在所有机器上通用。经过努力，1954 年，第一个完全脱离机器硬件的高级语言——FORTRAN（Formula Translation）问世了，40 多年来，共有几百种高级语言出现，地位升升降降，至现在为止，还使用较普遍的有 C、C++、Java 及近年来迅速发展的Python 等。

高级语言的发展也经历如下三个阶段：早期语言、结构化程序设计语言和面向对象的编程语言。

1. 早期语言

早期语言也称第一代语言，其特点是接近于数学语言或人的自然语言，去掉了与具体操作有关但与完成工作无关的细节，例如使用堆栈、寄存器等，从而超越了计算机硬件，大大简化了程序中的指令，编出的程序能在大部分机器上通用。由于省略了很多细节，编程者也就不需要有太多的计算机硬件知识，降低了编程的门槛，各行各业的人都可能通过简单的学习就可以编制它们自己的应用程序。早期语言的种类很多，非常接近于各自的专业语言，通用编程语言典型代表是 Basic（Beginners' All-purpose Symbolic Instruction Code，意思就是"初学者通用符号指令代码"）、FORTRAN。

2. 结构化编程语言（Structured Programming，SP）

早期的计算机运行速度慢，存储器容量非常小，程序能完成的任务简单，程序本身短小，逻辑简单，编制过程中主要考虑如何减少存储器开销、提高执行效率，处处体现程序员个人的高超技巧，可读性、可扩展性等工作还不是人们考虑的问题，早期的语言与之相适应。但随着计算机硬件技术的飞速发展，需要解决问题的难度越来越大，导致程序的大小、逻辑控制难度都以几何基数快速递增，软件如何易于理解和维护的新任务日渐提上日程。到 20 世纪 60 年代中后期，因为软件的规模已经大到无法靠一两个技术高超的程序员就能全盘控制的局面，早期语言中很随意的 GOTO 语句导致大量耗费巨资建立起来的软件系统错误频出而无法更正，甚至无法使用，越来越不可靠。人们认识到大型软件的编制不同于写小程序，更应该像处理工程一样处理软件研制的全过程，程序的可读性、可维护性、可扩展性、易验证性等保证正确性的手段比软件的执行效率更加重要，迫切需要一种创新的软件设计思想。

软件工程思想和结构化编程程序就是在这种背景下出现的。1970 年 Pascal 语言出现标志着结构化程序设计时期的开始。结构化编程是软件开发第一次革命性的大提升，极大地提高了软件生态的快速发展，通用编程语言和专用编程语言均有体现。

（1）结构化通用编程语言也称为面向过程的编程语言（Process Oriented Language，POL），典型代表是 C 语言、Pascal。

1）C 语言是一种结构化的低级语言，它既具有高级语言的特性，也可以完成很多低级操作，并且具有很好效率。C 语言随着 UNIX 系统的重写成为 IT 行业的基础，几乎所有的操作系统、软件开发工具、底层库均由 C 语言完成，后发展为 C++ 语言。

2）Pascal 语言语法严谨，层次分明，程序易写，可读性强，开始时主要用于数据结构的表述（最佳语言），后由美国 Borland 公司发展成为 Delphi，是 20 世纪末非常流行的快速开发工具，与 Visual Basic 一并成为代表 RAD 的代表。

3）用于科学计算的 Fortran 通过 Fortran77 的标准化规范，完成结构化后，其成就不亚于一种新语言，成为计算领域内的王者，很多大型商用专业软件（如不少的 CFD 类软件）均由 Fortran 软件编制。

（2）专用编程语言的典型代表是 COBOL 和 Lisp。

1）COBOL 于 1960 年正式发布，是一种面向数据处理的、面向文件的、面向过程的高级编程语言，适合于商业应用及数据处理的类似英语的程序设计语言，可精确表达商业数据的处理过程，在财会工作、统计报表、计划编制、情报检索、人事管理等数据管理及商业数据处理领域，在其后数十年内都有广泛的应用，后逐渐被面向对象的 python 等业务型语言代替。

2）Lisp 则在自动化、人工智能方面有得天独厚的优势，后逐渐被面向对象的 matlab 等语言代替。

3. 面向对象语言（OOP）

在 20 世纪 60 年代出现的用于离散事件模拟语言 SIMULA67 就是世界上第一份面向对象的编程语言，广泛用于模拟 VLSI 设计、过程建模、协议、算法以及排版、计算机图形和教育等其他应用。20 世纪 70 年代出现的 Smalltalk 基本具备了面向对象编程语言的要素，但真正使面向对象流行起来的标志是 C++ 和 Java。

C++ 语言是发明于 1979 年，若干改进后成为可以代替 C 语言的唯一底层通用编程语言，即擅长面向对象程序设计，也可以进行基于过程的程序设计；即拥有计算机高效运行的能力，又满足大规模程序开发和强大的问题描述能力。

Java 语言出现于 1995 年，基于 C++ 语言的各种优点而设计，极好地实现了面向对象理论，允许程序员以优雅的思维方式进行复杂的编程，具有功能强大和简单易用两个重要特征，可实现 UNIX/Linux 系统、Windows 系统、苹果系统、安卓系统甚至嵌入式等多种操作系统的跨平台应用，成为非操作系统级底层开发中最为流行的语言。

面向对象编程是软件开发又一次革命性的大提升，特别是 C++ 和 Java 语言，为信息技术的飞升提供了强有力的工具，使原来无法解决的问题变得相对容易且有序。

4. 编译和解释

高级语言离人的思维很近，就离计算机很远，因此，其编制的程序不能直接被计算机识别，必须转换为机器可识别的代码才能被执行。转换有解释和编译两种方式：解释型语言在运行时依赖于一个叫作解释器的程序，高级语言写一句程序，解释器就执行一句，因而很慢，相当于做口译，Basic 就是典型的解释性语言。而编译型语言通过编译程序一下子把所有的高级语言的程序都译成机器语言，并且进行了优化，因此执行很快，效率很高，相当于笔译，而且还是意译。

Java 语言是介于编译和解释之间的一种工作模式，称为虚拟机。Java 是要经过编译的，但其编译结果不是可直接运行的本地机器码，而是生成 Java 虚拟机的字节码

（byte-code）。Java 虚拟机是运行在各种操作系统中的底层解释程序，它读入 Java 编译后的字节码，然后再解释执行。虚拟机可以针对操作系统开发，因而这种模式被很多编程语言采用，从而很容易实现跨平台应用。

二、结构化编程主要思想

结构化程序设计方法还是比较容易理解的，其核心要点是针对办理某些事情的顺序、按"自顶而下，逐步求精"的设计思想，把整体事件处理过程划分出为"功能相对独立，单入口单出口"的模块，并且仅用 3 种（顺序、分支、循环）单向控制结构进行编程。

（一）"自顶而下，逐步求精"的原则和过程

整体任务划分模块时依据"自顶而下，逐步求精"的原则和过程。设计者要从问题的总体需求开始，先构造高层结构，再抽象底层细节，一层一层地分解和细化，把整体业务逻辑划分在一个小的范围之内，然后再进行组装。在每个小的范围之内，设计者都能把握主题，可靠处理，对应的复杂设计过程就变得相对容易，整体过程的结果也容易做到正确可靠。

（二）子模块功能独立，单入口单出口

划分模块的原则是各模块"功能相对独立，单入口单出口"，子模块的大小以业务逻辑能够独立地理解和方便处理为宜，每一个模块的功能体现为其单出口参数，仅在单入口获得，因而这样的结构或保证功能相对独立。模块划分的好坏可用"耦合度"和"内聚度"两个指标来衡量：耦合度指模块之间相互依赖性大小的度量，耦合度越小，模块的相对独立性越大；内聚度指模块内各成分之间相互依赖性大小的度量，内聚度越大，模块各成分之间联系越紧密，其功能越强。模块划分应当做到"耦合度尽量小，内聚度尽量大"，以减少模块间的相互联系，使其可作为插件或积木使用，降低程序的复杂性，提高可靠性。所有模块都通过子程序来实现，整体程序流程简洁、清晰。

（三）总程序基于过程控制的顺序

从进口到出口之间按业务的顺序进行，其间可以有选择和局部循环，但不能用 GOTO 语句返回前处或多处绕行，使得程序结构整体上维持从上到下的顺序，与要处理的业务逻辑保持一致，能够方便、正确地理解程序的动作。

结构化语言更针对事件处理的过程，通过规范化的方法，使程序设计可以与事先规划好步骤保持一至，让人更为通畅地朝一个方向前进，使编写程序由个人手工作业转向工业化协作，成功解决了软件危机，使其成为人类 20 世纪量大的贡献之一。

三、面向对象编程的主要思想

（一）以数据为中心的思想

无论是早期语言还是结构化语言，其处理或模拟的都是操作数据的过程，可以统称为面象过程的编程思想。在面向过程的编程中，数据和业务逻辑是分离的、相对独立的，各个模块之间传递的只是数据，数据的流动是维持各个业务逻辑之间的纽带，

做一件事，组合一次，这与人的思维，特别是提供服务的人的思维类似。由于程序设计者都是提供服务的人编制的，所以最先应用的都是面向过程的编程思想。

但是从最终用户的角度来看，其实更加注重的是数据，也就是程序操作（业务逻辑）的结果才是最终目的。面向对象的编程思想则把要操作的数据和对这些数据进行的操作结合在一起，从对模拟工作过程为主转化为对关注数据为主，这就给 IT 描述问题时提供了极大方便，也是巨大的思想进步，但同时也给 IT 水平不够高的服务提供者的常规思维有较大的跨越，特别是对于服务本身过程比较专注的一般专业人员，在应用时面临较大的困难。

面向对象编程技术的核心是对象，也就是要操作的数据及针对这些数据的操作方法结合在一起所构成实体，在高级编程语言把它用关键词 class 来描述，在所有的中文专著中这个词译为"类"。class 这个词中国人最熟悉的是"班级"，但更重要的意思是"分类、类别"，如热能科学中的煤种即为 classification of a coal，表示对象的 class 用的就是"分类、类别"的意思，也就是不同类型的数据，可以是一个数据，也可以是多个数据的组合。由于 class 在国内强大的"班级"的含义，让其中文译法"类"非常令人迷惑，因为它在中文中的含义很少能让人直观地想象到"种类"的含义。

class 中的数据通常称为其属性，而针对这些数据的操作称为通常称为方法。不同的程序之间进行信息传递时，如果使用 class 作为载体，则即传递了数据，也传递了操作数据的方法，不再用程序设计者根据传递来的数据重新决定如何处理，这就为编程的设计提供了极大的便利性。

可见，以 class 为核心的面向对象开发技术的本质，实际上就是以数据为中心，把数据和操作这些数据打包在一起成为一个整体，并作为软件设计基本单元的一种思想。尽管开发语言系统中也提供一些成型的 class，但是面向对象的编程技术主要是让用户把自己的数据打包起来，形成类型，然后进行相应的操作。本书中尽量避免这一称法，直接用 class 或者称其为"自定义类型"。

为达到数据与操作方法结合在一起的目的，面向对象编程有如下封装性、继承性、多态性等几个重要特性。

（二）对象的重要特性

1. 封装性

封装性指 class 包含了数据和处理该数据的方法，两者构成整体。数据在 class 内部对自己的所有操作都可见，但 class 的外部再对这些数据进行操作时，包括存取、修改、运算写回等工作，只能通过它对外公布的某些操作方法来完。这样就需要把数据与方法都与外界隔离开来，使得信息单元具有自成体系的特性，减少了程序各成分间的相互依赖，降低了程序的复杂性，提高了程序的可靠性和数据的安全性，是面向对象技术最基本的特性。

从结构化的角度来看待 class，其实一个 class 就是一个以其数据属性为中心的业务模块，对这些数据的操作通常都希望局限在这个 class 中，以减少与别的 class 之间有业务逻辑的重合。每个 class 的大小、范围是有限且有界，所操作的数据变得相对简单，使软件开发过程中错误率大为减少，调试工作大为减轻，可读性和可扩展性大为增加。

2. 继承性（Inheritance）、重载性（override）和多态性

继承、重载和多态与结构化过程的模块划分有很大的关系，继承和重载是手段，它们和封装性共同实现了对象的多态。

从结构化编程开始，为了提高代码的复用性，通过高度抽象、总结每一个操作的方法，利用数据传递作为各模块之间的利用率，需要把业务流程的可能性想得很全面，并在代码中有全面的反映。由于结构化编程的模块间是平面的，模块划分和如何调用这些模块非常重要，如何让它合理是结构化编程技术主要瓶颈。面向对象的编程技术也需要解决这一问题，但它通过继承和重载来很好地解决了这一问题。

（1）继承指两个 class 之间的分层模块划分。两层 class 之间，上一层中的 class 是被继承的，中文通常称为基础类型（base class）、父类型或母类型；下一层是衍生 class，中文通常也称为子类型，子类型会从父类那里获得所有的属性和方法，并且可以添加自己的独特特性，这样就会使得原来在结构化编程中间需要对复杂的条件判断变为 class 层级的分别对待，使模块划分的难度大为降低。举例，假定父类是"人"这样的 class，具有"吃饭"这样的操作；子类可以为"男人"和"女人"，男人中可以有"刮胡子"这样的独特操作，"女人"中可以有"做美容"这样的独特操作，但"男人"和"女人"会同时具有"吃饭"这样的共同操作，并不用在自己的定义中复制"吃饭"的代码，这样模块划分与代码实现均容易实现且逻辑简单。

（2）重载指子类对继承来的方法可以进一步加以改造，使之具有自己的特点，如"男人"和"女人"虽然具有共同的"吃饭"操作，但它们可以有与"人"中不同的操作，如"女人"在吃饭过程需要有橘子水，而"男人"则需要有二锅头。在程序执行期间，面向对象的编程技术根据 class 的不同层级和传递的不同参数，判断所使用对象的实际类型，再根据其实际类型调用相应方法，实现不同的操作（配橘子水还是二锅头）。这种技术在面向对象的编程技术中称为动态绑定。

（3）不同层级 class 之间的转化。程序员可以在类中设置特定的变量来做不同层级 class 的标志显式识别，也可以动态地让程序来判断 class 的类型，从而在运行过程中动态地识别 class 的层级。程序员可以在需要时对不同层级之间的 class 或进行个性化处理或利用其共同点进行统一处埋，也可以在不同层级间进行动态转化。

这样，通过继承和重载使得 class 具有描述、表达同一个事物随着环境不同而有不同的形态和形为的能力，在面向对象编程技术称为多态。给程序设计带来了极大的方便，程序员可以集中精力面对其当前业务逻辑而进行开发使工作难度降低，更容易排除错误保证软件的健壮性。当外部的需求发生改变时，只需增加派生 class 满足需求实现扩展而无需变更其他程序代码，在很大程度上提高了程序的重用性、可扩充性和可维护性，这是面向对象编程技术的突出优点。在结构化编程时代，要达到同样的水平，需要从一开始就一下子把所有可能性都想清楚，事实上很难做到。

（三）class 和 class 的实例

class 的实例在面向对象的英文著作中通常称为 Instance，它和 class 之间的关系相当于一个模子和其生产出来的产品。每个 class 可能产生若干个实例，每个实例都有自

己的可能特性数据，如人可以是一个类，有的属性可以是性别、脸、鼻子等，方法可以是洗脸、揉鼻子等，则张三就是一个实例、李四也是一个实例，通过方法调用可以让张三揉自己的鼻子，也可以揉李四的鼻子，也可以去砍柴（柴可以是另一个类的实例），这样，程序各部分的相互作用就非常简单明了。但是，在不少的面向对象的著作中，它们通常都称为对象 Object，因而会引起初学者或者是这种以开发算法为主的非专业开发人员的迷惑，需要引起注意并辨别。

（四）典型编程语言

当前流行的面向对象程序设计语言以 C++、Java 和 Python 为代表。

（1）C++ 语言是 C 语言的面向对象升级版，全面兼容 C 语言，因而即可以用于面向对象编程又可以面向过程编程，且具有高效率特点，是程序员非常钟爱的编程语言。

（2）Java 语言是基于 C++ 而开发的，吸取了 C++ 语言的各种优点，摒弃了 C++ 中难以理解的多继承、指针等概念，因此，Java 语言具有功能强大和简单易用两个特征，是比 C++ 更为单纯的面向对象编程语言。此外，Java 基于各种操作系统的虚拟机执行，具有跨平台特性，可编写桌面应用程序、Web 应用程序、分布式系统和嵌入式系统应用程序等，但其字节码容易被反编译，软件运行效率也比 C++ 的低，因而其与 C++ 各有优势。

（3）Python 语言与 Java 类似，出现于 1991 年，源代码遵循 GPL（GNU General Public License）协议，是一种更加高级的解释型面向对象的程序设计语言，支持动态数据类型，很多常规软件开发程序语言实现起来很困难的功能如图表显示、图像处理等，在 Python 中实现起来异常方便，因而受到各类程序开发人员的追捧，是当下最为流行的程序设计语言之一。但是 Python 语言严重依赖 C/C++ 或者 Java 开发的底层库，因此，如果做业务逻辑为主的底层开发并不太适合。

三种语言具有相近的语法表现形式，学习其中的一种很容易掌握其他两种。

第三节　C++ 语法简述

面向对象的编程技术是热力计算算法通用化的核心基础，本书中采用 C++ 作为面向对象编程技术的载体，假定读者对于 C/C++ 语言有一定的了解，但不太熟悉，因此先在本节进行简单但是核心的介绍，并在后续各章中用的地方加以详细描述。所述内容仅限于完成热力计算通用化所需的算法要求，如果想深入学习编程技术，建议购买专业的书籍。

一、程序基本构成

同其他任何一种程序开发语言相同，C++ 程序也由语句构成，并有自己的语法规范，本处结合最简单的程序示例，为介绍基本的 C++ 基本构成和基本语法。

（一）程序示例

C++ 程序通常由若干语句构成，形成一个文件或一个函数，如典型的 C++ 示例函数中：

程序示例 1-1：

```
1   #include<iostream>
2   using namespace std;
3   int main()
4   {
5     cout<<"Hello World!"<<endl;   //cout 为 Console out; endl 为 end line:
6     return 0;
7   }
```

注：左边的数字是行号，在 C/C++ 语言中本来是没有的，本书中为了方便索引句子而使用，如果程序非常简单，则不用行号。

(二) 语句

语句是构成程序的最小单位，有预处理语句和一般语句两种类型。两个语句通常用分号 ";" 来区别。

1. 预处理语句

上述示例中，第 1 行、第 2 行为预处理语句。

第 1 行预处理语句，主要目标是引入<iostream>这个库。预处理用#打头且书写在函数的外面，在程序的编译时（词法分析、语法分析、代码生成、优化和连接等）先行分析处理，通常用于头文件引入、宏定义和条件编译等。

库函数是系统把一些常用的算法高效实现，科学计算中最常用的库函数如<math>等，引入后直接调用，程序不重新编译。

第 2 行预处理语句 "using namespace std;" 表示本文件中使用了标准库定义的 std 命名空间。C++ 是一门古老的语言，使用不同的版本，不同版本之间有很多的同名同目标函数，但执行效率不同，调用方法可能有差异，为了向下兼容，又不得不保留，因而就采用 namespace 的方法进行区分。

预处理语句通常还用于处理宏定义、条件编译等工作。宏定义常用于常量的定义，如 "#define PI 3.14" 即定义圆周率 π 的值，定义完成后，可以用 PI 来代替 3.14 完成程序编写，使程序更具有可读性，本书中用对象的静态参数也可达到相同的目的；条件编译主要用于跨平台编程，通过调用和判断计算机的操作系统来确定编译的代码，科学计算软件可以在两个不同的操作系统中重新编译一下即可，因而一般不用。

2. 注释语句

第 5 行中用 "//" 引导的部分是注释语句。注释语句不会编译，只用来说明程序编写的意图、所用的方法等。当程序增大后，充分的注释语句对于理解非常重要。

注释还可用 "/* */" 来标志，它可以注释多行，通常用于一段程序体的注释。"//" 只能注释一行，通常跟在正常语句的后面，作简单的注释。

3. 一般语句

示例中第 3 行~第 7 行为一般语句，主要用于说明程序体的各种功能。如：第 3

行是程序的声明；第 4 行"{"表示一段程序体的开始；第 5 行表示调用 cout 函数完成一个打印输出；第 6 行表示一段程序体执行计算返回 0；第 7 行"}"表示一段程序体的结束。

对于研究热力计算的工作人员，更关注表达计算功能的语句。计算语句三要素为自变量、进行的操作和因变量，和日常生活中的思路非常相近，如：$y=x+5$ 中，x 为自变量、操作为加，因变量为 y。

C++ 程序中两个分号之间的内容不管多长都视为一条语句（空格被忽略），因而它可以把一个语句写得很长，如："$y=x+5;$"和"$y = x + 5;$"是完全等价的（程序员通常采用后一种写法使变量更加清晰）。还可以采用比较有意义的英文字母作为变量，如通过煤的元素成分求解高位发热量时，可以写作

double HHV=339*Car+1256*Har-109*（Oar-Sar）

这样开发的程序比没有意义的符号更容易阅读，更容易排错。特别是一些大型的软件开发，很多语句需要写很长时，就比 Fortran 之类的分行语言具有优越性。

（三）程序体

从第 3 行起第 7 行即为程序体。本示例中直接用"int main（ ）"定义一个名叫 main 的函数。main（ ）是 C++ 语言的主程序，操作系统在执行 C++ 编译的程序时，会调用其中的 main（ ）函数，一个程序中 main（ ）函数必须要有，也只能有一个，其输入是固定的，输出为一个整数。

本示例中 main（ ）函数的功能是通过"cout<<"Hello World!"<<endl"这条语句在控制台屏幕上打印出"Hello World!"后，由下一条语句"return 0"向调用 main 的程序返回整数 0，这样调用 main 的程序就知道 main 的执行是否成功。

程序体中的"cout"和"endl"是库<iostream>的函数。cout 表示向控制台输出，endl 向控制台输出时换行。iostream 表示 IO 流（IO 即 input and output，输入和输出）的库函数，用于连续输入 / 输出而不是一行一行的输入、输出，由第 1 行的预处理语句引入到本程序中。

（四）头文件和 cpp 文件

用户编制的其他程序通常分为定义和定义实现两部分，定义通常放在"xx.h"的文件中，其函数实现通常放在对应的"xx.cpp"中，两者的"xx"是相同的。

".h"实际是".head"简称，故又称头文件。头文件中的定义被引入到程序体中后，C++ 的编译程序会去找它所对应的".cpp"是否已经完成编译，如果完成编译，则直接与其中的编译结果进行连接，成为可执行文件；如果没有完成编译，则对其进行编译。如果某一段程序需要以库的形式提供给其他程序，则必须提供相应的头文件，供其他程序引入。

头文件通过 include 语句引入后，可以是系统定义的库函数，也可以是程序员自己开发的功能块的定义。头文件引用后，其定义就可以和库函数一样调用。

头文件引入时，可以用双引号或双角号"< >"，通常系统库使用角号，而自己编写的头文件用双引号，例如：#include "math.h" 和 #include <math.h> 都是可以的。

传统上 C/C++ 的头文件要加 ".h" 作为区别，std 命名空间下标准库不加 ".h" 后缀。

二、数据类型

C++ 是强类型语言，所有的数据必须事先声明类型，其提供的数据类型在所有的语言中最丰富。这些数据类型又分成基本类型和构造类型两类。

（一）四种基本类型

char（字符）、int（整数类型）、float（小数）、void（空），并引申出 unsigned char（无符号字符）、signed char（有符号字符）、unsigned int（无符号整数）、signed int（有符号字符）、long int（长整数）、short int（短整数）、double（双精度）、long double（长双精度）等常用的数据类型。

科学计算中常用到 int 和 float 或 double：int 取值范围为 $-32768 \sim 32767$，主要用来索引；float 取值范围为 $-10^{38} \sim 10^{38}$ 之间，double 的取值范围为 $-10^{308} \sim 10^{308}$，如电子的静止质量 9.10956×10^{-31}。

（二）构造类型

构造类型即为由基本类型按照一定规律组合打包而成的数据结构，或为方便使用（如数组），或为使其更加有意义（枚举、结构、指针及定义的 class 等）。

1. 数组

数组（array）是有限个数据类型相同的变量组成的有序序列。序列的名称为数组名，组成数组的各个变量称为数组的元素，大部分编程语言都提供这一数据类型，通常都用中括号 "[ ]" 来索引数组中的元素。C/C++ 中数组的最大变量需要事先指明，索引从 0 开始，索引超过最大值时编译并不报错，运行时会得到任何可能的值。

与数组比较类似的是向量 Vector、集合 Set 和列表 List 等，非常丰富，都可以索引。

2. 枚举（enum）

若干个有名字的整型常量的集合。如果一个变量只有几种可能的值，可以把它们的值一一列举出来定义为枚举类型，该枚举变量的值就只能被限制在这个列举的范围内，常用于选项的事先确定。

3. 结构（struct）

若干个数据的组合，是结构化语言中重要的进步之一，如某些数据经常性地被共同使用，则可以把这些数据捆绑起来成为一个组合，如日常用来描述一个人属性"年龄""性别""身高""体重"等，这样在多参数传递就可以不用对应各个参数传递的顺序问题，大大降低程序开发过程的难度。

struct 最早出现在 pascal 语言中，后来被其他程序开发语言广泛应用。C++ 语言中目前不但支持用 struct 的数据组合功能，还可以把其中数据的操作方法（构造函数、析构函数、常规函数和虚函数）组合在一起，也支持静态成员（静态成员函数和静态成员变量），还具有继承和扩展的功能，基本上具有了和 class 相同的功能。

4. class

class 数据类型是数据与操作方法的打包并且具有面向对象编程技术完整功能的实

现方法和核心手段，包括其定义、访问权限、继承、重载等均是需要掌握，下文中单独介绍。

（三）指针（pointer）

指针是表示对象地址的变量，是 C/C++ 中的一个重要特征，也是难于 Java、Pascal 等其他编程语言的原因之一，但指针使得 C/C++ 具有更大能力。

内存是以字节（byte，8 位二进制数）为单位的连续编址空间，每一个字节单元对应着一个唯一的编号，即内存单元的地址，相当于门牌号，通过这个地址对内存单元进行操作。软件运行时，需要先由操作系统把其调入内存空间，此时程序代码和被操作数据均存放在内存中的不同位置，所占空间大小不一，但其所占空间的首地址大小是相同的，用指针访问这些变量就相对于根据门牌号去访问每个住户，可能是一个公寓，也可能是一个五星酒店，这就给某些高级程序设计提供了方便，如对于 class 的访问本质上就是对指针的访问。

由于不知道这个门牌号对应的房子是什么样的一样，用指针对于数据操作也是有难于直接对数据进行操作。特别指针指向的地址中存放的数据本身也是一个地址时，就指向指针的指针，容易使逻辑感叹不强的人感到眩目，所以不建议用多层指针。

（四）类型声明

声明某个数据的类型的语法是类型名 + 变量名，如 int x 表示 x 是一个整数。

三、操作运算符

C++ 的运算符很多，包括常见数据计算、逻辑运行和底层的位操作等。对于热力计算的开发人员，了解常规的数据计算运算符和逻辑运行就满足要求了。

常见的加减乘除与其他语言的写法是类似的，但也有自己的习惯，典型的如对于"$x = x+1$"的运算，C++ 中通常写作"x++"或"x+=1"；同理"x--"和"x-=1"表示的是"$x=x-1$"称为复合赋值语句，还有"*="和"/ ="等。这些运行符产生于古老的 C 语言年代，用于解决计算机计算能力很差、需要尽量减少程序体的问题。

C++ 中通常用两个符号来表示逻辑运算，如"!="表示"不等于""=="表示"等于""&&"表示"并"运算、"||"表示"或"运算、"！"表示"取反"的运算。

四、控制流

无论是科学计算还是图像处理、文件管理等多种任务，不可避免地经常遇到根据条件选择执行的语句或将一组语句重复执行的过程，称为控制流。C++ 的控制流有分支和循环两大类，分支有 if/if_else、switch 两种类型，循环流有 while 循环、do-while 循环及 for 循环。C++ 中有三种类型。

（一）if/if_else 分支

if/if_else 语句和 if_else 经常结合起来用，表示"如果××，则×××，否则做××××"的目标，其格式为

if（条件语句）

　　{

```
        语句 1;
        语句 2 … ;
    }
else
    {
        语句 3;
        语句 4 … ;
    }
```

如果所做的工作很简单，可用一条语句写出来，通常 C++ 程序用类似 "z=（x>y）? x:y" 的语句代替 "if（x>y）{z=x；}else{z=y}" 的语句，称为三目运算符。它产生于当年计算机条件差而程序设计要求高效的年代，到现在依然流行，和 C++ 中多种复合运行一样，成为体现 C++ 古老特性的见证。

（二）switch 分支

如果条件选择的分支很多，可以用 switch 语句代替 if_else 结构，使得程序设计更加简洁，其语法也很简单，如：

```
switch（条件语句）
{
    case 值1： // 可以有任意数量的 case
            statement（s）;
            break; // 跳出选择
    case 值2：
            statement（s）;
            break;
    default ： // 所有 case 都不满足时执行
            statement（s）;
}
```

（三）while 循环语句

while 循环的意思是 "当 ××× 条件下满足时，重复执行某些事"，常用于循环次数不知道的条件下使用，如用逐次逼近的方法解方程就常用 while 循环。while 循环的格式通常为

```
    while（终止条件）{
        循环计算过程;
        更新终止条件的值;
    }
```

每次循环计算完成后决定是继续重复还是停止的条件称为循环终止条件。while 循环并且一定要在循环体中更新条件。

（四）do-while 循环语句

do-while 循环作用类似于 while 语句，但 do-while 循环将终止条件判定放在循环

体之后，因此它的循环试算过程至少要执行一次，也称为直到型循环，其格式为

```
do ( 终止条件 ) {
        循环计算过程;
        更新终止条件的值;
    }while ( 终止条件 )
```

和 while 循环一样，do-while 循环的核心也是判断条件成立与否来决定是继续循环还是跳出，因此一定要在循环体中更新终止条件的值。

（五）for 循环语句

与 while 循环或 do-while 循环不同，for 循环常用于数组遍历等次数明确的循环过程中，如

```
for ( i=1; i<=7; i++ )
{
    cout<<arr [ i ] *10;
}
```

五、函数

从程序开发语言的诞生起，通过模块合理划分减少重复工作就成为标准模式。程序模块通过函数来实现，每个函数通过封装自己的数据和语句来实现与其他程序模块的区隔，相对独立，便于调试、管理和阅读，在必要时调用，是编程语言实用化的关键进步。C++ 中为函数的定义和调用提供了强大的功能，是实现继承和多态的基石。

（一）函数的组成

函数由函数名和函数体组成，其定义格式为

函数返回值类型　　函数名（参数表）　{　函数体；　}

如一个简单的函数为

程序示例 1-2：

```
int s(int v)                // 验证某数是不是质数
{
    int j;
    for(j=2;j<v;++j)
    if(v%j==0) return(-1);          // 不为质数返回 -1
    return(0);                      // 为质数返回 0
}
```

示例中函数返回类型为 int，函数名为 s，需要输入一个整数型参数 v。{ } 中间的函数体用一个 for 循环来验证从 2 到比 v 小 1 的数之间各个数是否是 v 的因数。

（二）函数调用

和所有的语言一样，C++ 的函数调用很方便，在需要调用的地方，写上想调用的那个函数的函数名并输入对应的参数即可，如上式中想验证 5 是不是质数，则可以用 "int i=s（5）" 来调用，如果是则 i 的值为 0，不是则为 -1。

如果是一个函数需要多个参数的输入，则调用时各个参数的顺序需要和其定义时顺序完全一致，如假定定义了一个函数有两个输入"int ss(int v,double f)"，假定用"int i=ss(5,6)"调用，则第2个参数6会被自动变成"6.0"的小数。在科学计算中，有时一个函数可能有数十个变量输入，这就需要使用者充分了解函数的定义才能正确地使用这个函数。在结构化编程时代，多变量函数体数据输入成为限制条件之一。

C++还提供了默认值的调用方法可以非常方便编程人员使用，如应用"int ss(int v,double b)"这个函数时，大多数时候b这个参数的值为0.1，就可以在定义时用"int ss(int v,double b = 0.1)"的方式来定义。此时，如果采用"int i=ss(5,6)"调用这个函数，则函数中b的值为6.0；如果用"int i=ss(5)"来调用这个函数，则b的值为0.1。

因此，在函数使用时，一定要明白调用的是什么东西、按什么格式调用，这就要求函数的定义一定要在调用的前面，称为前声明原则。程序很大时，这样的要求会影响程序员的统筹考虑，因而C++程序员习惯把函数的声明放在头文件中。

（三）同名函数

C++允许用同一个函数名定义多个函数，连接程序会根据传递给函数的参数个数类型和参数的顺序，系统会智能选择到相应的函数，这样可以简化程序的设计，程序员只要记住一个函数名，就可以完成一系列相关的操作。

假定有如下面的比大小函数，可以有

```
int max ( int x, int y );        // 以往习惯用 imax
float max ( float x, float y );   //fmax
long max ( double a, double b );
```

C++编译时采用了名字糅杂（name mangling）的技术，根据调用max函数时输入的参数类型更改合适的函数名，如把int max（…）改写成max_i（…）表示，把float max（…）改写成max_f（…）表示，就可以保证函数名的唯一性。系统为做好了这些事情，程序员的工作就会变得简单而有逻辑性。

（四）变量的作用域

函数的编制过程中还需要注意作用域。在函数体内部定义的变量称为局部变量，其作用的范围就仅在函数中间，当函数返回后，其变量就失值了。但是函数外面传递到函数体内变量为全局变量，其作用域就从定义点开始直至整个文件的结束。如果函数体内的变量和全局变量同名时，尤其要注意，因为编译时并不出错，但排错的难度很大。

六、class 自定义类型

class是用户针对自己的业务逻辑和数据封装在一起的自定义数据类型，是面向对象编程技术的核心手段，包括其定义、访问权限、继承、重载等均是需要掌握的重要思想。

（一）定义体

定义体包括class的名称和class的定义体两部分组成。由数据成员（属性）和成员函数（方法）两大类组成，由一对花括号围起来，语法结构如：

```
    class +"class 的名称"
    {
        访问权限说明符：
            数据…
            成员函数…
    };
```

class 是关键字（keyword），如同前文所述的 int、float 等说明符号，是系统规定且自用的特定标识符，用户后自定义的 class 名称、变量名、函数名都不能使用关键字；

为了保持程序简洁特性，通常 class 的定义体放在头文件中，各成员函数实现可以放在 class 的定义中，但更多的是放在 .cpp 文件中，成员函数 cpp 中实现的语法为"class 的名称：函数名（…）{…}"。

（二）访问权限

因为 C++ 通过 class 把数据打包和它们的操作办法打包在了一起完成封装的功能，我们获得了这个数据包以后再访问它们时就有了权限的说法，有些数据或功能可以访问，有些不可以访问，这样就 class 的外部只可以使用它提供给你访问的内容，就更好地实现了数据和功能的保护。如果没有这些访问权限就不能称为打包封装，只能称为捆绑了，C++ 中的 struct 数据结构就提供这样的功能。

同其他通常面向对象的编程技术一样，C++ 中 class 的访问权限有 public、protected 和 private 三种类型。

（1）public 属性和方法向外部完全公开，class 的开发者通常通过 public 属性的函数让外部来操作 class 中的数据，典型的是每个数据的 getter 和 setter。程序中任何函数、语句都可以使用它们。如果某些数据是 public 属性，那它们只是捆绑在一起而已，没有任何封装性。

（2）protected 和 private 则提供了很好的封装性，它们通常用在数据上和某些特定的函数上，class 外部无法直接访问这些属性的函数或数据，但 C++ 程序员通常为其操作开发专门的 public 属性的函数来访问—操纵这些数据，这样，当一个程序员把一个 class 的可执行文件片段和它的定义提供给另一个程序使用时，另外一个程序就无法改变原程序员设计的数据操作逻辑，达到数据封装的目的。

（3）protected 和 private 的不同之处是标注为 protected 的成员可以继承下去，而标注为 private 的数据只能由当前 class 所拥有，继承 class 也无法访问它们。

（4）在 class 的内部，所有数据都是可以直接访问的，没有权限之分，以方便程序员自由地设计对数据操作的各种功能。

（三）构造函数和析构函数

当用某一 class 建立一个对象实体时，该实体在内存中就有了空间，但各数据成员的取值是不确定的。大多数时候，需要在这些实体建立时有更好的秩序，就需要在该对象实体建立后马上调用一个函数来进行相关操作，该函数称为构造函数，完成数据初始化、申请内存空间等任务。

构造函数的函数名与 class 的名称相同，无函数类型，可以有输入参数，但不能有返回值。用户可以为 class 设定多个不同应用场景下的构造函数。

构造函数的逆函数是析构函数，也就是对象要撤消时最后一个调用的函数，它可以自动执行清理任务。如果构造函数中申请了内在空间，必须要在析构函数中清理，否则就会形成内在泄漏，正是因为如此，Java 等后继的面向对象的程序技术设定了垃圾回收器来完成相应的任务，但不如程序员自己设定的有效率。

同样的，析构函数跟在 class 的名字前加一个前导波浪符"～"构成。析构函数只能有一个，没有参数也没有返回类型。

（四）虚函数与重写

虚函数是 class 中被 virtual 关键字修饰的成员函数，其目的是用在扩展的 class 类型对于父类型具有相同功能的函数，但使用不同的策略实现，从而在保留父类型大部分功能的同时，使自己具有独特的功能，从而实现多态性（Polymorphism）。如下面的示例中，father 和 son 中都有 eat（）函数，但是 father 中的函数为虚函数，可以在 son 中重新赋予新的功能，因而调用它们时，father.eat（）会在屏幕上打印出"我是爸爸，我吃包子"，而 son.eat（）会在屏幕上打印出"我是儿子，我吃饺子"，两者调用方法相同，但执行了不同的内容。

程序示例 1-3：

```
1    #include<iostream>
2    using namespace std;
3    class father
4    {
5        public:
6            virtual void eat ( )
7            {
8                cout<<" 我是爸爸，我吃包子 "<<endl;
9            }
10   };
11
12    class son : public father
13   {
14       public:
15           void print ( )
16           {
17               cout<<" 我是儿子，我吃饺子 "<<endl;
18           }
19   };
```

如果在 father 中把 eat（）定义为"virtual void eat（）= 0"，则此时该函数称为纯虚函数。纯虚函数在 father 中不能有实现体，但在其扩展对象 son 中必须有实现体，其功能是为这一类对象提供相关功能的接口。

（五）this 指针与成员引用

this 指针是一个隐含指针，它指向对象自身，主要目的是在很多同名条件下明确操作的数据指对象的属性，可以在程序中直接应用。如：某一个 class 中有一个公有成员函数 addXy 要把该 class 的两个数据成员 x，y 相加，程序员会习惯把成员函数写成 addXy（x，y），然后在函数体中写成"$z=x+y$"，此时运算的是从函数入口传入的两个数；如果写成"z=this->x+this->y"，则使用的是 class 自己的 x 和 y 所具有的值，与函数入口传入的两个数无关。用 this 指针调用对象调用成员函数也是如此。

（六）静态成员

class 中的数据成员也可以是静态数据成员，定义时再一个关键词 static，其特点是该类静态变量的作用域是属于 class 的而不是某一个具体的对象实体的。如果需要 class 的派生 class 进行分类，用静态数据成员是一个很好的选择。同理，静态的成员函数所有权就也 class。

（七）拷贝函数与操作符重载

用户定义了 class 之后，就用它去定义对象实体了，同一个 class 的对象实体之间也可以用等号相互赋值，如假定 classAB 为用户定义好的对象，a 和 b 是其两个实例，则操作"classAB a=b"可把 b 的值赋给 a，与简单数据类型相似。在赋值时，希望对象 a 的数据完全等同于对象 b，但由于在赋值过程中，也会对对象 a 中的数据类型进行赋值，有时候会有一些问题，与 C++ 的赋值操作有关。

C++ 中的赋值操作有传值、传地址和引用三种类型：上述"classA a=b"是传值运算，传地址用"classAB *a=&b"表示，引用用"classAB& a= b"表示。传值运行时，计算机把 b 的值复制一份给 a，a 和 b 在内在中独立存在，赋值后 a 再进行操作和 b 进行的操作互不相关。传地址就把 b 的地址赋给 a，赋值后 a、b 两个变量同指向 b 的地值，a 的操作会影响 b，b 的值变化后也会影响 a 的值，这时候的操作有时候会因操作不同步而造成数据混乱，编译程序不出错，但计算结果出错，排错很困难；引用操作与传址操作类似，但是计算机并不给变量 a 分配地址，它只是变量 b 的别名，这样在任何时候它们两个都保持一致。

正因为 C++ 有三种操作，所以不同对象实例进行相互赋值时，需要高度谨慎，以保持数据传递的正确性。如果对象的成员变量仅是简单类型，则三种操作都可以实现数据的正确传递，但成员变量有指针或动态申请的内存空间时，如果简单用赋值语句，则 a 和 b 中的数据变量是两个相对独立的副本，而指针和内存空间是共同的对象，操作时也会出现数据混乱，因而需要在赋值时把相应的指针对象和动态申请空间内容也复制过来，才能实现数据的正确传递。

为确保任何时候数据都保持一致性，面向对象编程技术往往采用拷贝（copy）函数来实现赋值。拷贝函数也是构造函数的一种，它的参数本 class 的引用，如上述示例中拷贝函数的定义为"classAB（const classAB & b）{…}"，可以用"classAB a（b）"来代替"classAB a=b"。C++ 中默认支持拷贝函数，称为"浅拷贝"；但当成员变量有指针、动态数据变量时，需要自己编写拷贝函数，这种拷贝方式称为"深拷贝"。

除了拷贝函数以外，C++还提供操作符重载的功能，如给复数的运行重载"+""−"运算符，可以程序变单简洁。

七、开发工具

C++语言功能强大，但开发过程中要经过程序编辑、编译、连接等多个环节，早期的程序开发人员通常需要自己手工进行这些活动，因而如果有一个工具软件可以集成这些功能，就可以把以功能开发为主要任务的应用软件开发人员解放出来，这样的开发工具通常称为集成开发环境（Integrated Developing Environment，IDE）。对于一般的工程技术软件开发人员而言，一款功能优异的开发工具有很大的帮助。

C++的开发工具众多，有收费的商用软件和遵从GNU/GPL的自由软件，大家选择的余地很大。

典型的商用软件是微软的Visual C++，它最早开发于1993年，1998年发布的6.0版本曾经非常流行，其功能强大，不但集成了编辑—编译—调试功能，更是具有程序框架自动生成、灵活方便的类管理、代码编写和界面设计集成交互操作等优点，通过简单的设置就可使其生成程序框架。Visual C++ 6.0到目前已有30多年，发布了几十个新版本，微软公司早不再支持，但目前仍有很多编制基本程序的人员在使用，并且其IDE界面成为众多开发工具的范本。Visual C++ 6.0开发工具的界面如图1-5所示。

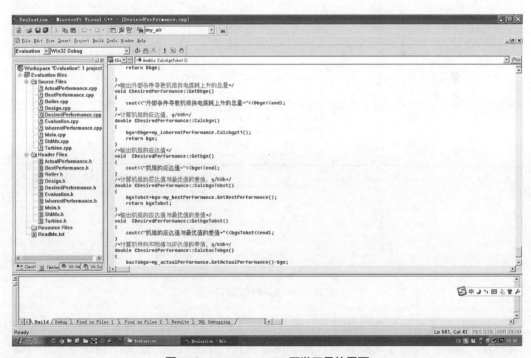

图 1-5　Visual C++ 6.0 开发工具的界面

与 Visual C++ 6.0 同期、一度比 Visual C++6.0 更加风靡的 C++ 开发工具是 Inprise

公司的 C++Builder，其 pascal 版本就是 Delphi，由于其封装性更加深入，使用便利性更高，曾经一度成为 21 世纪初 RAD 的主力。不过现在随着 RAD 整体开发技术的陨落，Visual C++、Delphi、C++Builder 整体在界面开发用的已经不多了。这些软件都升级了很多次，价格也比较贵，除了 Visual C++6.0 在某些纯算法程序开过程中有应用，使用 Delphi、C++Builder 的程序员已经不太多了。

遵从 GNU/GPL 的自由软件的种类就更多了，流行且典型的如 Eclipse，它最初是由国际商用机器公司 IBM 开发的 Java 语言 IDE 开发工具，2001 年 11 月贡献给开源社区，由非营利软件供应商联盟 Eclipse 基金会成为自由软件，可以支持 Java、C++、Python 等多种语言，且同时适用于 Windows 平台和 Linux 平台，可以开发跨平台软件，功能非常强大，受从众多软件开发人员的拥趸。Eclipse 的整体界面与 Visual C++ 类似，使用过 Visual C++ 的人员很容易上手，唯一的不足是 Eclipse 的原始开发软件是 Java，且为了适应多语言、多平台，现在的 Eclipse 越来越庞大，需要耗用大量计算机资源，同等条件下其运行速度明显慢于 Visual C++。Eclipse 的运行界面如图 1-6 所示。

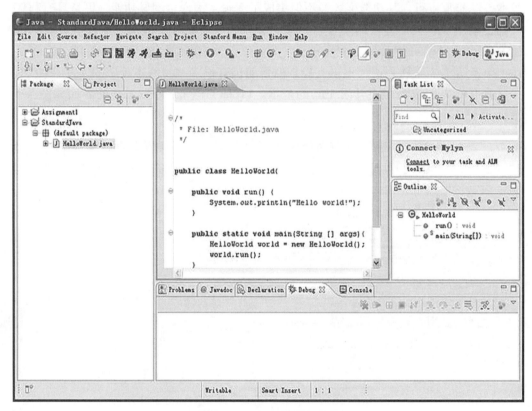

图 1-6　Eclipse 的运行界面

上述开发工具，均为功能强大、软件也庞大的软件系统，在计算专业中称为重量级开发工具，一般用于大型软件开发。开发本书的算法程序，也用不到那么多它们提供的辅助功能，应用 Visual C++6.0 就足够了。除此之外，还有很多遵守 GPL 协议的自由软件可以使用，本书推荐轻量级的 Dev-C++ 开发环境，它的运行界面包括多页面窗口、工程编辑器以及调试器等，在工程编辑器中集合了编辑器、编译器、连接程序和执行程序，提供高亮度语法显示，以减少编辑错误，还有完善的调试功能，整体功能和习惯上与 Visual C++6.0 几乎是一样的，非常适合初学者与编程高手的不同需求，本书中的程序均在 Dev-C++ 上开发的。轻量级 Dev C++ 的运行界面如图 1-7 所示。

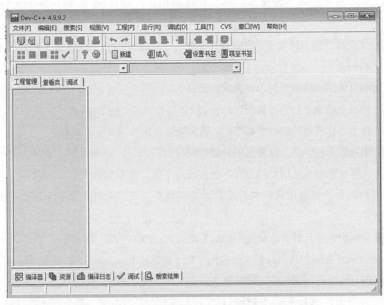

图 1-7　轻量级 Dev C++ 的运行界面

参考文献

［1］　北京锅炉厂.锅炉机组热力计算标准方法［M］.北京：机械工业出版社，1976.

［2］　冯俊凯，沈幼庭，杨瑞昌.锅炉原理及计算［M］.北京：科学出版社，2003.

［3］　周强泰.锅炉原理.3 版［M］.北京：中国电力出版社.2013.

［4］　车得福，庄正宁，李军，王栋.锅炉.2 版［M］.西安：西安交通大学出版社，2008.

［5］　范伟康.锅炉热力计算系统的理论、模型及框架研究［D］.浙江大学，2005.

［6］　李振全.我国电站锅炉热力计算方法应用的现状［J］.锅炉技术，2006，37（3）：41-44.

［7］　裘浔隽.用 Excel 实现锅炉热力计算［J］.锅炉技术，2008（33）.

［8］　张华.大容量锅炉热力计算程序开发与应用［J］.热能动力工程，2005，20（3）.

［9］　张生文.基于 Visual C++ 的锅炉通用热力计算程序的开发［J］.工业锅炉，2005，（5）：14-16.

［10］许跃敏.锅炉设计的通用热力计算模型［J］.工程设计，1997,（3）.

［11］宋福元.锅炉热力计算程序编制［J］.应用科技，2004，31（12）.

［12］张蕾.电站锅炉热力计算通用软件的编制及应用［J］.能源研究与利用，2006,（1）.

［13］丛境深.通用型电站燃煤锅炉热力计算程序的实现［J］.电站系统工程，2005，21（1）.

［14］霍志红.电站锅炉热力计算软件的改进与完善［J］.锅炉技术，2003，34（1）：65-67.

［15］吕玉坤.电站锅炉热力计算软件的通用性研究［J］.中国电力，1998，31（3）：52-55.

［16］吕玉坤.电站锅炉通用热力计算的编制［J］.热能动力工程，1998，13（9）：354-356.

［17］施永红.电站燃煤锅炉通用热力计算程序的编制［J］.电站系统工程，2007，23（6）：65-66.

［18］陈冬林.基于 VB 的电站燃煤锅炉热力计算通用程序设计［J］.锅炉技术，2002，33（1）：23-27.

［19］裴海灵.煤粉锅炉热力计算可视化软件的研制［J］.长沙电力学院学报（自然科学版），2004，19（3）：66-68.

［20］钟崴.面向对象的通用锅炉热力计算软件开发［J］.热力发电，2001，（1）：31-634.

［21］谭家栋.燃机余热锅炉热力计算程序的编制［J］.余热锅炉，2003，（1）：12-18.

［22］景晓冬.热力计算程序改进的尝试［J］.锅炉制造，2022，（1）：42-43.

［23］陈有福.电站燃煤锅炉热力计算通用性的研究与实现［D］.东南大学，2004.

［24］杨润红.大容量燃煤电站锅炉热力计算分析研究［D］.北京交通大学，2007.

［25］李伟.锅炉热力计算通用软件的开发及大容量锅炉变工况特性的研究［D］.华北电力大学，2000.

［26］钟崴.通用锅炉热力计算算法研究［J］.工业锅炉，2000（2）：24-27.

［27］孙龙.MS-Excel 在锅炉热力计算中的应用［J］.锅炉技术，2001，32（8）：11-14.

［28］钟崴.面向对象的通用锅炉热力计算算法研究［J］.热力发电，2001（5）：30-34.

［29］裴海灵.煤粉锅炉热力计算可视化软件的研制［J］.长沙电力学院学报（自然科学版），2004（19）：66-68.

［30］Stanley B. Lippman，Josee Laoie，Barbara E. Moo.C++ Primer 中文版 .5 版［M］.北京：中国电子工业出版社 .2013.

［31］Bruce Eckel. Java 编程思想［M］.北京：机械工业出版社 .2003.

［32］马增益.Windows 系统下流化床通用热力计算软件开发［J］.电站系统工程，1997，13（5）：48-51.

［33］齐志广.汽轮机热力性能试验通用计算软件的开发［D］.重庆大学，2007.

第二章　锅炉热力计算基础

热力计算的准备工作包括对于燃料的处理、传热工质特性的处理及对锅炉结构的宏观认识等。这部分工作相对比较简单，工作的"多态性"不强。本章先介绍热力计算准备过程中的燃料特性、用于燃烧的空气物性及锅炉热平衡等，然后介绍其特性封装及程序设计的方法，为热力计算做基础工作。

第一节　燃料特性

锅炉是组织燃料燃烧并生产蒸汽的设备，因而燃料的特性对于锅炉的设计与运行都非常重要，也是热力计算中首先需要处理的内容。由于我国大部分锅炉的燃料为煤，本节以煤为主要对象介绍，其他燃料读者可参考自行设计。

一、煤的基本特性

（一）特性分类与用途

煤的基本特性主要包括其组成成分、发热量、比热容、灰成分等，这些参数在生产过程中可用于机组状态的多方位分析，在热力计算中的用途比生产过程中少，主要用于计算过程中熔值与传热系数的确定，包括：

（1）煤的组成成分主要用于燃烧产物（烟气）的组成，进而确定烟气的熔值和烟气的成分特性，进一步影响烟气的传热系数。

（2）煤的发热量、煤种分类等主要用于确定煤的燃尽程度与锅炉效率，进而确定锅炉的燃料量。

（3）煤本身的物理显热也需要组分来确定，煤自身物理显热与其低位发热量共同构成锅炉的输入热量。

（二）组成成分

煤的主要组成成分为碳、氢、氧、氮、硫、水分和灰分，各成分常用收到基来表示，其关系为

$$C_{ar} + H_{ar} + O_{ar} + N_{ar} + S_{ar} + M_{ar} + A_{ar} = 100 \tag{2-1}$$

$$V_{ar} + FC_{ar} + M_{ar} + A_{ar} = 100 \tag{2-2}$$

式中　C_{ar}、H_{ar}、O_{ar}、N_{ar} 和 S_{ar}——收到基碳元素、氢元素、氧元素、氮元素和硫元素含量，%；

　　　　M_{ar}、A_{ar}、V_{ar}、FC_{ar}——收到基水分、灰分、挥发分、固定碳的含量，%。

下标中 ar 表示"arrive"，即收到基。

式（2-1）中煤的组成称为元素分析成分，由专门的实验室化验得到；式（2-2）表示的煤组成为工业分析成分，也是由实验室化验得到的，但工业分析相对简单，各电厂都有自己的实验室可以自行化验。

式（2-1）中前五种元素成分和式（2-2）中的前两个工业分析成分是煤中参与燃烧成分的不同描述方法，从数值上看两者之和是相等的（均等于 $100-M_{ar}-A_{ar}$），旧时称为煤中的可燃成分，现在通常称为干燥无灰基成分。碳元素的一部分和其他四种成分的绝大多数会在燃烧前的预热过程中发生热解反应、以气体的形式挥发出来，称为挥发分（volatile），并在其后快速燃尽。剩余的碳元素和灰分结合在一起，以固定碳（Fixed Carbon，FC）的形式在其后的燃烧中燃尽。

（三）基准

收到基表达的含义是试验室给出的"化验结果是基于化验实验室收到的样品基准进行化验得到的结果"，是站在实验室的角度而言的；原来收到基称为应用基，意即"该化验结果是基于实际应用（通常为入炉煤）的基准而进行化验得到的结果"，是站在以电厂为代表的实验室客户的角度而言的。现在社会分工越来越细，提供化验报告单的实验人员也不能完全判断送来的样本到底是基于实际应用，还是送样人已经有过处理（如经过磨制或空气干燥），因此一律改为收到基，一般只为来样负责，具体结果是不是完全适用于实际应用的，由送样人自己判断。

化验过程中还存在一些中间处理环节，如干燥、磨制等。经过不同的处理环节，煤的物质基础就发生了改变，因而除了收到基以外还有一些其他的基准，分别称为空气干燥基、干燥基、干燥无灰基。空气干燥基是在低温空气中对煤进行干燥，是实验室收到试验样品所做的第一个处理，以方便后续的化验；干燥基就是把煤中的水分全部蒸发掉以后再进行化验的基准；干燥无灰基就是化验后排除水、灰分这种不参与燃烧成分之后，仅仅对式（2-1）中参与燃烧的组成成分进行分析的基准，曾经称作可燃基，主要用作判断煤的燃烧特性参考依据。但是可燃基的表述并不十分准确，因为氧元素、氮元素可以参与燃烧反应，但不是可燃的成分，因而使用干燥无灰基来表述更加准确。

不同基准之间的换算关系如表 2-1 所示。

表 2-1　　　　　　　　　不同基准之间的换算关系（$x = Kx_0$）

x_0 ＼ K＼x	收到基	空气干燥基	干燥基	干燥无灰基
收到基	1	$\dfrac{100-M_{ad}}{100-M_{ar}}$	$\dfrac{100}{100-M_{ar}}$	$\dfrac{100}{100-M_{ar}-A_{ar}}$
空气干燥基	$\dfrac{100-M_{ar}}{100-M_{ad}}$	1	$\dfrac{100}{100-M_{ad}}$	$\dfrac{100}{100-M_{ad}-A_{ad}}$
干燥基	$\dfrac{100-M_{ar}}{100}$	$\dfrac{100-M_{ad}}{100}$	1	$\dfrac{100}{100-A_d}$
干燥无灰基	$\dfrac{100-M_{ar}-A_{ar}}{100}$	$\dfrac{100-M_{ad}-A_{ad}}{100}$	$\dfrac{100-A_d}{100}$	1

（四）发热量

动力煤的价值就在于其具有热量，因此发热量是煤最重要的特性。

发热量分为高位发热量和低位发热量两种类型，差别主要在于是否包含燃烧烟气中的水蒸气凝结释放出的汽化潜热，也就是燃烧烟气中水蒸气凝结成水以后放出的热量，常压下大约有 2422kJ/kg，数值比较高。高位发热量包含该汽化潜热，美国人则用 Higher heat value（HHV）表示，称为高位，其他国家英文中常用 gross（中译"毛"）来表述；低位发热量不包括水蒸气凝结释放出的汽化潜热，主要原因是考虑排烟温度通常高于 100℃、水蒸气不凝结成水，汽化潜热等排烟进入大气后才能放出。因为低位发热量数值小于高位发热量，所以美国人则用 Lower heat value（LHV）表示，即为低位，其他国家英文中常用 net（中译"净"）来表述。两者的关系为

$$Q_{ar, net} = Q_{ar,gr} - 216.45H_{ar} - 24.22M_{ar} \qquad (2-3)$$

式中　$Q_{ar, gr}$——收到基高位发热量，kJ/kg；

　　　$Q_{ar, net}$——收到基低位发热量，kJ/kg。

可基于元素分析化验结果，由门捷列夫公式来核算发热量化验的准确性，门捷列夫计算式为

$$Q_{ar, net} = 339C_{ar} + 1028H_{ar} - 109（O_{ar} - S_{ar}）- 25M_{ar} \qquad (2-4)$$

当空气干燥基灰分 $A_{ad} \leqslant 25\%$ 时，化验结果中的低位发热量与门捷列夫公式计算出的低位发热量偏差不会超过 ± 627kJ/kg；当 $A_{ad} > 25\%$ 时，化验结果中的低位发热量与门捷列夫公式计算出的低位发热量偏差不会超过 ± 836kJ/kg，如果计算值和化验值的偏差超出这个范围，则说明化验结果有问题，必须重新化验。

（五）煤的分类

煤种的分类方法很多，电力行业最关心的是煤的燃烧性能，按照煤质干燥无灰基（dried and ash free）中挥发分 V_{daf} 的含量，将煤分为无烟煤、贫煤、低质烟煤、烟煤、褐煤，见表 2-2。

表 2-2　　　　　动力煤按干燥无灰基中挥发分 V_{daf} 含量划分的煤种分类表

煤种类型	无烟煤	贫煤	烟煤		褐煤
			低质烟煤	正常烟煤	
V_{daf} 含量	<10%	10% ~ 20%	20% ~ 27%	27% ~ 40%	>40%

根据表 2-2 中的分类，在生产过程中由煤收到基工业分析来确定煤种特性煤的燃用方法也很有用。

热力计算中主要是用其来确定燃烧过程中的固体不完全燃烧损失，体现为飞灰和底渣含碳量。

（六）煤的分级

煤的组成中灰分、硫分和水分都不利于煤的应用，因此工业中采用把它们折算到 1kcal 发热量基准下进行比较，即单位发热量条件下的成分含量，称为煤的折算成分。

折算成分通常用来对煤的质量进行定级。

折算硫分为

$$S_{ar,eq} = \frac{S_{ar}}{Q_{ar,net}} \times 4186.8\%$$ （2-5）

当 $S_{ar,eq} > 0.2\%$ 时，称为高硫分煤。

折算水分为

$$M_{ar,eq} = \frac{M_{ar}}{Q_{ar,net}} \times 4186.8\%$$ （2-6）

当煤中的 $M_{ar,eq} > 8\%$ 时称为高水分煤。

折算灰分为

$$A_{ar,eq} = \frac{A_{ar}}{Q_{ar,net}} \times 4186.8\%$$ （2-7）

当 $A_{ar,eq} > 4\%$ 时称为高灰分煤。

《煤炭质量分级》（GB/T 15224.1 ~ GB/T 15224.3）中，煤炭定级改为直接用干燥基的成分确定，与直观感受是相同的，但在原理上不如传统定级方法明确，因为尽管两种煤某种成分的质量含量相同，但发热量不同，入炉后实际成分的变化相差很大。因此本书中还按传统的折算成分进行介绍。

热力计算中用不到煤的分级特性，但是在锅炉的设计中需要充分考虑煤的分级问题，例如，排烟温度就必须设计在烟气酸露点以上，与硫分的分级有关，相关内容读者可自行参考相关标准。

（七）煤的比热容

煤的比热容主要用于锅炉输入热量中显热部分的确认，显然它与自身组成成分相关。

由式（2-2）可知，煤通常由煤中参与燃烧的部分、灰分和水分三部分组成。参与燃烧的部分其组成主要是碳元素，其比热容相对比较稳定；灰分中主要成分有二氧化硅、氧化铝等矿物，其比热容与纯 SiO_2 差别不大；三部分的比热容均与温度有关，因而煤的比热容 $c_{c,ar}$ 可按这三种成分按质量加权计算而得

$$c_{c,ar} = \frac{c_{c,daf}(100 - A_{ar} - M_{ar}) + A_{ar}c_{as} + c_m M_{ar}}{100}$$ （2-8）

$$c_{c,daf} = 0.84 + 37.68 \times 10^{-6}(13 + V_{daf})(130 + t_c)$$ （2-9）

$$c_{as} = 0.71 + 5.02 \times 10^{-4} t_c$$ （2-10）

$$c_m = 4.1868 \frac{M_{ar}}{100}$$ （2-11）

式中 $c_{c,ar}$——煤的比热容，kJ/（kg·℃）；

$c_{c,daf}$——煤中可参与燃烧反应物质的比热容，kJ/（kg·℃）；

c_{as}——灰（渣）的比热，由 SiO_2 的比热容拟合而成，kJ/（kg·℃）；

c_m——水的比热，kJ/（kg·℃）；

t_c——煤的燃料温度，℃。

煤的比热容主要是热平衡计算时用于计算随煤带入锅炉的热量。因为设计过程的热力计算模型没有那么精细，所以一般不考虑这一项，但是性能试验时是要考虑的，如果精细的设计者考虑这一项是非常值得提倡的。

二、煤灰的特性

煤灰是煤燃烧后的残存物质，煤灰受热时会由固态逐渐软件，先转化为非牛顿流体，进而转化为流动性越来越好的液态。描述该过程的变量通常为变形温度、软化温度和流动温度三个温度，其熔化与融合的特性称为熔融性，决定了锅炉结渣与否、锅炉是否能安全可靠运行的重要因素。

严格来说，由于煤灰不是一种纯净的物质，并没有固定的熔点，所以表达煤灰的特性熔融性三个温度常用也是一个近似数据，通常用角锥法来测定：将煤灰制成高20 mm、底边长为 7mm 的等边三角形锥体，放在可以调节温度的，并充满弱还原性（或称半还原性）气体的专用硅碳管高温炉或灰熔点测定仪中，以规定的速度升温。加热到一定程度后，让灰锥在自重的作用下发生变形，随后软化和出现液态，根据目测灰锥在受热过程中形态的变化，记录三个形态对应的特征温度，如图 2-1 所示。

图 2-1　灰锥的变形和表示熔融性的三个特征温度
DT—变形温度；ST—软化温度；FT—流动温度

变形温度（deformation temperature，DT）指灰锥顶端开始变圆或弯曲时的温度；软化温度（soften temperature，ST）指灰锥锥体至锥顶触及底板或锥体变成球形或高度等于或小于底长的半球形时所对应的温度，有时还会把软化温度细分出半球温度（semi-sphere temperature）；流动温度 FT（fluid temperature）指锥体熔化成液体或展开成厚度在 1.5mm 以下的薄层，或锥体逐渐缩小，最后接近消失时对应的温度，也称熔化温度。

DT、ST 和 FT 是液相和固相共存的三个温度，不是固相向液相转化的界限温度，仅表示煤灰形态变化过程中的温度间隔。DT、ST、FT 的温度间隔对锅炉工作很有影响，如果温度间隔很大，那就意味着固相和液相共存的温度区间很宽，煤灰的黏度随温度变化很慢，这样的灰渣称为长渣，长渣在冷却时可长时间保持一定的黏度，故在炉膛中易于结渣；反之，如果温度间隔很小，那么灰渣的黏度就随温度急剧变化，这样的灰渣称为短渣。短渣在冷却时其黏度增加得很快，会在很短时间内造成严重结渣。一般认为，DT、ST 之差值在 200～400℃ 时为长渣，100～200℃ 时为短渣。

三个温度中，最重要的温度即为 ST，我国也称为 t_2。根据煤灰的熔融特性和煤灰的组成分布，可以把煤分为强结渣特性、中等结渣特性及不结渣特性的煤，对于在锅炉炉膛的形状、大小选择和运行优化都非常有用，如我国大量经验表明 t_2 超过 1250℃

的煤在炉膛内的结渣问题基本上都可以得到控制。

热力计算过程中不关注煤灰的熔融特性，但在锅炉设计过程中确定锅炉炉膛出口温度时是重要参考依据。

三、煤质特性自定义数据类型封装 CCoal

下面我们用 CCoal 来完成煤质特性中主要数据及其对应的计算工作进行封装，这是我们遇到的第一个需要封装的对象，封装过程中也对第一章中面向对象编程技术的思想进行一些验证。CCoal 的命名中，前面的 "C" 表示 class，后面的 Coal 表示封装对象的含义，即本例中对的煤，CCoal 即为 "class of coal"。本书中所有的对象均用此类命名原则，以达到可读性。

（一）封装的主要数据

所谓煤质特性封装就是利用面向对象的编程技术，用一段编程语言对煤质特性中的数据及其相应的操作（运算）进行描述。在软件开发中，可以这一小段程序成为一个整体，与煤质特性一一对应，操作这段小程序中的函数即相当于在热力计算中对煤质特性的数据进行运算。

1. CCoal 的数据类型说明

自定义数据类型 CCoal 定义如下：

程序代码 2-1：自定义数据类型 CCoal

```
1.     class CCoal
2.     {
3.         protected:
4.             double Car, Har, Oar, Nar, Sar, Aar,Mar, Aad, Vdaf; // 煤的成分
5.             double LHV, HHV;              // 煤的低位发热量和高位发热量
6.             int    classification;        // 煤种类型，只能为煤种类型中的
7.                                           常量
8.             double Aeq,Weq,Seq;          // 折算灰分、折算水分、折算硫分
9.         public:
10.            CCoal(){ };// 构造函数，与自定义类型重名;
11.            virtual ~CCoal(){};// 析构函数;
12.            // 煤种类型常量
13.            static const int Anthracite;
14.            static const int SemiAnthracite;
15.            static const int Bituminous;
16.            static const int PoorQualityBituminous;
17.            static const int SubBituminous;
18.            static const int Lignite;
        }
```

基于上述代码，自定义数据类型 CCoal 中的封装的数据分两部分，分别为保护级别为 protected（保护区）的数据类型和用于描述煤种类型的静态常量。其中：

位于保护区中为煤种的主要特性数据，每一个由 CCoal 定义的对象实例都会拥有一份这样的数据且这些数据不希望程序员直接操纵，包括：

（1）第 4 行和第 5 行描述的数据为收到基的各个成分、空气干燥基的灰分、干燥无灰基的设定挥发分、燃煤低位发热量和高位发热量。为了保证计算精度，统一用 double 类型的双精度数据（64 位二进制数据）。

（2）第 6 行为记录煤种的类型（coal classification），第 7 行为记录煤分级（coal grade）用的折算灰分、折算水分和折算硫分等；其中，煤种类型的值只能为第二部分中定义的常量。

第 13 行～第 18 行所规定第二部分即为定义煤种类型的常量，把它们定义为 CCoal 的静态常量，分别是 anthracite（无烟煤）、semiAnthracite（半无烟煤，基本上等于我国的贫煤）、bituminous（烟煤）、poorQualitybituminous（劣质烟煤，国外并无此分法）、SubBituminous（亚烟煤，相当于我国的长焰煤）和 lignite（褐煤），表示煤的种类，也就是第一部分中 classification 变量能使用的值。

Anthracite、SemiAnthracit、Bituminous、PoorQualityBituminous、SubBituminous 和 Lignite 是属于 CCoal 类的，编程时程序员随便给的数值可以相互区分就满足要求了，在 cpp 文件中初始化后就不能再改动了。如：

```
CCoal::Anthracite   =101;
CCoal::SemiAnthracite=102;
CCoal::Bituminous=103;
CCoal::PoorQualityBituminous=104;
CCoal::SubBituminous=105;
CCoal::Lignite=106;
```

这样，在程序设计时，如果根据 V_{daf} 的值判定某一个煤种是褐煤，就可以用常量给成员变量 classification 赋值，使程序更有可读性，如：

```
if(Vdaf>37)
    classification=CCoal::Lignite;
```

其中，"::"在 C++ 中称为作用域符号，前面有 class 的名称引领，后面跟的是 class 的成员变量或成员函数。

2. 数据变量封装使用原则

由于程序代码中无法使用上下标，无法使用希腊字母等复杂的字母，所以我们尽量用含义明确的英文变量来使程序更加接近自然语言中的公式，以提高程序可读性。

（1）采用大小写字母相间的方法表示上下标，如 Vdaf 表示 V_{daf}。

（2）用含义明确的英文字母或首字母缩略语表示公式中的常用字母。使用首字母缩略语和英文单词的原则：对于熟悉的变量，如其首字母缩略语 LHV 和 HHV 非常流行则直接在程序中使用，以避免语汇过长。如 LHV、HHV 表示低位发热量 $Q_{ar,net}$ 和高

位发热量 $Q_{ar,gr}$；对于不流行的煤种的这一特性，则直接使用全称"classification"。

（3）采用大小写间隔写的方法表示多个单词组成的含义复杂项，如采用"PoorQualityBituminous"表示劣质贫煤。另外一种流行的表示方法是通过下划线连接，表示为"poor_quality_bituminous"，会导致变量更加长。之所以用这么长的英文来代替传统开发中使用的拼音缩写，主要是为了方便程序阅读。

（二）CCoal 数据操作函数封装

因为封装后的 CCoal 核心数据都是私有的，所以必须开发一些公开的（public）成员函数来对其进行操作，主要包括赋值器 / 访问器等 class 需要的函数和煤质特性计算的数据两大类。

1. 成员变量的赋值器 setter 和访问器 getter

setter 用于设置变量的量，getter 用于返回变量的值，通常写作 getXXX（）和 setXXX（……）的样子。此类函数非常简单，通常可以写成一行，写在头文件的定义中，如以收到基含碳量 Car 为例，这两个函数分别为

```
public:
    void setCar(double car) { this->Car=car;}
    double getCar()  {return Car;}
```

也可以在头文件的定义中只写定义，而在 CPP 文件中用"∷"来实现，如把 getCar（）写在 CPP 中的语句为

```
    double CCoal::getCar() {return Car;}
```

按照 C++ 或 Java 程序设计的默认原则，通常每一个变量应当有一个 setter 和一个 getter，因此本书后面对于赋值器 setter 和访问器 getter 不再专门说明。

某些时候对某一个成员变量进行赋值时，可以触发一些业务逻辑，可以在 setter 里多写一些代码，如 CCoal 中，如果对 V_{daf} 进行赋值后，就可以顺势而判定其煤种条件（代码 2-2 中第 4 行和第 9 行）。

程序代码 2-2：挥发分赋值并判定煤种条件

```
1.     void CCoal::setVdaf(double Vdaf)
2.     {
3.         this->Vdaf=Vdaf;
4.         if(Vdaf <= 9.0)             classification=CCoal::Anthracite;          // 无烟煤
5.         if(Vdaf>9.0 && Vdaf<=19.0)  classification=CCoal::SemiAnthracite;       // 贫煤
6.         if(Vdaf>19.0 && Vdaf<=27.0) classification=CCoal::PoorQualityBituminous; // 低质
7.     烟煤
8.         if(Vdaf>27.0 && Vdaf<=40.0) classification=CCoal::Bituminous;            // 烟煤
9.         if(Vdaf> 40.0)             classification=CCoal::Lignite;             // 褐煤
10.    }
```

煤种分类的成员变量 classification 就只有 getter 函数 getClassification（）了。

同理，对于折算灰分、折算水分和折算硫分等变量，它们都是根据煤种数据计算而得，因而也不需要 setter，而只需要 getter 就可以了，如获得折算灰分的 getter 函数为

```
double CCoal::getAequ() { return 4190/LHV*Aar; }
```

2. 一次性给煤成分进行赋值的函数

都对煤的成分非常熟悉，通常都按"碳氢氧硫氮灰水"的顺序表示成分，希望一次性地把煤的组分输入完成，因此虽然编制了各个参数的 setter 和 getter，还是愿意编写一个一次性输入的函数，并且判定其值是否正确（第 12 行～第 16 行），如：

程序代码 2-3：一次性给煤成分赋值

```
1.   int CCoal::setComponents (double C, double H, double O, double N,
2.   double S, double A, double W)
3.       {
4.          Car = C;    // 碳
5.          Har = H;    // 氢
6.          Oar = O;    // 氧
7.          Nar = N;    // 氮
8.          Sar = S;    // 硫
9.          Aar = A;    // 灰分
10.         Mar = W;    // 水分
11.         if ( fabs ( Car+Har+Oar+Nar+Sar+Aar+Mar - 100  )>0.1 )
12.         {
13.            cout<<" 煤的成分有误！"<<endl;    // 用于调试
14.            return -1;
15.         }
16.          return 0;
17.       }
```

3. 对化验的发热量进行判别

利用式（2-3）和式（2-4）把低位发热量换成高位发热量，再用门捷列夫判定化验的发热量是否在误差范围之内的规律封装为

程序代码 2-4：一次性给煤成分赋值

```
1.   BOOL CCoal::isLHVright ( )
2.   {
3.       double HHV=339*Car+1256*Har-109* ( Oar-Sar );
4.       double LHV=HHV-2500* ( 0.09*Har+0.01*Mar );
```

```
5.      double dHv=this->LHV - LHV;
6.      If ( Aad<=25 )
7.              If ( dHv>=627 ) return FALSE;
8.              else return TRUE;
9.      else
10.             If ( dHv>=836 ) return FALSE;
11.             else return TRUE;
12. }
```

第 7 行～第 9 行程序中的 BOOL 称为布尔量，只有真（TRUE）和假（FALSE）两个值。C++ 中 BOOL 实际是整数类型的，TRUE 的值实际上是 1，FALSE 的值实际上是 -1。Java 或 Python 中通常用 boolean 表示，是一种单独的数据类型。

4. 煤灰、水分和硫分的分级 (grade)

利用式（2-6）～式（2-8）计算所得的折算灰分、折算水分和折算硫分数据来判定，如判定是否是高灰分煤可用：

```
int CCoal::isHighAshContentCoal()
{
    Aeq = Aar*LHV/4187;
    return (Aeq <= 4.0) ? : FALSE : TRUE;
}
```

5. 计算煤的比热容

可根据式（2-8）～式（2-11）来计算煤的比热容，如：

程序代码 2-5：煤的比热计算

```
double CCoal::getSpecificHeat ( double t )
{
    double Cm = 4.1568*Mar/100;
    double Cash = 0.71+0.000502*t;
    double Ccdaf = 0.84+37.68* ( 13+Vdaf ) * ( 130+t ) /1000000;
    return ( Ccdaf* ( 100-Aar-Mar ) +Aar*Cash+Mar*Cm; ) /100;
}
```

（三）virtual 属性

CCoal 的析构函数前面还定义了 virtual 属性，它也是 C++ 的关键字。如果某一个函数被标为 virtual，则表示 CCoal 的派生 class（假定为 CShenhuaCoal，神华煤）中重写来实现对 CCoal 中该函数的覆盖。当 CShenhuaCoal 以 CCoal 的身份（指针）运行时，它对该函数的调用实际上调用的最底层 class 类中的该函数，也就是调用 CShenhuaCoal 中的该函数，有了这样的技术才能保证面向对象中的多态性的体现。因此，如果需要在派生 class 中重写该函数以表示多态，一般需要将上层 class 中的函数定义为 virtual 属性。

四、混煤

（一）组成成分

因为我国煤炭市场的复杂性，很多锅炉无法燃用自己的设计煤种，多煤种掺烧是锅炉非常常见的。由于两种煤送入锅炉时，两种煤种之间并没有发生化学反应，所以它们是物理掺混的，它们的组成成分简单地按混煤中各煤种给煤量加权平均就可以得到混煤的组成成分计算问题。如，两种煤分别为 coal1 和 coal2，其质量分别为 cg1 和 cg2，则混煤中灰分为（coal1.Aar×cg1+coal2.Aar×cg2）/（cg1+cg2）。

（二）燃烧特性

煤的燃烧特性主要取决于煤的挥发分。与煤中其他组成成分不同，挥发分是比较独特的。因为它是煤种着火前热解反应的结果，所以两种不同的煤种热解反应也是独立进行的，混煤的挥发分的量也可以按给煤量加权平均计算。但同时也应当注意到，两种煤热解反应后产生的挥发分对于燃烧特性的影响也是不同的。

（1）混煤中各煤种热解产生的挥发分的量不同。

（2）混煤种各煤种热解挥发分的发热量并不同，挥发分析出有先后时间差，使挥发分燃烧的集中度下降、引燃固定碳的能力下同。

（3）各煤种挥发分挥发后的固定碳的颗粒大小和多孔性不同，也会影响煤的燃烧特性。挥发分高的煤，其挥发分析出后在煤焦中产生较大的孔洞，有利于空气的进入，加大接触面积，因此有利于燃烧与燃尽，而挥发分低的难燃煤粉颗粒挥发分析出后的孔小且少，不利于氧气与煤中的碳元素接触，其煤焦的燃烧性能比其他一同入炉的高挥发煤煤焦要差一些。混煤中两种固定碳煤焦的燃尽潜力不同，因而与两种煤的挥发分分布有很大关系。

尽管混煤和单一煤种的燃烧特性都随着挥发分含量而增加，但是燃烧特性不能简单地按这一物理挥发分考量，而是需要看其效果再确定，特别是两种煤质特性差别比较大的条件。研究结果显示，单一煤种着火燃尽性能均大于相同挥发分的混煤，混煤的着火温度比相同挥发分的单一煤种高，即混煤比挥发分相同的单一煤难着火，两种混煤的燃烧特性介于两种单一煤种燃烧特性之间，挥发分初析温度与混合煤种性能较优的那种煤接近。

国内研究较多的是曾汉才教授为首的华中科技大学煤燃烧国家重点实验室、以秦裕琨教授为主的哈尔滨工业大学国家电站燃烧工程中心、以岑可法教授为首的浙江大学热能研究所及哈尔滨成套所／哈尔滨锅炉厂等单位。曾汉才给出了烟煤掺烧无烟煤的等效挥发分的概念（与单一挥发分相类似着火性能的挥发分）与计算公式，即

$$V_{\text{daf,e}} = 0.8991 \times V_{\text{daf,t}} - 0.3470 \qquad (2\text{-}12)$$

式中　$V_{\text{daf,e}}$——等效挥发分，即与单一挥发分相类似着火性能的挥发分数值，%；

$V_{\text{daf,t}}$——实测的混煤的挥发分，%。

在热力计算中，对于挥发分的主要目的是用来判断煤种燃烧特性，因而混煤的过程需要采用式（2-12）来为挥发分进行平均，相关代码为

程序代码 2-6：混煤（默认 1：1 比例）

```
1.  void CCoal::mean(CCoa1 c1, CCoal c2, double g1=0.5, double g2=0.5)
2.  {
3.      Car = (c1.Car*g1+ c2.Car*g2)/(g1+g2);     // 碳
4.      Har = (c1.Har*g1+ c2.Har*g2)/(g1+g2);     // 氢
5.      Oar = (c1.Oar*g1+ c2.Oar*g2)/(g1+g2);     // 氧
6.      Nar = (c1.Nar*g1+ c2.Nar*g2)/(g1+g2);     // 氮
7.      Sar = (c1.Sar*g1+ c2.Sar*g2)/(g1+g2);     // 硫
8.      Aar = (c1.Aar*g1+ c2.Aar*g2)/(g1+g2);     // 灰分
9.      Mar = c1.Mar*g1+ c2.Mar*g2)/(g1+g2);      // 水分
10.     Var = (c1.Var*g1+ c2.Var*g2;)/(g1+g2)     // 水分
11.     LHV = (c1.LHV*g1+ c2.LHV*g2)/(g1+g2);
12.     HHV = (c1.HHV*g1+ c2.HHV*g2)/(g1+g2);
13.     Vdaf=(Var/(1-Aar/100-Mar/100))/(g1+g2)*0.8991-0.3470; // 式（2-12）
14. // 其他初始化工作
    }
```

程序代码 2-6 中，在 CCoal 的混煤 mean 函数中操作两个 CCoal 对象，这是可以的，因为它们两个 c1 和 c2 只是数据类型和 CCoal 自己相同，而实体并不是一样的，所以不是自己循环引用自己，这种特性使用起来非常方便。同时，在 mean 函数中，第 3 行~第 12 行完成了按比例加权平均得到的煤种中各个实际的组成成分，然后用第 13 行程序按式（2-12）给出了基于功能的 V_{daf}，它就可以用于混煤的煤种特性判断了。

（三）其他特性

煤种的其特性，如煤灰的融熔特性、可磨性等，其处理过程与混煤的燃烧特性处理过程类似。需要先加权平均求得相关因素的物理含量，然后再通过该物理含量求解相关特性。

五、其他燃料

锅炉燃用的液体燃料、气体燃料等，其燃料特性的处理是类似的。由于本书介绍的热力计算软件是以燃煤为燃料的锅炉设计的，对于燃用其他燃料的锅炉，读者可以尝试完成，即可实现标准化设计工作。

第二节　空气物性

因为空气是煤燃烧反应的氧化剂，所以需要讨论空气的特性，包括空气的组成、干空气比定压热容、密度、运动黏度、导热系数、普朗特数等参数。与煤的特性相似，空气物性用 CAir 来封装，技术难度比煤特性 CCoal 略简单，因而本节给出其简单实现。

一、空气的组成

干空气的组成成分主要有氮气、氧气及十余种含量极小的惰性气体、CO、NO_x 等气体，非常复杂。由于惰性气体含量很小，特性上又与氮气相似，因而在工业过程中通常将干空气视作主要组成成分为 21% 的氧气（O_2）和 79% 氮气（N_2）的物质。

实际燃烧使用的是湿空气，它是干空气和水蒸气组成的物质。由于水蒸气的存在，水蒸气的占比又随温度的变化而经常变化，所以真实的湿空气中氧氮的比例不是确定的，对每一种真实空气进行计算将会非常复杂。工业过程中一般用 1kg 干空气可以携带的湿空气千克数来表示真实空气，这种表示方法即为干空气的绝对湿度，单位为 kg/kg。湿度的表示方法避免对每一种具体的真实空气直接测量或计算氧、氮的比例，使问题大为简化，湿空气的特性可以用干空气与水蒸气占比加权平均计算。

二、空气的特性

很早之前科学家们就为我们测定了各种气体的物性参数，如比定压热容 c_p、黏度等，均以表格的方式给出。由于常规锅炉采用微负压模式燃烧，空气的这些物理性质参数的选取可以近似地采用当地大气压。这些物理性质参数总体上与温度成接近线性的关系，实际计算可采用高阶多项式拟合。干空气、CO_2 气体等多种真实气体各种温度条件下的焓值，可以直接进行插值。

（一）干空气比定压热容

热力计算中空气最重要的参数就是比热容，比热容主要用于确定空气的焓值。73 年热力计算标准给出计算式为

$$c_{p,a} = A + B \cdot t_a + C \cdot t_a^2 + D \cdot t_a^3 + E \cdot t_a^4 + F \cdot t_a^5 \tag{2-13}$$

式中　$c_{p,a}$——干空气从温度 $t \sim t_{re}$ 之间的平均比定压热容，kJ/（$m^3 \cdot °C$）；

　　　t_a——空气的温度，°C；

　　　t_{re}——焓值或比热表中所给比热容的基准温度，°C。

由于空气是气体，用标准状态下的容积更好测量，因此大多数情况下空气量的单位采用 m^3，但也有不少教材或标准中采用千克来表示空气量。如果采用千克来计量空气量，则比热容单位为 kJ/（kg·°C），同时计算的系数也有不同。所有本书中气体物量的计算均用容积。

通常热力学教材、标准中给定的焓值表基准温度 t_{re} 为 0°C，根据 1973 年热力计算标准，焓值基准温度 t_{re} 为 0°C 的各个系数分别为

A—— 0.31519196；　　　　　　B—— 0.0000035619473；

C—— 0.000000060760977；　　D—— $-5.1300306 \times 10^{-11}$；

E—— $1.7716406 \times 10^{-14}$；　　F—— $-2.2616689 \times 10^{-18}$。

（二）干空气比焓

干空气比焓值可由比热容与其温度计算，如标准状态条件下的单位容积干空气的焓值计算式为

$$H_{a,d} = c_{p,a}(t_a - t_{re}) \tag{2-14}$$

式中　$H_{a,d}$——标准状态下单位容积干空气的焓，kJ/m^3；

　　　t_{re}——焓值或比热表中所给比热容的基准温度，℃。

自从 ASME PTC 4—1998《蒸汽发生器性能试验规程》把焓值表基准温度确定为 25℃ 后，现在不少国内标准的焓值温度也把基准温度定为 25℃，此时的式（2-13）中的系数需要变化，$c_{p,a}$ 的数值也会变化，但式（2-14）得到的焓值差并不会变化。读者应用时需要注意其中的差别。

（三）湿空气的焓

湿空气的焓由干空气的焓与其携带的水蒸气的焓组成，如式（2-15）所示。

$$H_{a,w} = H_{a,d} + \frac{c_{p,wv}\rho_{a,0}k_a}{\rho_{wv,0}}(t_a - t_{re}) \tag{2-15}$$

式中　　　$H_{a,w}$——标准状态下单位容积湿空气的焓，kJ/m^3；

　　　　　$c_{p,wv}$——标准状态下水蒸气比定压热容，kJ/（m^3·℃）；

　　$\rho_{a,0}$、$\rho_{wv,0}$——标准状态下干空气和水蒸气的密度，分别取 1.293kg/m^3 和 0.804kg/m^3；

　　　　　k_a——空气的绝对湿度，kg/kg（水蒸气/干空气）。

下标 d 表示 dry，对应在 w 表示 wet，wv 表示 water vapor。

热力计算中通常把 k_a 的值取为 0.01。

（四）运动黏度

运行黏度主要用于计算换热系数中用的雷诺数。1973 年热力计算标准给出五阶多项式拟合式，即

$$v = A + Bt + Ct^2 + Dt^3 + Et^4 \tag{2-16}$$

式中　v ——干空气的运行黏度，m^2/m^3；

　　　A ——1.320345 × 10^{-5}；

　　　B ——8.998863 × 10^{-8}；

　　　C ——9.74565 × 10^{-11}；

　　　D ——−3.0626595 × 10^{-14}；

　　　E ——7.01870781 × 10^{-18}。

（五）导热系数

导热系数也用于计算换热系数中用的雷诺数。1973 年热力计算标准给出六阶多项式拟合式，即

$$\lambda = A + Bt + Ct^2 + Dt^3 + Et^4 + Ft^5 + Gt^6 \tag{2-17}$$

式中　λ ——干空气的导热系数，W/（m·℃）；

　　　A ——2.43134559；

　　　B ——7.71088561 × 10^{-3}；

　　　C ——1.76566694 × 10^{-6}；

D ——-1.99162363 × 10^{-8}；

E ——3.60889506 × 10^{-11}；

F ——-2.87419894 × 10^{-14}；

G ——8.71274466 × 10^{-18}。

（六）普朗特数

通常 $Pr = \dfrac{\mu c_p}{\lambda}$ 数作为物性常数，按式（2-18）计算，即

$$Pr = A + Bt + Ct^2 + Dt^3 + Et^4 + Ft^5 + Gt^6 \qquad (2\text{-}18)$$

式中　A ——7.10340128945981 × 10^{-1}；

B ——- 3.06166050961074 × 10^{-4}；

C ——9.84251057182741 × 10^{-7}；

D ——-1.62242084819282 × 10^{-9}；

E ——2.06525875562031 × 10^{-12}；

F ——- 1.61536387007514 × 10^{-15}；

G ——5.03996408913444 × 10^{-19}。

三、空气物性封装 CAir

（一）定义和数据

在 CAir 求焓的核心函数中，需要用到空气的绝对湿度 humidity、温度 temperature，两个数据除都可以有自己的 setter 和 getter 外，还要实现计算导热系数、运动黏度、普朗特系数、比定压热容、比焓等。

CAir 类代码为

程序代码 2-7：空气的封装

```
class CAir
    {
    public:
        CAir(){ humidity=0.01;};
        CAir(double t,double humidity=0.01){temperature =t;this-
                        >humidity=humidity;};
        virtual ~CAir(){};
    // 各个特性参数的计算方法，都是基于温度
        double calcThermalConductivity(double t);
        double calcKinematicViscosity(double t);
        double calcPr(double t);
        double calcCp(double t);
        double calcEnthalpy(double t);
        double calcTemperature(double enthalpy);
```

```
// 各个参数的 setter 和 getter/
//......
// 四个关键参数：温度、湿度、压力与焓，均用英语表示
  protected:
      double temperature;
      double humidity;
      double pressure;
      double enthalpy;
      double excessiveAir;
  };
```

由于字母太长而且又很常用，温度、压力和焓的 getter 就用简单字母表示为 getT（）、getP（）和 getH（）。湿度因为用得不多，还使用其标准化的 getHumidity（）。

（二）温度—焓值互求

热力计算关于空气的操作主要是通过温度求焓值和通过焓值求温度，这两个功能都是通过焓值计算实现的。

程序代码 2-8：空气的焓温转化

（1）通过温度求焓值。

```
double CAir::calcEnthalpy(double t)
{
    double HDryAir=4.1868 * calcCp(t) * t;
    double HWv  =  CWaterSteam::Cp(t)*humidity*1.293/0.8;
    enthalpy=HDryAir+HWv;
    return enthalpy;
}
```

（2）通过焓值求温度。

```
double CAir::calcTemperature(double enthalpy)
{
    if(temperature==0)
      temperature = 100.0;
    double ha;
    do{
        ha = calcEnthalpy(ta);
        temperature = temperature*enthalpy/ha;
    } while( fabs(enthalpy-ha) > 0.5 );
    return temperature;
}
```

（3）温度和焓的转化是程序中应用最多的两个函数，通常设置这一个数时就会同时更新相应的其他所有数据，如常见的设置空气的焓为某一值时会根据新的焓值 H 更新温度 temperature。

```
void CAir::setEnthaply(double H)
{
    Enthalpy=H;
    temperature=calcTemperature(H);
    //......更新其他参数
}
```

同样的，如果设置温度也会同时把焓值等参数更新过来。这样，一方面在"焓 –温"转化方面省去大量程序，另一方面使程序更简洁，更有逻辑性。

本章的其他物质，如后面的汽水、烟气等同样采用设置及更新的程序设计技术。

（三）黏度、导热系数等参数

黏度、导热系数等参数在空气预热器的热力计算时用到，由前文所述的拟合函数即实现，分别为

程序代码 2-9：空气的特性计算

1. 求空气的导热系数

```
double CAir::calcThermalConductivity()
{
    double km[7] = {2.43134559, 7.71088561e-03, 1.76566694e-06,
            -1.99162363e-8,
            3.60889506e-11, -2.87419894e-14, 8.71274466e-18};
    double klam=0;
    for(int i=0;i<7;i++)
    klam=klam+km[i]*pow(t,i);
    return  klam;
}
```

2. 求空气的运动黏度

```
double CAir::calcKinematicViscosity()
{
    double knu=0;
    double kn[5] = { 1.320345e-5,  8.998863e-8, 9.74565e-11,
            -3.0626595e-14,  7.01870781e-18 };
    for(int i=0;i<6;i++)
        knu+=kn[i]*pow(t,i);
    return  knu;
}
```

3. 求空气的普朗特数

```
double CAir::calcPr()
{
    double kpr=0;
```

```
double pr[7] = {7.10340128945981e-01, - 3.06166050961074e-04,
    9.84251057182741e-07, -1.62242084819282e-09,2.0652587556203
    1e-12, - 1.61536387007514e-15, 5.03996408913444e-19};
for(int i=0;i<7;i++)
    kpr=kpr+pr[i]*pow(t,i);
return  kpr;
}
```

4. 求空气的比定压热容

```
double CAir::calcCp()
{
    double ck=0;
    double cp[5] = {0.31519196 ,0.0000035619473, 0.000000060760977,
                    - 5.1300306E-11,1.7716406E-14,- 2.2616689E-18};
    for(int i=0;i<6;i++)
        ck+=cp[i]*pow(t,i);
    return ck;
}
```

（四）缺省参数

热力计算过程中，通常把湿度假定为 0.01，即每千克干空气携带 0.01kg 的水蒸气。因此上述的 humidity 缺省值为 0.01。为了方便由温度直接构造 CAir 对象，还构造了使用温度和湿度作为参数的构造函数 CAir(double t,double humidity=0.01)，并使用了在定义中使用缺省参数的用法，如果构造对象时不对 humidity 赋值，其值就为 0.01 缺省值，这是 C++、Java 之类的技术的一种具体的用法，使程序设计非常方便，本书中将大量应用，不再赘述。

（五）平均值

空气的平均值计算与第一节中煤种的平均计算相类型，与混煤不同的是空气的平均通常只考虑组成成分，权重按容积比计算而不是质量比。相应的代码为

程序代码 2-10：平均空气的计算

```
void CAir::mean(CAir* a1, CAir* a2, double v1=0.5, double v2=0.5)
{
    pressure = (a1->pressure*v1+a2->pressure2*v2) / (v1+v2);
    humidity = (a1->humidity*v1+a2->humidity*v2) / (v1+v2);
    enthalpy = (a1->enthalpy*v1+a2->enthalpy*v2) / (v1+v2);
    calcTemperature ( );
    calcThermalConductivity ( );
    calcKinematicViscosisty ( );
    calcPr ( );
}
```

第三节　水和水蒸气性质

水和水蒸气在工业中的地位太重要了，因而其性质是作为世界级课题进行研究的。这些研究通常通过理论分析与实验相结合采用拟合的方法得到水和水蒸气的性质计算模型，较典型的有美国麻省理工学院提出的 MIT 模型、热工研究所提出的 BT 模型、美国国家标准局和加拿大研究局共同提出的新的水蒸气状态方程式等。当前在工业领域通用的计算模型是水和水蒸气性质国际协会（International Association of Properties of Water and Steam，IAPWS）工业化委员会（Industrial Formulation Committee，IFC）提出的计算式。该式于 1967 年首次提出，并于 1997 年修订，分别称为 IFC67 和 IFC97，IFC97 也称为 IAPWS-IF97 式。对于这些成果直接采用就可以了。

IFC 的核心是基于温度和压力把水和水蒸气分为 5 个区域，对于水和水蒸气的所有性能都进行计算，笔者进行了大量的对比计算，IFC97 和比 IFC67 式在饱和线附近的区域内有较大的差别，其他过热蒸汽和水区的偏差远小于一般工程的要求。IFC97 发布后，国内外在 2000 年前后就有大量的研究团队、以共享软件的形式进行了相关研究，读者可以下载免费的源码，以更好地适应大型机组的计算需求。水和水蒸气性质分区示意如图 2-2 所示。

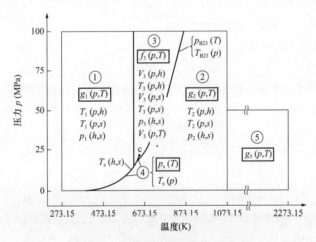

图 2-2　水和水蒸气性质分区示意

考虑这些源码大多数都是用 C 语言实现的。同时，它们为了实现 IFC97 中所有水和水蒸气所有的物性、编制的函数众多，直接调用不方便。在热力计算中，主要是用到焓值与温度相互转换的功能，通常还伴随有流量参数，因而本书中编写了 CWaterSteam 类对先前的 C 语言程序进行封装。

CWaterSteam 主要完成根据工质温度和压力求解焓值，根据焓值求解温度及比热容、比容积、导热系数等参数的计算功能，其主要定义为

程序代码 2-11：水与水蒸气物性计算

```
class CWaterSteam
{
    public：
        CWaterSteam ( ) {};
        virtual ~CWaterSteam ( ) {};
        void calcEnthalpy(double p,double t);
        void calcTemperature(double p,double enthalpy);
        void calcSpecificVolume(double p, double t);
        void calcThermalConductivity(double p, double t);
        void calcKinematicViscosity(double p, double t);
        void calcPr(double p, double t);
        /*getter 和 setter 函数略......*/
    protected:
        double pressure, temperature, enthalpy;
        double flowRate;
        double specificVolume;
        double thermalConductity;
        double kinematicViscosity;
        double PrNumber;
    };
```

C++ 语言中引用 C 语言编写的函数时需要先用 extern 声明，如利用水蒸气温度和压力来计算焓值的 C 语言函数为 "double pt2h(double p, double t)"，需要事先声明为

```
External "C" {
    double pt2h(double p, double t);   // 基于 P、t 计算焓值
    // 其他函数略......
    }
```

CWaterSteam 的成员变量 enthalpy 用于存放焓值，就可以直接调用 pt2h 了，如求焓值成员函数 calcEnthaply 中：

```
void CWaterSteam::calcEnthalpy(double p,double t)
{
    this->enthalpy= pt2h(p,t);
}
```

为保证计算这些温度和压力作为根源物性参数变化引起的所有物性变化时，可以设置一个更新函数 update() 来及时更新

```
void CWaterSteam::update()
{
    calcEnthalpy(p,t);
```

```
calcSpecificVolume(p, t);
calcThermalConductivity(p, t);
calcKinematicViscosity(p, t);
calcPrp(p, t);
}
```

这样，当温度和压力参数更新完成后，就可以调用 update 函数来保持数据的一致性，例假定再热器进口蒸汽用 reheatSteamInlet 表示，其初值数据设置时就可以用：

```
CWaterSteam reheatSteamInlet;
reheatSteamInlet.setP(p);
reheatSteamInlet.setT(t);
reheatSteamInlet.update();
......
```

reheatSteamInlet 调用 update() 更新完成其他物性后，假定用来求导热系数时就可以调用

```
double tc = reheatSteamInlet.getThermalConductivity();
```

再如，热力计算经常用的两个 WaterSteam 对象做平均，可以调用

程序代码 2-12：水与水蒸气平均计算

```
voild CWaterSteam :: mean(CWaterSteam* w1,CWaterSteam* w2,double f1=0.5,double f2=0.5)
{
        pressure=（w1->pressure*f1+w2->pressure*f2）/（f1+f2）;
        flowRate =（w1->flowRate*f1+w2->flowRate*f2）/（f1+f2）;
        enthalpy =（w1->enthalpy*f1+w2->enthalpy*f2）/（f1+f2）;
        calcTemperature（ ）;
        update（ ）;
}
```

第四节 烟气的特性

烟气是锅炉烟气侧放热的主要载体，涉及锅炉的性能、传热过程、风烟系统阻力、运行调整和优化等各方面的工作。烟气物性主要包括烟气的产量、组成成分、比热容特性、导热特性、黏度特性等参数。其中，烟气的产量、组成成分和比热容特性是基于单位燃料的基础上计算的，需要根据各成分的占比加权平均计算得到，而运动黏度、导热系数等与烟气成分相关性不那么强的特性可由代表性烟气的特性拟合而成，是基于单位烟气而非单位燃料产生的烟气计算而得的结果。

一、烟气组分和产量

（一）烟气的来源及组成
烟气由空气与煤燃烧而产生，烟气的组成、各组分点比及产量均与煤的组成成分

密切相关。各种煤燃烧后生成的烟气差别较大，可利用煤种的收到基元素分析成分，通过燃烧反应的当量关系计算得到这些特性。煤中 5 种元素参与燃烧时，对应的燃烧反应分别为

$$C+O_2=CO_2 \qquad\qquad (2-19)$$

$$S+O_2=SO_2 \qquad\qquad (2-20)$$

$$2N=N_2 \qquad\qquad (2-21)$$

$$2H_2+O_2=2H_2O \qquad\qquad (2-22)$$

上述反应是完全燃烧的表述。完全燃烧有两个层次的含义：一指所有的反应都燃烧成最终燃烧产物，没有如 CO 之类的中间产物；二指煤中所有的成分都进行了反应。

实际锅炉中反应中总不能完全满足上述条件：

（1）硫元素（S）和氢元素（H）性质活泼，通常可以认为全部参与燃烧反应，但也有部分 CH_4、C_mH_n 和 H_2 等产物生成；因为氮元素都是以有机物形式存在的，所以燃烧时氮总有一部分生成氮氧化物 NO_x，且燃烧温度越高、过量空气越多时，NO_x 的浓度越高，是污染排放的成分。与烟气容积相比，一般这些生成物的含量很少，NO_x 会有几十个 10^{-6} 到几百个 10^{-6}，CH_4、C_mH_n 和 H_2 等通常只有几个 10^{-6}，因而在烟气计算中可以忽略。

（2）碳元素进行的两相反应，燃烧时不但可以生成 CO_2，也可以生成 CO。电站锅炉在有限的时间内总有不可忽略的碳元素没有发生反应，而是以飞灰和底渣可燃物的形式排出锅炉，这部分未燃尽的碳元素占总煤量的比例有可能会超过 1%，因而烟气计算时不可忽略。

考虑这部分未完全燃烧碳元素的衡量通常有两种方式：①在锅炉投产后，飞灰可燃物和底渣可燃物都是可以直接测量的，可以通过这些数据测量出实际进行了燃烧的煤的量，然后进行燃烧产物的计算；②设计时的热力计算，由于飞灰可燃物和底渣可燃物都是没有数据的，设计者往往是通过煤种特性来直接判定其带来的效率影响，因而先假定燃烧完全反应确定烟气产物，然后又用计算燃料量来考虑燃烧不完全时的情况。

通过飞灰可燃物含量和底渣可燃物含量来确定煤的燃烧情况概念清楚，层次分明，且在生产实践中有大量的数据验证，因此是本书中选择的计算方法。

（二）灰渣可燃物与确定实燃碳含量

假定飞灰和底渣中未燃烧的部分只有碳元素（C），因此可以用煤中的碳元素减去以飞灰和底渣的型式排出锅炉的碳元素后数值，称为"实燃碳"含量 $C_{bd,ar}$。可以认为锅炉中送入的燃料就是碳元素为实燃碳含量的煤种，且最终发生了完全燃烧，这样就可以用其来确定理论空气量、燃烧后的烟气容积及各组分的容积占比（等同于摩尔比）。

飞灰与底渣可燃物就是碳元素，因此也称灰、渣的含碳量，通常以烧失法来化验，即通过长时间的高温灼烧并给以足够的空气让其充分燃烧完全后称重，通过计算烧失掉的质量占灰渣质量的比例求得。在知晓煤元素分析结果，并认为飞渣可燃物主要

是碳元素的提前下，可利用飞灰、底渣的分配关系，计算出煤中碳元素实际燃用的部分，即

$$C_{bd,ar} = C_{ar} - C_a = C_{ar} - \left(\frac{r_{fa}C_{fa}}{100 - C_{fa}} + \frac{r_{ba}C_{ba}}{100 - C_{ba}} \right) A_{ar} \qquad (2\text{-}23)$$

式中　　$C_{bd,ar}$——实际燃烧了的碳元素的含量，收到基，百分比，%；

　　　　C_a——灰渣平均碳含量，百分比，%；

　C_{fa}、C_{ba}——飞灰和底渣含碳量，百分比，试验时用烧失法测量，设计时按表2-3选取，它们按灰量加权平均后得到灰渣平均含碳量C_a，%；

　r_{fa}、r_{ba}——飞灰和底渣灰占总灰量的份额，百分比，设计时按表2-4选取，%。

下标"bd, ar"是 Burned as fired basis 的首字母缩写，fa 表示 fly ash，ba 表示 bottom ash。

表2-3　　　　　　　长期工作中总结的、各种条件下飞灰与底渣的含碳量

煤种	煤矸石	无烟煤	贫煤		烟煤	
V_{daf}		[0, 10]	(10, 15]	(15, 20]	(20, 37]	(20, 37]	> 37
煤粉炉 C_{fa}	—	≤ 5%	≤ 4%	≤ 2.5%	≤ 2%	≤ 1.5%	≤ 1.2%
流化床 C_{ba}	≤ 10%	≤ 7%	≤ 5%	≤ 3%	≤ 2.5%	≤ 2%	—

注　1. 煤粉炉炉渣可燃物含量与飞灰基本相同。

　　2. 循环流化床锅炉炉渣可燃物含量不大于2%。

表2-4　　《电站锅炉性能试验规程》（GB/T 10184—2015）推荐的锅炉灰、渣比例

燃烧方式与炉膛型式		捕渣率（%）	飞灰份额（%）
循环流化床锅炉		实际测量[①]	实际测量[②]
固态排渣火室炉	钢球或中速磨煤机	~ 10	~ 90[b]
	竖井磨煤机	~ 15	~ 85
液态排渣炉	开式炉膛	20 ~ 35	—
	半开式炉膛	30 ~ 45	—

① 或取设计值。

② 其中省煤器下部沉降灰3%，空气预热器下部沉降灰5%。

（三）理论空气量

即 1kg 煤燃烧成完全产物而不生成 CO 等中间产物所需要的干空气容积。因为中间产物中 CO 的量最大，但也只能以 10^{-6} 来考虑，所以计算烟气容积时可以不考虑其影响。传统教材一般用收到基含量来计算，但由于碳元素并不能完全燃烧，因此用实燃碳来计算更加合理。

$$V_a^0 = \frac{1}{0.21}\left(1.866\frac{C_{bd,ar}}{100} + 5.56\frac{H_{ar}}{100} + 0.7\frac{S_{ar}}{100} - 0.7\frac{O_{ar}}{100}\right) \tag{2-24}$$
$$= 0.0889 \times (C_{bd,ar} + 0.375 \times S_{ar}) + 0.265 \times H_{ar} - 0.0333 \times O_{ar}$$

式中　V_a^0——基于实燃碳元素计算的理论空气量，m^3/kg。

（四）理论干烟气容积

标准状态下，1kg 燃料在理论干空气容积下完全燃烧时所产生的燃烧产物（CO_2、SO_2、N_2）的容积称为固体及液体燃料的理论干烟气容积，用下式表示，即

$$V_{fg,d}^0 = 1.866\frac{C_{bd,ar}}{100} + 0.70\frac{S_{ar}}{100} + 0.79V_a^0 + 0.80\frac{N_{ar}}{100} \tag{2-25}$$

式中　$V_{fg,d}^0$——基于实燃碳元素计算的理论干烟气量，m^3/kg。

下标"fg, d"表示"flue gas, dried"，干烟气。

（五）实际干烟气容积

实际燃烧是在有过量空气（$\alpha > 1$）条件下进行的，故实际干烟气容积中除理论干烟气容积外，还有过量空气，实际干烟气容积为

$$V_{fg,d} = V_{fg,d}^0 + (\alpha - 1)V_a^0 \tag{2-26}$$

式中　$V_{fg,d}$——某位置处的实际干烟气容积，m^3；

　　　α——某位置处过量空气系数，实际空气容积与理论空气量的比值，无量纲。

（六）实际烟气容积（或湿烟气容积）

实际烟气为湿烟气，即干烟气容积和烟气中水蒸气容积之和。水分（水蒸气）包括燃料中的氢燃烧产生的水蒸气、燃料中的水分蒸发形成的水蒸气和空气中的水分，即

$$V_{fg} = V_{fg,d} + V_{wv,fg} \tag{2-27}$$

$$V_{wv,fg} = 0.111H_{ar} + 0.0124M_{ar} + 0.0161\alpha V_a^0 \tag{2-28}$$

式中　　　　V_{fg}——实际烟气容积，m^3/kg；

　　　　　$V_{wv,fg}$——烟气中的水蒸气容积，m^3/kg；

　　　$0.111H_{ar}$——煤中氢元素燃烧生成的水蒸气容积，m^3/kg；

　　　$0.0124M_{ar}$——煤中水分蒸发生成的水蒸气容积，m^3/kg；

　　　$0.0161\alpha V_a^0$——燃烧空气带入的水蒸气容积，m^3/kg。

（七）烟气组分

燃料最终产生的烟气中有 CO_2、SO_2、H_2O、O_2、N_2 五种成分，根据道而顿分压原理，各组分的摩尔比和其容积比是一致的，需要根据化学反应方程式计算各组分容积。

1. 氮容积

不考虑 NO_x 时，氮容积包括两部分：①燃烧空气量中的氮气；②燃料本身包括的氮在标准状态下产生氮气的容积。两部分总量为氮气容积 V_{N_2}，即

$$V_{N_2} = 0.008N_{ar} + 0.79\alpha V_a^0 \tag{2-29}$$

2. 三原子气体容积

CO_2 和 SO_2 的比热容特性相近，热力计算中为了简便，通常把它们两项合称为三原子气体容积 V_{RO_2}，计算式为

$$V_{RO_2} = 0.01866(C_{bd,ar} + 0.375S_{ar}) \qquad (2-30)$$

3. 氧气容积

烟气中的氧来源于过量空气，其容积为

$$V_{O_2} = 0.21(\alpha - 1)V_a^0 \qquad (2-31)$$

4. 干烟气容积

除水蒸气外的烟气称为干烟气，主要用于通常氧组分占比获得过量空气系数。干烟气容积由式（2-26）确定，也可以由氮、氧和三原子气体三部分相加而得，即

$$V_{fg,d} = V_{O_2} + V_{N_2} + V_{RO_2} \qquad (2-32)$$

5. 水蒸气容积

水蒸气容积由式（2-28）确定。

（八）烟气组分占比

烟气中各组分占比由各个组分的容积除以总烟气容积得到，如三原子气体所占容积份额 r_{RO_2} 为

$$r_{RO_2} = \frac{V_{RO_2}}{V_{fg}} \qquad (2-33)$$

同理可计算出 O_2、RO_2、N_2 和水蒸气的占比 r_{O_2}、r_{RO_2}、r_{N_2}、r_{wv}，各组分所占比例之和为 1，即

$$r_{O_2} + r_{RO_2} + r_{N_2} + r_{wv} = 1.0 \qquad (2-34)$$

计算出来的烟气容积与烟气份额主要用于确定烟气的比热容、焓值、烟气密度等参数，进而确定排烟损失、受热面出入口烟气温度和烟气流量等参数。

二、不同位置的烟气量

电站锅炉的炉膛和布置各受热面的烟道总是在负压条件下运行的，以防止高温烟气外漏造成人员和设备的危险、污染环境。因此，锅炉只要有不严密的地方，就会有空气漏入烟气中去，使锅炉各个位置中烟气的过量空气系数不同。由于漏入的空气有积累性，越靠近锅炉出口，烟气量就越大。

确定电站锅炉中各位置处烟气中过量空气系数的计算过程称为空气平衡计算。对任何一个受热面，其出入口通常都有管子进入炉墙从而产生漏风，因此其出口过量空气系数 α_{lv} 总是等于入口过量空气系数 α_{en} 与漏风系数 $\Delta\alpha$ 之和，即

$$\alpha_{lv} = \alpha_{en} + \Delta\alpha \qquad (2-35)$$

不同的受热面，根据结构的不同，漏风系数也不同。各段漏风量可参照相关锅炉设计手册、锅炉制造厂的经验数据确定。传统上锅炉各处漏风系数可参见表2-5。

表 2-5 额定负荷时制粉系统、炉膛和各对流受热面漏风系数参考数据

系统或烟道	漏风系数 $\Delta\alpha$
制粉系统	
钢球磨煤机中间储仓式	$0.06 \sim 0.1$
钢球磨煤机直吹式	$0.04 \sim 0.06$
中速磨煤机负压式	0.04
炉膛（含前屏与后屏）	$0.04 \sim 0.05$
水平烟道高温过热器、再热器	$0 \sim 0.02$
尾部烟道低温过热器、低温再热器	$0 \sim 0.025$
省煤器	$0 \sim 0.02$
第一级管式空气预热器	$0.02 \sim 0.03$
回转式空气预热器	$0.08 \sim 0.12$

表 2-5 中的漏风系数是按水平烟道和下行竖井四周壁面布满包覆管膜式壁时给出的。漏风系数的大小在很大程度上取决于受热面的设计、制造和安装质量以及维护状况。对于现代锅炉，水平烟道和下行对流烟道四周壁面都采用膜式结构，在炉膛出口至省煤器出口的区间内，累加漏风系数是很小的，最多不超过 0.05，因此锅炉主要的漏风是空气预热器的漏风。当四周壁面不装置包覆管时，漏风系数会稍大些。

空气预热器有管式空气预热器和回转式空气预热器类设备。正常工况下，管式空气预热器不存在漏风，但是随着设备的老化，其漏风也可能很大。回转式空气预热器的漏风是不可避免的，其漏风大小取决于密封情况，若采用双密封、英国 Howden 公司的 VN 密封技术或密封区扇形板与转子之间的间隙自动可调系统，漏风系数可采用表 2-5 中的下限值。老式回转预热器的漏风系数可能超过表 2-5 中的上限值很多。

设计计算时，空气平衡的基点为炉膛出口。基于该基点，然后根据烟气的流动和各段烟道的漏风系数 $\Delta\alpha$，按式（2-35）来确定各受热面进、出口及其平均过量空气系数，手工计算时通常整理为如表 2-6 所示的空气平衡表。炉膛出口的过量空气系数主要是为燃尽燃料而多加入的空气，可通过煤种情况、燃烧方式等特点预定布置方案选取。

表 2-6 空气平衡表示例

受热面	炉膛	后屏	末级再热器	末级过热器	…	省煤器	空气预热器
α_{en}	1.2	1.2	1.21	1.22	…	1.24	1.26
α_{lv}	1.2	1.2	1.22	1.24	…	1.26	1.32
α_{mn}	1.2	1.2	1.21	1.23	…	1.25	1.29

生产实际中，炉膛出口的温度太高无法直接测量其过量空气系数，通常在尾部烟道空气预热器入口处测量烟气中含氧量，并进而计算出过量空气系数，因此，校核计算空气平衡的基点是空气预热器入口，按式（2-36）计算出过量空气系数后，再由烟气流程关系按式（2-35）确定各处过量空气系数。

$$\alpha = \frac{21}{21 - r_{O_2}} \qquad (2\text{-}36)$$

三、烟气的比热容、密度与焓值计算

热力计算中烟气的核心特性也是已知温度求焓或已知焓值求温度的过程，烟气焓温表是整个热力计算的核心基础。

通过烟气中各种气体的容积比（摩尔比），可加权平均计算出烟气的物性参数。由于烟气中 CO、NO_x 等组分的含量很小，因此可以忽略其对烟气物理性质的影响。烟气比容、密度和比焓的计算式分别为

$$c_{p,fg} = c_{p,O_2} r_{O_2} + c_{p,CO_2} r_{RO_2} + c_{p,N_2} r_{N_2} + c_{p,wv} r_{wv} \qquad (2\text{-}37)$$

$$\rho_{fg} = \rho_{O_2} r_{O_2} + \rho_{CO_2} r_{RO_2} + \rho_{N_2} r_{N_2} + \rho_{wv} r_{wv} \qquad (2\text{-}38)$$

$$H_{fg} = c_{p,fg} V_{fg} \left(t_{fg} - t_{re} \right) \qquad (2\text{-}39)$$

烟气的比焓也可以用各个组成成分的焓叠加而得到

$$H_{fg} = \sum c_{p,i} V_i \left(t_{fg} - t_{re} \right) = \sum H_i \qquad (2\text{-}40)$$

热力计算中烟气中的飞灰携带的热能参与各级受热面的换热过程中，因而热力计算时烟气中的焓还应加上飞灰的焓，有助于简化工作。在性能试验的过程中只考虑锅炉尾部出系统时的飞灰焓，不涉及传热计算，因而往往需要单独分析并考虑其影响，性能试验中烟气的焓往往不包含飞灰的焓，直接采用式（2-39）计算，而热力计算时烟气焓的计算式为

$$H_{fg,a} = H_{fg} + 0.01 r_{fa} A_{ar} c_{fa} \left(t_{fg} - t_{re} \right) \qquad (2\text{-}41)$$

CO_2、N_2 和水蒸气的比定压热容、飞灰的比热容都可以由物性手册提供的数据拟合计算，例如热力计算标准 73 版提供的 5 阶多项式拟合，单位为 kJ/（℃·m³）。

$$c_{p,CO_2} = 4.1868(A + Bt + Ct^2 + Dt^3 + Et^4 + Ft^5) \qquad (2\text{-}42)$$

式中　A —— 0.38231419；

　　　B —— 0.25207184e⁻³；

　　　C —— −0.16633384e⁻⁶；

　　　D —— −0.76427112e⁻¹⁰；

　　　E —— −0.20555466e⁻¹³；

　　　F —— −0.23407239e⁻¹⁷。

$$c_{p,N_2} = 4.1868(A + Bt + Ct^2 + Dt^3 + Et^4 + Ft^5) \qquad (2\text{-}43)$$

式中　　A —— 0.30929091；

　　　　B —— $-0.53739164e^{-5}$；

　　　　C —— $-0.62620324e^{-7}$；

　　　　D —— $-0.47710105e^{-10}$；

　　　　E —— $0.15436120e^{-13}$；

　　　　F —— $-0.1881896e^{-17}$。

$$c_{p,\mathrm{wv}} = 4.1868(A + Bt + Ct^2 + Dt^3 + Et^4 + Ft^5) \tag{2-44}$$

式中　　A —— 0.35672260；

　　　　B —— $0.24795243e^{-4}$；

　　　　C —— $0.57207221e^{-7}$；

　　　　D —— $-0.35393369e^{-10}$；

　　　　E —— $0.91538884e^{-14}$；

　　　　F —— $-0.92691428e^{-18}$。

$$c_{p,\mathrm{fa}} = 4.1868\left(A + Bt + Ct^2 + Dt^3 + Et^4 + Ft^5\right) \tag{2-45}$$

式中　　A —— 0.17661723；

　　　　B —— $0.17788785e^{-3}$；

　　　　C —— $-0.26438212e^{-6}$；

　　　　D —— $0.17191313e^{-9}$；

　　　　E —— $-0.20249678e^{-13}$；

　　　　F —— $-0.71330819e^{-17}$。

获得煤种、空气量和各处的过量空气系数，就可以计算该处的烟气的焓值了，相当于把烟气的热力特性封装在焓温表中。

四、其他特性参数

烟气的其他物性参数主要包括运动黏度 ν、导热系数 λ、普朗特数 Pr。这些参数与烟气的组分相关性没有那么强，因而可以基于标准烟气（O_2=3.5%，CO_2=15.3%，SO_2=0.1%，N_2=81.1%）的物性参数进行多项式拟合法，得到其关于烟气温度的高次拟合多项式。本书中这些特性都是基于 $1\mathrm{m}^3$ 烟气的特性。

（1）运动黏度 ν 的计算式为

$$\nu = A + Bt_{\mathrm{fg}} + Ct_{\mathrm{fg}}^2 + Dt_{\mathrm{fg}}^3 + Et_{\mathrm{fg}}^4 \tag{2-46}$$

式中　　t_{fg} ——烟气温度，℃

　　　　A —— $0.12223590 \times 10^{-4}$；

　　　　B —— $0.74345639 \times 10^{-7}$；

　　　　C —— $0.11242939 \times 10^{-9}$；

　　　　D —— $-0.40384652 \times 10^{-13}$；

　　　　E —— $0.82038929 \times 10^{-17}$。

（2）导热系数 λ 的计算式为

$$\lambda = A + Bt_{\text{fg}} + Ct_{\text{fg}}^2 \tag{2-47}$$

式中　A——$0.19640869 \times 10^{-1}$；

　　　B——$0.72610926 \times 10^{-4}$；

　　　C——$0.14915302 \times 10^{-8}$。

（3）普朗特数 Pr 的计算式为

$$Pr = (0.94 + 0.56r_{\text{wv}}) \times p_r c_p \tag{2-48}$$

式中　r_{wv}——烟气中的水分子份额。

$$p_r c_p = \begin{cases} 0.71 - 0.0002t & 100 \leqslant t \leqslant 400 \\ 0.67 - 0.0001t & 400 \leqslant t \leqslant 1000 \\ 0.68 - 0.0002t & 1000 \leqslant t \leqslant 2000 \end{cases} \tag{2-49}$$

五、烟气物性封装（CFlueGas）

（一）封装对象

烟气物性封装的主要目的是封装烟气焓温表，但与手工计算焓温表需预先考虑好各处的过量空气系数计算一张固定的表不同，封装的是某一个位置点的焓温关系，而不是锅炉不同位置的焓温表情况。软件计算不怕麻烦，因此当需要计算该处焓温时，只要通过把该处的过量空气系数条件传递过来，就可以实时地计算出该条件的烟气性质，从而把 CFlueGas 写活，可以适应任何位置。

（二）封装的数据

1. 烟气源的三个数据

表示烟气来源的三个数据是 CAir 和 CCoal 两个自定义类型成员变量和一个 double 型的数据 excessAir 表示过量空气系数，这三个数据可表达 CFlueGas 的物质基础。CAir 和 CCoal 都对象，同时在一个自定义类型中包含另一个自定义类型，用它们的指针，这样，三个部分为

```
CCoal* coal;
CAir*  air;
double  excessAir;              // 过量空气
```

coal 和 air 不需要 setter，整台锅炉只有一个 coal 和 air，CFlueGas 构造时通过全局调用完成初始化就可以。CFlueGas 的 coal 和 air 仅供内部使用，不用提供给外部，所以也不需要 getter。

表示过量空气系数的 excessAir 则即需要 setter，也需要 getter。

过量空气系数 excessAir 可以在构造函数中直接设置，如

```
void CFlueGas::CFlueGas(double ea)
{
    excessAir =ea; // 过量空气系数
```

```
    coal = boiler->getCoal ( );
    air = boiler->getAir ( );
}
```

也可以通过烟气中的含氧量为设置，如：

```
void CFlueGas∷setExcessAir(double O2,double fake)
{
    excessAir=21/（21-O2）;
}
```

2. 实燃碳 $C_{bd,ar}$ 的处理

为了计算和存储实燃碳 $C_{bd,ar}$ 的数据，需要设置相应的变量来存储，还需要底渣份额、飞灰份额、底渣含碳量和飞灰含碳量四个数据。虽然从逻辑上看，实燃碳 $C_{bd,ar}$ 是进行热力计算的锅炉的整体特性，与 CCoal 没有关系，但是从计算通用化的角度来看，它的目的是代替燃料中的收到基碳 C_{ar}，因而增加一个 $C_{bd,ar}$ 的成员变量，把它放在 CCoal 中更为合理。同时，有了 $C_{bd,ar}$ 后，其燃烧产生的 CO_2 容积、理论空气量、SO_2 容积和实际放热量均为确定值，均把它们加入到 CCoal 中去。这样有

程序代码 2-13：CCoal 中实燃碳 $C_{bd,ar}$ 的处理

```
CCoal
{
    ......       // 前文所述成员变量和成员函数
    protected:
        double Cbdar;
        double theoreticalVolume ;  // 理论空气量
        double volumeCO2, volumeSO2;   //CO2 容积和 SO2 容积
        double LHVreal;  // 实际放热量
}
```

还需要为 Coal 增加两个 public 的访问函数 getter 和计算函数，分别为

```
    double CCoal∷getCbdar() { return Cbdar; }
    void CCoal∷calcCbdar(double  pitAsh,  double  flyAsh,  double
                    carbonFlyAsh, double carbonPitAsh)
    {
        Cbdar=Car - Aar*pitAsh*carbonPitAsh/(100-carbonPitAsh)
                - Aar*flyAsh*carbonFlyAsh/(100-carbonFlyAsh);
        theoreticalVolume = 0.0889*Carbd+0.375*Sar + 0.265*Har - 0.0333*Oar;
        volumeCO2 = 0.01866 *Cbdar;
        volumeSO2 = 0.01866 * 0.375*Sar;
        LHVreal=LHV-337.27*(Car-Cbdar);
    }
    double CCoal∷getTheoreticalVolume(){ return theoreticalVolume; }
```

```
double CCoal::getVolumeCO2(){ return volumeCO2; }

double CCoal::getVolumeSO2l(){ return volumeSO2; }
```

另外，获取 1kg 煤燃烧所需要的空气的焓是我们经常需要用的，因为 CAir 中定义的 calcEnthaply（）是 $1m^3$ 空气的焓，它与煤燃烧没有任何关系，但是在热力计算中通常要计算燃用 1kg 煤所需要的燃烧空气、在某个温度和过量空气下的焓，其基准为理论燃烧空气，因而计算结果要大于 1kg 空气。

```
double CCoal:: calcEnthalpyAir ( CAir* air, double excessAir=1 )
{
    return air->calcEnthalpy ( ) *theoretialVolume*excessAir;
}
```

采取有默认值的函数设计，也可以把业务逻辑分成不同层面，本书在后续工作中将大量使用。

3. 烟气成分

CFlueGas 中需要反复用的烟气量、五项组分的容积和占比等数据需要设置相应的成员变量存储，即

```
double volume;                          // 烟气量

double volumeCO2, ratioCO2;       // 烟气中二氧化碳气体容积和占比

double volumeSO2, ratioSO2;       // 烟气中二氧化硫气体容积和占比

double volumeN2, ratioN2;            // 烟气中氮气容积和占比

double volumeWaterVapor, ratioWaterVapor;       // 烟气中水蒸气容积和占比

double volumeO2, ratioO2;             // 烟气中氧气容积和占比

double flyAsh;                            // 烟气中携带飞灰
```

在焓温表中，二氧化碳和二氧化硫是统一为三原子气体，但是在计算烟气比热等参数时，还是需要把它们分开计算，因此本书建议分别设置。

完成实燃碳 $C_{bd,ar}$ 的数据计算后，就可以通过 coal 和 excessAir 来计算烟气中的各个组成成分及其占比这几个变量了，因此不需要设定器 setter，但需要访问器 getter。

这几个变量经常随过量空气系数变化而变化，因而把它们根据实燃煤和过量空气系数一次性计算出米，供日后的调用，有

程序代码 2-14：烟气容积计算

```
double CFlueGas::calcVolume()
{
    volumeCO2=coal->getVolumeCO2 ( );

    volumeSO2=coal->getVolumeSO2 ( );

    volumeN2 = 0.79*coal->getTheoreticalVolume ( ) + 0.008*coal->getNar ( );

    volumeWaterVapor = 0.111*coal->getHar ( ) + 0.0124*coal->getMar ( )
            + 1.61*excessAir*coal->getTheoreticalVolume ( ) *air->
            getHumidity ( );

    volumeO2 = ( excessAir-1 ) *coal->getTheoreticalVolume ( );
```

```
        volume =volumeN2+volumeCO2+volumeSO2+volumeWaterVapor++volumeSO2;
        ratioCO2 =volumeCO2 / volume;
        ratioSO2 =volumeSO2 / volume;
        ratioN2 =volumeN2 / volume;
        ratioO2 =volumeO2 / volume;
        ratioWaterVapor =volumeWaterVapor / volume;
        ruturn volume;
    }
```

完成初始化赋值以后，就可以用各个组分的占比和比热容计算过量空气系数为 excessAir 的烟气的焓值、密度等参数。

4. 求焓值和温度

与空气、汽水一样，烟气中温度压力也使用 temperature、pressure 和 Enthalpy 表示，其 getter 表示为 getT（ ）、getP（ ）和 getH（ ）。

程序代码 2-15：**烟气焓温转化**

（1）由温度求焓值。

```
    double CFlueGas：：calcEnthalpy（ ）
    {
      double ro2[6] = { 0.38231419,        0.25207184e-3,  -0.16633384e-6,
                        0.76427112e-10,   -0.20555466e-13,  0.23407239e-17};
      double n2[6] = { 0.30929091,        -0.53739164e-5,   0.62620324e-7,
                       -0.47710105e-10,    0.15436120e-13,  -0.1881896e-17};
      double wv[6] = { 0.35672260,        0.24795243e-4,    0.57207221e-7,
                       -0.35393369e-10,   0.91538884e-14,   -0.92691428e-18};
      double ash[6] = {0.17661723,        0.17788785e-3,    -0.26438212e-6,
                       0.17191313e-9,     -0.20249678e-13,  -0.71330819e-17};
      double cpRO2=0;
      double cpN2=0;
      double cpWv=0;
      double cpAsh=0;
      for（int i=0; i<6; i++）
      {
          cpRO2   += ro2*pow（t, i）*4.1868;
          cpN2    += n2*pow（t, i）*4.1868;
          cpWv    += wv*pow（t, i）*4.1868;
          cpAsh   += ash*pow（t, i）*4.1868;
      }
      enthalpy = VolumeR2O*cpRO2*t
          +（VolumeN2-0.79*theoreticalVolume）*cpN2*t
```

```
            + VolumeWaterVapor*cpWv*t
            + flyAsh*cpAsh*t
            + 4.1868* (excessAir1-1) * theoreticalVolume * m-air->getCp (t) *t;
        return enthaply;
    }
```

（2）由焓值计算烟气温度。

```
    double CFlueGas::calcTemperature(double enthalpy)
    {
        if(temperature==0) temperature=800.0;
        do
        {
            calcEnthalpy(temperature);
            temperature = temperature *enthalpy / this-> enthalpy;
        }while( abs(enthalpy-this->enthalpy) >= 1.0 );
        return temperature;
    }
```

5. 导热系数、运动黏度等参数计算

温度和烟气焓是基本变量，同时还需要计算导热系数、运动黏度、普朗特数、比定压热容等。导热系数、运动黏度、普朗特数、比定压热容可以按标准烟气计算，分别为

程序代码 2-16：烟气物性计算

（1）计算求烟气的导热系数。

```
double CFlueGas::calcThermalConductivity()
{
        double thermalConductivity=0;
        double lam[3] = {0.19640869e1,0.72610926e-4,0.14915302e-8};
        for(int i=0;i<3;i++)
            thermalConductivity += 1.163 * lam[i]*pow(t,i);
        return thermalConductivity;
}
```

（2）求烟气的运动黏度。

```
double CFlueGas::calcKinematicViscosity()
{
        double kinematicViscosity=0;
        double yn[5] = {0.12223590e-4,0.74345639e-7,0.11242939e-9,
                        -0.40384652e-13,0.82038929e-17};
        for(int i=0;i<5;i++)
                kinematicViscossity += lam[i]*pow(t,i);
```

```
        return KinematicViscossity;
    }
```

（3）求烟气的普朗特数。

```
double CFlueGas::calcPr()
{
    double prcp;
    if ( t>=100.0 && t<=400.0 )     {   prcp = 0.71 - 0.0002*t; }
    if ( t>400.0 && t<=1000.0 )     {   prcp= 0.67  -0.0001*t;  }
    if ( t>1000.0 &&t<=2000.0 )     {   prcp= 0.68 - 0.0002*t;  }
    return (0.94 + 0.56*rWaterVapor) * prcp;
}
```

（三）平均值

烟气平均值计算与空气平均计算相同，只考虑组成成分，权重按容积比。相应的代码为

程序代码 2-17：烟气平均计算

```
void CFlueGas:: mean ( CGas g1, CGas g2, double v1=0.5, double v2=0.5 )
{
        coal=g1.coal;
        air=g1.air;
        excessAir = ( g1.excessAir*v1+g2.excessAir*v2 ) / ( v1+v2 );
        enthalpy = ( g1.enthalpy*v1+g2.enthalpy*v2 ) / ( v1+v2 );
        calcVolume ( );
        calcTemperature ( );
        calcThermalConductivity ( );
        calcKinematicViscosisty ( );
        calcPr ( );
}
```

第五节　锅炉对象自定义类型 CBoiler

热力计算时需要对锅炉整体的很多宏观数据，如主蒸汽、再热蒸汽、排烟温度、锅炉效率、燃烧方式、燃料量等，进行统一规划。有了前面自定义类型，这些数据的封装就相对容易了，按照此前的程序设计习惯，可以把它命名为 CBoiler，用它来封装锅炉整体层面上的数据，当需要这些数据时可以方便地去存取，以保证数据的唯一性（IT 技术中有时称为数据的原子性）。显然，它可以作为热力计算的根或全局统领者，也可封装锅炉各受热面的组合及热力计算的过程控制。本节介绍 CBoiler 所封装的数据，并且提供方便地访问 CBoiler 的方法。

一、锅炉的全局宏观数据

锅炉热力计算的全局宏观数据指燃料、空气等，所有受热面的热力计算都需要有这些变量得到的结果，因此称为宏观变量。这些宏观变量通常对应于计算任务书的原始材料，主要对应用于炉型（Π型、塔型或其他布置方式）、水循环方式（自然循环、控制循环、直流）、燃烧方式（直流燃烧器、旋流燃烧器）、过热蒸汽温度、再热蒸汽温度的调节方式（摆动式直流燃烧器、烟气挡板、烟气再循环等）等相关数据。这些数据大多数只需要输入一次，且大多数是热力计算中选择某一个功能时的选择依据，因此它们往往还需要定义一些定值以便给出选择的范围。

（一）煤种参数

煤种参数如煤质名称、成分分析、发热量、灰成分等。热力计算中所用的煤种数据原则上是一份，用 CCoal 的成员变量 coal 来表示，大部分数据输入后不再变化。

表示锅炉燃用多少燃料的数据是燃料量，用成员变量 firingRate 表示，是随着计算过程更新的数据。

如果机组采用混煤的方式，也可以设计单独的子程序来处理，最后按各煤种的流量加权平均后计算混煤的煤质成分、发热量等数据作为变量 coal 的参数。

（二）燃烧空气参数

气候资料如当地大气压、空气的绝对湿度、温度等，用 CAir 封装燃料空气参数。热力计算中所用的燃烧空气的基础数据也是一份，成员变量为 air。

热力计算中默认 air 的湿度为 0.01kg/kg、大气压力为 1bar，但本书在封装 CAir 时给这些参数提供了自己设定的方法，特别是高海拔地区或沿海地区，在大气压力与湿度方面有很大的不同，各地的温度也不同，因此如果设计都想做得更加精细或者做校核计算时，可以用当地的大气压力和湿度。

现代化锅炉还需要对燃烧空气进行分类，如一、二次风等，它们的主要不同是温度的不同（湿度相同），可以封装在 airCold 和 airPrimary、airSecondary 等 CAir 的实例中以方便程序的相关操作，如通过 getHotAirT（）完成按一、二次风温度来求加权平均温度的功能等。为了区分这些空气，锅炉 CBoiler 需要设置锅炉进风温度 coldAirT、一次风热风温度 primaryAirT、二次风热风温度 secondaryAirT、一次风量 flowRatePrimaryAir、二次风量 flowRateSecondaryAir 等参数。

（三）汽水参数

需要封装的汽水参数也比较多，对于最为常见的一次再热机组，汽水侧通常分主蒸汽和再热蒸汽通常有两个流程，其中：过热蒸汽侧为给水进口，经过水冷壁和各级过热器，最后出主蒸汽进入汽轮机；再热蒸汽由再热蒸汽冷端开始，经过再热器加热后成为热再热蒸汽出锅炉进汽轮机。这两个流程中还可能带分支，如过热蒸汽侧还有减温水，其占比、来源不相同，但最后并入主蒸汽，一同出锅炉进入汽轮机。此外，蒸汽侧中间还可能有汽水出口，如排污、吹灰蒸汽等。两个流程通常都有自己各个位置的多个参数。

1. 蒸汽参数

主蒸汽参数如：蒸发量 2102t/h，给水压力 29.33MPa，给水温度 282℃，主蒸汽压力 25.4MPa、主蒸汽温度 571℃；再热蒸汽参数如：再热器进 / 出口压力 4.72/4.52 MPa、进 / 出口温度 322/569℃，再热蒸汽流量 1761t/h。

这些参数通常分为温度、压力等蒸汽所具有的状态参数和流量两类。由于 CWater-Steam 封装过程中已经加入了流量，所以只要按其位置定义就可以了，比较固定的有：

（1）进口参数。给水 feedWater 和再热蒸汽冷端 reheatSteamEn。

（2）出口参数。主蒸汽 mainSteam 和热再热蒸汽 reheatSteamLv。

（3）中间点参数。主蒸汽侧通常用 superheatSteamEn 表示汽包或汽水分离器出口蒸汽。

（4）支路。如锅炉连续排污、定期排污、吹灰蒸汽等均是机组炉侧直接用掉的蒸汽，由于数量不定，用 CWaterSteam 的动态数组来封装，变量名为 steamRejected，这样可以减少 CBoiler 派生类型或实例中添加特殊数据。

（5）最大连续蒸发量、额定蒸发量等。分别用 steamFlowRateBMCR、steamFlow-RateRated 等数据，是锅炉的特性数据，输入一次不再变化。

2. 动态数组封装方法

对于汽水系统的支路数据，每一个支路的特性相同，都可以 CWaterSteam 来封装，但事先并不知道一台锅炉有多少个这样的出口，因而为了适应各种情况，软件设计技术通常有下面两种解决思路。

（1）预设一个足够大的数组，如假定最大可能的中间出口为 5 个，就可以设定一个 CWaterSteam［5］来容纳它们。这种技术比较稳定，但比较浪费计算机的资源，且很多数据是空数据，在程序设计时很容易不当地引用了空数据而产生错误。

（2）采用动态数组。动态数据是最理想的方式，其数据长度可以根据实际需要来升缩，并能像数据一样简单操作。不足之处是其需要软件系统的支持。

在 C++ 系统中有多种这样的实现技术，比如微软系统中的 vector、CList 等，均可以实现这样的功能，在标准 C++ 系统中和 Java 中，通常用 vector（向量）来实现类似于动态数据。

为保证通用性，本书采用 vector 实现动态数组功能，其主要语法为

vector< 某类型 > 某变量名;

C++ 用 "＜ ＞" 表示模板，也就是 vector 中的每一个元素都是 "某类型"，向量数据的名称为 "某变量名"，这样，初始化时就可以用 vector 的操作方法动态地添加到 "某变量名" 中，在应用时可以利用 vector 提供的方法遍历，从而实现动态数组的功能。

基于上述技术，进口分支的减温水和出口分支的排污等汽流分别封装为

```
vector<CWaterSteam> sprayWater;          // 减温水分支进口
vector<CWaterSteam> steamRejected;       // 出口分支, 意即 " 弃掉的蒸汽 "
```

假定排污水用 BlowdownWater 表示，在 steamRejected 数组最后添加数据的方法为

```
steamRejected.pushback ( BlowndownWater );
```

遍历数据时可以用：

```
for ( int i=0; i<steamRejected.size ( ); i++ )
```

```
{
    steamRejected[i]. ....    // 操作
}
```

其中，size（）表示 steamRejected 的元素个数，应用起来非常方便。

在本书中，vector 非常重要，将在动态调整的设计中大量应用。

（四）燃尽情况参数

燃尽参数包含飞灰与底渣的可燃物含量以及它们相应的份额比，封装在 pitAsh/flyAsh（底渣份额和飞灰份额）和 carbonFlyAsh、carbonPitAsh（飞灰含碳量、底渣含碳量）中，这四个数据均为实数类型。

与锅炉底渣相关的参数是锅炉的除渣方式：除渣方式用 ashPit 记录，有两个固定的值分别为固态排渣 DryAshPit 或液态排渣 WetAshPit 方式。固态排渣又引出其冷却方式用 pitAshCooling 记录，又分为 WaterCooled 和 AirCooled 两个固定值，表示水冷或气冷。

煤的飞灰份额和底渣份额之和为 100，设定一个就不用设定另一个，假定设定底渣份额，则有

```
void CBoiler::setPitAsh(double slag)
{
    pitAsh=slag;
    flyAsh=100-pitAsh;
}
```

（五）锅炉效率和燃料量

锅炉效率用 efficiency 来表示，保温系数用 heatInsulation 表示，均为 double 型。

（六）炉膛型式及燃烧方式

炉型与燃烧方式高度相关，包含切向燃烧方式和对冲燃烧方式，用 firingMethod 表示。常见的燃烧方式包含三种类型：切向燃烧、对冲燃烧和 W 形火焰燃烧方式，分别用常数 TangentialFiring、OpposedFiring 和 DownjetFiring 来表示，还有前墙燃烧（FrontFiring）、循环流化床燃烧（CFB）、旋风炉燃烧方式（Stoker）等。

参见第二章。

（七）制粉系统型式

通常包括中速磨煤机正压冷一次风直吹式、中贮式制粉系统或风扇磨煤机直吹式系统，用变量 pulverizingSystem 表示，可用常量 DirectFired、StorageSystem、FanCoalMill 表示。

（八）受热面配置情况

（1）炉膛、对流烟道以及受热面之间的相对位置和相互关系，各种受热面的型式和尾部受热面的布置方式（单级布置或双级布置）。

（2）各级受热面及锅炉总体上的空气平衡，如各处的漏风系数、磨煤一次风量、旁路一次冷风量、煤粉空气混合物总量、制粉系统漏风率（或密封风系数）、煤粉的湿度和温度等。

（3）各级受热面的数据，需要设计专门的自定义数据类型来封装，见本书第三章、第四章、第五章。

（九）调温数据

1. 过热蒸汽减温水及最大限值

过热蒸汽减温水通常设置为二级，也有设置为三级，通常引自给水泵出口或高压加热器出口。如果某一级受热面有减温水量，则需设置实际的减温水量 Dsw 和最大的减温水量 $DswX$，单位与主流量相同。

过热蒸汽系统各级喷水的源头是相同的，封装在 CWaterSteam 类型的 mainSprayWater 中，mainSprayWater 中的总流量表示为过热蒸汽系统各级减温水的总和。

2. 再热蒸汽调温方式

再热器只有事故喷水，通常引自给水泵中间抽头，其实际喷水量和最大值为低温再热器的 Dsw 和 $DswX$，源头封装为 CWaterSteam 类型的 reSprayWater 中。通常设计计算过程中这些数据均无值，但如果校核计算时，可以用它们来与实际运行的情况对比。

锅炉正常的调温方式用变量 reheatAttempating 来表示。如果采用摆动式燃烧器调整再热蒸汽温度，则 reheatAttempating 取常量值 BurnerTilting，此时燃烧器的角度用变量 burnerAngle 表示，其摆动范围由变量 burnerAngleMin/barnerAngleMax 来表示，分别为最小/最大摆角；如果采用挡板调节，则 reheatAttempating 取常量值 GasBypass，此时用变量 gasFraction 表示烟气份额用、再热器的烟气通流面积，事先需要手动地把各个挡板开度转化为烟气份额，用变量 gasFractionX 表示再热器烟气通流面积的最大值。

（十）事先假定的排烟温度和热空气温度初值

计算过程中经常需要先假定一个数据，如排烟温度 gasLvT 可以先假定为 132℃，热空气温度先假定为 334.2℃ 等，计算过程中对它们进行更新。

（十一）存取器 setter 和 getter

setter 用于接收其他应用（如一个对应的图形界面）而来的参数，getter 主要是热力计算程序中大量的其他 class 获取这些宏观参数时的入口。

（十二）定义示例

根据上述数据，可给出 CBoiler 的定义为

程序代码 2-18：锅炉的封装

```
class CBoiler
{
    protected:
        CCoal coal;
        CAir  airHot, airCold;
        vector<CWaterSteam> steamLv;
        vector<CWaterSteam> steamRejected;
        double pitAsh, flyAsh;                    // 底渣份额和飞灰份额
```

```
        double carbonFlyAsh, carbonPitAsh;        // 飞灰含碳量底渣含碳量
        double firingRate, efficiency;        // 燃料量
        double airColdT, primaryAirT, secondaryAirT, flowRatePrimaryAir,
            flowRateSecondaryAir;
        int firingMethod;
        int pulverizingSystem;
        ......
        public :
            static const int TangentialFiring;
            static const int OpposedFiring;
            static const int DownJetFiring;
            static const int FrontFiring;
            static const int StokeFiring;
            static const int CFB;
            //.... 其他常数，如燃烧方式、制粉系统等。
    }
```

定义中的常数只要赋不同的值即可，主要用于在程序中进行区别。

```
    CBoiler: : TangentialFiring=121;
    CBoiler: : OpposedFiring=122;
    CBoiler: : DownJetFiring=123;
    CBoiler: : FrontFiring=124;
    CBoiler: : StokeFiring=125;
    CBoiler: : CFB=126;
```

二、如何找到 CBoiler 的全局对象

在整个热力计算中，CBoiler 规定的实例对象（如用 boiler 表示）是整个热力计算的根入口，所有的数据类型及其实例都是它的所属子变量，因此 boiler 是所有其他变量的拥有者（Owner）。也就是说，只要能够找到 CBoiler 这个对象 boiler，就可以从它这里开始顺藤摸瓜找到任何数据。因此，需要一种比较方便地找到 CBoiler 对象的方法，有存储指针和单实例模型两种方式。

（一）保存指针方法

就是在需要获得 boiler 的自定义类型中保持 boiler 的指针，并在这些类的构造或初始化时把全局变量 boiler 的地址赋值给该指针，如假定我们需要在燃料中，通过 CBoiler 操作获得或更新灰渣可燃物含量的值时，可以按如下方式处理。

（1）在 CCoal 中增加一个 CBoiler* owner 变量来储存。

```
class CCoal
    {
    protected:
```

```
        CBoiler* owner;
        ......
    }
```

（2）在 CCoal 的构造函数中初始化。

```
    CCoal::CCoal(CBoiler* boiler)
    {
        owner = boiler;
        ......
    }
```

（3）在 CCoal 的其他函数，如在其初始化 init（）中使用 boiler，想获得飞灰可燃物的值。

```
    void CCoal::init()
    {
        ......
        double carFlyAsh = boiler->getCarbonFlyAsh();
        double carPitAsh=boiler->getCarbonPitAsh();
        ......
    }
```

（二）单实例模型

保存指针的方法虽然在调用时很方便，但是在每个需要从 boiler 指针获取数据的自定义数据类型中定义，相当于 boiler 指针和所有的自定义类型高度耦合起来，在程序设计时很不方便。而单实例模型则提供了另外一种非常方便的程序设计方法。

1. 单实例的概念

整个系统只有一个实例的模式称为单实例模式（Singleton Pattern）。面向对象的编程技术中，该模式体现为某个类型的数据对象只可有一个实例（instance）存在，这样，通过该数据类型提供的查找其实例 instance 的函数，相当于一个可以全局访问的点，可以被整个系统的所有程序模块所共享。不仅可以减少程序的代码的重复，提高代码的质量，还可以保证全局变量在程序执行过程中的数据唯一性，避免数据可能存在的不统一带来的使用安全的缺陷。

CBoiler 的特点非常适合采用单实例模型。

2. 单实例的创建

单实例模式有很多种实现方法，本书中采用最常规的设计方法。首先在 CBoiler 中定义用于存在唯一实例的指针 CBoiler* instance，它应该具有 protected 和 static 属性，而读取它的 getInstance（）具有 public 和 static 属性，只能允许 class 的 getInstance（）的 getter 来访问，就通过 CBoiler 进行全局访问，其定义为

```
class CBoiler
{
public:
```

```
    static CBoiler* getInstance()
    ......
protected:
    CBoiler()
    virtual ~CBoiler()
    static CBoiler* instance;
}
```

为阻止外部调用 CBoiler 的构造函数创建新的实例，需要把单实例对象 CBoiler 也设置成为 protected 属性，CBoiler 创建实例的任务交给 getInstance（）中，当通过它要求获得 CBoiler 实例时，如果还没有创建好，就用 C++ 系统的 new 方法创建一个，否则返回已经创建好的实例。

getInstance（）方法在 cpp 文件中的实现为

程序代码 2-19：锅炉指针的获取

```
CBoiler* CBoiler::getInstance()// 类的静态单实例化
{
    if(instance == NULL)
    {
        instance = new CBoiler;
    }
    return instance;
}
```

为保证第一次访问时保证 instance 指向空指针，需要在 cpp 文件中进行初始化：

```
    CBoiler* CBoiler::instance=NULL;
```

3. 单实例的析构

当 CBoiler 的实体对象 coal 销毁时，析构函数 ~CBoiler（）实际会自动完成 CBoiler 中那些非动态生成的变量的占用内存的回收，此时析构函数可以不写任何代码；但 instance 是用 new 操作动态申请的内存空间创建的对象，需要在析构函数中用 delete 操作把它销毁，因此析构函数为

```
    CBoiler:: ~CBoiler()
{
    if (instance ≠ NULL)
    {
        delete instance;
    }
}
```

4. 单实例的使用

有了单实例提供的全局访问点，程序就可以在任何地方、任何需要时方便地调用它了，方法是通过 CBoiler* boiler= CBoiler：：getInstance（）来获得它的实例指针，然

后再从它开始访问就可以了，使用非常方便。

如在 CCoal 的测试 test（）函数中想通过 CBoiler 中 setPitAsh 函数把大渣份额设置为 50%，则可以使用。

```
void CCoal::test()
    {
        CBoiler* boiler=CBoiler::getInstance();
        boiler->setPitAsh(0.5);
        ......
    }
```

再如想获得 CBoiler 中的成员变量燃料量的值时，就可以用

```
double firingRate = boiler->getfiringRate()
```

CFlueGas 的缺省构造函数中的燃料 coal 和空气 air 就可以通过 CBoiler* 的指针，把锅炉对象的空气和燃料取过来，而把燃料、空气等参数放在 CBoiler 中。

```
void CFlueGas::CFlueGas()
{
    CBoiler* boiler=CBoiler::getInstance();
    coal = boiler->getCoal();
    air = boiler->getAir();
}
```

三、全局过程的封装

除了这些全局变量外，CBoiler 中心工作是对这些变量进行操作，如对这些全局变量进行数据读入、初始化、完成热力计算的调度、结果的输出等，最后完成锅炉热力计算。

在 CBoiler 层面上进行的这些操作都可以称为全局过程或全局函数。这些全局过程最为核心的是热力计算函数 heatCalc（），它不但是整台锅炉热力计算，也是各级受热面热力计算过程的封装，本书下面各章将逐渐对各类受热面进行封装，对典型的锅炉进行封装，进而把锅炉所有的类型的受热面封装进 CBoiler 的 heatCalc（）程序中。

如初始化 init（）和报告输出 report（）是算法程序中数据输入与输出的全局过程，如果作为一个软件系统，它们都可以方便地由图形界面提供高水平功能。

第六节 锅炉热平衡

电站锅炉的主要功能是吸收燃料燃烧所发出的热量而生产蒸汽去支持汽轮机组的发电，其热平衡主要是燃料到蒸汽输出热量之间的收支平衡，核心是锅炉效率的计算，并进而计算锅炉需要输入的燃料量、该燃料量产生的烟气量，为各受热面的传热计算提供支撑，以帮助确定炉膛尺寸、各受热面的面积和结构等设计工作或对锅炉的性能

进行校核的工作。锅炉效率还是机组运行性能的最主要考核点。在我国，设计阶段锅炉效率计算过程与生产实际中的性能监视阶段锅炉效率计算是分别基于不同的标准体系，是两套不同的参数。本节先对锅炉效率的概念进行辨析，结合两者的区别进行综合改进，即能满足热力计算的要求，又可以达到两者统一且具有更加精确的目的。

一、锅炉效率辨析

（一）正、反平衡条件下的锅炉效率

锅炉效率表示的是锅炉的输出能量占输入能量的比例，是锅炉的核心性能指标，其计算方法一般由各个国家的性能试验标准确定。各国的性能试验标准中的锅炉效率都是按照式（2-50）定义，即

$$\eta = \frac{Q_{out}}{Q_{in}} \times 100 \qquad (2-50)$$

式中　　η —— 锅炉效率，%；

　　　　Q_{out} ——输出锅炉系统边界且用于汽轮机发电流程的热量总和，kJ/kg 或 kJ/m³；

　　　　Q_{in} —— 输入锅炉系统边界的热量总和，kJ/kg 或 kJ/m³。

上式中锅炉效率的计算过程符合沿能量转化的路径，因而按此式计算的效率称为正平衡效率或输入－输出效率。

根据热力学第一定律，在稳定工况下，锅炉系统边界的热量增量为零，即进入、离开锅炉系统的热量平衡，则

$$Q_{in} = Q_{out} + Q_{loss} \qquad (2-51)$$

式中　　Q_{loss} ——锅炉系统损失的热量总和，kJ/kg 或 kJ/m³。

稳定运行状态下，输入锅炉系统但没有被利用的那部分热量，最终以某种形式（如灰渣显热、排烟带走的热量等）进入大气环境而损失掉。因而，锅炉输入热量与输出热量及各项热损失之间建立了热量平衡。这样，锅炉效率也可以通过测量热量损失来计算，即

$$\eta = \left(1 - \frac{\sum Q_{loss,i}}{Q_{in}}\right) \times 100 \qquad (2-52)$$

因为它与锅炉中进行的能量转化过程相反，所以式（2-52）定义的锅炉效率称为反平衡效率或热损失效率。我国标准和教学体系习惯称为正平衡效率和反平衡效率，而国外则习惯称为输入－输出效率和热损失效率，两者本质是相同的，数值上结果应当一样，但是由于测量过程精度不同，反平衡锅炉效率的精度远高于正平衡锅炉效率的精度。

（二）多种含义的锅炉热效率

锅炉效率中计算基准是热量，因而锅炉效率更加精确的说法是锅炉热效率。但上述效率无论哪一种都是热效率，因此通常把热字去掉，简称为锅炉效率。

式（2-50）~式（2-52）中输入热量和输出热量中所选择包括的不同项目可定义出若干不同的效率，如高位发热量效率、低位发热量效率、燃料效率、毛效率等多种

分类，在不同的场景下使用，即有区别，又有一定的联系。

1. 锅炉毛效率（gross efficiency）

站在锅炉自身的角度上来衡量锅炉的效率。输入热量 Q_{in} 不仅包含燃料的发热量 $Q_{ar,net}$，还有随燃料一起带入炉膛的很多股输入热量 Q_{ex}（如燃料的物理热、蒸汽雾化燃油带入的热量等），这种将输入锅炉系统边界内的所有热量作为输入能量计算时定义为锅炉的毛效率。20世纪以前，包括 ASME 在内的所有国家的性能试验标准（ASME PTC 4.1—1964《蒸汽发生器性能试验规程》及之前版本，GB/T 10184—1988《电站锅炉性能试验规程》）、教科书中都将毛效率作为锅炉效率。

2. 燃料效率（fuel efficiency）

站在全厂发电流程角度、从机组的角度看锅炉，其输入热量仅有燃料的化学能，而其他随燃料输入的能量都来源于燃料（如用作燃油雾化蒸汽、暖风器抽蒸汽等热量）本身，这样，如果用锅炉效率来作为机组效率计算的基础时，锅炉的输入热量就不能有这些内部循环的热量。以燃料为输入热量的锅炉效率称为燃料效率（燃料效率本身就是热效率），目前 GB/T 10184—2015《电站锅炉性能试验规程》中燃料效率和 ASME PTC 4—1998/2008/2013《蒸汽发生器性能试验规程》中锅炉效率都是燃料效率，可用来进行机组性能验收，也可以进行煤耗计算。

3. 高位/低位发热量效率（boiler efficiency on higher/lower heating value）

燃料的发热量选用高位发热量进行效率计算所得的效率称为高位发热量效率，反之燃料的发热量选用低位发热量进行效率计算所得的效率称为低位发热量效率。尽管燃料中水分、氢元素比例都较小，但由于汽化潜热量非常大，1kg 的水蒸气在常压下的汽化潜热约为 2500kJ/kg，因此，高位发热量效率明显低于低位发热量效率，可以更为敏感地反映燃料中水分的变化对锅炉效率的影响。

为了防止烟气中水蒸气凝结造成低温腐蚀，燃煤电站锅炉的排烟温度一般控制在 120℃ 以上，这样水蒸气的汽化潜热就没有机会在锅炉中释放，因此用低位发热量来衡量锅炉效率更符合其物理意义。包括我国和欧洲各国在内的许多国家，在锅炉的有关计算中均采用低位发热量。

（三）本书使用的锅炉效率

本书中，考虑锅炉作为整个发电机组头部设备的物理含义，同时也考虑便于性能试验测试，且在性能评估时可以和设计情况进行对比的要求，采用"基于低位发热量燃料作为唯一热量输入、根据反平衡计算得到的燃料效率"作为锅炉效率。本书中所得到的锅炉效率可以进行机组整体效率的计算。

二、锅炉效率的计算

（一）计算方法

基于低位发热量为唯一输入热量时，$Q_{in} = Q_{ar,net}$，锅炉效率计算式为

$$\eta = \frac{Q_{out}}{Q_{ar,net}} \times 100 \qquad (2\text{-}53)$$

考虑实际进入锅炉的热量除煤的发热量外，还包含随之而来的伴随热量，因此能量平衡方程式（2-51）可变化为

$$Q_{out} = Q_{ar,net} + Q_{ex} - Q_{loss} \qquad (2\text{-}54)$$

将式（2-54）代入式（2-52），则得出反平衡法计算锅炉效率的公式为

$$
\begin{aligned}
\eta &= \left(1 - \frac{Q_{loss} - Q_{ex}}{Q_{net.ar}}\right) \times 100 \\
&= \left(1 - \frac{Q_2 + Q_3 + Q_4 + Q_5 + Q_6 - Q_{ex}}{Q_{ar,net}}\right) \times 100 \\
&= 100 - (q_2 + q_3 + q_4 + q_5 + q_6) + q_{ex}
\end{aligned}
\qquad (2\text{-}55)
$$

$$q_{ex} = 100 \frac{Q_{ex}}{Q_{ar,net}} \qquad (2\text{-}56)$$

式中　q_2——排烟热损失，即排烟损失的热量与燃料低位发热量的百分比，%；

q_3——气体未完全燃烧热损失百分比，%；

q_4——固体未完全燃烧热损失百分比，%；

q_5——锅炉散热热损失百分比，%；

q_6——灰、渣物理显热损失百分比，%；

q_{ex}——伴随燃料进入的热量与燃料低位发热量的百分比，%。

（二）q_2 排烟热损失

锅炉排烟热损失为离开锅炉系统边界的烟气带走的物理显热。通常烟气侧的最后一级受热面为空气预热器，因此锅炉排烟损失即为锅炉出口烟气的焓与环境温度条件下烟气焓的差值，计算式为

$$Q_2 = H_{fg,AH,lv}\left(t_{fg,AH,lv}\right) - H_{fg,AH,lv}\left(t_{re}\right) \qquad (2\text{-}57)$$

式中　$t_{fg,AH,lv}$——空气预热器出口烟气温度（即排烟温度），℃；

$H_{fg,AH,lv}$——空气预热器出口过量空气条件下的烟气焓值，℃；

t_{re}——计算焓值或比热容时所用的参考温度，℃。

美国 ASME PTC 4—1998 把焓值计算参考温度确定为25℃，国内大量新的性能试验标准中逐渐把它取为25℃，导致了锅炉效率中很复杂的计算内容，并不能提供计算精度。因此，本书还是建议采用空气预热器进门的冷空气温度作为基准值，这样计算过程非常简洁，也沿用多年，好理解。

百分比表示的排烟损失为

$$q_2 = \frac{Q_2}{Q_{net.ar}} \times 100 \qquad (2\text{-}58)$$

设计计算中，$t_{fg.AH.lv}$ 是预先设定的，然后根据该设定值进行受热面布置，经反复迭代的热力计算最终确定下来。生产实践中该值是直接测量的，用以确定锅炉效率。且

在生产实践中，需要对引起锅炉效率变化的因素进行分析，因此，排烟损失还要分成很多细小的单元，包括干烟气损失、水蒸气带走的损失（进一步可分为煤中氢元素燃烧生成水分带走的损失等三项）等若干项，读者有兴趣的话可以参考 GB/T 10184—2015 或 ASME PTC 4—2015。

用烟气的焓直接计算时，因为热力计算中的烟气焓往往包含其所携带的飞灰的焓，因而热力计算中 q_2 与 q_6 在飞灰的热量损失部分存在重合。为与生产实践相对应，也可以把计算结果重新整理为与性能试验标准相一致的量。

（三）q_3 气体不完全燃烧热损失

烟气中有不完全燃烧的气体可燃物，如 CO、H_2、CH_4 和 C_mH_n 等，这部分未完全燃烧的气体可燃物会造成 q_3 损失，该损失热量由未完全燃烧产物的含量决定，数值上等于每千克燃料燃烧时产生各种未完全燃烧产物的容积与容积发热量的乘积之和，设计计算时一般认为其为 0。

$$q_3 = \frac{Q_3}{Q_{ar,net}} = \frac{\sum Q_i r_i V_{fg}}{Q_{ar,net}} \qquad (2-59)$$

式中　Q_i ——烟气中单位容积 CO、H_2、CH_4 和 C_mH_n 的单位发热量，kJ/m³；

　　　r_i ——CO、H_2、CH_4 和 C_mH_n 在烟气中的容积占比，无量纲。

（四）q_4 固体未完全燃烧热损失

固体未完全燃烧损失 q_4 指燃料经过炉膛而未完全燃烧造成飞灰、炉渣中存在的残余可燃物（实际就是纯碳）的热损失占燃料低位发热量的百分比。

锅炉设计时一般根据煤种的 V_{daf} 确定 q_4 的大小，典型的规则如下。

（1）当锅炉为固态排渣时，燃用无烟煤 q_4=4%～6%（挥发分 V_{daf} 越高，值越小）；燃用贫煤时 q_4=2%；燃用烟煤 q_4=1%～1.5%（折算灰分 A_{areq} 小于 1.43 时取小值）；燃用褐煤时 q_4=0.5%～1.0%（折算灰分 A_{areq} 小于 1.43 时取小值）。

（2）当锅炉为液态排渣时，燃用无烟煤时 q_4=3%～4%；燃用贫煤时 q_4=1%～1.5%；燃用烟煤、褐煤时 q_4=0.5%。

这种设计思路只考虑了挥发分的影响，但是没有考虑煤中含灰量的影响。大量的实践证明，同一种煤可以把灰、渣中的含碳量降低到基本同一水平，但不同含灰量的煤种对应的固体未完全燃烧损失差别会很明显。按式（2-23）确定实际燃烧碳份额时，充分考虑了挥发分、含碳量和含灰量的影响，可用来更加准确地估计固体未完全燃烧损失 q_4。在上文中确定理论空气量时确定了煤中实际燃烧的份额，由它就可以得到未燃烧随飞灰、底渣排出锅炉纯碳的量，计算式为

$$q_4 = \frac{33727(C_{ar} - C_{bd,ar})}{Q_{ar,net}} \qquad (2-60)$$

式中　33727 ——每千克纯碳的发热量，kJ/kg。

如果是中速磨煤机直吹式系统，还可以加上石子煤排出造成的损失，变为

$$q_4 = q_4 + 100\frac{B_{pr}Q_{ar,net,pr}}{BQ_{ar,net}} \tag{2-61}$$

式中 B_{pr}——中速磨煤机排出的石子煤的质量流量，kg/s；

$Q_{ar,net,pr}$——石子煤低位发热量，kJ/kg；

B——锅炉给煤量，kg/s。

下标 pr 为 pulverizer rejected 的缩略语。

对火床锅炉漏煤造成的热量损失，只是将其中的石子煤量和石子煤的低位发热量改为链条漏煤量和入炉煤的低位发热量即可。

（五）q_5 散热损失

除锅炉效率的热量基准外，散热损失引起的技术差别是锅炉效率的主要因素。

在大量引进欧美技术之前，我国锅炉设计一直使用苏联锅炉热力计算 1957 年版和1973 年热力计算标准，如图 2-3 所示中的曲线 1 和 2。1973 版苏联热力计算标准散热损失给出了计算线算图中曲线 2 用的三阶多项式计算式，系数见表 2-7。

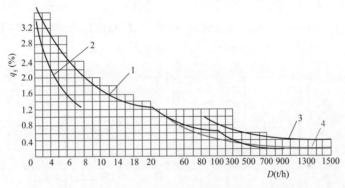

图 2-3　我国锅炉性能试验标准与 1973 版苏联热力计算标准散热损失 q_5 的比较

1—锅炉整体（连同尾部受热面）；2—锅炉本身（无尾部受热面）；

3—GB 10184—1988 的实线（连同尾部受热面）；4—GB/T 10184—2015 的曲线

表 2-7   苏联热力计算标准散热损失的计算系数

系数	主蒸汽流量 D（t/h）		
	3~20	20~100	100~990
α_1	4.6200103	1.6996826	0.81825397
α_2	-0.53376969	-0.023849966	-0.0012802068
α_3	0.031406089	0.00020061935	$0.63997113 \times 10^{-6}$
α_4	$-0.64671482 \times 10^{-3}$	$-0.62289582 \times 10^{-6}$	$0.134680134 \times 10^{-9}$
$D>990$t/h、$q_5=0.2\%$			

20世纪70年代，西安热工研究所对当时国内最具代表性的11台容量为130～1083t/h的锅炉（其中油炉2台）进行实测后，得出GB 10184—1988中散热损失计算式为式（2-62）和式（2-63），其绘制在1973年热力计算标准中为曲线3，则

$$q_5 = q_5^e \frac{D_e}{D} \tag{2-62}$$

$$q_5^e = 5.82 D_e^{-0.38} \tag{2-63}$$

式中　　q_5——试验负荷锅炉散热损失，%；

q_5^e——锅炉机组额定负荷下的散热损失，%；

D_e——锅炉额定负荷（蒸发量），t/h；

D——试验时锅炉负荷（蒸发量），t/h。

1973版苏联热力计算标准散热损失和欧美设计的散热损失相差不大，但用式（2-63）计算的q_5^e通常比国内外锅炉厂的设计值大一倍左右。

GB/T 10184—2015重点修订了散热损失的算法，计算式为式（2-64）和式（2-65），曲线为图2-4。把GB/T 10184—2015中散热损失绘制在图2-3所示1973版苏联热力计算标准散热损失的线算图中为曲线4，可见按GB/T 10184—2015计算散热损失，700t/h以上的大锅炉与1973版苏联热力计算标准基本一致。

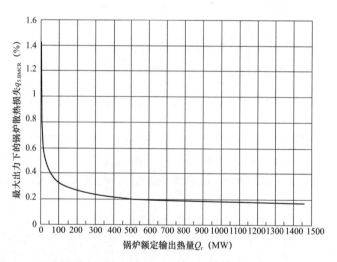

图2-4　辐射散热损失标准曲线（温压为28℃，表面风速为0.5m/s）

$$q_5 = q_{5,\mathrm{BMCR}} \frac{Q_{\mathrm{BMCR}}}{Q_{\mathrm{OUT}}} \beta \tag{2-64}$$

$$\beta = \frac{E}{0.3943} \tag{2-65}$$

式中　　$q_{5,\mathrm{BMCR}}$——最大出力下的锅炉散热损失，按图2-4查取，%；

Q_{BMCR}——最大出力下的锅炉的输出热量，MW；

Q_{OUT}——部分负荷下锅炉的输出热量，MW；

β——锅炉表面辐射率系数，与表面与环境温度的差值、表面的风速有关；

E——锅炉表面辐射率，按图 2-5 查取，kW/m^2。

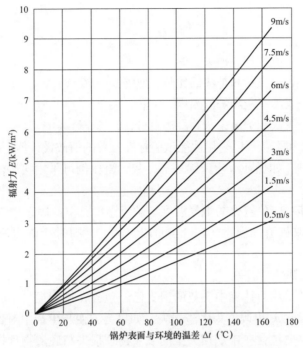

图 2-5 在不同风速和环境温压下的锅炉辐射率

式（2-64）中的 $\dfrac{Q_{BMCR}}{Q_{out}}$ 是锅炉负荷的修正系数，根据锅炉设计最大输出热量除以锅炉试验实际输出热量，其含义是假定锅炉不同负荷下通过表面散出的热量恒定不变，则该热量与锅炉输入热量成反比，即锅炉负荷率越高，散热所占的份额越小。整体含义和式（2-62）中的 $\dfrac{D^e}{D}$ 完全一致，本书还是推荐用蒸汽流量修正方法。

GB/T 10184—2015 没有提供最大出力下的锅炉散热损失 $q_{5,DMCR}$ 的计算式，每次都得根据锅炉额定输出热量（MW）按图 2-4 查取，非常麻烦，为方便计算，可以将图 2-4 中的数据用最小二乘法进行拟合，得到计算式为

$$q_{5,BMCR} = 1.27924 - 0.90374\left(1 - e^{\frac{Q_{BRL}}{23.61121}}\right) - 0.19599\left(1 - e^{\frac{Q_{BRL}}{246.1218}}\right) \qquad （2-66）$$

1998 年热力计算标准和 1973 版苏联热力计算标准的散热损失相同。

（六）q_6 大渣物理热损失

高温的灰渣从锅炉排出时，也带走了部分热量，由此造成的热损失称为灰渣物理热损失，即炉渣、飞灰排出锅炉设备时所带走的显热占输入热量的百分比。同固体未完全燃烧损失一样，不同部分的灰渣显热先单独计算，然后相加，即

$$Q_6 = \frac{A_{ar}}{100}\left[\frac{r_{fa}c_{fa}(t_{fa}-t_{re})}{100-C_{fa}} + \frac{r_{ba}c_{ba}(t_{ba}-t_{re})}{100-C_{ba}}\right] \qquad (2-67)$$

$$q_6 = \frac{Q_6}{Q_{net,ar}}\times 100 \qquad (2-68)$$

式中 q_6——灰渣物理热损失，%；

c_{fa}、c_{ba}——表示飞灰和炉渣的比热，kJ/（kg·℃）；

t_{fa}、t_{ba}——表示飞灰和炉渣温度，℃；

r_{fa}、r_{ba}——飞灰和炉渣占灰总量的百分比，%。

煤粉锅炉炉渣和飞灰可以采用性能试验标准推荐的值或设计值，见表2-4。对于特殊燃烧方式的锅炉，如循环流化床锅炉等，灰、渣比例可采用实测值时的测量和处理方法。

飞灰温度取其对应位置处的烟气温度。炉渣温度：空冷固态排渣锅炉可取800℃，液态排渣锅炉可取灰流动温度（FT）再加上100℃，同时冷渣水所带走的热量不再计及。

对燃油和燃气锅炉，q_6=0。

需要注意的是，热力计算中飞灰的损失已经包含在排烟损失中，计算只需计算底渣的损失即可，因此 q_6 也改称为大渣损失。如果为方便与生产中对比，读者在整理最终计算结果时，也把包含在排烟损失中的飞灰物理损失与底渣物理损失分析出来，再重新合并为 q_6。

（七）进入锅炉的热量 Q_{ex}

1. 燃料物理显热

燃料的物理显热是进入系统的单位燃料携带的热量，按式（2-69）计算，即

$$Q_f = c_f(t_f - t_{re}) \qquad (2-69)$$

式中　Q_f——燃料物理显热，kJ/kg 或 kJ/m³；

c_f——燃料比热，kJ/（kg·℃）或 kJ/（m³·℃）；

t_f——燃料温度，℃。

当固体燃料的温度低于0℃时，输入热量中还应扣除燃料的解冻用热量 Q_{fuf}，即

$$Q_{fuf} = 3.35\left(M_{ar} - M_{ad}\frac{100-M_{ar}}{100-M_{ad}}\right) \qquad (2-70)$$

式中　Q_{fuf}——解冻燃料（fuel unfreezing）用热量，kJ/kg；

M_{ad}——入炉煤空干基水分的质量分数，%。

Q_{fuf} 计算式中，括号内的部分是计算基于收到基的外水分的质量比例，因为只有外水分才会结冰。内水分是结晶水，与其他分子一块呈固态。

2. 空气所携带的热量

如果选择当地空气温度作为计算基准，则本项为0。

ASME PTC 4—1998 发布以来，锅炉性能试验开始以25℃作为焓值计算的基准温

度，2015 年我国性能试验标准也改为这一基准，则本项不再为 0 了。如果设计计算时为了准备和生产实践中的测试数据相对比而采用 25℃ 基准时，空气所携带的热量由进入空气预热器的一、二次风及其他空气份额所携带的热量组成，计算式为

$$Q_a = \alpha V_a^0 \left(r_{pa} H_{pa} + r_{sa} H_{sa} + r_{oth} H_{oth} \right) \tag{2-71}$$

$$r_{pa} + r_{sa} + r_{oth} = 1 \tag{2-72}$$

式中　　　　　　Q_a——进入锅炉空气所携带的热量，kJ/kg；

r_{pa}、r_{sa}、r_{oth}——一、二次风和其他风量的比例，无量纲；

H_{pa}、H_{sa}、H_{oth}——每千克燃料所用的一、二次风和其他风的焓值，kJ/kg。

上面的处理与 GB/T 10184—2015 的原理是相同的，但在 GB/T 10184—2015 中把该项分成干空气、水蒸气等多项，然后再加权平均，有兴趣的读者可自行参考。

三、锅炉燃料量的计算

（一）实际燃料量（firing rate）

正平衡效率中的燃料量 B 很难准确测量，因此实际中很少有锅炉按正平衡方法进行效率试验，正平衡试验式更多的时候是变换成式（2-73）来估算燃料量，即

$$B = \frac{100 Q_{out}}{\eta Q_{ar,net}} \quad (\text{kg/s 或 t/h}) \tag{2-73}$$

式（2-73）中，Q_{out} 为单位燃料的锅炉输出热量，包含工质在锅炉能量平衡系统中所吸收的热量，以及排污水和其他外用蒸汽所消耗的热量等。空气在空气预热器吸热后又回到炉膛，其吸热量属锅炉内部热量循环，不应计入。这样，以最为常见的一次再热机组为例，过热蒸汽减温水由给水平台送出，锅炉输出热量计算式为（对于多次再热机组，应加入其余各级再热器吸收的热量）

$$\begin{aligned}
Q_{out} = &\frac{1}{B} \left[D_{SH} \left(h_{SH} - h_{FW} \right) + D_{PW,sh} \left(h_{SH} - h_{PW,sh} \right) \right] + \\
&\frac{1}{B} \left[D_{RH,en} \left(h_{RH,lv} - h_{RH,en} \right) + D_{PW,rh} \left(h_{RH,lv} - h_{PW,rh} \right) \right] + \\
&\frac{1}{B} \left[D_{BO} \left(h_{BO} - h_{FW} \right) + D_{SS} \left(h_{SS} - h_{FW} \right) \right]
\end{aligned} \tag{2-74}$$

式中　　　　D_{SH}、$D_{RH,en}$——主蒸汽、入口再热蒸汽的流量，kg/s；

h_{FW}、h_{SH}、$h_{RH,en}$、$h_{RH,lv}$　给水、主蒸汽、再热器进口蒸汽、再热器出口蒸汽的焓，kJ/kg；

D_{BO}、h_{BO}——锅炉排污水流量及其焓，kg/s 和 kJ/kg；

D_{SS}、h_{SS}——锅炉自用蒸汽流量及其焓，kg/s 和 kJ/kg；

$D_{PW,rh}$、$h_{PW,rh}$——再热蒸汽减温水流量及其焓，kg/s 和 kJ/kg；

$D_{PW,sh}$、$h_{PW,sh}$——过热蒸汽减温水流量及其焓，kg/s 和 kJ/kg。

为减少流量测量装置影响低压力的再热蒸汽做功，再热蒸汽流量一般不直接测量，

这样就需要采用热平衡法来测定再热器进口蒸汽流量 $D_{\text{RH,en}}$，有

$$D_{\text{RH,en}} = D_{\text{SH}} - \sum D_i \tag{2-75}$$

式中 $\sum D_i$ ——高压缸各级抽汽流量以及沿主蒸汽管道 – 高压缸 – 再热器入口管道的流程的各处漏汽之和，单位为 kg/s。

如果是第一级加热器（没有上级来的疏水），则用

$$D_i = \frac{D_{\text{w},i}(h_{\text{w,lv},i} - h_{\text{w,en},i})}{h_{\text{s},i} - h_{\text{sw,lv},i}} \tag{2-76}$$

否则用

$$D_i = \frac{D_{\text{w},i}(h_{\text{w,lv},i} - h_{\text{w,en},i}) - D_{\text{sw,lv},i-1}(h_{\text{sw,lv},i-1} - h_{\text{sw,lv},i})}{h_{\text{s},i} - h_{\text{sw,lv},i}} \tag{2-77}$$

$$D_{\text{sw,lv},i} = D_i + D_{\text{sw,lv},i-1} \tag{2-78}$$

式中　　　　D_i ——本级抽汽加热器进口蒸汽流量，kg/s；

$D_{\text{w},i}$ ——本级抽汽加热器给水流量，kg/s；

$h_{\text{w,lv},i}$ ——本级加热器出水焓，kJ/kg；

$h_{\text{w,en},i}$ ——本级加热器进水焓，kJ/kg；

$h_{\text{s},i}$ ——本级抽汽加热器进口蒸汽焓，kJ/kg；

$D_{\text{sw,lv},i-1}$ ——上级抽汽加热器逐级自流来的疏水流量，kg/s；

$h_{\text{sw,lv},i}$ ——本级抽汽加热器出口疏水焓，kJ/kg；

$h_{\text{sw,lv},i-1}$ ——上级抽汽加热器逐级自流来的疏水焓，kJ/kg。

生产中为确定各级加热器抽汽的流量，可测定各级加热器中的进口蒸汽压力、温度和水流量，以及进、出口水温和压力，确定相应各点的焓值，另外还需要测定主蒸汽流量或再热蒸汽流量或凝结水流量。如果通过试验测定，锅炉性能试验与汽轮机性能试验同时进行，可直接采用汽轮机试验中所得的再热器进口蒸汽流量和再热器出口蒸汽流量。我国电厂 DCS 显示的大部分锅炉的主蒸汽流量都利用调节级后的压力，根据费留格尔式进行计算，该式可能有 3% ~ 5% 的误差，偏差较大。

锅炉输出热量也可以利用汽轮机性能试验所得热耗来精确地计算，燃料量与汽轮机热耗的关系为

$$B = \frac{HR_{\text{T}}W_{\text{G}} + D_{\text{BO}}(h_{\text{BO}} - h_{\text{FW}}) + D_{\text{SS}}(h_{\text{SS}} - h_{\text{FW}})}{0.99Q_{\text{ar,net}}\eta} \tag{2-79}$$

式中　　　　　　　　HR_{T} ——汽轮机组热耗率，通过性能试验（生产中）或热平衡图（设计中）所得，是个比较精确的量，kJ/（kW·h）；

W_{G} ——发电机的输出功，kW·h；

0.99——汽轮机组的管道效率；

$D_{\text{BO}}(h_{\text{BO}} - h_{\text{FW}}) + D_{\text{SS}}(h_{\text{SS}} - h_{\text{FW}})$ ——锅炉侧排污等用汽带走的热量，汽包炉的排污率 ≥ 2.0% 时，其热量计一般不能忽略，kJ/kg。

（二）计算燃料量

在苏联/俄罗斯热力计算标准和我国的教学体系里，传统热力计算中，在确定煤种烟气容积时，采用煤种收到基碳含量直接计算，而不是本书中基于式（2-23）所示的实燃碳含量进行的，因而所得烟气容积偏大，使锅炉效率计算中的排烟损失趋向于偏大；另外，由于烟气容积偏大，造成烟气流速偏大，每一级换热器的换热能力偏强，最终导致计算的排烟温度偏低。为了克服这一影响，定义一个值称为计算燃料量，把灰渣中的可燃物当作未燃烧的煤，用式（2-80）把式（2-73）所计算的燃料量折算成实际的燃料量，进行传热计算。计算燃料量计算式为

$$B_j = B\left(1 - \frac{q_4}{100}\right) \tag{2-80}$$

这种设计方法中，换热过程中的烟气容积得到修正，使传热计算过程回归到正解的过程中，最终的排烟温度不至于偏低，但在锅炉效率计算时的烟气容积还是偏大，因而这样设计出来的锅炉相对于厂家来说，有一定的裕量。

（三）本书使用燃料量

由于计算燃料量与实际燃料量的差异，使得热力计算书与实际锅炉运行中测试得到的效率总有些差异，不便于根据设计资料来对生产过程进行监测。因此，本书对燃料量计算进行了改进，包括：

（1）锅炉效率采用低位发热量为唯一输入热量的燃料效率。

（2）采用预设或实测的飞灰、底渣可燃物计算实燃碳成分，然后再计算理论空气量及烟气组分，得到单位燃料燃烧时的精确烟气量。

（3）基于式（2-73）或式（2-79）计算出精确的燃料量。

这种方法即保证锅炉效率的计算正确，也保证了烟气容积计算的正确，还可以与实践中的数据对应以便于分析，满足生产和设计的双重需要，因此本书中不再使用计算燃料量这一概念。

四、保温系数

锅炉中烟气的热量传递给受热面，进而传递给工质，工质温升的同时有一部分热量向外传递给大气环境。保温系数表示用于工质温升的热量占受热面接收到总热量之比，即

$$\varphi = \frac{Q_{\mathrm{ar,net}}\eta}{Q_{\mathrm{ar,net}}\eta + Q_{\mathrm{ar,net}}q_5} = \frac{\eta}{\eta + q_5} \tag{2-81}$$

热力计算的每一步都是计算烟气通过金属受热面通道时传给工质的总热量，用保温系数可以计算出这部分热量在当前受热面最终究竟有多少用于提高工质参数、有多少热量通过炉墙以散热的形式损失掉。

显然，散热系数表示了保温层的好坏，而保温系数间接表示了保温层效果的好坏，要注意两者的区别和联系，不要混淆。

五、数据处理与封装 CBalance

CBalance 的封装主要任务是完成锅炉效率、锅炉有效输出热量、锅炉燃料量等数据的计算。这些数据均中 CBoiler 的数据，计算结果会应用到锅炉大部分受热面的热力计算，也存储在 CBoiler 中。

（一）锅炉效率计算

锅炉效率计算是整个热平衡计算的中心，主要涉及锅炉的燃料、排烟温度、空气温度、灰渣含碳量等数据，因而锅炉效率计算是 CBalance 的主要封装任务，计算过程是先根据锅炉燃料特性、灰渣可燃物含量等数据完成锅炉燃烧的模拟，计算出固体未完全燃烧损失 q_4，然后在此基础上完成排烟损失 q_2 等数据的计算，最后得到锅炉效率。

1. 固体未完全燃烧损失 calcQ4（ ）

传统上利用煤种干燥无灰基的挥发分来直接确定固体未完全燃烧损失。当锅炉出力大于 75t/h 时，q_4 可照下述情况选用。

（1）固态排渣炉烧无烟煤时 q_4=4% ~ 6%；烧贫煤时 q_4= 2%；烧烟煤时 q_4=1% ~ 1.5%（折算灰分小于 1.43 时用较小值）；烧褐煤时 q_4=0.5% ~ 1.0%（折算灰分小于 1.43 时用较小值）。

（2）液态排渣炉烧无烟煤时 q_4=3% ~ 4%，烧贫煤时% = 1% ~ 1.5 %。

根据这种规定，从 CBoiler 中获得 coal 指针，根据挥发分获得煤种成分，就可以方便选用了，其实现代码为

```
CBoiler* boiler=CBoiler::getInstance（ ）;
CCoal coal=boiler->getCoal（ ）;
switch(coal->getClassifaction())
{
    case (CCoal::Athrocite):              q4=3; break;
    case (CCoal::SemiAthrocite):          q4=2.8; break;
    case (CCoal::PoorQualityBituminous):  q4=2; break;
    case (CCoal::Bituminous):             q4=1; break;
    case (CCoal:Lignite):                 q4=0.5; break;
}
```

上述方法实际上是一种很粗的模型，如挥发分相同的两个煤种，灰含量不同时燃烧产生的 q_4 可能会有很大的偏差。此外，实际生产过程中，更多的对于固体未完全燃烧损失是通过监测飞灰与底渣的含碳量来做的，上述方法得到的结果与飞灰与底渣含碳量没有任何关系，也不利用与生产实际进行数据对比。为了解决该问题，本书采用灰渣可燃物计算的平均未燃尽碳来计算 q_4。根据式（2-60），q_4 在数值即为收到基碳含量与实燃碳的差值部分，即

程序代码 2-20：固体未完全燃烧损失 q_4 的计算

```
1.      double CBanlance::calcQ4()
2.          {
3.              CBoiler* boiler=CBoiler::getInstance ( );
4.              double    carbonFlyAsh=boiler->getCarbonFlyAsh();
5.              double    carbonPitAsh=boiler->getCarbonPitAsh();
6.              double    flyAsh=boiler->getFlyAsh();
7.              double    pitAsh=boiler->getPitAsh();
8.              if(carbonFlyAsh==-1 && carbonPitAsh==-1) // 根据煤种确定灰、渣含碳量
9.              switch(coal->getClassifaction())
10.             {
11.                 case (CCoal::Athrocite):
12.                     carbonFlyAsh=5, carbonPitAsh=3;
13.                     break;
14.                 case (CCoal::SemiAthrocite):
15.                     carbonFlyAsh=4, carbonPitAsh=2;
16.                     break;
17.                 case (CCoal::PoorQualityBituminous):
18.                     carbonFlyAsh=3, carbonPitAsh=2;
19.                     break;
20.                 case (CCoal::Bituminous):
21.                     carbonFlyAsh=1.5, carbonPitAsh=1.5;
22.                     break;
23.                 case (CCoal:Lignite):
24.                     carbonFlyAsh=1.0, carbonPitAsh=1.0;
25.                     break;
26.                 }
27.             coal->calcCbdar ( pitAsh, flyAsh, carbonFlyAsh, carbonPitAsh );
28.             q4=33727* ( coal->getCar()-coal->getCbdar() ) / coal->getLHV();
29.             return q4;
            }
```

　　在做设计计算时，不设定飞灰含碳量 carbonFlyAsh 和底渣含碳量 carbonPitAsh 的值，它们默认都为 -1，因此在第 8 行中调用 calcQ4（）时先判断一下它们是否为 -1，如果是则执行设计计算流程，根据煤种给出飞灰和底渣含碳量的数据，然后再计算 q_4；如果它们不为 -1 做校核计算，可以先设定 carbonFlyAsh 和 carbonPitAsh 后，其值不为 -1，则 calcQ4（）会跳过设计计算流程的步骤，直接进入计算 q_4，同时满足设计计算和校核计算的功能。

2. 排烟损失的计算 calcQ2(double gasT)

排烟损失手工计算时是热平衡计算中最为复杂的一部分工作，但是在 CCoal、CFlueGas 和 CAir 完成燃料、烟气和空气物性的封装后，可以用排烟温度的焓与送入冷空气的焓代替式（2-58）计算排烟损失。本书中，焓值计算参考温度推荐采用传统的空气预热器进口温度，因此有

程序代码 2-21：锅炉排烟损失的计算

```
double CBanlance::calcQ2 (double gasT)
{
    CBoiler* boiler=CBoiler::getInstance ();
    CCoal * coal=boiler->getCoal ();
    CFlueGas *exGas=boiler->getExhaustFlueGas ();
    CAir* ca=boiler->getAirCold ();
    exGas->setTemperature (gasT);
    double va = coal.getTheoreticalVolume ()*exGas.getExcessAir ();
    q2 = (exGas.getEnthalpy () - va *ca->getEnthalpy ())/ coal->getLHV ();
    return q2;
}
```

在 calcQ2 的过程中，需要传入烟气温度 gasT，热力计算过程中该温度即完成一次受热面计算后得到的锅炉新排烟温度。锅炉热力计算中该温度需要不断地迭代，因此本程序中把它显式化处理。该温度也可以设置在 boiler 中，然后在本段程序中使用 boiler->getGasT () 的功能获得，也是可以的。

3. 气体未完全燃烧损失 calcQ3 ()

在众多的气体可燃物中，主要考虑 CO 的损失，其他可燃物含量通常很低。设计计算时，对固态排渣煤粉炉和液态排渣煤粉炉，q_3 通常设置为 0；校核计算时，其值需要根据 CO 的含量计算。

程序代码 2-22：锅炉气体未完全燃烧损失的计算

```
double CBanlance::calcQ3 (double rCO = 0)
{
    CBoiler* boiler=CBoiler::getInstance ();
    CFlueGas *exGas=boiler->getExhaustFlueGas ();
    double vCO=rCO*exGas->getVolume ();
    q3 = vCO *12640/ coal->getLHV ();
    return q3;
}
```

4. 散热损失 calcQ5 ()

根据 1973 年热力计算标准给出的曲线，q_5 的拟合编制程序为

程序代码 2-23：锅炉散热损失的计算

```
double CBalance::calcQ5()
{
    CBoiler* boiler=CBoiler::getInstance ( );
    double mSFR = boiler->mainSteam()->getFlowRate()/1000;
    if ( mSFR <= 8.0 )
        q5 = 4.898571433 - 0.621742857*mSFR + 3.1428571e-2*mSFR*mSFR;
    else if ( mSFR <= 20.0 )
        q5 = 2.02254455 - 4.727273e-2*mSFR;
    else if (mSFR<= 100.0 )
        q5= 1.558333 - 0.151515*(mSFR/10.0) + 6.166667e-3*
        (mSFR*mSFR/100.0);
    else if ( mSFR <= 900.0 )
        q5= 0.745625 - 8.875e-2*(mSFR/100.0) + 3.125e-3*
        (mSFR*mSFR/10000);
    else
        q5 = 0.2;
        // 最后根据实际的负荷率返回 q5 为
    q5*=mainSteam.getFlowRate()/steamFlowBMCR;
        return q5;
}
```

如采用 GB/T 10184—2015 的曲线，可按拟合编制程序为

```
q5= 1.27924 - 0.90374*(1-exp(-QBRL/23.67721) -0.19599(1-exp
(-QBRL/23.67721));
```

5. 大渣损失 calcQ6

q_6 与 q_2 一样，也基于排烟温度计算，但由于计算 q_2 时所用的排烟焓包含了飞灰焓，所以本处的 q_6 就只含有底渣一项计算内容。

程序代码 2-24：锅炉大渣损失的计算

```
double CBanlance::calcQ6()
{
        CBoiler* boiler=CBoiler::getInstance ( );
        double    pitAsh=boiler->getPitAsh();
        double    pitAshT=800;
        double    t0=boiler->getColdAirT();
        if(boiler->getAshPit()==CBoiler::WetAshPit);
            pitAshT=1100;
        double cPitAsh =0.71+0.000502*pitAshT;
        q6=cPitAsh*(pitAshT-t0)*pitAsh/ coal->getLHV();
```

```
        return q6;
    }
```

6. 锅炉效率

完成 $q_2 \sim q_6$ 的各损失之差，可以用定义一个 efficiency 方法完成锅炉效率的计算。由于采用空气预热器出口温度 t_0 为基准值，所以输入热量 qex 不存在，工作相对简化很多：

程序代码 2-25：锅炉效率计算

```
void CBalance::efficiency(double gasT, double rCO=0)
{
    calcQ4();
    calcQ2(gasT);
    calcQ3(rCO);
    calcQ5();
    calcQ6();
    return 100-q2-q3-q4-q5-q6;
}
```

（二）有效输出热量计算

热平衡阶段，计算机组的有效输出热量需要用到进出锅炉的每一支汽水流程的数据，其中：

（1）进口的有给水 feedWater、再热蒸汽冷端 reheatSteamEn 和减温水 sprayWater。

（2）出口的有主蒸汽 mainSteam、再热蒸汽热端 reheatSteamLv 和各个排污流失的蒸汽流 rejectedSteam。

这些蒸汽参数都是 CBoiler 对象的参数，在使用时需要 CBoiler 完成，因此在初始化时要设置其温度、压力和流量，以主蒸汽 mainSteam 为例：

```
        CBoiler* boiler=CBoiler::getInstance();
        CWaterSteam ms=boiler->getMainSteam();
        ms.setP( PressureOfMainSteam );
        ms.setP( TemperatureOfMainSteam );
        ms.setFlowRate( flowRateOfMainSteam );
```

每个参数都设置完成后，就可以通过 boiler 指针获得，然后计算出口变量 heatOut，很显然，它也是 CBoiler 的数据。计算方法是依据式（2-74），对主蒸汽、再热蒸汽的输出加总后再扣除减温水量和各个出口分支 CWaterStream 对象的焓值：

程序代码 2-26：锅炉有效输出的计算

```
    double CBalance::calcHeatOut()
    {
        CBoiler* boiler=CBoiler::getInstance();
        mainSteam=boiler->getmainSteam();
        feedWater=boiler->getFeedWater();
        reheatSteamLv=boiler->getReheatSteamLv();
```

```
reheatSteamEn =boiler->getReheatSteamEn ();
steamRejected=boiler->getSteamRejected();
sprayWater=boiler->getSprayWater();
heatOut = mainSteam.getEnthalpy()*mainSteam.getflowRate()
        - feetWater.getEnthalpy()*feedWater.getflowRate()
        - feetWater.getEnthalpy()*feedWater.getflowRate();
heatOut += reheatSteamLv.getEnthalpy()*outletReheat.getflowRate()
        - reheatSteamEn .getEnthalpy()*reheatSteamEn .getflowRate();
for(int i=0;i<steamRejected.size();i++)
{
        heatOut -=( steamRejected[i].getEnthalpy() - feetWater.
        getEnthalpy())*steamRejected.getflowRate();
}
for(int i=0;i<sprayWater.size();i++)
{
        heatOut -= (sprayWater[i].getEnthalpy() - feetWater.
        getEnthalpy())*sprayWater.getflowRate();
}
return heatOut;
}
```

（三）保温系数和燃料量

这两个数据在热平衡中计算，但均为锅炉的变量，且在锅炉的热力计算迭代中使用，因此需要在热平衡计算的最后设置到锅炉的数据中去。其求解的代码为

程序代码 2-27：保温系数和燃料量计算

```
CBoiler* boiler=CBoiler: : getInstance ( );
......
heatInsulation =q1/ ( q5+q1);
firingRate = heatOut / (0.01*q1*coal->getLHV ( ));
boiler->setHeatInsulation (heatInsulation);
boiler->setFiringRate (firingRate);
```

（四）CBalance 的 heatCalc（ ）

因为热平衡要在热力计算中迭代使用，CBoiler 热力计算的入口称为 heatCalc（ ），CBalance 的总入口也称为 heatCalc（ ），主要任务是调用前文中描述的程序段，完成锅炉效率的计算、输出热量的计算以有保温系数燃烧量的计算功能。其求解的代码为

程序代码 2-28：热平衡计算的入口

```
void CBalance::heatCalc()
{
```

```
        efficiency ( ) ;
        calcHeatOut ( ) ;    // 锅炉有效利用热
        CBoiler* boiler=CBoiler: : getInstance ( ) ;
        double heatInsulation =q1/ ( q5+q1 );
        double firingRate = heatOut / ( 0.01*q1*coal->getLHV ( ) );
        boiler->setHeatInsulation ( heatInsulation );
        boiler->setFiringRate ( firingRate );
    }
```

通常需要在 CBoiler 中定义一个 CBalance* blance 这样一个变量储存并完成热平衡的计算工作。这样，在 CBoiler: : heatCalc 中就可以按类似下面的代码实现调用工作：

```
void CBoiler::heatCalc()
{
    blance->heatCalc();
    // 锅炉各受热面的热力计算。
}
```

第七节　锅炉整体设计的思路

锅炉热平衡计算涉及锅炉整体设计的很多参数，如排烟温度、主蒸汽 / 再热蒸汽温度、燃料种类等。热平衡计算完成后，锅炉热力计算就进入各受热面的分段计算过程中，相关工作需要事先对锅炉整体及各受热面的结构有详细的了解。对于校核计算而言，需要对设备的参数进行整理，但是对于设计计算而言，则需要在设计者的脑海里有相应的草案。如何根据煤种、预设的主蒸汽参数等几个宏观的数据扩展平铺到整个锅炉，是一个庞大的工程，本节就其中的影响因素作简单的介绍，以便进入到下一章开始的具体计算工作。

一、宏观参数的影响

宏观参数包括排烟温度、主蒸汽 / 再热蒸汽温度、制粉系统 / 燃烧器形式等，通常基于燃料的性质和选定的蒸汽参数两个基点进行考虑设计。

（一）燃料性质

不同种类燃料的化学成分、燃烧特性不同，对锅炉的影响也不同。燃料的性质是锅炉设计时的首要考虑因素，大体上决定了锅炉的燃烧方式、炉膛的大小、制粉系统、排烟温度、热风温度等关键参数，也决定了锅炉各级受热面间的整体协调。

燃料对于炉膛的影响在第三章有较为详细的论述，下面简单介绍其对于锅炉燃烧方式等参数的影响。

（1）煤种难着火、水分高和挥发分低的燃料都要求较高的热空气温度，以保证顺利着火，可使空气预热器增大，并要求与省煤器双级交错布置，这在大型锅炉中常使

Ⅱ形布置的尾部竖井中难以布置下受热面。

（2）灰分多的燃料易使对流受热面受到剧烈的磨损，因而必须降低烟气流速而使换热面积增多，有时还需采用防磨、减磨的受热面结构型式。灰分的变形温度和软化温度低会导致受热面结渣，应根据使对流受热面不结渣的条件来选择炉膛出口温度，这就影响炉膛辐射受热面吸热量和对流受热面吸热量的比例，故也就影响整台锅炉受热面的尺寸和结构。另外，为了中间除灰，有时还采用多烟道的锅炉布置型式。

（3）燃料含硫量高会造成低温区受热面的低温腐蚀和堵灰以及在高温受热面的高温腐蚀。因此，对低温区需要选取较高的排烟温度，并采取防腐及防堵的结构措施。在高温区则应采取措施以保证管子壁温不超过600℃。

（4）燃料发热量低可能是由于燃料可燃成分中较低发热量的成分增多或较高发热量的成分减少所致，也可能是因惰性物质水分和灰分高引起。由于可燃成分所产生的烟气量和其发热量基本上成比例，当燃料可燃成分的发热量降低时，虽然每千克燃料的烟气量减少，但所需的燃料量相应增加，因此总的烟气量基本上不变。这样它们对受热面布置的影响不大。至于惰性物质水分和灰分高导致发热量降低的直接影响则是使所需的燃料量相应增加，从而在每千克燃料的惰性物质高的基础上又使总的惰性物质量进一步增多。

凡此种种，燃料的影响较为复杂，有时并非单向，趋势难以判断，需要锅炉设计者或运行管理者首要考虑。

（二）排烟温度

排烟温度的选择主要从技术经济性和安全性两个方面考虑。排烟温度低后不但可以提升锅炉效率，还可以降低引风机的电耗，使机组运行的整体经济性大为提升。但为了降低排烟温度，必然要加大锅炉尾部受热面的面积，布置更多的钢材；随着排烟温度的降低，为防止运行中空气预热器产生低温腐蚀和堵灰的问题，需要使用更好、更贵的耐腐蚀材料，使建设成本进一步提升，因而要全面考虑，以达到整体效果最优。

排烟温度设计时首要考虑的因素是燃料中的水分、硫分含量，是排烟温度的决定性因素，体现为：

（1）水分含量是决定排烟在空气预热器中被空气冷却的能力。空气、烟气的比热相近，空气预热器进口的温度分布相似，排烟到底能被冷却到什么条件取决于烟气与空气之间质量流的比例。根据煤燃烧时化学关系，一台锅炉无论燃烧什么燃料，其燃烧时的干空气量和干烟气量容积基本是相当的；干空气携带水分的能力有限，干空气携带的水蒸气使烟气量增加的容积总体上变化也是比较小，但煤中水分的变化会导致湿烟气量的较大变化，它会导致空气预热器的湿烟气容积明显高于空气量，空气预热器的 X_r（燃烧空气热容量与烟气的热容量之比）升高，烟气无法被冷却下来，如褐煤的水分通常比烟煤和无烟煤的水分高很多，褐煤锅炉的排烟温度通常要比其他煤种锅炉的排烟温度高 10~15℃。

（2）水分、硫分决定的烟气酸露点是限制排烟温度的安全下限。烟气中水分的增加也使其水露点、酸露点均升高，为了使受热面壁面温度高于烟气酸露点，也需要锅炉有相对较高的排烟温度。烟气酸露点取决于煤种中的硫分，高硫煤的酸露点（折算含硫量在 0.6%~5%）甚至可达 120~150℃。同时如仅用提高排烟温度的方法来提高壁温则会使锅炉效率下降太多，故生产中高硫煤通常使用在炉膛内添加石灰石的循环流化床锅炉，先在炉膛内把硫脱除后再让烟气进入尾部受热面换热，此时就可以设计较低的排烟温度来大幅提高锅炉效率。

除了燃料因素外，排烟温度的调节方式也是需要考虑的因素。正常运行中锅炉排烟温度还随着环境温度的变化而变化，环境温度低时排烟温度也会随着变低，而热风温度变化并不大。为保证此时的空气预热器壁面不发生低温腐蚀，生产中常用暖风器或烟气再循环等措施来提高进风温度，而使排烟温度保持在合理的水平。

经炉内脱硫后的锅炉，或某些低腐蚀特性燃料的锅炉（如燃气锅炉），甚至可以将烟气中的水蒸气冷凝下来，最大限度地利用水蒸气凝结所放出的汽化潜热，称为冷凝式锅炉。对于电站锅炉而言，此时尾部烟气所需的冷却能力大大超出了燃烧空气和经回热后给水的能力，生产实践中通常用除氧器前的凝结水来完成冷却功能。此类锅炉如果仍按低位发热量来计算，其数值可以超过 100%，但是由于这部分回收的热量进入汽轮机后做功能力很小，只有一小部分得到了利用，其余大部分从凝汽器进入环境中，所以真实的经济性提升是有限的。但是如果这部分热量是用来供热的，则其经济性就非常高了。

（三）热风温度的选择

大容量电站锅炉中锅炉热风通常分为一、二次风。一次风主要功能是干燥和输送煤粉，二次风的主要作用是帮助煤粉在炉内迅速着火。从全锅炉的热平衡角度来看，加热燃烧空气的空气预热器安装在所有的汽水受热面之后，因此空气预热器还要承担回收尾部余热，并把余热运回锅炉的功能，因而锅炉运行中热风的用量越大，热风温度越高，锅炉的效率就越好。特别是对于挥发分少的贫煤/无烟煤和高水分的褐煤，需要尽可能地提高热风温度以满足贫煤/无烟煤的稳定燃烧和高水分褐煤的干燥。

空气预热器入口烟气温度与热风温度的差值称为空气预热器热端差，热风温度的上限由热端差和省煤器出口的烟气温度共同决定。省煤器出口烟气温度的下降也是有限的，因为汽轮机回热的影响，省煤器出口水温通常在 270~300℃ 之间，因而省煤器出口的烟气温度通常在 350~400℃ 之间。如果进一步降低该温度，则省煤器出口的水可能沸腾，对于水冷壁的流量均匀分配造成威胁，并导致低负荷时 SCR 系统需要的烟气温度无法满足需求。空气预热器热端差通常选择为 20~30℃，也就是热风温度在 330~380℃ 之间，如果想进一步减少热端差来提升热风温度，则需要加很多的空气预热器受热面，以补偿热风温度升高后使换热温差下降的不利影响，在目前的空气预热器方案中很难实现。

由于热风管道、空气预热器的钢架等都没有冷却设备，热风温度进一步升高时会对这些承重设备带来一定的影响，因而即使是大量需要热风的褐煤机组，热风温度最高也不超过 400℃。

（四）制粉系统与燃烧方式的规划

煤粉系统的功能是煤磨制成一定细度的煤粉并输入锅炉燃烧的所有设备，与锅炉的燃烧煤种、燃烧方式密切相关。中间储仓式制粉系统通常配备钢球磨煤机，煤粉磨得非常细，并且用温度较高的热风输送煤粉，适用于煤质较差或煤质变化幅度较大的条件，如无烟煤或贫煤。磨煤的过程中，球磨机耗电率远远大于直吹式制粉系统配备的碾压式磨煤机，且磨制好的煤粉需要先存在粉仓，一旦发生粉仓爆炸，威力必然惊人，因而烟煤以上的煤种通常不配备中间储仓式制粉系统。与此对应的是直吹式制粉系统，通常配备碾压式磨煤机如轮盘式磨煤机、辊盘式磨煤机等，煤粉现磨现用，磨煤机的出力要求能随锅炉负荷变化而增减，一次风既干燥燃料又输送煤粉的介质，磨煤用电率约为球磨机的 1/3，但是不足之处是在磨制难燃煤种时有些困难。不过现在在我国，当这些碾压式磨煤机成熟后，大多数煤种，即使是最适用于风扇磨煤机的褐煤，也有使用直吹式制粉系统的趋势。双进双出球磨机比较特殊，虽然它是球磨机，但通常它配置直吹式制粉系统，其控制与测量均比较困难，厂用电率高，最适用的是燃用贫煤的锅炉，否则不建议采用。即使贫煤，略好着火一点的可以采用碾压式磨煤机，实在难着火的可以采用中储式制粉系统，均比双进双出磨煤机适用。

燃烧方式的配备主要取决于煤种的特性和环保要求。当前我国对燃煤机组的要求是世界上最严格的，燃煤机组的环保水平高于燃气蒸汽联合循环机组，因而各型机组均开发了相应的低 NO_x 燃烧组织方式，具体参考相关专业著作。

（五）锅炉的蒸汽参数

蒸汽参数包括蒸汽压力与温度，其中对锅炉的传热影响最大的是蒸汽温度，但既使使用当前最高参数 630℃，与最高可以接近 2000℃ 的烟气理论温度相比还是很低，因而可以认为蒸汽参数与锅炉效率关系不大，但它对于汽轮机的发电能力而言，蒸汽参数起非常关键的作用，蒸汽参数越高，机组的效率越高。由于蒸汽参数越高，其高温高压特性所需要的机组材料等级也越高，需要人们在建设成本和运行收益两方面的平衡中选择最佳，煤价高的地方倾向于选择更高的蒸汽参数，而离煤源很近、煤价很低的地方倾向于选择相对低一些蒸汽参数的锅炉。

蒸汽参数对锅炉效率的影响虽然不大，但是对锅炉受热面的布置与分配却有巨大的影响。工质在锅炉受热面中的加热过程可分为水的加热、水的蒸发、蒸汽的过热三个阶段。这三个阶段吸热量的份额是随蒸汽压力的变化而变化的。蒸汽参数对锅炉效率的影响不大，但其对锅炉的结构有重大的影响，原因是蒸汽参数中压力的不同，会显著改变汽水工质由水变高压蒸汽过程中在过热段、蒸发段和沸腾前的预热三部分的吸热量分布（如图 2-6 所示），也就意味着完成各项任务的过热器/再热器、水冷壁及省煤器布置位置和换热面积的不同分布。蒸汽参数与工质吸热量的分配比例见表 2-8。

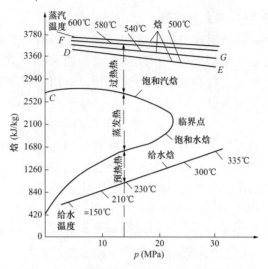

图 2-6　工质的焓与压力、温度之间的关系

表 2-8　　　　　　　　　　　　蒸汽参数与工质吸热量的分配比例

主蒸汽压力（MPa）	主蒸汽和再热蒸汽的温度（℃）	给水温度（℃）	总焓增（kJ/kg）	吸热量比例（%）		
				加热段	蒸发段	过热段
3.9	450	150	2697	17.6	62.6	19.8
9.8	540	250	2551	20.4	49.5	30.1
13.7	540/540	240	2822.7/430	21.3	33.8	29.8/15.2
16.8	540/540	270	2651/435	23.5	23.7	36.4/16.4
24.9	570/600	270	2303.3	29.8	0	53.1/17.1

注　分母为再热蒸汽的参数；分子为过热蒸汽的参数。

可见，随着蒸汽参数的提高，汽水工质的蒸发吸热份额越来越少，而对应的加热段吸热份额和过热吸热份额（含再热蒸汽吸热量）越来越大，要求锅炉过热器/再热器和省煤器换热面积要加大，蒸发换热面积减少。蒸发受热通常由炉膛的水冷壁完成，加热受热通常由省煤器和炉膛水冷壁的下部完成，其余为过热部分的吸热和再热部分的吸热，大部分由烟道中的对流受热面完成。炉膛的大小通常决定于燃料的燃烧，由于锅炉越大、蒸汽参数越高，需要的炉膛越大，而炉膛水冷壁中的蒸发吸热需求却越来越小，因而锅炉越大，就需要越大的对流过热器换热面积。从超高压力以后，由于炉膛内全部辐射受热面的吸热量超过水的蒸发所需热量太多，就会有越来越多的受热面从烟道中移到炉膛中来，如壁式辐射过热器、炉顶辐射过热器、分隔屏（也称前屏或大屏）辐射过热器和后屏半辐射过热器等，到了超临界压力的锅炉，由于蒸发热为 0，因而水冷壁的下半段为加热段，上半段即为过热段，在其分界处通常需要设置一个汽水分离器。由于过热蒸汽的冷却能力弱于水，因而水冷壁过热段所用的材料要比下半段高一个等级。

二、受热面的规划或复核

受热面是热力计算的主要对象，规划或复核完机组的宏观数据后，需要对机组的受热面整体上有一个全面的了解，或设计者预构出的形象，可是根据实时的机组整理复核出的具体数据，以供热力计算时使用，具体包括受热面的安排和连接情况、烟气流程、汽水流程、各受热面的结构参数、调温方式等。

受热面的总体安排和连接情况是锅炉热力计算进入具体受热面阶段必须掌握的信息，包括炉膛形状的设计、过热蒸汽/再热蒸汽需要分多少级加热/温升如何安排、各级受热面的结构和换热面积规划、各换热面积之间的前后连接关系如何等等数据，通常分解为烟气流程、汽水流程等流程。

烟气流程是从炉膛开始，按烟气的走向，沿途经过的受热面，如"炉膛—前屏—后屏—高温过热器—高温再热器—转向室—低温再热器—低温过热器—省煤器—空气预热器烟道"，也是各级受热面计算的顺序。

汽水流程需要按水流程、过热蒸汽流程和再热蒸汽流程，分别表达水、过热蒸汽和再热蒸汽加热的过程，如汽包锅炉的过热器流程可表达为"汽包—顶棚过热器（前屏、后屏、高温过热器、高温再热器、转向室）—尾部包覆—悬吊管—前屏过热器—后屏过热器—高温过热器—汽轮机"，热力计算时需要按此顺序分配受热面温升、压力降并校核参数的连续性。

在设计汽水流程时需要考虑蒸汽调温方式，如过热器减温水通常设置在前屏过热器和高温再热器前，作为粗调和精细的手段。

受热面设定完成后，即要考虑各级受热面的定值或初值，包括各级受热面进出口烟气温度、蒸汽温度、流量（和减温水量相关）、各级受热面的漏风量和空气平衡等参数，以满足各级受热面热力计算的需求。

三、热力计算通用化程序设计的任务

在完成本章的准备计算工作后，本书从下一章炉膛的热力计算开始，就进入特定受热面的传热计算流程工作。对每一级换热器的传热计算，任务是在充分了解受热面的计算方法的基础上，考虑如何对特定结构相关联的传热理论、换热面积、传热温差及冷却工质的温升等参数的计算进行封装，并最后设计锅炉作为一个整体而需要的热力计算调度过程。锅炉由一系列特定的受热面组合而成，因此也随之而走进面向对象的多态封装过程。

参考文献

［1］ International Formulation Committee of the 6th international conference on the properties of Steam（1967）The 1997 IFC Formulation for Industrial Use. Verein Deutscher Ingenieure，Dusseldorf.

［2］ ［德］W. 瓦格纳，A. 克鲁泽 . 水和蒸汽的性质［M］. 北京：科学出版社，2003.

［3］ 张晓杰.混煤着火过程试验研究［J］.电站系统工程，1999，15（6）：4.

［4］ 曾汉才.无烟煤与烟煤的混合煤燃烧特性与结渣特性研究［J］.燃烧科学与技术，1996（2）：181-189.

［5］ 邱建荣.混煤特性的综合性试验研究［D］.华中理工大学，1993.

［6］ 侯栋岐.电站锅炉煤燃烧特性试验研究［J］.电站系统工程，1995.11（1），5.

［7］ 侯栋岐.混煤煤粉着火和燃尽特性的试验研究［J］.电站系统工程，1995，11（2）：5.

［8］ 龚柏云.西山烟煤与阳泉无烟煤及其混煤的燃烧性能研究［J］.热力发电，2003，32（4）：4.

［9］ 范从振.锅炉原理［M］.北京：水利电力出版社，1986.

［10］ 周强泰.锅炉原理.3版［M］.北京：中国电力出版社.2013.

［11］ 赵翔，任有中.锅炉课程设计［M］.北京：水利电力出版社，1991.

［12］ 北京锅炉厂.锅炉机组热力计算标准方法［M］.北京：机械工业出版社，1976.

［13］ 赵振宁，张清峰，李战国.电站锅炉及其重要辅机性能试验原理、方法与计算［M］.北京：中国电力出版社，2019.

［14］ 车得福，庄正宁，李军，王栋.锅炉.2版［M］，西安：西安交通大学出版社，2008.

［15］ 叶江明.电厂锅炉原理及设备［M］.北京：中国电力出版社，2007.

［16］ Stanley B. Lippman，Josee Laoie，Barbara E. Moo.C++ Primer 中文版.5版［M］.北京：中国电子工业出版社.2013.

第三章 煤粉锅炉炉膛热力计算方法

炉膛是锅炉中最核心的部件之一，是让燃料充分燃烧的地方，也承担着产生蒸发量的任务，是锅炉热力计算的第一级受热面。煤粉锅炉的炉膛换热主要是辐射传热，其在热力计算各型受热面中最难理解、最难实施，也最难验证。本章基于我国常用的锅炉炉膛结构和换热特点，介绍了国内常见的炉膛出口温度计算方法，并对通用化的热力计算程序编写进行了研究。

第一节 炉膛的结构

一、炉膛及其分类

（一）炉膛的作用与要求

炉膛是巨大的空腔结构，为燃料燃烧提供空间，炉膛也称燃烧室。

煤粉锅炉炉膛内的火焰温度普遍高达 1300℃ 以上，放热量大且速度快，因此只能用冷却能力最大的锅水冷却，以便使烟气温度尽快地降下来，进入对流换热空间。容纳锅水来冷却火焰的管子称为水冷壁，布置在炉膛的四周，就形成了燃料燃烧的封闭空间。火焰和烟气是同名词，它们都由烟气产物来，通常温度较高、可发出可见光的部分称为火焰，而其他位置称为烟气。

由于烟气的传热与燃料的燃烧同时进行，所以火焰/烟气温度在其行程上变化剧烈：火焰根部燃料燃烧生成的热量大于辐射传热量，因此火焰温度升高；随后火焰继续上升，可燃物逐渐燃尽，燃烧生成的热量小于辐射传热量，火焰温度下降。两者的共同作用形成沿火焰行程先高后低的分布，温度最高点称为火焰中心。由于火焰的高温集中在燃烧器出口后的火焰沿程，同一高度的水平截面上温度呈中间高四边低的形态。这样，整体上烟气在炉内的温度场是沿炉膛水平、高度均不均匀的分布。

由于炉膛空间巨大且高温环境，该不均匀分布目前还无法完成整体测量，也无法验证。通常采用 CFD 软件来做数值计算仿真，图 3-1 所示显示的即为 Π 型锅炉、四角切圆燃烧方式的烟气温度场分布。也有学者采用声学或光学的采样，通过复杂的算法仿真得到类似的结果，但由于高温环境测量困难，还很少有人可以用直接测量的方法对这些结果进行验证，只是从宏观的功能，如炉膛出口烟气温度进行验证。

在炉膛高温火焰和烟气的环境条件下，燃料中的灰粒都是已经进入熔融状态，如果遇到低温的水冷壁上，会立刻产生结渣。为防止这种情况的产生，炉膛的设计者会通过燃烧器的布置来使火焰的高温区域尽可能远离壁面，必须采取良好的空气动力场让它们远离四周的水冷壁，直到火焰冷却下来、使灰粒变硬后，再让它们进入对流

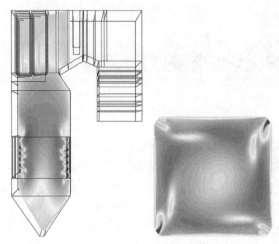

图 3-1　典型电站锅炉炉膛温度分布

烟道接触受热面管壁，以保证整个受热面系统的清洁状态，生产中通常称这为"维护火焰在炉膛中心"来形容这种要求，是很难完成的任务。

设计计算时，炉膛热力计算任务是根据炉膛设计的煤种和燃烧方式，按选定的炉膛出口烟气温度来确定所需布置的辐射换热面积及布置形式等；校核计算时是炉膛实际燃烧的煤种、燃烧方式和实际布置的辐射受热面，来校核炉膛出口烟气温度是否合理。炉膛的结构是炉膛热力计算的基础。

（二）塔型锅炉和 Π 型锅炉

Π 型锅炉又称为 π 型锅炉或倒 U 型锅炉，如图 3-2（a）～图 3-2（c）所示，是电站锅炉中应用最广泛的形式。Π 型锅炉主要优点是锅炉高度较低、安装起吊方便，钢材用量小、整体造价低，燃料与容量的适用性好，受热面易于布置成工质与烟气呈相互逆流，传热强度大，易于紧凑型设计，汽轮机与过热器的连接管道长度较短等；其缺点主要是烟气在烟道转弯易严重的烟气不均匀，导致受热面局部磨损；磨煤机通常只能布置于炉膛一侧，煤粉管道走向复杂且不均匀，造成烟气与汽水温度的偏差难以控制等问题。

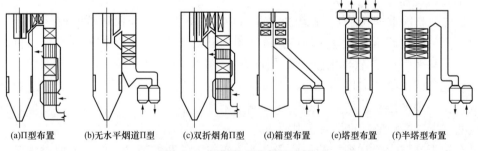

(a)Π型布置　　(b)无水平烟道Π型　　(c)双折烟角Π型　　(d)箱型布置　　(e)塔型布置　　(f)半塔型布置

图 3-2　锅炉本体布置示意图

图 3-2（a）所示为 Π 型锅炉的典型布置，图 3-2（b）所示为无水平烟道 Π 型，型式结构紧凑，包墙管系统简单，密封性好。图 3-2（c）所示为双折烟角 Π 型，主要

是在水平烟道处改善烟气流动状况，利用转弯烟室的空间，在水平烟道部分布置更多的受热面。

图 3-2（e）~图 3-2（f）所示为塔型锅炉，这种类型锅炉高达百米，所以称为塔型锅炉。该型锅炉所有对流受热面都水平悬吊在炉膛上部，膜式受热面包覆形成刚性密闭烟道可以一直延升到锅炉顶部，漏风量小，密封面好。磨煤机可以布置在四周，煤粉管道和燃烧器布置方便且易做到均匀。因为烟气走完所有受热面以后再拐弯，所以整体上对受热面冲刷非常均匀，烟气速度相对较高但磨损轻；锅炉的占地面积小，只有向下的垂直膨胀。其缺点主要是蒸汽管道长、金属消耗量大、造价高。

图 3-2（e）所示为塔型锅炉典型布置，但现在锅炉太高了，把辅机布置在顶部太过于困难，因而现代锅炉通常把烟道引致地面上来再进入空气预热器、除尘和引风机等，形成半塔型布置或 T 型布置。半塔型布置尾部烟道为单侧引出，T 型布置为尾部烟道两边引出且对称布置，缺点是占地更大。

为了节省空间和材料，我国的大型电站锅炉多为单炉膛 Π 型布置。西方发达国家，特别是煤炭资源比较丰富的国家如德国，塔型锅炉比较多，以追求良好的性能。

（三）燃烧方式

现代大容量煤粉锅炉可供选择的燃烧方式有三种：切向燃烧方式（包括直流燃烧器布置在四角上的角式切圆与布置在四面墙上的墙式切圆燃烧方式）、墙式燃烧方式（除少数 300MW 机组锅炉为前墙燃烧方式外，都采用前后墙对冲燃烧方式）、拱式燃烧方式（一般采用 W 形火焰双拱燃烧方式），如图 3-3 所示。

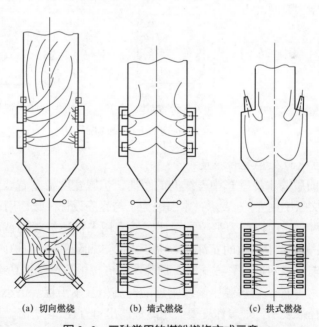

图 3-3　三种常用的煤粉燃烧方式示意

锅炉燃烧方式的确定基于煤种的热力特性和锅炉厂家的技术流派：燃烧特性很差的煤种，如无烟煤和贫煤，则大多数锅炉倾向于采用拱式燃烧；但对于一般燃烧特性或优秀燃烧特性的煤种，即可以采用切向燃烧，也可以采用墙式燃烧，主要取决于厂家的技术习惯。

二、炉膛结构的描述

电站锅炉炉膛的主要轮廓尺寸如图 3-4 所示，对其描述需要有锅炉炉膛轮廓尺寸、折焰角、冷却斗、燃烧方式、热力特征参数等，有的用于参加热力计算，有的用于生产监控，有的用于热量分配，有的兼而有之。

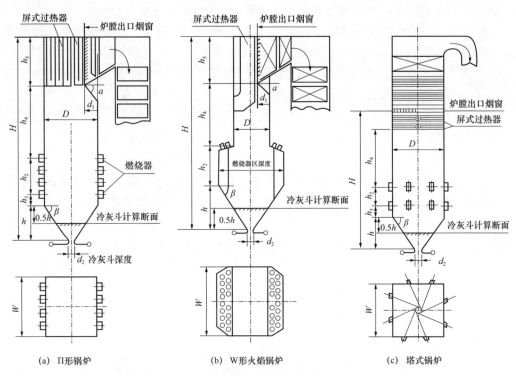

图 3-4　电站锅炉炉膛的主要轮廓尺寸

（一）炉膛的截面及宽度和深度

炉膛深度指前后墙水冷壁管中心线间的距离，炉膛宽度指左右墙水冷壁管中心线间的距离，多数文献中用 $a \times b$ 表示，本书中为了与程序设计一致，用 D（depth）和 W（width）表示。两者的比值称为炉膛宽深比，通常用来描述炉膛的截面形状：切圆燃烧方式的锅炉，一般希望炉膛的宽深比不大于 1.2，以保证良好的炉内空气动力工况；采用旋流燃烧器前墙或对冲布置方式时，炉膛深度应按单只燃烧器功率和射程来选择，使火炬不冲墙或对冲火焰在炉膛中心线附近的射流相互不干扰。最小的炉膛深度通常用燃烧器出口直径来表示，炉膛深度要大于燃烧器出口直径 5～7 倍。

炉膛宽深比即炉膛宽度与深度的比值，表征了炉膛截面的形状，影响四角切圆锅炉炉内的空气动力特性，如实际切圆直径大小、炉膛出口残余旋转等，通常宽深比越接近 1，即炉膛截面越接近正方形，一次风射流的补气条件越高，刚性越强，一次风偏转贴壁的可能性就越小。但炉膛宽深比减小，炉膛截面接近正方形，会对炉内旋转气流的约束减小，使整体旋转强度增大，虽经二次风消旋和沿程衰减，但烟气至炉膛出口时仍会有一定残余旋转，易使炉膛出口烟气温度偏差增大。

炉膛截面积一般指炉膛燃烧器区域的炉膛横断面面积，应按炉膛水冷壁管中心线所围成的矩形面积计算，即

$$F_1 = W \times D - S_1 \tag{3-1}$$

式中　F_1——炉膛截面积，m^2；

　　　S_1——炉膛燃烧器区域截面设计为带有切角的矩形时的切角面积，m^2。

（二）炉膛的高度 H

炉膛高度有多种理解：其一是炉膛的自然高度，从冷灰斗底部到炉膛顶棚；另外一种含义是指热力计算中所用的炉膛高度，与热力计算中炉膛的范围密切相关，这是本书所指的炉膛高度，通常指从炉底冷灰斗高度一半算起，至炉膛顶棚管中心线间的距离，与炉膛宽度、深度是共同构成炉膛三维空间的最重要参数。

随着现代化大容量锅炉参数的提升，汽水工质蒸发所需的热量越来越小，需要使用炉膛中所有的受热面，因此在炉膛中加入了屏式过热器和壁式再热器等设备，使得炉膛的任务不仅仅负责汽水的蒸发工作，还包括蒸汽的过热任务和再热任务。屏式过热器的加入，使得炉膛的分界变得复杂，相应地炉膛的高度也发生改变。

1. 炉膛的范围

炉膛的范围直观的理解就是炉膛中的空间部分，主要是要区别底部的冷灰斗区域和上部的屏式过热器，并同时确定炉膛出口烟窗。

冷灰斗区域定义了炉膛的下部边界。因为冷灰斗下部是封死的，燃烧空气从其上部、一定高度的位置进入炉膛，所以认为冷灰斗下部分是死滞区，这是统一的。1973年版热力计算标准以冷灰斗 1/2 高度作下边界，以美国、德国为首的 ASME 标准或 DIM 标准以冷灰斗 1/3 高度处作下边界，我国的大部分计算过程以冷灰斗 1/2 高度作为下边界，但后期引进技术应该有冷灰斗 1/3 高度作为下边界的，如图 3-4 所示。

屏式过热器通常指悬挂在炉膛顶部、横向节距比较大的管排式受热面。由于它形状像一块块单独的板子挂在炉顶，所以英文中称其为 platen。屏式过热器又分为分隔屏过热器（或称前屏、辐射式屏）和后屏过热器两类：由于上部烟道拐弯，所以辐射式屏往往布置在炉膛上方的前部，每板屏的面积都比较大，起到初步梳理（切向燃烧时可以快速减少烟气的旋转）、整理烟气的作用，同时继续冷却含有部分未完全硬化灰粒的高温烟气，因此又称前屏、大屏；而半辐射半对流受热面往往布置在出口折焰角附近，称为后屏。当后屏布置在折焰角上部时，前屏会占据炉膛前墙到折焰角顶部的全部炉膛深度，此时称为全大屏。辐射式屏和半辐射式屏的区分依据：辐射式屏的节距大于 450mm（实际上通常为数米的间距），主要让烟气流通过快速冷却下来、其中的熔渣快速变得不黏，以防止后面布置稠密、横向节距相对较小的对流受热面产生结渣。半辐射式屏的横向节距小于 450mm，此时对流换热的作用已不可忽视，因此通常称为半辐射半对流的受热面。

分隔屏布置得过于稀疏，以至于其受到的对流传热占比很小，通常把它当作纯辐射式受热面。如果炉膛上部有前后屏，则炉膛的高度计算到炉顶；如果炉膛上部全部

都是横向节距快速小于 450mm 的半辐射式过热器，则炉膛的高度就计算到屏底。

对于塔型式锅炉，所有的受热面都是水平布置，像叠罗汉似地一层一层往上排列，把沿烟气方向第一个横向节距小于 450mm 左右的受热面称为半辐射半对流受热面（也就是屏式过热器），炉膛的高度就计算到该受热面的进口。

各国科学家一致认为可通过屏式过热器的横向截距来判定其是否属于炉膛部分。450mm 这个阀值是欧美国家的标准，1973 年热力计算标准判定依据是横向截距为457mm，两者相差不多，但 1998 版热力计算标准把该标准提高到 700mm 这一数值。从理论上来说，因为烟气向管子的传热是对流与辐射同时存在的，所有受热面都可以采用半对流半辐射式受热面的热力计算过程，只不过会使计算过程复杂化。因而对屏式受热面是划分到炉膛内还是单独地划分为半辐射半对流受热面，完全是早期为了计算和分析工作的方便，并在几十年的应用中积累了大量的经验、曲线和数据，现在还需要对此进行分类以便利用这些历史数据。

可见哪些屏应包括在炉膛的范围之内，哪些屏应当被看作是半辐射半对流受热面而要排除出炉膛外，会显著地影响到炉膛的高度的数值，也进而影响热力计算多个重要的结构参数。

2. 炉膛出口烟窗高度

炉膛出口烟窗即烟气出炉膛的法向假想平面，也就是就是炉膛上部、烟气离开炉膛的烟气通道横截面，也称出口截面，其位置与炉膛的边界密切相关。

对于 Ⅱ 型锅炉、设计有折焰角的锅炉，通常把分隔屏划入炉膛中，把后屏过热器划在炉膛外。如果后屏过热器布置在折焰角上方，则其左侧入口往往与折焰角顶端齐平，此时炉膛出口烟窗沿折焰角顶端开始算起、垂直向上一直到炉膛顶棚的垂直平面；如果后屏布置在折焰角的前方，则其底部往往与折焰角顶端齐平，前屏过热器出口的竖立面与后墙水冷壁之间的水平面构成 L 形折面；如果前屏单独计算，则出口烟窗为沿屏底从前墙到后墙水冷壁形成的水平截面；如果无屏则其为后墙水冷壁向上直至形成的假想平面作为炉膛出口。

塔型锅炉的炉膛出口烟窗为一水平截面，其下方受热面水平方向间距应大于 450mm。出口烟窗的高度为 L 形折线或垂直线或水平线的距离，如图 3-5 所示。

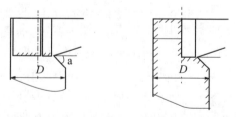

图 3-5　典型 Ⅱ 型锅炉炉膛上部布置示意图

3. 燃烧器区域高度 h_3

燃烧器区域高度是最上层煤粉燃烧器中心高度到最下层煤粉燃烧器中心高度之间的距离。由于所有的煤粉都是从这个区域之间送入的，所以燃烧器区域高度实际上表达了燃烧器的稠密程度；如果燃烧器区域高度大，则说明燃烧器布置相对疏一些，燃烧器区域的热负荷相对低一些；反之，则燃烧器区域高度小，说明燃烧器布置相对密一些，燃烧器区域的热负荷相对高一些，如果煤灰的熔点低，则需要考虑结渣问题。

4. 燃尽高度 h_4

燃尽高度指燃烧器最上排一次风喷嘴中心线（或采用中间储仓式热风送粉的燃用无烟煤的切向燃烧锅炉的三次风喷嘴）至屏底管中心线的距离，通常用 h_4 表示。对于 W 形火焰的炉膛可取为拱顶上折点至折焰角尖端的距离；对于塔型炉则为最上层一次风喷口到炉内水平管束最下层管中心线的距离。

燃尽高度是确定煤粉颗粒在炉膛内停留时间的一个关键参数，因为它决定了煤粉颗粒是否有足够的时间在炉膛中燃尽，影响飞灰含碳量，所以也称为火炬的最短行程。此外，从受热面角度看，燃尽高度还决定了烟气在到达炉膛出口之前的冷却程度，从而影响炉膛上部的结渣。如 h_4 值较低，则意味着炉膛上部空间不足，火焰可能伸入屏区，造成屏区烟气温度水平增高，炉膛出口烟气温度升高，在燃用低灰熔点煤种时屏区及其后对流受热面易结渣，飞灰可燃物含量升高等。目前，由于环保要求不断严格，此距离也将影响低 NO_x 燃烧系统及技术的应用。

燃尽高度应考虑煤种的沾污特性及结渣特性确定，以保证降低炉膛出口温度到一个合适的水平，保证对流受热面不结渣。切圆燃烧时为了保证炉膛辐射吸热量和对流吸热量分配合理，得到良好的炉内空气动力场及适当的炉膛出口温度和烟气残余旋转，即既保证过热再热蒸汽汽温满足要求，又有效降低屏区及其后的受热面的结渣倾向，通常建立最小的 h_4 值应满足下式，即

$$h_4 \geqslant \frac{D+W}{2} \tag{3-2}$$

5. 火焰下冲裕量高度 h_2

火焰下冲裕量高度指最下排一次风喷嘴中心线至冷灰斗拐点间的距离 h_2，目的是给下几层燃烧器的煤粉气流提供燃烧空间，并保证下炉膛不产生结渣。对左右摆动式直流燃烧器而言，h_2 的值要保证燃烧器在一定时间内下摆时火焰不冲刷冷灰斗水冷壁，300MW 等级锅炉 h_2 值一般在 3.5～5.0m 之间，600MW 等级锅炉 h_2 值一般在 4.5～5.5m 之间，当燃用煤质为易结渣煤种时，h_2 趋于选较大值，可按 $h_2 \geqslant 0.106(D+W)+1.48$ 选取。

6. 折焰角与分隔屏

为解决 Ⅱ 型锅炉的烟气不均匀问题，通常在炉膛设置折焰角这一特殊结构。折焰角位于分隔屏的底部位置与分隔屏相对，使从炉膛下部空腔部分上来的高温烟气向分隔屏方向拐弯以后，再从出口烟窗出去，一方面增加分隔屏区域的烟气充满度，另一方面把烟气赶过来使分隔屏起到整理作用。这样，通过分隔屏与折焰角的配合作用，使烟气整体上向均匀分布的方向改善，在高负荷、高海拔地区效果明显。

分隔屏及折焰角如图 3-6 所示。

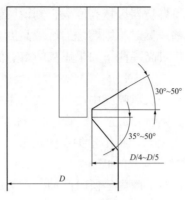

图 3-6　分隔屏及折焰角

分隔屏的高度用 h_5 表示。

折焰角的下沿容易挂渣，折焰角的上沿容易积灰。折焰角折焰的能力和炉膛上部形成缩口的大小有关，它与折焰角的上、下倾角共同影响着炉内高温烟气的充满度，炉膛上部空气的流动特性，烟气死区范围等；折焰角保持清洁的能力与炉膛出口的高度、其探入炉膛的深度、烟气流速等参数有关，合理的折焰角深度和左右倾角不仅能使烟气很好地充满炉膛上部区域、减少烟气对炉膛出口对流受热面的冲刷，并保持自身不积灰不结渣。综合考虑其折焰的能力和自动清除积灰能力的需求，折焰角深入炉膛的深度通常在炉膛深度的 0.20 ~ 0.25 之间，其上沿的倾角通常大于 30°。

7. 冷灰斗

冷灰斗的作用主要将较大截面积的炉膛和较小截面积的排渣系统过度和连接起来，并通过其斜面接受炉膛屏区及四壁水冷壁掉落的灰渣，使这些灰渣以滑入形式而不是垂直下落的形式进入排渣系统以减少冲击。其尺寸包括冷灰斗高度 h_1、炉膛冷灰斗拐点至炉底排渣口间的距离 D_f、倾角 A_{hp}、排渣口净深度 D_{hp} 等，对冷灰斗和排渣系统的安全运行有重要影响，与煤种的结渣倾向、煤中灰分的含量等有关。冷灰斗的倾角应大于或等于落灰的堆积角（50° ~ 55°），以确保炉内的渣不聚集并顺利下滑排渣口。排渣口净深度是冷灰斗底部出口的水平净间距，此深度选取得过小，则有可能造成炉底堆渣，影响下炉膛的传热，对锅炉的安全造成不利影响。冷灰斗几何形状如图 3-7 所示。

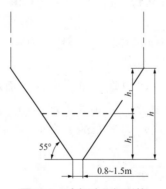

图 3-7　冷灰斗几何形状

此深度对冷灰斗和排渣系统的安全运行有重要影响，与煤种的结渣倾向、煤中灰分的含量等有关，在冷灰斗斜坡与水平面所成角度确定的情况下，如果此深度选取得过小，则有可能造成炉底堆渣，影响下炉膛的传热，对锅炉的安全造成不利影响。

8. 炉膛相对高度

计算燃烧器相对高度的重要基础，其确定与炉膛容积密切相关，并且与炉膛的整体形状密切相关。

$$x_i = \frac{h_i}{H - 0.5h_1} \tag{3-3}$$

（三）炉膛容积 V_f

生产中炉膛有效容积的大小关系到炉膛对煤种的适应能力，一般情况下，在同容量相同燃烧方式锅炉中，炉膛有效容积越大，其对煤种的适应能力越强，锅炉整体抗结渣性增强、沾污性减弱、清洁度变好。

炉膛有效容积的关键在于炉膛上下边界的确定。前文计算炉膛面积时对冷灰斗和屏区范围进行了划分后就同时确定炉膛的有效容积。不少切圆燃烧方式的锅炉为了增强一次风射流两侧的补气条件，增强一次风的刚性，常将炉膛燃烧器区域截面设计为带有切角的矩形，此时原则上切角所占的容积应从炉膛有效容积中扣除，按实际的容积进行计算。

三、炉膛特征参数

根据锅炉输入热功率及炉膛轮廓尺寸计算确定的一组特征参数，简称炉膛特征参数。在同容量机组条件下，它们的数值常随燃料特性、燃烧方式的不同而呈现较有逻辑规律的变化。某些炉膛特征参数值也随锅炉容量而有所改变。故对于新扩建锅炉的设计，在机组容量及燃烧方式选定的前提下，可以根据设计燃料的特性，从已知的典型特征参数组群中选用适宜值，从而确定出合理的炉膛轮廓尺寸。

（一）炉膛容积热负荷 q_V

炉膛容积热负荷 q_V 是指单位时间送入炉膛单位容积中的平均热负荷，严格意义上的计算方法是单位时间内输入炉膛的热量与炉膛有效容积之比，即单位时间输入炉膛的热量应该是被锅炉有效利用的热量或称净输入热功率。它应该按单位时间内输入锅炉燃料的高位发热量减去炉膛辐射热损失、机械和化学未完全燃烧热损失、燃料中水分或氢燃烧所生成水分的汽化潜热损失，再加上燃烧所用空气的显热（如采用烟气再循环还要加上再循环烟气的显热）来计算，它体现了真实的炉膛热工况。当用来计算容积热负荷（q_V）、截面热负荷（q_F）等炉膛热力特性参数时为了简化计算，而采用锅炉最大连续处理（BMCR）工况下的锅炉设计计算煤耗量 B（kg/s）与设计煤种的收到基低位发热量 $Q_{ar,net}$（kJ/kg）的乘积作为锅炉输入热功率，并没有加上输入锅炉的燃烧所必需的热风代入锅炉中的热量，即

$$q_V = \frac{BQ_{ar,net}}{V_F} \tag{3-4}$$

式中　　q_V——炉膛容积热负荷，kW/m³；

　　　　V_F——炉膛有效容积，m³；

　　　　B——锅炉最大连续出力（BMCR）工况下锅炉设计煤耗量，kg/s。

计算 q_V 值时，锅炉输入热量包不包含热空气物理显热带来的误差取决于锅炉燃烧组织方式，与热风温度密切相关。典型的褐煤、烟煤、贫煤和无烟煤的 300MW 和 600MW 锅炉机组的炉膛容积热负荷，单位时间内热风所携代入锅炉的热量与燃煤所放出热量的比值在 9%~12%，这样两种算法得出的容积热负荷相差在 9%~12%。对燃用不同煤质的锅炉来说，热风所携带的热量只在绝对数值上影响容积热负荷的大小；对燃用不同煤质锅炉间容积热负荷的相对大小的比较影响不大。

炉膛容积热负荷 q_V 要综合考虑煤粉在炉内的停留时间、燃尽的条件、水冷壁受热面是否布置得开、炉膛出口烟气温度、炉膛温度和结焦倾向、整个炉膛的造价等。容积热负荷 q_V 是衡量煤粉或者烟气在炉内停留时间的一把尺子，同时也能衡量炉内的温度水平、整个炉膛的燃烧和吸热强度。q_V 过大说明在单位时间单位容积情况下投入锅炉的燃料量过多，所生成的烟气量增加，从而增大了烟气流速，煤粉颗粒在炉内停留时间变短，机械不完全损失增大，降低锅炉效率；同时 q_V 过大也说明炉膛容积相对过小，炉膛所能布置的水冷壁吸热面过少，使炉膛辐射吸热量过低，对流吸热量过高，炉膛出口烟气温度升高，可能增大烟气温度偏差，容易造成炉膛上部受热面结渣。

（二）炉膛截面热负荷 q_F

炉膛截面热负荷为单位时间内锅炉的输入热量与锅炉炉膛横截面面积的比值，即

$$q_F = \frac{BQ_{ar,net}}{F_1}$$

（3-5）

式中　　q_F——炉膛截面热负荷，MW/m³。

炉膛截面热负荷 q_F 是衡量烟气流速、表征整个炉膛截面燃烧强度的尺度，影响燃烧区域的结渣倾向。q_F 是选择合适炉膛断面、防止燃烧器区域水冷壁结渣的一个关键指标，在确定 q_F 时应考虑煤种的沾污特征及结焦特征，合适的 q_F 也能使炉膛出口温度降到合适的水平。对于一定的 q_V，如 q_F 值过小，炉膛为矮胖型，容易造成高温烟气在炉内冷却不充分，炉膛出口烟气温度偏高，可能导致炉膛上部屏式过热器或其后对流受热面结渣；q_F 值过大，则炉膛为高瘦型，会造成燃烧器区域及其上部水冷壁热强度过高，容易造成对流受热面欠温和燃烧器区域及其上部水冷壁结渣，尤其对于易结渣煤种，q_F 应选择适当低一些。

在选取 q_F 时，主要考虑燃料的着火、燃尽性能、炉膛和燃烧器的结焦、水冷壁高温腐蚀等要求，例如当煤的挥发分低、灰分高时，应重点考虑煤的着火问题，q_F 不宜选取太低，以便提高燃烧器区域的炉温，促进煤的着火和燃尽；当燃用灰熔点偏低、易结焦的煤时，应注意考虑炉膛和燃烧器可能产生结焦问题，q_F 不宜选取太高，以便降低燃烧器区域的炉温，防止炉膛结焦。

（三）燃烧器区域壁面热负荷 q_r

燃烧器区域壁面热负荷指单位时间内锅炉输入热量与燃烧器区域壁面积之比，即

$$q_r = \frac{BQ_{ar,net}}{F_2}$$

（3-6）

式中 q_r——燃烧器区域壁面热负荷，MW/m^3；

F_2——炉膛燃烧器区域壁面积，m^2。

对燃烧器区域壁面热负荷有不同的理解，主要表现在壁面高度的选取上。我国早期沿用标准以最上排与最下排燃烧器中心线间的距离作为壁面高度；美国 CE 公司和日本 IHI 公司以最上排与最下排燃烧器中心线间的距离左右各加 1.5m 作为此高度；B&W 公司则上下各加 2m 作为高度。现在我国通常也取燃烧器区域壁面积为最上排与最下排燃烧器中心线间的距离左右各加 1.5m 所包围的炉膛壁面积，计算式为

$$F_2 = 2(W + D) \times (h_2 + 3) \times \zeta$$

（3-7）

式中 F_2——燃烧器区域壁面积，m^2；

h_2——炉膛的燃尽高度，m^2；

ζ——卫燃带修正系数，当无卫燃带时，$\zeta=1$。

在我国早期劣质难燃煤种的锅炉设计中，在燃烧器区域常设置卫燃带，主要是为了提高主燃区的炉膛平均温度，以助于煤粉着火，稳定燃烧。目前，由于燃烧器强化、稳定燃烧技术及先进配风方式的发展，大大提高了劣质煤种的燃烧稳定性，增强了锅炉的煤种适应性，同时，在燃用难燃易结渣煤种时，布置卫燃带易增大燃烧器区域结渣倾向，因此现代大容量锅炉多不采用布置卫燃带的方法来稳定燃烧。

注：燃烧器区域炉膛若有较大的切角时，式（3-7）中的（$W+D$）应按燃烧器区域炉膛横截面的实际周长计算。

燃烧器区域壁面热负荷 q_r 和 q_F 一样表征燃烧器区域的温度水平，且还能反映燃烧器中心区域水冷壁吸热强度和火焰的集中情况。q_r 取值越大，则说明火焰越集中，燃烧器区域燃烧强度和温度水平就越高，有利于煤粉颗粒的着火、燃烧和燃尽，但易造成燃烧器区域水冷壁受热面结渣。

（四）炉膛大小的估算

当机组容量一定时，其输入热负荷 $BQ_{net,ar}$ 就是一定的，此时炉膛的容积热负荷 q_V 和截面热负荷 q_F 表示衡量炉膛的大小和外形，并共同决定燃烧特性、结渣特性等因素：如果 q_V 较小时，炉膛就比较小，燃烧性能好，防结渣性能差；相同 q_V 条件下，如果 q_F 较大时，炉膛截面就小一些，炉膛瘦高，燃尽性能好，反之则矮胖。

设计时可以根据煤种条件先选定炉膛容积热负荷 q_V 和炉膛截面热负荷 q_F，即估算出炉膛容积 V_L 和炉膛的截面面积 A_L，为进一步的热力计算提供初值。

$$V_f = 3.6 \frac{B \cdot Q_{ar,net}}{q_V}$$

（3-8）

$$F_1 = \frac{B \cdot Q_{ar,net}}{q_F} = W \cdot D$$

（3-9）

$$H \approx \frac{V_f}{F_1}$$

$$(3-10)$$

式中　V_f——炉膛空积，m^2；

　　　H——炉膛总高度，由冷灰斗中心算起到炉膛顶部，m。

我国各大锅炉制造厂在炉膛设计中，多从燃烧安全、传热充分、防治结渣等多角度出发，积累了大量的经验。表 3-1 列出了我国 300MW、600MW 电站锅炉炉膛热力参数的推荐值。

表 3-1　　　　　　我国 300MW、600MW 电站锅炉炉膛热力参数的推荐值

燃烧方式		切向燃烧方式		对冲燃烧方式	
机组容量等级		300MW	600MW	300MW	600MW
容积热负荷 q_V（kW/m^3）	贫煤	85 ~ 116	82 ~ 102	90 ~ 120	85 ~ 105
	烟煤	90 ~ 118	85 ~ 105	95 ~ 125	90 ~ 115
	褐煤	75 ~ 90	60 ~ 80	80 ~ 100	75 ~ 90
截面热负荷 q_F（MW/m^2）	贫煤	4.5 ~ 5.2	4.6 ~ 5.4	4.2 ~ 5.2	4.6 ~ 5.4
	烟煤	3.8 ~ 5.1	4.4 ~ 5.2	3.6 ~ 5.0	3.8 ~ 5.2
	褐煤	3.3 ~ 4.3	3.6 ~ 4.5	3.2 ~ 4.5	3.5 ~ 4.8
上排一次风喷嘴中心至屏下沿的距离 L（m）	贫煤	17 ~ 21.5	19 ~ 23	15 ~ 20	18 ~ 23
	烟煤	16 ~ 20	18 ~ 22	14 ~ 18	18 ~ 22
	褐煤	18 ~ 24	20 ~ 25	16 ~ 22	18 ~ 24

第二节　炉膛辐射换热双灰体换热模型简介

煤粉炉膛是空腔结构，火焰温度通常高于 1300℃ 以上，烟气高流速部分在炉膛中心，而四周壁面部分的烟气流速很低，因此对流传热量很小，占总换热量的份额一般小于或等于 5%，与四周水冷壁管的换热以辐射为主要方式。炉膛热计算的基础是双灰体辐射换热模型，其本身就是传热学中非常复杂的内容，为帮助读者更好地理解辐射换热，本节简要介绍辐射换热的基本特点与理论，导出双灰体辐射换热模型。

一、辐射基本规律

（一）电磁波波谱

热辐射是物体内能升高后将其所具有的内能转换成电磁波向外发射的过程，该电磁波称为热射线。温度高于 0K 的物体都会向外发射辐射能，是物质的本质。电磁辐射以不同的波长（频率）、沿直线形式向前传播，其波长范围很广，如可见光由 7 种不同波长的光线组成，无线电的波长可达数百米，而宇宙射线的波长则小于 10^{-14}m，如图 3-8 所示。

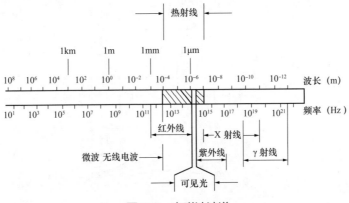

图 3-8 电磁波波谱

（二）辐射力

物体向外界发射的辐射能量用辐射力表示。在可见光的范围内，不同波长的光具有不同的颜色，因而电磁波的不同波长也称为不同颜色。不同波长的电磁波的辐射力不同，某种波长条件下电磁波的辐射力称为该波长下的单色辐射力。

辐射能和辐射力的关系是

$$E_\lambda = \frac{dE}{d\lambda} \text{ 或 } E = \int_0^\infty E_\lambda d\lambda \tag{3-11}$$

式中 E_λ——某个波长、某种温度条件下的单色辐射力，W/m³；

E——物体单位时间内由单位表面积向半球空间（见图 3-10）的辐射力，W/m²；

λ——波长，m。

1901 年普朗克基于微观粒子的分布规律和量子力学原理，发现了黑体辐射能量与波长、温度的关系，称为普朗克定律，即

$$E_{b\lambda} = \frac{c_1 \lambda^{-5}}{\exp\left(\dfrac{c_2}{\lambda T}\right) - 1}$$

$$\tag{3-12}$$

式中 $E_{b\lambda}$——黑体某个波长、某种温度条件下的单色辐射力；

c_1——普朗克第一常数，值为 3.742×10^{-16} W/m²；

c_2——普朗克第二常数，值为 1.4388×10^{-2} m·K；

T——黑体表面的绝对温度，K。

下标 b 表示 black body，黑体。

根据普朗克定律，单色辐射力按波长分布的规律如图 3-9 所示。

从图 3-9 中可以看出，黑体的单色辐射力特性有两个方面。

（1）辐射力随着温度的升高而升高。

（2）同一温度条件下，单色辐射力随波长呈中间高、两端低的连续变化形态。

锅炉里热辐射产生源的温度小于 2000K，其波长范围主要在 0.1 ~ 100μm（微米）之间，包含部分紫外线、全部可见光和红外线，主要辐射能是红外部分。

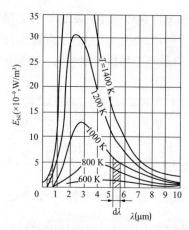

图 3-9　黑体在不同温度下的单色辐射力

总辐射力可通过式（3-12）代入式（3-11）积分得到黑体的总辐射力计算式，即为斯蒂芬 - 玻尔兹曼定律，也就是四次方定律，锅炉辐射换热的最基础公式。

$$E_b = \int_0^\infty E_{b\lambda} \mathrm{d}\lambda = \int_0^\infty \frac{c_1 \lambda^{-5}}{\exp\left(\dfrac{c_2}{\lambda T}\right) - 1} \mathrm{d}\lambda = \sigma_0 T^4 \qquad (3\text{-}13)$$

式中　E_b——黑体的总辐射力，W/m²；

　　　σ_0——斯蒂芬 - 玻尔兹曼常数，5.76×10^{-8} W/（m²·K⁴）。

二、辐射传播的空间特点

（一）辐射发射出去的能量

从辐射源开始，辐射电磁波只能向前向发展（前进并向两侧扩展）而不能倒退。垂直于辐射源平面的正前方称为法线方向，辐射向法线周围最多只能发展到 90° 的角度内，即上文中所述的半球空间，如图 3-10 所示。

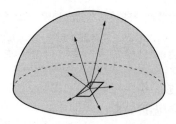

图 3-10　半球空间示意图

从发射端看，某物体在单位时间内，由单位表面积向空间某一方向的单位立体角内发射的全部辐射能量称为定向辐射力，是表示辐射能在半球空间的分布规律，计算方法为

$$E_\theta = \frac{\mathrm{d}E}{\mathrm{d}\omega} \qquad (3\text{-}14)$$

式中　E_θ——定向辐射力，W/（m²·sr）；

　　　ω——空间某一方向的单位立体角，m²·sr，如图 3-11 所示。

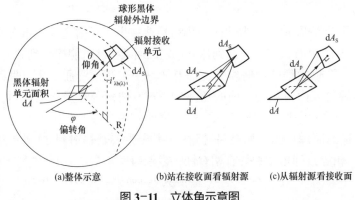

(a)整体示意　　　　(b)站在接收面看辐射源　　　(c)从辐射源看接收面

图 3-11 立体角示意图

显然，对整个半球空间的定向辐射力进行积分也可以得到整体辐射力，即

$$E = \int_0^{2\pi} E_\theta \mathrm{d}\omega \tag{3-15}$$

（二）辐射接收端接收的能量

1. 单位可见面积

从辐射接收端看，由于辐射在半球空间内的传播过程中呈逐渐扩散的状态，所以辐射的距离越远，辐射扩散的范围就越大，某个接受面内所处的能量密度越小。

式（3-15）是某人站在发射源环顾四周看到的辐射总能量，从热交换的角度，更重要的是以接受面的角度来看辐射能的交换。现在让该人站在接收辐射的 $\mathrm{d}A_\mathrm{s}$ 位置处，沿辐射方向反向看过去，他不会知道辐射源是 $\mathrm{d}A$ 发出的，因此他只会认为该辐射来自垂直的微元面 $\mathrm{d}A_\mathrm{p}$ 发出的。与发射射线相垂直的面积 $\mathrm{d}A_\mathrm{p}$ 称为单位可见面积，可以由 $\mathrm{d}A$ 和射线的角度 θ 来计算（$\mathrm{d}A_\mathrm{p} = \mathrm{d}A\cos\theta$）。

2. 定向辐射强度

在 $\mathrm{d}A_\mathrm{s}$ 处收到的总辐射能除以单位可见面积后得到的变量称为定向辐射强度。根据图 3-11，定向辐射强度计算式为

$$I_\theta = \frac{\mathrm{d}E}{\mathrm{d}A\cos\theta\mathrm{d}\omega} \tag{3-16}$$

$$E_\theta = I_\theta\cos\theta \tag{3-17}$$

式中　I_θ——单位可见辐射面积辐射落在单位立体角的辐射能（定向辐射强度），W/（$\mathrm{m}^2 \cdot \mathrm{sr}$）；

　　　θ——辐射面法线与辐射线的水平角，°；

　　　E_θ——单位辐射面积辐射落在单位立体角的辐射能，W/（$\mathrm{m}^2 \cdot \mathrm{sr}$）。

单位可见面积小于或等于实际的辐射面积，如辐射源面积与辐射线垂直，则接收源在辐射源的正前方，辐射面积就等于单位可见面积；如辐射源面积与辐射线不垂直，则接收源在辐射源的侧前方，辐射面积小于单位可见面积。因此，从发射源的角度来看，辐射强度为辐射源正前方的辐射力。

3. 角系数

如果考虑 dA_s 和 dA 两块小微元间的辐射换热，由于辐射空间发散分布、直线传播的特点，dA 发射的辐射只有部分能到达 dA_s 处，而 dA_s 也只能接收到 dA 处发射能量的一部分。不考虑换热过程的任何损失，辐射换热中到达接受面能量占发射源总发射能量的比值称为辐射表面对接收表面的角系数，与发射源与接受面的相对位置有关，记为 x_{12}。

从光路可逆的原理可知，如果辐射源从 dA_s 出发，其辐射到 dA 处的能量占其总辐射能的比例 x_{12} 相等，即角系数具有相对性，表示为

$$x_{12} = x_{21} \tag{3-18}$$

实际的辐射面中，接受面与发射源的表面形状及位置关系非常复杂，需要有针对性地进行计算，非常复杂。

4. 封闭系统

如果辐射源发出的能量完全被接受源接收，辐射源和接受源之间没有其他受热面，也没有缝隙把辐射漏掉，则称这样的系统为封闭系统。在封闭系统内，不管接受源有什么样的外表面与位置关系，到达该表面的辐射不能一次性吸收，会反射、漫射到其他方向，但最后这些一次无法被吸收的辐射还会再辐射到接收面上，使其辐射 100% 吸收。

对于一个封闭系统来说，角系数永远为 1，又使得换热过程得以简化。

（三）辐射在接收面上的形为

1. 吸收、反射或透射

正常情况下辐射投射到真实物体的表面时，可能会被吸收、反射或穿透，也可能三者同时发生，如图 3-12 所示。三部分能量占辐射总能量的比例称为吸收率、反射率和透射率，都是无因次量，数值介于 0 ~ 1 之间，加和为 1。

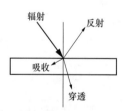

图 3-12　物体对热射线的吸收、反射和透射

当反射率为 1 时，称之为镜面反射，此时吸收率为 0；当透射率为 1 时，称该物体为透明体，此时吸收率也为 0。实际物体发生辐射换热时，通常不是镜面反射，也不是透明体，而是不透明体，同时存在吸收和反射的情况，科学家们把它们简化为黑体和灰体模型。

2. 黑体及其换热量

当吸收率为 1，反射率、透射率均为 0 时，此时的接收面为黑体（black body）。黑体是一个理想化了的物体，它能够吸收外来的全部电磁辐射，并且不会有任何的反射与透射。由于任何电磁波，包括可见光遇到黑体时，都是一去不复返，像进入黑洞，

所以称其为黑体。

自然界中不存在黑体，但用人工方法可以制造出十分接近于黑体的模型，如图3-13所示，辐射从腔壁的小孔进入空腔，经历多次吸收和反射都无法离开空腔，可认为投入辐射能全部被空腔吸收，接近于黑体。黑体的相关物理量用下脚标"b"表示。

图 3-13　黑体模型示意图

黑体虽然不存在，但其假想会使辐射换热的研究工作简单很多，如考虑一个简单的辐射换热面积由两个任意放置的黑体表面组成，其面积分别为 F_1 和 F_2，温度为 T_1 和 T_2，且 $T_1 > T_2$，则表面 1 发出而落到表面 2 上的能量全部会被表面 2 吸收，表面 2 发出而落到表面 1 上的能量也会被表面 1 全部吸收，$Q_{1\to2}=E_1F_1x_{12}$，为 $Q_{2\to1}=E_2F_2x_{21}$，两表面间净交换的热量为

$$Q_{12} = Q_{1\to1} - Q_{2\to1} = (E_{b1} - E_{b2})F_1x_{12} \tag{3-19}$$

式中　F_1、F_2——两个受热面的换热面积，m^2。

三、灰体及其换热

（一）灰体

实际物体的热辐射性能均弱于黑体表面，如图 3-14 所示。同温度下，黑体辐射的单色辐射力大于实际物体的辐射力，同时黑体的单色辐射力曲线为服从普朗克定律的光滑曲线，而实际物体的单色辐射力曲线变化很不规则，但总体规律与黑体具有相似性。

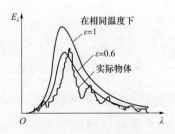

图 3-14　黑体与实际物体单色辐射力比较

（二）发射率（emissivity）和吸收率 (absoptivity)

实际物体的辐射力 E 与同温度下黑体的辐射力 E_b 的比值称为该物体的发射率，也称为黑度，用 ε 来表示，即

$$\varepsilon = \frac{E}{E_b} \tag{3-20}$$

实际物体不规则的单色辐射力曲线很不方便积分计算，因此可假想一种物体，使其总辐射力与实际物体的总辐射力相同，但辐射力曲线按普朗克定律分布，这种物体称为灰体。灰体相当于辐射力打了 ε 折的黑体，其黑度（发射率）表征灰体（或实际物体）的辐射本领接近于黑体辐射的程度，其值介于 $0 \sim 1$ 之间。

由于物体的辐射是按不同波长进行的，针对某波长的发射率称为单色发射率 ε_λ，针对所有波长的发射率称为总发射率 ε，是单色发射率对波长的积分。

物体吸收所接收到辐射的能力称为吸收率。吸收过程也是按不同波长进行的，针对某波长的吸收率称为单色吸收率 A_λ，针对所有波长的吸收率称为总吸收率 A（总吸收率是单色吸收率 A_λ 对波长的积分）。

基尔霍夫最早研究了吸收率与发射率之间的关系，其模型如图 3-15 所示，两块平行放置且距离很近大平板中，平板 1 是黑体表面，温度为 T_1，辐射力为 E_b；平板 2 为实际表面，温度为 T_2，吸收率为 A，辐射力为 E。两块平板相距很近，所发出的辐射都能投射到对方表面，但黑体物体会把投射来的能量全部吸收，而实际物体还会反射一部分能量回去。这样，黑体板（T_1）向实际平板发射的能量 E_b 到达实际平板时，实际平板（T_2）吸收的能量 AE_b，有（$1-A$）E_b 的能量被反射了回去，与实际平板自身向黑体板辐射的能量共同到达黑体板，黑体板最终吸收的热量为 $E+$（$1-A$）E_b，两者辐射换热量为 $q=E-AE_b$。当系统处于热平衡状态，$T_1=T_2$，$q=0$，有 $E=AE_b$，则

$$A = \frac{E}{E_b} \tag{3-21}$$

图 3-15　黑体与实际物体单色辐射力比较

对比发射率的定义式，可知任何物体的吸收率等于同温度下该物体的发射率（对于单色辐射也适用 $A_\lambda = \varepsilon_\lambda$），由基尔霍夫定律可得。黑体的吸收率为 1，因此该温度下，其发射率也为 1；而灰体、实际物体的黑度小于 1，因此在同温度下黑体的辐射力最大。

（三）有效辐射

灰体及实际物体的吸收率小于 1，对投来辐射的吸收还要反射一部分，这样最终该灰体对外的辐射是自身辐射和其反射的总和，如图 3-16 所示。单位时间、单位面积内由物体表面发出的辐射，包括自身辐射和反射辐射，称为物体的有效辐射，记为 J，与

辐射力本质上相同，因而单位也是 W/m²。有效辐射用热流计测量时称为辐射热流密度（单位面积上的换热量 $q_R = Q/F$），在非黑体表面的辐射换热的分析与计算中非常重要。

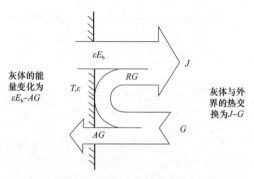

图 3-16　灰体的有效辐射

图 3-16 中，灰体的发射率为 ε，吸收率为 A，辐射受热面面积为 F。该表面单位面积向外界发出的自身辐射为 εE_b，外界投射到其表面的辐射能为 G，被表面吸收的辐射能为 AG，被反射的辐射能为 $(1-A)G$，则该表面的有效辐射为

$$J = \varepsilon E_b + (1-A)G \tag{3-22}$$

与外界的换热量为

$$Q = (J-G)F \tag{3-23}$$

该物体收到的热量为

$$Q = (\varepsilon E_b - AG)F \tag{3-24}$$

整理可得

$$J = \frac{\varepsilon}{A} E_b + \left(1 - \frac{1}{A}\right)\frac{Q}{F} = \frac{\varepsilon}{A} E_b + \left(1 - \frac{1}{A}\right)q \tag{3-25}$$

式中　$q = \dfrac{Q}{F}$ ——通过辐射受热面换热时的热流密度，J/m²。

（四）辐射换热量

在已知灰体有效辐射的基础上，对式（3-25）进行变形得到灰体辐射出的热量为

$$Q = \frac{\varepsilon E_b - AJ}{\dfrac{1-A}{F}} \tag{3-26}$$

对灰体而言，其吸收率与发射率相同（$A = \varepsilon$），式（3-25）和式（3-26）可以写成

$$J = E_b + \left(1 - \frac{1}{\varepsilon}\right)\frac{Q}{F} = E_b + \left(1 - \frac{1}{\varepsilon}\right)q \tag{3-27}$$

$$Q = \frac{E_b - J}{\dfrac{1-\varepsilon}{\varepsilon F}} \tag{3-28}$$

（五）热阻与换热网络

由于 E 和 J 本质上是相同的变量，所以式（3–19）和式（3–28）中最终写成与电动势和电阻的关系 $I=\dfrac{\Delta E}{R}$ 类似的关系，这样就可以把式（3–19）分子中表示两辐射表面间的辐射力之差 $E_{b1}-E_{b2}$ 称为辐射位热差，则把分母 $\dfrac{1}{F_1x_{12}}$ 部分称为辐射传热的空间热阻；把式（3–28）中分子（E_b-J）看作辐射位势差，而其分母部分 $\dfrac{1-\varepsilon}{\varepsilon F}$ 称为表面辐射热阻。

有了表面热阻、空间热阻等模型，可以使用串、并联电路类似的方法方便地计算两灰体间的辐射换热，称为辐射换热网络。在传热学领域内，只要能写成与串、并联电路类似的形式，如传热温差条件下的对流换热等，均可以用同样的方法求解（本质上是一个代数方程求解的过程），非常方便。

四、平行双灰体大平面间的辐射换热

由任意两个灰体表面组成的封闭系统，它们的表面积分别为 F_1 和 F_2，温度分别为 T_1 和 T_2，且 $T_1>T_1$，发射率为 ε_1 和 ε_2，则两灰体间的辐射换热网络图如图 3–17 所示。它由两个表面网络单元、一个空间网络单元串联而成，按串联电路的计算方法，两个灰表面之间辐射换热的热流量为

$$Q_{12}=\frac{E_{b1}-E_{b2}}{\dfrac{1-\varepsilon_1}{\varepsilon_1F_1}+\dfrac{1}{x_{12}F_1}+\dfrac{1-\varepsilon_2}{\varepsilon_2F_2}} \tag{3–29}$$

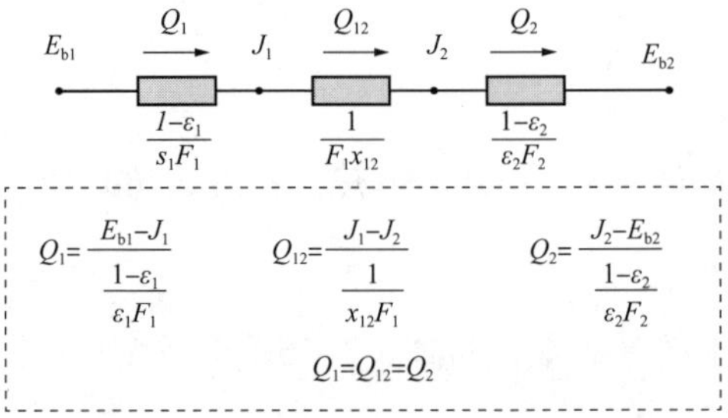

E_{b1}
Q_1
J_1
Q_{12}
J_2
Q_2
E_{b2}
$\dfrac{1-\varepsilon_1}{s_1F_1}$
$\dfrac{1}{F_1x_{12}}$
$\dfrac{1-\varepsilon_2}{\varepsilon_2F_2}$
$Q_1=\dfrac{E_{b1}-J_1}{\dfrac{1-\varepsilon_1}{\varepsilon_1F_1}}$
$Q_{12}=\dfrac{J_1-J_2}{\dfrac{1}{x_{12}F_1}}$
$Q_2=\dfrac{J_2-E_{b2}}{\dfrac{1-\varepsilon_2}{\varepsilon_2F_2}}$
$Q_1=Q_{12}=Q_2$

图 3–17　封闭系统的两灰体换热网络

式（3–29）为两灰表面组成封闭系统时辐射换热的一般计算式。

如果两个平面之间的距离很近，则可认为 $F_1=F_2=F$、$x_{12}=x_{21}=1$，两者之间的辐射换热为

$$Q_{12}=\frac{\left(E_{b1}-E_{b2}\right)F}{\dfrac{1}{\varepsilon_1}+\dfrac{1}{\varepsilon_2}-2+\dfrac{1}{x}}=\frac{\left(E_{b1}-E_{b2}\right)F}{\dfrac{1}{\varepsilon_1}+\dfrac{1}{\varepsilon_2}-1} \tag{3–30}$$

式（3–30）即为平行双灰体无限大平面的辐射换热模型，也就是炉膛换热计算的基础。

第三节 煤粉锅炉炉膛出口温度的经典计算方法

炉膛的热力计算非常复杂，完成精确的计算也很困难，它又是整个锅炉热力计算的基础。大量的学者对炉膛计算方法进行了研究，要么直接采用四次方定理，要么采用双灰体辐射换热原理，成为锅炉热力计算技术路线的分类标志。1973 年热力计算标准中应用的古尔维奇炉膛热力计算基于双灰体辐射换热得到的经典半理论半经验方法，是我国教育体系中主要原理，本节介绍其理论体系的建立过程和应用方法。

一、炉膛热平衡

（一）输入热量

1. 基本关系

根据炉膛物质与能量平衡关系，炉膛输入热量以 1kg 燃料为基础，包含燃料带入热量和燃烧空气带入两部分，即

$$Q_{fg,en} = Q_{ar,net} \frac{100 - q_3 - q_4 - q_6^{ba}}{100} + Q_{a,en}$$

（3-31）

式中 $Q_{fg,en}$——炉膛输入热量，为计算方便，都折算到 1kg 燃料的基础上，kJ/kg，下标 fg，en 为 Flue gas, entering 的首字母缩略语；

      $Q_{a,en}$——进入炉膛空气代入炉内的热量，kJ/kg；

      q_6^{ba}——炉膛排出底渣的物理热损失，%，上标 ba 为 bottom ash 首字母缩略语。

从式（3-31）可以看出：

（1）燃料在锅炉中的放热量 $Q_{fg,en}$ 基于低位发热量 $Q_{ar,net}$ 计算。燃料进入锅炉后马上燃烧放出全部热量，但是有一部分热量被燃料燃烧产生的水分和燃料中水分在蒸发成水蒸气时以汽化潜热形式带走，这部分汽化潜热要到水蒸气随烟气一起排出锅炉外的大气中被冷却凝结以后水蒸气变成水滴时才放出来，因而燃料在锅炉中只能放出低位发热量。

（2）从数值上看，燃料低位发热量 $Q_{ar,net}$ 在炉膛中释放的比例为 $\dfrac{100 - q_3 - q_4 - q_6^{ba}}{100}$：$q_3$ 和 q_4 部分为燃料在炉膛内有一部分根本没有发生化学反应而导致的热量减少；底渣损失 q_6^{ba} 是大渣从炉膛底部排出时带出炉膛的热量。这两部分热量没有参与任何一个受热面的换热，因此在计算输入热量时 $Q_{ar,net}$ 直接扣除。

注意：折扣中没有包含排烟损失 q_2 的原因是 q_2 发生在空气预热器出口。这股热量来到空气预热器之间参与了炉膛出口烟气从炉膛到空气预热器所有受热面换热。

特别需要注意：本章中质量燃料在炉膛内实际能放出的热量式（3-31）中并没有采用传统热力计算式中的折扣项 $\dfrac{100 - q_3 - q_4 - q_6}{100 - q_4}$。传统式中分母 $100-q_4$ 是考虑了计算燃料量与燃料量的差别以排除灰渣含碳量对炉内放热的影响。本书第二章第 5 节热平

衡计算时就事先采用 $Q_{ar,net} - 337.27 \times (C_{ar} - C_{bd,ar})$ 排除了灰渣未燃碳的影响，所计算的燃料就是实际燃料量，它等价于 $Q_{ar,net}\dfrac{100 - q_3 - q_4}{100}$，就不用考虑 $100 - q_4$ 的折算系数。

2. 空气带入热量

燃烧空气测量点在炉膛出口，用炉膛出口过量空气系数 $\alpha_{fg,lv}$ 表示，包含从尾部经过空气预热器加热的热风和炉膛漏风 $\Delta\alpha_F$、制粉系统漏风 $\Delta\alpha_{pcs}$ 等进入炉膛的冷风。$Q_{a,en}$ 是这几部分热量的总和，其计算式为

$$Q_{a,en} = \left(\alpha_{fg,lv} - \Delta\alpha_f - \Delta\alpha_{pcs}\right)V_a^0 H_{ha} + \left(\Delta\alpha_f + \Delta\alpha_{pcs}\right)V_a^0 H_{ca} \qquad (3\text{-}32)$$

式中　　　$\alpha_{fg,lv}$——炉膛出口的过量空气系数，无量纲；

　　　　　V_a^0——理论空气量，m^3/kg；

$\Delta\alpha_f$、$\Delta\alpha_{pcs}$——炉膛和制粉系统漏风系数，即其漏风量与理论空气量的比，无量纲；

　　　　H_{ha}、H_{ca}——单位容积的热风和冷风焓，计算方法见第二章，kJ/m^3。

现代大容量锅炉的燃烧空气通常分为一、二次风两股进入炉膛，如图 3-18 所示，此时热风焓可以按各风流量加权平均得到，并进而由焓求解出其平均温度。一、二次风的平均焓值为

$$H_{ha} = r_{pa}H_{pa} + r_{sa}H_{sa} \qquad (3\text{-}33)$$

式中　　r_{pa}、r_{sa}——一次风和二次风的质量比例，无量纲；

　　　　H_{pa}、H_{sa}——一次风和二次风的焓。

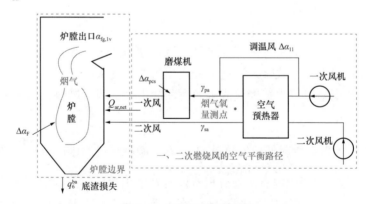

图 3-18　炉膛的热量平衡

当制粉系统为正压直吹式系统时，$\Delta\alpha_{pcs}$ 为 0，但是一次风机制粉系统的调温风量与理论空气量之比 $\Delta\alpha_{11}$ 相当于制粉系统的漏风项 $\Delta\alpha_{pcs}$。调温风是冷一次风，它绕过空气预热器，在制粉系统前与热一次风汇合，主要目的是用于控制磨煤机出口温度。

由于输入热量与炉膛热力计算的模型关系不大，所以可以事先封装。炉内入口热量需要根据锅炉的燃烧方式来定制，如一、二次热风温度不同时的锅炉，其入口热量为

程序代码 3-1 炉膛入炉热量计算

```
double CFurnace：calcHeatEn（）
{
    CBoiler* boiler= CBoiler：： getInstance（）;
    double airColdT = boiler->getColdAirT（）;
    double parAirT  = boiler->getParimaryAirT（）;
    double secAirT  = boiler->getSecondaryAirT（）;
    double priAirH  =air->calcEnthalpy（parAirT）;
    double secAirH  =air->calcEnthalpy（parAirT）;
    double firingRate = boiler->getFiringRate（）;
    CCoal* coal=boiler->getCoal（）;
    CAir*  air=boiler->getColdAir（）;
    double  volumeAir=coal->getThoereticalVolumeAir（）;
    double  heatPriAir=boiler->getFlowRatePrimaryAir（）*priAirH;
    double  heatSecAir=boiler->getFlowRateSecondaryAir（）*secAirH;
    double  heatAir = heatPriAir+heatSecAir+
            +volumeAir*boiler->getAirLeakage（）*air-
            >calcEnthalpy（airColdT）;
    return coal->0.01*getLHVreal（）+heatAir;
}
```

（二）离开炉膛带走的热量

基于炉膛出口的烟气温度 $T_{fg,lv}$ 可以计算烟气离开炉膛带走的热量，即

$$Q_{fg,lv} = H_{fg,lv} = \left(\sum V_{fg,i}c_{p,i} + 0.01r_{fa}A_{ar}c_{as}\right)\left(t_{fg,lv} - t\right) \tag{3-34}$$

式中
$Q_{fg,lv}$ ——基于 1kg 燃料烟气离开炉膛带走的热量，kJ/kg;

$H_{fg,lv}=f\left(t_{fg,lv}\right)$——基于 1kg 燃料的炉膛出口烟气的焓值，kJ/kg;

$V_{fg,i}$ ——1kg 煤燃烧后烟气中各成分的容积，m^3/kJ;

$c_{p,i}$ ——烟气中各成分的容积比热容，kJ/（kg·m^3）;

r_{fa} ——飞灰份额，无量纲;

c_{as} ——灰比热容，kJ/（kg·℃）;

$t_{fg,lv}$ ——炉膛出口烟气的温度，℃;

t_o ——进锅炉空气温度，℃。

（三）炉膛内的热交换

1. 烟气在炉膛中的放热量

根据 1kg 煤在炉膛中带入热量和离开炉膛时带走的热量，可计算出炉膛的放热量，即

$$Q_R = Q_{fg,en} - H_{fg,lv} \tag{3-35}$$

2. 工质在炉膛中的吸热量

工质吸热量由烟气在炉内放热量计算，即

$$Q_{sw} = \varphi B \left(Q_{fg,en} - H_{fg,lv} \right) \tag{3-36}$$

式中 φ——保温系数，无量纲。

3. 炉膛的换热量

炉膛的换热量 Q_R 与炉膛内的放热量 Q_X 相等，即 $Q_R = Q_X$；考虑保温系数是受热面吸热后用于工质升温的部分占总吸热量的部分，炉膛内工质的吸热量是炉膛换热量与保温系数的积，即 $Q_{sw} = \varphi Q_R = \varphi Q_X$。由于保温系数非常接近于 1，所以传统热力计算文献中，这三个热量不分，均乘以保温系数 φ 为最终结果。但是，保温系数应当在计算受热面吸热时工质所得的焓升时再用。

（四）理论燃烧温度

1kg 燃料带入炉膛的热量 $Q_{fg,en}$ 是炉内燃料燃烧后还没有换热时的高温火焰所具备的总热量，其作用是使高温火焰高达 2000K 以上，为炉内辐射换热提供动力。但同时，这个温度提供辐射力太过于强大，以至于辐射换热迅速进行，高温火焰的温度迅速下降，因此实际上炉内不存在 2000K 左右的高温火焰，而只有 1500～1800K 的最高火焰点。这个过程很复杂，为分析方便，通常分为燃烧和传热过程两步。

（1）仅考虑燃料的燃烧过程，其放出的热量仅用来加热燃烧产物（包含参与燃烧的空气）而不与炉壁发生热交换，认为是在绝热状态进行的燃烧。

（2）绝热条件下燃烧产生的高温烟气再通过辐射换热把热量传递给炉膛壁面。

在绝热燃烧结束还没有传热时产生的烟气温度称为绝热燃烧温度，它反映了烟气温度所能达到的最高值，是一种理论或理想状态下的假想温度，故又称为理论燃烧温度。由于输入热量同时把烟气和飞灰加热到理论燃烧温度，所以可由输入总热量计算燃料的理论燃烧温度（绝热燃烧温度），其值为

$$T_{fg,en} = \frac{Q_{fg,en}}{V_{fg} c_{p,fg,en} \rho_{fg} + 0.01 A_{ar} r_{fa} h_{fa}} \tag{3-37}$$

式中 V_{fg}——单位燃料燃烧后的燃烧产物的容积流量，m^3/kg；

$c_{p,fg,en}$——在理论燃烧温度下的烟气比热容，$kJ/(kg \cdot ℃)$，与烟气成分相关；

r_{fa}——在燃料总灰量中烟气携带的飞灰占总灰量的份额，无量纲；

h_{fa}——飞灰比焓值，无量纲。

注意：该温度在教学体系中大多数用 T_0 或 T_a 表示，在本书中为了突出其与炉膛输入热量 $Q_{fg,en}$ 对应的特征，用 $T_{fg,en}$（K）表示。

二、炉膛双灰体辐射换热模型（古尔维奇方法）

双灰体辐射换热模型是所有炉膛辐射换热半理论半经验模型的基础。半理论指这种方法的整体框架是基于炉膛的热量输入和沿火焰流程的辐射换热四次方定律导出的，半经验主要是指为了校正前面的理论推导过程中过于理想的假定而设定一些参数，经生产或实验过程中校正而得到。这个理论指导 – 参数校正的思想过程非常值得学习。

（一）求解目标炉膛出口烟气温度 $t_{fg,lv}$

因为炉膛出口烟气温度是整个对流受热面的基础，所以炉膛热力计算的目标是其出口烟气温度。在入口参数确定的条件下，炉膛出口烟气温度与出口烟气焓一一对应，与换热量也是一一对应的，因此求炉膛出口烟气温度就是计算炉膛传热量。

1. 炉膛换热研究技术路线简述

火焰在炉膛内的换热是一种容积辐射，多种因素都与其换热有重要影响，如炉膛的形状和尺寸（容积越大，炉内换热量越多，炉膛出口烟气温度越低；反之，炉膛内换热量越小，炉膛出口烟气温度越高）、运行过程中受热面的清洁（若运行过程中有污染发生，污染后的受热面表面温度升高，导致炉膛换热量降低）、燃料的种类（燃料种类的不同导致燃烧过程不尽相同，形成的火焰成分及温度场不同，炉膛的吸热量就会不同），甚至运行过程中的参数不均匀（如火焰中心的位置、火焰中三原子气体份额和煤粉浓度）等，都对炉膛的换热有重要影响。

由于高温环境，这些成分影响的表征、测量和控制都难完成，因此对炉膛换热的调节大多还是基于定性和经验的基础上进行，用准确的数据把它描述出来且得到精确的解，几乎是不可能的。即使广泛应用的数值模拟软件，其对边界的处理也大多是比较粗糙的模型，如把水冷壁的表面温度定义为 700℃，就是很常见的设置，这与实际有较大的差异，更不用说炉内燃烧和传热同时进行又相互影响了。总之，由于炉膛中火焰温度场的复杂情况，很难直接写出高温火焰与炉膛壁面之间的换热关系。

炉膛热力计算分为经验法和半经验法两类。最早的计算方法都是经验法，一般是根据工业性试验结果，整理成经验式或图表，在新设计时应用。该计算方法虽然比较简单，也可以相当精确，但缺点是局限较大，只能用于规定的范围，如果应用条件与所获经验的偏差较大，计算出的差别会很大；半经验法是基于辐射换热原理和相似理论，先根据这些原理找到描述炉内过程的方程，再利用这些方程整理试验数据，找到符合实际情况的炉内换热计算方法，这种方法就有一定的外推性，还可以及时地根据实际应用情况调整计算过程中的系数，适用范围远大于经验法，是目前最基本的热力算法。

2. 炉膛换热的基本假定

为对炉膛辐射传热过程进行简化，作如下假定。

（1）燃烧是瞬态完成的，所有燃料进入炉膛后燃烧完成的时间是同样的，高温火焰在炉内的温度分布不随时间变化，可以认为燃料的燃烧过程与传热无关，传热是在燃烧结果的基础上进行的，这即是理论燃烧温度的基础。

（2）忽略小份额的对流传热部分，认为稳态的烟气与炉壁的换热完全服从辐射传热规律。

（3）把炉内不平衡不均匀分布的烟气简化成一块与炉膛壁面相切表面平行的火焰辐射表面，火焰辐射表面为参数均匀的灰体，温度为 T_{flm}（火焰温度），黑度为 ε_{flm}。把炉壁与简化炉膛壁面相邻表面构成灰体，参数均匀，温度为 T_w，黑度为 ε_w，如图 3-19 所示。

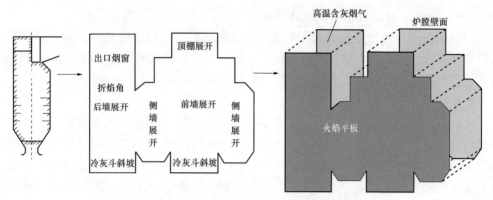

图 3-19　炉膛换热的无限大平板双灰体模型

3. 炉膛换热的基本公式

火焰与炉壁之间变为两个相互平行、中间充满高温含灰烟气的两个大平面灰体间的辐射传热。把式（3-30）中的一般符号换为炉内换热模型中的特定符号，火焰与炉壁间的传热式为

$$BQ_R = \frac{\sigma_0 F_R (T_{flm}^4 - T_w^4)}{\dfrac{1}{\varepsilon_{flm}} + \dfrac{1}{\varepsilon_w} - 1} = \sigma_0 F_R \varepsilon_0 (T_{flm}^4 - T_w^4) \tag{3-38}$$

式中　　F_R——炉膛壁面展开后辐射换热的等效面积（火焰灰体面积与其相同），m^2；

　　　　T_{flm}——假想火焰灰体的温度，K；

　　　　T_w——假想炉膛壁面灰体的温度，K；

　　　　ε_{flm}——假想火焰灰体的黑度，无量纲；

　　　　ε_w——假想火焰炉膛壁面灰体的黑度，无量纲；

　　　　ε_0——假想火焰灰体与假想炉膛壁面灰体之间辐射传热的总黑度。

$$\varepsilon_0 = \frac{1}{\dfrac{1}{\varepsilon_{flm}} + \dfrac{1}{\varepsilon_w} - 1} \tag{3-39}$$

式（3-38）是整个炉膛换热的基本方程，炉膛换热所有的工作都围绕该式中的参数如何确定，其中：ε_{flm} 和 ε_w 是火焰与壁面的灰体特征，可以根据各自的特点得到；壁面温度 T_w 可根据炉膛壁面管内工质温度和污染条件（灰污热阻）求出，但炉膛热力计算主要目标是确定出口温度 $T_{fg,lv}$，式（3-38）中并没有想求解 $T_{fg,lv}$，因此不能直接利用，必须用某种关系把 T_{flm} 转化为 $T_{fg,lv}$，代入式（3-38）就可以解出 $T_{fg,lv}$。

火焰平均温度 T_{flm} 介于炉膛理论燃烧温度 $T_{fg,en}$ 和炉膛出口烟气温度 $T_{fg,lv}$ 之间，只是通过研究发现炉内火焰的沿流程分布是如图 3-20 所示的拱背曲线，在平均温度相同条件下，如果火焰温度分布的拱背程度不同，换热量就会不同，因此不能简单地用 $T_{fg,en}$ 和 $T_{fg,lv}$ 的平均值当作是 T_{flm}，而是需要找到从换热功能上与 T_{flm} 功能等价的平均温度。

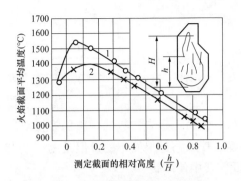

图 3-20　火焰温度沿炉膛高度的变化

图中数据来源于一台 220t/h 锅炉在 170t/h 负荷条件下测得的结果

1—过量空气系数为 1.15；2—过量空气系数为 1.28

（二）直接确定出口温度 $T_{fg,lv}$

1. 直接获得火焰平均温度

也就是直接找出用 $T_{fg,en}$ 与 $T_{fg,lv}$ 表达的 T_{flm} 值，如针对固态排渣煤粉炉（如 Π 型或塔型布置），我国有学者采用试验拟合的方法得到两者的近似关系为

$$\left(\frac{T_{flm}}{T_{fg,en}}\right)^4 = \frac{2}{\dfrac{T_{fg,en}}{T_{fg,lv}} + \left(\dfrac{T_{fg,en}}{T_{fg,lv}}\right)^2 + \left(\dfrac{T_{fg,en}}{T_{fg,lv}}\right)^3} \tag{3-40}$$

与古尔维奇共同研究热力计算的俄罗斯人卜劳克也采用直接试验拟合的方法得到两者的近似关系为

$$\left|\frac{T_{flm}}{T_{fg.en}}\right|^4 = \frac{3(1 - x_{flm})}{\dfrac{T_{fg.en}}{T_{fg.lv}} + \dfrac{T_{fg.en}^2}{T_{fg.lv}} + \dfrac{T_{fg.en}^3}{T_{fg.lv}}} \tag{3-41}$$

式中　x_{flm}——火焰中心的相对高度，m。

假定用 $\overline{VC}$ 表示单位燃料生成烟气在 $T_{fg,lv} \sim T_{fg,en}$ 间的平均热容，相当于 T_{flm} 条件下的平均比热容，其定义式为

$$\overline{VC} = \frac{Q_{fg,en} - H_{fg,lv}}{T_{fg,en} - T_{fg,lv}} \tag{3-42}$$

式（3-42）中 $H_{fg,en}$ 和 $T_{fg,en}$ 是固定的，$H_{fg,lv}$ 和 $T_{fg,lv}$ 是一一对应的关系，因此平均比热容 $\overline{VC}$ 就是 $T_{fg,lv}$ 的函数。把它代回式（3-34）有

$$Q_x = Q_R = \overline{VC}\left(T_{fg,en} - T_{fg,lv}\right) \tag{3-43}$$

式（3-38）中左边的换热量用式（3-43）代替，右边式中的 $T_{fg,lv}$ 用式（3-41）或式（3-40）代入，有

$$B \cdot \overline{VC} \cdot \left(T_{\mathrm{fg,en}} - T_{\mathrm{fg,lv}}\right) = \sigma_0 F_{\mathrm{R}} \varepsilon_0 \left(\frac{3\left(1 - x_{\mathrm{flm}}\right) T_{\mathrm{fg,en}}^4}{\dfrac{T_{\mathrm{fg,en}}}{T_{\mathrm{fg,lv}}} + \dfrac{T_{\mathrm{fg,en}}^2}{T_{\mathrm{fg,lv}}^2} + \dfrac{T_{\mathrm{fg,en}}^3}{T_{\mathrm{fg,lv}}^3}} - T_{\mathrm{w}}^4 \right) \tag{3-44}$$

式（3-44）就是只有一个 $T_{\mathrm{fg,lv}}$ 是未知数的炉膛稳态换热后热平衡表达式，求解它就可以得到炉膛出口温度。其思路是很简单的，但是用 $T_{\mathrm{fg,en}}$ 与 $T_{\mathrm{fg,lv}}$ 表达的 T_{flm} 值容易受炉型的影响较大，因此实践中使用较少。

2. 火焰中心的相对高度

火焰中心相对高度通过燃烧器的中心标高和炉膛的高度计算出来，即

$$x_{\mathrm{flm}} \approx x_{\mathrm{B}} = \frac{h_{\mathrm{B}}}{h_{\mathrm{F}}} \tag{3-45}$$

式中　x_{flm} ——火焰中心在炉膛中的相对高度，无量纲；

　　　x_{B} ——燃烧器在炉膛中的相对高度，无量纲；

　　　h_{B} ——燃烧器的相对标高，燃烧器轴线离炉底或冷灰斗中腰线的设置高度，m；

　　　h_{F} ——从炉底或冷灰斗中腰线到出口窗中位线的炉膛高度，m。

3. 水冷壁管外壁温度和黑度

水冷壁管内有锅水冷却，管子的热阻很小，管子的外表面温度应当接近于水冷壁管中的水温，即水的饱和温度。但是由于燃料中通常含有钠、钾氧化物，这种氧化物通常在 800℃ 左右的条件下直接气化升华，遇冷后在水冷壁向火侧凝结，成为热阻很大的灰污，使管壁温度升高。绝对干净的管子是不存在的，如果管子积灰、结渣后，管子外壁温度就会更高，使得管子外壁温度难以准确确定。周强泰认为，管壁温度 T_{w} 可基于锅水温度近似地按下式求出，即

$$T_{\mathrm{w}} \approx T_{\mathrm{sw}} + R_{\mathrm{F}} q_{\mathrm{R}} \tag{3-46}$$

式中　T_{w} ——管子外表面温度，K。

　　　T_{sw} ——管子内的蒸汽或是锅水的温度，K。

　　　R_{F} ——水冷壁管的灰污层热阻，与水冷壁表面的状态有很大关系，燃料成分、煤灰种类、燃料工况、是否吹灰等因素均可影响其值。固态排渣锅炉中通常为 $0.003 \sim 0.005\mathrm{m}^2\mathrm{K/kW}$。

　　　q_{R} ——水冷壁管的热流密度，炉膛固定后，它是取决于烟气进出口间温度，可用它们计算出炉膛的放热量，然后除以炉膛面积得到，$\mathrm{W/m}^2$。

水冷壁表面灰度 ε_{w} 取决于水冷壁外表面的粗糙度和粘污程度，与燃料成分、煤灰种类、燃料工况、是否吹灰等因素均直接相关，通常 ε_{w} 取 $0.75 \sim 0.85$ 之间，一般取 0.8。

（三）古尔维奇计算模型

直接法需要解决 T_{flm} 代替 T_{flm} 的问题，还需要解决壁面侧的问题。T_{w} 和 ε_{w} 都是管子表面的参数，都与管子表面的灰污有很大的关系，都对炉膛的换热影响很大，因此自然而然会想到能不能把它们变成管子表面灰污的一个特性来表达，从而计算过程更

为简单。以古尔维奇为代表的科学家最先采用这一思想，提出了这样一种壁面转化的方法。尽管理解其变换思路较难，但是它的结果简洁高效、计算和系数标定工作简单明了，因而得到了广泛应用。同时它通过苏联/俄罗斯锅炉热力计算标准完全公开，对于发展自主知识产权锅炉热力计算技术有重要的参考意义。

1. 先把问题转化为辐射的发射端消去壁温 T_w

由式（3-38）中传热的（$T_{flm}^4 - T_w^4$）可以看出，由于辐射换热是温度的 4 次方关系，且 T_{flm} 的值通常在 1100～1700℃ 之间，而 T_w 的值通常在 400～700℃ 之间，（$T_{flm}^4 - T_w^4$）中占绝对地位的是 T_{flm}^4。根据这一特性，自然而然想到能否用某种技术手段把辐射吸热端的 T_w 和 ε_w 转化为发射端 T_{flm} 和 ε_{flm}，把灰污壁温 T_w 与 ε_w 灰度（包含在 ε_w 中）转化为壁面本身的特性，从而消去 T_w 与 ε_w 后，转化为 T_{flm} 为唯一未知数的方程，这样就使问题得到简化。

根据有效辐射的定义，火焰的有效辐射 J_{flm} 可以表达为

$$J_{flm} = E_{flm} + (1 - \varepsilon_{flm}) J_w \tag{3-47}$$

定义辐射传热热流 q_R（辐射传热被壁面吸收部分）占火焰平均温度下有效热流 J_{flm} 的份额为炉膛壁面的热有效系数 ψ，是传热效率（Thermal Efficiency）的一种表达方式，即

$$\psi = \frac{q_R}{J_{flm}} = \frac{J_{flm} - J_w}{J_{flm}} \tag{3-48}$$

将式（3-48）代入式（3-47），可得

$$J_{flm} = \frac{E_{flm}}{\varepsilon_{flm} + \psi - \varepsilon_{flm}\psi} = \frac{\varepsilon_{flm}\sigma_0 T_{flm}^4}{\varepsilon_{flm} + \psi(1 - \varepsilon_{flm})} \tag{3-49}$$

定义新参数炉膛黑度 ε_F 为

$$\varepsilon_F = \frac{\varepsilon_{flm}}{\varepsilon_{flm} + \psi(1 - \varepsilon_{flm})} \tag{3-50}$$

将式（3-50）代入式（3-49），可得

$$J_{flm} = \varepsilon_F \sigma_0 T_{flm}^4 \tag{3-51}$$

由此可以得到新参数炉膛黑度 ε_F 的物理含义为火焰灰体辐射的有效辐射 J_{flm} 占火焰黑体辐射（$E_{b,flm} = \sigma_0 T_{flm}^4$）的比例。

炉膛辐射放热量可以根据式（3-48）和式（3-51）表达为

$$BQ_R = F(J_{flm} - J_w) = F\psi J_{flm} = F\psi \varepsilon_F \sigma_0 T_{flm}^4 \tag{3-52}$$

再利用前文所述的 $Q_x = Q_R$ 关系，有

$$B \cdot \overline{VC} \cdot (T_{fg,en} - T_{fg,lv}) = \sigma_0 \psi \varepsilon_F T_{flm}^4 F \tag{3-53}$$

进一步可得

$$\frac{B \cdot \overline{VC}}{\psi \sigma_0 F \varepsilon_F T_{fg,en}^3} \left(1 - \frac{T_{fg,lv}}{T_{fg,en}}\right) = \frac{T_{flm}^4}{T_{fg,en}^4} \tag{3-54}$$

定义无量纲火焰温度 $\theta_{\text{flm}} = \dfrac{T_{\text{flm}}}{T_{\text{fg,en}}}$，无量纲炉膛出口温度 $\theta_{\text{fg,lv}} = \dfrac{T_{\text{fg,lv}}}{T_{\text{fg,en}}}$，玻尔兹曼准则

$B_{\text{o}} = \dfrac{B \cdot \overline{VC}}{\psi \sigma_0 F T_{\text{fg,en}}^3}$，式（3-54）化为简洁的关系式为

$$\frac{B_{\text{o}}}{\varepsilon_{\text{F}}}\left(1 - \theta_{\text{fg,lv}}\right) = \theta_{\text{flm}}^4 \qquad (3\text{-}55)$$

2. 边放热边换热特征下炉膛内火焰温度分布的通用描述

获得炉膛内火焰平均温度最简单的方法是对测量数据直接试验拟合，但这种方法需要大量的实验数据，每一类数据一个样，难以找到适用范围很广泛的结果。因此，以古尔维奇为代表的科学家们采用了基于双指数关系对火焰的放热与传热过程进行拟合，先进行定性推导，然后再进行试验对比确定相关系数并进行修正的方法，过程有些复杂，但是结果相当简洁，适用范围较广，是国内外文献中最流行的通用描述方法。

以古尔维奇为代表的科学家们认为高度相似而四周布满炉膛壁面的辐射炉膛，炉内温度场具有类似性，并可表示为

$$T_{\text{flm}}^4 = D(\text{e}^{-\alpha X} - \delta \text{e}^{-\beta X}) \qquad (3\text{-}56)$$

式中　D ——基本数据；

　　　α ——考虑燃烧对火焰温度影响的经验系数，α 越小，燃烧放热越靠后，出口温度越高；

　　　X ——火焰沿程的相对位置，由 $X = x/L$ 计算；

　　　L ——燃烧器中心到炉膛出口中心的火焰沿程总长度，m；

　　　x ——火焰沿程距火焰根部（燃烧器中心）的长度，m；

　　　δ ——系数；

　　　β ——考虑传热对火焰温度影响的经验系数，β 越小，传热对火焰温度的影响越小，火焰最高温度越接近炉膛出口温度。

该式前半部分指数表示火焰的放热过程，后半部分表示炉膛内沿火焰流程的吸热影响，吸热过程取决于放热过程，因而两者形状类似，共同组成了适用范围很广泛的炉内火焰形态、调整其中的系数就可以定性模拟大部分炉膛的燃烧与放热过程、然后再基于模拟结果对火焰进行进一步的变换和计算、得到火焰平均温度的计算方法。

如果沿火焰沿程长度方向上的水冷壁敷设没有明显变化（如加设卫燃带）等现象，火焰平均温度可表示为

$$T_{\text{flm}}^4 = T_{\text{fg,en}}^4 (\text{e}^{-\alpha X} - \text{e}^{-\beta X}) \qquad (3\text{-}57)$$

或者无量纲温度表示为

$$\theta_{\text{flm}}^4 = \left(\frac{T_{\text{flm}}}{T_{\text{fg,en}}}\right)^4 = \text{e}^{-\alpha X} - \text{e}^{-\beta X} \qquad (3\text{-}58)$$

通过式（3-58）可以得到炉内燃烧器根部火焰温度、炉膛出口烟气温度、炉内火焰平均温度等炉内温度场几个重要的描述值，分别如下。

当 $X=0$ 时得到火焰根部温度为

$$\theta_{fg}^0 = \sqrt[4]{e^0 - e^0} = 0 \tag{3-59}$$

当 $X=1$ 时，得到炉膛出口无因次温度为

$$\theta_{fg,lv} = \sqrt[4]{e^{-\alpha} - e^{-\beta}} \tag{3-60}$$

从 0 到 1 积分，可得到炉膛火焰温度平均值为

$$\overline{\theta_{flm}} = \sqrt[4]{\int_0^1 \theta_{flm}^4 dX} = \sqrt[4]{\frac{1}{\alpha}\left(1 - e^{-\alpha}\right) - \frac{1}{\beta}\left(1 - e^{-\beta}\right)} \tag{3-61}$$

对式（3-58）求导后，让其等于 0，即根据 $\dfrac{d(\theta_{flm}^4)}{dX} = 0$，可以得到火焰最高温度点的位置，有

$$X_m = \frac{\ln\alpha - \ln\beta}{\alpha - \beta} \tag{3-62}$$

这样改变 α、β 的值，就可以实现不同燃烧特性、不同炉膛传热特性条件下的火焰温度沿程分布结果模拟，计算结果如图 3-21 所示。

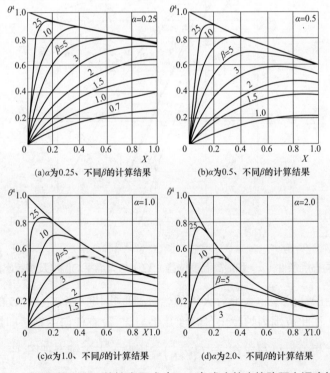

图 3-21　对不同的 α 和 β 值按方程式（3-56）求出的火焰路程上温度的分配

通过试验可以方便地测量不同火焰和炉膛条件下的沿程 T_{flm}、出口温度 $T_{fg,lv}$ 和 X_m，进而求出该火焰、炉膛条件下的 α、β 值，再代入式（3-58）计算出沿程火焰分布的计算值。古尔维奇及科学家们对比了大量的实测结果和式（3-58）的计算结果，发现式（3-58）对火焰的定性模拟是基本上可行的。

3. 火焰平均温度 T_{flm} 与炉膛出口温度 $T_{fg,lv}$ 的关联

从式（3-56）开始的计算过程中就用 β 值表示炉膛的吸热过程参数，对于炉内的温度分布起非常重要的作用。式（3-61）表明，对于某一给定的 α（某一燃烧条件），不同的 β 值（不同的吸热条件）会得到不同的结果。

实际锅炉的运行相当于 α、β 都是定值条件下的结果。如果用 X_m 表示火焰最高温度点（图 3-21 中的拱顶处），显然更关心 X_m 对炉内的火焰温度分布，因此古尔维奇把 α、β 值的结果转化为不同 α 和 X_m 来研究。通常火焰燃烧速度越快，最高温度点越靠前（$X_m=0$ 说明燃烧速度最快），放热量越快，出口温度也越低。根据图 3-21 中不同燃烧、散热条件下的炉膛出口温度和火焰平均温度的定性模拟结果，并且按不同的 X_m 整理，得到图 3-22 中火焰平均温度 θ_{flm} 与出口温度 $\theta_{fg,lv}$ 分布的规律。

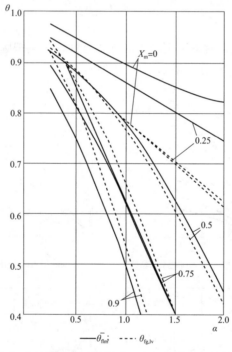

图 3-22　不同燃烧条件（α）和最高温度位置（X_m）与火焰平均温度及炉膛出口温度的关系

在工业应用的锅炉中，大部分火焰的燃烧速度很快，当 $X_m<0.25$ 的范围内，根据模拟计算结果，在此范围内炉膛出口温度几乎与 X_m 没有任何关系。即炉膛火焰平均温度仅与出口温度相关，可写成 $\overline{\theta_{flm}^4} = f(\theta_{fg,lv})$。因此，古尔维奇把图 3-22 的数据又进一步取对数处理后制在图 3-23 中。X_m 不变时 $\lg(\overline{\theta_{flm}})$ 与 $\lg(\theta_{fg,lv})$ 呈线性比例关系，无量纲火焰平均温度与炉膛出口温度函数关系 $\overline{\theta_{flm}^4} = f(\theta_{fg,lv})$ 可进一步明确为

$$\overline{\theta_{\mathrm{flm}}} = \sqrt[4]{m}\,\theta_{\mathrm{fg,lv}}^{n} \tag{3-63}$$

式（3-63）表示的炉内火焰平均温度 T_{flm} 与出口温度 $T_{\mathrm{fg,lv}}$ 有相当高的准确度。对其求对数即得

$$\lg(\overline{\theta_{\mathrm{flm}}}) = n\lg(\theta_{\mathrm{fg,lv}}) + \lg\sqrt[4]{m} \tag{3-64}$$

式（3-64）的关系如图 3-23 所示。

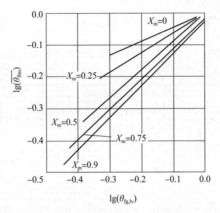

图 3-23　对数火焰平均温度与对数炉膛出口温度及最高位置之间的关系

进一步由图 3-23 中可以看到：不同 X_{m} 条件下截距均近似为 0，即 $\lg\sqrt[4]{m} \approx 0$，解到 $m \approx 1$。n 是 X_{m} 为不同值时，对数直线的斜率，与 X_{m} 一一对应，变化范围为 $0.4 < n \leqslant 1.0$。古尔维奇先生是通过一个简单的代数式模拟的数据机，并通过该数据机的计算结果再进行数据处理，就解决了炉膛中燃烧与传热不可测算不准的问题，得到了较高精度的炉膛火焰平均温度与炉膛出口温度之间的关系。

把式（3-64）代入式（3-55）中，即有

$$\frac{Bo}{\varepsilon_{\mathrm{F}}}(1 - \theta_{\mathrm{fg,lv}}) = m\theta_{\mathrm{fg,lv}}^{4n} \approx \theta_{\mathrm{fg,lv}}^{4n} \tag{3-65}$$

对于燃煤电站的煤粉锅炉，X_{m} 具有明显的物理意义，可以获得出口温度与炉膛换热基本条件、火焰中心相关的关系，即

$$\theta_{\mathrm{fg,lv}} = f\left(\frac{Bo}{\varepsilon_{\mathrm{F}}}, X_{\mathrm{m}}\right) \tag{3-66}$$

4. 根据试验统计结果确定系数

以古尔维奇为首的科学家们在 63 台锅炉上做了 958 次实验，并按式（3-66）类似的关系整理实际数据，最后得到锅炉炉膛出口烟气温度的统计分析结果，并写入锅炉热力计算标准（57 版和 73 版）中。

古尔维奇发现在 $\theta_{\mathrm{fg,lv}} = T_{\mathrm{fg,lv}} / T_{\mathrm{fg,en}} < 0.9$ 的范围内，炉膛出口烟气温度满足

$$\theta_{\mathrm{fg,lv}} = \frac{T_{\mathrm{fg,lv}}}{T_{\mathrm{fg,en}}} = \frac{1}{1 + M(\varepsilon_{\mathrm{F}} / Bo)^{0.6}} \tag{3-67}$$

或

$$t_{\mathrm{fg,lv}} = \frac{T_{\mathrm{fg,en}}}{M\left(\dfrac{\sigma_0 \psi \varepsilon_{\mathrm{F}} F_{\mathrm{x}} T_{\mathrm{fg,en}}^3}{\varphi B \overline{VC}}\right)^{0.6} + 1} - 273.15 \tag{3-68}$$

式中　M ——基于燃烧器的火焰中心高度的炉膛火焰中心位置系数；

$\qquad F_{\mathrm{x}}$ ——炉膛内廓辐射换热面积，m^2。

炉膛出口温度换热计算式曲线图如图 3-24 所示。

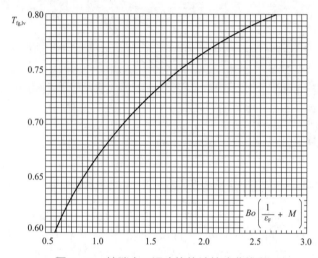

图 3-24　炉膛出口温度换热计算式曲线图

式（3-67）中用 M 代替了式（3-66）的 X_{m}，两者都表征炉膛最高温度相对位置的系数，但 X_{m} 基于火焰根部点的火焰总长度进行计算，而 M 是基于燃烧器的火焰中心高度与炉膛高度的比值进行计算。

由于炉膛平均温度隐去以后，炉膛热力计算中的定性温度是使用炉膛出口烟气温度，实际上的炉膛平均温度与出口烟气温度之间的偏差有限，物性参数变化不是太大，所以古尔维奇用炉膛出口烟气温度作为定性温度标定式（3-67）的各个系数，从而得到各个参数的计算方法，并写入各标准。如果某一种热力计算方法使用了标准中的数据规则，则可以认为使用了古尔维奇获所使用的标定方法。根据自己的数据去标定、修改式（3-67）中的常数，从理论上说也是可行的，这就为后面的学者对此进一步改进提供了基础。

（四）炉膛热力计算逐次逼近法

因为 $\overline{VC}$、ψ 和 ε_{F} 都与炉膛出口烟气温度有关系，所以需要采用逐次逼近的计算方法，即先假定炉膛出口烟气温度，然后根据出口烟气温度、理论燃烧温度等参数，计算该温度条件下的烟气平均热容量 $\overline{VC}$、假想火焰灰体与炉壁灰体之间辐射换热的黑度等参数和炉壁的粘污情况，进而计算出此烟气条件下的出口烟气温度。如果计算所得的出口烟气温度与事先假定的炉膛出口温度超出设定误差范围，则取两值的均值作为新的假设值，重新计算，返回到出口烟气温度设置处重新进行假设、重新进行计算，直到满足误差要求为止。

　　炉膛热力计算流程图如图 3-25 所示。在手工计算时代，通常炉膛出口烟气温度的偏差为 100℃，计算机化以后该温度的偏差至少应当小于 50℃，因为炉膛出口烟气温度是影响受热面设计布置和锅炉运行的重要参数。其数值高低不仅影响炉膛出口受热面的结焦、燃料的燃尽、汽温特性、省煤器的出水温度等，还决定着辐射受热面与对流受热面的比例，从而影响锅炉受热面钢材总耗量。现代化的锅炉中，有 50℃ 的温度偏差足以影响后续对流受热面的工作状态。

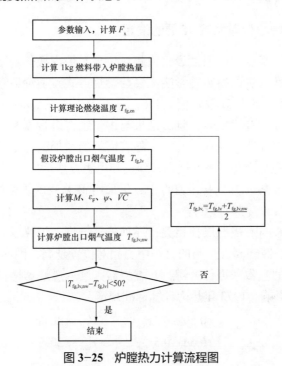

图 3-25　炉膛热力计算流程图

　　根据图 3-25，炉膛热力计算过程中的重点是根据现有的或设计者脑海里预想的炉膛结构计算并确定 M、ψ、ε_F 和 F_x 四个参数。其中综合考虑炉膛应用双灰体辐射理论模拟辐射换热时的参数是炉膛综合黑度 ε_F 式（3-50），它是基于火焰黑度、炉壁黑度及辐射空间三者的综合参数。炉膛壁面是真正的固体板，发射或吸收辐射能在表面进行（称为表面辐射），简化为灰体误差较少，因此古尔维奇通过壁面转化法将炉壁辐射的黑度 ε_w 隐去，转化为单纯的火焰黑度 ε_{flm} 的表示，单纯的和炉膛出口烟气温度关联，炉膛黑度 ε_{flm} 的计算实际上就是火焰黑度的计算。

　　炉膛热力计算完成之后，可以得到炉膛吸热量、炉膛容积热负荷、炉膛截面热负荷、后屏的辐射吸热量及前屏出口蒸汽温度等相关参数。

　　（五）根据试验统计结果确定系数

　　通过该方法，设计计算时还可以通过要设计的炉膛出口温度反算需要的面积，供设计前预估总体受热面布置。

$$F_{X} = \frac{\varphi \cdot B \overline{VC}}{\sigma_0 \psi \varepsilon_F T_{fg,en}^3} \left[\frac{1}{M}\left(\frac{T_{fg,en}}{T_{fg,lv}} - 1 \right) \right]^{\frac{1}{0.6}} \tag{3-69}$$

如果计算所得的出口烟气温度与预想的差别很大，就要重新改变炉膛尺寸，可通过调整燃烧器标高比（X_r）或改变炉膛的容积等手段来完成，需要综合考虑煤种的结渣与粘污特性与着火燃尽。调整炉膛容积最常见的手段是调整炉膛主体段的高度，也可以通过改变炉膛的横截面积。炉膛出口烟气温度通常在 950～1100℃ 之间，一般选取煤灰流动温度再减去 50～100℃ 后的温度附近，以避免锅炉的粘污。

三、炉膛火焰中心位置系数 M 值的确定

M 是表示沿炉膛高度方向温度最大值相对位置对炉内换热的影响，即沿炉膛高度方向温度场不等温性对炉内换热的影响。M 与燃烧方式、燃烧器布置等有关。锅炉热力计算标准 1957 年版本中 M 取定值 0.445，是因为当时的 200～300t/h 锅炉炉膛燃烧器布置方式远未像今天这样发达，且其结果与古尔维奇进行试验标定式（3-67）应用的试验对象接近，因而非常成功。此后，随着锅炉的增加，标定式（3-67）的试验并未跟上，导致计算偏差拉大，并不代表其理论和思想方法落后，因而在其后的 1973 年热力计算标准修订和 1998 年的标准修订中，仍采用 M 来反映炉膛最高火焰中心位置。

（一）1973 年热力计算标准

炉膛的火焰中心与燃烧的煤种相关，煤种越易燃烧，炉膛越矮胖，火焰中心相对位置越高，反之则炉膛瘦高，炉膛的火焰中心相对位置越高，因而 1973 年热力计算标准中通过给予不同的基数来进行分辨，并燃烧器高度、燃烧器摆动角度等动态影响火焰中心位置因素的影响。1973 年热力计算标准规定

$$M = \begin{cases} 0.59 - 0.5x_{flm} & V_{daf} > 20\% \\ 0.56 - 0.5x_{flm} & V_{daf} < 20\% \end{cases} \tag{3-70}$$

$$x_{flm} = x_b + \Delta x \tag{3-71}$$

式中 x_{flm}——火焰中心的相对高度，由燃烧器中心高度和燃烧器摆动与否决定；

x_b——燃烧器相对高度，是燃烧器中心标高与炉膛高度的比值；

Δx——燃烧器类型和运行方式引起火焰中心的修正。

燃烧器相对高度 x_b 计算基准为炉膛高度，为燃烧器按燃料量加权平均，即

$$x_b = \frac{\sum B_i H_{bi}}{B \cdot H} \tag{3-72}$$

式中 B_i——第 i 个燃烧器的燃料量，kg/s；

H_{bi}——第 i 个燃烧器中心标高，m；

H——炉膛高度，与炉膛的布置方式密切相关。

Δx 与锅炉的燃烧方式和调温方式有关。当锅炉采用切向燃烧方式时，通常用摆动燃烧器调节再热蒸汽温度，炉膛出口通常依次布置屏式再热器、高温再热器和高温过

热器（高温再热器或墙式再热器在前），在尾部竖井烟道里自上而下布置了低温过热器和省煤器，此时 Δx 与摆动角度有关。

（1）燃烧器水平时 Δx 为 0。

（2）燃烧器向上摆动时，每摆动 20°，Δx 增加 0.1。

（3）燃烧器向下摆动时，每摆动 20°，Δx 减小 0.1。

（4）燃烧器左右摆动其他角度时，Δx 取插入值。

如果采用前墙布置或对冲燃烧方式，燃烧器通常无法摆动，会用尾部的烟气挡板来调节再热蒸汽温度，炉膛出口依次布置屏式高温过热器、中温再热器和高温过热器（高温再热器在后），而在尾部竖井烟道里切圆燃烧布置低温过热器的部分并排布置低温过热器和低温再热器，可是并排布置低温再热器和省煤器，此时的火焰中心相对固定，主要取决于蒸发量，即

在 $D \leqslant 116$t/h 或 420t/h 时，$\Delta x=0.1$；在 $D>116$kg/s 或 420kg/s 时，$\Delta x=0.05$。

对于层燃方式，燃烧中心也比较固定，如果采用气力抛煤层燃为薄煤层 M 值取 0.59，链条炉及固定炉排层燃为厚煤层 M 值为 0.56。

由于层燃炉的取值仅有两个具体的数据没有计算，因而对于炉膛火焰中心位置系数 M 的封装函数只包含煤粉锅炉为

程序代码 3-2　1973 年热力计算标准火焰高度计算

```
double CFurnace∷calcFlameCentre73（double tiltAngle=0）
{
    double flameCentre, xh;
    double xr=0; dx=0;
    CBoiler* b=CBoiler∷getInstance（）;
    CCoal* coal=b->getCoal（）;
    if（firingMethod == CBoiler∷TangentialFiring）// 四角切向燃烧
    {
        int angleFactor= tiltAngle/20; // 摆角影响
        dx=0.1*angleFactor;
    }
    else if（ b->getMainSteam（）->getFlowRate（）<116 ）// 其他燃烧方式
    {
        dx = 0.1;
    }
    else
        dx = 0.05;
    xr = highBurner / height;
    xh = xr + dx;

    int  coalClass = coal->getClassification（）;
```

```
switch ( coalClass )
{
case ( CCoal: : Anthracite ):
case ( CCoal: : SemiAnthracite ):
case ( CCoal: : PoorQuilityBituminous ):
        flameCentre =0.56-0.5*xh;
        break;
default:
        flameCentre = 0.59-0.5*xh;
        break;
}
return flameCentre<0.5?flameCentre: 0.5;
}
```

（二）1998 年热力计算标准

1998 年热力计算标准中的 M 值考虑了炉膛型式、燃料燃烧方法、燃烧器种类及其布置方式、烟气组成以及燃用混合燃料、分级燃烧和烟气再循环等的影响，同 1957、1973 年热力计算标准有很大差别

$$M = \begin{cases} M_0(1-0.4x_\mathrm{b})\sqrt[3]{r_\mathrm{v}} & \text{室燃炉} \\ M_0(1+r_\mathrm{b})\sqrt[3]{r_\mathrm{v}} & \text{层燃炉} \end{cases} \tag{3-73}$$

式中　M_0 ——基础的火焰中心高度，无量纲；

　　　r_v ——烟气过量系数，烟气量与理论干烟气量之间的比值，无量纲；

　　　r_b ——层燃炉燃烧层面积与炉内内部面积之比，无量纲。

燃烧室的形态不同，M_0 取不同的数值，主要规定如下。

（1）固态排渣煤粉炉燃烧器切向和对冲布置时 $M_0 = 0.46$。

（2）固态排渣煤粉炉燃烧器单面前墙布置时 $M_0 = 0.42$。

（3）对于液态排渣煤粉炉 $M_0 = 0.44$。

（4）层燃炉 $M_0 = 0.46$。

（5）炉底布置燃烧器（x_b=0）的燃气重油炉 M_0=0.36。

（6）当固体燃料与重油或者气态燃料混烧时，系数 M_0 按固体燃料值进行计算。

（7）燃烧天然气、焦炭和高炉气体混合物时复合式多燃料直流－旋流燃烧器 M_0 系数，取决于混合物中高炉气体的热份额，随着其增加而减少。

（8）装有摆动式燃烧器的炉膛，燃烧器向下或者向上每摆动 10°，M_0 相应地增加或者减少 0.01，影响比 1973 年热力计算标准小很多。

1998 年热力计算标准还提供了燃料分级燃烧时，炉膛火焰中心 M 值的计算式为

$$M = M_0 \left(1-0.4x_\mathrm{b}\right)\left(1-k \cdot r_\mathrm{g3}\right)\sqrt[3]{r_\mathrm{v}} \tag{3-74}$$

式中　　k ——系数，气体和重油两级燃烧时取 0.45，由额外空气输入燃料的三级燃烧

煤时取 0.60，由再循环烟气加入燃料的烧煤时取 0.2；

r_{g3}——烟气中三原子气体总容积份额，$r_{g3} = r_{CO_2} + r_{SO_2} + r_{wv}$ 由煤质数据计算得到。

再循环烟气时烟气过量系数计算式为

$$r_v = \frac{V_{fg,w}(1+r_c)}{V_{fg,d}^0} \qquad (3-75)$$

1998 年热力计算标准炉膛火焰中心位置系数 M 的封装为

程序代码 3-3　1998 年热力计算标准火焰高度计算

```
double CFurnace::calcFlameCentre98 ( double tiltAngle=0 )
{
    double flameCentre, xh;
    double xr, dx;
    CBoiler* b=CBoiler::getInstance ( );
    CCoal* coal=b->getCoal ( );
    if ( firingMethod == CBoiler::TangentialFiring )
    {
    else
        dx = 0;
    xr = highBurner / height;
    xh = xr + dx;

    switch ( firingMethod )
    {
    case ( CBoiler::OpposedFiring ):
    case ( CBoiler::TangentialFirng ):
    flameCenter=0.46;break;
    case ( CBoiler::FrontFirng ):
        flameCentre =0.42;
        break;
    default:
        flameCentre = 0.46;
    break;
    if(boiler->getAshPit()==CBoiler::WetAshPit)
            flameCenter=0.44;
    double rv= gasLv->getVolume()/coal->getTheoreticalGasVlome();
    flameCentre = flameCenter*(1-0.4*xh)*pow(1/3,rv)+dx;
```

```
    return flameCentre;
```

四、火焰黑度 ε_{flm}(emissivity) 的计算

（一）气体容积辐射与火焰黑度

炉膛辐射换热双灰体理论中炉内火焰构成的气体灰体板与壁面固体相比误差较大。气体的辐射和吸收是由夹在火焰灰体和炉壁之间所有烟气的整体辐射共同产生，沿整个容积进行的，因此称为容积辐射，部分气体及其携带的悬浮固体粒子对辐射传播有一定的阻挡减弱作用，因而，需要进行针对火焰容积辐射进行相应的处理来消除这种误差。

火焰容积辐射的规律有：

（1）炉内火焰由 CO_2、H_2O、N_2、O_2、SO_2 及少量燃烧不完全产生的 CO、NO_x 等微量分子组成，其中最主要成分是 O_2、N_2，总量占到 80% 以上，当温度小于 2000K 时，其对热辐射呈现透明性，而其烟气中的三原子气体 CO_2、SO_2 和 H_2O，及携带的固体颗粒焦炭、灰粒和炭黑等对热射线具有吸收力。

（2）三原子气体吸收力占总吸收能力的 10% 左右；焦炭粒子与灰粒直径为 $10 \sim 250\mu m$，悬浮在火焰气流中，具有很强的辐射能力，灰粒占火焰辐射总能量的 25% ~ 30%，焦粒占火焰辐射总能量的 40% ~ 60%，其使火焰发光，含有焦炭粒子和灰粒的火焰称为半发光火焰。

（3）炭黑粒子由燃料中的烃类化合物在高温下裂解而形成，其直径约为 $0.03\mu m$，高温下固体表面辐射很强，使火焰发光，燃烧器附近含有大量炭黑粒子的火焰称为发光火焰。

根据以上气体容积辐射的特点，科学家比尔和布格尔提供了描述气体辐射黑度 ε_{flm} 与其温度、分压力和辐射层有效厚度的关系为

$$\varepsilon_{flm} = 1 - e^{-k_{fg} p_{fg} s} \tag{3-76}$$

式中　k_{fg}——单位分压力条件下，单位辐射层有效厚度内火焰辐射减弱速度，1/（m·MPa）；

　　　p_{fg}——炉膛压力，负压运行时取 0.1MPa；

　　　s——炉内火焰的射线行程长度（也称为辐射层有效厚度），m。

$k_{fg} p_{fg} s$ 无量纲，称为布格尔数，1998 标准中用 Bu 表示，即 $Bu = k_{fg} p_{fg} s$。

燃料不同，烟气成分不同，其在气体容积辐射的吸收作用不同，导致辐射到达接收面时的强度减弱也有所不同，因而烟气黑度与烟气成分密切相关。

（二）燃煤烟气的吸收系数

燃煤锅炉中烟气中对辐射吸收作用的物质主要有三原子气体、灰粒子及焦炭粒子，火焰辐射减弱速度由三原子气体系数、灰粒子系数及焦炭粒子减弱系数三部分组成，即

$$k_{fg} = k_{g3} r_{g3} + k_{fa} \mu_{fa} + 10 c_1 c_2 \tag{3-77}$$

式中　　　k_{g3}——三原子气体辐射减弱系数，1/（m·MPa）；

r_{g3}——三原子气体辐射在烟气中的占比，无量纲；

k_{fa}——灰粒辐射减弱系数，1/（m·MPa）；

μ_{fa}——烟气中无因次飞灰的浓度，kg/kg；

c_1、c_2——焦炭颗粒在火焰中浓度的影响系数（发光火焰部分）。

三原子气体辐射的减弱系数为

$$k_{g3} = \left(\frac{7.8 + 16r_{wv}}{3.16\sqrt{r_{g3}p_{fg}s}} - 1 \right)\left(1 - 0.37\frac{T_{fg}}{1000} \right) \qquad （3-78）$$

1973 年热力计算标准中灰粒辐射减弱系数计算方法为

$$k_{fa} = \frac{55900}{\sqrt[3]{T_{fg}^2 d_{fa}^2}} \qquad （3-79）$$

式中　　　d_{fa}——灰粒平均直径，μm。

三原子气体辐射在烟气中的占比 r_{g3} 和烟气飞灰浓度 μ_{fa} 均由烟气的性质计算出来，即

$$\begin{cases} \mu_{fa} = \dfrac{\alpha_{fa}A_{ar}}{100\rho_{fg}V_{fg}} \\[2mm] r_{g3} = \dfrac{V_{RO_2} + V_{wv}}{V_{fg}} \end{cases} \qquad （3-80）$$

1998 年热力计算标准中灰粒子辐射减弱系数变为

$$k_{fa} = \frac{10^4 C_A}{\sqrt[3]{T_{fg}^2}}\frac{r_{fa}}{1 + 1.2c_{fa}s} \qquad （3-81）$$

式中　　　c_{fa}——烟气中飞灰的浓度，kg/m³。

灰粒大小主要取决于初始煤粉的大小，同时和煤粉颗粒在炉内的分裂特性相关：制粉系统球磨机时煤粉最细，灰粒直径平均值为 13μm；制粉系统为中速磨煤机时，煤粉变粗，灰粒直径平均值为 16μm；层燃炉的灰粒直径为 20μm。

煤粉炉的灰粒直径也可以根据煤粉细度按式 $d_{fa}=14+0.1R_{90}$ 选取，褐煤粉在高温下会产生分裂现象，因而其灰粒直径往往比烟煤的较细煤粉还细，可以按烟煤来选取。

1973 年热力计算标准中焦炭颗粒的辐射减弱系数主要与煤种相关。

c_1：贫煤及以下取 0.1，烟煤及以上取 0.5；

c_2：室燃炉取 0.1，层燃炉取 0.5。

1998 年热力计算标准中焦炭粒子辐射减弱系数 c_1、c_2 也根据燃料种类选取，无烟

煤屑和贫煤取 0.25、烟煤取 0.20、褐煤 / 页岩 / 铲采泥煤取 0.10、层燃炉 c_1、$c_2=0$。

（三）燃油燃气锅炉烟气的黑度

液体和气体燃料是无灰燃料，因而锅炉采用燃油或燃气作为燃料时，其烟气成分与燃煤锅炉烟气成分有较大不同、烟气辐射减弱系数不同。

1973 年热力计算标准中，火焰黑度计算式取两者的加权平均值，即

$$\varepsilon_{\text{flm}} = r_L \varepsilon_{\text{flm,g}} + (1 - r_L)\varepsilon_{\text{flm,c}} \tag{3-82}$$

$$\begin{cases} \varepsilon_{\text{flm,g}} = 1 - e^{k_{g3} p_{\text{fg}} s} \\ \varepsilon_{\text{flm,c}} = 1 - e^{(k_{g3} + k_c) p_{\text{fg}} s} \end{cases} \tag{3-83}$$

式中　r_L——发光部分在火焰中所占份额，无量纲；

　　　k_c——火焰中炭黑粒子的辐射减弱系数。

r_L 取决炉膛容积热负荷 q_F。当 $q_F \leqslant 400\text{kW/m}^3$ 时，$r_L=0.1$（气体）和 $r_L=0.55$（液体）；当 $q_F > 1200\text{kW/m}^3$ 时，$r_L=0.6$（气体）和 $r_L=1$（液体）；$400\text{ kW/m}^3 < q_F \leqslant 1200\text{ kW/m}^3$ 时，采用直线内插法确定。

k_c 取决于烟气的成分和温度，其计算式为

$$k_c = 0.3(2 - \alpha_{\text{fg}})\left(1.6\frac{T_{\text{fg}}}{1000} - 0.5\right)\frac{C_{\text{ar}}}{H_{\text{ar}}} \tag{3-84}$$

燃料中碳氢比越高，燃烧过程越长，炭黑粒子的浓度就越高，k_c 越大；过量空气系数 α_{fg} 越大，燃烧过程就越加快，因而 k_c 越小，当 $\alpha_{\text{fg}}=2$ 时，$k_c=0$。α_{fg} 越高，炉温度 C_mH_n 分解得越多，k_c 越大。

1998 年热力计算标准中燃用重油或者气体燃料时，基本辐射组分是三原子气体以及悬浮在气流内的炭黑粒子，考虑发光火焰（炭黑粒子）对炉膛的充满度，炉内介质的辐射减弱系数可以用下式计算，即

$$k_{\text{fg}} = k_{g3} + r_L k_c \tag{3-85}$$

燃用天然气时 $r_L=0.1$，在气密式锅炉内燃用重油 $r_L=0.3$，非气密锅炉内燃用重油 $r_L=0.6$。高炉煤气 $r_L=0$。

$$k_c = \frac{1.2}{1 + \alpha_{\text{fg,lv}}^2}\left(\frac{C_{\text{daf}}}{H_{\text{daf}}}\right)^{0.4}(1.6 \times 10^{-3} T_{\text{fg,lv}} - 0.5) \tag{3-86}$$

燃料干燥无灰基计算碳氢比计算式为

$$\frac{C_{\text{daf}}}{H_{\text{daf}}} = 0.12 \sum \frac{m}{n} C_m^{\text{daf}} H_n^{\text{daf}} \tag{3-87}$$

（四）有效辐射层厚度

在火焰灰体与炉壁灰体间的辐射换热中，两者之间的空间充满了烟气，热射线穿过该气体层会由于气体的吸收而使辐射减弱，很显然，减弱的程度除了上文所言的气体成分之外，还与射线所经路径的长度有关。最简单的辐射是位于半球空间球心处向

半球空间的辐射，假定半球内气体的压力、温度与组成均匀一致，则球心到半球空间的辐射线平均长度为半球空间的半径。火焰灰体壁面向炉膛壁面间所有射线的平均长度，即把火焰灰体等同为球心辐射源，把炉膛壁面等同为半球空间，且两者间辐射能力完全相等时，火焰辐射的长度，该等同半球空间称为当量半球，其半径称为"平均射线行程"，也称"平均辐射长度"（Mean Beam Length of Radiant）。

辐射层厚度的含义如图3-26所示。

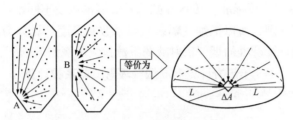

图3-26　辐射层厚度的含义

相互平行无限大的灰体平板中，光线两个平行的平板中一面某一点发出、到达另外一个平板不同位置的射线长度是不同的，如图3-27所示，因此平均辐射长度需以针对整个平板每一点到达对面的每一点的所有射线求平均值得到。炉膛热力计算中把无限大的火焰灰体和壁面灰体平板之间的辐射换热假定为具有平均辐射长度射线、平行辐射的薄层，因此平均辐射长度也称为有效辐射层厚度（Effective Radiant Absorber dense）。平均射线长度与平板的大小及其之间的厚度（距离）相关，大约为两个平板间距的3.6倍。这样通常气体对整个包壁面辐射能力的平均射线行程 s 计算式为

$$s = \frac{3.6V}{F} \qquad (3-88)$$

式中　s——假想的大而薄的辐射气体层的厚度或平均射线长度，m；

　　　V——容积辐射时包含辐射气体的容积，m³；

　　　F——容积辐射时包含辐射气体的辐射面积，m²。

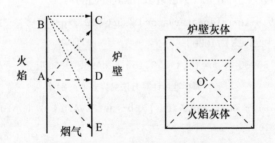

图3-27　炉膛无限大平板有效辐射层厚度与其距离的关系

相对于图3-19所展开的炉膛换热双灰体大平板而言，考虑炉壁展开面积还包含炉顶、冷灰斗等面积，比炉膛四周筒体的面积还要大一些，火焰灰体板大约位于炉膛中心到壁面的一半多一点的位置。

显然在辐射空间容积一定的情况下，平板面积越大，两平板间的距离越小，在锅

炉复杂的区域内，特别是辐射的空间比较小、换热量占比也小时，如屏式过热器、对流过热器、省煤器和空气预热器，有效辐射层厚度也经使用，但是不使用式（3-88）计算，而是有自己特殊的算法，本书中其他遇到需求时会进行专门的论述。

（五）火焰黑度的封装示例

火焰黑度是辐射炉内计算的关键，从式（3-76）～式（3-87）来看，主要与燃料、烟气的成分相关，因此把它封装在 CFlueGas 中是最为方便的。

由于 1973 年热力计算标准、1998 年热力计算标准以及不同燃料，其主要差别为烟气辐射减弱系数的差别，所以把烟气辐射减弱系数和黑度计算分为两段进行。以煤为燃料，1973 年热力计算标准的烟气辐射减弱系数封装示例如下。

程序代码 3-4　1973 年热力计算标准烟气辐射减弱系数计算

```
double CFlueGas::calcWeakenFactor73 (double R90=-1)
    {
        CBoiler* b=CBoiler::getInstance ( );
        /* 先获得灰粒直径，默认值为 13，如果 R90 有值时，用 R90 直接计算；如果 R90 没有
            值，则根据锅炉的制粉系统方式获得设定值   */
        double dAsh=13;
        int pulverizingSystem=b->getPulverizingSystem ( );
        if ( R90>0 )
            dAsh=14+0.1*R90;
        else
         {
                if ( pulverizingSystem==CBoiler::DirectFired )  dAsh=16;
                if ( pulverizingSystem==CBoiler::FanCoalMill ) dAsh=16;
         }
         /* 根据式（3-78）为中心计算 kps   */
        double rg3=ratioCO2+ratioSO2+c->ratioWaterVapor;
        double kFg= (( 7.8+16*ratioWaterVapor ) /sqrt ( 10.2*p*rg3*s ) - 1 ) * ( 1- 0.37*
                ( t+273.15 ) /1000 );
        double kAsh = 55900 / pow ( ( t+273.15 ) * dAsh, 0.667 );     // 如果采用 1998 年热力计
                                算标准，计算方法变为式（3-81）
        double mu = 0.01 * coal->getAar ( ) * b->getFlyAsh ( ) / ( volume*density );
        double c1, c2;
        switch ( classification )
        {
        case ( CCoal::Anthracite ):
        case ( CCoal::SemiAnthracite ):
        case ( CCoal::PoorQuilityBituminous ):
            c1=1;
```

```
        break;
    default:
        c1=0.5;
        break;
    }
    c2=0.1;                    // 悬浮燃烧, CFB=0.5
    return kFg * rg3 + kAsh * mu + 10* c1 *c2;
}
```

同理，也可以设计 calcWeaken Factor1998（double R90）程序来封装 1998 版的烟气辐射减弱系数，并且设计一个黑度统一计算的程序，默认使用的是 1973 年热力计算标准。

程序代码 3-5　烟气辐射减弱系数标准选择程序

```
double CFlueGas::calcEmissivity（double s, BOOL std73=TRUE, double R90=-1, double p=0.1）
{
    double kFg;
    if（std73）
        kFg=calcWeakenFactor73（s, R90, p）;
    else
        kFg=calcWeakenFactor98（s, R90, p）;
    return= 1 - exp（-kFg*p * s）;
}
```

五、热有效系数 ψ（thermal efficiency）的计算

热有效系数 ψ 把冷、热端共同作用的辐射换热转化为发射端的单一过程，将冷端转化为壁面的特征。显然通过壁面来确定热有效系数，不可避免地也要考虑这一换热过程。能量从热端到壁面被吸收需要经过角系数、清洁系数等概念。

（一）角系数（angle factor）

辐射换热中能量从发射源发出后，需要先到达壁面，一部分被吸收，另一部分被反射回去，才能完成有效辐射 J_{flm} 转化为吸热量 q_R 的过程，水冷壁角系数 x 反映水冷壁在几何上吸收辐射热的能力，其概念已经在本章第二节中简述，本部分主要了解水冷壁各种类型、各部位，也包括出口烟窗等辐射泄漏部位的取值方法。

（1）对于膜式壁而言，包括装有销钉的水冷壁、鳍片管水冷壁、有铸铁板覆盖和耐火材料覆盖的水冷壁、冷灰斗高度之半平面（即炉膛的下边界）取 $x=1$，即认为来自炉膛的辐射全部到达这些受热面。

（2）炉膛出口烟窗对炉膛而言，可取 $x=1$，因为炉膛火焰投射在出口烟窗上的辐射热，陆续通过烟窗后各排管子，不再有反射，全部被吸收。但对炉膛出口处布置的管排而言，x 不能视为 1。

（3）对于小锅炉中，采用炉墙和单排光管水冷壁，其角系数取决于它和炉墙的结构，

与膜式水冷壁或透明的烟窗情况有所不同。由于炉膛内水冷壁只有曝光的一面受到炉内火焰的辐射，而其背面只受到炉墙的反射辐射，所以不能完全利用，水冷壁的辐射受热面面积并不等于所有管子的表面积。水冷壁管辐射受热示意图如图 3-28 所示。

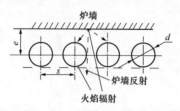

图 3-28　水冷壁管辐射受热示意图

锅炉的水冷壁由于它与炉墙的相对位置，使得未直接投射到水冷壁管上的辐射热，到达炉墙后，会被反射回来或因再辐射而部分落到水冷壁管子上，最终被水冷壁所吸。显然，到底有多少热量可以吸收取决于管子的布置情况，计及火焰辐射与炉墙反射的作用后，可以得出角系数与两者的关系为 $x = f\left(\dfrac{s}{d}, \dfrac{e}{d}\right)$，如图 3-29 所示。

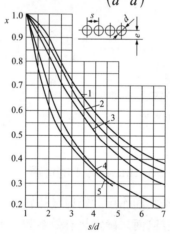

图 3-29　单排光管水冷壁的有效角系数

1—考虑炉墙辐射，$e/d \geqslant 1.4$；2—考虑炉墙辐射，$e/d=0.8$；3—考虑炉墙辐射，$e/d=0.5$；
4—考虑炉墙辐射，$e/d=0$；5—不考虑炉墙反射辐射

图 3-29 中，光管水冷壁外径为 d，节距为 s，水冷壁中心线到炉墙表面的距离为 e，角系数按不同的 e/d 数据拟合为五条曲线。1973 年热力计算标准给出了这五条曲线的多项式拟合，可以根据多项式进行程序设计。根据命名原则，可以把封装炉膛热力计算的自定义类型命名为 CFurnace，则单排水冷壁角系数的计算程序为

程序代码 3-6　1973 年热力计算标准烟气辐射角系数计算

```
double CFurnace::calcAngleFactor73( double d, double s, double e=-1)
{
    double aa[5] = {9.2578923E-01, 2.2545922E-01, - 1.8062905E-01, 3.3411856E-02,
                    -1.9718606E-03};
    double bb[6] = { 7.742330e-01, 5.763238e-01, -4.623147e-01, 1.270746e-01, -1.564008e-02,
```

```
                7.232328e-04 };
    double cc[6] = { 1.000167e+00, 1.822222e-01, -2.434498e-01, 6.882375e-02, -8.264141e-03,
                3.682338e-04};
    double dd[7] = {6.798788E-01, 1.267406, - 1.436161, 6.075161E-01, - 1.269773E-01,
                1.307373E-02, -5.289936E-04};
    double ee[4] = {1.494545, - 5.612969E-01, 8.961839E-02, -5.188928E-03};
    if ( e >= 1.4*d )  return polynomialFitting(s/d, aa, 5)
    if ( e == 0.8*d )  return polynomialFitting(s/d, bb, 6);
    if ( e == 0.5*d )  return polynomialFitting(s/d, cc, 6);
    if ( e == 0 )      return polynomialFitting(s/d, dd, 7);
    if ( ( e >= 0.5*d ) && (! isWallRadiating) ) return polynomialFitting(s/d, ee, 4);

    return 0.8;
}
```

注意本段程序中使用了缺省变量 e=-1，代表图 3-29 中的 e 和"是否考虑炉墙辐射"这个选项。由于现代化的大型锅炉中不再使用带炉墙的光管水冷壁，所以上述程序通常只用在屏式过热器或炉顶中，所以缺省值为 e=-1，代表没有炉墙反射辐射的曲线 5；如果是有炉墙的炉膛，则可以相应的 e 代入。

热力计算标准的各个版本中提供的曲线是一致的。在 1998 年热力计算标准中，提供了拟合曲线的计算式为

$$x = A + B \times \frac{s}{d} - C\left(\frac{s}{d}\right)^2 + D\left(\frac{s}{d}\right)^2 - E\left(\frac{s}{d}\right)^2 \qquad (3-89)$$

其中的系数见表 3-2。

表 3-2　　　　　　　　　　用于计算水冷壁管角系数多项式的系数

条件	A	B	C	D	E
$e \geqslant 1.4d$	0.93286	0.20596	−0.16542	0.02977	−0.0017
$e = 0.8d$	1.05071	0.03159	−0.09962	0.01976	−0.00117
$e = 0.5d$	1.13143	0.08224	−0.0625	0.01455	−0.000909091
$e = 0$	1.36242	0.35628	−0.01903	0.01806	−0.0017
其他情况	0.8				

如果基于 1998 单热力计算标准的多项式封装角系数，则可以用

程序代码 3-7　1998 年热力计算标准烟气辐射角系数计算

```
double CFurnace::calcAngleFactor98( double d, double s, double e=-1)
{
    double a[5] = {0.93286, 0.20596, -0.16542, 0.02977, -0.0017};
```

```
double b[5] = { 1.05071,0.03159,-0.09962,0.01976,-0.00117 };
double c[5] = { 1.13143,0.08224,-0.0625,0.01455,-0.000909091}
double d[5] = {1.36242,0.35628,-0.01903,0.01806,-0.0017}
if ( e >= 1.4*d )   return polynomialFitting(s/d, a,5 )
if ( e == 0.8*d )   return polynomialFitting(s/d, b,5);
if ( e == 0.5*d )   return polynomialFitting(s/d, c,5);
if( e == 0 )        return polynomialFitting(s/d, d,5);
return 0.8;
}
```

（二）清洁系数

1. 定义与命名纠正

清洁系数用来描述辐射换热到达壁面后的壁面对辐射换热的影响方式。传统文献中往往命名为灰污系数。

上文中辐射换热的基本式是式（3-38）。根据角系数的定义可知，针对某一块具体水冷壁而言，把式（3-38）中的 F_x 变成 xF，则高温火焰与炉壁之间的辐射换热量变为

$$Q_R = \sigma_0 \varepsilon_0 xF\left(T_{flm}^4 - T_w^4\right) = \sigma_0 \varepsilon_0 xFT_{flm}^4\left(1 - \frac{T_w^4}{T_{flm}^4}\right) \tag{3-90}$$

式中　F —— 炉壁的实际面积，m^2。

炉壁在吸收火焰辐射来的热量的同时，也向火焰辐射自己的能量（包含其自身辐射和对来自火焰辐射的反射），根据式（3-90）就可以进一步分析壁面后的热量传递问题了，很显然：$\sigma_0 \varepsilon_0 FT_{flm}^4$ 是火焰发射时的能量，而 $\sigma_0 \varepsilon_0 FxT_{flm}^4$ 是发射到炉壁表面的能量，$\sigma_0 \varepsilon_0 xF \dfrac{T_w^4}{T_{flm}^4}$ 表示水冷壁面反射热量占原始辐射能力的份额。

因为壁面反射主要影响因素是 T_w，所以热力计算标准中用式（3-91）来表示受壁面反射影响后的辐射换热能力，即

$$\zeta = 1 - \left(\frac{T_w}{T_{flm}}\right)^4 \tag{3-91}$$

现代化大锅炉管内水温通常为 300℃ 以上，水冷壁管表面干净时 T_w 有 400℃ 左右；管子积灰的表面温度升高 500℃ 以上，甚至高到 900℃，因而，炉壁外表面温度 T_w 主要取决于管内的冷却水平，并与管外的灰污程度有关，T_w 可以看作是炉壁的特性，与前文的假定完全统一。

考虑管内水温、火焰温度等均是相对固定的值，式（3-91）的 ζ 主要取决于管外的灰污水平，因而灰污程度可以间接地表达炉壁表面温度及其反辐射能量，从 1973 年热力计算标准开始，在大部分书中都把 ζ 称作灰污系数。

如果称为灰污系数，非常容易理解为灰污对于换热能力的影响程度，即灰污程度越大，影响程度越大；根据式（3-91）的计算结果，显然是不对的。式（3-91）真正

表达的是受灰污影响后的换热能力，即管子灰污越轻，管子越干净，T_w 越小，反向辐射越小，计算的系数 ζ 越大，对辐射换热的影响越轻。考虑管子灰污情况也可以理解为管子的清洁程度，因而本书中把它改称为清洁系数，即系数越大，表示管子越清洁，辐射换热能力越强，与式（3-91）表示的意思一致。

2.清洁系数的值

通过式（3-91）把壁面温度 T_w 及其导致的炉壁反辐射转化为炉壁的自身特性清洁系数后，就可以针对清洁情况对辐射的整体影响，可以通过试验进行测试，难度大为下降。古尔维奇带领的研究者对生产实践中各煤种产生的清洁情况进行大量的试验测试，得到了不同燃烧方式、燃烧情况和材料条件下的清洁系数，如表 3-3 所示。

表 3-3　　　　　　　　　　　　水冷壁清洁系数 ζ

水冷壁形式	燃料种类	清洁系数 ζ
室燃炉光管水冷壁和膜式水冷壁	气体、气体和重油混合物	0.65
	重油	0.55
	煤粉炉：无烟煤（$C_{fa}<12\%$），贫煤（$C_{fa}<8\%$）	0.35 ~ 0.4
	其他	0.45
层燃炉贴墙光管和膜式水冷壁	所有燃料	0.60
固态排渣炉覆盖耐火涂料的销钉水冷壁	所有燃料	0.20
覆盖耐火砖的水冷壁	所有燃料	0.10

注　1.如水冷壁有吹灰，不结渣时，ζ 值可提高 0.03 ~ 0.05。

2.重油炉或煤粉炉临时用于燃气时仍采用原来的数值。

3.燃用混合燃料是按引起最大污染的燃料来取 ζ 的值，也就是取最小的那个数作为混合燃料的 ζ。

4.覆盖受热面的有效辐射角系数取为 1.0。

5.C_{fa} 为飞灰中可燃物含量。

水冷壁的清洁是由燃料中的灰引起的，因而，由表 3-3 可见，清洁系数主要受燃料特性和燃烧温度影响，通常来说：

（1）气体燃料的 ζ>液体燃料的 ζ>固体燃料的 ζ。

（2）高温条件下清洁系数更大。

燃用无烟煤、贫煤且飞灰可燃物比较小的条件下，清洁系数比较小的原因是这两种煤很难维持稳定着火，燃尽特性也差，要想把这种劣质煤燃烧得很干净，必须要有很高的炉膛温度，导致炉壁污染较为严重，清洁系数取值小。而随着炉膛容量的加大，自然地燃尽时间增长，燃烧组织技术提高，炉膛用不着再有那么高的温度，灰污程度自然就减轻，可取清洁系数的大值。

程序代码 3-8　水冷壁清洁系数（旧称灰污系数）计算

```
/*　确定表中的单炉膛室燃炉　*/
```

```
double CFurnace::cleanFactor()
{
    CBoiler* b=CBoiler::getInstance();
    CCoal* coal=b->getCoal();
    double carbonFlyAsh=b->getcarbonFlyAsh();
    int coalClassifation = coal->getClassifation();
    if ( (coalClass == CCoal::Anthracite   && carbonFlyAsh <12) ||
         (coalClass == CCoal::SemiAnthracite && carbonFlyAsh < 8 ) )
             return 0.35;
    return 0.45;
}
```

3. 特殊水冷壁及调整

表 3-3 中主要针对炉膛的正常水冷壁面而得到的，但是在炉膛形成的某些局部，包括双面受热的纯辐射式屏、绝热的卫燃带等和出口烟窗等透明部分等，它们与正常水冷壁共同组成炉膛的封闭轮廓，但是换热能力不同，因而需要适当调整。

（1）双面曝光的光管水冷壁和屏。燃用固体燃料时，清洁系数 ζ 相对于贴墙水冷壁的值要减少 0.1；而对于整体焊接式水冷壁及屏要减少 0.05。

（2）卫燃带等绝热部位。还包括液态排渣炉中覆盖了耐火涂料的带销钉部分或是循环流化床锅炉有浇注料的部分，污染程度增加，清洁系数减少，按下式计算，即

$$\zeta = 0.53 - 0.25\frac{t_{\mathrm{m}}}{1000} \tag{3-92}$$

式中 t_{m}——灰渣的熔点（melting temperature），可取比灰流动温度 FT 低 50℃。

（3）炉膛出口烟窗、燃烧器根部等透明部位。对于水冷的炉底水封处，可以认为到达的热量全部被吸收，即单纯的辐射泄漏，清洁系数可以取 1。

（4）对于燃烧器根部，炉膛辐射出去的热量进入燃烧空气，随即又被燃烧空气带入炉膛，可以认为炉膛与这些界面没有换热，因此它们的清洁系数为 0。

（5）对于炉膛出口布置拉稀的凝渣管、半辐射半对流屏式过热器等仍然具有辐射能力大空间时，需要考虑这些大空间的烟气向炉膛反辐射的影响，相当于炉膛向它们泄漏的辐射又被它们送回来一部分，因此此时炉膛分界面的清洁系数用系数 β_{fo} 修正，即

$$\zeta_{\mathrm{p}} = \beta_{\mathrm{fo}}\zeta \tag{3-93}$$

式中 ζ_{p}——炉膛分界面的清洁系数，主要用于屏式过热器（platen），无量纲；

β_{fo}——炉膛出口烟窗的清洁系数，无量纲。

1973 年热力计算标准给出了根据炉膛出口烟气温度及燃料种类确定系数 β_{fo} 的线算图图 3-30 和相应的计算公式。

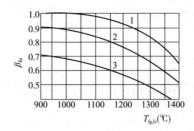

图 3-30　考虑屏间烟气反辐射影响的修正系效

1—煤；2—重油；3—气体燃料

程序代码 3-9　出口屏的反向辐射系数计算

```
/* 仅拟合煤的曲线 1 */

double CFurnace::inverseRadiateFactor(double tFlueGas)
{
    double acoal[5] = { 1.7101818, -0.30671639e-02, 0.40960372e-05, -0.174048170e-08};

    double aoil[5] = { -1.71016783, 0.67891997e-02, -0.55405594e-05, 0.12432012e-08};

    double agas[5] = { -0.50325175, 0.30989899e-02, -0.23438228e-05, 0.42735043e-08};

    CBoiler* b=CBoiler::getInstance();

    double carbonFlyAsh=b->getcarbonFlyAsh();


    if ( 900 <= tFlueGas && tFlueGas <= 1000 )
    {
        return 1;
    }
    else if( tFlueGas > 1000 )
    {
        return polynomialFitting(tFlueGas,aa,4);
    }
    return -1;
}
```

1998 年版热力计算标准对 β_{fo} 做了简化处理，当炉膛出口烟窗后面布置有屏时，燃用固体燃料 $\beta_{\text{fo}} = 0.6$，燃用重油和气体燃料 $\beta_{\text{fo}} = 0.8$；出口烟窗后面布置凝渣管时 $\beta_{\text{fo}} = 0.9$；布置锅炉管束时 $\beta_{\text{fo}} = 1.0$；紧靠出口烟窗没有受热面 $\beta_{\text{fo}} = 0.5$。使用 1998 年版热力计算标准时，大部分特殊水冷壁的清洁系数与烟气温度没有关系。

（三）热有效系数

1. 壁面侧的定义

热有效系数前文中是从发射到接受的辐射换热过程的角度去定义的。但是它的确定过程却是从壁面侧获取的：当有效辐射能量从火焰灰体出发，经过烟气空积后到达壁面，再综合考虑角系数与清洁系数的影响后，最终就变成壁面吸收的能流，即

$$q_{\mathrm{R}} = \frac{Q_{\mathrm{R}}}{F_{\mathrm{x}}} = \varepsilon_0 \sigma_0 x T_{\mathrm{flm}}^4 \zeta \tag{3-94}$$

再根据前文中热有效系数的定义（对水冷壁接受的热量就是火焰到达水冷壁表面的有效辐射）、角系数及清洁系数的定义，热有效性系数从壁面侧计算的式子就变为

$$\psi = \frac{q_{\mathrm{R}}}{J_{\mathrm{flm}}} = x\zeta \tag{3-95}$$

式（3-95）的热有效系数可以看作是壁面侧的定义，即角系数和清洁系数对传热能力的影响。大部分传统书籍中都把"＝"写作"≈"，并不是物理意义不相等，而是因为清洁系数是从壁面本身的灰污程度来确定的，同一个变量从两个角度去求解，值是会有所差异的。部分书籍中把它解释为"近似"，这是不对的。

2. 炉膛整体热有效系数

因为炉膛中炉膛壁面结构不同，灰污情况也有所不同，角系数也可能不同，所以，热力计算时应先基于式（3-95），求出炉膛各处的具体特性确定其局部壁面的清洁特性系数的清洁系数、角系数，相乘后得到热有效性系数 ψ_i，然后再通过面积的加权平均求出整个炉膛的热有效系数 ψ_{F}，即

$$\psi_{\mathrm{F}} = \frac{\sum \psi_i F_i}{\sum F_i} = \frac{\sum \zeta_i x_i F_i}{\sum F_i} \tag{3-96}$$

式中　F_i——某局部炉壁（包含出口烟窗等非水冷壁）的面积，m^2。

各局部面积主要根据接受辐射的方式来确定，其中：

（1）单面受热水冷壁以其边界管中心线距离和管子曝光长度的乘积作为其换热面积。

（2）两面受热的双面曝光水冷壁和辐射式屏式过热器则以其边界管中心线距离和管子曝光长度的乘积的两倍作为其相应的炉膛面积。

3. 与炉温的相关性

水冷壁的清洁系数主要与煤种有关（见表 3-3），因而大部分部位的热有效系数是与炉膛烟气温度没有关系的。出口烟窗、燃烧器根部、屏等特殊受热面的清洁系数与烟气温度的相关性，使得炉膛整体的热有效系数与烟气温度产生了轻微的关系；由于这些面积较小，所以 1998 年热力计算标准简化处理后并不影响整体计算精度。

（四）按面积加权汇总或平均

全炉膛的热有效系数是需要按炉膛各个有特征的局部面积加权汇总或平均得到的。这些面积如锅炉前墙、锅炉后墙、锅炉侧墙、出口烟窗等，每一块面积都与其角系数 angleFactor 和清洁系数 cleanFactor 相关。这些面积块可能会很多，如果有图形化的界面可以划分得更细、数量可以随意增加，因而本书中定义三者之间为一个简单的数据结构 AREA，统一封装，以实现灵活的组合使用，更加细致的刻画锅炉炉膛的具体轮廓。

AREA 的数据为：

```
struct AREA
{
    double area;
    double angleFactor;
    double cleanFactor;
    BOOL isMembrane;
    string name;
}
```

有了 AREA 结构，在 CFurnace 中可以用 vector<AREA> areas 来动态地定义每一块面积，以方便适应各种不同的面积分块并且方便计算，如计算平均热有效系数时就可以用。

```
double CFurnace::calcThermalEfficiency()
{
    double cleanFactor=0;
    double areaTotal=0;
    for(int i=0;i<areas.size();i++)
    {
        cleanFactor +=areas[i].area*areas[i].cleanFactor ;
        areaTotal+=areas[i].area;
    }
    cleanFactor /= areaTotal;
    return cleanFactor;
}
```

AREA 中的 name 选项用于检索名称，可以用遍历 areas 的方法，即：

```
AREA CFurnace::areaFromName(string name)
{
    for(int i=0;i<areas.size();i++)
    {
        if(areas[i].name==name) ;
            return areas[i];
    }
    return NULL;
}
```

如查找名为"出口烟窗"的那一块面积，即可以用 AREA gasLv=fromName("出口烟窗")；为了使调用时不出错误，可以把固定的名称事先放在 CFurnace 中，如用 final const string 定义：

```
final const string SideWallName;    //="侧墙";
```

```
final const string FrontWallName;      //=" 前墙 ";
final const string BackWallName;       //=" 后墙 ";
final const string RoofName;           //=" 炉顶 ";
final const string GasLvName;          //=" 出口烟窗 ";
......
```

例如我们想调用 calcThermalEfficiency() 之前，想先根据计算的出口烟气温度 gasLvT 来更新一下出口烟窗的清洁系数，则可以用

AREA a=areaFromName (CFurnace: : GasLvName);

a.cleanFactor = a.cleanFactor * inverseRadiateFactor(gasLvT);

然后再用 calcThermalEfficiency（）就可以计算烟气温度更新后的平均热有效系数。

六、炉膛有效辐射换热面积

热力计算标准还提出了有效辐射受热面的概念，主要说明如何从原始面积按接受辐射传热的能力折算为其真正辐射换热能力，解决各处换热面积能力不同的问题的方法。双面曝光水冷壁还是屏式受热面，其实际换热能力小于两倍的水冷壁面积的换热能力，不仅仅是由于管内的冷却能力，还源于管子间相互有无遮挡作用。还有部分面积，如出口烟窗、燃烧器根部、冷灰斗低部等位置，没有布置受热面，但对于辐射是透明的，它们的放走能量的能力远大于普通受热面。因此有效辐射换热面积为角系数与炉壁原始面积的乘积

$$F_{\mathrm{x}} = xF \tag{3-97}$$

式中　F_{x}——炉壁有效辐射受热面，m^2；

　　　F——炉壁原始面积，m^2。

有效辐射面积即可以指某一局部受热面，也可以指炉膛内廓。对于炉膛整体而言，其有效辐射总换热面积为

$$F_{\mathrm{x}} = \sum x_i F_i \tag{3-98}$$

需要特别注意，炉膛有效辐射面积在大多数时只是用来解释现象时，在热力计算过程中基本上不能使用，而只能用原始的辐射换热面积，原因是在辐射换热的计算过程中，辐射换热量 $\varepsilon_0\sigma_0 xFT_{\mathrm{flm}}^4\zeta$ 中，角系数 x 只能参加一次乘积，要么用 $\psi F = xF\zeta$，要么用 $\psi F = F_{\mathrm{R}}\zeta$，如果计算式中同时采用有效辐射面积和有效系数，则有 $\psi F_{\mathrm{R}} = x^2 F\zeta$，一个传热过程中就会错误地使用两次角系数。初学者很容易错，且大部分炉膛中的角系数为 1，错了还不容易查出。

本书中推荐使用热有效系数乘以原始面积的形式（ψF），以与计算出口温度的式（3-67）保持一致。

第四节　炉膛热力计算的封装

早期的锅炉容量较小，炉膛也小，且炉膛中不布置任何受热面，完全是空的，因

而炉膛的范围是比较容易确定的，特殊位置是冷灰斗区域、烟气出口和燃烧器区域，炉墙水冷壁（含顶棚）的面积按包覆炉膛容积的表面尺寸来计算。随着锅炉容量的增大，当机组主蒸汽压力超过 14MPa 以后，汽轮机组引入再热系统，使得锅炉对于对流传热的要求增加，从而辐射式屏受热面开始布置在炉膛内，炉膛受热壁面分为炉膛容积区域和容纳辐射式屏的区域两个具有明显不同特征的区域，使炉膛换热计算复杂化。无屏时炉膛的处理和第三节完全相同，因此本节基于有分隔屏的炉膛进行讨论，以最大程度地提高适用性。

一、分隔屏的处理

当炉膛容积包含有分隔屏且其横向截距大于 450mm 时，它们被当作纯辐射式受热面，也称为辐射式屏。辐射式屏与容纳屏的区域共同称为屏区。本书把屏区单独拿出来封装为 CRadiatePlaten，输出屏与屏区水冷壁考虑曝光不完全系数以后计算换热面积和辐射层厚度等参数，然后把它放入封装炉膛结构 CFurnace 中成为成员变量，以方便使用。

（一）屏区受热面结构

屏区受热面包括屏本身、屏区两侧水冷壁和屏顶过热器受热面，其中炉膛两侧水冷壁中的冷却介质是锅水（超临界机组中也可能是过热蒸汽），而屏和屏顶受热面均由过热蒸汽冷却，屏顶受热面的蒸汽先于屏而具有更低的温度。

屏区面积展开时应当包含屏区所占立方体空间的前后、两侧、左右共六个面和每个屏两个面的面积，如图 3-31 所示。其中：屏区前后与炉膛的下分界面通常称为水平分割面积，也就是炉膛宽度与屏宽度的乘积，它与屏区的炉顶面积是相同的；屏区与炉膛的前后分界面称为垂直分割面积，由炉膛宽度与屏高相乘得到；屏区炉膛侧墙面积，由屏的宽度与屏的高度相乘得到。

屏是两面接受辐射的，其特性与双面曝光水冷壁相似，其原始换热面积应由通过屏式受热各管的中心线，并由最外圈管子的外廓线所围成的平面面积的两倍来计算。

两侧水冷壁和屏顶受热面均是单侧受热面。

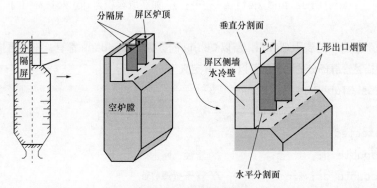

图 3-31 屏间面积计算

（二）屏区受热面封装

屏式受面本身、顶棚管和侧墙水冷壁共同构成一个典型的多管并列管箱结构。锅炉中大部分受热面都是这种管箱式结构，和后几章受热面具有很大的公用性，因而先把它封装为 CTubeBank，并在此基础上来扩展为 CRadiatePlaten，增加屏区自己的辐射特性。

1. 管箱封装

管箱结构包括管子部分和箱两部分，其结构主要数据包括：

（1）管箱的外形尺寸，也就是箱的特性，包括宽度、高度和深度以及衍生的面积、体积等，分别用 width、height 和 depth 来表示。

（2）布置并列管排（屏）的片数和两片屏之间的横向节距，分别用 rows 和 s_1 来表示。

（3）单片屏的特征，包括沿烟气冲刷过程管子数量（与一根管子绕几个来回相关）和管子的纵向节距，分别用 tubes 和 s_2 来表示。

（4）管子的特性，包括管子外径、壁厚等参数，分别用 d 和 ds 来表示。

（5）管箱的各类面积如烟气进口面积、烟气出口面积、换热面积和容积等参数。

为了更大的通用性，可先封装箱 CBank，然后再把它扩展为 CTubeBank。箱的定义为

```
class CBank
{
  protected：
      double width;              // 管箱宽，通常为炉膛的宽度
      double height;              // 管箱高
      double depth;              // 管箱深度
      double volume;              // 管箱所占据容积
      double areaSideWall;        // 侧墙面积
      double areaRoof;            // 炉顶面积
  public：
      setterss and getters……; // 如获取容积为 getVolume（）;
}
```

管箱 CTubeBank 扩展于 CBank，所以 CBank 的数据 CTubeBank 都有，不用再描述，单独加上自己的用于描述管屏部分的数据就可以了，其定义为

```
class CTubeBank ：CBank
{
protected：
  double d;                // 管径，m
  double ds;              // 管子壁厚，m
  double s1;              // 横向节距 s1，transverse s2
  double s2;              // 纵向节距 s2，longtitudinal s2
  double tubes;            // 每屏管数（沿烟气冲刷流程）
  double rows;            // 管屏数
```

```
        double area;                    // 管屏换热面积
        public:
        setterss and getters……; // 如获取容积为 getVolume ( );
}
```

2. 辐射式屏封装

辐射式屏计算时需要考虑顶部面积、前后分割面积、两侧水冷壁面积和曝光等参数，和一般的管箱式受热面又有所不同，因此基于 CTubeBank 来扩展为 CRadiatePlaten 的屏区封装类型，它继承于 CTubeBank，主要的数据设计如下：

```
    class CRadiatePlaten: CTubeBank
    {
        public:
        CFurnace* furnace;
        double beamLength;           // 有效辐射层厚度或平均射线长度
        double areaBottom;           //= 炉宽 * 前屏宽,
        double areaFrontBack;        //2 屏宽 * 前屏高, 前屏区与炉膛的垂直分割面积
        double areaPlaten;           //2 屏宽 * 前屏高 * 屏数
        double areaBottom;           // 屏区与炉膛的垂直分割面积
        double Zp;                   // 屏式双面受热面的曝光不完全系数
        doulbe Zpb;                  // 屏区单面受热面的曝光不完全系数
        ......
        setterss and getters……, 如获取容积为 getVolume ( );
        void init ( ); // 前屏结构参数初始化
        CRadiatePlaten ( ){};
        virtual ~CRadiatePlaten ( ){};
    };
```

3. CRadiatePlaten 的初始化

init ( ) 用于完成最原始的数据的赋值，并完成一些初始面积的计算工作，以备各个 getter 来获取，包括屏的换热面积、屏区两侧墙面积、前后垂直分割面积、底部分割面积、屏区的容积、总面积、辐射层厚度、屏底的水平分割面积（屏顶部顶棚面积）等，如果用图形界面开发，可以代替 init ( ) 函数。

```
    void CRadiatePlaten::init()
    {
        // 赋初值
        d=0.06;
        ds=0.005;
        ......                                              // 其他初始化工作
        depth=2.6;              // 屏的宽度实际上就是屏区管箱的深度
        width=10.0;                // 屏区的宽度 = 炉膛宽度
```

```
    areaBottom=width*depth;          // 根据炉宽和屏宽计算屏底部面积
    areaFrontBack=width*height;      // 计算屏前后与炉膛的垂直分割面
    areaSideWall=2*depth*height;         // 计算屏区两侧墙水冷壁面积
    areaPlaten=2*rows*depth*height;   // 计算屏的总面积
    areaRoof=areaBottom;                  // 计算屏区顶棚面积
    volume=width*height*depth;          // 计算屏区容积
    ......                                        // 其他初始化工作
}
```

（三）曝光不完全系数

1. 定义

当屏区的换热当作是单纯的辐射换热时，屏区各换热面积计算，包括屏自己、顶棚、两侧水冷壁，均为其外轮廓面积，这种计算方法所得的原始面积是虚高的，因为该区域内布置的换热面密度是远大于炉膛其他部分的受热面密度，且各屏之间对于辐射相互有遮挡作用，各屏包围的烟气容积远小于炉膛空容积部分的烟气容量，其单位面积的换热能力却远小于炉膛空容积部分单位换热面积的换热能力。

把这些虚大的面积折算到和炉内其他区域相同换热水平条件下的系数称为屏的曝光不完全系数，也有部分专著称为曝光不均匀系数。曝光不完全系数代表屏和屏区水冷壁（顶棚管）折算到炉膛其他部位，也就是空容积部分接受辐射能力的水平，可以用它们两者所对应的火焰黑度之比来进行定义，则有

$$Z_{\mathrm{p}}=\frac{\varepsilon_{\mathrm{p}}}{\varepsilon_{\mathrm{fr}}} \qquad\qquad (3-99)$$

$$Z_{\mathrm{pbw}}=\frac{\varepsilon_{\mathrm{pbw}}}{\varepsilon_{\mathrm{fr}}} \qquad\qquad (3-100)$$

式中　Z_{p}、Z_{pbw}——双面屏受热面和屏区单面受热面（侧水冷壁和顶棚管）的曝光不完全系数；

　　　ε_{p}、$\varepsilon_{\mathrm{pbw}}$——对应于双面屏受热面和屏区单面受热面（侧水冷壁和顶棚管）的火焰黑度；

　　　$\varepsilon_{\mathrm{fr}}$——炉膛空容积部分火焰的黑度，利用式（3-76）计算。

下标 fr 表示空炉膛部分；下标 p 表示屏 platen；下标 pb 表示 platen bank，指屏区所在管箱的平均；下标 pbw 则表示 platen bank wall，指屏区管箱的单面辐射式受热面部分。

之所以把屏和屏区水冷壁（顶棚管）分开考虑是因为屏区水冷壁是单面受热，而屏是双面受热，也就是说屏的面积虚大得更厉害一些。

2. 屏区受热面的黑度

由式（3-99）和式（3-100）可知，求解双面屏受热面和屏区单面受热面的曝光不完全系数的关键是它们对应的火焰黑度 ε_{p}、$\varepsilon_{\mathrm{pbw}}$ 的计算，1973 年热力计算标准和 1998年热力计算标准的处理方法有一些差异，但都认为屏的双面受热面和屏区侧边的单面受热面的最终烟气黑度都基于屏区管箱平均烟气的本地辐射 $\varepsilon_{\mathrm{pb}}$，再辅以下部空炉膛部

分火焰的到达辐射 ε_{fr} 共同构成,最终的整体数量由屏的结构征所决定。

(1)1973 年热力计算标准中双面屏受热面火焰黑度 ε_{p} 和屏区单面受热面火焰黑度 ε_{pbw} 的计算式为

$$\varepsilon_{p} = \varepsilon_{pb} + \varphi_{p} c_{p} \varepsilon_{fr} \qquad (3\text{-}101)$$

$$\varepsilon_{pbw} = \varepsilon_{pb} + \varphi_{pbw} c_{pbw} \varepsilon_{fr} \qquad (3\text{-}102)$$

式中　　ε_{pb} ——屏区管箱部分火焰的黑度,也利用式(3-76)计算;

　　　φ_{p}、φ_{pbw} ——空容积炉膛向双面屏受热面和屏区单面受热面辐射的角系数;

　　　c_{p}、c_{pbw} ——用来表达屏区屏布置外形特点的修正系数。

(2)1998 年热力计算标准与 1973 年热力计算标准略有不同。1998 年版热力计算标准取消了屏区管箱容积特征的修正系数 c_{p} 和 c_{pbw},而采用式(3-103)和式(3-104)确定,即

$$\varepsilon_{p} = \varepsilon_{pb} + \varphi_{p}(1 - \varepsilon_{pb})\varepsilon_{fr} \qquad (3\text{-}103)$$

$$\varepsilon_{pbw} = \varepsilon_{pb} + \varphi_{pbw}(1 - \varepsilon_{pb})\varepsilon_{fr} \qquad (3\text{-}104)$$

式(3-101)~式(3-104)包含四个火焰黑度,分别为屏双面受热面的火焰黑度 ε_{p}、屏侧单面受热面的火焰 ε_{pb}、空炉膛火焰黑度 ε_{fr} 和屏区管箱火焰黑度 ε_{pb},其中空炉膛火焰黑度 ε_{fr} 和屏区管箱火焰黑度 ε_{pb} 是按式(3-76)的原始计算量,它们计算时所用的烟气温度 T 均为炉膛出口温度,但是辐射层厚度分别为空炉膛部分的辐射层厚度和屏区管箱的辐射层厚度,体现了相同温度的烟气在各自区域有不同的辐射能力。

两个标准在处理辐射角系数 φ_{p}、φ_{pbw} 及相应的辐射层厚度 s_{pb} 的方法均有所不同。1973 年热力计算标准的处理是复杂的,而 1998 年热力计算标准则相对简单一些。

3. 1973 标准炉膛向屏区辐射角系数的确定

1973 年热力计算标准辐射角系数 φ_{p}、φ_{pbw} 及相应的 c_{p}、c_{pbw} 考虑得较为复杂,是多段数据拟合而来,主要按图 3-32 所示的线算图查取。

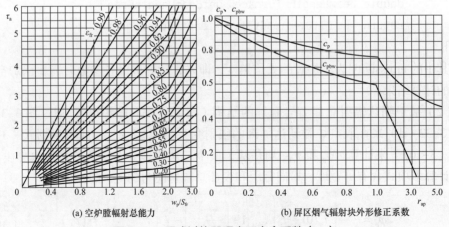

(a)空炉膛辐射总能力　　　　(b)屏区烟气辐射块外形修正系数

图 3-32　屏式过热器曝光不完全系数(一)

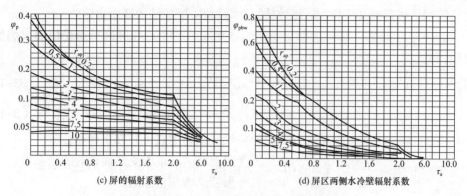

图 3-32　屏式过热器曝光不完全系数（二）

r_{ap}—屏区受热面烟气辐射块的宽高比（aspect ratio of radiate platen），无量纲

线算图分为四个子图，使用方法也比较复杂，具体分为三步。

（1）根据炉膛的辐射能力和布置屏的大小（屏宽度 W_p 和空炉膛部分的辐射层厚度 s_{fr} 的比值），据图 3-32（a）查出或由式（3-105）计算出表征空炉膛辐射能到达屏区总能力 τ_a 值，即

$$\tau_a = -\ln(1 - \varepsilon_{fr}) \frac{W_p}{s_{fr}} \tag{3-105}$$

式中　τ_a——表征空炉膛辐射能到达屏区总能力，无量纲；

　　　ε_{fr}——空炉膛部分黑度，无量纲；

　　　W_p——屏外侧管与炉壁的距离或屏区的深度尺寸，m；

　　　s_{fr}——空炉膛部分火焰的有效辐射层厚度，m。

根据 CRadiatePlaten 封装的结构数据和式（3-106），可以得到计算 τ_a 的程序为

```
double CRadiatePlaten∷tao(double emissivity)
{
    double beamLength=furnace->getBeamLengthFree();
    return -lg(1.0-emissivity)*depth/beamLength;
}
```

其中的 emissivity 为空炉膛的火焰黑度，即 ε_{fr}，计算屏区各参数时需要锅炉空炉膛部分的计算结果。

（2）基于到达辐射总能力 τ_a 和屏的结构（宽度与横向截距离）、通过图 3-32（c）和图 3-32（d）来查取空炉膛到达屏区的辐射角系数 φ_p 和 φ_{pbw}，或者根据式（3-106）和式（3-107）来计算。φ_p 和 φ_{pbw} 均是基于最小二乘原理分段拟合的多参数分段曲线，因此计算多项式含有屏宽度、横向截距和表征总辐射能力的 τ_a，即

$$\varphi_p = \frac{1}{2\tau_A} \left[f_n(0) + f_n\left(\tau_A \sqrt{1 + \left(\frac{s_1}{W_p} \right)^2} \right) - f_n\left(\tau_A \frac{s_1}{W_p} \right) - f_n(\tau_A) \right] \tag{3-106}$$

$$\varphi_{pbw} = \frac{1}{2\tau_A \frac{s_1}{W_p}} \left\{ \left(2\tau_A \sqrt{1+\left(\frac{s_1}{W_p}\right)^2} - 2\tau_A \right) f_s(\tau_A) + \tau_A^2 \left(\frac{2}{\tau_A \sqrt{1+\left(\frac{s_1}{W_p}\right)^2}} - \frac{2}{\tau_A} \right) \left[f_s(\tau_A) - f_m(\tau_A) \right] \right\}$$

$$(3-107)$$

式中　　　　　s_1——屏横向节距，m；

　　f_n、f_m、f_s——用于拟合系数使用的函数，无量纲；

　　φ_p、φ_{pbw}——屏及屏区侧墙顶棚等单面受热面的辐射系数，无量纲。

根据式（3-106），计算辐射系数 φ_p 需要用到四次 f_n 函数，因而先将它拟合

```
double CRadiatePlaten::fn(double x)
{
        double b1[7]={0.42328745, -0.88305351, 0.11026482e+1, -0.9179628,
                0.46652761, -0.12742632}
        double b2[7]={0.14190129e-1, -0.56196043, 0.11005813e+1,
                -0.82600937, 0.31513686, -0.65261650e-1, 0.69808588e-2}
        double b3[7]={ -0.30099912e-3, 0.34534971, -0.26044240, -0.56933997e-1,
                0.37908044e-2, -0.33438376e-2, 0.48305379e-3, -0.23012080e-4};
        if(x>=0.0&&x<2.5) return polynomialFitting(x, b1, 7);
        if(x>=2.5&&x<4.0) return polynomialFitting(x, b2, 7);
        if(x>=4.0&&x<6.0) return polynomialFitting(x, b3, 7);
        return -1;
}
```

然后就可以根据式（3-106）和图 3-32（c）来计算辐射系数 φ_p，相应的程序代码为

程序代码 3-10　1973 年热力计算标准辐射式屏的辐射系数计算

```
double CRadiatePlaten::radiantPlaten73(double emissivity)
{
    double ta = tao(emissivity);
    double x1 = s1/width;
    double fn1=fn(0.0);
    double fn2=fn(ta*sqrt(1.0+x1*x1));
    double fn3=fn(ta*x1);
    double fn4=fn(ta);
    return  0.5*(fn1+fn2-fn3-fn4)/ta;
}
```

用式（3-107）和图 3-32（d）计算辐射系数 φ_{pbw} 也需要大量的拟合，不过它们在

式子中实际上均只对 τ_a 一个参数进行代入，因而不用单独进行函数的设计，代码为

程序代码 3-11　1973 年热力计算标准辐射式屏侧墙水冷壁的辐射系数计算

```
double CRadiatePlaten::radiantSideWall73(double emissivity)
{
    double b1[7]  = {0.99958884, -0.12542358e+1, 0.84673329,  -0.38633632,
                     0.11579441, -0.19859426e-1, -0.14442949e-2};
    double b2[7]  = {-0.29792342,  0.52274512,   -0.29691314, -0.81269654e-1,
                     -0.11838604e-1, 0.88734287e-3, -0.27000661e-4};
    double b3[7]  = {-0.53796469e+2, 0.42315717e+2, -0.13852435e+2, 0.24159026e+2,
                     -0.23676412,   0.12363315e-1, -0.26874793e-3};
    double b4[7]  = {0.99839124, -0.18205762e+1, 0.20567300e+1, -0.16423898e+1,
                     0.83224633, -0.23062472,   0.26239850e-1};
    double b5[7]  = {0.49622349e+2, -0.91102101e+2, 0.69549464e+2, -0.28181188e+2,
                     0.6400841e+1, -0.77219268,   0.38656686e-1};
    double b6[7]  = {0.16285973e+1, -0.16685144e+1, 0.7150473, -0.16324244,
                     0.20880216e-1, -0.14166301e-2, 0.39797282e-4};
    double ta=tao(emissivity);
    double x1 = s1/width;
    double x2=ta*sqrt(1.0+x1*x1);
    double fm, fs;
    if(ta>=0.0&&ta<3.5)
        fm=polynomialFitting(ta, b1, 7);
    else if(ta>=3.5&&ta<7.0)
        fm=polynomialFitting(ta, b2, 7);
    else if(ta>=7.0&&ta<8.5)
        fm=polynomialFitting(ta, b3, 7);
    if(x>=0.0&&x<2.5)
        fs=polynomialFitting(x, b4, 7);
    else if(ta>=2.5&&ta<4.0)
        fs=polynomialFitting(ta, b5, 7);
    else if(ta>=4.0&&ta<7.5)
        fs=polynomialFitting(ta, b6, 7);
    return ((x2-ta)*fs + ta*ta*(1.0/x2-1.0/ta)*(fs-fm))/(ta*x1);
}
```

（3）查图 3-32（b）或由式（3-108）来确定屏区烟气辐射块外形相关的修正系数 c_p 和 c_{pbw}，即

$$\begin{cases} c_{\text{p}} = \dfrac{1}{\left(1+r_{\text{ap}}\right)^{0.4}} \\ c_{\text{pbw}} = \dfrac{1}{1-0.4r_{\text{ap}}^{\,0.6}} \end{cases} \tag{3-108}$$

屏区受热面烟气辐射块整体上说是一个立方体，其长度、宽度和高度为假想窗口的高度 L、屏区宽度 W_{p} 表示和横向截距 s_1 三个数，其宽高比 r_{ap} 主要根据这三个尺寸及修正的对象确定。辐射块可以是竖向，也可以是横向，基本原则是三个数中最大的为高，其余两者小者为宽。这样有①确定双面屏修正系数 c_{p} 时，烟气辐射块（竖向）的高度取假想窗口的高度 L，宽度取屏宽和横向截距中的小者，即 $W_{\text{p}}<s_1$ 时 $r_{\text{ap}}=\dfrac{\min(W_{\text{p}},s_1)}{L}$；②确定屏区单面受热面修正系数 c_{pbw} 时，烟气辐射块（横向）的高度取假想窗口的高度 W_{p}，高度取屏宽和横向截距中的大者，$r_{\text{ap}}=\dfrac{W_{\text{p}}}{\max(L,s_1)}$。

显然该函数是单调递减函数，但在图（3-32）中的线算图呈折线，主要原因是折点两端横坐标绘制时使用的单位长度不一致：折点左侧 β 的单位仅是右侧单位的 1/10。修正系数 c_{p} 和 c_{pbw} 计算代码为

程序代码 3-12　1973 年热力计算标准辐射式屏区烟气辐射区块形状修正系数计算

```
double CRadiatePlaten::Cp()
{
    double Rap=s1/furnace->getHeightExit();
    if(width>=s1)
            Rap=s1/heightExit;
    return 1.0/pow((Rap+1.0),0.4);
}
double CRadiatePlaten::Cpbw()
{
    double Rap=width/furnace->getHeightExit();
    if(heightExit<s1)
            Rap=width/s1;
    return 1.0-0.4*pow(Rap,0.6);
}
```

4. 1998 年热力计算标准炉膛向屏区辐射角系数的确定

1998 年热力计算标准则采用了半辐射半对流的方法，即和后屏过热器完全相同的方法。对于双面屏而言，取决于射入辐射总量的是屏底宽度，这些辐射并不能被完全吸收，与屏的横向截距及屏间辐射层厚度相关，考虑三者因素有

$$\varphi_p = \sqrt{\left(\frac{W_p}{s_1}\right)^2 + 1} - \frac{W_p}{s_1} \qquad (3-109)$$

式中　φ_p ——屏的辐射系数，无量纲；

　　　W_p ——屏的宽度，m；

　　　s_1 ——屏横向截距，m。

对于屏区的单面受热面，则认为是屏吸收的剩余部分，则

$$\varphi_{phw} = 1 - \varphi_p \qquad (3-110)$$

1998 年热力计算标准在上述处理中取消了修正系数 c_p 和 c_{pbw}，并且辐射层厚度、辐射系数的计算方法也比较简化。

因为屏的宽度正好等于屏管箱的深度 depth，所以辐射系数 φ_p 和 φ_{pbw} 两个函数封装为

程序代码 3-13　1998 年热力计算标准辐射式屏及其侧墙的辐射系数计算

```
double CRadiatePlaten::radiantPlaten98()
{
    return sqrt(1 + depth*depth/s1/s1)+depth/s1;
}.
double CRadiatePlaten::radiantSideWall98()
{
    return 1-radiantPlaten98();
}
```

5. 屏区辐射层厚度的处理

两个标准的屏区火焰黑度 ε_{pb} 均按式（3-76）计算，但计算时所用的有效辐射层厚度有明显的不同。

（1）1973 年热力计算标准中，屏区容积的辐射层厚度是按大空间考虑、并且考虑了屏式受热面的双面辐射面积及划分屏区进、出口部位面积的增加，所以其为

$$s_{pb} = \frac{3.6V_{pb}}{F_p + F_{sidewall} + 2F_{bottom} + F_{frontback}} \qquad (3-111)$$

式中　　　V_{pb} ——屏区（platen block）容积，m³；

　　　　　F_p ——屏的面积，m³；

　　　$F_{sidewall}$ ——屏区侧墙水冷壁的面积，m³；

　　　F_{bottom} ——屏区水平分割面积，即屏底的面积，m³；

　　$F_{frontback}$ ——屏区垂直分割面积，即屏区前后总面积，m³。

根据式（3-111）可以设计 1973 年热力计算标准屏区辐射层厚度的计算程序为

程序代码 3-14　1973 年热力计算标准辐射式屏的辐射层厚度

```
void CRadiatePlaten::beamLength73()
{
```

```
areaPlaten=2*rows*depth*height;    // 计算屏总面积
areaBottom=width*depth;            // 根据炉宽和屏宽计算
areaFrontBack=2*width*height;      // 计算屏前后与炉膛的垂直分割面
areaSideWall=2*depth*height;
return 3.6*volume/（areaPlaten+areaSideWall+areaFrontBack+2*areaBottom）;
}
```

（2）1998 年热力计算标准是把屏区的辐射层厚度按半对流、半辐射受热面来考虑，和第五章后屏过热器所用的方法一样，所以其计算方法为

$$s_{pb} = \frac{1.8}{\dfrac{1}{W_p} + \dfrac{1}{s_1} + \dfrac{1}{H_p}} \qquad (3-112)$$

式中　s_{pb}——屏区的辐射层厚度，m；

　　　H_p——屏的高度，m。

因为屏的宽度正好等于屏管箱的深度 depth，所以根据式（3-112）可以设计 1998 年热力计算标准屏区辐射层厚度的计算程序为

程序代码 3-15　1998 年热力计算标准辐射式屏的辐射层厚度

```
double CRadiatePlaten::beamLength98（）
{
    return 1.8/(1/depth+1/s1+1/height);
}
```

6. 曝光不完全系数的计算

求出屏区的有效辐射层厚度，通过炉膛出口温度定性的烟气按式（3-76）计算出屏区本身烟气的黑度和空炉膛部分的烟气黑度，就可以根据辐射系数等参数，按式（3-101）~式（3-104）来确定屏双面受热面和屏侧单面受热面水冷壁的黑度，再按式（3-99）~式（3-100）计算出屏式过热器的曝光不完全系数 z_p 和屏区水冷壁、顶棚管的曝光不完全系数 z_{pbw}。

1973 年热力计算标准中求解曝光不完全系数 z_{pbw} 和 z_p 两个函数为

程序代码 3-16　1973 年热力计算标准辐射式屏的曝光不完全系数

```
double CRadiatePlaten:: calcZp73（double beamLengthFreeFurnace）
{
    CFlueGas* gas=furnace->getGasLv（）;
    double emissivityFr=gas->calcEmissivity（beamLengthFreeFurnace）;
    double beamLength=beamLength73（）;
    double emissivityPb=gas->calcEmissivity（beamLength）;
    double cp=Cp（）;
    double radiantP=radiantPlaten73（emissivityFr）;
    double emissivityP=emissivityPb+cp*radiantP*emissivityFr;
```

```
    Zp=emissivityP/emissivityFr;

    return Zp;

}
```

程序代码 3-17　1973 年热力计算标准辐射式屏侧墙的曝光不完全系数

```
double CRadiatePlaten: : calcZpbw73 (double beamLengthFreeFurnace )

{

        CFlueGas* gas=furnace->getGasLv ( );

        double emissivityFr=gas->calcEmissivity (beamLengthFreeFurnace );

        double beamLength=beamLength73 ( );

        double emissivityPb=gas->calcEmissivity (beamLength );

        double cPbw=Cpbw ( );

        double radiantPbw=radiantSideWall73 (emissivityFr );

        double emissivityPbw=emissivityPb+cPbw*radiantPbw*emissivityFr;

        Zpbw=emissivityPbw/emissivityFr;

        return Zpbw;

}
```

1998 年热力计算标准中求解曝光不完全系数 z_{pbw} 和 z_p 两个函数为

程序代码 3-18　1998 年热力计算标准辐射式屏的曝光不完全系数

```
double CRadiatePlaten: : calcZp98 (double beamLengthFreeFurnace )

{

        CFlueGas* gas=furnace->getGasLv ( );

        double emissivityFr=gas->calcEmissivity (beamLengthFreeFurnace );

        double beamLength=beamLength98 ( );

        double emissivityPb=gas->calcEmissivity (beamLength );

        double radaitePb=radiantPlaten98 ( );

        double emissivityP=emissivityPb+radiateP*emissivityFr* (1-emissivityPb );

        Zp= emissivityP/emissivityFr;

        return Zp;

}
```

程序代码 3-19　1998 年热力计算标准辐射式屏侧墙的曝光不完全系数

```
double CRadiatePlaten: : calcZpbw98 (double beamLengthFreeFurnace )

{

        CFlueGas* gas=furnace->getGasLv ( );

        double emissivityFr=gas->calcEmissivity (beamLengthFreeFurnace );

        double beamLength=beamLength98 ( );

        double emissivityPb=gas->calcEmissivity (beamLength );

    double radaitePbw=radiantSideWall98 ( );

    double emissivityP=emissivityPb+radiatePbw*emissivityFr* (1-emissivityPb );
```

```
Zp_bw= emissivityP/emissivityFr;

return Zp_bw;
```

}

（四）CRadiatePlaten 的朋友类型

CRadiatePlaten 的主要使用者只有 CFurnace，因而它实际上是 CFurnace 的一个内部类型，只不过它封装的数据比较多，因而单独使用。为了与 CFurnace 中保持很好的交流，在 CRadiatePlaten 中保存一个 CFurnace 的指针以方便调用 CFurnace 的结构数据，如空炉膛的辐射层厚度 beamLengthFree、出口烟窗的高度 heightExit 等；同样，要把 CRadiatePlaten 的数据封装尽可以简单化以方便 CFurnace 调用。这种设计有两种方案：一种是把所有的数据和函数都设置为 public，这种方法方便，但是过于公开有缺点，如果不小心被其他受热面调用时就容易出错。另外一种就是采用一些面向对象程序设计语言的 friend 类型，即可以把它的使用者 CFurnace 设置 friend，就可以让 CFurnace 来直接操作 CRadiatePlaten 的数据，从而方便使用。当 CRadiatePlaten 与其他单元交互如采用图形化的界面进行初始化，仍然使用 Setter 和 Getter 来操作数据。

friend 技术在 CRadiatePlaten 中声明：

```
friend class CFurnace;
```

然后就可以在 CFurnace 中直接访问 CRadiatePlaten 的所有数据，如

```
CRadiatePlaten platen;

platen.areaSideWall=500;
```

注意，friend 特性是 C++ 中的，如果是 JAVA 或其他类型的面向对象设计语言，需要把它当作一个普通类型或设计为内部类型。

二、炉膛封装类型 CFurnace

炉膛结构参数很多、变化很大，但核心数据是热力计算所需要的换热面积、辐射层厚度、角系数、燃烧火焰中心高度、清洁系数等参数。炉膛的热力计算过程也很复杂，因而可以把结构数据和热力计算分别封装，也可以统一封装，各有优势。本节以最常见的 Ⅱ 型带前屏锅炉为例，介绍炉膛的封装技术。其他类型的锅炉炉膛可以根据其不同的结构适时扩展。

（一）结构参数

CFurnace 封装炉膛结构参数，比较通用的数据包括：

（1）炉膛的轮廓尺寸如炉膛的宽度、深度和高度。这三个尺寸在本章前文的公式中分别用 W、D、H 表示，但是在程序中不容易读出，因此变量直接用其全单词表示，分别为 width、depth 和 height。

（2）沿高度方向的几个重要的尺寸。包括冷灰斗高度 h_1、火焰下冲裕量高度 h_2、燃烧器高度 h_3、燃尽高度 h_4、屏式过热器高度 h_5 和烟窗的高度 heightExit。因为 $h_1 \sim h_5$ 含义比较明确，用得也不多，所以可以直接使用它们在式中的符号表示。因为烟窗高度需要在热力计算中调用，所以用 heightExit 表示以方便阅读。

（3）燃烧器相关的尺寸，核心数据是燃烧组的中心高度 heightFlame、摆动角度

tiltingAngleBurner、燃烧器的高度 heightBurner、宽度 wideBurner 等其他数据；此外，用式（3-45）计算任意位置相对高度的方法，用 getRelativeHeight（）来封装。

（4）燃烧方式用 firingMethod 来组织，常见的包含三种类型：切向燃烧、对冲燃烧和 W 形火焰燃烧方式，分别用常数 TangentialFiring、OpposedFiring 和 DownjetFiring 表示，还有前墙燃烧（FrontFiring）、循环流化床燃烧（CFB）、旋风炉燃烧方式（Stoker）等，这几个常数都是 CBoiler 类型的常量，把它们赋值给炉膛，炉膛的热力计算需要用到它们。

（5）各个面积。包含前墙面积 areaFrontWall、后墙面积 areaBackWall、侧墙面积 areaSideWall、燃烧器面积 areaBurner、出口烟窗面积 areaExit 和顶棚面积 areaRoof 等。各个面积具体是如何得到的，可以由工作人员根据图纸手算，或编写派生类型都可以。这些面积的总和为炉内的轮廓的总面积 areaTotal，这是核心数据。

（6）是否是膜式水冷壁，用 BOOL 型的逻辑变量 isMemberane 来表示，其为真时为膜式水冷壁；为假则不是膜式水冷壁，默认值是真。

（7）有没有分隔屏过热器，用 BOOL 型逻辑变量 hasPlaten 表示，其为真时有分隔屏，为假时无分隔屏。

（8）空炉膛部分的参数。如其辐射层厚度、面积、容积等。空炉膛用 free 来表示。

（9）换热量等。

基于上述考虑，CFurnace 独特的特点要多一些，更适合扩展于 CBank，其封装的示例代码为

```
class CFurnace: CBank
{
    protected:
        ////炉膛高、宽、深的参数 height, width, depth 来源于 CBank；
        double areaTotal, areaFrontWall, areaBackWall, areaSideWall, areaBurner,
            areaExit, reaRoof;            // 一系列面积
        double h1, h2, h3, h4, h5, heightExit;   // 从炉底到炉膛出口窗高度
        BOOL isMembrane;                 / 是否模式水冷壁
        BOOL hasPlaten;                  // 有无屏式过热器
        double heightFlame, tiltingAngleBurner, heightBurner, wideBurner;
        double excessAirEn , excessAirLv;    // 进、出口空气系数
        double heightCenterBurner, tiltingAngleBurner; // 燃烧器的中心高和摆角
        vector <AREA>  areas;            // 各面积：包括各墙、燃烧器、顶棚、出口等
        AREA areaTotal;                  // 整体面积，包含角系数和清洁系数
        int firingMethod;                // 燃烧方式：TangentialFiring 或 OpposedFiring
        double Fx;                       // 式中的 Fr：换热面积
        double d, ds, s1, distanceToWall;
        CRadiatePlaten platen;
        ......
```

```
public：
        // 构造函数默认带有屏，并采用膜式水冷壁。
        CFurnace ( BOOL memberane=TRUE, BOOL hasPlaten=TRUE );
         {
            this->isMemberane=memberane;
            this->hasPlaten=hasPlaten;
        };
        void init ( );
        virtual ~CFurnace ( ) {}; // 析构造函数是空函数。
        /* 各个变量的 getter 和 setter 函数 */
        double getHeight ( ) {return height; }
        void  setHeight ( double height ) { this->height = height; }
        ......
        // 计算相对高度
        double relativeHeight ( double h ) {return h/ ( height-0.5*h5 ); }
        public：// 燃烧方式的常量，定义为 class 的静态常数
};
```

（二）炉膛整体结构参数

1. 炉膛炉壁面积

基于曝光不完全系数，炉膛炉壁整体面积由炉膛空容积的炉壁面积与屏面积、屏区水冷壁和顶棚面积来计算

$$F_x = F_{fr} + F_p Z_p + F_{pbw} Z_{pbw} \qquad (3-113)$$

式中　　F_x——包含屏在内的炉膛总炉壁面积，m^2；

F_{fr}——空容积的炉膛面积，m^2；

F_p——屏的面积，m^2；

F_{pbw}——屏区侧边水冷壁与顶棚管的炉壁面积，m^2；

Z_p——屏曝光不均匀系数，无量纲；

Z_{pbw}——屏区侧边曝光不均匀系数，无量纲。

考虑实际工作中大部分思路把炉膛的面积 F_f 单独计算，其中包含的炉膛侧墙、顶棚都是一整块单独考虑，也就是说炉膛的面积包含屏区的侧墙水冷壁面积，炉顶面积也包含了屏区炉膛的面积。这时，炉膛的整体面积也可以写为

$$F_x = F_f + F_p Z_p + F_{pbw} \left(Z_{pbw} - 1 \right) \qquad (3-114)$$

式中　　F_f——炉膛外廓构成的炉壁面积（不含屏），m^2。

标准中还提供了屏和屏区侧边的辐射面积的计算方法，分别为 $x_p z_p F_p$ 和 $x_{pbw} z_{pbw} F_{pbw}$。这两个量在计算中用处不大，很容易用错。

根据式（3-114），可以在 CFurnace 中增加由于屏而增加的辐射换热面积：

程序代码 3-20　**炉膛内辐射换热面积汇总**

```
double CFurnace::getFx()
{
    double atf=0;
    for(int i=0;i<areas.size();i++)    // 不包含屏、屏区侧边等面积
            atf+=areas[i].area;
    if(hasPlaten)
            atf+=platen.areasPlaten*Zp+platen.areasSideWall*(Zpbw-1);
    return atf;
}
```

2. 有效辐射层厚度的计算

全炉膛的有效辐射层厚度计算主要难度在于含有屏的炉膛，1973 年热力计算标准的处理方法与 1998 年热力计算标准不同。

1973 年热力计算标准需要按空炉膛和屏占区炉膛按面积和容积进行加权平均，因而整体有效辐射层厚度计算方法为

$$s_F = \frac{3.6V}{F_{fr} + F_p + F_{pbw}} \left(1 + \frac{F_p}{F_{fr} + F_{pbw}} \frac{V_{pb}}{V} \right) \tag{3-115}$$

式中　　s_F——整个炉膛的平均辐射层厚度，m；

F_{fr}——空炉膛的面积，m^2；

F_p——屏区双面受热面的面积，m^2；

F_{pbw}——屏区单面受热面的面积，m^2；

V_{pb}——屏区容积，m^3；

V——炉膛容积，m^3。

1998 年热力计算标准认为屏区经过曝光不完全系数已经充分考虑了其面积的虚高性，因而把它们和空炉膛的面积共同作为吸收侧灰体的展开面积，有

$$s_F = \frac{3.6V}{F_{fr} + z_p F_p + z_{pbw} F_{pbw}} \tag{3-116}$$

式中　　z_p——屏区双面受热面曝光不均匀系数，无量纲；

z_{pbw}——屏区单面受热面不均匀系数，无量纲。

可得 1973 年热力计算标准和 1998 年热力计算标准的炉膛辐射层厚度的算法。

程序代码 3-21　**空炉膛的辐射层厚度**

```
void CFurnace::beamLengthFree()
{
    double areaFree=0;
    for(int i=0;i<areas.size();i++)
            areaFree+=areas[i].area;
    areaFree-=platen.areaSideWall-platen.areaRoof;
```

```
        areaFree+=platen.areaBottom+platen.areaFrontBack
        double volumeFree = volume-platen.volume;
        return 3.6*volumeFree/areaFree;
}
```

程序代码 3-22　1973 年热力计算标准考虑辐射式屏的炉膛辐射层厚度

```
void CFurnace::beamLength73()
{
        double areaFree=0;
        for(int i=0;i<areas.size();i++)
                areaFree+=areas[i].area;
        if(!hasPlaten)
        return 3.6*volume/areaFree;
        areaFree-=platen.areaSideWall-platen.areaRoof;
        double volumeFree = volume-platen.volume;
        double areaPlaten=platen.areaPlaten;
        double volumePlaten=platen.volume;
        double areaPlatenWall=platen.areaSideWall+platen.areaRoof;
        return 3.6*volume/(areaFree+areaPlaten+areaPlatenWall)*
                (1+areaPlaten*volumePlaten/(areaFree+areaPlatenWall)/volume);
}
```

程序代码 3-23　1998 年热力计算标准考虑辐射式屏的炉膛辐射层厚度

```
void CFurnace::beamLength98()
{
        double areaFree=0;
        for(int i=0;i<areas.size();i++)
                areaFree+=areas[i].area;
        if(!hasPlaten)
        areaFree +=platen.areaPlaten*Zp+platen.areaSideWall*(Zpbw-1);
        return 3.6*volume/areaFree;
}
```

3. 计算平均的热有效系数

炉膛内整体的热有效系数也是通过各部受热面按其面积占比的大小而加权平均得到的，其程序可以封装为

程序代码 3-24　1998 年炉膛整体的热有效系数

```
double CFurnace::ThermalEfficiency()
{
        double atf=0;
        double cf=0;
```

```
        for(int i=0;i<areas.size();i++)
        {
            cf+=areas[i].area*areas[i].angleFactor*areas[i].cleanFactor;
            atf+=areas[i].area;
        }
        if(hasPlaten)  // 屏的顶棚与侧墙均已经处理完成，只要把屏的加上即好了
        {
            double angleFactor=calcAngleFactor(d,s2,-1);
            cf+=areasPlaten*Zp*angleFactor;
            atf+=areasPlaten*Zp;
            cf+=areasSideWall*(Zpbw-1)*1.0;
            atf+=areasSideWall*(Zpbw-1);
        }
        return cf/atf;
    }
```

（三）热力计算

炉内传热是锅炉热力计算中最为复杂的过程，当前面的炉膛黑度、火焰中心高度、平均面积等参数计算完成后，就可以按式（3-67）计算出口温度。1973 年热力计算的炉膛出口温度计算过程封装如下。

程序代码 3-25　1973 年热力计算标准热力计算过程

```
1.    BOOL CFurnace::heatCalc73 ( )
2.    {
3.    CBoiler* boiler= CBoiler::getInstance ( );
4.        double B=boiler->getFiringRate ( );
5.        double heatEn =calcHeatEn ( );
6.        gasEn .setEnthalpy ( heatEn );
7.        gasLv.setT ( gasLvT );
8.        // 循环计算求出口温度
9.        BOOL goCalc=TRUE;
10.       do{
11.           gasLvT = 0.5* ( gasLv.getT ( ) + gasLvT );
12.           gasLv.setT ( gasLvT );
13.           gasLvH = gasLv.getEnthalpy ( );
14.           meanVC= ( heatEn -gasLvH ) / ( gasEn .getT ( ) -gasLvT); // 烟气平均热容积
15.           // 有屏则处理辐射屏的曝光不完全
16.           if ( hasPlaten )
17.           {
```

```
18.            emissivityFree = gasLv.calcEmissivity ( beamLengthFree ( ) );  // 空炉膛
19.            platen.calcZp73 ( emissivityFree );
20.            platen.calcZpbw73 ( emissivityFree );
21.        }
22.        // 计算平均热有效系数（在 MeanCleanFactor ( ) 适应有无屏）
23.        AREA a=areaFromName ( CFurnace : : NameGasLv );
24.        a.cleanFactor *= inverseRadiateFactor(gasLvT);
25.        double mnCF = ThermalEfficiency ( );
26.        // 计算换热辐射面积（在 Fx ( ) 适应有无屏）
27.        Fx= getFx ( );
28.        // 计算火焰中心高度
29.        double M=calcFlameCenter73 ( );
30.        // 计算辐射层厚度
31.        double beamLength=beamLength73 ( );
32.        // 计算烟气黑度
33.        double emstGas  = gasLv.calcEmissivity ( beamLength );
34.        // 计算炉膛黑度
35.        emissivity=emstGas/ ( emstGas+ ( 1.0-emstGas ) *mnCF );  // 式（3-50）
36.        double mid = 3.6*5.67e-11*Fx*emissivity*pow (( gas1T+273 ), 3 )
37.                                     / (b->getfiringRate ( ) /meanVC );
38.        gasLvT = ( gasEn .getT ( ) +273) / ( M*pow (mid, 0.6) +1) -273;       // (3-68)
39.        goCalc = abs ( GasLv.getT ( ) -gasLvT ) ≥1;
40.        gasLv.setT ( gasLvT );
41.    }while ( goCalc );
42. }
```

该程序是本章中最为重要和核心的程序，1998 年热力计算标准及后续各类型热力计算标准方法都要与其进行对比，因而该程序需要加上行号以方便进行说明。

程序代码 3-25 对应于图 3-25 中的流程图，其中：

（1）图 3-25 中第一个模块"参数输入、计算 F_x"的工作中，"参数输入"实际上是计算初始化的工作，本段程序并未体现；"计算 F_x"的工作放到 28 行中的迭代计算循环体中，主要原因是对于有辐射式屏的炉膛而言，其面积与曝光不完全系数有关，而曝光不完全系数与炉膛出口烟气温度相关，因此曝光不完全系数的计算需要参与到整体炉膛热力计算的迭代中。

（2）程序第 3~6 行中完成第二个模块"计算 1kg 燃料带入炉膛的热量"，程序先找到 boiler 对象，然后获取燃料量，通过第一节中的 calcHeatEn ( ) 计算 1kg 燃料量带入的总热量，把它赋值给入口烟气当作其焓值，赋焓值过程就会通过焓值计算相应的温度，完成理论温度 $T_{fg,en}$ 的计算。

（3）程序第 7 行把事先假定的炉膛出口温度赋给出口烟气，赋温度值的同时会更新焓值。

（4）程序第 10～43 行根据假定的炉膛出口温度，进行炉膛出口温度计算的迭代过程。每一次出口烟气温度更新时，循环体先计算出新的出口烟气温度并更新在出口烟气 flueGasLv 中（12～13 行）；然后根据出口烟气、入口烟气求平均比热容 meanVC（14 行）；如果有屏式过热器，则计算其曝光不完全系数（16～21 行）；23～24 行对出口烟窗的面积进行反向辐射的修正后，通过和其他受热面一起计算平均热有效系数（25 行）；根据情况依次求解总面积 F_x（28 行）、火焰中心高度系数 M（30 行）、平均辐射层厚度 beamLength（32 行）和烟气与炉膛的黑度 immensity（26 行），最后通过式（3-68）计算出新的值。因为对应于图 3-25 中出口烟气新值 $T_{fg,lv,nw}$ 实际上是存储在出口烟气中，所以当出口烟气温度大于 1℃ 时，把 gasLvT（即 $T_{fg,lv,nw}$）的值更新到 gasLv 中，然后程序返加第 11 行，由第 11 行实现二分法更新出口烟气温度的功能。

（四）CFurnace 初始化

初始化时主要是在算法程序设计时给这些变量进行赋值，同时进行一些简单的计算，如完成炉膛宽度 width、炉膛深度 depth、炉膛高度 height 的赋值后，可以通过这些参数计算炉膛的宽度用于计算燃烧器的相对高度。

```
void CFurnace::init()
{
    AREA sideWall;                  // 侧墙面积
    sideWall.area = 500;            // 面积赋值
    sideWall.angleFactor=1;
    sideWall.name=CFurnace::SideWallName;
    areas.add(area);                // 加入面积
    ......
    gasLvT=1110;     // 首次假定出口温度为 1223
    ......
    for(int i=0;i<areas.size();i++)
    {
    if(!isMembrane){
        areas[i].angleFactor = calcAngleFactor(d,s1,distanceToWall);
    }else{
        angleFactor = 1.0;
    }
    areas[i].foulingFactor = calcFoulingFactor();
    }
}
```

如果是成型软件系统，这部分功能可以由对应的图型界面完成。

第五节 炉膛出口温度计算式改进与新发展

1973 年热力计算标准中炉膛出口烟气温度计算式对于蒸发量小于 230～300t/h 的锅炉在理论燃烧温度大于 1900～2000K 的条件下，计算结果是准确的。当应用到较大容量锅炉（600～2650t/h）的炉膛换热计算，或者燃用无烟煤、褐煤的锅炉时，却不同程度地出现了一些问题：褐煤锅炉，特别是用热炉烟干燥燃料的褐煤锅炉实际炉膛出口烟气温度比计算值低 50～80K；烟煤锅炉的实际炉膛出口烟气温度比计算值高出 100～130K；无烟煤锅炉和燃油锅炉的实际炉膛出口烟气温度更高而导致普遍蒸汽超温和效率低下的现象。过高的烟气温度也影响机组的可靠性。世界各国都有寻找改进的方法，以获得更新准确的计算结果，取得了不错的成果。

一、俄罗斯的改进

（一）炉膛形状系数 f 修正

最早认识到该计算方法问题的是苏联，他们认为原模型在推导过程中未能正确考虑炉内温度场、炉膛几何形状等对炉内传热的影响，因而首先进行的改进是炉膛形状的修正。炉膛形状系数 f 实际上主要是让实体锅炉尽可能接近计算方法开发时所用的模型，其为炉壁面积 F 与炉膛有效容积 V 之比（即有效辐射层厚度的 1/3.6），修正方法如式（3-117）所示。显然，锅炉容量越大，炉膛的当量直径越小（或炉膛横截面积越小）；炉壁面积越大，炉膛形状 f 值越大，计算出的炉膛出口烟气温度就越小，即

$$t_{\text{fg,lv}} = \frac{T_{\text{fg,en}}}{fM\left(\dfrac{\sigma_0\psi\varepsilon_{\text{F}}FT_{\text{fg,en}}^3}{B\overline{V}\overline{C}}\right)^{0.6}+1} - 273.15 \tag{3-117}$$

图 3-33 所示为炉膛形状系数 f 与炉膛的 H/d_{eq} 的关系。H 为炉膛的高度，d_{eq} 为炉膛横截面的平均当量直径。在同样的炉膛容积和炉壁面积时，H/d_{eq} 越大，f 值越大，即炉膛的当量直径越小（或炉膛横截面积越小），炉壁面积越大。布置双面露光水冷壁也可以提高形状系数。

图 3-34 给出了一台 220t/h 燃油锅炉的炉膛容积热负荷与形状系数和炉膛出口温度的关系。在相同的炉膛容积热负荷 q_V 的条件下，改变炉膛的形状系数，可以计算出不同的炉膛出口烟气温度，由图 3-34 可见，q_V 不变时，随着形状系数的增加，炉膛出口烟气温度不断降低。我国的研究人员对一些 75t/h 的中压煤粉炉、220t/h 的高压煤粉炉及 420t/h 的超高压煤粉炉进行炉膛传热试验时也发现，炉内温度场的分布与炉膛的几何特性 H/d_{eq} 有明显的关系。

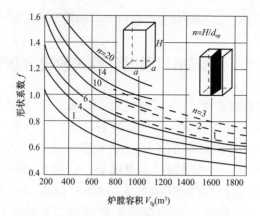

图 3-33 炉膛形状系数 f 与炉膛的 H/d_{eq} 的关系

注：实线表示无双面曝光水冷壁的炉膛；虚线表示有双面露光水冷壁的炉膛。

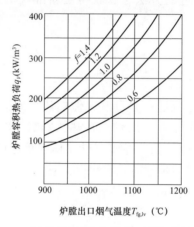

图 3-34 炉膛出口烟气温度与形状系数的关系

炉膛形状对炉膛黑度也有一定的影响。形状系数大的炉膛，有效辐射层厚度较小，因而火焰的黑度和炉膛黑度也较小。这样必然降低火焰的辐射能力，使炉膛出口温度提高。但是，在实用的燃炉炉膛中，炉膛形状的变化有限，有效辐射层厚度的变化一般不超过20%，由此而引起的炉膛黑度的变化不超过3%，因此对炉膛出口烟气温度的影响很小。但是有效辐射层厚度减小时，会使炉膛面积及相应的有效辐射面积成正比地增加，从而使受热面的吸热量增加，炉膛出口烟气温度降低。

（二）杜波夫斯基修正

1. 修正主要思路

杜波夫斯基和卜劳赫是1973年热力计算标准的主编，在1973年热力计算标准应用后又对大量应用结果进行了出口烟气温度的实测，主要是考虑了炉膛截面上的不等温性。

在古尔维奇的火焰假想平面中，使用其平均温度 T_{flm} 作为辐射传热的温度，用高度相关参数 M 来表示沿炉膛高度方向的温度分布不均匀对炉膛传热的影响，但是在炉膛水平截面方向的温度分布也不均匀，特别是燃烧器区域的温度，作为辐射换热的主要发生地，其温度有差别后会引起炉膛换热的明显差异，因此，杜波夫斯基认为用平均温度 T_{flm} 来作为换热火焰辐射温度加高度不均匀性修正是有一些偏差，真正能够代表火焰向周围的炉壁换热的是一个和 T_{flm} 接近、能够表示换热能力的温度。

杜波夫斯基把该温度称为换热有效的温度，假定用 $T_{flm,ef}$ 表示，由其与 T_{flm} 温度之间的比值来修正炉膛出口温度计算方法，则

$$\theta_{fg,lv} = \frac{T_{fg,lv}}{T_{fg,en}} = f\left(\frac{B_o}{\varepsilon_F}, \frac{T_{flm}}{T_{flm,ef}}\right) = 1 - 0.96M\left(\frac{T_{flm,ef}}{T_{fg,en}}\right)^{1.2}\left(\frac{\varepsilon_F}{B_o}\right)^{0.6} \tag{3-118}$$

式中　　$T_{fg,en}$——理论燃烧温度，K；

$\qquad B_o$——玻尔兹曼准则数，无量纲；

$\qquad T_{flm,ef}$——假想可以代表炉内火焰传热效果的那一个平均温度，称为有效温度，因为用其比值进行修正，所以也称为比例温度，K；

$\qquad M$——表示炉膛火焰高度的参数，无量纲；

$\qquad \varepsilon_F$——炉膛黑度，无量纲。

杜波夫斯基对 210～1650t/h 的不同容量、燃用不同煤种时锅炉的炉内总换热和温度场试验结果进行了数据验证后发现，当 $T_{flm,ef}$ 的取值为 1470K 时，按式（3-118）所计算出的炉膛出口温度与实际值最接近，误差最小；当 $T_{flm,ef}$ 的取值大于 1470K 时，炉膛出口温度计算值大于实际值，计算的炉膛换热量偏小；当 $T_{flm,ef}$ 的取值小于 1470K 时，炉膛出口温度计算值小于实际值，计算的炉膛换热量偏大。

q_F/q_{Fj} 与 T_{hy} 的关系如图 3-35 所示。

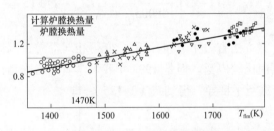

图 3-35　q_F/q_{Fj} 与 T_{hy} 的关系

以古尔维奇计算框架，把式（3-118）写成与 1973 年热力计算标准相似的式为

$$\theta_{fg,lv} = \frac{1}{1 + MM'\left(\dfrac{\varepsilon_F}{Bo}\right)^{0.6}} \tag{3-119}$$

$$M' = \frac{0.96}{\dfrac{T_{fg,lv}}{T_{flm,ef}}\left(\dfrac{T_{fg,en}}{T_{flm,ef}}\right)^{0.2}} = \frac{6068}{T_{fg,lv}T_{fg,en}^{0.2}} \tag{3-120}$$

可见，新的计算方法用 $T_{fg,lv}T_{fg,en}^{0.2}$ 代表火焰有效温度的影响，用 $T_{flm,ef}/T_{fg,en}$ 代表炉膛截面温度不平衡的影响，即用沿炉膛高度方向影响因子为 M，炉膛横截面内为 M'，

更完全地考虑炉膛容积温度场的性质对换热的影响。大量试验结果表明，在容量为160～2650t/h 的各种锅炉中，用改进的炉膛传热计算式考虑截面温度不平衡后，计算所得炉膛出口温度与实测值相比，出口烟温大多数试验点的偏差均不超过 ±30℃。

1987 年，杜波夫斯基又引入一个新的炉膛壁面受热面单位热负荷用 q_{FD} 表示，炉膛单位表面积的吸热强度（kW/m²）为

$$q_{FD} = \frac{BQ_{fg,en}}{F_x} \tag{3-121}$$

根据玻尔兹曼准则的定义有

$$B_o = \frac{\varphi \cdot B \cdot \overline{VC}}{\psi \sigma_0 F_x T_{fg,en}^3} = \frac{\varphi \cdot B \cdot VC_{fg,en} T_{fg,en}}{\psi \sigma_0 F_x T_{fg,en}^4} \frac{\overline{VC}}{VC_{fg,en}} = \frac{q_{FD}}{\psi \sigma_0 T_{fg,en}^4} \frac{\overline{VC}}{VC_{fg,en}} \tag{3-122}$$

式中　　$VC_{fg,en}$ ——理论燃烧温度下的烟气热容，kJ/（m²·K）。

根据大量统计结果，$\overline{VC}_{fg,en} / \overline{VC} \approx 1.227$，代入式（3-122），则

$$\theta_{fg,lv} = 1 - 0.96M\left(\frac{1470}{T_{fg,en}}\right)^{1.2}\left(\frac{\varepsilon_F}{1.227\frac{q_{FD}}{\psi \sigma_0 T_{fg,en}^4}}\right)^{0.6} = 1 - M\left(\frac{\varepsilon_F \psi T_{fg,en}^2}{10800q_F}\right)^{0.6} \tag{3-123}$$

进一步得

$$t_{fg,lv} = \left[1 - M\left(\frac{\varepsilon_F \psi T_{fg,en}^2}{10800q_{FD}}\right)^{0.6}\right]T_{fg,en} - 273.15 \tag{3-124}$$

杜波夫斯基的计算方法省去了 B_o 的计算，变得相对简单，因而在我国近年来的研究、改造等工作中应用比较广泛。但是 1992 年我国学者唐必光指出杜波夫斯基的公式存在小误差，并重新进行了推导，得到式（3-125），即

$$t_{fg,lv} = \left[1 - \left(\frac{T_{ef}}{T_{fg,en}}\right)^2\sqrt{\frac{1}{1+M\left(\frac{B_o}{\varepsilon_F}\right)^{0.6}}}\right]T_{fg,en} - 273.15 \tag{3-125}$$

2. 杜波夫斯基算法的封装

程序代码 3-26　杜波夫斯基热力计算过程

```
1.    BOOL CFurnace∷heatCalcDubovsky()
2.    {
3.        // 程序代码 3-25 中的 1～5 行。
4.        // 循环计算求出口温度
5.        BOOL goCalc=TRUE;
6.        do{
```

```
7.          gasLvT = 0.5* ( gasLv.getT ( ) + gasLvT );

8.          gasLv.setT ( gasLvT );

9.          gasLvH = gasLv.getEnthalpy ( );

10.         if ( hasPlaten )

11.         {

12.         emissivityFree = gasLv.calcEmissivity ( beamLengthFree ( )); // 空炉膛

13.             platen.calcZp73 ( gasLv, emissivityFree );

14.             platen.calcZpb73 ( gasLv, emissivityFree );

15.         }

16.         AREA a=areaFromName ( CFurnace: : NameGasLv );

17.         a.cleanFactor *= inverseRadiateFactor ( gasLvT );

18.         double mnCF = ThermalEfficiency ( );

19.         Fx = getFx ( );

20.         double M=calcFlameCenter73 ( );

21.         double beamLength=beamLength73 ( );

22.         // 烟气黑度

23.         emstGas    = gasLv.calcEmissivity ( beamLength );

24.         emissivity=emstGas/ ( emstGas+ ( 1.0-emstGas ) *mnCF ); // 炉膛黑度

25.         double qf= ( gasEn .getEnthalpy ( ) -gasLvH ) /Fx;

26.         double gasEnT=gasEn .getT ( ) +273.15;

27.         double mid = mnCF*emissivity*gasEn T*gasEnT/ ( 10080*qf );

28.         gasLvT = gasEnT* ( 1-M*pow ( mid, 0.6 )) -273.15;     // ( 3-124 )

29.         goCalc = abs ( GasLv.getT ( ) -gasLvT ) ≥1;

30.         gasLv.setT ( gasLvT );

31.         }while ( goCalc );

32.     }
```

对比杜波夫斯基和 1973 年热力计算标准，可以发现程序大部分都是相同的。在前面的工作中，1973 年热力计算标准中要计算平均烟气的比热容（程序代码 3-25 中 14 行）被取消了；此外求面积、热有效系数、火焰中心高度等工作都是相同的。在 26 行时，杜波夫斯基计算方法开始出现不同，因为它要开始计算热流密度 q_F（26 行），并用式（3-124）来完成出口温度的计算，而不是 1973 年热力计算标准的式（3-68）。除了这些差别外，其余的程序完全一致。

二、西方公司的热力计算方法简介

与苏联 / 俄罗斯通过标准统一技术路线的方式不同，西方公司的技术是由各个公司自己掌握，相对保密。每个公司有自己独立的技术路线、技术团队，他们要么是基于四次方公式采用直接法计算，要么是在苏系标准上改进，只是公司得到的反馈和持续改进有所不同，因而在计算结果上比苏系更为接近实践。由于保密，只能从一些文献中获得他们的技术思路，无法得到技术细节。

（一）美国燃烧工程 (CE) 公司

美国燃烧工程（CE）公司曾经是美国非常著名的能源公司，经过多次合并重组，成为美国巴威公司、ABB 公司等的一部分。其在锅炉制造方面有较深的技术积淀，我国三大锅炉厂最早就统一引进了 CE 公司的技术。

CE 公司热力计算方法把炉膛分为下炉膛和上炉膛两部分，使用分段计算法。下炉膛仍按斯蒂芬一玻尔兹曼式计算辐射传热，但加上公司积累的试验数据，主要考虑烟气实际黑度修正、火焰中心（最高火焰温度）所处高度方向上的相对位置、炉膛截面热负荷、过量空气系数和水冷壁污染程度等。上炉膛作为冷却室进行计算，确定沿炉膛高度的吸热负荷分布曲线，以及确定炉膛出口烟气温度误差在 ±27.8℃ 以内。

当炉膛出口过量空气系数 $\alpha_{lv}= 1.20$ 时，CE 公司对大屏底部烟气温度的计算方法（图线法）主要取决于 2 个参数和炉膛污染程度。这 2 个参数为以燃料收到基高位发热量 $Q_{ar,gr}$（MJ/kg）计算的炉膛横截面热强度 q_A 和运行顶层燃烧器中心线至大屏底部（空炉膛最高点）的距离 h_f 与炉膛横截面的当量半径 R 的比值（ h_f /R），由提供的清洁炉膛和污染炉膛的出口烟气温度 2 幅图线分别查出清洁状态和污染状态下的炉膛出口温度。

q_A 的计算式为

$$q_A = \frac{BQ_{ar,gr}}{W \cdot D} \quad (3-126)$$

炉膛中所放出热量为

$$q_R = \sigma_0 F_x \varepsilon_w \left[\varepsilon_{flm} \left(\frac{T_{flm}}{100} \right)^4 - a_{fg} \left(\frac{T_w}{100} \right)^4 \right] \quad (3-127)$$

式中 a_{fg}——包围面积对烟气的辐射中被烟气所吸收的份额，无量纲；

ε_w——水冷壁的有效辐射系数，即水冷壁受热面的黑度，受燃料和炉膛沾污程度的影响。通常清洁炉膛时 ε_w=0.75，而 100％ 沾污的炉膛，ε_w=0.65。炉膛水冷壁的清洁程度不同时，其值在 0.75～0.65 之间。

在计算燃烧产物的辐射率 ε_{flm} 时，只计算 CO_2 和 H_2O 辐射率 ε_H，而用修正因子 f_E 进行修正，即

$$\varepsilon_{flm} = \frac{f_E - 1 + \varepsilon_H}{f_E} \quad (3-128)$$

通常燃烧产物为灰体辐射。修正因子 f_E 取值范围为 1.0 与 ∞ 之间，它取决于炉膛的有效辐射层厚度、燃烧产物的压力和温度。

同样可以计算

$$\alpha_{fg} = \frac{f_E - 1 + \alpha_H}{f_E} \quad (3-129)$$

式中 α_H——燃烧产物 CO_2 和 H_2O 的吸收率。

从上述公开的资料中可见：

（1）CE 公司更接近直接放热和经验法。

（2）式（3-126）中使用高位发热量计算，从物理意义上讲显然是存在错误的。但是在这种基础上，通过经验仍然可以做得比苏联 / 俄罗斯标准更加精细的结果，可见研究更为精确的锅炉热力计算算法并不是不可企及的工作。

（二）Sulzer 公司的炉膛传热计算方法

Sulzer 公司是欧洲一家比较老牌的锅炉公司，由于开发了直流锅炉而负有盛名。其锅炉热力计算的公式如式（3-130）~ 式（3-133）。对比这些公司与 1973 年热力计算标准，显然 Sulzer 公司热力计算方法技术思路与 CE 公司不同，它是基于古尔维奇发展的，只是很多中间过程有自己独特的考虑因素，有自己独特的取值方法，即

$$t_{fg,lv} = T_{fg,en}\sqrt{\frac{B_o}{3K\varepsilon_0 + B_o}} - 273.15 \tag{3-130}$$

$$B_o = \frac{B\left(1-\frac{\beta_{fo}}{2}\right)\left(h_{fg,en} - h_{fg,lv}\right)}{\sigma_0 F_x T_{fg,en}^3 (T_{fg,en} - T_{fg,lv})} \tag{3-131}$$

$$\varepsilon_{flm} = 1 - e^{-(\alpha_{CO_2} + \alpha_{H_2O} + \alpha_C + \alpha_S)} \tag{3-132}$$

$$K = k_1 + k_2\alpha + k_3\beta_{0B} + k_4\frac{T_{fg,en}}{T_{fg,lv}} \tag{3-133}$$

式中 K——修正系数，由考虑燃烧器倾角的修正系数 k_1、k_2，修正火焰充满程度和燃烧器位置的系数 k_3 以及炉内温度场的修正系数 k_4 组成；其中：k_1=0.21；燃烧器向上倾时 k_2=-0.003；燃烧器向下倾时 k_2=-0.001667；k_3=0.29；k_4=s/160；s 为有效辐射层厚度。

α——燃烧器的倾角。

β_{0B}——投入运行的燃烧器的平均高度以上受热面与炉膛总受热面的比值。

Sulzer 公司曾经的成功经验显示古尔维奇的技术路线并不落后，在该路线上进行扩展也能得到精细的锅炉热力计算模型。

三、俄罗斯 1998 年热力计算标准的新发展

1998 年热力计算标准方法仍然是古尔维奇技术路线，只是重新采用了布格尔准则数作为烟气容积辐射中的黑度、火焰中心系数 M 等多种参数进行了改进，最后炉膛出口无量纲烟气温度的计算式为

$$\theta_{fg,lv} = \frac{T_{fg,lv}}{T_{fg,en}} = \frac{B_o^{0.6}}{M \cdot Bu^{0.3} + B_o^{0.6}} \tag{3-134}$$

$$T_{fg,lv} = \frac{T_{fg,en}}{M \cdot Bu^{0.3}\left(\dfrac{\sigma_0 \psi \varepsilon_F F T_{fg,en}^3}{\varphi B\overline{VC}}\right)^{0.6}+1} - 273.15 \qquad (3\text{-}135)$$

$$Bu = 1.6\ln\frac{1.4\tau_s^2 + \tau_s + 2}{1.4\tau_s^2 - \tau_s + 2} \qquad (3\text{-}136)$$

根据这些变化，将 1998 年热力计算标准方法中的热力计算过程封装为

程序代码 3-27　1998 年热力计算标准的锅炉计算

```
1.    BOOL CFurnace::heatCalc98 ( )
2.    {
3.        //.....
4.        // 循环计算求出口温度
5.        BOOL goCalc=TRUE;
6.        do{
7.            gasLvT = 0.5* ( gasLv.getT ( ) + gasLvT );
8.            gasLv.setT ( gasLvT );
9.            gasLvH = gasLv.getEnthalpy ( );
10.           meanVC= ( gasEn.getT ( ) -gasLvH ) / ( gasEn.getT ( ) -gasLvT );    // 烟气平均热容积
11.           if ( hasPlaten )
12.           {
13.               emissivityFree = gasLv.calcEmissivity ( beamLengthFree ( ) );  // 空炉膛
14.               platen.calcZp98 ( );
15.               platen.calcZpb98 ( );
16.           }
17.           AREA a=areaFromName ( CFurnace:: NameGasLv );
18.           a.cleanFactor *= inverseRadiateFactor ( gasLvT );
19.           double mnCF = ThermalEfficiency ( );
20.           Fx = getFx ( );
21.           double M=calcFlameCente98 ( );
22.           double beamLength=calcBeamLength98 ( );
23.           emstGas    = gasLv.calcEmissivity ( beamLength );
24.           emissivity=emstGas/ ( emstGas+ ( 1.0-emstGas ) *mcCF );  // 炉膛黑度
25.           double mid = 3.6*5.67e-11*Fx*emissivity*pow ( ( gas1T+273 ), 3 )
26.                                   / ( b->getFiringRate ( ) /meanVC );  // ( 3-136 )
27.           gasLvT = ( gasEn.getT ( ) +273 ) / ( M*pow ( mid, 0.6 ) +1 ) -273;
28.           goCalc = abs ( GasLv.getT ( ) -gasLvT ) ≥1;
```

```
29.          gasLv.setT ( gasLvT );
30.      }while ( goCalc );
31.  }
32.
```

对比程序代码 3-25 和程序代码 3-27 可知，两者之间几乎是相等的，只是中间的部分程序原来用 73 标志，现在用 98 标志。同时在 26 ~ 27 两行程序调用的公式变为式（3-135）。

四、周强泰 - 赵伶玲改进算法

（一）新算法增加的因素

古尔维奇的火焰灰体传热假定中，在火焰灰体的辐射向炉壁传递的过程中，对烟气介质中三原子气体、焦炭、灰粒和炭黑的吸收作用（阻挡作用）进行了考虑，但是还有两个小的因素没有考虑。

（1）三原子分子和微粒对辐射不仅仅有吸收作用，还有散射作用（也称反照作用）；辐射散射有反射散射、折射散射和绕射（也称衍射）散射等多种机理，是辐射换热中一个比较复杂的问题。其中衍射散射是辐射能绕过微细颗粒的散射，辐射能基本上能继续向前方辐射，对辐射强度的减弱可以忽略不计，即看作未发生散射处理，但其他两项，即反射散射、折射散射对辐射有阻碍作用可以减少辐射反应。

（2）火焰假定灰体时是假定火焰燃烧放热点就在火焰灰体壁面上均匀完成，火焰灰体壁面与炉膛壁面大约位于炉膛中心与炉膛壁面一半处，火焰灰体到炉膛壁面中间的辐射考虑了烟气吸收作用，但是炉膛放热量主要是在于炉膛中心，即炉膛放热点到火焰灰体之间热辐射射线也要经过烟气，被沿途碰到的气体分子及其携带固体颗粒有所吸收才能进一步到达一半处火焰辐射均布，进而通过火焰灰体传送给壁面灰体。

以古尔维奇计算模型为基础的炉膛出口烟气温度的计算方法，没有考虑这两项因素，因而在计算时把传热作用放大，使出口温度变低。

周强泰、赵伶玲对这部分散射的影响进行了研究，把辐射能在传递过程中的散射作用叠加在烟气辐射减弱系数上，总辐射减弱系数为

$$k = k_{fg} + \sigma_s \qquad (3-137)$$

式中　　k——火焰灰体容积辐射时的辐射收减弱系数，m^{-1}；

k_{fg}——火焰灰体的辐射减弱系数，m^{-1}；

σ_s——火焰灰体辐射容积中灰粒散射引起的减弱系数，m^{-1}。

根据大量的试验研究，燃料为煤时，灰粒散射引起的辐射减弱系数占原烟气辐射减弱中的 25% ~ 30%。取中间值 28%，考虑了灰粒散射作用后的整体辐射减弱系数为

$$k = 1.28k_{fg} = 1.28 \times (k_{g3}r_{g3} + k_{fa}\mu_{fa} + 10c_1c_2) \qquad (3-138)$$

（二）新因素的作用

周强泰、赵伶伶将炉膛截面简化为等截面积的一维圆柱形，并假定：炉膛火焰灰

体平均温度 T_{flm} 和平均辐射强度的有效辐射 J_{flm} 的位置相同，位于炉膛截面中到炉壁的一半处；辐射热源位于炉膛中心底端到 1/2 炉膛高度范围内，热射线先由辐射源产生后辐射到圆柱面火焰灰体，然后再由火焰灰体辐射到与其平行的圆柱壁面，如图 3-36 所示。

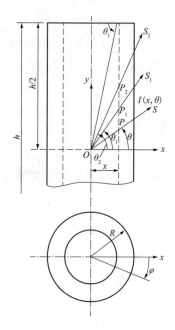

图 3-36　炉膛等价圆柱体模型

S—辐射方向；P—辐射经过火焰的交点；x—水平坐标；y—高度坐标；O—坐标原点；h—炉膛高度；
R—当量半径；I—辐射强度；θ—辐射线与 y 轴夹角；φ—辐射线与 x 轴夹角

根据辐射换热原理，基于位于火焰灰体前的辐射放热点向火焰灰体面传递过程中，辐射强度 I 沿射线 s 方向可转化为基于辐射点一维辐射强度方程，即

$$I(x,\theta) = I_{\text{b}}(x) - \frac{\cos\theta}{k}\frac{\text{d}\left[I_{\text{b}}(x)\right]}{\text{d}x} \qquad (3\text{-}139)$$

式中　$I(x,\theta)$——坐标点 x 处沿射线方向的辐射强度，kW/（m²·sr）；

　　　θ——辐射能的射线方向 s 与 x 方向的夹角；

　　　$I_{\text{b}}(x)$——介质作为黑体时坐标 x 处的辐射强度，kW/（m²·sr）。

对式（3-139）在整个辐射空间内进行积分，得到辐射强度减弱后的假想火焰平面有效辐射 J_{flm}，再利用无限大双灰体换热式（3-38），就可得到同时考虑介质的吸收、自身辐射和散射作用时炉内辐射换热的公式为

$$q_{\text{R}} = \frac{\sigma_0 T_{\text{flm}}^4 - \sigma_0 T_{\text{w}}^4}{0.32 k_{\text{fg}} R + \dfrac{1}{\varepsilon_{\text{flm}}} + \dfrac{1}{\varepsilon_{\text{w}}} - 1} \qquad (3\text{-}140)$$

式中　R——炉膛当量半径，m。

定义考虑煤灰散射作用的火焰黑度为 $\varepsilon_{\text{flm,t}}$，其与原火焰黑度之间的关系为

$$\frac{1}{\varepsilon_{\text{flm,t}}} = 0.32 k_{\text{fg}} R + \frac{1}{\varepsilon_{\text{flm}}}$$ （3-141）

用 $\varepsilon_{\text{flm,t}}$ 代替 ε_{flm} 代入式（3-50），可得考虑煤灰散射作用的锅炉综合黑度为

$$\varepsilon_{\text{F}} = \frac{\varepsilon_{\text{flm,t}}}{\varepsilon_{\text{flm,t}} + \psi(1 - \varepsilon_{\text{flm,t}})}$$ （3-142）

几个新的参数代入 1973 年标准的计算过程，可得

$$t_{\text{fg,lv}} = \frac{T_{\text{fg,en}}}{M\left(\dfrac{\sigma_0 \psi \varepsilon_{\text{F}} F \cdot T_{\text{fg,en}}^3}{B \cdot \overline{VC}}\right)^{0.6} + 1} - 273.15$$ （3-143）

式（3-68）和式（3-143）看起来是一样的，但其中的 ε_{F} 计算方法不同。

周 – 赵对自己的改进方法和俄罗斯 1998 年热力计算标准方法进行了对比，由于考虑了灰的散射效应，可以更好地反映燃料含灰量对炉膛出口烟气温度计算值的影响，而 1998 年热力计算标准在含灰量较低（$A_{\text{ar}} = 8.8\%$）时，炉膛出口计算烟气温度略偏低，但当含灰量大（$A_{\text{ar}} = 30.13\%$）时，计算出口烟气温度高。

（三）周 – 赵热力计算改进算法的封装

程序代码 3-28　周 – 赵热力计算改进算法封装程序

```
1.   BOOL CFurnace：：heatCalcZhouZhao（）
2.   {
3.       // 循环计算求出口温度
4.       BOOL goCalc=TRUE;
5.       do{
6.           gasLvT = 0.5*（ gasLv.getT（）+ gasLvT ）;
7.           gasLv.setT（gasLvT）;
8.           gasLvH = gasLv.getEnthalpy（）;
9.           meanVC=（totalHeat-gasLvH）/（gasEn.getT（）-gasLvT）;   // 烟气平均热容积
10.          if（hasPlaten）
11.          {
12.              emissivityFree = gasLv.calcEmissivity（beamLengthFree）;      // 空炉膛
13.              platen.calcZp73（gasLv, emissivityFree）;
14.              platen.calcZpb73（gasLv, emissivityFree）;
15.          }
16.          AREA a=areaFromName（CFurnace：：NameGasLv）;
17.          a.cleanFactor *= invertRediateFactor（gasLvT）;
18.          double mnCF = ThermalEfficiency（）;
             Fx = getFx（）;
```

```
19.        double M=calcFlameCenter73 ( );
20.        double beamLength=beamLeagth ( );
21.        doulbe R=2*Width*Depth/ ( Width+Depth );
22.        double weakenFactor=gasLv.calcWeakenFactor ( );
23.        emstGas    = gasLv.calcEmissivity ( beamLength );
24.        emstGas=1/ ( 0.32*weakenFactor*R+1/emstGas );
25.        emissivity=emstGas/ ( emstGas+ ( 1.0-emstGas ) *mnCF );  // 炉膛黑度
26.        double mid = 3.6*5.67e-11*Fx*emissivity*pow ( ( gas1T+273 ), 3 )
27.                                   / ( b->getFiringRate ( ) /meanVC );
28.          gasLvT = ( gasEn.getT ( ) +273 ) / ( M*pow ( mid, 0.6 ) +1 ) -273;     // ( 3-144 )
29.        goCalc = abs ( GasLv.getT ( ) -gasLvT ) ≥1;
30.        gasLv.setT ( gasLvT );
31.        }while ( goCalc );
32.    }
33.
34.
```

对比程序代码 3-25，周强泰改进算法中需要把计算烟气黑度时所用的烟气辐射减弱系数单独计算用以计算灰粒散射作用（25 行），然后基于新的烟气黑度参与计算即可以了。

第六节　CFurnace 热力计算方法的选定

本章中程序代码 3-25 ~ 3-28 中针对不同的热力计算方法进行了数据封装，每个方法都有不同的名称，使用时需要根据不同的计算需求选择不同的程序段。程序设计时可以根据自己的需求直接调用，如果是通用化的角度，可以在 CFurnace 中设计一个总的 heatCalc（ ）入口，并设计一个专门的数据用于存在计算时所用的方法，在 init（ ）中或图形界面中初始化，heatCalc（ ）就可以根据事先设定的计算标准来完成相应的计算。具体设计过程包括如下三个步骤。

（1）在 CFurnace 中增加存在计算方法的数据 calcMethod，并设计一组常量作为计算方法的标识：

```
CFurnace: CBank
{
    //  ......
    int calcMethod;
    public:
        final static int Standard73;              //1973 年热力计算标准
```

```
final static int Standard98;                  //1998 年热力计算标准
final static int Standard73FCorrection;       // 带 f 修正的年热力计算标准
final static int Dubovsky;                     // 杜波夫斯基方法
final static int ZhouZhaoModification;         // 周强泰－赵伶玲改进模型
}
```

（2）在程序中进行赋初值，只要与其他值不同就可以了。

```
CFurnace：：Standard73=310；
CFurnace：：Standard98=311；
CFurnace：：Dubovsky=313；
CFurnace：：ZhouZhaoModification=314；
```

（3）在 CFurnace 中设计热力计算总入口，根据事先设定的计算方法调用不同的程序。

程序代码 3-29 炉膛热力计算的入口与分路

```
CFurnace：heatCalc（ ）
{
    switch（calcMethod）{
    case CFurnace：：Standard73 ：heatCalc73（ ）；
            break；
    case CFurnace：：Standard98 ：heatCalc98（ ）；
            break；
    case CFurnace：：Dubovsky ：heatCalcDubovsky（ ）；
            break；
    case CFurnace：：ZhouZhaoModification ：heatCalcZhouZhao（ ）；
            break；
    }
}
```

第七节　炉内热负荷分配

基于双灰体无限大平板得到的锅炉炉膛热力计算是零维模型，其假定炉膛内所有位置的热负荷均是相同的，但是在实际的工作场景中，炉内各处的热负荷差异是非常大的。炉膛内部分受热面，如辐射式屏、炉顶棚管及用于调节汽温的壁式再热器，热力计算时需要单独核算其吸热量以便得到工质温度，因而需要考虑其当地热负荷。同时，炉膛热力计算是其他锅炉设计计算的基础，如壁温计算、水动力计算等，也需要受热面各处的当地热负荷分布。从整体的、平均的热负荷得到各处局部的热负荷称为热负荷分配，有拟合曲线法、分段热力计算等方法。

一、拟合曲线法

拟合曲线法是热力计算标准给出的方法。假定大多数的炉膛具有相近的温度场，这样以炉内平均热负荷为基础，根据大量炉膛的热负荷实测数据和其位置关系，得到某一相对位置热负荷与平均热负荷之间关系的方法。

（一）热负荷分布

炉膛热力计算后，得到炉膛出口烟气温度，就可以根据烟气的成分等关系，计算出炉膛有效辐射受热面的平均热负荷为

$$q_{\text{F}} = \frac{B(Q_{\text{fg,en}} - H_{\text{fg,lv}})}{F_{\text{R}}} \qquad (3-144)$$

炉膛整个区域内的温度场均是不均匀的，但热负荷分配主要关心壁面处的当地热负荷，因而用沿炉高热负荷分布不均匀系数 η_{h}、各侧炉壁热负荷不均匀系数 η_{w} 和水平方向沿炉宽度（或炉深）热负荷分布不均匀系数 η_{s}，然后根据需要得到不同位置的当地热负荷，主要方法如下。

（1）在计算辐射式屏、炉顶棚管及用于调节汽温的壁式再热器的吸热量时，需要知道炉膛某个高度上的平均热负荷，可用

$$q_i = \eta_{\text{h}_i} q_{\text{F}} \qquad (3-145)$$

（2）如果进一步想得到某高度、炉膛某炉壁的平均热负荷，可用

$$q_i = \eta_{\text{w}_i} \eta_{\text{h}_i} q_{\text{F}} \qquad (3-146)$$

（3）在计算壁温或水动力时，还需要得到某炉壁、某高度在某炉膛深度（或宽度）平均热负荷，此时需要考虑炉膛长、宽、高三个维度的分布，即

$$q_i = \eta_{\text{s}_i} \eta_{\text{w}_i} \eta_{\text{h}_i} q_{\text{F}} \qquad (3-147)$$

高度方向分布的热负荷系数 η_{h_i} 可从图 3-37 中查得。热负荷系数 η_{h_i} 与燃料有关，与炉膛的结构也有关系，通常其最大值决定于燃烧器上方的位置，为平均负荷的

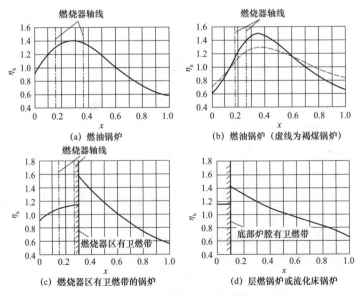

图 3-37　不同类型、燃料锅炉的热负荷沿高度分布

1.5 ~ 1.8 倍，如屏所在上部炉膛热负荷通常为平均热负荷的 0.6 ~ 0.8 倍，但炉内布置有燃烧带时，燃烧带处可认为是绝热，因而热负荷分布曲线明显不同。

沿炉膛深度（或宽度）平均热负荷分布不均匀系数 η_{s_i} 也称为热偏差系数，分布在 0.8 ~ 1.2，主要与炉膛中心高度和偏离炉膛中心的角度有关，通常用于水循环计算或者壁温计算。水循环计算时，需要计算各个位置的数据，而壁温计算时只需要知道最大位置即可，而且此时的系数偏差设置往往较大，如最大取 1.3，可以给材料设置更大的裕量。

如果炉膛的截面长宽比较大，如对冲燃烧方式的扁炉膛，则无论是壁温计算还是水动力计算，均需要再考虑各侧炉壁热负荷分布系数 η_{w_i}，其值可以查表 3-4。通常炉膛越方正，差别越小。

表 3-4 各侧炉壁的热负荷不均匀系数 q_{F_i}

燃烧器布置形式	前墙	侧墙	后墙
前墙布置	0.8	1.0	1.2
两侧墙布置	$1.2 - 0.31\dfrac{W}{D}$	$1.31 - 0.2\dfrac{W}{D}$	$1.2 - 0.31\dfrac{W}{D}$
燃油前后墙布置	$1 - 0.1\dfrac{W}{D}$	1.1	$1 - 0.1\dfrac{W}{D}$
四角切圆布置	1.0	1.0	1.0
层燃炉	1.0	1.0	1.0

各个方向不均匀曲线积分后均为 1，以保证各个区段放热的总和与整个炉膛的总吸热相符。

（二）热力计算中的应用

热力计算中，最主要的是计算屏、顶棚等位置的热量，因此封装高度方向不均匀系数即可，以无卫燃带、燃料不是褐煤的燃煤锅炉，热负荷沿高度方向的不均匀系数可以封装为：

程序代码 3-30 炉膛负荷分步系数

```
double CFurnaceHeat..healDistribution(double relativeHeight)  //x = h / height;
{
    double Factor;

    double aa[6] = {5.874126E-01, 1.636154, 1.663345E+01, - 6.157051E+01, 6.835661E+01,
            -2.500000E+01}; // 应用于无烟煤、贫煤、烟煤和干燥过的褐煤

    double bb[7] = {7.179473E-01, 1.499057, 6.814924, - 2.968501E+01, 3.594866E+01,
            - 1.637443E+01, 1.879085}; // 应用于褐煤

    int coalClass=gasLv.coal->getCoalClassification();

    if ( coalClass == CCoal::Lignite)
            Factor = polynomialFitting(7,aa,relativeHeight);

    else
```

```
                Factor = polynomialFitting(6,aa,relativeHeight);

        return Factor;

    }
```

（三）应用注意要点

拟合曲线为锅炉炉膛内的热负荷分布提供了一个非常简单而快捷的方法，但在应用中受到越来越多的制约，最核心的问题是其精度相对偏低。以图 3-37 的曲线为例，其正负偏差最大可达 20% 左右，只是因为炉内吸热绝大部分用于产汽，屏式过热器、顶棚过热器等蒸汽受热面总体上吸热占比非常小，其温升在汽侧的占比也很小，由此带来的高误差才不至于影响锅炉整体换热计算。但是如果应用在对传热要求较高的情况下，如计算屏的壁温，则由此带来的误差不可以忽略，设计时必须采用加大系数的方法保证所计算结果大于实际结果以保证材料有足够的裕量，校核时需要与实际中的可参比数据进行对比以获得相对准确的负荷分配系数。

二、炉膛分段热力计算

炉膛垂直方向的热力分布差异最大。为得到该温度分布差异，1973 年热力计算标准提出了炉膛沿高度方向上分成若干个区段然后再分别计算的炉膛分段热力计算的方法，称为炉膛分段热力计算方法，这种计算方法称为一维模型。

德国的热力计算就是以一维模型为主要计算方法。

（一）区段划分

区段的划分要考虑炉膛放热和受热面的分布特点，如常规锅炉通常将炉膛沿高度方向划分为底部区域、燃烧区、燃尽区、屏底区、辐射式屏区，而现代化大锅炉通常采用深度空气分级燃烧方式时通常划分底部区域、主燃烧区、还原区、燃尽区、屏底区、辐射式屏区。燃烧放热通常划分一个区域，其他独立放热区段考虑冷却方式和空气动力场特点，如底部区域、屏底区、屏区均有较大的差异，如图 3-38 所示。

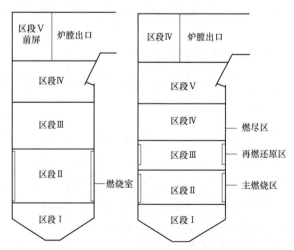

图 3-38　常规燃烧方式炉膛和深度空气分级燃烧方式炉膛的区段划分

（二）分区段换热模型

每个区段由左右 2 个假想截面、四周水冷壁和介质组成，烟气由下区段截面流入本区段并由本区段上截面流出，在区段内介质均匀充满整个区段空间且表面辐射特性均匀；区段只有辐射换热，辐射只发生在本区段和相邻区段，包括对四周水冷壁的放热、对上部假想截面的放热和对下部假想截面的放热不能穿透相邻区段；本区段获得的热量包括燃料在本区段燃烧放出的热量、下一区段向上的辐射热量和上一区段向下的辐射热量。这样，某一个区段内的热量平衡如图 3-39 所示。

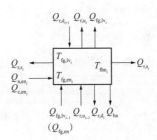

图 3-39　下区段的向上辐射热和上区段的向下辐射热

$T_{\mathrm{fg,lv}_i}$—本段烟气离开温度；T_{flm_i}—本段烟气平均火焰温度；$T_{\mathrm{fg,en}_i}$—本段烟气进入温度；$Q_{\mathrm{r,d}_{i+1}}$—上一区段向下辐射到本段的热量；$Q_{\mathrm{r,u}_i}$—本段向上一区段辐射的热量；$Q_{\mathrm{fg,lv}_i}$—本段烟气离开时带走的热量；$Q_{\mathrm{r,s}_i}$—本段向四周辐射热量；$Q_{\mathrm{a,en}_i}$—本段由空气带入热量；$Q_{\mathrm{c,en}_i}$—本段由燃料带入热量；$Q_{\mathrm{fg,lv}_{i-1}}$—下面一段烟气离开时带走的热量（即带入本段烟气的热量 $Q_{\mathrm{fg,en}_i}$）；$Q_{\mathrm{r,u}_{i-1}}$—下面一段向本段辐射的热量；$Q_{\mathrm{r,d}_i}$—本段向下面区段辐射的热量；Q_{ba}—表示大渣带走热量

根据上面的分析可得能量平衡方程为

$$Q_{\mathrm{fg,lv}} = Q_{\mathrm{fg,en}} + Q_{\mathrm{r,en}} - Q_{\mathrm{r,lv}} - Q_{\mathrm{ba}} \qquad (3\text{-}148)$$

式中　$Q_{\mathrm{fg,lv}}$ —— 离开本区段的烟气总焓，kJ；

　　　$Q_{\mathrm{fg,en}}$ ——进入本区段的烟气总焓，kJ；

　　　Q_{ba} —— 本区段出炉膛底渣带走的热量，仅在最下部的冷灰斗区段有，kJ；

　　　$Q_{\mathrm{r,lv}}$ —— 本区段向外辐射的热量，为向四周辐射热量 $Q_{\mathrm{r,s}}$、向上面区段辐射热量 $Q_{\mathrm{r,u}}$ 和向下面的区段辐射热量 $Q_{\mathrm{r,d}}$ 之和，kJ；

　　　$Q_{\mathrm{r,en}}$ ——本区段从外界获得的热量，为本区新加入燃料燃烧放出的热量 Q_{c}、新加入燃烧空气带入热量 $Q_{\mathrm{a,en}}$、上面区段辐射来的热量 $Q_{\mathrm{r,u}}$ 和下面区段辐射来的热量 $Q_{\mathrm{r,d}}$ 之和，kJ。

辐射换热基本式为

$$BQ_{\mathrm{R}} = \varepsilon_{\mathrm{F}} \psi \sigma_0 T_{\mathrm{flm}}^4 F_{\mathrm{R}} \qquad (3\text{-}149)$$

假定某一区段的编号为 i，其上区段的编号为 $i+1$，下区段的编号为 $i-1$，根据上面的分析可以得到式（3-148）中各计算分项为

$$\begin{cases} Q_{fg,en_i} = Q_{fg,lv_{i-1}} \\ Q_{en_i} = Q_{c_i} + Q_{a,en_i} + Q_{r,u_{i-1}} + Q_{r,d_{i+1}} \\ \quad = Br_{bd_i}Q_{ar,net} + V_a^0 \cdot c_{p,a,en}T_{a,en}a_{a,en_i} + \sigma_0\varepsilon_0 T_{flm_{i-1}}^4 F_{u_{i-1}} + \sigma_0\varepsilon_0 T_{flm_{i+1}}^4 F_{d_{i+1}} \\ Q_{r,lv} = Q_{r,u_i} + Q_{r,d_i} + Q_{r,s_i} = \sigma_0\varepsilon_0 T_{flm_i}^4\left(F_{u_i} + F_{d_i} + \psi_{s_i}F_{s_i}\right) \\ T_{flm_i} = 0.5\left(T_{fg,lv_i} + T_{fg,en_i}\right) \end{cases} \quad (3-150)$$

式中 r_{bd_i} ——燃料在本区段的燃尽率，可由表 3-5 中查取，但是在深度分级技术中需要进一步核实数据。

表 3-5　　　　　　　1973 年热力计算标准沿炉膛高度的燃料燃尽程度

燃料	炉膛的相对高度 $x_i = h_i / H_F$					
	0.15	0.20	0.30	0.40	0.50	1.00
无烟煤、贫煤	0.72 ~ 0.86	0.86 ~ 0.90	0.92 ~ 0.95	0.93 ~ 0.96	0.94 ~ 0.97	0.96 ~ 0.97
烟煤	0.90 ~ 0.94	0.92 ~ 0.96	0.95 ~ 0.97	0.96 ~ 0.98	0.98 ~ 0.99	0.98 ~ 0.995
褐煤	0.91 ~ 0.95	0.93 ~ 0.97	0.96 ~ 0.98	0.97 ~ 0.98	0.98 ~ 0.99	0.99 ~ 0.995
煤油混烧富氧燃烧	—	—	0.94 ~ 0.96	0.96 ~ 0.98	0.97 ~ 0.98	0.995

（三）应用注意事项

炉膛分段热力计算相当于把锅炉炉膛按垂直方向划分为前后串联的几个辐射换热小炉膛后再进行迭代计算的方式，计算方法本质上与零维模型相同，因而在应用上并没有什么难度，但是也需要注意下列事项。

（1）在区段划分上，不宜划分得太小。由于计算技术的发展，计算能力不再是制约因素后，国内不少学都在沿高度方向上划分尽可能小的区段以求更好的精度，但是从分段计算模型的应用原理来看，由于分段模型中假定辐射不穿相邻区段，所以它必须有一定的厚度。如果区段划分过于扁平，则需要考虑隔区段的辐射问题，不但使问题复杂，还会使计算精度大为降低。

（2）计算时需要考虑各个区段的特殊性，以燃烧器下方的冷灰斗区段为例，其烟气为死烟气（无进口烟气和出口烟气 $Q_{fg,en} = Q_{fg,lv} = 0$ ）、无燃料输入 $Q_c = 0$ 、无空气输入 $Q_{a,en} = 0$ ，但是其辐射走的热量 $\sigma_0\varepsilon_0 T_{flm}^4(A_u + A_d + \psi_s A_s)$ ，灰底渣带走热量 $Q_{ba}\left(0.1 \times 800 B c_{ba} A_{ar}\right)$ 和燃烧器区域辐射来的热量 $\sigma_0\varepsilon_0 T_{flm_u}^4 A_u$ ，要完整计算，而燃烧器区则这几项除了没有 Q_{ba} 外，全部都要计算。

（3）在计算编号时，燃烧器区域的编号应该是最小的，从它开始，向下计算到冷灰斗，从上计算到炉膛出口，这样燃烧器区域好像有两个出口，组织起来并不是很容易。

由于每一个区段计算时，需要先知道出口的温度，因而需要迭代计算，最终的出口温度需要和零维计算模型的结果相差在一定的范围之内。这样，对于一个具体的锅炉，从各段计算结果，进一步的数据处理，就可以获得沿高度方向上同个不同区段的温度分步，得到了自己的曲线。

三、炉膛换热的分配

基于热负荷分布曲线，就可以为炉膛换热量进行分配了，主要待分配的对象前屏、顶棚管、壁式再热器等汽侧受热面和出口烟窗的辐射热泄漏。炉膛换热总热量与这些待分配对象热量之差，即为炉膛水冷壁的吸热量，用于完成蒸发功能或小范围的过热功能（直流锅炉的上部水冷壁中实际是过热蒸汽）。

（一）汽侧受热面

炉内汽侧受热面包括辐射式屏、壁式再热器、炉顶棚等，在热力计算中，它们通常被认为是附加受热面。其接收的热量通过炉内受热量分配完成，而非进行计算。每千克燃料的换热量为

$$Q_{r,sh} = \frac{F_{r,sh}q_{sh}z_{r,sh}}{B} \tag{3-151}$$

式中　$F_{r,sh}$——辐射式蒸汽受热面的换热面积，m^2；

q_{sh}——炉膛中辐射式蒸汽受热面中心高度处的热负荷，由式（3-147）确定，kW/m^2；

$z_{r,sh}$——辐射式受热面的曝光不完全系数，由式（3-99）或式（3-100）来确定。

吸热量确定的主要目的在于通过焓升计算受热后的蒸汽温度。可根据下式计算出辐射式蒸汽受热面的焓增，并基于过热器入口处的温度和蒸汽焓，由热平衡方程式算出蒸汽的终焓和终温。

$$\Delta h_{sh} = \frac{F_{r,sh}q_{sh}}{D_{sh}} \tag{3-152}$$

（二）出口烟窗 furnace outlet

炉膛出口位置没有水冷壁，因而此处的热量直接进入下一级的受热面，其数量可根据式（3-151）计算。但炉膛出口后通常布置为半辐射式的后屏过热器，此时其管屏还不够密，管屏间烟气换热仍有较强的辐射能力，它在接受炉膛出口烟窗射出的辐射热的同时，还向炉膛进行反方向的辐射，因此，炉膛内通过出口烟窗向外辐射的热量比式（3-151）计算结果小一些，还应乘以一个反向辐射引起的系数 β_{fo}，即

$$Q_{fo} = \frac{\beta_{fo}q_{fo}\eta_{fo}F_{fo}}{B} \tag{3-153}$$

式中　β_{fo}——屏式受热面向炉膛反向辐射的修正系数，见图 3-30；

q_{fo}——炉膛出口断面（屏入口断面积）中心高度分配的热负荷的强度，kW/m^2；

η_{fo}——炉膛出口高度的热负荷不均匀系数；

F_{fo}——炉膛出口断面面积。

出口烟窗的热量主要用于半辐射式屏式过热器的计算。为方便屏式过热器可以获得炉膛通过烟窗向外提供的辐射热量，需要提供getHeatToNext（）的函数，即

程序代码3-31　炉膛出口烟窗的热量

```
double CFurnace∷getHeatToNext（）
{
    CBoiler* b=CBoiler∷getInstance（）;
    double e=heatDistribution(heightExit/height);
    double q=getHeat()/getFx();
    double bt=inverseRadiateFactor(gasLv.getTemperature());
    return q*bt*e*areaExit/b->getFiringRate();
}
```

第八节　深度空气分级燃烧技术炉膛热力计算

深度空气分级燃烧技术是21世纪才发展起来的技术，由于良好的NO_x减量技术，在我国得到了普遍应用，我国目前90%以上的锅炉都完成了深度空气分级技术的改造。由于此类技术发展的时间很短，国内外均无相应技术对此进行深入研究，特别是对热力计算方法的研究还处于空白。本节基于笔者对于深度空气分级技术的理解，提出深度空气分级燃烧的技术特点、相应的操作方法，并基于1973年热力计算标准给出火焰高度修正的计算方法，供读者参考。

一、深度空气分级技术简介

深度空气分级燃烧技术的主要思想是让燃烧先在深度欠氧的条件下进行，从而抑制了NO_x的生成，并让已经生成的NO_x还原成N_2，从而最大程度上减少NO_x的浓度；然后再补充氧气，使其在有富氧的环境下完成燃料的燃尽；由于此区域的温度已经降低，新生成的NO_x量十分有限，因此总体上NO_x的排放量明显减少。

深度空气分级燃烧技术的构造方法分为两个部分。

（1）通过低NO_x燃烧器实际空气分级送入，如浓淡分离、风包粉技术等，在燃烧器出口构建局部欠氧燃烧环境。

（2）利用不同燃烧器间的配合，在炉膛垂直高度上分级配风，即在主燃烧器（送入煤粉的燃烧器）区域附近只给入燃烧所需风量的75%～100%的份额（过量系数控制在0.75～1.0），让煤粉在这一区域显著地、大范围地进行欠氧燃烧，然后在燃烧器主燃烧器的上方通入剩余空气，让剩余煤粉在该区域内、富氧条件下完全燃烧。其中，紧贴着主燃烧器区域给入的空气称为火上风OFA（over fire air），如果火上风OFA离主燃烧器区域有显著的距离则称为分离火上风SOFA（Separated over fire air）。

深度空气分级技术普遍采用SOFA分，通过将空气分级燃烧将范围扩大到接近整

个炉膛，更接近极限地控制燃料在欠氧区的停留时间，并使富氧区的温度降得更低。此时典型的燃烧器布置如图 3-40 所示。

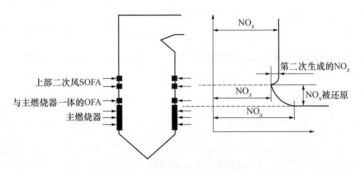

图 3-40　炉膛内深度空气分级燃烧器布置与 NO_x 浓度分布示意图

图 3-40 所示的深度空气分级技术是基于国外引进技术而深入开发的，SOFA 燃烧器分两级布置，通常每级 SOFA 燃烧器组之间的距离为 2～3m，第一级处过量空气系数达到 1，在第二级 SOFA 燃烧器为锅炉最终燃烧使用的过量空气系数，这种技术国内锅炉厂和一些理工科的大学使用，主要目的是避免过大的还原区域以防止锅炉结渣。除这种技术外，国内的深度空气分级技术中有一种典型的 SOFA 燃烧器的布置技术流派是烟台龙源技术有限公司的"双尺度燃烧技术"，把两级 SOFA 燃烧器合并为一级，目的是保留最大可能的还原区，600MW 以上锅炉，甚至可以达到 7m 以上的还原区，以期获得更低的 NO_x 控制目的。

二、火焰中心的变化

与传统的炉膛火焰相比，深度空气分级低 NO_x 燃烧技术条件下，煤粉在炉膛中先是在高欠氧条件燃烧与放热，然后又在富氧条件下燃烧和放热，其火焰由传统连续的一段变成了葫芦状的两段，使得锅炉的特性发生了明显的变化。

（一）欠氧燃烧

煤主要组成有碳、氢、氧、氮、硫、水分、灰分七大类成分，其中前五种成分参与燃烧。可燃元素氢和硫化学性质活泼且数量上很少，它们部分碳元素在燃烧前的预热过程中会发生热解反应挥发出来成为挥发分，以气态方式与燃烧空气及煤中氧元素进行反应，剩余的碳元素以固定碳的形式在其后的燃烧中燃尽。挥发分形式碳在气态条件进行燃烧，很快就烧完，剩下才是固定碳的两相燃烧，速度很慢，这样煤粉实际燃烧的顺序依次为 H（氢）＞S（硫）＞C（挥发分碳）＞＞C（固定碳）。考虑主燃烧区所给的总氧气量远大于氢和硫燃烧所需要的氧气，因而它们的燃烧如同在传统的富氧条件下燃烧一样，主燃区的欠氧条件对它们没有任何影响，欠氧燃烧影响到的燃料只有碳元素 C。

传统燃烧方式下，包括早期的富氧燃烧和 20 世纪末发展起来的低氧量燃烧、OFA（over fire air）技术，包括 OFA 燃烧器在内的所有一次风燃烧器、二次风燃烧器之间的距离均趋于一致，其燃烧火焰是一个整体，燃烧区的过量空气系数通常都能到达 1。这种燃烧技术所构造的局部欠氧燃烧区域通常只有浓淡分离燃烧器的出口处很小的部分；

在 OFA 燃烧器下的燃烧器组整体过量空气系数最低到 1 左右，OFA 与下部的燃烧器距离没有什么特别之处，其喷口出来二次风很快就补充到下部燃烧器运动上来的火焰中，形成一个大的火球，完成煤粉的高速燃烧与燃尽。燃烧方程为

$$C + O_2 = CO_2 + 33727 \quad (kJ/kg) \tag{3-154}$$

在深度空气分级低 NO_x 燃烧的技术条件下，假定把煤粉磨得足够细，还有充分的空间与时间进行燃烧，这样，煤中的 H（氢）、S（硫）、C（挥发分碳）还是很快燃烧，可以认为其燃烧与氧充足条件下没有差别，碳元素还是按式（3-154）进行，但是对于剩余的固定碳而言，由于氧化剂成分严重缺乏，会按式（3-155）的方式进行完全不燃烧。

$$C + 0.5O_2 = CO + 4635 \quad (kJ/kg) \tag{3-155}$$

当氧量不足时，碳元素的燃烧要么不参加燃烧，要么就优先燃烧成 CO。从微观的角度来看，即使部分煤粉颗粒已经燃烧成了 CO_2，在炉膛内超过 1000℃ 的高温条件下，还是会和未燃烧的碳元素按照 $CO_2 + C = 2CO$ 的规律还原成 CO，整体效果与直接燃烧成 CO 是一样的。无论是上述哪种路径，最后的结果都是所有的 C 和 O_2 都耗尽，生成的 CO_2 和 CO 在数量上是一致的，最终的放热量是一致的。

主燃烧区生成的 CO，会在 SOFA 燃烧器喷口处，与补充进行的氧气进行燃烧，从而放出剩余的 29092kJ/kg 的燃料。

$$CO + 0.5O_2 = CO_2 + 29092 \quad (kJ/kg) \tag{3-156}$$

（二）空气量

当过量空气系数 α 小于 1 时，煤中碳燃烧成一氧化碳的比例为 r_{CO}，燃烧成二氧化碳的比例为（$1-r_{CO}$），则根据煤燃烧的原理，可得此时燃烧需要的空气量为 $V_a^{\alpha<1}$，同时它与煤完全燃烧时的理论空气量之间的关系为 αV_a^0，分别写出其与各元素分析成分的关系，可得

$$\begin{cases} V_a^{\alpha<1} = 0.5 \times 0.0889 C_{bd,ar} r_{CO} + 0.0889 C_{bd,ar}(1-r_{CO}) + 0.265 H_{ar} - 0.0333 O_{ar} + 0.0333 S_{ar} \\ V_a^0 = 0.0889 C_{bd,ar} + 0.265 H_{ar} - 0.0333 O_{ar} + 0.0333 S_{ar} \end{cases}$$
$$\tag{3-157}$$

对比两者显然有

$$V_a^{\alpha<1} = V_a^0 - 0.5 \times 0.0889 C_{bd,ar} r_{CO} \tag{3-158}$$

可得

$$r_{CO} = \frac{V_a^0 (1-\alpha)}{0.0889 C_{bd,ar}} \tag{3-159}$$

（三）烟气量

因为炉内换热过程并没有涉及烟气量的影响，而且当火焰经过 SOFA 燃烧区以后，其过量空气系数大于 1，所以炉膛出口烟气量不受影响。

（四）热量分布

考虑碳元素中发生未完全燃烧、生成 CO 后摩尔比 r_{CO}，这样对于具体燃料来说，

其在主燃烧区燃烧器出口的位置实际放热量为

$$Q_z = Q_{ar,bd} - \frac{C_{ar,bd}}{100} Q_{CO} r_{CO}$$ （3-160）

式中 $Q_{ar,bd}$——锅炉中实际燃烧释放出煤的发热量，kJ/kg；

Q_{CO}——CO 的热值，kJ/kg；

r_{CO}——碳燃烧生成 CO 的比例。

$$Q_{ar,bd} = Q_{net,ar} - 33727 \frac{C_a}{100}$$ （3-161）

Q_z 衡量热值分布时的"实燃发热量"，以主燃区出口为例，除了要减去以飞灰和底渣的型式出主燃区的碳元素的数值，热力计算标准中认为其在主燃烧区会有 96% 的成分燃烧完成，燃烧好时略超 96%，燃烧差时略低于 96%。动态过程中的飞灰与底渣可燃物是测不到的。因此，$C_{bd,ar}$ 可以在锅炉出口的灰渣可燃含量基础上增加 4%，这样

$$Q_{MB} = Q_{net,bd} - C_{ar,bd}(13.49 + 0.01 Q_{CO} r_{CO})$$ （3-162）

式中的 13.94 来源于碳的发热量 33727 与 4% 乘积，并再除以 100（$C_{ar,bd}$ 的单位转换）。

如果不考虑燃料实体，仅考虑是否有能量进入，则可以把 SOFA 燃烧器区也当作能量进入燃烧器。主燃区各燃烧器的假定过量空气系数是一致的，这样可确定某一燃烧器实时放热量，这些燃烧器的放热量以及各燃烧器处的热量进入为

$$Q_i = \begin{cases} Q_{net,bd} - C_{ar,bd}(13.49 + 0.01 Q_{CO} r_{CO}) & \text{主燃区} \alpha_{MB} \leqslant 1 \\ Q_{net,bd} - 13.49 C_{ar,bd} & \text{主燃器} \alpha_{MB} > 1 \\ 0.01 C_{ar} Q_{CO} \times r_{CO} & \text{SOFA区} \alpha \leqslant 1 \text{部分} \\ 0 & \text{SOFA区} \alpha > 1 \text{部分} \end{cases}$$ （3-163）

（五）火焰形态变化与中心

炉内的火焰形态与煤燃烧时的热量分布高度相关。显然，传统上燃烧方式，主燃烧区火焰与 OFA 燃烧器是一致的，火焰是连续的，可以称为一段燃烧火焰方式；而在低深度空气分级超低 NO_x 技术时，主燃烧区由于氧化剂的不足，导致煤中的碳元素无法完全燃烧，放出的热量在经过还原区要被水冷壁吸收掉一部分而温度有所下降，但是到了 SOFA 燃烧器区，大量的 CO 会继续发生燃烧而放出热量，产生温度的提升，形成第二段火焰。这样，深度空气分级超低 NO_x 燃烧技术应用条件下，炉内的火焰变为两个高温区的两段火焰燃烧模式，对于炉内的传热与汽温控制带来了很大的影响。

实际炉膛的火焰形态很难测出，但是通过数值计算的方法得到炉内温度场的分布云图，可以证实两段火焰的存在。图 3-41 所示的一台 600MW 亚临界锅炉因采用传统的一段火焰燃烧方式和改造后采用深度空气分级燃烧技术的炉膛温度场沿高度方向温度分布对比，可以明显地看出宝瓶状的两段火焰燃烧形态，与没有实行深度空气分级燃烧技术的温度分布会有较大的差异。由此带来的热负荷分配也会有明显的不同，在屏、顶棚、壁式再热器等炉内的蒸汽过热器受热面计算时要充分论证。

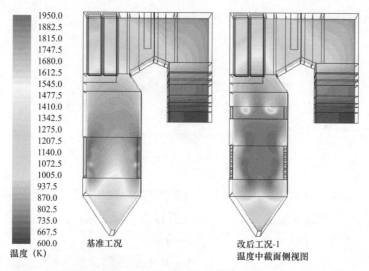

图 3-41　常规燃烧方式炉膛和深度空气分级燃烧方式炉膛的温度场

基于火焰温度分布场的变化，火焰中心也发生变化，相对高度 x_b 计算基准为炉膛高度，为燃烧器按燃料量和发热量加权平均，即

$$x_b = \frac{\sum B_i Q_i h_{b_i}}{H_f B Q_{net,bd}}$$ （3-164）

式（3-164）中，SOFA 区的燃料量就是总燃烧量 B。

三、热负荷

（一）炉膛容积热负荷 q_V。

虽然燃料在炉膛内的放热分布发生了变化，但是其在炉膛放热的总量没有变化，因而炉膛容积热负荷 q_V 不变。

（二）主燃区炉膛截面热负荷 $q_{F,MB}$ 和 $q_{F,SOFA}$

两段火焰使得炉内沿高度上出现两个热负荷中心，主燃区和 SOFA 区应当分别进行考察。主燃区的炉膛截面热负荷为

$$q_{F,MB} = \frac{BQ_{MB}}{F_1}$$ （3-165）

SOFA 区的炉膛截面热负荷为

$$q_{F,SOFA} = \frac{BQ_{SOFA}}{F_1}$$ （3-166）

无论是主燃烧区的炉膛截面热负荷还是 SOFA 区的截面热负荷，均比原来的一段火焰的截面热负荷小一些。

（三）燃烧区域壁面热负荷 $q_{r,MB}$ 和 $q_{r,SOFA}$

两个负荷中心的壁面热负荷同样可以单独计量。

主燃烧器区域壁面热负荷，即

$$q_{r,MB} = \frac{BQ_{MB}}{F_{2,MB}} \qquad (3\text{-}167)$$

SOFA 区域壁面热负荷，即

$$q_{r,SOFA} = \frac{BQ_{SOFA}}{F_{2,SOFA}} \qquad (3\text{-}168)$$

式中　$F_{2,MB}$ 和 $F_{2,SOFA}$——主燃烧区和 SOFA 区域壁面积，m^2。

一次风燃烧器的宽、高和面积通常不变，由于主燃烧区二次风量减少，二次风喷口必须相应地减少。二次风喷口的宽度原则上与一次风喷口保持一致，因此喷口的高度就会相应地变扁到原来的 α 倍，才能维持与原喷口的流速保持一致。如果其他因素都不变，主燃区的高度相应地降低为

$$h_{3,MB} = h_3 - (1-\alpha)\sum h_{sa} \qquad (3\text{-}169)$$

式中　$h_{3,MB}$ 和 h_3——深度分级燃烧技术主燃烧区高度和传统燃烧区高度，m；

　　　h_{sa}——主燃烧区内二次风燃烧器的高度，m。

参考文献

［1］　北京锅炉厂译 . 锅炉机组热力计算标准方法［M］. 北京：机械工业出版社，1976.

［2］　周强泰 . 锅炉原理 .3 版［M］. 北京：中国电力出版社，2013.

［3］　赵翔，任有中 . 锅炉课程设计［M］. 北京：水利电力出版社，1991.

［4］　车得福 . 锅炉 .2 版［M］. 西安：西安交通大学出版社，2008.

［5］　锅炉机组热力计算方法（规范法）第三版 补充和修订［S］. 圣彼得堡：1998.

ТЕПЛОВОЙ РАСЧЕТ КОТЛОВ（НОРМАТИВНЫЙ МЕТОД）Издание третье, переработанное

и дополненное. Санкт-Петербург：1998.

［6］　王致均 . 锅炉炉内过程［M］. 重庆：科学技术文献出版社重庆分社，1980.

［7］　胡荫平 . 电站锅炉手册［M］. 北京：中国电力出版社，2005.

［8］　贾鸿样 . 锅炉例题习题集［M］. 北京：水利电力出版社，1990.

［9］　哈尔滨普华煤燃烧技术开发中心 . 大型煤粉锅炉燃烧设备性能设计方法［M］. 哈尔滨：哈尔滨

工业大学出版社，2002.

［10］　石丽国 . 超（超）临界燃煤锅炉炉膛热力计算方法的研究［D］. 华北电力大学，2008.

［11］　赵震 . 超（超）临界燃煤锅炉炉膛热力计算方法的研究［D］. 上海发电设备成套设计研究所，

2001.

［12］　杨润红 . 大容量燃煤电站锅炉热力计算分析研究［D］. 北京交通大学，2007.

［13］　陈有福 . 电站燃煤锅炉热力计算通用性的研究与实现［D］. 东南大学，2004.

［14］范传康.锅炉热力计算系统的理论模型及框架研究［D］.浙江大学，2005.

［15］马明金.通用锅炉运行参数计算组态软件的开发［D］.东南大学，2004.

［16］潘朝红.W火焰锅炉炉膛热力计算方法的研究［D］.华北电力大学，2000.

［17］阎维平.采用再燃技术的电站锅炉炉膛热力计算方法研究［J］.中国电站系统工程.2009，25（6）：19-23.

［18］阎维平.电站锅炉炉膛分区段改进热力计算方法［J］.锅炉技术，2007，38（5）：11-18.

［19］霍志红.电站锅炉炉膛出口烟温算法改进与实现［J］.能源工程，2010，（2）：4.

［20］赵伶玲.大容量超临界和超超临界压力锅炉炉膛传热式［J］.热能动力工程，2009，24（3）：355-361.

［21］樊泉桂.大容量锅炉分区段计算的改进方法［J］.锅炉技术，2004，35（4）：21-24.

［22］王雅勤.德国电站锅炉炉内传热计算方法分析［J］.现代电力，2002，19（4）：33-37.

［23］周克毅.炉膛出口温度计算方法的分析与比较［J］.锅炉技术，1999，19（5）：363-366.

［24］樊泉桂.锅炉原理［M］.北京：中国电力出版社，2003.

［25］唐必光.大容量锅炉炉膛换热计算的一个新方法［J］.动力工程，1992，12（6）：26-30.

［26］赵振宁.深度空气分级超低NO_x燃烧技术多目标协同优化理论与实践［C］.第10届煤燃烧国际会议（10th ISCC），2023.

第四章 对流受热面热力计算

对流受热面是锅炉中种类和数量最多的受热面，包括高温过热器、高温再热器、低温过热器、低温再热器、省煤器、空气预热器等。各类对流受热面因结构、布置、调节等多种因素而导致换热系数计算复杂多变，是热力计算处理中最为复杂的部分。本章全面介绍各种不同结构与布置条件下，各类壁面式稳态换热器与蓄热式非稳态换热器换热的计算过程及封装方法，从而达到通用计算的目的。

第一节　对流受热面分类与结构

对流受热器通常位于炉膛出口水平烟道或后续的竖井烟道中，主要有用于汽水工质的蛇形管对流换热器（含过热器、再热器及省煤器）、管式空气预热器（通常是管厢式结构）和回转式空气预热器三种类型，从换热机理上对流受热面可为稳态换热的壁面式换热器和非稳态换热的蓄热式换热器两类；回转式空气预热器是非稳态换热的蓄热式换热器，其他对流换热器是稳态换热器。三种换热器根据不同的工质与位置又都有不同的结构。

一、汽水工质蛇形管对流换热器

（一）蛇形管的结构与布置

1. 蛇形管的结构

锅炉中的汽水工质需要维持高温高压特性，其换热器，包括过热器、再热器、省煤器，都要保证良好的严密性，不能有丝毫泄漏，因而它们均为壁面式稳态换热器，汽水工质在管子里面流而低压的热烟气在管外流动。汽水工质为达到预定参数，需要很大的换热量和温升，因而每一份工质都要经历很长的吸热流程，此类换热器的换热管往往需要很长。为了在烟道中有限的空间内完成布置，此类换热器通常是由很多根并联的管子、多次回旋的结构构成。这种反复回旋的管子通常称为蛇形管，可以在有限空间内提高加热流程，如图 4-1 所示。

最简单的蛇形管屏由 1 根管子回旋构成，此时的固定与安装均较为简单，但在实际生产过程中、特别是锅炉越来越大以后，为保证足够的换热面积，同时也保证足够的烟气通流面积，由 1 根蛇形管构成的单管圈管屏往往需要设置过长的受热管长，导致受热面温升不好控制，并且阻力过大。为解决这一矛盾，大容量锅炉通常采用多屏多管圈结构，即由 2 根管或 3 根管并列回旋构成双管圈或多管圈管屏，由多个蛇形管组成与烟气流向平行的管排，并列布置在烟道内，如图 4-2 所示。

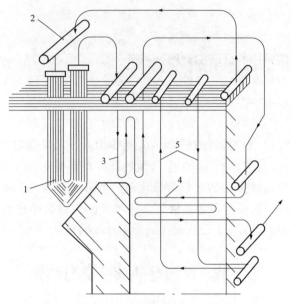

图 4-1　某高压管路的蛇形管过热器结构示例

1—后屏过热器；2—顶棚出口集箱；3—水平烟道过热器；4—竖井烟道过热器；5—悬吊管

(a) 单管圈　　　　(b) 双管圈　　　　(c) 三管圈

图 4-2　管圈数示例

　　每一个并列布置的管排平面称为一个管屏，沿着烟道内并排地放多少个管排的数字称为管排数或管屏数（通常用 z_1 表示），每个管屏中并列管的数目称为管圈数（通常用 z_2 表示）。控制管屏数可以控制烟气通流面积，控制管圈数可以在不影响烟气通流面积和烟气流速的条件下控制蒸汽流速，这种多管屏、多管圈并列的设计模式使得换热面积设计时可以较为自由地同时保证所需要的换热量、合适的工质温升和压降、合适的烟气温降和烟气流速，同时管外不发生结渣和磨损等危险工况、管内阻力合理等多重目标。

　　蛇形管通常采用 32～60mm 的优质无缝钢管制成，其外形与尺寸根据制造工艺、材料特性、阻力特性、需要的换热面积和温升、蒸汽的流通速度等因素综合考虑决定，其中：过热器和省煤器的管子通常较细以延长加热流程，且锅炉的参数越高，管径相对越小、管子相对越长；再热器的管子相对较粗以减少阻力；为降低成本，高温段的管子通常为耐高温合金钢，而低温段管子则采用等级相对较低的合金钢或碳钢制成。

　　2. 蛇形管的布置

　　布置方式指受热面管子在烟道中分布的特点，包括顺流还是逆流、顺列和错列、横向冲刷还是纵向冲刷、立式还是卧式四个方面的因素。

（1）顺、逆流。根据工质（水蒸气、给水和空气等）和烟气之间的相对流动方向，对流过热器可分为顺流、逆流及混合流布置三种方式，如图 4-3 所示。

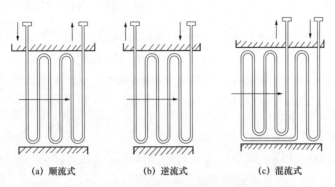

（a）顺流式　　　　（b）逆流式　　　　（c）混流式

图 4-3　顺流、逆流及混合流布置

冷、热流体平行流动且方向相同称为顺流，此时换热器的平均温差较小、需要的换热面积大（金属耗量大），但冷流体的温度高的那一段处于烟气低温区，因而壁温较低、安全性较好，多用于蒸汽温度较高、对管子冷却能力变差的最末级受热面。

冷、热流体平行流动但方向相反称为逆流，此时换热器温度高的那一段处于烟气高温区，金属外壁温度水平较高，管子里冷流体必须对管子有很好的冷却作用，因而适用于烟气温度相对较低的区域，如低温过热器和低温再热器。逆流布置换热器的平均传热温差比顺流布置换热器的传热温差大，所需换热面积小，且冷流体出口温度可以高于热流体的出口温度，换热器更为经济。

此外，还有顺、逆流共同存在于同一受热面中，称为混流（即先顺流后逆流或先逆流后顺流），综合考虑换热面积和壁温的特点与优势，曾广泛用于中压锅炉。高压和超高压锅炉过热器的最后一级也常采用这种布置方式，但到了亚临界以上锅炉就很少采用了。

（2）顺列和错列。其是对流过热器管排的布置方式，如图 4-4 所示，在烟气流动方向上，顺列管束各管排是齐平的，而错列管束的相邻管排在前后错开纵向节距一半，使烟气在管排间流动时形成来回的拐弯，增加烟气冲刷的能力。在相同的整体烟气流速和管子数条件下，错列横向冲刷受热面的传热系数比顺列大，但是吹灰蒸汽也会与烟气流动方向一样来回拐弯，从而吹灰能力减弱，错列管束传热能力提高的同时，也有外表积灰难于吹扫干净的缺点，而顺列管束的外表积灰很容易被吹灰器所清除。

国内绝大多数锅炉，在高温水平烟道中采用立式顺列布置的受热面（可避免燃烧多灰分燃料时产生结渣和减轻积灰和程度）。当受热面顺列布置时，相对横向节距 $s_1/d=2\sim3$，相对纵向节距在管子半径允许的条件下应尽量小，使结构紧凑，通常，相对纵向节距 $s_2/d=1.6\sim2.5$；当过热器的进口烟气温度较高并接近 1000℃ 以上时，为了防止结渣，常把过热器管束的前几排拉稀，相对横向节距 $s_1/d \geqslant 3.5$。通常，小型锅炉在尾部竖井烟道中采用卧式错列布置的受热面，大型锅炉在尾部竖井烟道也有采用卧式顺列布置的受热面。

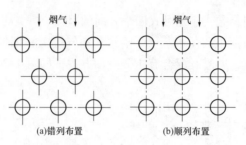

(a)错列布置　　　　　(b)顺列布置

图4-4　顺列和错列布置两种布置方式

（3）横向冲刷和纵向冲刷。其指流体的流动方向和管子的轴线是垂直的，纵向冲刷指烟气等流体的流动方向和管子的轴线方向是平行的。管子里的流体是纵向冲刷，烟道中的流向为横向冲刷，因而冷流体与热流体之间必然有横向冲刷和纵向冲刷两种模式。冲刷方式不同，换热系数的确定方式有所区别。

（4）立式和卧式。根据管子的布置方式，对流过热器可分为立式和卧式两种。蛇形管垂直放置的立式过热器的优点是支吊结构比较简单，可用吊钩把蛇形管的上弯头吊挂在锅炉的钢架上，并且不易积灰，立式过热器通常布置在炉膛出口的水平烟道中，其缺点是停炉时管内存水不易排出。蛇形管水平放置的卧式过热器在停炉时管内存水容易排出，但它的支吊结构比较复杂且易积灰，常以有工质冷却的受热面管子（如省煤器管子）作为它的悬吊管。

（二）热力计算需要的结构参数

1. 换热面积 F_x

与辐射式受热面不同，当烟气冲刷蛇形管构成对流换热时，换热面积为烟气能冲刷到的部分。

当管内工质为蒸汽或水时，其换热系数远远大于管外烟气的放热系数，相当于烟气把热量传递给管子外表面时马上被汽水工质带走，因而换热过程关键发生在换热系数较小的外表面，即蛇形管的换热器的传热面积为管子外表面。

换热面积为管子外表面积时，其计算式为

$$F_x = zd\pi l = z_1 z_2 d\pi l \tag{4-1}$$

式中　F_x——蛇形管束的换热面积，m^2；

　　　z——管束中并列的管数；

　　　d——蛇形管的外径，m；

　　　l——蛇形管的平均长度，m；

　　　z_1——沿烟道宽度布置的管排数；

　　　z_2——每个管排中并行的蛇形管管圈数。

部分参数较低的省煤器管子还采用鳍/肋片式的扩展受热面来强化换热，此时换热面积还应加上鳍/肋片的外表面积，计算过程比较复杂，具体请参见本章第八节。

2. 烟气流速 w_{fg}

烟气流速对于对流换热系数和管子的清洁有至关重要的关系。从后屏出口，管排的密度就大为增加，烟气对管子的冲刷作用增强，对换热器由辐射为主变为对流为主，烟气流速的控制成为影响换热系数的关键参数。同时，烟气中携带的大量灰粒对管子产生冲撞、沾粘和磨损作用，其速度基本上等同于烟气流速，因而烟气流速的控制对于保证管子的安全和清洁也具有约束意义。通常高烟气流速可提高传热系数，但管子的磨损也较严重；相反，过低的烟气流速不仅会降低传热系数，而且还导致管子严重积灰。在额定负荷时，对流受热面的烟气流速一般不宜低于 6m/s。在炉膛出口后的水平烟道中，烟气温度较高，灰粒较软，对受热面的磨损较小，常采用 10~12m/s 以上的烟气流速。在烟气温度小于 600~700℃ 的区域中，由于灰粒变硬，磨损加剧，烟气流速一般不宜高于 9m/s。

烟气流速主要通过控制烟气通流面积来实现：烟道布置蛇形管屏时，在任意烟道横截面上顺着烟气流向看，烟气通流面积等于烟道无管屏时的横截面积与管屏所占面积之差，由于每个管屏只占用一根管子的烟气通流面积，管屏所占烟气通流面积由管外径和管排数决定。

烟气横向流过光滑管束时，则

$$F_{fg} = W \cdot H - z_1 \cdot L \cdot d \tag{4-2}$$

式中　W 及 H——所求断面中烟道的宽度和高度（水平时为深度），m；

L——管排的高度，如果是弯管，则取其投影长度作为管长，m；

d——管子的外径，m。

烟道流通截面的确定如图 4-5 所示。

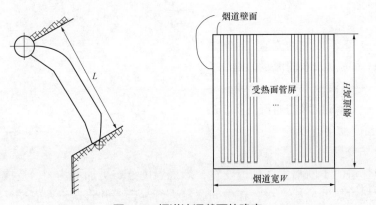

图 4-5　烟道流通截面的确定

当所求烟道的各部分的通流面积不同时，应按照速度平均的条件，也即按照以 $1/F$ 作权重的平均方法来求得，例如：如果烟道的进、出口截面积不同，可取几何平均值计算，即

$$F_{fg} = \frac{F_{fg,i} F_{fg,o}}{F_{fg,i} + F_{fg,o}} \tag{4-3}$$

式中　$F_{fg,i}$、$F_{fg,o}$——烟道的进、出口截面积，m²。

1973 年热力计算标准和 1998 年热力计算标准中还针对一系列流动复杂的管束给出整体通流面积的确定方式，当代大型锅炉应用较少，本书不再赘述。

烟气流通面积主要用于求烟气流速，即

$$w_{fg} = \frac{BV_{fg}\left(t_{fg,mn} + 273.15\right)}{273.15 F_{fg}} g_i \tag{4-4}$$

式中　w_{fg}——烟气流速，m/s；

　　　B——给煤量，kg/s；

　　　V_{fg}——烟气量，m³/kg；

　　　$t_{fg,mn}$——烟气进、出口平均温度，℃；

　　　g_i——受热面流通烟气的份额，无量纲。

需要注意的是，如果管束不是垂直流道布置，而是有一定倾斜角度时，仍需要使用烟道的垂直断面积求出烟气计算速度，如图 4–5 所示。

3. 冷却剂流速 w_{sw}

汽水工质在管内流动的面积为

$$F_{sw} = z_1 z_2 \frac{\pi d_n^2}{4} == z_1 z_2 \frac{\pi\left(d - 2d_i\right)^2}{4} \tag{4-5}$$

式中　d_i——管子的内径，m。

蒸汽和水的流速为

$$w_{sw} = \frac{D}{\rho F_{sw}} \tag{4-6}$$

式中　w_{sw}——蒸汽或水的流速，m/s；

　　　D——蒸汽或水的流量，kg/s；

　　　ρ——蒸汽或水密度，m²/kg；

　　　F_{sw}——蒸汽或水的通流面积，m²。

（三）温度控制

1. 混合与交叉

随锅炉容量的不断增大，烟道变宽，烟气温度分布更加不均匀，造成蛇形管吸热不均，因此把过热器分成几级，在中间联箱进行混合，并将蒸汽左右交叉，以减少烟气温度偏差对蒸汽温度不均的影响。

2. 主蒸汽温度的喷水减温

为了保证机组主蒸汽温度的恒定，大部分的过热器系统采用两级或三级喷水的方式调节出口汽温，以防止过热器和再热器超温。分隔屏过热汽是过热器系统中热负荷最大的部位，因此一级减温器通常布置在低温过热器出口至分隔屏过热器进口的连接管道上，以保证分隔屏的安全，并作为过热汽温的粗调器；二级减温器通常布置在后屏过热器与高温过热器之间的连接管道上，作为过热汽温的精调器；如果采用三级喷水减温，则还有一级喷水装在后屏过热器和末级过热器之间，以增加调节的灵活性。

减温水设置得越多，调节汽温越方便，但由于喷水减温器多为多孔笛形喷管，因而必须有合适的空间，并且在有出联箱混和的位置才满足安装条件，因而大部分锅炉还是采用两级减温水的方式。

3. 再热蒸汽温度的烟气侧调节

再热蒸汽温度也需要保持恒定，但如果采用喷水调节，则该部分喷水在机侧不经过高压缸做功，严重影响机组的经济性，因而通常再热蒸汽温度采用烟气侧手段来调整。

切向燃烧的锅炉通常可以利用上、下摆动燃烧器角度来改变火焰中心位置完成再热蒸汽温度的调整，此时锅炉通常在炉膛的顶部设置壁式再热器来感受火焰中心的变化；一般燃烧器摆动可达 ±（20°~30°），炉膛出口烟气温度变化 110~140℃，调温幅度可达 40~60℃。运行中当燃烧器摆动角度较大时，应注意有可能造成炉膛出口或冷灰斗处结渣，煤质好的锅炉调节量大，煤质变差时基本无调节。

对冲燃烧的锅炉燃烧器无法摆动，因此通常在尾部低温段烟道设置烟气挡板分成两部分，一部分放置再热器，另一部分为过热器或省煤器，利用挡板开度的大小来改变流过烟道中烟气流量，从而改变再热器的烟气流量来调节换热量。

由于烟气侧手段响应时间长，调节范围小，为保护再热器的安全，通常类再热器进口管道上装有事故喷水减温器，生产实践中常被用来当作再热汽温的调节手段。

负裕量设计理念。锅炉负荷降低时，如果挡板调节，则开大再热器烟道的挡板，保持主烟道内烟气的流量，可以保持再热蒸汽温度不变，如果是摆燃烧器调节，则上摆燃烧器抬高火焰中心，提升再热蒸汽温度，可以保持再热蒸汽温度不变。

多层燃烧器，可通过投运不同层次燃烧器的方法改变火焰中心位置来达到调节汽温的目的。

二、管式空气预热器

（一）管式空气预热器的结构

与汽水工质以 MPa 为单位的高压力不同，管式空气预热器虽然也是间壁式换热器，但它的工作压力在 kPa 为单位的微正压和微负压，对于换热管的承压能力要求大为降低，因而由许多薄壁钢管焊接在管板上形成管箱。为防止烟气中携带的大量飞灰在管箱内沉积，管式空气预热器通常是烟气在管内纵向流动，而清洁的空气在管外横向流动冲刷管子，烟气、空气作相互垂直的逆向流动。为增加换热流程，不少空气预热器还通过在管箱中增加中间管板形成绕流，如图 4-6 所示。

当管式空气预热器的烟气在管内纵向冲刷烟气管束、空气沿着管箱横向冲刷烟气管束，其换热的模式与汽水工质的蛇形管是类似的。但也有部分空气预热器的空气是沿着管箱底部向上纵向冲刷烟气管束，此时烟气、空气均纵向冲刷烟气管束，空气的流道并非圆形，需要通过当量直径把空气流道等价为圆形管道后进行计算。

（二）换热面积

对于管式空气预热器，两侧的热阻相差不大，此时 d 可以按内外径计算后计算平均值。对流换热流通面积与汽水换热器换热面积计算方法类似，即

$$F_{x} = 0.5z\pi(d + d_{n})l = 0.5z\pi(2d - d_{s})l \qquad (4-7)$$

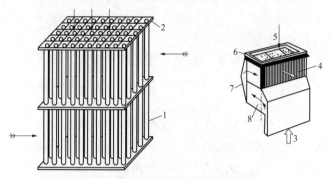

图 4-6 管式空气预热器结构示意图

1—烟管管束；2—管板；3—冷空气入口；4—热空气出口；5—烟气入口；

6—膨胀节；7—空气连通罩；8—烟气出口

（三）流速

大部分管式空气预热器都是烟气在圆管中垂直向下流动，以促进飞灰的流出，而空气在管箱中横向冲刷烟气的圆管，这时其换热与汽水工质的蛇形管无异，此时烟气流通面积与烟气流速的计算式为

$$\begin{cases} F_{fg} = z\dfrac{\pi d_{n}^{2}}{4} \\ F_{a} = (W - z_{1}d) \cdot H \end{cases} \qquad (4-8)$$

对应的烟气与空气流速为

$$\begin{cases} w_{a} = \beta_{a}\dfrac{BV_{a}^{\circ}\left(t_{a,mn} + 273.15\right)}{273.15F_{a}} \\ w_{fg} = \dfrac{BV_{fg}\left(t_{fg,mn} + 273.15\right)}{273.15F_{fg}} \end{cases} \qquad (4-9)$$

式中　β_{a}——空气预热器空气侧的过量空气系数，无量纲。

与蒸汽受热面的蛇形管不同，管式空气预热器的换热管通常是直的，且管径较粗，为了保证换热面积，管式空气预热器的容积和需要的布置空间往往很大，300MW 以上的煤粉锅炉基本上没有布置的空间，而采用换热效率更高的回转式空气预热器。少部分早期我国自主设计的 300MW 级循环流化床锅炉也有管式空气预热器的。

（四）当量直径

当量直径在第三章已经多次提及，但是在本章才要频繁使用。流体在非圆管内流动且纵向冲刷管束时，需要把非圆流道等价为圆形管道，其直径称为当量直径。当量直径的计算式为

$$d_{eq} = \dfrac{4F}{U} \qquad (4-10)$$

式中　F——流体的流通截面积，m^2；

$\quad\quad U$——被流体湿润的全部固体周界（湿周），m。

此时空气的流通截面积为当量直径，即

$$d_{eq} = \frac{4\left(W \cdot D - z \dfrac{\pi d^2}{4}\right)}{2(W+D)+z\pi d} \qquad (4\text{--}11)$$

三、回转式空气预热器

（一）回转式空气预热器构造

1. 工作原理与整体构造

典型的回转式空气预热器基本结构如图 4-7 所示，包含受热元件和罩壳两大关键部件：受热元件通常由在圆周上均匀分布的仓室通道和其中密布的波纹板构成，与中间的转动轴等装配在一起形成圆柱形的转子；罩壳则包裹转子的外侧并连接尾部烟道和相应的空气通道形成通路。受热元件缓慢地旋转时，传热元件的波纹板就先在烟气通路中吸热升温，而后再到空气通路中将其吸收的热量传递给空气，依靠这样连续不断地循环加热，完成空气加热升温的目的。

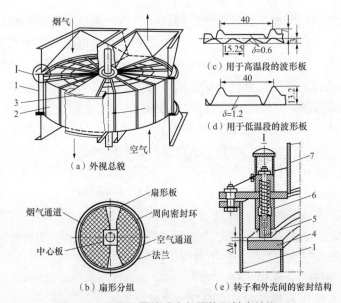

图 4-7　典型的回转式空气预热器基本结构

1—外壳；2—转子；3—扇形板；4—转子法兰；5—密封块；

6—调节间隙用的弹簧；7—烟道进口壁；

回转式空气预热器是针对其回转结构而命名的。其工作时蓄热元件是先蓄热、再加热冷却、再蓄热的循环过程，如同热量的再生，因此又称为再生式空气预热器。回转式空气预热器可以是中间的蓄热元件转动，也可以是外面的罩壳转动。最早的蓄热元件转动式空气预热器是美国容克公司发明的，因此也称为容克式空气预热器。最早的罩壳转动式空气预热器是德国罗斯穆勒（Rothemuhle）公司发明的，因此也称为 Rothemuhle 式空气预热器。当前主要应用的是蓄热元件转动的空气预热器，即容克式空气预热器。

回转式空气预热器的优点是可以在相对较小的空间产生更高的空气温升。对于每一块波纹板而言，无论是其加热空气还是被烟气加热，都是两面受热的，单位质量金属的换热面积较大，金属耗量少，约为管式空气预热器的 1/3；在空气、烟气交替流过的过程中，即使有烟气中的灰粒沉积在波纹版上时，马上就会被随之而来的空气流带走，清浮灰的效果较好，因而可以承受更小的流道，在单位空间内可布置很多波纹板（500m³/m³），总换热面积远远大于管式空气预热器，换热能力是管式空气预热器的 10 倍。由于流速较快，传热系数通常也高于管式换热器。综合上述原因，回转式空气预热器在完成换热功能的需求基础上，外形尺寸远远小于管式空气预热器，通常一级空气预热器就可以满足把环境温度条件下的空气加热到通常所要求的 300℃ 以上，在 300MW 亚临界以上锅炉中成为主流空气预热器。

2. 回转式空气预热器的漏风、密封、腐蚀与堵塞

回转式空气预热器的工作过程中，烟气和空气是连通的，因而总有高压的空气漏到低压的烟气中，早期空气预热器的主要缺点是漏风率大，但现在随着密封技术的发展，现代化的大型空气预热器漏风率已经达到 5% 以下。

要注意漏风率与漏风系数的区别：漏风率是空气预热器厂家的概念，它不知道锅炉要多少空气，因此衡量漏风量的大小就用其相对于入口烟气量的百分比来表示；而漏风系数是锅炉厂家的概念，它主要关心锅炉的燃烧风量够不够，对烟气温度的影响等因素，因此是相对于理论空气量的比值；两者都可以表示漏风量的大小，数值上同向变化，但是差别很大，漏风系数明显大于漏风率。

现在的回转式空气预热器主要的问题是其狭窄的空气预热器流道很容易被堵塞和低温腐蚀问题。为了防止空气预热器蓄热元件的低温腐蚀，空气预热器厂家往往将空气预热器沿烟气流动方向分为几个换热段，不同的换热段采用不同的材料，高温段采用普通材料，低温段采用耐腐蚀材料，可以在节约材料的基础上保证换热性能。在当前普遍采用 SCR 脱硝技术后，脱硝过程用不了的逃逸氨会加速堵塞过程，并且引起进一步的低温腐蚀，厂家通常采用更换新型蓄热元件波纹板型、加高低温段高度、加装吹灰等手段，使空气预热器进一步拓展应用。

3. 空气预热器的分仓

早期的空气预热器都是两分仓空气预热器，即一个烟气通道、一个空气通道。随着锅炉技术的发展，多分仓空气预热器逐渐被开发出来，如图 4-8 所示。常见的有三分仓空气预热器和四分仓空气预热器。三分仓空气预热器有两个空气通道，分别为一次风通道和二次风通道；四分仓空气预热器的空气通道被分为三部分，分别为二次风空气通道、一次风空气通道和另外一个二次风空气通道，这样压力最高的一次风会从两侧漏入中等压力的二次风中当二次风使用，与烟气接触的只有中等压力的二次风，这样就大大减少了漏风量，提高空气预热器的使用效果和风机耗电。

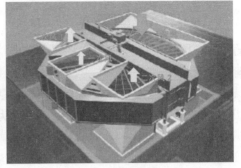

(a) 三分仓空气预热器　　　　　　　(b) 四分仓空气预热器

图4-8　多分仓空气预热器示意图

三分仓式空气预热器空气通道被划分为一、二次风两个通道，其间有扇形密封区分隔，一次风通道专门用于加热后供给磨煤机制粉和输送煤粉的空气（一次风），二次风通道用于加热后供给燃料燃烧的空气（二次风），这两个空气通道分别流过一次风机和锅炉送风机供给的空气，其空气流量、流速和在空气预热器内的加热状态是不同的。现代锅炉回转式空气预热器在结构上都区分为热段和冷段（有时还设中间段），其蓄热板传热元件的结构和传热特性是不同的，使传热计算更加复杂。

4. 空气预热器的分段

考虑空气预热器的问题，特别是腐蚀与堵塞，均发生在空气预热器的下部温度较低的区段，而为了追求能效水平，生产中又无法完全避开这一区段，因而生产实践中往往把空气预热器分成不同的区段，在不同的区段采用不同的材质和波纹板。通常高温段在运行中没有什么明显的危险，因而通常采用普通的碳钢材料和传热系数最高的波纹板型，以迅速冷却烟气；在低温段腐蚀和堵塞风险加大，因而采用耐腐蚀合金材料蓄热元件或是在其表面渡有搪瓷，并且采用不易堵灰、流通阻力小、流道封闭的直通型波纹板以强化吹灰效果，对应的换热系数较低，但保持了清洁，整体性能仍可以得到保证。

在 SCR 系统广泛应用之前，空气预热器往往采用三段蓄热元件，以追求更低的造价，耐腐蚀材料的低温段通常为 300mm 高度；而 SCR 系统后堵塞严重，通常会把中温段和低温段合并为低温段，低温段会有 600~800mm 的高度。

对于燃油、燃气锅炉，通常采用换热面积最大 CU 型波纹板，热段采用普通碳钢，冷段采用低耐腐蚀合金材料。

5. 空气预热器命名

回转式空气预热器结构的复杂构成，以上海锅炉厂制造的容克式空气预热器为例，通常用 9 个字段、按 "a-b-cde（f）-g（h）i" 的格式命名，以尽可能多地给出设备的主要参数，方便日后的生产与检修，如某 600MW 机组空气预热器型号为 2-32-Ⅵ（T）-2000（2300）SMRC，其中各段的含义如下。

（1）第一个字段的 a 通常为数字，表示每台锅炉设置的空气预热器的台数，示例中第一个字段为 2，表示锅炉有两台空气预热器。

（2）第二个字段的 b 通常为数字，表示空气预热器型号为 32（与直径有一关系）。

（3）第三个字段的 c 为 1~2 个字母，字母为 H、V 或 VI，用以表示空气预热器转子轴布置方向和烟空气流向情况，其中：H 表示卧式（转子轴水平布置），V 表示转子轴垂直布置且烟气逆流向上，用 VI 表示转子轴垂直布置且烟气逆流向下；示例中的 VI 即表示空气预热器立式布置，烟气流向从上向下流动。

（4）第四个字段 d 为 1 个字母，字母为 K、S、M、R 或没有字母，用以表示空气预热器的外形，其中：K 为方形外壳整装式空气预热器，S 为分片组装式空气预热器，M 为船用锅炉空气预热器，R 为圆筒形外壳预热器，无字母则为大型常规设计空气预热器。

（5）第五个字段 e 为一个字母，字母可为 C、X 或没有字母，用以表示锅炉的燃烧方式，其中：C 为旋风炉，X 为微正压锅炉，无字母则为常规煤粉炉。

（6）第六个字段（f）为 1~2 个字母，可以为 HT、P、T、Q 4 个，以备注表示空气预热器的特殊含义，其中：HT 表示高进口烟气温度（510~815℃），P 表示一次风空气预热器，T 表示三分仓空气预热器，Q 表示四分仓空气预热器；示例中用了 T，表示三分仓空气预热器。

（7）第七个字段 g 为数字，用以表示传热元件总高，单位为 mm，示例中表示初设计预热器传热元件总高为 2000mm。

（8）第 8 个字段 h 表示传热元件可以布置的最高高度，单位为 mm，示例中表示转子可以增加 300mm 的传热元件。

（9）第 9 个字段为 i 或 j 两个字母，其中 i 表示转子结构形式，j 表示三分仓空气预热器转向，正转时转向为"烟气→一次风→二次风→烟气"，用空白表示（反转）"烟气→二次风→一次风→烟气"。

（二）回转式空气预热器换元件

1. 基本板型

回转式空气预热器的换热性能主要由换热板自身的传热和流动特性所决定。

（1）斜波纹板（undulated），波纹特点是波高小、节距大，主要目的是强化传热。

（2）直通灰大波纹板（corrugated），特点是波高相对较高，节距小，在强化传热的同时，具有较好的通灰效果。

（3）直通灰槽形板（Notched），一般用于左右板间的定位，决定板间距和对高，特点是槽口高度大，形状也相似波纹。

（4）平板段（Flat），有一块平面板，主要是用于定位的或为了分开其他结构特征的波纹板，形成组合。

（5）组合板，典型如 UN 板，是槽形板与斜波纹板的组合，在槽形板的平缓部分加上了斜波纹板。

2. 蓄热元件组件

蓄热元件由 2~3 块板组合而成，最常见的组合方式如下。

（1）双面强化型蓄热板（DU，double undulate 型）

传热元件通常为 UN 型波纹板（波形板）带斜波纹定位板组成。两板的波纹可交错排列，也可同向排列；由于烟气的冲刷比较强烈，所以换热能力比较强，通灰能力也很好

（2）单面强化型蓄热板（CU，corrugated undulate 型）

传热元件为直波纹传热板带斜波纹定位板，这种蓄热元件在单位容积安放的受热面多、间隙小，主要用于无灰的燃气锅炉

（3）普通平板型蓄热板（NF，Notched Flat 型）

传热元件为槽形换热板带平板定位板，换热能力比较弱，但通灰能力比较强，吹灰时蒸汽不散，具有较强的清理能力，因而常用在空气预热器的低温段

（4）FNC（Flat undulated crossed）

两片 FU 板（波纹板上沟槽倾斜，沟槽间没有波纹）交叉排列，换热效果佳，但沟槽交叉接触点处较易形成堵灰且不易清洗。一般用于低灰分燃料，如油、气等。用于煤燃烧时主要用于高温段，以防止堵灰

（三）回转式空气预热器的结构参数

1. 换热面积

回转式空气预热器的换热面积即所有换热板外表面积的总和。由于波纹板是一块弯曲的平板，所以计算其换热面积时需要把它们拉直后变成一块平板才能计算出来，即

$$F_x = \sum 2h_e l_e \qquad (4-12)$$

式中　h_e——空气预热器蓄热板高度，m；

　　　l_e——空气预热器蓄热板拉平后的长度，m。

由于换热板的厚度很小，且两端顶在空气预热器分仓壁上不与烟气接触，所以在式（4-12）没有 $\delta_e h_e$ 的部分。δ_e 为蓄热板的厚度，m。

由于空气预热器中波纹板的数量很多，所以计算烦琐。非生产厂家很难用这种方法计算出其面积，因而生产中通常根据换热板的型号，用单位有效容积（换热板的仓室容积）所能安放蓄热板的有效面积来计算，即

$$F_x = C_F K_1 V_b \rho_F = C_F K_1 \frac{\pi}{4} d_{AH}^2 h_e \rho_F \qquad (4-13)$$

215

式中　C_F——考虑转子的有效截面积被蓄热板充满程度的系数，取决于空气预热器的设计；

$\quad\quad K_1$——考虑隔板、横挡板、中心管等非换热部分所占截面的系数；

$\quad\quad V_b$——布置蓄热元件高度范围内仓室的总容积，m^3；

$\quad\quad \rho_F$——单位容积内换热板的换热面积，也称为换热板的面积密度，m^2/m^3；

$\quad\quad d_{AH}$——转子内径，m。

1973 年热力计算标准和 1998 年热力计算标准中 C_F 取 0.95，设计良好的预热器 C_F 可达 0.98~0.99，因此，可近似取 $C_F =1.0$。

非换热部分所占截面系数 K_1 是纯几何特征，因此 1973 年热力计算标准和 1998 年热力计算标准均相同，其取值见表 4-1。

表 4-1　　　　　　　　　考虑隔板、横挡板、中心管所占截面的系数

转子内径 d_{AH}（m）	4	5	6	7	8	10
系数 K_1	0.865	0.886	0.903	0.915	0.922	0.932

针对某种具体型号的换热板，换热面积还可根据其每平方米面积所具有的质量（kg/m^2），根据换热板的总质量 G（kg）来确定，即

$$F_x = \frac{\sum G}{m_F} \qquad\qquad (4\text{-}14)$$

式中　m_F——蓄热元件的特征参数，蓄热板每平方米换热面积所具有的质量，可以称为蓄热元件的面密度。

2. 烟气通流面积

烟气流通截面积 F_{fg} 或空气流通截面积 F_a，可由安放蓄热板的有效面积 F_t 扣除蓄热板所占截面积 F_e 后，乘以烟气或空气的流通份额，可按照下面方法计算，即

$$\begin{cases} F_{fg} = (F_t - F_e)x_{fg} \\ F_a = (F_t - F_e)x_a \end{cases} \qquad\qquad (4\text{-}15)$$

式中　F_e——空气预热器蓄热板所占的截面积，$F_e = \sum l_e \delta_e$，m^2；

$\quad\quad F_t$——空气预热器换热板仓室的截面积，$F_t = \dfrac{\pi}{4}(d_{AH,O}^2 - d_{AH,I}^2)$，$m^2$；

$\quad\quad x_a$、x_{fg}——空气预热器中烟气或空气的流通截面积占总流通面积的份额，由烟气或空气流通面积所占圆周角度算出。

下标 t 表示 total，e 表示 element 蓄热元件。

这种计算方法还是太复杂，特别是对于非生产厂家或者最终用户，按这样的思路完成这样的工作几乎是不可能的。1973 年热力计算标准采用特征参数法计算，即

$$\begin{cases} F_{a} = \dfrac{\pi}{4} d_{AH}^{2} x_{a} K_{1} K_{b} \\ F_{fg} = \dfrac{\pi}{4} d_{AH}^{2} x_{fg} K_{1} K_{b} \end{cases} \tag{4-16}$$

式中　K_{b}——考虑蓄热板所占截面的系数，是纯几何特征，我国常用 0.5mm 厚的蓄热板，系数为 0.912。1973 年热力计算标准和 1998 年热力计算标准中的 K_{b} 均相同。

3. 当量直径

理论上说，回转式空气预热器蓄热板的当量直径按下式计算，即

$$d_{eq,a} = \frac{4F}{U} = \frac{2(F_{t} - \sum F_{e})}{\sum l_{e}} \tag{4-17}$$

式中　F——介质流通截面积，m^2；

　　　F_{t}——每台空气预热器烟气或空气的流通面积，m^2；

　　　U——介质与蓄热板接触的总周长，m；

　　　l_{e}——蓄热板拉成平板后的总长度，m。

同面积的计算过程一样，这样计算当量直径非常困难。大量的生产实际经验表明，类似空气预热器这种狭长而扁平结构的流道，其当量直径相当于流道厚度的 1.8～2 倍，因此实际中蓄热板的当量直径与自身结构有密切的关系，也成为蓄热板的特征参数之一。

4. 蓄热板特征数据

由于空气预热器的生产厂家比较固定，因而蓄热元件后来成了标准件，生产厂家或研究单位把其不同使得空气预热器的流通面积、换热面积及计算雷诺数所需当量直径的计算都变得复杂起来。好在它们均与蓄热元件本身高度相关，只要板型一定，这些特征参数就是确定的。制造厂家对不同型号和厚度蓄热板进行了测量后，给出了数值列入表 4-2 中。

表 4-2　　　　我国主要使用的蓄热板的结构特性

型式	结构简图	板厚 δ（mm）	当量直径 d_{eq}(mm)	单位面积通流断面 $K_{b}(m^2/m^2)$	单位容积受热面面积 $\rho_{F}(m^2/m^3)$	单位面积的重量 m_{F}(kg/m²)	结构尺寸(mm)
DU		0.5	9.1/9.32（国产）	0.912	396	1.963	a=b=c=2.9, t=38
		0.5	7.4	—	475	1.963	
		0.6	8.57（8.6）	—	407	20.355	a=b=3.05, c=2.5, t=38
		0.63	9.60[①]	0.89	365	2.473	

217

型式	结构简图	板厚 δ (mm)	当量直径 d_{eq}(mm)	单位面积通流断面 K_b(m²/m²)	单位容积受热面面积 ρ_F(m²/m³)	单位面积的重量 m_F(kg/m²)	结构尺寸 (mm)
CU		0.63	7.80[②]	0.86	440	2.743	—
NF		1.0	10.1	—	330	3.925	—
		1.2	9.8[③] (9.87)	0.81	325	4.71	c=6.05, t=37.1

① 1998 年热力计算标准中给出的 DU 类型蓄热元件。

② 1998 年热力计算标准中给出的 CU 类型蓄热元件。

③ 1998 年热力计算标准中给出的 NF 类型蓄热元件。

程序代码 4-1　空气预热器换热元件的封装

```cpp
class CElementAirHeater
{
public:
    static final int DU;
    static final int CU;
    static final int NF;
    int element;    // 换热单元类型
    double height;  // 高
    double thick;   // 厚
    double diameterEquivalent;   // 当量直径
    double flowAreaPerMass;      // 单位质量的通流面积系数
    double fxPerVolume;     // 单位体积的换热面积系数
    double fxPerMass;   // 单位质量的换热面积系数
    //double mass, volume;    // 辐射层厚度、质量、容积
    double a, b, c, t;
    void set ( int element, double thick );
}
void CElementAirHeater:: set ( int element, double thick )
{
    this->element =element;
```

```
    this->thick= thick;
    if(element==CElementAirHeater::DU)
        if(fabs(thick-0.5)<0.01)
      {
                diameterEquivalent = 9.32;
              flowAreaPerMassn = 0.912;
              fxPerVolume = 396;
              fxPerMass  = 1.963;
              a=b=c=2.9;
              t=38;
      }
        else if(fabs(thick-0.63)<0.01)
        {
                diameterEquivalent = 9.6;
              flowAreaPerMass = 0.89;
              fxPerVolume = 365;
              fxPerMass  = 2.473;
              a=b=3.05;
              c=2.5
              t=38;
        }
    if(element==CElementAirHeater::CU)
    {
            diameterEquivalent = 7.8;
          flowAreaPerMass = 0.86;
          fxPerVolume = 440;
          fxPerMass  = 7.743;
    }
    if(element==CElementAirHeater::NF)
    {
            diameterEquivalent = 9.8;
          flowAreaPerMass = 0.98;
          fxPerVolume = 325;
          fxPerMass  = 7.71;
          c=6.05
          t=3.71;
    }
}
```

第二节　对流受热面结构数据的初步封装

由于对流受热面的结构和分类非常复杂，所以我们先对其进行初步封装，以便于把它们从物理量变为通用化的数据对象，所以每一类型受热面的结构数据都用统一的换热面积、烟气流速、冷却剂流速等参数呈现出来，并方便在后续几节介绍对流受热面的过程中逐步丰富热力计算相关内容。

一、管箱封装（CTubeBank）的升级

过热器、再热蒸汽等蛇形管束的汽水工质对流受热面和管式空气预热器的结构是非常相似的，它们都可以用第三章中的 CTubeBank 来表示，唯一不同的就是其中的冷却剂一个是 CWaterSteam，另一个是 CAir。为了把它们共同封装，必须先对空气和汽水工质进行通用化封装。对流受热面热力计算比屏区辐射换热复杂得多，增加了很多数据，因而也需要对 CTubeBank 数据进行升级。

（一）冷却介质统一化

蛇形管中高温高压的汽水工质和空气预热器中的燃烧空气在受热面都承担冷却作用，可通称为冷却介质。它们都包含温度、压力、流量等数据，因而可把它们共同数据重新封装为一个自定义 CCoolant 类型。

1. CCoolant 封装的数据类型

冷却介质 CCoolant 定义为

```
CCoolant
{
    double p; // 压力
    double t; // 温度
    double flowRate; // 流量
    double Pr; // 普朗特数
    double enthalpy; // 焓
    double viscocity; // 黏度
    ......
}
```

CCoolant 中的 p、t、flowRate 等参数分别表示冷却剂温度、压力和流量等指标，与它们在 CWaterStream 和 CAir 中的含义是相同的。只是流量的数据在 CWaterSteam 中用 kg/s 来表示，而在 CAir 中表示的是过量空气系数。

让 CAir 和 CWaterSteam 均继承于 CCoolant，就可以在 CAir 和 CWaterSteam 省略它们的说明，而只增加特殊的值，如空气中的湿度 humidity, 即

```
CAir: CCoolant
{
    ......
    double humidity;
}
```

```
CWaterSteam: CCoolant
{
    ......
}
```

2. 类型动态分辨

水、过热蒸汽、再热蒸汽三种参数，虽然它们都是 CWaterSteam，但为方便计算工作，还是把它们分开。即把 CWaterSteam 再派生出 CWater、CSuperheatSteam、CReheatSteam，这样，CCoolant 实际包含了四种类型，如图 4-9 所示。

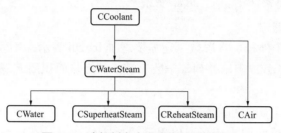

图 4-9　冷却剂自定义类型的扩展关系

在 CCoolant 中设置变量 **coolant**，用来表示实际类型的类别，就可以动态地判断一个冷却剂对象是什么具体类型了。

根据图 4-9，冷却剂的类型有水（Water）、过热蒸汽（SuperheatSteam）、再热蒸汽（ReheatSteam）或空气（Air）四种。为方便使用，可以在 CCoolant 中加入以下表示它们类型的常量并给以不同的值：

```
static final int SuperheatSteam; // 过热蒸汽
static final int ReheatSteam; // 再热蒸汽
static final int Water; // 水
static final int Air; // 空气
```

使用前需要先设置这一变量，如把一个 CSuperheatSteam 的对象 shsEn 赋值给一个 CCoolant 对象，有：

```
CSuperheatSteam shsEn;
 CCoolant c=shsEn;
c.coolant=CCoolant::SuperheatSteam;
```

这样就把对象 shs 赋值给一个 CCoolant 对象，并且单独指明了其对象种类为 CCoolant::SuperheatSteam（过热蒸汽）。在使用时读取 coolant 的值就可以方便识别出冷却刘的类型，如

```
CSuperheatSteam shsLv;
 CCoolant c=shsEn;
  if(shsEn.getCoolant()==CCoolant::SuperheatSteam
      shsLv=(CSupeheatSteam)shsEn;
```

上述示例程序转化时，先判断一下它的 coolant 值是动态识别的关键。当一个通用

化的对流受热对象待用时，CCoolant 计算省煤器时可以用 CWater，在计算过热器时用 CSuperSteam，可以通过用 C++ 或 Java 中的类型转化功能，把 CCoolant 对象变到相应的 CWater 或 CSuperSteam 类型。

（二）对流换热的数据

1. 换热工质

因为每个受热面都有进口烟气和出口烟气，也有进口冷却剂和出口冷却剂，所以要增加进、出口烟气和工质：烟气用 gasEn 和 gasLv 来表示；进、出口冷却工质用 coolantEn 和 coolantLv 表示。冷却介质及其种类用 coolant 表示。

增加烟气侧漏风系数用 airLeakage 表示。

2. 计算换热面积

除了已有的管子外径、管屏数，还需要增加 length 表示平均管长（平均管长需要手工计算），管圈数 coils 表示并列管子数。管子的换热面积用 F_x 表示，所有受热面中最核心的数据。

3. 流通面积与速度方面的数据

大多数对流受热面即为矩形，以保证检修方便，但是布置在折焰角斜坡上的后屏过热器或高温过热器通常进口高度和出口高度还有所不同，因此要增加两个变量 heightEn 和 heightLv，它们的平均值即为 height。

烟气流通面积用 areaGas 表示，如果进口高度和出口高度不同，增加两个变量 areaGasEn 和 areaGasLv，它们的平均值即为 areaGas。冷却剂通流面积用 areaCoolant 表示。计算工质侧通流面积要用到管圈数 coils 和管屏数 rows 等数据。

烟气平均流速和工质平均流速分别为 velocityGas 和 velocityCoolant。

4. 管排布置方式

管排布置方式包括顺流还是逆流、错列还是顺列等，分别用 coolDirection 表示流动方向，用 weeping 表示冲刷方式。其中，流动方向 coolDirection 可为 CounterFlow（逆流）、ParalellFlow（顺流）或 ComplexFlow（混流），冲刷方式 weeping 可为 CrossInLine（横向冲刷顺列）、CrossStaggered（横向冲刷叉列）或 Longitude（纵向冲刷）。为方便程序中的表示，这些值均为事先设定为常数。

5. 增加参数

增加利用系数 utilingFactor 和烟气旁通份额 gasFraction 等参数。

6. CTubeBank 的定义主要包括

```
class CTubeBank
{
protected:
        /// 原来的数据，如长、宽、高、管径、壁厚等，见本书第三章 ......
        double length;        // 管长每根管子的平均长度
        double coils;         // 管圈数，也就是一排管子里有多少根管子绕行
        double Fx;            // 换热面积
        CFlueGas* gasEn, gasLv; // 进口烟气和出口烟气
```

```
double areaGasEn, areaLv, areaGas; // 烟气进、出口流通面积和平均流通面积
double airLeakege;                  // 漏风率
double velocityGas;         // 烟气流速
CCoolant* coolantEn, coolantLv;      // 进出口冷却剂
double areaCoolant;         // 冷却剂流动面积
double velocityCoolant;     // 冷却剂速度
int coolDirection;          // 冷却剂流动方向
int weeping;        // 烟气冲刷方式：
double utilizingFactor;     // 利用系数
double gasFraction;                 // 烟气的旁通份额
......
};
```

（三）换热面积

对流换热主要依靠烟气冲刷受热面完成，因此其换热面积 F_x 为烟气可以冲刷到的部分，同时，冷却剂侧冲刷的情况也很重要，需要对两部分换热的能力综合考虑。

（1）当管内介质为水、水蒸气、汽水混合物的对流管束时，由于汽水侧的对流换热能力远远大于烟气侧，因而主要热阻在烟气侧，计算换热面积取管子烟气侧的全部面积，见式（4-1）。

（2）对于空气预热器而言，空气和烟气侧的对流换热能力接近，因而换热面积是按两侧的平均表面积计算。管式空气预热器是内、外表面的平均值，按式（4-7）。

根据上述原则，CTubeBank 的换热面积计算函数为

程序代码 4-2　管箱 CTubeBank 换热面积

```
double CTubeBank::calcHeatingArea()
{
    if(coolant==CCoolant::Air)
        Fx = 3.14 * (2*d -ds)/2+* rows * coils * length;
    else
        Fx = 3.14 * d * rows * coils * length;
    return Fx;
}
```

（四）通流面积

通常情况下烟气冲刷管子外表面，冷却剂冲刷管子内表面，管子内径用 $d_n=$（$d-2d_s$）计算，则按式（4-5）封装的冷却剂流通面积为

程序代码 4-3　管箱 CTubeBank 管内流通面积

```
double CTubeBank::calcAreaCool()
{
    areaCoolant=0.785*(d-2*ds)*(d-2*ds)*coils*rows;  // 用乘法代替 pow 函数可以提速。
    return areaCoolant;
}
```

按式（4-2）和式（4-3）封装的烟气流通面积为

程序代码 4-4　管箱 CTubeBank 烟气流通面积

```
CTubeBank::calcAreaGas ( )
{
    if ( areaGasEn≠areaGasLv )
        areaGas=2*areaGasEn*areaGasLv/ ( areaGasEn +areaGasLv );
    else// 如果进、出口两积相同
        areaGas=areaGasEn;
    areaGas=areaGas-d*rows*hight;
    return areaGas;
}
```

（五）辐射层厚度（平均射线长度）

程序代码 4-5　管箱 CTubeBank 辐射层厚度

```
double CTubeBank::calcBeamLength ( )
{
    return 0.9*d* ( 4/3.13*s1*s2/d/d-1 );
}
```

（六）烟气流速

程序代码 4-6　管箱 CTubeBank 烟气流速

```
double CTubeBack::calcVelocityGas()
{
    CBoiler* boiler=CBoiler::getInstance ( );
    double fireRate=boiler->getFiringRate ( );
    CFlueGas*  gas=CFlueGas::mean ( gasEn, gasLv );
    double volume = gas.calcVolume ( ) *firingRate*gasFraction;
    return volume* ( 273.15+gas->getT ( )) /273.15/calcAreaGas ( );
}
```

（七）工质流速

程序代码 4-7　管箱 CTubeBank 工质流通流速

```
double CTubeBack::calcVelocityCool ( )
{
    CCoolant cool = meanCool ( );
    double volume =cool.getVolume ( );
    double velocity = volume/calcAreaCool ( );
    return velocity;
}
```

二、汽水工质换热器的封装

汽水工质换热器包括过热器、再热器和省煤器三种类型，均为蛇形管管箱式布置。

通常过热器、再热器分别用 CSuperHeater、CReheater 来封装，省煤器用 CWaterHeater 来封装（不用 Economizer 的目的是突出其水冷的特点）。三种受热面均扩展于 CTubeBank，烟气侧、汽水侧的参数，如通流面积、速度等的计算完全与 CTubeBank 相同。

三、管式空气预热器的封装（CTublarAirHeater）

管式空气预热器 CTublarAirHeater 也扩展于 CTubeBank，但是有两点与 CTubeBank 不同。因为管式空气预热器的空气量以过量空气系数的特性封装，所以空气流速的计算也与汽水受热面有所不同；同时，有部分空气预热器烟气侧、空气侧均为纵向冲刷，需要计算当量直径。

（一）当量直径

对于空气也是纵向冲刷的空气预热器，需要计算当量直径，按式（4-11）进行封装。

程序代码 4-8　管式空气预热器 CTubularAirHeater 当量直径

```
double CTubularAirHeater::calcDiameterEquivalent()
{
    daimeterEquivalent=4*(width*depth-roils*coils*d*d/4)
                                    /(2*width*2*depth+roils*coils*d);
    return daimeterEquivalent;
}
```

（二）空气流速

空气预热器中的 CCoolant 是一个 CAir 对象，计算空气流速时需要先把过量空气系数转换成空气的流量，这样，空气预热器流速的计算重新封装为

程序代码 4-9　管式空气预热器 CTubularAirHeater 的空气流速

```
double CTubularAirHeater::calcVelocityCool(CAir * air)
{
    CBoiler* boiler=CBoiler::getInstance();
    double fireRate=boiler->getFiringRate();
    double volume = air->calcVolume()*firingRate;
    return volume*(273.15+air->getT())/273.15/areaCool;
}
```

回转式空气预热器中的空气流速按同样的计算方法。

四、回转式空气预热器的封装（CRotateAirHeater）

回转式空气预热器与管箱式受热面完全不同，但是它也有箱，因而扩展于 CTank 是没有问题的。由于回转式空气预热器现在已经发展成多种多类，所以其封装也需要分层分级。本书中分为两级，先是用 CRotateAirHeater 封装回转式空气预热器的共同特征，然后再继续为两分仓空气预热器 CBiAirHeater、三分仓空气预热器 CTriAirHeater 和四分仓空气预热器 CQuaAirHeater 封装其个性特点。为了减少程序设计中变量的长度，它们的名字中省掉了 Sector。

（一）CRotateAirHeater 的共有特性

回转式空气预热器主要增加的数据包括描述其结构的数据，包括转子直径、中心筒直径、转速等，每一段空气预热器都有其换热元件（CElementAirHeater）。

1. 两分仓回转式空气预热器增加的结构数据

```
class CRotateAirHeater: CBank
{
    //CTubeBank 中那些共用的数据，如长、宽、高、进出口面积等
    double dAirHeater;                  // 转子直径
    double dCenter;                     // 中心筒直径
    double rotateVelocity;              // 转速
    double ratioGas;                    // 烟气通道所占份额
    CElementAirHeater  element;         // 换热元件
};
```

这样，根据回转式空气预热器的结构特点，就可以完成换热面积、流通面积等数据的计算。

2. 换热面积

换热面积主要根据换热元件的质量和类型，按式（4-13）求得。在计算过程中需要先由表 4-1 确定其非换热占用面积折扣系数 K_1，程序中用 unheatingDiscount 函数，主要与转子直径相关，程序为：

```
double CRotateAirHeater::unheatingDiscount()
{
    if(dAirHeater<=4)       return 0.865;
    if(dAirHeater<=5)       return 0.886;
    if(dAirHeater<=6)       return 0.903;
    if(dAirHeater<=7)       return 0.915;
    if(dAirHeater<=8)       return 0.922;
    if(dAirHeater<=10)      return 0.932;
}
```

这样，回转式空气预热器的换热面积为

程序代码 4-10　回转式空气预热器 CRotateAirHeater 的换热面积

```
double CRotateAirHeater::calcHeatingArea()
{
    double Cf=0.99;
    double K1=unheatingDiscount();
    Fx=Cf*K1*3.1415926*dAirHeater*dAirHeater*element.height*fxPerVoume/4;
    return Fx;
}
```

3. 烟气通流面积

烟气和空气的流通面积主要根据换热元件的特性按式（4-15）求得。不同分仓空气预热器的烟气侧通流面积是一致的，烟气流通面积为

程序代码 4-11　回转式空气预热器 CRotateAirHeater 的烟气通流面积

```
CRotateAirHeater::calcAreaGas()
{
    double K1=unheatingDiscount();
    double Kb=element.flowAreaPerVoume;
    areaGas=K1*Kb*3.1415926*dAirHeater*dAirHeater*ratioGas/4;
    return areaGas;
}
```

计算完烟气的流通面积后，就可以用管式空气预热器 CTubularAirHeater::calcVelocityGas（）完全相同的方法计算。

因为空气侧通流面积有所区别，所以分别封装。

4. 当量直径

当量直径根据换热元件的特性求得：

```
double CRotateAirHeater::calcDiameterEquivalent(){return element.diameterEquivalent;}
```

（二）两分仓回转式空气预热器的封装（CBiAirHeater）

两分仓回转式空气预热器大部分特性都和 CRotateAirHeater 一样，只是增加一个表示空气通道所占份额的变量 ratioAir 变量就可以了。

```
class CBiAirHeater: CRotateAirHeater
{
    double ratioAir;                    // 空气通道所占份额
};
```

由 ratioAir 就可以计算出空气流通面积为：

程序代码 4-12　两分仓空气预热器 CBiAirHeater 的空气通流面积

```
double CBiAirHeater::calcAreaCool()
{
    double K1=unheatingDiscount();
    double Kb=element.flowAreaPerVoume;
    areaAir=K1*Kb*3.1415926*dAirHeater*dAirHeater*ratioAir/4;
    return areaAir;
}
```

计算完空气的流通面积后，就可以用管式空气预热器 CTubularAirHeater::calcVelocityCool（）完全相同的方法计算。

（三）三分仓回转式空气预热器的封装（CTriAirHeater）

1. 新增数据

三分仓回转式空气预热器把一、二次风分开，因此它继承于 CRotateAirHeater，并需要增加一、二次风相关的数据

```
class CTriAirHeater: CRotateAirHeater
{
        double primaryAreaAir;            // 一次风流通面积
        double secondaryAreaAir;          // 二次风流通面积
        double ratioPriaryAir;        // 一次风通道所占份额
        double ratioSecondaryAir;      // 二次风通道所占份额
        double ratioPrimaryAir; // 一次风空气占份额
        double ratioSecondaryAir; // 二次风空气占份额
        CAir* primaryAirEn, secondaryAirEn;
        CAir* primaryAirLv, secondaryAirLv;
};
```

2. 出入口空气需要基于焓值的平均

程序代码 4-13   三分仓空气预热器 CBiAirHeater 的平均进口空气和平均出口空气

```
CAir*   CTriAirHeater::calcAirEn()
{
    CAir* airEn=primaryAirEn;
    double H= primaryAirEn->calcEnthalpy ( ) *ratioPrimaryAir
            +secondaryAirEn->calcEnthalpy ( ) *ratioSecondaryAir;
    airEn->setEnthalpy ( H );
    airEn->calcTemperature ( H );
    coolantEn=airEn;
    return airEn;
}
```

CAir CTriAirHeater::calcAirLv（ ） 与入口基本上一致，只要把入口下标 En 变为出口 Lv 就可以了。

3. 一、二次风通流面积

三分仓空气预热器的空气侧一、二次风通流面积要分别计算，如一次风流通面积就可以封装为

程序代码 4-14   三分仓空气预热器 CBiAirHeater 的一、二次风通流面积

```
double CTriAirHeater::calcAreaPrimary()
{
        double K1=unheatingDiscount();
        double Kb=element.flowAreaPerVoume;
        areaPrimary=K1*Kb*3.1415926*dAirHeater*dAirHeater*ratioPrimaryAir/4;
```

```
        return areaPrimary;
    }
```

二次风通流面积计算函数 calcAreaSecondary（）和一次风流通面积基本相同，只要把其中的烟气份额 ratioPrimaryAir 换为 ratioSecondaryAir 就可以了。

4. 三分仓空气预热器的空气侧一、二次风通流面积要分别计算

计算空气流速也要重新计算，如计算一次风流速封装为

程序代码 4-15　**三分仓一次风流速计算**

```
double CTriAirHeater：：calcVelocityPrimayAir（）
{
    CBoiler* boiler=CBoiler：：getInstance（）；
    double fireRate=boiler->getFiringRate（）；
    CAir* air=CAir：：mean（primaryAirEn, primaryAirLv）；
    double volume = air.calcVolume（）*firingRate；
    return volume*（273.15+air->getT（））/273.15/calcAreaPrimary（）；
}
```

（四）四分仓回转式空气预热器的封装（CQuaAirHeater）

四分仓回转式空气预热器把一、二次风分开，且二次风又分一次风左侧的二次风仓和一次风右侧的二次风仓，它们的通流占比都是一样的，入口空气温度也相同，因此只要把三分仓空气预热器的 secondaryAirLv 分为 SecondaryAirLv1 和 SecondaryAirLv2 就可以了，然后就可以同样地按加权平均的方法计算出口参数和整体参数。

（五）回转式空气预热器的分段

回转式空气预热器通常分为若干个段，热力计算时每段相当于一个空气预热器，也可以把各段连起来作为一个整体来计算。

（六）带循环风高温吹扫小仓的空气预热器

此类技术最早由北京华能达有限公司提出，原名称为"风量分切防堵灰技术"，在转子转向烟气侧前的位置增加一块扇形板，在空气预热器本体上隔出一个容量比较小的循环风分仓。该风仓冷热端用风道连通，如图 4-10 所示，循环风机带动风道内的空气循环，对冷端进行加热，最终仓内空气温度与烟气温度，当空气预热器冷端有少许结露或硫酸氢铵 NH_4HSO_4 凝结时，热风通过蓄热元件表面可以将液体蒸发，可以起到清扫的作用，维持空气预热器换热元件的清洁。

图 4-10　循环风高温吹扫小仓工作原理示意图（北京华能达公司）

由于循环风在循环过程中先放热后吸热，相当于既不放热也不吸热，从热力计算的角度，它对空气预热器的热力计算并无任何影响，只是相当于原来的空气侧通道占比变小了。换热面积有所减少，但由于空气预热器换热元件相对清洁，换热系数在运行中可得以保证。

五、对流受热面统一封装

（一）统一封装 CConvector

对比 CTubeBank、CRotateAirHeater 等类型的数据特征可见，这两类换热器在很多的数据是共同的，如换热面积、烟气流通面积、冷却剂流速面积、漏风率、旁通份额、流动方式等参数，不同的受热面，如过热器、再热器、省煤器和管式空气预热器的管箱结构也基本相同，很多参数的计算方法相同，因而它们的共有部分可抽象出来作为根类型。因为前文中该根类型为 CTank 是从封装对象的外形命名的，考虑热力计算时它们都是换热计算，所以本书中把它更名为 CConvector，CTubeBank、CRotateAirHeater 均由它扩展而来，并且根据锅炉系统中安装位置和管道中流过的工质不同而已，进一步扩展为 CSuperHeater、CReheater 等受热面，其间的相互继承与扩展关系如图 4-11 所示。

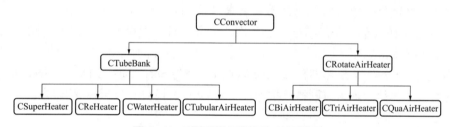

图 4-11 对流受热面继承与扩展关系

（二）参数分配

根据图 4-11 的继承关系，各级封装类型的数据分配不同。

（1）对流换热器 CConvector 中的数据是最为共用的数据，包括，烟气进、出口流通面积 areaGas 和 areaCoolant，换热面积 F_x，漏风率 airLeakege，出入口烟气 gasEn 和 gasLv，出入口冷却剂 coolantEn 和 coolantLv，烟气与工质的速度 velocityGas 和 velocityCoolant，冷却剂与烟气流动的相对方向 coolDirection，烟气冲刷方式 weeping，利用系数 utilizingFactor，烟气的份额 gasFraction，冷却剂的种类 coolant，还有对流换热的热量 heat、温差 dt 等。

（2）管箱式换热器 CTubeBank 是汽水混合受热面和管式空气预热器封装，封装受热面管径 d、壁厚 ds、管排数 rows、管子根数 tubes、横向节距 s_1、纵向节距 s_2、管圈数 coils、每根管的平均长度 length 等参数，完成烟气出口流通面积、冷却剂的流通面积、换热面积等数据的计算。

（3）管式空气预热器 CTubularAirHeater 需要多封装一个当量直径的数据 daimeterEquivalent。

（4）回转式空气预热器 CRotateAirHeater，需要封装转子直径 dAirHeater、中心筒直径 dCenter、转速 rotateVelocity、烟气通道所占份额 ratioGas、空气通道所占份额 ratioAir，还需要包含 CElement 的换热元件 element 数据封装体，并根据这些数据计算出烟气出口流通面积、冷却剂的流通面积、换热面积等数据。

（5）三分仓空气预热器 CTriAirHeater，需要多封装一次风流通面积 primaryAirArea、所占通道份额 ratioPriaryAir、流量 flowRatePrimaryAir、比例 ratioPrimaryAir；二次风流通面积 secondaryAirArea、所占通道份额 ratioSecondaryAir、流量 flowRateSecondaryAir、比例 ratioSecondaryAir 等数据。同时，一、二次风的入口和出口也需要单独封装，分别为 CAir* primaryAirEn，secondaryAirEn 和 CAir* primaryAirLv，secondaryAirLv；出入口的整体空气需要根据这 4 个变量合并成 AirEn 和 AirLv，它们存在 coolantEn 和 coolantLv 中。

（6）四分仓空气预热器 CQuaAirHeater，大部分数据和 CTriAirHeater 一样，只是二次风的入口和出口需要单独封装，分别为 CAir* secondary AirEn1、secondaryAirEn2 和 CAir* secondary AirLv1、secondaryAirLv2。

（三）受热面中的识别

热力计算工作中很多操作需要针对具体的冷却剂类型，如想要进行冷却剂黏度的计算，则需要识别时根据 coolant 的值先识别类型，然后再调用相应的子程序。

```
if ( coolant==AIR )
{
    CAir*  aEn= ( CAir* ) coolantEn;
    return aEn->calcKinematicViscosity ( );
}else{
    CWaterSteam* ws= ( CWaterSteam* ) coolantEn;
    return ws->calcKinematicViscosity ( );
}
```

（四）赋值与取值

大部分的赋值与取值操作并不用识别，假定受热面命名为 CConvector，有各自的进口冷却剂和出口冷却剂（分别用 coolantEn 和 coolantLv 表示），其类型分别为 CWaterSteam 和 CAir 两大类，换成 CCoolant 对于进口、出口参数的赋值与操作直接进行操作即可，如 Coolant 中这些指标进行设置和获取，实际上就是对 coolantEn 和 coolantLv 的成员函数 setter 和 getter 进行调用，如：

```
double CConvector:: getCoolantEnT ( ) { return coolantEn.getT ( ); }
double CConvector:: getCoolantLvT ( ) { return coolantLv.getT ( ); }
void CConvector:: setCoolantEnT (double t ) {coolantEn.setT (t); }
void CConvector:: setCoolantLvT (double t ) {coolantLv.setT (t); }
```

同样的，获取出入口工质类型也可以通过读取工质中的类型来实现，

```
int CConvector:: getCoolant ( ) {return coolantEn.getCoolant ( ); }
```

第三节　对流受热面的换热原理

经过对流过热器后，烟气温度下降，工质温度上升，而烟气温度下降、工质温度上升又降低了换热温差和对流换热能力，会阻止烟气温度继续下降和工质温度继续上升，从而达到最终的平衡。这种平衡态最终取决于冷热流体的具体参数和换热器的具体结构用它们导致的换热能力，换热规律由对流换热方程和热平衡方程来描述。

一、对流换热工作模式

（一）对流换热过程

对流换热是一个对流传热与辐射传热过程同时存在的复合传热过程，如图 4-12 所示。烟气把热量传递给受热面中工质的主要方式为热烟气流体冲刷受热面实现，但流道中热烟气中还存在有三原子气体、悬浮的飞灰等物质，它们虽然没有冲刷到管子，还会通过辐射作用向受热面进行换热，换热完成后烟气温度下降，工质温度上升。

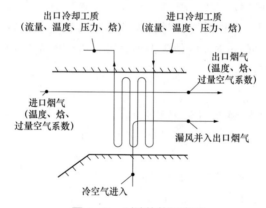

图 4-12　对流换热示意图

根据该过程很容易写出对流换热的方程。基于单位燃料放出的热量，对流换热与换热面积、传热温压、传热系数成正比，即

$$Q_x = \frac{kF_x \Delta t}{B} \tag{4-18}$$

式中　Q_x——单位燃料烟气经过受热面时释放的对流换热量，kJ/kg；

　　　k——对流换热器整体换热系数，W/（m²·℃）；

　　　F_x——换热面积，m²；

　　　Δt——换热温压，℃。

由于对流热换热器结构的复杂性，而 k、F_x 和 Δt 均与结构密切相关，因而对流换热计算的任务就是确定这三个变量。

（二）热平衡

1.烟气侧热平衡

烟气侧热平衡即烟气温度下降期间放出来的热量。热力计算时通常基于 1kg 煤的计算基础，且把 1kg 燃料产生的烟气容积乘在焓值中，因而其值为起始温度条件下的

焓与终了温度条件下的焓值差，即

$$Q_{fg} = H_{fg,en} - H_{fg,lv} \tag{4-19}$$

由于锅炉烟气在负压状态运行，每一级受热面都会因管子穿墙或四周壁面不严密情况，外界空气会在负压作用下漏入，其温度由漏入的环境温度变为出口时的烟气温度，因此，烟气侧放热量为

$$Q_{fg} = H_{fg,en} + \Delta\alpha \cdot V_a^0 H_{a,c} - H_{fg,lv} \tag{4-20}$$

式中　　　　Q_{fg}——基于 1kg 燃料产生的烟气，在本级热换器放出的热量，kJ/kg；

$H_{fg,en}$、$H_{fg,lv}$——1kg 燃料产生的烟气在受热面进、出口处烟气焓；

$\Delta\alpha$——对流受热面烟道漏风系数；

V_a^0——理论空气量，m³/kg；

$H_{a,c}$——1m³ 漏入冷空气的焓值。

与炉膛的热力计算中一样，传统热力计算中式（4-20）要加上保温系数 φ。考虑此处的烟气放热量应当包含散热的部分，因而本式也去掉保温系数，把保温系数 φ 加在工质的吸热量上。

校核时各对流受热面处烟道的漏风系数 $\Delta\alpha$ 可以直接测量确定。设计时可参考表 2-6。

如采用烟气调节再热蒸汽温度时或者有旁路烟道时，同一烟道位置会并列设置几种不同的受热面，此时并列布置的每个受热面均不是被全部燃烧产物冲刷，则式（4-20）应改为

$$\begin{cases} Q_{fg,i} = B(H_{fg,en} + \Delta\alpha \cdot V_a^0 H_{ca} - H_{fg,lv,i})g_i \\ Q_{fg} = \sum Q_{fg,i} = \sum B(H_{fg,en} + \Delta\alpha \cdot V_a^0 H_{ca,lg} - H_{fg,lv,i})g_i \\ H_{fg,lv} = \sum H_{fg,lv,i}g_i \end{cases} \tag{4-21}$$

式中　　g_i——通过各个并列布置的受热面或旁路烟道的烟气所占份额；

$Q_{fg,i}$——各个并列布置的受热面的烟气放热量，kJ/kg；

$H_{fg,lv,i}$——各个并列布置受热面出口的烟气总焓，kJ/kg；

Q_{fg}——本级烟道位置总放热量，kJ/kg。

g_i 的值由并列部分的阻力比确定，校核计算时可以通过实测量来确定，设计计算时可以根据阻力计算的结果确定。特别地，如果旁路烟道中有两重严密的挡板关闭时 g_i 取 0.95；而只有一重挡板时，取 0.9。

2. 汽水冷却剂吸热量

工质为进行热力循环的汽水工质时，如过热器、再热器和省煤器，其均为以 MPa 为单位进行计量的高压力，工质在封闭的管束内无任何泄漏，因而经过换热器后质量保持一致，这样，基于 1kg 燃料放热量中被汽水冷却剂吸收的热量为

$$Q_{sw} = \frac{D(h_{lv} - h_{en})}{B} \tag{4-22}$$

式中　　　　Q_{sw}——工质吸收的热量；

D——流过所求受热面的蒸汽或水的流量；

h_{en}、h_{lv}——受热面进出口处蒸汽或水的焓值。

3. 空气冷却剂吸热量

空气预热器中，烟气在负压状态运行，燃烧空气在正压条件下运行，两者通常有几千帕的差压，空气的压力高于烟气。对于回转式空气预热器，其受热元件需要交替进入烟气侧和空气侧，因而烟气侧和空气侧是连通而不能完全隔绝，运行过程中会有不少的高压力空气通过这些连通的细缝漏到低压力的烟气中。对于管式空气预热器，理论上说空气和烟气是隔绝的，但实际运行时受材料、冷热膨胀时产生的应力、冷端腐蚀等因素的影响，大部分的空气预热器都会有部分管子在局部发生破损，从而产生漏风。

传统的热力计算（如 1973 年热力计算标准、1998 年热力计算标准和大部分的《锅炉原理》教材）中认为空气的漏入是沿烟气流程逐步发生的，这样空气从空气预热器烟气中的吸热量为

$$Q_a = \left(\beta_a + \frac{\Delta \alpha_{AH}}{2} \right) V_a^0 (H_{a,lv} - H_{a,en}) \tag{4-23}$$

式中　　　　Q_a——1kg 燃料燃烧的空气量在空气预热器吸收的热量，kJ/kg；

β_a——空气预热器过量系数，即空气量与理论空气量的比值；

$\Delta \alpha_{AH}$——空气预热器出口过量空气系数，即空气量与理论空气量之比；

$H_{a,en}$、$H_{a,lv}$——1m³ 燃烧空气在空气预热器进、出口处的焓，kJ/m³。

注意：本书中 α 通常表示烟气中的过量空气系数，此处空气预热器出口的过量空气系数用 β_a 来表示，是为了与烟气中的过量空气系数进行区别。同时燃烧空气的焓值并非基于 1kg 燃料来计算，因此需要乘以理论空气量 V_0 来折算到 1kg 燃料的基准条件下。

美国机械工程师协会（American Society of Mechanical Engineer，ASME）的观点与式（4-23）不同，它认为空气预热器的吸热量 Q_{AH} 就是离开空气预热器的空气量所带走的热量。其原因主要有如下几项考虑。

（1）空气预热器真实的漏风包括携带漏风（漏风率在 1% 左右）、冷风端漏风和热风端漏风，它们共同构成漏风系数 $\Delta \alpha_{AH}$。现在大部分空气预热器是转子坐在冷端的基座上，因此热态时发生的蘑菇状变形主要使热端沿径向的密封板；为了防止漏风，空气预热器主要在热风段进行相应的加强密封的工作，且热风风压低于冷风侧；冷风端受热小，因此变形小，防止冷风进行的工作也做得少，且风压驱动力大于热风端，ASME 认为漏风主要发生在冷端。冷端进口侧的空气直接旁路到烟气出口，漏风根本没有参与传热过程，因此它们对于锅炉的效率没有任何影响。

（2）从另一个角度来看，即使是漏风沿程产生的，如参与传热过程的热端出口漏风和携带漏风，其温度与同高度热烟气温度相差 30℃ 左右，它们来源于空气侧，在进入烟气侧前从烟气中吸收了 $\frac{\Delta \alpha_{AH}}{2} V_a^0 (H_{a,lv} - H_{a,en})$ 的热量，随后它返回空气预热器，这

部分热量又成为烟气一部分而被烟气带走，一方面通过降低烟气的温度降低了烟气的放热能力，但同时又使烟气量增加，加大了冲刷力度，增加了放热系数（因为空气侧为了补充漏掉的空气，必须加大送风量，所以空气侧冲刷力度是不变的），又有强化换热能力的趋势。更为关键的是它们的热量中有很大一部分回传给相邻的冷却空气，因此其吸热量也不能简单地看作是空气预热器的放热量。

基于上述原因，我国现在的空气预热器厂家普遍采用 ASME 观点，本书也采用更为接近真实的认为漏风是发生在空气预热器换热过程之后进行的假定，基于这种假定计算出的空气预热器出口烟气温度称为锅炉的无漏风排烟温度。这样，空气预热器基于 1kg 燃料而进行的换热过程中，烟气侧参与换热的烟气的容积和空气侧参与换热的空气从上到下均不变，即

$$V_{fg,mn} = V_{fg,en} \qquad (4-24)$$

$$V_{a,mn} = V_{a,lv} = \beta_{AH} V_a^0 \qquad (4-25)$$

式中　$V_{fg,mn}$——通过空气预热器的平均烟气量，m^3/kg；

$V_{a,mn}$——通过空气预热器的空气量，m^3/kg。

空气吸热量计算式为

$$Q_a = \beta_{AH} V_a^0 \left(H_{a,lv} - H_{a,en} \right) \qquad (4-26)$$

如果部分被加热的空气从空气预热器中抽走（即存在旁路的情况），则最终送给炉膛的 Q_a 值应加上旁路空气的能量，即

$$Q_a = Q_{AH} + \beta_{bp} H_{a,en} V_a^0 \qquad (4-27)$$

式中　β_{bp}——旁路空气预热器的过量空气系数。

（三）整体换热平衡

高温烟气和低温冷却工质经过对流过热器后，烟气的温度下降、工质温度上升，形成对流换热的整体平衡，其间烟气温度下降放出的热量、工质温度上升吸收的热量和整个过程的换热量满足如下的关系。

（1）对流换热量总是等于烟气放热量，即

$$Q_{fg}=Q_x \qquad (4-28)$$

（2）烟气放热量或对流放热量的有效部分，即其与保温系数的乘积用于工质的温升。

对于汽水工质则

$$Q_{sw}=\varphi \cdot Q_{fg} \qquad (4-29)$$

对于空气则

$$Q_a=\varphi \cdot Q_{fg}=\varphi \cdot Q_x \qquad (4-30)$$

联立方程，就可以通过换热量得到工质出口的焓值，进而通过焓值求得其温度参数。对于汽水工质则

$$h_{lv} = \frac{\varphi Q_{fg} B}{D} + h_{en} \tag{4-31}$$

对于空气则

$$H_{a,lv} = \frac{\varphi Q_{fg}}{\beta_a} + H_{a,en} \tag{4-32}$$

二、传热系数 (Heat transfer coefficient)

（一）传热过程的分解

干净受热面的对流换热过程包含热流体到壁面外侧、壁面外侧向壁面内侧及壁面内侧向冷流体之间的三个换热过程。锅炉的运行环境较为恶劣，蓄热元件内、外壁均有灰垢层，所以炉内实际工作的对流换热器，从热流体（烟气）到壁面高温侧的热量传递实际上是热流体向灰层外表面放热，壁面低温侧向冷流体的热量传递实际上是垢层由表面对冷流体的放热，共有五个过程。

以圆管传热为例，圆管对流换热及其网络示意图如图 4-13 所示。

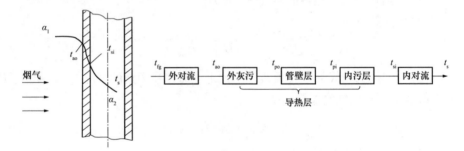

图 4-13　圆管对流换热及其网络示意图

t_{fg}、t_{ao}、t_{po}、t_{pi}、t_{si}、t_s—烟气温度、管壁外部灰污层外温度、管壁外灰污层下温度、管壁内污垢层下温度、管壁内污垢外温度、管内蒸汽温度；α_1、α_2—烟气对管外灰污层外表面的对流放热系数和管内污垢层外表面向蒸汽对流放热系数

烟气通过冲刷管壁积灰层表面对其对流放热所传递的热量可用牛顿冷却公式来计算，即

$$Q = \alpha_1 F_x (t_{fg} - t_{ao}) \tag{4-33}$$

写成热阻形式为

$$Q = \frac{t_{fg} - t_{ao}}{\dfrac{1}{\alpha_1 F_x}} \tag{4-34}$$

式中　α_1——烟气侧放热系数，$W/(m^2 \cdot ℃)$。

该热量以热传导过程的方式通过积灰层到达管壁外表面，满足

$$Q = \frac{\lambda_{ao}}{\delta_{ao}} F_x (t_{ao} - t_{po}) \quad\quad (4\text{-}35)$$

该热量进而通过热传导通过管壁，即

$$Q = \frac{\lambda_p}{\delta_p} F_x (t_{po} - t_{pi}) \quad\quad (4\text{-}36)$$

同理，通过管内粘污层的热流量为

$$Q = \frac{\lambda_{si}}{\delta_{si}} F_x (t_{pi} - t_{si}) \quad\quad (4\text{-}37)$$

最后，热量以对流换热的过程传给管内工质，即

$$Q = \alpha_2 F_x (t_{si} - t_s) \quad\quad (4\text{-}38)$$

考虑总传热式，则

$$Q = k F_x (t_{fg} - t_s) \quad\quad (4\text{-}39)$$

各部分热量均写成热阻形式，并消去面积 F_x，可以得到总传热系数 k 的表达式为

$$k = \frac{1}{\dfrac{1}{\alpha_1} + \dfrac{\delta_{ao}}{\lambda_{ao}} + \dfrac{\delta_p}{\lambda_p} + \dfrac{\delta_{si}}{\lambda_{si}} + \dfrac{1}{\alpha_2}} \quad\quad (4\text{-}40)$$

式中　δ_{ao}——灰污层厚度，下标为 ash outside 首字母，如果为膜式屏，则 ao 用 w 表示，m；

λ_{ao}——灰污层的导热系数，kJ/（m·s·℃）；

δ_p——管壁厚度，m；

λ_p——管壁金属的导热系数，kJ/（m·s·℃）；

δ_{si}——冷却剂侧污垢的厚度，下标为 scale inside 首字母，m；

λ_{si}——冷却剂侧污垢的导热系数，kJ/（m·s·℃）；

α_2——管壁到工质的对流放热系数，W/（m²·℃）。

在对流传热的五个过程中，各部分的热阻在数量级上相差很多，烟气侧或空气侧的热阻（$1/a_1$ 或 $1/a_1$）大大超出金属的热阻，因而金属导热过程经常可以忽略不计（$\delta_{ao}/\lambda_{ao}=0$ 如果采用 F 塑料等新型高热阻材料时不可忽略）；同时，正常运行工况下，水垢或蒸汽侧污垢厚度不致沉积到会使热阻及壁温严重增高的地步，因而在热力计算中水垢或蒸汽侧污垢的热阻也不计算。实践中经常根据实际工作条件将非重要的热阻环节去掉，传热系数通常可以简化为

$$k \approx \cfrac{1}{\cfrac{1}{\alpha_1} + \cfrac{\delta_{ao}}{\lambda_{ao}} + \cfrac{1}{\alpha_2}} \tag{4-41}$$

灰污热阻的导热系数 δ_{ao} 和厚度 λ_{ao} 很难测量，且其与燃料种类、烟气速度、管子的直径及布置方式、灰粒的大小等许多因素有关，无法直接用定义式来确定，因而还需要根据各类型受热面的具体条件，通过灰污热阻法和热有效系数法两条途径进一步简化。

具体条件包括换热对象（烟气与蒸汽、烟气与水、烟气与空气等）、烟气流速和温度、管子尺寸、管束的冲刷状况（纵向或横向冲刷）、管束的布置方式（顺列或错列布置，管子节距和排数等）和冲刷介质的物性等因素。

（二）应用灰污热阻（Heat Resistance）简化换热系数

1. 定义与含义

对流受热面中的 $\dfrac{\delta_{ao}}{\lambda_{ao}}$ 这部分则表示由于灰污表面导致热传导能力减小而产生的热阻，因此它也可以定义为对流换热的灰污热阻。假定干净气流、清洁管壁下的对流传热的总热阻为 $1/k_0$，同样条件下含灰气流和污染管壁在传热结构参数条件下的传热阻为 $1/k$，对流换热灰污热阻定义式为

$$R_h = \frac{\delta_{ao}}{\lambda_{ao}} = \frac{1}{k} - \frac{1}{k_0} \tag{4-42}$$

这样，总传热系数可以表达为

$$k \approx \cfrac{1}{\cfrac{1}{\alpha_1} + R_h + \cfrac{1}{\alpha_2}} \tag{4-43}$$

灰污热阻当冷却剂侧换热系数远远大于烟气侧换热系数时，如省煤器、直流锅炉过渡区、蒸发受热面以及超临界压力过热器，冷却剂侧对流换热系数 α_2 也可以省略，从而获得总传热系数式为

$$k = \frac{\alpha_1}{1 + R_h \alpha_1} \tag{4-44}$$

灰污热阻是 R_h 的单位为（$m^2 \cdot \mathrm{°C}$）/W；灰污热阻越大，表示受热面的污染越严重。

2. 灰污热阻的取值

对流受热面灰污热阻 R_h 也转化为壁面的特性，由实验室或实际锅炉受热面上测定后，供热力计算时根据换热器表面的灰污情况进行选用。

由于灰污热阻是从局部来描述灰污情况，所以通常使用在灰污略重的受热面，如燃烧固体燃料时的顺列布置的过热器和贴壁管，取 $R_h = 0.0043$（$m^2 \cdot \mathrm{°C}$）/W。对于燃用液体燃料时的受热面（包含顺列布置的过热器和贴壁管以及错列布置的过热器）大致取 $R_h = 0.0026$（$m^2 \cdot \mathrm{°C}$）/W，均有足够的精度。

错列管虽然每根管都有迎风面，相互之间没有保护，换热系数较大，但烟气的来回绕流使得其积灰相对容易，灰污影响也比较大。此时的 R_h 值需要先根据烟气的流速、横向节距确定基准的灰污热阻 R_h^0，然后再根据管径和烟气中灰粒的分散度进行修正。

$$R_h^0 = 0.126 \times 10^{-n \cdot w_{fg}} \tag{4-45}$$

$$n = 0.052 + 0.094 \times \left(\frac{s_2}{d}\right)^4 \tag{4-46}$$

式中　R_h^0 ——实验室测定的基准灰污热阻，实验条件为 $d=38mm$，$R_{30}=33.7\%$；

　　　n ——管束布置特性参数，无量纲；

　　　w_{fg} ——烟气流速，m/s。

不同烟气流速和管子纵向相对节距的试验灰污热阻结果见图 4-14。

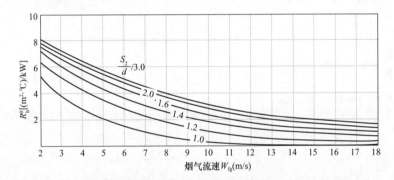

图 4-14　不同烟气流速和管子纵向相对节距的试验灰污热阻结果

灰污热阻的修正式为

$$R_h = c_d c_{R30} R_h^0 + \Delta R_h \tag{4-47}$$

式中　c_d ——管径修正系数，无量纲；

　　　ΔR_h ——对实验室试验结果的附加修正值，对错列布置的过热器，当锅炉燃用沉积松灰的煤取 2.6；燃用无烟煤而无吹灰时取 4.3；燃用褐煤有吹灰时取 3.4。也叫按表 4-3 选取。

表 4-3　　　　　　　　　　　　　　灰污热阻的附加修正值　　　　　　　　　　　　（m²·℃）/kW

受热面	松散积灰	无烟煤		褐煤、泥煤有吹灰
		有吹灰	无吹灰	
过热器、再热器	2.6	2.6	43	3.4
入口烟气温度大于 400℃ 的省煤器或其他受热面	1.7	1.7	4.3	2.6
入口烟气温度小于 400℃ 的省煤器或其他受热面	0	0	1.7	0

实验条件下的灰污热阻随管径变化如图 4-15 所示。

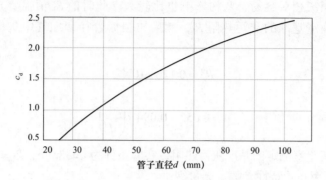

图 **4-15** 实验条件下的灰污热阻随管径变化

管径修正系数可以由下式计算，即

$$c_d = \frac{\ln d}{0.7676} + 5.2606 \qquad (4\text{-}48)$$

式中　c_{R30} ——灰粉颗粒分散度影响的修正系数，灰粒粒径偏离 R_{30}=33.7%，由式（4-49）计算，即

$$c_{R30} = 1 - 1.18 \log \frac{R_{30}}{33.7} \qquad (4\text{-}49)$$

式中　R_{30} ——颗粒超过 30μm 的灰量占总灰量的质量百分数；当缺乏燃料灰粒的粒度组成资料时，可取：煤及页岩 c_{R30}=1，泥煤 c_{R30}=0.7。

3. 灰污热阻的封装

程序代码 4-16　错列管灰污热阻计算

```
double CTubeBank::calcHeatResistance( double velocityGas, double R30=33.7)
{
    CBoiler boiler=CBoiler::getInstance();
    if(boiler->getFuel( )≠CBoiler::Coal)
        return 0.0026;
    if(weeping==CTubeBank::CrossInline)
        return 0.0043;

    double cd, Rh0, dRh, n;
    int coalClass = boiler->getCoal()->getClassification();
    switch(coalClass)
    {
    case (CCoal::Anthracite) :
    case (CCoal::SemiAnthracite):
```

```
        dRh= 0.0017;
        break;
    case (CCoal::Bituminous):
    case (CCoal::PoorQualifyBituminous):
    case (CCoal::Lignite):
        dRh = 0.0026;
        break;
    }
    double c30=1-1.18*log(R30/33.7);
    cd = log(d) / log(2.7) / 0.7676 + 5.2606;
    n = 0.052 + 0.094*pow(s2/d,4);
    Rh0 = 0.0108 * pow(10, -n*velocityGas);
    return cd * Rh0 *c30+ dRh;
}
```

（三）应用热有效系数 (efficiency 或 cleaning Factor) 简化换热系数

1.定义与含义

热有效系数是衡量管外积灰影响的另一种思路：与炉膛内的热有效性系数表示传热量占供热量的比例相类似，对流受热面的热有效系数 ψ 定义为污染管传热系数 k 与清洁管传热系数 k_0 之比，表示灰污管传热与无灰污时的最大传热能力的影响。

对流传热中热有效系数的定义为

$$\psi=\frac{k}{k_0} \tag{4-50}$$

相比于灰污热阻，对流受热面热有效系数虽然名称中没有"灰污"，但它的物理意义与第三章辐射换热清洁系数 ζ 更加接近，都是无量纲，也都是数值越大表示越清洁。因此，在不少的西方文献中，对流受热面的热有效系数更多称为清洁因子。

对于清洁管灰污厚度为 0，因此热有效系数 $\psi=0$，有

$$\frac{1}{k_0}=\frac{1}{\dfrac{1}{\alpha_1}+\dfrac{1}{\alpha_2}} \tag{4-51}$$

热有效系数也转化为管子外壁面的特性，这样基于热有效系数 ψ 的传热系数表达为

$$k=\psi k_0=\frac{\psi\alpha_1\alpha_2}{\alpha_1+\alpha_2} \tag{4-52}$$

与炉膛辐射换热的清洁系数 ζ 一样，都是无量纲，都是数值越大，表示受热面越清洁。

热有效系数主要用于刻画受热面整体的清洁程度，因此应用在比较干净、清洁的部分，如燃油燃气锅炉、燃煤锅炉顺列布置的多管排对流过热器、省煤器、凝渣管、

锅炉管束、再热器和直流锅炉的过渡区等受热面，都可用热有效系数恒量对传热的影响。计算顺列布置的对流过热器和省煤器时，不论燃用什么燃料，都要按热有效系数进行计算，对于凝渣管、省煤器、直流锅炉过渡区、蒸发受热面以及超临界压力过热器，则

$$k = \psi\alpha_1 \qquad (4\text{-}53)$$

大型锅炉中，主要的汽水换热器通常都采用顺列布置，因此应用热有效系数的式（4-52）比应用灰污热阻的式（4-43）更加广泛。

2. 热有效系数 ψ 取值

（1）燃煤锅炉。燃用固体燃料时，热有效系数主要与燃料有关，热有效系数 ψ 可按表 4-4 查取。

表 4-4　　　　　　　　　　　　　热有效系数的选取

燃料的种类	是否采用吹灰	热有效系数 ψ
无烟煤屑及贫煤	应采用	0.6
烟煤、褐煤、烟煤中的洗中煤	应采用	0.65
完全不结渣的煤	可不用	0.7
褐煤、泥煤及木材	应采用	0.6
油页岩	应采用	0.5

在计算大型锅炉的凝渣管和小型锅炉的锅炉管束时，不论其燃料采用哪种燃料，均采用热有效系数，按表 4-4 查取。

1973 年热力计算标准提供的热有效系数计算曲线为

$$\psi = \begin{cases} 0.725 - 0.00625 w_{fg} & \text{省煤器，直流管过渡区} \\ 0.675 - 0.00625 w_{fg} & \text{过热器，凝渣管，} w_{fg} < 12\text{m/s} \\ 0.525 - 0.00625 w_{fg} & \text{小容量锅炉省煤器（水温低于}100°C） \end{cases} \qquad (4\text{-}54)$$

（2）燃油锅炉。当燃用重油时，除空气预热器外的对流受热面都采用热有效系数进行计算。当锅炉炉膛在过量空气系数 $\alpha_f > 1.03$ 下工作时，热有效系数按表 4-5 选取。当 $\alpha_f \leq 1.03$ 且有吹灰时，所有受热面的热有效系数值都比表 4-5 中数值增加 0.05，如无除灰，则取表 4-5 中的数值。

表 4-5　　　　　　　　　　　　　燃油锅炉的热有效系数 ψ

受热面	烟气流速（m/s）	热有效系数 ψ
省煤器、直流锅炉过渡区有吹灰	4 ~ 12	0.7 ~ 0.65
	12 ~ 20	0.65 ~ 0.6

受热面	烟气流速（m/s）	热有效系数 ψ
对流过热器、再热器有吹灰	4～12	0.65～0.6
对流过热器、再热器无吹灰，凝渣管束、小型锅炉管束	12～20	0.6
小型锅炉省煤器，进口水温小于 100℃	4～12	0.55～0.5

如在重油中加入固体添加剂（如菱苦土、白云石）以减轻尾部受热面的腐蚀时，则第二级省煤器、过渡区、低温过热器和再热器等受热面的污染会加重，其热有效系数应比表 4-5 降低 0.05。如加入的是液体添加剂，除小型锅炉省煤器增加 0.05，其余各项不变。用于考虑当锅炉燃用固体燃料时，顺列布置的管束以及燃用液体燃料和气体燃料的各种布置的管束因积灰污染对传热的影响。

（3）燃气锅炉。燃用气体燃料时，除空气预热器外的所有对流受热面也都采用热有效系数来考虑污染对传热的影响。对于进口烟气温度低于 400℃ 的第一级省煤器或单级省煤器，ψ=0.9；对于进口烟气温度高于 400℃ 的第二级省煤器、过热器和其他受热面，ψ=0.85。

（4）混合燃料锅炉。当燃用混合燃料时，灰污热阻或热有效系数均按污染程度较严重的燃料取用。锅炉燃用重油之后燃用煤气时，热有效系数应取为燃用重油与煤气时的平均值；燃用固体燃料之后燃用煤气时（如没有停炉吹灰）则按固体燃料取用。

3. 热有效系数 ψ 封装

在程序设计中，对换热面的热有效系数用 cleanFactor 来表示，以便于区别锅炉效率的 efficiency。因为热有效系数都用于管流式受热面，因此它们都封装在 CTubeBank 中，其主要工作是先找到 CBoiler 的对象，从 CBoiler 那里获得煤种 coal，然后再根据煤种的类型进行热有效系数的选取，封装代码如下

程序代码 4-17　顺列管清洁系数（热有效系数）计算

```
double CTubeBank::calcCleanFactor()
{
    double cleanFactor=-1;
    CBoiler boiler=CBoiler::getInstance();
    if(boiler->getFuel()≠CBoiler::Coal)
        return 0.0026;
    int coalClass =boiler->getCoal()->getClassification();
    switch(coalClass)
    {
    case (CCoal::Anthracite):
    case (CCoal::SemiAnthracite):
        cleanFactor= 0.65;
```

```
            break;
    case (CCoal::Bituminous):
    case (CCoal::PoorQualifyBituminous):
    case (CCoal::Lignite):
            cleanFactor = 0.6;
            break;
    }
    return cleanFactor;
}
```

（四）两种简化方法的等价性

假定清洁管的烟气侧放热系数 α_1 保持不变，把热有效系数的式（4-52）与灰污热阻式（4-43）表示的式联立，可得

$$k = \frac{1}{\dfrac{1}{\alpha_1} + R_h + \dfrac{1}{\alpha_2}} = \frac{\psi}{\dfrac{1}{\alpha_1} + \dfrac{1}{\alpha_2}} \qquad (4-55)$$

有

$$\psi = \frac{\alpha_1 + \alpha_2}{\alpha_2 + R_h \alpha_1 \alpha_2 + \alpha_1} \qquad (4-56)$$

或

$$\zeta = \left(\frac{1}{\alpha_1} + \frac{1}{\alpha_2} \right)\left(\frac{1}{R_h} - 1 \right) \qquad (4-57)$$

可见，两者可以相互转换，只是污染较重的更适用灰污热阻，而污染较轻的地方则更多用热有效系数。

三、传热温压 Δt

在对流受热面中，烟气与工质的温压沿受热面总是在变化的，因而通常采用平均温压来计算传热量。平均传热温压需要考虑中高温情况和低温情况，中高温受热面通常需要根据流动方向采用对数平均温压；低温段则往往采用简单的算术平均。

（一）纯逆流和纯顺流

现代化大容量锅炉对流受热面通常都采用纯逆流和纯顺流的方式布置。

烟气出、入口温度分别为 $t_{fg,en}$、$t_{fg,lv}$，工质出、入口温度分别为 $t_{c,en}$、$t_{c,lv}$，对于纯逆流和纯顺流的受热面，平均温压为最大温压和最小温压的对数平均，则

$$\Delta t = \frac{\Delta t_{max} - \Delta t_{min}}{\ln\left(\dfrac{\Delta t_{max}}{\Delta t_{min}}\right)} \qquad (4-58)$$

当 $\Delta t_{max}/\Delta t_{min} \le 1.7$ 时，可以直接用最大温压和最小温压的算术平均式，即

$$\Delta t = \frac{1}{2}(\Delta t_{\max} + \Delta t_{\min}) \tag{4-59}$$

式中 $\Delta t_{\max}$、$\Delta t_{\min}$——烟气与工质在受热面入口或出口处的较大温压及较小温压。在顺流受热面中，$\Delta t_{\max}$、$\Delta t_{\min}$ 分别为 $(t_{fg,lv}-t_{c,lv})$、$(t_{fg,en}-t_{c,en})$ 中的最大值和最小值；在逆流受热面中，$\Delta t_{\max}$、$\Delta t_{\min}$ 分别为 $(t_{fg,en}-t_{c,lv})$、$(t_{fg,lv}-t_{c,en})$ 中的最大值和最小值。

逆流布置时，温压最大；顺流布置时，温压最小。（二）混流或交叉流

锅炉受热面的布置有时较复杂，既非纯顺流也非纯逆流，而是下列方式。

（1）串联混流。两段组成，一段顺流，另一段逆流。这是对流式过热器常用的布置方案。

（2）并联混流。指在同一烟气流通截面上布置成并行的几部分，工质在烟气进口截面上要往返几个行程。

（3）交叉流。两种介质的流动方向是互相交叉的，如管式空气预热器。

对于部分顺流、部分逆流的混流受热面，其温压的求解方法为

$$\Delta t = \varphi \Delta t_n \tag{4-60}$$

式中 φ——非逆流布置的修正系数，称温压修正系数，根据烟气和工质在受热面中的具体流向而定；

Δt_n——按逆流计算的温压。

串联混流时，为了确定是 φ，φ 值可根据具体布置，进行解析求解，参见如"锅炉手册"，手工计算时可使用线算图。

（三）低温部分

当烟气温降不超过 300℃ 时，烟气的计算温度按受热面入口的烟气温度 $t_{fg,en}$ 与出口温度 $t_{fg,lv}$ 的平均值来求已经足够精确。

（四）封装

程序代码 4-18 对数温压计算

```
double CConvecter::calcLnDT()
{
    double dT1,dT2,dTb,dTs,lndT;
    if ( weeping ==CTubeBank::ParalellFlow  )
    {
        dT1=gasEn.t - coolantEn.t;
        dT2=gasLv.t - coolantLv.t;
    }
    else if (weeping ==CTubeBank::CounterFlow)
    {
        dT1 = gasEn.t - coolantLv.t;
```

```
        dT2 = gasLv.t - coolantEn.t;
    }
    if ( dT1 > dT2 )
    {
        dTb = dT1;
        dTs = dT2;
    }
    else
    {
        dTb = dT2;
        dTs = dT1;
    }
    if ( (dTb/dTs) <= 1.7 )
        lndT = (dTb+dTs) / 2;
    else
    {
        lndT =log(10.0)* (dTb-dTs) / 2.3 / log(dTb/dTs);
    }
    return lndT;
}
```

第四节 汽水换热器传热系数的求解

汽水工质受热面通常工作在高温对流段，其传热系数的确定比较，需要确定烟气侧对流传热系数 α_c、烟气侧辐射换热系数 α_r 和冷却剂侧对流传热系数 α_c 及利用系数等参数，其中烟气侧对流传热系数 α_c 和冷却剂侧对流传热系数 α_c 的确定是类似的，需要根据受热面不同的冲刷形态（纵向、横向）、管束中管子布置方式（顺列、错列）求解方式；而烟气侧辐射换热系数 α_r 与第三章辐射换热的内容相似。

一、烟气侧放热系数 α_1

（一）α_1 构成

在很多对流换热受热面中，由于烟气的温度可很高，且烟气中存在大量的三原子气体与灰粒，其辐射放热的能力不可忽略，因而用 α_1 表示烟气向管壁外侧的放热系数，但实际上它包含烟气冲刷管壁而产生的对流传热系数 α_c 和烟气对管壁的辐射放热系数 α_r 两部分。烟气向管壁外表面的换热中辐射换热满足温度四次方定理，只是其占比较小，因而为了方便，把高温烟气对灰层外表面的辐射放热也写成牛顿冷却式的形式，是工程上的近似方法，因此也称为综合放热系数（Combined Radiation and Convection Coefficient）。

与细长管子内汽水工质的高压、冲刷均匀情况不同，烟气压力低、充满度低、在大空间内流动，很有可能因为拐弯、局部阻挡或烟气分层等条件存在冲刷管子不均匀的情况，因而主要用于烟气放热系数 α_1 的确定时，两部分不是简单相加，而是还要使用考虑烟气冲刷不均匀的不均匀系数 ξ，这样，对于烟气冲刷管表面发生辐射换热和对流换热的情况，烟气侧放热系数可表达为

$$\alpha_1 = \xi(\alpha_c + \alpha_r) \tag{4-61}$$

式中　ξ——利用系数，烟气对受热面冲刷不均匀的影响系数；

　　　α_c——烟气侧对流传热系数；

　　　α_r——烟气侧辐射放热系数。

利用系数也称对流受热面冲刷不完善系数，考虑烟气对受热面冲刷的不均匀性、部分烟气跨越受热面的绕流以及存在停滞区等使吸热量减少的影响。经它确定完烟气放热系数 α_1 后，再和灰污热阻或热有效系数共同去确定整体换热系数，因而它们是共同作用的。只是对于布置稠密的过热器、再热器省煤器的对流受热面管束，冲刷状况完善，利用系数可取为 1，因而在确定整体换热系数时通常没有 ξ；但是在屏式过热器处于烟气变化较为剧烈的位置或小锅炉冲刷情况复杂的管束中，整体换热系数式中必然有利用系数，可以根据烟气速度，由 1973 年热力计算标准查取后确定。

（二）烟气横向冲刷光管的对流传热系数 α_c

烟气横向冲刷光管管束是现代大容量锅炉中汽水工质对流受热面的最主要形式。根据管子布置方式不同，分为顺列、错列两种方式，单排管、悬吊管等少数几排管和稠密多排管等几种形式。

1. 基本原理

根据传热学知识可知，假定工质温升不大、其温度变化可以忽略时，管内可以看作是常物性强迫对流，除入口段一小部分外，大部分都是稳定段，其对流传热系数无量纲准则关系式为

$$Nu = f(Re, Pr) \tag{4-62}$$

式中　Nu——努谢尔德数，代表放热系数 α_c，由 $Nu = \dfrac{\alpha_c d}{\lambda}$ 计算；

　　　Re——雷诺数，代表流体的物性与流动状态，由 $Re = \dfrac{wd}{v}$ 计算；

　　　v——气流平均温度下的运动黏度系数，m²/s；

　　　d——管径，m；

　　　w——热烟气速度，按平均烟气温度计算，m/s。

苏联的努卡乌斯卡斯（A. A. Zhukauskas）对气流横向冲刷光管管束对流传热的研究最早成熟。他对以层流为主的流动工况（$Re < 10^3$）、亚临界流动工况（$Re = 1.3 \sim 2 \times 10^5$）和超临界流动工况（$Re > 2 \times 10^5$）的顺列和错列管束的传热都进行了研究。

对常物性、管子排数为 10 排以上和以最小流通截面积上的流速计算雷诺数的光管管束的对流传热系数，努卡乌斯卡斯给出如下准则关系式，即

$$Nu = C \times Re^m Pr^n \tag{4-63}$$

系数 C 和 m 是与流动工况（Re 数）和管子排列状况（顺列或错列）及管子节距（横向节距 s_1 和纵向节距 s_2）有关的常数。

对于锅炉对流受热面的管束，烟气流动一般处于亚临界流工况。努卡乌斯卡斯对于这一工况给出的 C 和 m 的数值列于表 4-6 中。

表 4-6 努卡乌斯卡斯对流换热准则式中的系数

雷诺数 Re	顺列管束		错列管束			
	C	m	C			m
			$0.7<s_1/s_2<2$	$s_1/s_2>2$		
$10^3 \sim 2 \times 10^5$	0.27	0.63	$0.35(s_1/s_2)^2$	0.40		0.6

$s_1/s_2<0.7$ 时，放热系数会很差，实际中很少使用。

努卡乌斯卡斯研究是在密管束（烟气吹刷管排数超过 10）条件下进行的，如果烟气冲刷的管排数 $Z_2<10$ 的管束，则乘以一个小于 1 的管子排数的修正系数 C_z。

努卡乌斯卡斯还提供了单排管子对流传热系数的如下计算式，即

$$Nu = 0.26Re^{0.6}Pr^{0.37} \tag{4-64}$$

此式适用的雷诺数范围为 $Re=10^3 \sim 2 \times 10^5$，可用于横向节距较大（$s_1/d>4$）的单排管子（如后墙悬吊管）的计算。也可用于 $s_1/d>4$ 的顺列管束或屏式受热面的计算。

努卡乌斯卡斯研究的管束横向冲刷对流传热系数式最早成为成熟体系，因此在各国文献中引用较多，但其计算值较偏高一些，容易使锅炉设计偏小，因而用于锅炉实际计算的报告很少。且对流传热系数还与许多其他因数，如管束中管子的布置方式、受热面表面形状（光管或鳍片管）、受热面冲刷形态（纵向、横向或斜向）、冲刷介质的物理性质以及（个别情况下）与管壁温度等都有关系，因此实践中学者们得到了多种计算式。1973 年热力计算标准给出的计算式最为全面，1998 年针对扩展受热面进行了进一步的改进，形成更加完整的体系。

2. 烟气横向冲刷顺列管束

1973 年热力计算标准提供了比较成熟并且广泛应用的烟气横向冲刷顺列管束的对流传热系数的计算式。在雷诺数 $Re=1.5 \times 10^3 \sim 100 \times 10^3$ 的范围内，Nu 与 Re 的 0.65、Pr 的 0.33 成正比，该数值因而顺列管束及全部受热面都被烟气或者空气横向冲刷时的对流传热系数可按下式求得

$$\alpha_c = 0.2C_zC_sC_{wv}\frac{\lambda}{d}Re^{0.65}Pr^{0.33} \tag{4-65}$$

式中 C_z ——烟气行程方向上管子排数 z_2 的修正系数，其值按所求管束的各个管组的平均排数由下式求出，即

$$C_z = \begin{cases} 0.91 + 0.0125(z_2 - 2) & z_2 < 10 \\ 1 & z_2 \geqslant 10 \end{cases} \qquad (4\text{-}66)$$

C_s——管束几何布置方式的修正系数，与纵向相对截距 σ_2 及横向相对截距 σ_1 有关，即

$$C_s = \begin{cases} \left[1 + 3\left(1 - \dfrac{\sigma_2}{2}\right)^3\right]^{-2} & \sigma_2 < 2 \text{且} \sigma_1 > 3 \\ 1 & \sigma_1 < 1.5 \\ 1 & \sigma_2 \geqslant 2 \\ \left[1 + (2\sigma_1 - 3)\left(1 - \dfrac{\sigma_2}{2}\right)^3\right]^{-2} & \text{其他} \end{cases} \qquad (4\text{-}67)$$

式中　σ_1、σ_2——相对节距，由节距 s_1、s_2 和管径计算，即 $\sigma_1 = \dfrac{s_1}{d}$、$\sigma_2 = \dfrac{s_2}{d}$；

　　　　λ——气流平均温度下的导热系数，J/（m·s·℃）；

　　　　Pr——气流平均温度下的普朗特数，无量纲；

　　　　C_{wv}——烟气中水蒸气修正系数，无量纲。

当气流方向与管子中心线之间的夹角小于 80° 时，对流放热系数的求法是将按横向冲刷式求出的放热系数值加以修正即可得，修正系数为 1.07。气流与管子的夹角如图 4-16 所示。

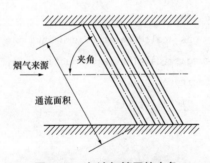

图 4-16　气流与管子的夹角

烟气物性随温度和烟气成分的变化对放热系数的影响在系数 C_{wv} 中得到了考虑，可用图 4-17 来表达。烟气或者空气中水分的变化修正为

$$C_{wv} = 0.92 + 0.726 r_{wv} \qquad (4\text{-}68)$$

对锅炉压力大于 0.105MPa 的压力燃烧锅炉仍可用式（4-65）求放热系数，只是求烟气速度时应按大气压条件折算当地压力条件下的烟气容积后再计算。

英国工程设计导则是另外一个比较常见的计算依据，在雷诺数 $Re = 10^3 \sim 2 \times 10^5$ 的范围内，当 $1.2 \leqslant \sigma_1 \leqslant 4$、$\sigma_2 \geqslant 1.15$ 时顺列管束，可以按

$$\alpha_c = 0.21 \frac{\lambda}{d} Re^{0.65} Pr^{0.34} \qquad (4\text{-}69)$$

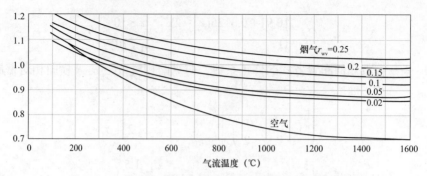

图 4-17 烟气或者空气横向冲刷顺列管束时的修正系数

其计算式与 1973 年热力计算标准基本相同，但是没有管排数和布置方式的修正，可以认为其没有 1973 年热力计算标准精细。

$\sigma_1 \geqslant 4$ 按单排管进行计算，系数 0.21 为 0.26。

程序代码 4-19 烟气横向冲刷顺列管对流换热系数计算

```
/*  烟气侧对流传热系数: 当气流与管子夹角小于 80° 时修正，乘以 1.07*/
double CTubeBank::crossInlineHTC(CFlueGas* gas)
{
    double sb1 = s1 / d;
    double sb2 = s2 / d;

    double pr = gas->calcPr();
    double viscosity = gas->calcKinematicViscosity();
    double conductivity=gas->calcThermalConductivity();
    velocity = calcVelocity(gas);
    Re = velocity * d / viscosity;

    double cz=1.0;
    if(z<10.0)
        cz=0.91+0.0125*(z-2.0);

    double cs =1.0;
    if( sb1<1.5 || sb2>=2.0 ) cs=1;
    if(sb1>3.0&&sb2<2.0)
    {
        cs=1+3.0 * pow((1.0-0.5*sb2),3);
        cs = 1/pow(cs,2);
    }
    if(sb1>3.0&&sb2<2.0)
```

```
    {
        cs=(2.0*sb1-3.0) * pow((1.0-0.5*sb2),3);
        cs = 1/pow(cs,2);
    }

    double cwv=0.92+0.726*gas->getRatioWv();
    return 0.21 * cs * cz * cwv *conductivity / d * pow(Re,0.65) * pow(pr,0.33) ;
}
```

3. 气流横向冲刷错列管束

受热面为错列布置管束时，其管子节距与流体流经各管排的流通截面积的相互关系如图 4-18 所示，以一个管子节距范围、两排管子为例，描述管束排列特征除传统的横向节距 s_1 和纵向节距 s_2 外，需增加一个斜向节距 s_2' 的参数来表示斜向管子间的距离。当流体正向流经第一排管子的流通距离为 s_1-d，此后，流体一分为二分别流过 CD 和 EF 的两个斜向通道，总流通距离为 $2(s_2'-d)$。

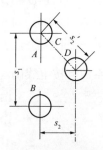

图 4-18　错列管束

由于气流横向冲刷管束换热系数计算时需要使用流体经过管束时的气流速度，如果流经第一排管子的速度和流经第二排管子的速度不同，就会对两排管子的换热及管束的换热计算带来影响。若 $s_1-d > 2(s_2'-d)$，由流体在斜向通道中的流速高于横向截面上的流速，斜向通道管子表面的传热优于横向通道管子表面的传热；相反如果 $s_1-d < 2(s_2'-d)$，则斜向通道的烟气流速小于横向通道的烟气流速，斜向通道管子表面的传热要比横向通道的管子表面上的传热差。两者相同时，横向和斜向通道流速相同，两排管子的换热相同。

斜向通道和横向通道的速度比与两个通道的通流面积来表示。由于烟道的宽度相同，因而两个通道的面积比即为

$$\varphi = \frac{AB}{CD} = \frac{s_1-d}{s_2'-d} = \frac{s_1/d-1}{s_2'/d-1} = \frac{\sigma_1-1}{\sigma_2'-1} \tag{4-70}$$

式中 σ_2' 为斜向相对节距，计算式为

$$\sigma_2' = \frac{s_2'}{d} = \frac{\sqrt{\left(\frac{s_1}{2}\right)^2+s_2^2}}{d} = \sqrt{\frac{1}{4}\sigma_1^2+\sigma_2^2} \tag{4-71}$$

251

φ 的物理意义很清晰，$\varphi=0.5$ 表示流体在横向和斜向截面上流速相等；$\varphi>0.5$ 斜向速度大于横向截面流速，管束整体传热能力就强；反之，则斜向速度小于横向截面流速，管束整体传热能力就弱。

$\varphi>1.7$ 时，烟气冲刷最大速度在斜向通道，此时

$$F'_{fg}=2F_{fg}\frac{\sigma'_2-1}{\sigma_1-1} \tag{4-72}$$

式中　σ'_2——相对斜向节距，利用勾股定理计算可得 $\sigma'_2=\sqrt{0.25\sigma_1^2+\sigma_2^2}$。

1973 年热力计算标准中规定错列管束在对流传热系数计算式为

$$\alpha_c=0.36C_zC_sC_{fg}\frac{\lambda}{d}Re^{0.6}P_r^{0.33} \tag{4-73}$$

式中　C_s——管束几何布置方式的修正系数，由横向相对节距 σ_1、纵向相对节距 σ_2 及斜向通道和横向通道的速度比决定，即

$$C_s=\begin{cases}0.95\varphi^{0.1} & 0.1<\varphi\leqslant1.7 \\ 0.77\varphi^{0.5} & 1.7<\varphi\leqslant4.5 \ 、\ \sigma_1<3.0 \\ 0.95\varphi^{0.1} & 1.7<\varphi\leqslant4.5 \ 、\ \sigma_1\geqslant3.0\end{cases} \tag{4-74}$$

C_z——沿烟气流程的管排数的修正系数，按下式确定，即

$$C_z=\begin{cases}3.12z_2^{0.05}-2.5 & z_2<10且\sigma_1<3.0 \\ 4z_2^{0.02}-3.2 & z_2<10且\sigma_1\geqslant3.0 \\ 1 & z_2\geqslant10\end{cases} \tag{4-75}$$

温度及烟气成分的物理性能的变化对放热系数的影响系数 C_{wv} 与顺列管相同。

程序代码 4-20　烟气横向冲刷错列管对流换热系数计算

```cpp
double CTubeBank::crossStaggeredHTC(CFlueGas* gas)
{
    double sb1 = s1 / d;
    double sb2 = s2 / d;
    double pr = gas->calcPr();
    double viscosity = gas->calcKinematicViscosity();
    double conductivity=gas->calcThermalConductivity();
    velocity = calcVelocity(gas);
    Re = velocity * d / viscosity;

    double cz=1.0;
    if(z<10.0)
    if ( sb1<3.0 )
            cz = 3.12 * pow(z,0.05) - 2.5;
        else
```

```
        cz = 4.0 * pow(z,0.02) - 3.2;
    double s2Inclined = sqrt(0.25*s1*s1+s2*s2);
    double fe = (sb1-1.0) / (s2Inclined/d-1.0);
    if( fe>1.7 && fe<=4.5 && sb1<3.0)
        cs = 0.275 * sqrt(fe);
    else
        cs=0.34 * pow( fe, 0.1 );
    double cwv=0.92+0.726*gas->getRatioWv();
    return 0.358 * cs * cz * cwv *conductivity / d * pow(Re,0.65) * pow(pr,0.33);
}
```

当管束纵向相对节距较大，如由 $\sigma_2 > 6$ 时，管束的传热状况与单排管子传热无多大区别，采用式（4-64）计算。

等边三角形布置错列管束的某些试验数据，显示此时错列布置管束的放热式可表示为

$$Nu = 0.35\varphi^{0.1}Re^{0.66}Pr^{0.36} \tag{4-76}$$

密集布置错列管束（$\sigma_1 < 2, \sigma_2/\sigma_1 \leqslant 0.5$）式（4-76）中的 0.35 可以变为 0.4。

1998 年热力计算标准还给出了错列管子的偶数排管子与奇数排成直角时的换热方程为

$$Nu_a = 0.4\left(\frac{\sigma_1-1}{2\sigma_2-1}\right)^{0.2}Re^{0.6}Pr^{0.4} \tag{4-77}$$

（三）烟气侧辐射放热系数 α_r

1. 对流受热面烟气的辐射

高低温过热器、再热器和省煤器等对流受热面中，辐射还是存在的，但由于烟气的温度与受热面温度的差值已经变小，所以其放热所占份额远小于对流换热。为简化计算，利用辐射放热系数 α_r，忽略烟气及管壁间的实际需要经历多次吸收和反射才能完成换热过程，而将氢辐射换热和对流换热看作相同的一次性热交换，写成式（4-78），即

$$Q_r = \alpha_r(t_{fg} - t_{ao})F_r \tag{4-78}$$

式中　t_{fg}、t_{ao}——烟气温度及考虑了管子积灰的管子外表面的温度，℃；

F_r——烟气辐射换热的有效换热面积，m^2。

考虑对流受热面管子布置比较密集，管子之间相对节距比较小，管间空间烟气的辐射层有效厚度很小，因此，在处理对流换热的辐射时，可忽略炉内辐射换热过程中辐射强度沿射线行程的减弱效果，直接把烟气和管壁看作是两个无吸收介质填充的平行灰体平面，其间的辐射换热为

$$Q_r = (\varepsilon_{fg}\sigma_0 T_{fg}^4 \alpha_{ao} - \varepsilon_{ao}\sigma_0 T_{ao}^4 \alpha_{fg})F \tag{4-79}$$

式中　ε_{fg}、ε_{ao}——烟气和管子灰污表面的黑度，℃；

T_{fg}——烟气的平均绝对温度；

α_{fg}、α_{ao}——烟气和管子灰污表面的吸收率，℃；

T_{ao}——管壁灰污层的绝对温度。

吸收率与黑度相同（$\varepsilon_{fg}=\alpha_{fg}$、$\alpha_{ao}=\varepsilon_{ao}$），因此有

$$Q_r = \varepsilon_{fg}\sigma_0\varepsilon_{ao}F(T_{fg}^4 - T_{ao}^4) \tag{4-80}$$

采用一次性辐射热交换替代原本为多次性吸收和反射的热交换模型时，换热量是减少的。实际工作中通常采用人为增加管壁表面的黑度，用管壁黑度 ε_{ao} 实际值和绝对黑度 1 之间的平均数代替管壁黑度 ε_{ao}，来弥补一次性辐射热交换模型带来的换热量的减少，即

$$Q_r = \varepsilon_{fg}\sigma_0\frac{1+\varepsilon_{ao}}{2}(T_{fg}^4 - T_{ao}^4)F \tag{4-81}$$

代入式（4-78）可得

$$\alpha_r = \frac{\sigma_0\dfrac{1+\varepsilon_{ao}}{2}\varepsilon_{fg}\left(T_{fg}^4 - T_{ao}^4\right)}{T_{fg} - T_{ao}} \tag{4-82}$$

含灰气流中灰粒的辐射能力强，烟气侧辐射放热系数 α_r 计算式为

$$\alpha_r = 5.67\times10^{-8}\frac{1+\varepsilon_{ao}}{2}\varepsilon_{fg}T_{fg}^3\frac{1-(T_{ao}/T_{fg})^4}{1-T_{ao}/T_{fg}} \tag{4-83}$$

不含灰烟气流辐射能力弱，如燃用重油或煤气时，有效辐射成分仅是三原子气体，指数 4 变为 3.6。

$$\alpha_r = 5.67\times10^{-8}\frac{1+\varepsilon_{ao}}{2}\varepsilon_{fg}T_{fg}^3\frac{1-(T_{ao}/T_{fg})^{3.6}}{1-T_{ao}/T_{fg}} \tag{4-84}$$

2. 壁面黑度

固态排渣炉对流受热面的 ε_{ao} 取 0.8；对液态排渣锅炉的捕渣排管，ε_{ao} 取 0.68。

3. 烟气黑度和辐射层厚度

烟气黑度的计算方法仍为 $\varepsilon_{fg}=1-e^{-kps}$。其中的有效辐射层厚度 s 的计算根据其烟气辐射容积空间来确定，对于光管管束，其有效辐射层厚度为

$$s = 0.9d\left(\frac{4s_1s_2}{\pi d^2}-1\right) \tag{4-85}$$

但是对于间距很大的烟气辐射空间内，有效辐射层厚度为

$$s = 3.6\frac{V}{F} \tag{4-86}$$

4. 灰污壁温

对于汽水工质的灰污壁温主要决定于管内的冷却程度，因而以其内汽水工质的温度 t_{sw} 为基础、根据图 4-12 的传热网络图由内向外计算到汽水工质管外灰污壁温 t_{ao} 并忽略管壁热阻，可得到灰污热阻法和热有效系数法表示的两种计算方法为

$$\begin{cases} 灰污热阻法：\quad q = \dfrac{t_{ao} - t_{sw}}{R_h + \dfrac{1}{\alpha_2}} \\[4mm] 热有效系数法：q = \dfrac{t_{ao} - t_{sw}}{\psi\left(\dfrac{1}{\alpha_1} + \dfrac{1}{\alpha_2}\right) - \dfrac{1}{\alpha_1}} \end{cases} \tag{4-87}$$

进一步整理得到两种表示方法下的管壁面灰污温度计算式为

$$\begin{cases} 灰污热阻法：T_{ao} = t_{sw} + \left(R_h + \dfrac{1}{\alpha_2}\right)\dfrac{BQ_x}{F_x} + 273.15 \\[4mm] 有效系数法：T_{ao} = t_{sw} + \left[\dfrac{1}{\psi}\left(\dfrac{1}{\alpha_1} + \dfrac{1}{\alpha_2}\right) - \dfrac{1}{\alpha_1}\right]\dfrac{BQ_x}{F_x} + 273.15 \end{cases} \tag{4-88}$$

对于省煤器、凝渣管、管式空气预热器等处，可以按简单处理，则

$$T_{ao} = t_{ws} + \Delta t + 273.15 \tag{4-89}$$

式中：

$$\Delta t = \begin{cases} 80℃\ 凝渣管 \\[2mm] 60℃\begin{cases}单级省煤器烟气温度大于400℃或双级省煤器的高温段 \\ 直流锅炉的过渡区 \\ 小型锅炉的锅炉管束\end{cases} \\[6mm] 25℃\begin{cases}双级布置省煤器的低温段或烟气温度小于或等于400℃的单级省煤器 \\ 燃用气体燃料时的所有受热面\end{cases} \\[6mm] 平均值第二级空气预热器取空气温度和烟气温度的平均温度 \end{cases}$$

灰污壁温的确定是烟气侧辐射换热系数 α_r 中最为复杂的，用到了换流换热相关过程的所有数据，如辐射换热系数本身、管外对流换热系数 α_1、管壁内侧的传热系数 α_2 和整体换热量 Q 等。为使用方便，用 radaiteHTC 来表示辐射换热系数 α_r，使用 outerHTC 来表示管外对流换热系数 α_1，用 convectHTC 表示管外对流换热系数 α_c，用 innerHTC 表示管内对流换热系数 α_2，并把它们加在 CConvector 中：

```
class CConvector
{
    ……
    double outerHTC;          // 烟气侧放热系数
    double radaiteHTC;        // 烟气侧辐射放热系数
    double convectHTC;        // 烟气对管壁的放热系数
    double innerHTC;          // 管壁对蒸汽或对空气的对流放热系数
    double HTC;               // 总传热系数
    double heat;              // 吸收的总热量
    ……
```

```
}
```
这样，以灰污系数表示法表示的壁温求

程序代码4-21　对流管壁温计算

```
double CConvector::tempatureWall ( double tGas, double tCool )
{
        CBoiler boiler=CBoiler::getInstance ( );
        if ( boiler->getFuel ( ) !≠CBoiler::Coal )
                return tCool+25+273.15;
        if ( coolant==CTubeBank::Water )
        {
                if ( gasT<400 )
                    return tCool+25+273.15;
                if ( gasT<900 )
                    return tCool+60+273.15;
                else
                    return tCool+80+273.15;
        }
        double firingRate=boiler->getFiringRate ( );
        if ( coolant==CTubeBank::SuperheatSteam ||
                coolant==CTubeBank::ReheatSteam )
        {
                double hR=calcHeatResistance ( velocityGas );
                return tCool+ ( hR+1/innerHTC ) *firingRate*heat/Fx+273.15;
        }
        return 0.5* ( tGas+ tCool );
}
```

5. 前烟室辐射

对于某些布置在炉膛出口处或前面有较大的烟气空间时，如转弯烟室，各级受热面之前或级间的烟室，这些烟室中的烟气具有辐射能力。由于对流受热面中工质温度与出口烟气温度的差别较小，因而该辐射对上游受热面的影响可不计，但对下游受热面辐射的影响不能忽略，因而称为前烟室。

前烟室对下游受热面的影响通常采用增大辐射放热系数的办法来考虑，这样有

$$\alpha_{r,b} = \alpha_r \left[1 + C \left(\frac{T_{fg}}{1000} \right)^{0.25} \left(\frac{D_x}{D_x + D_{fr}} \right)^{0.07} \right] \tag{4-90}$$

式中　　$\alpha_{r,b}$——前烟气辐射修正后的辐射换热系数，kW/（m²·℃）。

C——系数，与燃料种类有关，对重油及气体燃料，取0.3；在燃用烟煤及无烟煤时，取0.4；在燃用褐煤、油页岩及铲切泥煤时，取0.5。

256

D_{x}、D_{fr}——管束和烟气空间的深度，m。

前烟室示意图如图 4-19 所示。

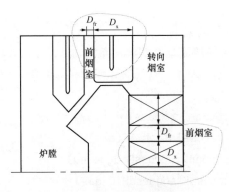

图 4-19　前烟室示意图

沿烟气冲刷流程的管排数 $z_2 < 3$ 时，不用考虑前烟室的修正。

因为前烟室的修正对于空气预热器和汽水工质的受热面均适用，所以它应当放在 CConvector 中。这样，可以在 CConvector 中增加数据 depthFrontRoom 来表示前烟室的深度，并增加下面的代码把式（4-90）中的修正项 $\left[1+C\left(\dfrac{T_{\mathrm{fg}}}{1000}\right)^{0.25}\left(\dfrac{D_{\mathrm{x}}}{D_{\mathrm{x}}+D_{\mathrm{fr}}}\right)^{0.07}\right]$ 当作一个系数计算出来，封装为

程序代码 4-22　对流换热面前烟室辐射换热放大系数

```
double CConvector::radiateFractorFrontRoom(CFlueGas* gas)
{
    double C=0.4;
    int coalClass = gas->getCoal()->getCoalClass();
    if(coalClass≠CCoal::Anthracite && coalClass!≠CCoal::SemiAnthracite  )
    C=0.5;
    hf=1+C*pow((gas->getT()+273)/1000, 0.25)*pow(depth/depthFrontRoom, 0.07);
    return hf;
}
```

6. 辐射换热系数的封装

程序代码 4-23　对流换热面辐射换热系数

```
double CConvector::calcRadiateHTC(CFlueGas* gas,CWaterSteam * ws)
{
    double temp = (1.0-pow(Tw/gasT,4)) / (1.0-Tw/gasT);
    double gasEmissivity=gas->getEmissivity();
    double gasT=gas->getTemperature();
    double stmT=ws->getTemperature();
    double Tw = tempatureWall(gasT,stmT,innerHTC,heat);
```

```
    double radHTC= 5.67e-8 * 0.9*(1+gasEmissivity )* 0.5*pow(gasT, 3) * temp);
    return hf*radiateFrontRoom();
}
```

（四）烟气侧放热系数的封装

程序代码 4-24 对流换热面烟气侧换热系数

```
double CTubeBank::calcOuterHTC(CFlueGas* gas,CWaterSteam * ws)
{
    if(weeping==CTubeBank::CrossInline)
        convectHTC= crossInlineHTC(gas);
    if(weeping==CTubeBank::CrossStaggered)
        convectHTC=crossStaggeredHTC(gas);
    if(weeping==CTubeBank::Longitude)
        convectHTC=LongitudeHTC(gas);
    radaiteHTC = calcRadiateHTC(gas, ws);
    outerHTC=utilizingFactor * (outerHTC + radaiteHTC);
    return outerHTC;
}
```

二、管内汽水工质纵向冲刷流热系数 α_2

（一）计算方法

过热器、再热器和省煤器中的汽水工质在蛇形管内作纵向流动并被加热时，管壁对其对流换热系数 α_2 按计算方法与烟气纵向冲刷完全一致，只是把物性参数更换为冷却剂侧的物性参数即可，有

$$\alpha_2 = 0.023\frac{\lambda_{sw}}{d_n}Re^{0.8}Pr_{sw}^{0.4} \tag{4-91}$$

式中　　α_2——管壁对汽水工质的对流换热系数，J/（m² · ℃）；

　　　　λ_{sw}——汽水工质在平均温度下的导热系数；

　　　　d_n——当量直径，m；

　　　　Re——雷诺数，无量纲；

　　　　Pr_{sw}——汽水工质在平均温度下的普朗特准则数。

水冷壁和省煤器中的水、超临界和超超临界压力过热蒸汽的放热系数很大，管子内侧的热阻远小于烟气侧热阻，故在锅炉热力计算中常将其忽略，一般也不计算其放热系数。但在水冷壁和过热器的壁温计算时，必须计算水或过热蒸汽的放热系数，此时对于超临界压力水，当介质温度低于准临界温度时，管内放热系数可按周强泰和 Watts 式计算，即

$$Nu = 0.021Re^{0.8}Pr^{0.55}\left(\frac{c_p}{c_p}\right)^{0.55}\left(\frac{\rho_w}{\rho}\right)^{0.55} \tag{4-92}$$

对于超临界压力过热蒸汽（介质温度高于准临界温度上管内放热系数可按 Miropls-ki 和 Shitsman 的式计算，即

$$Nu = 0.023Re^{0.8}Pr^{0.8} \tag{4-93}$$

式中　Pr——按流体温度确定的 Pr 和按壁温确定的 Pr_w 两者中的最小值。

近期研究表明，低于亚临界压力的过热蒸汽在管内的纵向流动，式（4-91）中常数 0.023 减少到 0.021（或 0.022），结果将更加准确，普朗特数的指数建议减少到 $0.43 \sim 0.55$。

（二）管壁对蒸汽和水的对流传热系数

大部分过热器、再热器和省煤器都按式（4-91）的规律工作，可根据蒸汽对流受热面通过的平均汽水工质求流速 w_{sw} 并进而确定其对管壁的放热系数 α_2 程序可以封装为

程序代码 4-25　对流换热面水侧换热系数

```
double CTubeBank::calcInnerHTC(CWaterSteam ws)
{
    double viscocity = ws.getViscosity();
    double conditivity =ws.getHeatConductivity();        // 水蒸气的热传导系数
    doulbe velocity = clacVelocityCool();
    double pr = ws.calcPr();
    double Re = (d - 2*ds) * velocity / viscocity;
    innerHTC=0.023 * conditivity/(d-2.0*ds) * pow(Re, 0.8) * pow(pr, 0.4);
    return  innerHTC;
}
```

（三）整体换热系数 k

整体换热系数 k 可以根据式（4-43）的灰污热阻法或式（4-52）的清洁因子法，由烟气侧对流换热系数数 α_1、管壁内汽水对流换热系数 α_2 合并得到。因为是受热面整体参数计算，所以其所用烟气为进出口平均烟气，汽水为进出口平均汽水，整体换热系数的封装也相应地用两种方式完成。

1. 清洁系数法

程序代码 4-26　对流换热面传热系数清洁系数法

```
double CTubeBank::calcHTC(CFlueGas* gas, CWaterSteam * ws)
{
    outerHTC = calcOuterHTC(gas, ws );
    double cleanFactor = calcCleanFactor();
     if(coolant==CTubeBank::Water)
     {
         HTC = cleanFactor *outerHTC;
     } else{
         innerHTC  = calcInnerHTC(ws);
```

```
        HTC = cleanFactor * (1/outerHTC + 1/innerHTC);
    }
    return HTC;
}
```

2. 热阻法

程序代码 4-27　对流换热面传热系数灰污热阻法

```
double CTubeBank::calcHTC (CFlueGas* gas, CWaterSteam * ws, double tWall)
{
    outerHTC = calcOuterHTC (gas, ws );
    double heatResistance= calcHeatResistance (velocityGas);
    if (coolant==CTubeBank::Water)
    {
        HTC = 1/ (1/outerHTC + heatResistance);
    } else{
        innerHTC  = calcInnerHTC (ws);
        HTC = 1/ (1/outerHTC + heatResistance+1/innerHTC);
    }
    return HTC;
}
```

第五节　空气预热器传热系数的求解

当烟气侧为主要热阻时，纵向冲刷（平行流）受热面换热效果比较差，因而过热器、再热器、省煤器均是横向冲刷受热面，只有其悬吊管是烟气纵向冲刷。但是在空气预热器中，烟气、空气流速都较慢，其工作压力均不高，烟气侧热阻与空气侧热阻是接近的，为了防止积灰，烟气侧通常使用纵向冲刷。此外，空气预热器温度低，如果出入口的平均烟气温度小于 300℃，则其辐射换热能力下降到微不足道，放热系数的求取只需要考虑对流传热系数即可。

一、管板式空气预热器

（一）整体换热系数

由于对流换热中的前提是冲刷，其影响优先于灰污的影响，因而学者对于空气预热器的计算过程中借助于利用系数ξ综合考虑管子的污染、烟气及空气对受热面未能充分冲刷及空气通过管板的短路现象等因素的影响，空气预热器内存在的冲刷不均匀均有可能，这样，在确定烟气侧放热系数、空气侧吸热系数及整体换热系数时均需要确定利用系数。换言之，由于冲刷不均匀对整体换热系数的影响与灰污热阻或热有效系数的位置完全相同，因而在换热计算时如果在每一个地方都非要把它的影响与灰污热阻或热有效系数的影响分开，完全是没有必要的工作。

借助于利用系数 ξ，管式或板式空气预热器的总传热系数可以表达为

$$k = \xi \frac{\alpha_1 \alpha_2}{\alpha_1 + \alpha_2} \qquad (4-94)$$

对管式空气预热器而言，ξ 为 0.75 ~ 0.80。

由于烟气温度已经很低，所以大部分时间空气预热器的热力计算不考虑烟气辐射。如果要计算烟气辐射，烟气在管内冲刷时其辐射层厚度为

$$s = 0.9 d_n \qquad (4-95)$$

式中　　d_n——管子内径，m。

板式空气预热器辐射层厚度为板壁净节距的 1.8 倍。

（二）烟气侧对流放热系数

管式空气预热器加热介质烟气多数也是在管内作纵向流动的，应用最广泛的纵向流动传热式 1973 年热力计算标准规定的为

$$\alpha_c = 0.023 \frac{\lambda}{d} Re^{0.8} Pr^{0.4} C_t C_L C_{wv} \qquad (4-96)$$

式中　　λ——烟气在管束中平均温度下的导热系数，W/（m·℃）；

d——烟气通过管的直径，m；

Re——烟气雷诺数，无量纲；

Pr——烟气在管束中平均温度下的普朗特准则数，无量纲；

C_t——换热方向修正系数，空气预热器中烟气是被冷却，$C_t = 1.0$；

C_{wv}——烟气中水蒸气成分的修正系数，无量纲；

C_L——受热面的相对长度修正系数，无量纲数。

1998 年热力计算标准规定的板式空气预热器对流传热系数为

$$\alpha_c = 0.00365 \frac{\lambda}{d_{eq}} Re Pr^{0.4} \qquad (4-97)$$

受热面相对长度修正系数 C_L 表示对流换热入口效应的影响。管式空气预热器的烟气管道在被烟气纵向冲刷时，存在对流换热入口效应。在入口段，边界层尚未完全形成，该处的局部传热系数最大，随着边界层厚度的增加，传热系数逐渐减小，当边界层转化为湍流状态时，传热系数又逐渐增大并趋于稳定。式（4-96）中得出的传热系数是整个受热面长度的平均值。因此，入口段对平均传热系数的影响用修正系数 C_L 来考虑，其值取决于管束长度和当量直径的比值。d 为管径或当量管径，l 为管长。

$$C_L = \begin{cases} 1 + \left(\dfrac{d}{l}\right)^{0.7} & \dfrac{l}{d} \geqslant 50 \\ 1 & \dfrac{l}{d} < 50 \end{cases} \qquad (4-98)$$

烟气或者空气中水分的变化修正为

$$C_{wv} = \begin{cases} 0.91 + 0.819r_{wv} & r_{wv} \leqslant 0.11 \\ 0.94 + 0.545r_{wv} & r_{wv} > 0.11 \end{cases} \qquad (4\text{-}99)$$

（三）空气侧对流放热系数

空气侧对流放热系数根据空气预热器的布置而确定，具体包括：

（1）大部分情况空气侧为横向冲刷、顺列布置，因此对空气侧流换热系数采用式（4-65）烟气横向冲刷顺列管的放热系数计算方法，计算时需要把式中的烟气物性参数换成空气的物性参数。

（2）如果空气预热器管采用错列布置，则空气侧放热系数的计算需要换成式（4-73），计算时需要把式中的烟气物性参数换成空气的物性参数。

（3）如果空气侧也是纵向冲刷，则空气侧换热系数也采用式（4-96），但是换热系数计算过程的管径需要采用式（4-11）所计算的当量直径。

空气侧放热系数需要在上述各式所计算的基础上乘以换热方向修正系数。

（四）换热方向修正系数 C_t

换热方向修正系数 C_t 对所有的对流换热均是存在的。对于蒸汽、水等高冷却能力时，壁温主要取决于冷却侧，换热时冷却介质温度与壁温差别不大，换热方向系数取1；对于烟气和空气，当它们受热时 C_t 不能省略，需要按下式计算，即

$$C_t = \left(\frac{T}{T_w}\right)^2 \qquad (4\text{-}100)$$

式中　T——烟气（或空气）的温度，K；

　　　T_w——壁温，K。

根据式（4-89）的规定，管式空气预热器的管壁温度取空气温度与烟气温度平均值。

（五）传热系数的封装

计算管式空气预热器的对流换热系数需要先计算管内烟气对流换热系数，然后再计算管外的空气对流换热系数，最后得到整体上换热系数。

根据式（4-96）~式（4-100），烟气侧的放热系数可以封装为

程序代码 4-28　管式空气预热器烟气纵向冲刷时换热系数

```
double CTubularAirHeater::LongitudeHTC(CFlueGas* gas)
{
    double sb1 = s1 / d;
    double sb2 = s2 / d;

    double pr = gas->calcPr();
    double viscosity = gas->calcKinematicViscosity();
    double conductivity=gas->calcThermalConductivity();
    velocity = gas->calcVelocityGas();
    Re = velocityGas × d / viscosity;
```

```
double cl=1.0;
if(d/length>50.0)
    cl=0.34 * pow( length/d, 0.7 );
double cwv;
double rWv=gas->getRatioWv();
if(rWv<0.11)
    cwv=0.91+0.819*rWv;
else
    cwv=0.91+0.545*rWv;
return 0.23 * cs * cz * cwv *conductivity / d * pow(Re,0.8) * pow(pr,0.4);
}
```

空气侧的对流换热系数需要根据管排的布置方式确定，以最常见的顺列管为例，把程序代码 4-19　CTubeBank：：crossInlineHTC（CFlueGas* gas）中的 gas 都换成空气 air，即

程序代码 4-29　管式空气预热器烟气横向冲刷时换热系数

```
double CTubularAirHeater::crossInlineHTC(CAir* air)
{
    double sb1 = s1 / d;
    double sb2 = s2 / d;
    double pr = air->calcPr();
    double viscosity = air->calcKinematicViscosity();
    double conductivity=air->calcThermalConductivity();
    velocity = calcVelocityCool();
    Re = velocityCool * d / viscosity;
    double cz=1.0;
    if(z<10.0)
        cz=0.91+0.0125*(z-2.0);
    double cs =1.0;
    if( sb1<1.5 || sb2>=2.0 ) cs=1;
    if(sb1>3.0&&sb2<2.0)
    {
        cs=1+3.0 * pow((1.0-0.5*sb2),3);
        cs = 1/pow(cs,2);
    }
    if(sb1>3.0&&sb2<2.0)
    {
        cs=(2.0*sb1-3.0) * pow((1.0-0.5*sb2),3);
        cs = 1/pow(cs,2);
```

```
    }
    double cwv=0.92;  // 空气中的水蒸气占比很少，可认为是 0.91
    return 0.21 * cs * cz * cwv *conductivity / d * pow(Re,0.65) * pow(pr,0.33);
}
```

如果是空气侧也是纵向冲刷，则把 CTubularAirHeater：：LongitudeHTC（CFlue-Gas* gas）中所有的 gas 都变成 CAir 的 air，且计算过程的管径需要换成当量直径 diameterEquilavlent：

程序代码 4-30　管式空气预热器烟气纵向冲刷时换热系数

```
double CTubularAirHeater::longitudeHTC(CAir* air)
{
    //.....
    Re = velocityCool * diameterEquivalent / viscosity;
    //.....
    return  0.23*cs*cz*cwv*conductivity/diameterEquivalent*pow(Re,0.8)*pow(pr,0.4);
}
```

管式空气预热器的管壁温度取空气温度与烟气温度平均值，利用系数 utilingFactor 取 0.75 ~ 0.80，则管式空气预热器的整体换热系数可以由式（4-94）计算得

程序代码 4-31　管式空气预热器烟传热系数

```
double CTubularAirHeater:：calcHTC（CFlueGas gas, CAir* air）
{
    outerHTC=LongitudeHTC（gas）;
    if（sweeping=CTubeBank:：Longitude）
        innerHTC=LongitudeHTC（air）;
    if（sweeping=CTubeBank:：CrossInline）
        innerHTC=crossInlineHTC（air）;
    if（sweeping=CTubeBank:：CrossStaggered）
        innerHTC=crossStaggered（air）;
    double tw=（gas->getT（）+air->getT（））/2;
    double ct=air->getT（）*air->getT（）/tw/tw;
    innerHTC=ct*innerHTC;
    return  utilingFactor*innerHTC*outerHTC/（innerHTC+outerHTC）;
}
```

二、回转式空气预热器

（一）整体换热系数

从回转式空气预热器每一个波纹板的角度来看（拉格朗日方法），由于其交替地通过烟气通道和空气侧通道要经历先升温后降温的过程，它是一个非稳态的换热过程，不同于间壁式对流受热面；但是从整个空气预热器之外观测就会发现（欧拉方法），在

转子周而复始的旋转过程中，无论是哪一块波纹板，只要它转到固定的位置，其温度就会是一定的，温度场分布固定，效果与间壁式换热器相近。

可见，回转式空气预热器利用系数的应用条件比管式空气预热器更加适用，同时还要考虑其非稳态换热的影响。用系数 C_n 表示非稳态换热的影响，这样两分仓空气预热器总传热系数可以表达为

$$k = \xi \frac{C_n}{\dfrac{1}{x_{fg}\alpha_{fg}} + \dfrac{1}{x_a\alpha_a}}$$　　　　（4-101）

式中　　ξ——利用系数；

C_n——考虑转数非稳定换热的影响系数；

x_{fg}——烟气流过的那部分换热面积或流通面所占的份额（不计径向密封片下面的换热面积和流通面积）占空气预热器总换热面积或总流通流面的份额；

α_{fg}——烟气侧对流传热系数，W/（m²·℃）；

x_a——空气流过的那部分换热面积或流通面积（不计径向密封片下面的换热面积和流通面积）占空气预热器总换热面积或总流通流面的份额；

α_a——空气侧对流传热系数，W/（m²·℃）。

三分仓空气预热器传热系数参见本章第六节。

回转式空气预热器利用系数为 0.8～0.9，当空气预热器漏风量 $\Delta\alpha_L$=0.2～0.25 时用最小值，在 $\Delta\alpha_L$=0.15 时用最大值。对积灰少、冲刷条件好的情况，取上限值。由于空气预热器利用系数只和漏风率相关，所以其封装为

程序代码 4-32　**回转式空气预热器利用系数**

```
void CRotateAirHeater::calcUtilizingFactor()
{
    utilingFactor=0.95;
    if( airLeakage>=0.15 && airLeakage<=0.2 )
        utilingFactor = -2 * airLeakage + 1.2;
    else if( airLeakage>0.2 && airLeakage<=0.25 )
        utilingFactor=0.8;
    else
        utilingFactor=0.75;
    rcturn utilingFactor;
}
```

在我国生产的三分仓空气预热器中，烟气区、一次风区和二次分区所占的圆周角度一般分别为165°、50°和100°，余下圆周角度被3个密封区所占，一个密封区为15°，因此 x_{fg}、x_{pa}、x_{sa} 的数值分别为 0.458、0.139 和 0.278。

对于厚度 δ=0.6～1.2mm 的蓄热板的回转式空气预热器，C_n 值与转子转速有关，可取见表4-7。

表 4-7 非稳定换热影响系数

n (r/min)	0.5	1.0	$\geq$ 1.5
C_n	0.85	0.97	1.0

程序代码 4-33　回转式空气预热器速度影响系数

```
double CRotateAirHeater::velocityFactor()
{
    double factor; // 考虑转数低时不稳定影响的导热系数
    factor1 = 0.64 + 0.15*rotateVelocity - 0.18*rotateVelocity*rotateVelocity;
    if ( rotateVelocity >= 1.5 )
    {
      factor = 1;
    }
    return factor;
}
```

与管式空气预热器相同，对回转式空气预热器通常不考虑烟气的辐射，如果考虑时其辐射层厚度 s 按波纹版间距的 1.8 倍来选取。

（二）对流传热系数

1. 计算方法

回转式空气预热器蓄热元件的结构特性更接近于板式空气预热器，烟气与空气均为纵向冲刷波纹板，其对流传热系数 α_c 也是由雷诺数与普郎特数决定，计算方法相同，则

$$\alpha_c = AC_t \frac{\lambda}{d_{eq}} Re^m Pr^{0.4} \qquad (4-102)$$

式中　　α_c ——烟气（或空气）的对流传热系数，W/（m²·℃）；

A、m ——与传热元件型式有关的系数，各种换热板型数值不同；

λ ——在烟气（或空气）平均温度下烟气（或空气）的导热系数，kW/（m²·℃）；

d_{eq} ——蓄热板的当量直径，m；

Re ——烟气雷诺数，无量纲；

Pr ——在烟气（或空气）平均温度下的普朗特准则数。

2. 指数 m 的取值

由于当量直径 d_{eq} 很小，空气预热器中烟气与空气雷诺数均有 $Re>1000$，1973 年热力计算标准和 1998 年热力计算标准的指数 m 均取 0.8。

3. 指数 A 规定

根据换热元件有所不同：

（1）针对 DU 型传热元件的规定最为复杂。1973 年热力计算标准规定：当蓄热板的 $a+b$=2.4mm 时，A=0.027；在 $a+b \geqslant$ 4.8mm 时，A=0.037；成交错排列时取 A=0.037；同向排列时取 A=0.040；1998 年热力计算标准中规定 $a=b$=2.4，c=3.0 的 DU 板 A 为 0.037，板型相同但尺寸不同的 DU 板的系数由其结构尺寸计算得

$$A = 0.207 + 0.037 \left(\frac{a+b}{a+b+c} \right)^2 \qquad （4-103）$$

（2）针对 CU 型传热元件，取 A=0.027。

（3）针对 NF 型传热元件或方孔陶瓷储热件，取 A=0.021。

（4）镀有搪瓷表面的板面，A 值应降低 5%。

每个空气预热器的制造厂家都有自己的计算式，但大都在系数 A 和指数 m 上进行不同的组合，结果是接近的。对于同一种板型，A 大些，m 就会小一些；反之 A 小些，m 就会大一些，如我国也对不同波纹板进行了试验，如对当量直径为 9.32mm 的国产板型，上海锅炉厂研究所试验得到的传热系数 $A = 0.03$，$m = 0.83$。

根据上述原理，可以在 CElementAirHeater 中增加一个用于确定 A 的函数

```
double CElementAirHeater∷A73（）
{
    double A=0.0301;
    if（element==CElementAirHeater∷DU）
    {
        if（（a+b）==2.4）
                A=0.027;
        else
                A=0.037;
    }
    if（element==CElementAirHeater∷CU）A=0.027;
    if（element==CElementAirHeater∷NF）A=0.021;
    if（element.enameled）  A=A*0.95;
}
```

4. 温度修正

回转空气预热器烟气侧放热系数 C_t=1。

空气侧放热系数的修止需要对换热方向进行修正，C_t 计算方法按式（4-100）进行。波纹板的平均壁温按烟气与空气的流通面积比加权平均，如两分仓空气预热器的壁温计算方法为

$$T_w = \frac{t_{fg,mn} r_{fg} + t_{a,mn} r_a}{r_{fg} + r_a} + 273.15 \qquad （4-104）$$

式中　$t_{fg,mn}$、$t_{a,mn}$ ——烟气及空气的平均温度；

r_{fg}、r_a——烟气和空气的质量流量占比。

式（4-104）可以封装为：

```
double CRotateAirHeater::tempatureWall(CFlueGas* gas,CAir* air)
{
    double tw=gas->getT()*ratioGas+air->getT()*ratioAir;
    tw=tw/(ratioGas+ratioAir)+273.15;
    return tw;
}
```

（三）冷热段整体计算

如果空气预热器分段，如分为热段和冷段两段，下标分别 h 和 c 表示，可以热段面积和冷段面积为权重求得通道的平均放热系数。

冷段的面积权重 r_c 可表达为

$$\begin{cases} r_c = \dfrac{F_{xc}}{F_{xc}+F_{xh}} \\ r_h = 1 - r_{xc} \end{cases} \tag{4-105}$$

式中　F_{xc}——冷段蓄热板换热面积；

　　　F_{xh}——热段蓄热板换热面积。

烟气通道的平均放热系数 α_{fg} 为

$$\begin{cases} \alpha_{fg,mn} = r_c\alpha_{fg,c} + r_h\alpha_{fg,h} \\ \alpha_{a,mn} = r_c\alpha_{a,c} + r_h\alpha_{a,h} \end{cases} \tag{4-106}$$

（四）传热系数

1. 空气侧放热系数

程序代码 4-34　回转式空气预热器空气侧放热系数

```
double CRotateAirHeater::calcInnerHTC(CFlueGas* gas,CAir* air)
{
    double lam = air.calcThermalConductivity();
    double pr = air.calcPr();
    double nu = air.calcKinematicViscosity();
    double tw=temperatureWall(gas,air);    // 计算壁温
    double ct=air->getT()*air->getT()/tw/tw;
    innerHTC=ct*innerHTC;
    double velocity=air->getVoume()/areaCool; // 多分仓空气预热器的速度计算相同
    double Re = velocityGas * element.diameterEquavilent / nu;
    return  element.A73() * lam * pow(Re,0.83) * pow(pr,0.4) / element.diameterEquavilent;
}
```

2. 烟气侧放热系数

程序代码 4-35　回转式空气预热器烟气侧放热系数

```
double CRotateAirHeater::calcOuterHTC(CFlueGas* gas)
{
    double lam = gasIn.calcThermalConductivity();

    double nu = gasIn.calcKinematicViscosity();

    double velocity=calcVelocityGas();

    double Re = velocity * element.diameterEquavilent / nu;

    double pr = calcPrGas();

    return  element.A73() * lam * pow(Re,0.83)*pow(pr,0.4)/element.diameterEquavilent;
}
```

3. 整体换热系数

程序代码 4-36　回转式空气预热器整体换热系数

```
double CRotateAirHeater::calcHTC(CFlueGas* gas,CAir* air)
{
    innerHTC   = calcInnerHTC(gas,air);

    outerHTC   = calcGasHeating(gas);

    double volcityFactor=calcVelocityFactor();

    double utilizingFactor=calcUtilizingFactor();

    return utilizingFactor*velocityFactor*(1/outerHTC*ratioGas + 1/innerHTC*ratioAir);
}
```

第六节　二元对流受热面热力计算的封装

二元对流受热面指对流受热面中只有一冷、一热两种介质，包括过热器、再热器及省煤器等构成的汽水类受热面和管式空气预热器、二分仓回转式空气预热器构成的空气类受热面。汽水类往往由一个主受热面与 1~2 个附加受热面组合。本节基于这些受热面的结构特点，对其热力计算封装进行介绍。

一、汽水工质受热面

汽水工质受热面是锅炉中最主要的对流换热器，包括过热器、再热器、省煤器及附加受热面中的水冷却受热面；这些对流受热面的主流流程都是相同的，需要考虑的差异点为有无设置喷水减温器、有无侧壁、顶棚设置及是否为附加受热面信息。

（一）喷水减温

1. 设置情况及其能量平衡

大型锅炉一般需要用喷水减温方式对蒸汽的参数进行调节，以保证过热蒸汽温度在不同负荷、不同工况下达到额定的蒸汽参数并维持恒定。由于过热器采用多级布置，为了提高运行的安全性和改善过热器的调节特性，通常采用二到三级调节，第一级布置通常在屏式过热器前，起保护屏的作用，末级布置在末级过热器前，以保证过热器的出口汽温，有的锅炉还在后屏出口再设置一级减温水。减温喷水量通常为锅炉额定蒸发量的 3% ~ 5%。

对于某一级受热面，假定其设置了减温器，则应当预先处理减温器。喷水减温热平衡示意图如图 4-20 所示。

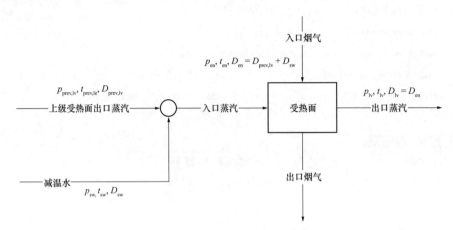

图 4-20　喷水减温热平衡示意图

根据图 4-20 所示，喷水减温前后的能量平衡与工质平衡为

$$D_{en} = D_{lv,prev} + D_{sp} \tag{4-107}$$

$$h_{en} = \frac{D_{lv,prev} h_{lv,prev} + D_{sp} h_{sp}}{D_{lv,prev} + D_{sp}} \tag{4-108}$$

式中　D_{en}、D_{lv} ——本级受热面蒸汽的进、出口流量，kg/s，$D_{en} = D_{lv}$；

$\quad\quad D_{lv,prev}$ ——上级受热面蒸汽的出口流量，kg/s；

$\quad\quad D_{sp}$ ——减温器喷水量，kg/s；

$\quad\quad h_{en}$ ——本级受热面进口蒸汽焓值，kJ/（kg·℃）；

$\quad\quad h_{lv,prev}$ ——上一级受热面出口蒸汽的焓值，kJ/（kg·℃）；

$\quad\quad h_{sp}$ ——减温水焓值，由其温度和压力计算，kJ/（kg·℃）。

通过对过、再热器喷水后的能量平衡与工质平衡来求解出进受热面的温度、焓值和流量后，就得到了当前受热面的进、出口流量单一的计算模型，没有减温水的受热面按照同样的方法完成热力计算工作。

2. 数据封装

因为过热器、再热器都有可能设置减温水，所以把减温水量相关变量设置在 CTubeBank 中，包括当前的减温水量 sprayWater 和最大减温水量 sprayWaterMax。运行中最大减温水量 sprayWaterMax 由其管子的粗细与其两端的压差决定，因此在热力计算中是个定值，只要它不为零，就说明设置了减温水量；实际的减温水量 sprayWater 是根据汽温控制的需要设定，在热力计算中是个待求变量。

并增加下列函数，以完成 / 判断是否有减温水，获取减温水量和设置减温水量的任务：

```
double CSuperHeater::getSparyWater()// 获取减温水量
{
  if(coolant==CTubeBank::Water) return 0;
  if(sprayWaterMax>0) return sprayWaterMax;
}
void CSuperHeater::setSparyWater(double flowRate)// 设置减温水量
{
    if(flowRate>sprayWaterMax) sprayWater=sprayWaterMax;
    spayWaterRate=flowRate;
}
virtual BOOL CSuperHeater::hasSparyWater()// 判断是否有减温水量
{
    return sprayWaterMax>0? TRUE : FALSE;
}
```

（二）附加受热面

现代锅炉炉膛和烟道一般都用膜式受热面包覆，形成刚性密闭的烟道，烟道壁面、烟道顶部和底部敷壁管、包覆管、悬吊管和引出管等面积较小或者烟气流速低通常作为主受热面的附加受热面。在进行一段区域主受热面的热力计算时，必须将主受热面的换热量和附加受热面的换热量都进行计算，才能保证能量守恒。因而附加受热面是汽水类受热面需要面对的问题。

1. 界定条件

沿烟气方向的某一位置，如果有几个受热面并列布置，面积最大的为主受热面，如果其他受热面不超过主受热面的10%，则称为附加受热面。面积超过主受热面10%的称为并列主受热面，它的热力计算需要单独计算。

2. 计算要求

附加受热面的计算要求与其面积和换热量相关：如附加受热面的面积不超过主受热面的4%，则可将换热面积加入主受热面，按通常方法与主受热面一同计算。更多时候是把附加受热面的热力计算嵌入主受热面的热力计算过程中，但需要单独计算，计算方法总体上与主受热面相同，但是在具体细节中也有一些不同。

（1）附加受热面热力计算也采用先假设吸热量然后再进行迭代的方法，但是吸热量和主受热面吸热量同时假定，与主受热面共享相同的出、入口烟气，主、附受热面的吸热量共同确定出口烟气温度，附加受热面的换热计算完成后不计算出口烟气，也不更新烟气参数。

（2）附加受热面的传热系数不单独计算，而是直接把主受热面的传热系数拿来使用。

（3）当附加受热面的传热温压 Δt 通常使用主受热面烟气温度的平均温度与附加受热面中工质平均温度之差来简化计算。

（4）如果附加受热面是贴着炉墙的，其换热面积按管周长之半来计算。

（5）附加受热面中可以是蒸汽，也可以是水。如果是水，则不更新工质参数。

（6）附加受热面热力计算误差控制为 10% 即可。

3. 附加受热面封装

因为附加受热面的冷却剂是低温蒸汽或锅水，所以附加受热面肯定是 CTubeBank 的子类型。假定命名为 AffiliatedHeater，则附加受热面的热力计算程序为

程序代码 4-37　附加受热面的热力计算

```
void AffiliatedHeater: : heatCalc ( )
{
    double dq=500;
    CWaterSteam* ws;
    CFlueGas*  gas=CFlueGas: : mean ( gasEn, gasLv );
    do {
        double flowRate = getFlowRate ( );
        /* 如果蒸汽附加受热面需要计算蒸汽的出口焓，进而由焓算出口温度 */
        if ( coolant≠CTubeBank: : Water )
        {
            double enthalpySteamLv= getSteamEn ( ) ->getEnthalpy ( )
                + ( heat+heatFromPrev ) *firingRate/flowRate*boiler-
                >heatInsulation;
            coolantLv->setEnthalpy ( enthalySteamLv );
            ws =CWaterSteam: : meanWS ( coolantEn, coolantLv );
        }else{/* 如果水受热面，则直接使用进口水温 */
        ws=coolantEn;
        }
        double dt= gas->getTemperature ( ) -ws->getTemperature ( );
        double heat =  HTC * dt * Fx/ firingRate;
        dq = fabs ( heat - heatNew ) / heat * 100;
        heat = 0.5* ( heat - heatNew );
    } while ( dq>5 );
}
```

附加受热面烟气侧参数和传热系数均需要在热力计算时事先设定，如传热系数设定的函数为

```
void AffiliatedHeater: : setHTC ( double k )
{
    HTC=k;
}
```

（三）汽水对流受热面热力计算的封装

典型的汽水工质对流受热面是包含顶棚和侧墙水冷壁两个附加受热面的过热器或

再热器，假定分别用 roof 和 sideWall 来表示，它们的吸热量则为 heatRoof 和 heatSide-Wall。热力计算时先为它们赋初值。大部分情况下，按照下列的比例赋值，程序都可以很好地完成计算工作。

```
void CSuperHeater∷init()
{
    heatRoof = 50;          // 顶棚附加受热面的吸热量
    heatSideWall = 150;     // 侧墙附加受热面的吸热量
    heat=1000;              // 主受热面的吸热量
}
```

典型的汽水工质对流受热面热力计算总体流程如图 4-21 所示。

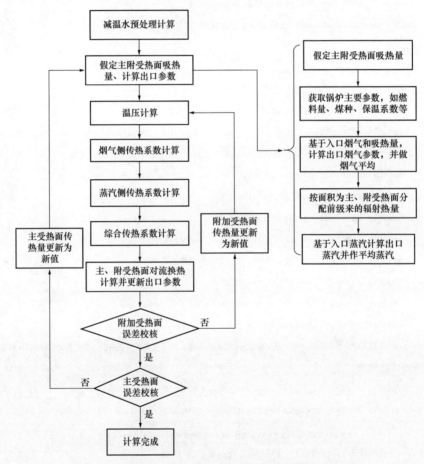

图 4-21　典型的汽水工质对流受热面热力计算总体流程图

图 4-21 所示流程中减温水的预处理工作主要是根据图 4-20，通过上级受热前出口工质参数和喷入减温水参数求解本级受热面入口汽水工质的焓值、温度和入口流量，工质参数包括温度、压力、流量。它主要关系到两级受热面的关系，将在第六章详述，本节先假定该过程已经完成，这样对于本级受热面，可以把热力计算封装为

程序代码 4-38　汽水工质主受热面的热力计算

```
BOOL CSuperHeater::heatCalc()
{
    // 准备热力计算平均烟气和冷却剂
    CFlueGas* gas;
    CWaterSteam ws;
    // 锅炉主要参数，如燃料量、保温系数等的获取
    CBoiler* boiler=CBoiler::getInstance();
    CCoal* coal = boiler->getCoal();
    double cleanFactor = calcCleanFactor();
    double firingRate= boiler->getFiringRate();
    double heatInsulation = boiler->getheatInsulation();
    dq=0;
    do{
    // 根据入口烟气焓和传热量来确定出口烟气参数
        double enthalpyGasEn=gasEn->getEnthalpy();
        double enthaplpyGasLv = gasEn->getEnthalpy() - (heatRoof+heatSideWall+heat)
                        + airLeakage*boiler->getEnthalpyColdAir();
        gasLv.setEnthaply(enthaplyGasLv);
        gas=CFlueGas::mean(gasEn, gasLv);
        double gasT=gas->getTemperature();
        double FxTotal=Fp + roof->getFx() + sideWall->getFx();
        double Qrf=heatFromPrev-QrfLv; // 炉膛辐射热的吸收部分
        double radHeat= Qrf * Fp / FxTotal;
        double radHeatRoof= Qrf * roof->getFx() / FxTotal;
        double radHeatSideWall= Qrf * roof->getFx() / FxTotal;
        // 根据入口冷却剂的焓和传热量来确定出口冷却剂参数，对于汽水受热面来说，其变量 coolantEn 和 CoolantLv
都是 WaterSteam 类型的数据
        double flow = coolantEn->getFlowRate();
        double enthalpySteamLv= coolantEn->getEnthalpy() +
                (heat+radHeat)*firingRate/flow*heatInsulation;
        coolantLv->setEnthalpy(enthalySteamLv);
        ws=CWaterSteam::mean(coolantEn, coolantLv);
        double stmT = ws->getTemperature();
        / 求传热系数、传热温压，进行热力计算
        HTC   = calcOuterHTC(gas, ws);
        dt = calcDT();
        double heatNew =  HTC * dt * Fx/ firingRate;
```

```
        dq = fabs ( heat - heatNew ) / heat * 100;

        roof->setGasLvT ( gasLvT );

        roof->setHTC ( HTC );

        roof->setHeatFromPrev ( radHeatRoof );

        roof->heatCalc ( );

        sideWall->setGasLvT ( gasLvT );

        sideWall->setHTC ( HTC );

        sideWall->setHeatFromPrev ( radHeatRoof );

        sideWall->heatCalc ( );

    } while ( dq>1 );

}
```

通过程序可以看出，由于前期已经对于温压计算、对流传热系数计算等核心工作进行了大量封装，在 heatCalc（ ）反而主要工作是根据假定换热量计算相应出口参数的过程：计算过程都是基于入口焓值通过热平衡计算换热量和出口焓值，通过 setEnthalpy 的功能来触发出口烟气或蒸汽的整体更新。

求解换热系数都封装 calcOuterHTC（gas，ws），执行过程中它会调用程序代码 4-20 或程序代码 4-21 解决烟气对管壁外的对流换热系数求解问题，然后调用程序代码 4-23 求解烟气对管壁处的辐射换热系数（期间需要调用程序代码 4-21 计算管壁温度），它们的结果由程序代码 4-24 合并为烟气对管壁外的总换热系数；水侧换热系数的计算由程序代码 4-25 完成，由程序代码 4-26（清洁系数法）或程序代码 4-27（灰污热阻法）完成系统传热系数的求解。

二、管式空气预热器

管式空气预热器热力计算过程的封装与汽水受热面的过程几乎是相同的，只不过管式空气预热器不再有附加受热面，且冷却对象由 CWaterSteam 变为 CAir。

程序代码 4-39 管式空气预热器主受热面的热力计算

```
BOOL CTubularAirHeater: : heatCalc ( )

{

    // 准备热力计算平均烟气和冷却剂

    CFlueGas*  gas;

    CAir* air;

    // 锅炉主要参数，如燃料量、保温系数等的获取，与 CSuperHeater 相同

    dq=0;

    do{

        // 根据入口烟气焓和传热量来确定出口烟气参数

        enthalpyGasEn=gasEn->calcEnthalpy ( );

        enthaplpyGasLv = enthalpyGasEn - heat/heatInsulation;

        gasLv->setEnthalpy ( enthaplpyGasLv );
```

```
// 根据入口冷却剂的焓和传热量来确定出口冷却剂参数

flow = coolantEn->getFlowRate ( );

enthalpyAirLv= coolantEn->getEnthalpy ( ) + heat*firingRate/flow*heatInsulation;

coolantLv->setEnthalpy ( enthalpyAirLv );

// 烟气与冷却剂的平均

gas = CFlueGas：：mean ( gasEn, gasLv );

air= CAir：：mean ( coolantEn, coolantLv );

// 求传热系数、传热温压，进行热力计算

HTC = calcHTC* ( gas, air );

dt = calcDT ( );

double heatNew =  HTC * dt * Fx/ firingRate;

dq = fabs ( heat - heatNew ) / heat * 100;

heat=0.5* ( heat+heatNew );

} while ( dq>1 );

}
```

同样的求解换热系数都封装 calcOuterHTC（gas，air）中，由于低温过程中不单独考虑辐射换热，总体上比汽水受热面的工作简单一些，执行过程中它会调用程序代码 4-28 解决烟气对管壁的对流换热系数求解问题，然后调用程序代码 4-29 或程序代码 4-30 求解空气对管壁的辐射换热系数，它们的结果由程序代码 4-31 合成为系统传热系数。

三、二分仓回转式空气预热器

二分仓回转式空气预热器热力计算过程 CBiAirHeater：：heatCalc（）在内容上与管式空气预热器热力计算过程 CTubularAirHeater：：heatCalc（）几乎是相同的，只是在 calcOuterHTC（gas，air）中它会调用程序代码 4-35 解决烟气对管壁的对流换热系数求解问题，然后调用代码 4-34 求解空气对管壁的辐射换热系数，再调用程序代码 4-33 求解空气预热器速度影响系数、程序代码 4-32 求解完利用系数，最后由程序代码 4-36 合成为系统传热系数。

第七节　多分仓空气预热器的热力计算

多分仓空气预热器包括三分仓空气预热器和四分仓空气预热器。由于在冷却剂侧进行了分仓，所以与前几节换热计算过程中只是简单地把计算过程分为放热侧和冷却侧不同，而必须考虑冷却侧的进一步细分。这种需要把一个受热面进行细分的需求，最好是使用三维计算，即把整个换热过程划分为立体的网格进行数值计算。空气预热器厂家目前设计计算时就采用三维数值计算的方法，可以得到蓄热元件在不同位置的温度分布以判断是否会存在结露、是否布置防酸材料；但是从锅炉厂的角度，更希望是通过和其他受热面相似的零维整体换热计算，得到出口烟气温度和整体空气温度，

为全锅炉的热力计算服务，计算过程要简单、计算速度快、结果满足锅炉设计与校核要求即可。本节基于浙江大学周俊虎教授提出的三分仓空气预热器整体热力计算思想（该方法已经写入高校的教材），对三分仓方法空气预热器的整体热力计算进行完善和封装，并进一步推广到四分仓空气预热器。

一、三分仓空气预热器的计算

（一）计算条件

三分仓空气预热器把燃烧空气分为一、二次风两个通道，因此三分仓空气预热器热力计算的已知条件与二分仓空气预热器有所不同，增加的计算条件主要包括：

（1）原两分仓空气预热器的流通份额 x_{fg} 和 x_a 变为烟气、一次风和二次风的流通份额 x_{fg}、x_{pa} 和 x_{sa}。

根据这些关系，可得到一、二次风通流面积，即

$$\begin{cases} F_{fg} = \dfrac{\pi d_{AH}^2 K_1 K_b}{4} x_{fg} \\[2mm] F_{pa} = \dfrac{\pi d_{AH}^2 K_1 K_b}{4} x_{pa} \\[2mm] F_{sa} = \dfrac{\pi d_{AH}^2 K_1 K_b}{4} x_{sa} \end{cases} \tag{4-109}$$

式中　F_{fg}、F_{pa}、F_{sa}——烟气、一、二次风的通流面积，m^3；

$\quad\quad x_{fg}$、x_{pa}、x_{sa}——烟气、一、二次风的通流面积占比，无量纲。

（2）运行参数上：增加一、二次风的风量配比为 r_{pa} 和 r_{sa}；进口一、二次风温为 $t_{pa,en}$ 和 $t_{sa,en}$；出口一、二次风温为 $t_{pa,lv}$ 和 $t_{sa,lv}$。

（3）漏风变得比较复杂，即高压的一次风两侧分别向烟气侧漏风和中压的二次风侧漏风，中压的二次风向烟气侧漏风。漏风量、入口温度均不同，在微观上对传热和空气温度分布有微量的影响。考虑计算简化的需要，还是按两分仓空气预热器所假定的，认为漏风都发生在入口处，且没有被空气预热器加热，按此假设进行漏风焓和空气吸热量的计算。

基于上述假定，仍用 β_{AH} 表示空气预热器出口的过量空气系数，则 1kg 燃料产生需要燃烧空气为 $\beta_{AH} V_a^0$，一、二次风通道空气流量分别为 $\beta_{AH} V_a^0 r_{pa}$、$\beta_{AH} V_a^0 r_{sa}$，进一步可计算的一、二次风通道的空气流速为

$$\begin{cases} w_{pa} = \dfrac{B\beta_{AH} V_a^0 r_{pa}(t_{pa,en} + 273.15)}{273.15} \dfrac{4 d_{AH}^2 x_{pa} K_1 K_b}{\pi} \\[3mm] w_{sa} = \dfrac{B\beta_{AH} V_a^0 r_{sa}(t_{sa,en} + 273.15)}{273.15} \dfrac{4 d_{AH}^2 x_{sa} K_1 K_b}{\pi} \end{cases} \tag{4-110}$$

式中　　$t_{pa,en}$——一次风平均温度，℃；

$\quad\quad\quad t_{sa,en}$——二次风平均温度，℃；

$\quad\quad r_{pa}$、r_{sa}——一次风和二次风流量占比，无量纲。

基于上述特性，三分仓空气预热器的主要工作参数分布如图 4-22 所示。

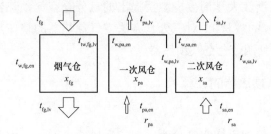

图 4-22　三分仓空气预热器的主要参数分布

图 4-22 中：下标 sa 和 pa 表示一、二次风；下标 en 表示进入、lv 表示离开；下标 w 表示壁面；这样，r_{pa} 和 r_{sa} 表示一、二次风的比例；$t_{fg,en}$ 表示烟气进口温度，$t_{w,fg,en}$ 表示转子进入烟气仓时的壁温，$t_{w,fg,lv}$ 表示转子离开烟气仓时的壁温。

三分仓空气预热器的空气侧一、二次风速度计算封装为

程序代码 4-40　三分仓空气预热器一、二次风的流速

```
double CTriAirHeater::calcVelocityPa(CAir*  pa)
{
    double K1=unheatingDiscount();
    double Kb=element.flowAreaPerVoume;
    areaGas=K1*Kb*3.1415926*dAirHeater*dAirHeater*ratioPrimaryAir/4;
    return pa->getFlowRate()/areaGas;
}
double CTriAirHeater::calcVelocitySa(CAir*  sa)
{
    double K1=unheatingDiscount();
    double Kb=element.flowAreaPerVoume;
    areaGas=K1*Kb*3.1415926*dAirHeater*dAirHeater*ratioSecondaryAir/4;
    return pa->getFlowRate()/areaGas;
}
```

（二）烟气放热量、空气吸热量及其平衡

根据烟气放热与空气吸热的平衡，三分仓回转式空气预热器烟气放热量按式（4-27）计算，但空气吸热量可分解为一次风的吸热量和二次风的吸热量，则

$$\begin{cases} Q_a = Q_{AH} = \varphi Q_{fg} \\ Q_a = Q_{pa} + Q_{sa} = \beta_{AH} V_a^0 \left[r_{pa} \left(H_{pa,lv} - H_{pa,en} \right) + r_{sa} \left(H_{sa,lv} - H_{sa,en} \right) \right] \\ Q_{fg} = H_{fg,en} - H_{fg,lv} \end{cases} \quad （4-111）$$

式中　$H_{pa,en}$、$H_{pa,lv}$ ——一次风的进、出口比焓，kJ/m³；

　　　　$H_{sa,en}$、$H_{sa,lv}$ ——二次风的进、出口比焓，kJ/m³；

　　　　r_{pa}、r_{sa} ——一、二次风的风量质量份额；

$H_{fg,en}$、$H_{fg,lv}$ ——单位燃料下烟气的进出口焓值，kJ/kg。

联立可得空气预热器出口排烟温度的焓，并进一步确定其无漏风温度。排烟焓为

$$
\begin{cases}
H_{fg,lv} = H_{fg,en} - \dfrac{\beta_{AH} V_a^0}{\varphi}\Big[r_{pa}\big(H_{pa,lv}-H_{pa,en}\big) + r_{sa}\big(H_{sa,lv}-H_{sa,en}\big)\Big] \\
H_{a,lv} = H_{a,en} + \dfrac{\varphi\big(H_{fg,lv}-H_{fg,en}\big)}{\beta_{AH} V_a^0}
\end{cases}
\tag{4-112}
$$

二、三分仓空气预热器热力计算的过程

（一）计算思想方法

基于以上计算条件，热量从烟气传递给燃烧空气有两种考虑计算模型。

（1）整体计算模型：由于一、二次风都是冷却烟气的，所以可以把它们混合在一起考虑，把三分仓看作一个两分仓空气预热器来进行计算，计算出烟气向一、二次风传递的总热量；以炉膛热力计算为参照，空气预热器整体计算方案相当于零维模型。

（2）分步计算模型：考虑烟气向一、二次风的分别传热过程，以一次风先到的空气预热器为例，烟气先把转子加热，然后进入一次风冷却后，再进入到二次风冷却；因为转子从一次风转到二次风的过程中是持续的冷却过程，所以不能直接用对流换热的计算方法，而必须考虑转子的金属向一次风传热和向二次风传热的对流计算子过程。对应于炉膛热力计算，这种一、二次风放热分步计算的模型相当于炉膛的一维分段计算模型。

两个模型中烟气的放热量相等，分步计算模型中的一、二次风的吸热量之和与整体计算模型中空气吸热量相等，并等于烟气侧的放热量。按照上述原则对空气预热器按两种模型分别计算，相互校核，就可以实现一次风热量、二次风热量的分解与分配。

（二）整体计算模型

1. 放热系数

三分仓空气预热器热力计算时烟气侧的放热系数与两分仓空气预热器并无不同。

空气侧的整体放热系数为一、二次风流量加权平均后得到，也可以利用一、二次风道在空气中所占的通流面积比重，按流通面积加权平均后得到，即

$$
\alpha_a = r_{pa}\alpha_{pa} + r_{sa}\alpha_{sa}
\tag{4-113}
$$

式中　α_{pa}、α_{sa} ——一次风和二次风对流传热系数，W/（m²·℃）。

由于运行中一、二次风流量可能会发生变化，所以空气预热器设计时更希望把它们用设备本身的固定参数代替。假定一、二次风在空气预热器中的流速相等，忽略其压力与温度造成的容积流量的微小差异，可以认为一、二次风流量的占比相当其流通面积的占比，即

$$\begin{cases} r_{pa} = \dfrac{x_{pa}}{x_{pa} + x_{sa}} \\[3mm] r_{sa} = \dfrac{x_{sa}}{x_{pa} + x_{sa}} \end{cases} \quad (4\text{-}114)$$

这样空气侧放热系数按一、二次风流通面积占比加权平均后得到，即

$$\alpha_a = \dfrac{x_{pa}}{x_{pa} + x_{sa}}\alpha_{pa} + \dfrac{x_{sa}}{x_{pa} + x_{sa}}\alpha_{sa} \quad (4\text{-}115)$$

代入式（4-101），可以得到三分仓空气预热器热力计算时烟气侧的放热系数，即

$$k = \dfrac{\xi C_n}{\dfrac{1}{x_{fg}\alpha_{fg}} + \dfrac{1}{x_{sa}\alpha_{sa} + x_{pa}\alpha_{pa}}} \quad (4\text{-}116)$$

2. 温压

通常空气预热器热段端差在 30 ~ 40℃，冷却温差超过 105℃，所以温差比在 3 ~ 4 的范围内，传热温压需按逆流传热方式求对数温差。

（三）一、二次风分步计算

分步计算模型的目的是把空气预热器整体计算过程中的从烟气直接换热到空气的整体过程分解为烟气到蓄热元件波纹板的加热过程、波纹板到一次风的放热过程和波纹板到二次风的继续放热过程。这三个分步过程均为波纹板与流体的传热过程，因而需要知道波纹板在三个流道传热过程所使用的传热面积、传热温压及传热系数等参数。

1. 传热量

本节的目标是计算烟气、一次风、二次风三个通道的蓄热板的平均壁温，即

$$\begin{cases} Q_{AH} = \dfrac{\xi C_n F_{fg}\alpha_{fg}\Delta t_{AH,fg}}{B} \\[3mm] Q_{pa} = \dfrac{\xi C_n F_{pa}\alpha_{pa}\Delta t_{AH,pa}}{B} \\[3mm] Q_{sa} = \dfrac{\xi C_n F_{sa}\alpha_{sa}\Delta t_{AH,sa}}{B} \end{cases} \quad (4\text{-}117)$$

式中　　Q_{AH}——空气预热器的换热，kJ/kg；

Q_{pa}——一次风通过空气预热器的吸热量，kJ/kg；

Q_{sa}——二次风通过空气预热器的吸热量，kJ/kg；

$\Delta t_{AH,fg}$——烟气向蓄热元件换热的温压，℃；

$\Delta t_{AH,pa}$——蓄热元件向一次风换热的温压，℃；

$\Delta t_{AH,sa}$——蓄热元件向二次风换热的温压，℃。

2. 传热面积

空气预热器的总传热面积为 F_x，烟气、一次风和二次风三个通道的占比为 x_{fa}、x_{pa}、x_{sa}，所以在三个通道中进行换热的面积分别为

$$\begin{cases} F_{fg} = \dfrac{x_{fg}}{x_{fg}+x_{pa}+x_{sa}}F_x \\[2mm] F_{pa} = \dfrac{x_{pa}}{x_{fg}+x_{pa}+x_{sa}}F_x \\[2mm] F_{sa} = \dfrac{x_{sa}}{x_{fg}+x_{pa}+x_{sa}}F_x \end{cases} \tag{4-118}$$

3. 传热温压

相比于整体换热模型，分步计算模型过程把"烟气→空气"的一个大的逆流换热流程分成烟气加热蓄热板、一次风冷却蓄热板、二次风冷却蓄热板三个流体冲刷固体表面的对流换热子过程，每个传热子过程的温差就比原来的整体过程变得更加均匀，每个传热子过程的温差比均会降低到 1.7 以下，这样可以直接使用固体平均温度与流体的平均温度来计算传热温压以简化计算过程。

当烟气或空气的流体经蓄热板时，烟气温度 t_{fg}、一次风温度 t_{pa} 和二次风温度 t_{sa} 都是容易计算的，关键是确定各个分仓中蓄热板壁面的平均温度。假定壁面从进入某个分仓的开始到离开该分仓的过程中是线性变化，则各仓中平均壁面温度计算方法为

$$\begin{cases} t_{w,fg,mn} = \dfrac{t_{w,fg,en}+t_{w,fg,lv}}{2} \\[2mm] t_{w,pa,mn} = \dfrac{t_{w,pa,en}+t_{w,pa,lv}}{2} \\[2mm] t_{w,sa,mn} = \dfrac{t_{w,sa,en}+t_{w,sa,lv}}{2} \end{cases} \tag{4-119}$$

式中 $t_{w,fg,mn}$ ——蓄热元件在烟气侧的平均壁面温度，℃；

$t_{w,fg,en}$ ——蓄热元件离开空气侧、转进烟气侧时的平均壁面温度，℃；

$t_{w,fg,lv}$ ——蓄热元件离开烟气侧、转进空气侧的平均壁面温度，℃；

$t_{w,pa,mn}$ ——蓄热元件在一次风侧的平均壁面温度，℃；

$t_{w,pa,en}$ ——蓄热元件转进一次风侧的平均壁面温度，℃；

$t_{w,pa,lv}$ ——蓄热元件离开一次风侧的平均壁面温度，℃；

$t_{w,sa,mn}$ ——蓄热元件在一次风侧的平均壁面温度，℃；

$t_{w,sa,en}$ ——蓄热元件转进二次风侧的平均壁面温度，℃；

$t_{w,sa,lv}$ ——蓄热元件离开二次风侧的平均壁面温度，℃。

假定空气预热器保温良好，忽略其散热损失，则三分仓空气预热器转子转动过程中，每个仓之间的接序边界温度都是相同的，如空气预热器先进入一次风侧，然后再进入二次风侧的正转模式工作，则有

$$\begin{cases} t_{w,fg,lv} = t_{w,pa,en} \\ t_{w,pa,lv} = t_{w,sa,en} \\ t_{w,sa,lv} = t_{w,fg,en} \end{cases} \tag{4-120}$$

用式（4-120）的出口入变量代替式（4-119）中的入口处变量，可以得到对应的三个仓换热的温差即为

$$
\begin{cases}
\Delta t_{\mathrm{AH,fg}} = t_{\mathrm{fg,mn}} - t_{\mathrm{w,fg,mn}} = t_{\mathrm{fg,mn}} - \dfrac{t_{\mathrm{w,sa,lv}} + t_{\mathrm{w,fg,lv}}}{2} \\[3mm]
\Delta t_{\mathrm{AH,pa}} = t_{\mathrm{w,pa,mn}} - t_{\mathrm{pa,mn}} = \dfrac{t_{\mathrm{w,fg,lv}} + t_{\mathrm{w,pa,lv}}}{2} - t_{\mathrm{pa,mn}} \\[3mm]
\Delta t_{\mathrm{AH,sa}} = t_{\mathrm{w,sa,mn}} - t_{\mathrm{sa,mn}} = \dfrac{t_{\mathrm{w,pa,lv}} + t_{\mathrm{w,sa,lv}}}{2} - t_{\mathrm{sa,mn}}
\end{cases}
\tag{4-121}
$$

4. 壁温计算

式（4-118）的面积和式（4-121）的传热温压代入各仓换热式（4-117），并进行一定的变换，可以得到空气预热器转子转动过程中在各个分界面上的壁温，即

$$
\begin{cases}
t_{\mathrm{w,sa,lv}} + t_{\mathrm{w,fg,lv}} = 2t_{\mathrm{fg,mn}} - \dfrac{2BQ_{\mathrm{AH}}(x_{\mathrm{fg}} + x_{\mathrm{pa}} + x_{\mathrm{sa}})}{\xi C_{\mathrm{n}} \alpha_{\mathrm{fg}} F_{\mathrm{x}} x_{\mathrm{fg}}} \\[3mm]
t_{\mathrm{w,fg,lv}} + t_{\mathrm{w,pa,lv}} = 2t_{\mathrm{pa,mn}} + \dfrac{2BQ_{\mathrm{pa}}(x_{\mathrm{fg}} + x_{\mathrm{pa}} + x_{\mathrm{sa}})}{\xi C_{\mathrm{n}} \alpha_{\mathrm{pa}} F_{\mathrm{x}} x_{\mathrm{pa}}} \\[3mm]
t_{\mathrm{w,sa,lv}} + t_{\mathrm{w,pa,lv}} = 2t_{\mathrm{sa,mn}} + \dfrac{2BQ_{\mathrm{sa}}(x_{\mathrm{fg}} + x_{\mathrm{pa}} + x_{\mathrm{sa}})}{\xi C_{\mathrm{n}} \alpha_{\mathrm{sa}} F_{\mathrm{x}} x_{\mathrm{sa}}}
\end{cases}
\tag{4-122}
$$

式（4-122）的右侧中三个分仓的换热量 Q_{AH}、Q_{pa}、Q_{sa} 可以通过式（4-111）的热平衡求出，换热系数 a_{fg}、a_{pa}、a_{sa} 可以其冲刷状态分别求出，平均温度 $t_{\mathrm{fg,mn}}$、$t_{\mathrm{pa,mn}}$、$t_{\mathrm{sa,mn}}$ 可以由其进、出口温度平均后分别求出，其他变量也均与烟气与空气的无关，所以在进口烟气、空气一定的状态条件下，式子右侧为常数。为方便计算，用 a、b、c 来表示，有

$$
\begin{cases}
a = 2t_{\mathrm{fg,mn}} - \dfrac{2BQ_{\mathrm{AH}}(x_{\mathrm{fg}} + x_{\mathrm{pa}} + x_{\mathrm{sa}})}{\xi C_{\mathrm{n}} \alpha_{\mathrm{fg}} F_{\mathrm{x}} x_{\mathrm{fg}}} \\[3mm]
b = 2t_{\mathrm{pa,mn}} + \dfrac{2BQ_{\mathrm{pa}}(x_{\mathrm{fg}} + x_{\mathrm{pa}} + x_{\mathrm{sa}})}{\xi C_{\mathrm{n}} \alpha_{\mathrm{pa}} F_{\mathrm{x}} x_{\mathrm{pa}}} \\[3mm]
c = 2t_{\mathrm{sa,mn}} + \dfrac{2BQ_{\mathrm{sa}}(x_{\mathrm{fg}} + x_{\mathrm{pa}} + x_{\mathrm{sa}})}{\xi C_{\mathrm{n}} \alpha_{\mathrm{sa}} F_{\mathrm{x}} x_{\mathrm{sa}}}
\end{cases}
\tag{4-123}
$$

式（4-123）中，a 表示与烟气放热相关的温度，b 表示与一次风放热相关的温度，c 表示与二次风放热相关的温度。代入式（4-122）中并联立，可求出壁温中三个壁面温度分别为

$$
\begin{cases}
t_{\mathrm{w,fg,en}} = t_{\mathrm{w,sa,lv}} = \dfrac{a - b + c}{2} \\[3mm]
t_{\mathrm{w,fg,lv}} = t_{\mathrm{w,pa,en}} = \dfrac{a + b - c}{2} \\[3mm]
t_{\mathrm{w,pa,lv}} = t_{\mathrm{w,sa,en}} = \dfrac{b + c - a}{2}
\end{cases}
\tag{4-124}
$$

需要注意的是式（4-122）是三分仓空气预热器正转（即"烟气→一次风→二次风

→烟气"）时的结果，如果空气预热器反转，则烟气先过二次风，后过一次风，有

$$\begin{cases} t_{\text{w,fg,lv}} = t_{\text{w,sa,en}} \\ t_{\text{w,sa,lv}} = t_{\text{w,pa,en}} \\ t_{\text{w,pa,lv}} = t_{\text{w,fg,en}} \end{cases} \tag{4-125}$$

应用热平衡方程可得到此时的壁温方程为

$$\begin{cases} t_{\text{w,pa,lv}} + t_{\text{w,fg,lv}} = 2t_{\text{fg,mn}} - \dfrac{2BQ_{\text{AH}}(x_{\text{fg}} + x_{\text{pa}} + x_{\text{sa}})}{\xi C_{\text{n}} \alpha_{\text{fg}} F_{\text{x}} x_{\text{fg}}} = a \\[3mm] t_{\text{w,fg,lv}} + t_{\text{w,sa,lv}} = 2t_{\text{sa,mn}} + \dfrac{2BQ_{\text{sa}}(x_{\text{fg}} + x_{\text{pa}} + x_{\text{sa}})}{\xi C_{\text{n}} \alpha_{\text{sa}} F_{\text{x}} x_{\text{sa}}} = c \\[3mm] t_{\text{w,sa,lv}} + t_{\text{w,pa,lv}} = 2t_{\text{pa,mn}} + \dfrac{2BQ_{\text{pa}}(x_{\text{fg}} + x_{\text{pa}} + x_{\text{sa}})}{\xi C_{\text{n}} \alpha_{\text{pa}} F_{\text{x}} x_{\text{pa}}} = b \end{cases} \tag{4-126}$$

可求出空气预热器反转时三个壁面温度分步为

$$\begin{cases} t_{\text{w,fg,en}} = \dfrac{a + b - c}{2} \\[3mm] t_{\text{w,fg,lv}} = \dfrac{a + c - b}{2} \\[3mm] t_{\text{w,sa,lv}} = \dfrac{b + c - a}{2} \end{cases} \tag{4-127}$$

5. 蓄热板的热平衡

考察式（4-120）或式（4-127）所代表的空气预热器转子沿转向分布的壁温特性就可以发现，三个壁温特性实际上取决于事先假定一次风出口温度 $t_{\text{pa,lv}}$ 和二次风出口温度 $t_{\text{sa,lv}}$。不同的 $t_{\text{pa,lv}}$ 和 $t_{\text{sa,lv}}$ 组合能计算出不同的空气预热器分界壁面温度和传热量，而确定空气预热器在确定的运行工况其一次风出口温度 $t_{\text{pa,lv}}$ 和二次风出口温度 $t_{\text{sa,lv}}$ 是确定的变量，因而还需要对蓄热板的热平衡进行校核。

蓄热板的热平衡就是蓄热板转动过程中，平均温度在各个分仓中发生了变化后，所需要的热量变化是否与其温度的变化相一致。对于质量为 m 的蓄热板元件，其温度 $t_{\text{w,en}}$ 变化到 $t_{\text{w,lv}}$ 所需的热量为

$$Q_{\text{w}} = mc_{\text{w}}(t_{\text{w,lv}} - t_{\text{w,en}}) \tag{4-128}$$

式中　　Q_{w} ——蓄热板壁温升高所需要的热量，kJ/（kg·℃）；

　　　　m ——蓄热板质量，kg；

　　　　c_{w} ——蓄热板的比热容，与蓄热板材料的成分和壁温有关，对于一般钢材，在空气预热器工作温度范围内可取 $C_{\text{w}}=0.487$kJ/（kg·℃）；

　　　　$t_{\text{w,en}}$、$t_{\text{w,lv}}$ ——蓄热板被加热或冷却前后的温度，℃。

应用式（4-128）校核蓄热板热平衡的关键是需要确定被加热的波纹板的质量，与波纹板的总质量和回转式空气预热器转速相关。假定蓄热板传热元件的总质量为 G（kg），考虑空气预热器转子经过烟气、一次风、二次风的速度相同，因此单位时间

内加热的波纹板和冷却的波纹板即为它们所占的通流面积的比例，即在烟气仓中、一次风仓中、二次风仓中的金属分别为 $x_{fg}G$、$x_{pa}G$、$x_{sa}G$。空气预热器转速 n 通常用 r/min 表示，则每秒内通过各仓的蓄热板金属质量为

$$\begin{cases} m_{w,fg} = x_{fg}G\dfrac{n}{60} \\[2mm] m_{w,pa} = x_{pa}G\dfrac{n}{60} \\[2mm] m_{w,sa} = x_{sa}G\dfrac{n}{60} \end{cases} \tag{4-129}$$

式中　　G——蓄热板总质量，kJ；

$m_{w,fg}$——单位时间内蓄热板处于烟气通道部分的质量，kg；

$m_{w,pa}$——单位时间内蓄热板处于一次风通道部分的质量，kg；

$m_{w,sa}$——单位时间内蓄热板处于二次风通道部分的质量，kg。

显然：在单位时间内，烟气仓中烟气对蓄热板之间的热交换量 Q_{fg} 正好满足蓄热板的温度从 $t_{w,fg,en}$ 变化到 $t_{w,fg,lv}$；在一次风仓中蓄热板对一次风之间的热交换量 Q_{pa} 正好满足蓄热板的温度从 $t_{w,pa,en}$ 变化到 $t_{w,pa,lv}$；在二次风仓中蓄热板对二次风之间的热交换量 Q_{sa} 正好满足蓄热板的温度从 $t_{w,sa,en}$ 变化到 $t_{w,sa,lv}$；每秒投入的燃料量为 B，则每秒蓄热板在各仓中由于温度变化所需的热量为

$$\begin{cases} B\cdot Q_{w,fg} = \dfrac{n}{60}x_{fg}Gc_w(t_{w,fg,lv} - t_{w,fg,en}) \\[2mm] B\cdot Q_{w,pa} = \dfrac{n}{60}x_{pa}Gc_w(t_{w,pa,lv} - t_{w,pa,en}) \\[2mm] B\cdot Q_{w,sa} = \dfrac{n}{60}x_{sa}Gc_w(t_{w,sa,lv} - t_{w,sa,en}) \end{cases} \tag{4-130}$$

以正转空气预热器为例，把中间壁温平衡式代入可得

$$\begin{cases} B\cdot Q_{w,fg} = \dfrac{n}{60}x_{fg}Gc_w(b-c) \\[2mm] B\cdot Q_{w,pa} = \dfrac{n}{60}x_{pa}Gc_w(c-a) \\[2mm] B\cdot Q_{w,sa} = \dfrac{n}{60}x_{sa}Gc_w(a-b) \end{cases} \tag{4-131}$$

令 $Q_{w,fg}=Q_{AH}$，则根据这几组热量关联关系可以得到三个温度与热量之间的关系，即

$$\begin{cases} t_{sa,mn} = t_{pa,mn} + \dfrac{BQ_{pa}(x_{fg}+x_{pa}+x_{sa})}{\xi C_n \alpha_{pa} F_x x_{pa}} - \dfrac{BQ_{sa}(x_{fg}+x_{pa}+x_{sa})}{\xi C_n \alpha_{sa} F_x x_{sa}} - \dfrac{30B\cdot Q_{AH}}{nx_{fg}Gc_w} \\[3mm] t_{sa,mn} = t_{fg,mn} + \dfrac{BQ_{AH}(x_{fg}+x_{pa}+x_{sa})}{\xi C_n \alpha_{fg} F_x x_{fg}} + \dfrac{30B\cdot Q_{pa}}{nx_{pa}Gc_w} - \dfrac{BQ_{sa}(x_{fg}+x_{pa}+x_{sa})}{\xi C_n \alpha_{sa} F_x x_{sa}} \\[3mm] t_{pa,mn} = t_{fg,mn} + \dfrac{BQ_{AH}(x_{fg}+x_{pa}+x_{sa})}{\xi C_n \alpha_{fg} F_x x_{fg}} - \dfrac{BQ_{pa}(x_{fg}+x_{pa}+x_{sa})}{\xi C_n \alpha_{pa} F_x x_{pa}} - \dfrac{30B\cdot Q_{sa}}{nx_{sa}Gc_w} \end{cases} \tag{4-132}$$

三、三分仓空气预热器计算过程的控制

（一）准备工作

三分仓空气预热器的热力计算总体上先按一、二次风合并为一体，按二分仓空气预热器进行计算，此时其空气侧进、出口参数为一、二次风按流量加权平均后得到的平均空气，空气侧的对流传热系数为一、二次风流通面积的加权平均，漏风系数和空气侧过量空气系数为整个预热器的平均值。如果冷、热段一次性完成计算，则烟气侧、空气侧的对流传热系数还需按冷、热段的换热面积再加权平均一次得到平均的传热系数。

（二）控制过程

（1）假定空气预热器换热量 Q_{AH}，根据热平衡由式 $H_{fg,lv} = Q_{AH} + H_{fg,en}$ 计算出口烟气焓 $H_{fg,lv}$，然后根据焓值 $H_{fg,lv}$ 确定出口烟气温度 $t_{fg,lv}$。

（2）按一、二次风的风量比给定它们的吸热量初值：$Q_{sa}=\varphi r_{sa}Q_{AH}$、$Q_{pa}=\varphi r_{pa}Q_{AH}$，一次风风吸热量之比 $r_{ps}=r_{sa}/r_{sa}$。

（3）根据热平衡由式 $H_{sa,lv} = \dfrac{Q_{sa}}{r_{sa}\beta_{AH}V_a^0} + H_{sa,en}$ 计算出口空气二次风的焓 $H_{sa,lv}$，并由出口焓值计算相应二次热风温度 $t_{sa,lv}$；由热平衡式 $H_{pa,lv} = \dfrac{Q_{pa}}{r_{pa}\beta_{AH}V_a^0} + H_{pa,en}$ 计算出口一次风空气焓 $H_{pa,lv}$，并由出口焓值计算相应一次热风温度 $t_{pa,lv}$；有 $t_{pa,mn}=0.5\,(t_{pa,en}+t_{pa,lv})$、$t_{sa,mn}=0.5\,(t_{sa,en}+t_{sa,lv})$。

（4）计算各仓的速度 w_{fg}、w_{sa} 和 w_{pa}，换热系数 a_{fg}、a_{pa} 和 a_{sa}。

（5）视 Q_{AH} 为定值，调整 Q_{sa} 的值，使其一、二次风温度符合式（4-132）的条件。

1）先假定 Q_{pa}、$t_{pa,lv}$ 及 $t_{pa,mn}$ 为定值，根据式（4-132）第二式计算 $t_{sa,lv,nw}$，即

$$t_{sa,mn,nw} = t_{pa,mn} + \frac{BQ_{pa}(x_{fg} + x_{pa} + x_{sa})}{\xi C_n \alpha_{pa} F_x x_{pa}} - \frac{BQ_{sa}(x_{fg} + x_{pa} + x_{sa})}{\xi C_n \alpha_{sa} F_x x_{sa}} - \frac{30B \cdot Q_{AH}}{nx_{fg}Gc_w}$$

2）更新二次风出口温度 $t_{sa,lv}=2t_{sa,mn} - t_{sa,en}$。

3）按热平衡重新计算 $Q_{sa,nw}$，$Q_{sa,nw} = (H_{sa,lv} - H_{sa,en})r_{sa}\beta_{AH}V_a^0$。

4）比较 $Q_{sa,nw}$ 和 Q_{sa}，如果误差小于 1%，则按 Q_{pa} 和 Q_{sa} 的比例重新分配热量：

a. 更新 $r_{ps}=Q_{pa}/Q_{sa}$；

b. $Q_{pa}=\varphi r_{ps}Q_{AH}/(1+r_{ps})$；$Q_{sa}=\varphi Q_{AH}/(1+r_{ps})$；

c. 新出口温度重新计算一、二次风的流速 w_{sa} 和 w_{pa}，更新换热系数 a_{pa} 和 a_{sa}。

5）转入 1），重新计算，直到误差小于 2%。

（6）更新传热系数 $k = \dfrac{\xi C_n}{\dfrac{1}{x_{fg}\alpha_{fg}} + \dfrac{1}{x_{sa}\alpha_{sa} + x_{pa}\alpha_{pa}}}$。

（7）更新平均空气出口焓 $H_{a,lv} = \varphi Q_{AH} + H_{a,en}$，然后根据焓值 $H_{a,lv}$ 确定出口烟气温

度 $t_{a,lv}$。

（8）更新对数温压 $\Delta t = \dfrac{t_{fg,lv} + t_{a,lv} - t_{a,en} - t_{fg,en}}{\ln\left(\dfrac{t_{fg,lv} - t_{a,en}}{t_{fg,en} - t_{a,lv}}\right)}$。

（9）空气预热器整体热力计算出新的换热量 $Q_{AH,nw} = \dfrac{F_x k \Delta t}{B}$。

（10）比较 $Q_{AH,nw}$ 与事先假定值 Q_{AH}，如果相对误差小于2%，则认为假定计算结果全部正确，计算完成；否则更新 $Q_{AH}=Q_{AH,nw}$，转入（3）重新计算，直至误差小于2%。

三分仓空气预热器热力计算框图如图4-23所示。

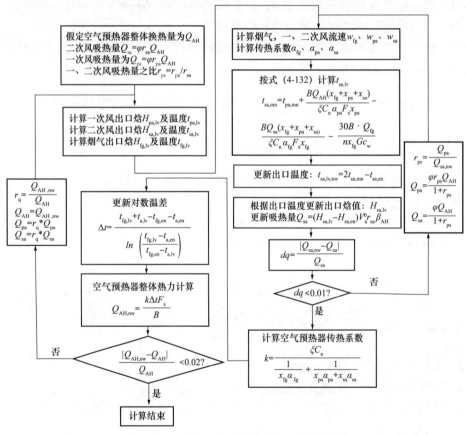

图4-23　三分仓空气预热器热力计算框图

（三）计算的封装

程序代码4-41　三分仓空气预热器热力计算

```
BOOL CTriAirHeater::heatCalc()
{
    CBoiler* boiler=CBoiler::getInstance();
    CCoal* coal = boiler->getCoal();
```

```
double firingRate= boiler->getFiringRate ( );

double heatInsulation = boiler->getheatInsulation ( );

double cw=0.487; // 蓄热元件比热容

CFlueGas* gas;

CAir* priAir, secAir;

double heatPa=ratioPrimaryAir*heat;      // 对流吸热量

double heatSa=ratioSecondaryAir*heat;

double paHTC, saHTC;

dq=0;

do{

  enthaplpyGasLv = gasEn->getEnthalpy ( ) - heat;

  gasLv-<setEnthalphy ( enthaplpyGasLv );

  gas=CFlueGas: : mean ( gasEn, gasLv );

  double dqsa=0;

  do{

      double enthalpyPimaryAirLv= primaryAirEn->getEnthalpy ( ) +
          heatInsulation*heatPa*firingRate/primaryAirEn->getFlowRate ( );

      primaryAirLv->setEnthalpy ( enthalpyPimaryAirLv );

      priAir=CAir: : mean ( primaryAirEn, pirmaryAirLv );

      double enthalpySecondaryAirLv= secondaryAirEn->getEnthalpy ( ) +
      heatInsulation*heatPa*firingRate/secondaryAirEn->getFlowRate ( );

      secondaryAirLv->setEnthalpy ( secondaryPimaryAirLv );

      secAir=CAir: : mean ( secondaryAirEn, secondaryAirLv );

      coolantLv=calcAirLv ( ); // 平均出口计算，用于整体温差计算

      paHTC= calcInnerHTC ( gas, priAir );

      saHTC= calcInnerHTC ( gas, secAir );

      double tsa=priAir->getTemperature ( );

      double ratio=ratioPirmaryAir+ratioSecondaryAir+ratioGas;

      tsa+=firingRate*heatPa* ( ratioPirmaryAir+ratioSecondaryAir+ratioGas ) /
         ( utilizingFactor*velocityFactor*paHTC*ratioPirmaryAir*Fx );

      tsa--firingRate*heatSa*ratio
        / ( utilizingFactor*velocityFactor*saHTC*ratioSecondaryAir*Fx ) ;

      tsa-=30*firingRate*G*heat/ ( rotateVelocity*ratioGas*G*cw ) ;

      double tSaLv=2*tsa-secordaryAir.getTemperature ( );

      secondaryAirLv.setTemperature ( tSaLv );

      double heatSaNw= ( secondaryAirLv.getEnthalpy ( ) -secondaryAirEn.getEnthalpy ( ));

      dqSa= fabs ( heatSa-heatSaNw ) /heatSa*100;
```

```
        double rps=heatPa/heatSaNw;

        heatPa=rps*heat/ ( 1+rps );          // 对流吸热量

        heatSa=heat/ ( 1+rps );

    }while ( dqsa>1 );

    innerHTC   = priAirratio*paHTC+ secAirratio*saHTC;

    outerHTC  = calcGasHeating ( gas );

    double utilizingFactor=calcutilizingFactor ( );              // 得到 utilizingFactor

    double volcityFactor=calcVelocityFactor ( );

    HTC = utilizingFactor*velocityFactor* ( 1/outerHTC*ratioGas +1/ innerHTC );

    dt = calcDT ( );

    double heatNew =  HTC * dt * Fx/ firingRate;

    dq = fabs ( heat - heatNew ) / heat * 100;

    heat=0.5* ( heat+heatNew );

} while ( dq>1 );
}
```

四、四分仓空气预热器计算过程的控制

（一）与三分仓空气预热器的差别

三分仓空气预热器的合分仓按换热元件温度由高到低的排序为烟气仓、一次风仓、二次风仓；四分仓空气预热器的排序则为烟气仓、二次风仓$_1$、一次风仓、二次风仓$_2$，即两个二次风仓把一次风包在里面，减少一次风与烟气直接接触时的大漏风量。

根据这种结构设计，四分仓空气预热器的主要参数分布如图 4-24 所示。

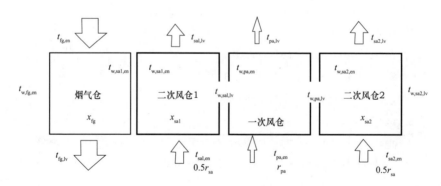

图 4-24　四分仓空气预热器的主要参数分布

（二）热力计算主要方法

与三分仓热力计算类似，热力计算过程需要先把一、二次风合并为一体，按二分仓空气预热器进行计算，此时其空气侧进、出口参数为一、二次风按流量加权平均后得到的平均空气，空气侧的对流传热系数为一、二次风流通面积的加权平均，漏风系数和空气侧过量空气系数为整个空气预热器的平均值。如果冷、热段一次性完成计算，

则烟气侧、空气侧的对流传热系数还需按冷、热段的换热面积再加权平均一次得到平均的传热系数。

1. 整体换热系数

空气侧放热系数按一、二次风流通面积占比加权平均后得到，即

$$\alpha_a = \frac{x_{sa1}\alpha_{sa1} + x_{pa}\alpha_{pa} + x_{sa2}\alpha_{sa2}}{x_{sa1} + x_{pa} + x_{sa2}} \tag{4-133}$$

空气预热器热力计算时烟气侧的放热系数为

$$k = \frac{\xi C_n}{\dfrac{1}{x_{fg}\alpha_{fg}} + \dfrac{1}{x_{sa1}\alpha_{sa1} + x_{pa}\alpha_{pa} + x_{sa2}\alpha_{sa2}}} \tag{4-134}$$

2. 热平衡

$$\begin{cases} Q_{fg} = H_{fg,en} - H_{fg,lv} \\ Q_a = \beta_{AH} V_a^0 \left[r_{pa}(H_{pa,lv} - H_{pa,en}) + r_{sa}\left(\dfrac{H_{sa1,lv} + H_{sa2,lv}}{2} - H_{sa,en} \right) \right] \end{cases} \tag{4-135}$$

$$\begin{cases} H_{fg,lv} = H_{fg,en} - \dfrac{Q_a}{\varphi} \\ H_{a,lv} = H_{a,en} + \dfrac{\varphi Q_{fg}}{\beta_{AH}} \end{cases} \tag{4-136}$$

3. 分布计算

（1）各通道的蓄热板的平均壁温为

$$\begin{cases} Q_{AH} = \dfrac{\xi C_n F_{fg} \alpha_{fg} \Delta t_{AH,fg}}{B} \\ Q_{sa1} = \dfrac{\xi C_n F_{sa1} \alpha_{sa1} \Delta t_{AH,sa1}}{B} \\ Q_{pa} = \dfrac{\xi C_n F_{pa} \alpha_{pa} \Delta t_{AH,pa}}{B} \\ Q_{sa2} = \dfrac{\xi C_n F_{sa2} \alpha_{sa2} \Delta t_{AH,sa2}}{B} \end{cases} \tag{4-137}$$

（2）各通道中进行换热面积分别为

$$\begin{cases} F_{fg} = \dfrac{x_{fg}}{x_{fg} + x_{sa1} + x_{pa} + x_{sa2}} F_x \\ F_{pa} = \dfrac{x_{pa}}{x_{fg} + x_{sa1} + x_{pa} + x_{sa2}} F_x \\ F_{sa1} = F_{sa2} = \dfrac{x_{sa1}}{x_{fg} + x_{sa1} + x_{pa} + x_{sa2}} F_x \end{cases} \tag{4-138}$$

（3）各仓中平均壁面温度计算方法为

$$
\begin{cases}
t_{w,fg,mn} = \dfrac{t_{w,fg,en} + t_{w,fg,lv}}{2} \\[2mm]
t_{w,sa1,mn} = \dfrac{t_{w,sa1,en} + t_{w,sa1,lv}}{2} \\[2mm]
t_{w,pa,mn} = \dfrac{t_{w,pa,en} + t_{w,pa,lv}}{2} \\[2mm]
t_{w,sa2,mn} = \dfrac{t_{w,sa2,en} + t_{w,sa2,lv}}{2}
\end{cases}
\tag{4-139}
$$

各壁温关系为

$$
\begin{cases}
t_{w,fg,lv} = t_{w,sa2,en} \\[2mm]
t_{w,sa1,lv} = t_{w,fg,en} \\[2mm]
t_{w,pa,lv} = t_{w,sa1,en} \\[2mm]
t_{w,sa2,lv} = t_{w,fg,en}
\end{cases}
\tag{4-140}
$$

换热温差即为

$$
\begin{cases}
\Delta t_{AH,fg} = t_{fg,mn} - t_{w,fg,mn} = t_{fg,mn} - \dfrac{t_{w,sa2,lv} + t_{w,fg,lv}}{2} \\[3mm]
\Delta t_{AH,sa1} = t_{w,sa1,mn} - t_{sa1,mn} = \dfrac{t_{w,fg,lv} + t_{w,sa1,lv}}{2} - t_{sa1,mn} \\[3mm]
\Delta t_{AH,pa} = t_{w,pa,mn} - t_{pa,mn} = \dfrac{t_{w,sa1,lv} + t_{w,pa,lv}}{2} - t_{pa,mn} \\[3mm]
\Delta t_{AH,sa2} = t_{w,sa2,mn} - t_{sa2,mn} = \dfrac{t_{w,pa,lv} + t_{w,sa2,lv}}{2} - t_{sa2,mn}
\end{cases}
\tag{4-141}
$$

4. 壁温计算

各分界面上的壁温为

$$
\begin{cases}
t_{w,sa2,lv} + t_{w,fg,lv} = 2t_{fg,mn} - \dfrac{2BQ_{AH}(x_{fg} + x_{sa1} + x_{pa} + x_{sa2})}{\xi C_n \alpha_{fg} F_x x_{fg}} \\[4mm]
t_{w,fg,lv} + t_{w,sa1,lv} = 2t_{sa1,mn} + \dfrac{2BQ_{sa1}(x_{fg} + x_{sa1} + x_{pa} + x_{sa2})}{\xi C_n \alpha_{sa1} F_x x_{sa1}} \\[4mm]
t_{w,sa1,lv} + t_{w,pa,lv} = 2t_{pa,mn} + \dfrac{2BQ_{pa}(x_{fg} + x_{sa1} + x_{pa} + x_{sa2})}{\xi C_n \alpha_{pa} F_x x_{pa}} \\[4mm]
t_{w,sa2,lv} + t_{w,pa,lv} = 2t_{sa2,mn} + \dfrac{2BQ_{sa2}(x_{fg} + x_{sa1} + x_{pa} + x_{sa2})}{\xi C_n \alpha_{sa2} F_x x_{sa2}}
\end{cases}
\tag{4-142}
$$

式（4-142）的右侧中4个分仓的换热量 Q_{AH}、Q_{pa}、Q_{sa1}、Q_{sa2} 可以通过热平衡求出，换热系数 a_{fg}、a_{pa}、a_{sa1}、a_{sa2} 可以其冲刷状态分别求出，平均温度 $t_{fg,mn}$、$t_{pa,mn}$、$t_{sa1,mn}$、$t_{sa2,mn}$ 可以由其进、出口温度平均后分别求出，其他变量也均与烟气与空气的无

关，因此在进口烟气、空气一定的状态条件下，式子右侧为常数。

5. 蓄热板的热平衡

$$
\begin{cases}
m_{w,fg} = x_{fg}G\dfrac{n}{60} \\[2mm]
m_{w,pa} = x_{pa}G\dfrac{n}{60} \\[2mm]
m_{w,sa1} = m_{w,sa2} = x_{sa1}G\dfrac{n}{60}
\end{cases}
\tag{4-143}
$$

每秒中蓄热板在各仓中由于温度变化所需的热量为

$$
\begin{cases}
BQ_{w,fg} = \dfrac{n}{60}x_{fg}Gc_w\left(t_{w,fg,lv} - t_{w,sa2,lv}\right) \\[2mm]
BQ_{w,sa1} = \dfrac{n}{60}x_{sa1}Gc_w\left(t_{w,fg,lv} - t_{w,sa1,lv}\right) \\[2mm]
BQ_{w,pa} = \dfrac{n}{60}x_{pa}Gc_w\left(t_{w,sa1,lv} - t_{w,pa,lv}\right) \\[2mm]
BQ_{w,sa2} = \dfrac{n}{60}x_{sa2}Gc_w\left(t_{w,pa,lv} - t_{w,sa2,lv}\right)
\end{cases}
\tag{4-144}
$$

联立可得

$$
\begin{cases}
t_{w,fg,lv} = t_{fg,mn} - \dfrac{BQ_{AH}\left(x_{fg} + x_{sa1} + x_{pa} + x_{sa2}\right)}{\xi C_n\alpha_{fg}F_x x_{fg}} + \dfrac{30B \cdot Q_{w,fg}}{nx_{fg}Gc_w} \\[3mm]
t_{w,sa1,lv} = t_{sa1,mn} + \dfrac{BQ_{sa1}\left(x_{fg} + x_{sa1} + x_{pa} + x_{sa2}\right)}{\xi C_n\alpha_{sa1}F_x x_{sa1}} - \dfrac{30B \cdot Q_{w,sa1}}{nx_{sa1}Gc_w} \\[3mm]
t_{w,pa,lv} = t_{pa,mn} + \dfrac{BQ_{pa}\left(x_{fg} + x_{sa1} + x_{pa} + x_{sa2}\right)}{\xi C_n\alpha_{pa}F_x x_{pa}} - \dfrac{30B \cdot Q_{w,pa}}{nx_{pa}Gc_w} \\[3mm]
t_{w,sa2,lv} = t_{sa2,mn} + \dfrac{BQ_{sa2}\left(x_{fg} + x_{sa1} + x_{pa} + x_{sa2}\right)}{\xi C_n\alpha_{sa2}F_x x_{sa2}} - \dfrac{30B \cdot Q_{w,sa2}}{nx_{sa2}Gc_w}
\end{cases}
\tag{4-145}
$$

（三）控制过程

四分仓空气预热器热力计算给出了数量众多的关系，需要计算同样采用逐次逼近的算法：

（1）假定空气预热器换热量 Q_{AH}，根据热平衡由式 $H_{fg,lv} = Q_{AH} + H_{fg,en}$ 计算出口烟气焓 $H_{fg,lv}$，然后根据焓值 $H_{fg,lv}$ 确定出口烟气温度 $t_{fg,lv}$。

（2）按一次风、二次风 1 和二次风 2 的风量比给定它们的初值吸热量初值： $Q_{sa1} = \varphi r_{sa1}Q_{AH}$、$Q_{pa} = \varphi r_{pa}Q_{AH}$、 $Q_{sa2} = \varphi r_{sa2}Q_{AH}$。

（3）根据热平衡由式 $H_{sa1,lv} = \dfrac{Q_{sa1}}{r_{sa1}\beta_{AH}V_a^0} - H_{sa1,en}$ 计算出口空气二次风 1 的焓 $H_{sa1,lv}$ 并

由出口焓值计算相应二次热风温度 $t_{sa1,lv}$；热平衡由式 $H_{pa,lv} = \dfrac{Q_{pa}}{r_{pa}\beta_{AH}V_a^0} - H_{pa,en}$ 计算出口

一次风空气焓 $H_{pa,lv}$ 并由出口焓值计算相应一次热风温度 $t_{pa,lv}$；根据热平衡由式

$$H_{sa2,lv} = \frac{Q_{sa2}}{r_{sa2}\beta_{AH}V_a^0} - H_{sa2,en}$$ 计算出口空气二次风 2 的焓 $H_{sa2,lv}$ 并由出口焓值计算相应二次

热风温度 $t_{sa2,lv}$。

（4）计算各仓的速度和换热系数。视 Q_{AH} 为定值，令 $Q_{w,fg} = Q_{AH}$，根据 $t_{fg,mn}$ 由式
（4-145）第一式计算 $t_{w,fg,lv}$，即

$$t_{w,fg,lv} = t_{fg,mn} - \frac{BQ_{AH}(x_{fg} + x_{sa1} + x_{pa} + x_{sa2})}{\xi C_n \alpha_{fg} F_x x_{fg}} + \frac{30B \cdot Q_{w,fg}}{nx_{fg}Gc_w}$$

（5）重新分配 Q_{sa1}、Q_{pa}、Q_{sa2}。

1）调整 Q_{sa1}。

a. 先让 $Q_{sa1}=Q_{w,sa1}$，按热平衡计算出二次风 1 出口风温 $t_{sa1,lv}$ 和平均温度 $t_{sa1,mn}$；
$$H_{sa1,lv} = \frac{Q_{sa1}}{r_{sa1}\beta_{AH}V_a^0} - H_{sa1,en}$$，然后根据 $H_{sa1,lv}$ 求解 $t_{sa1,lv}$；进而通过出入口温度计算平均值
$t_{sa1,mn}=0.5\,(t_{sa1,lv}+t_{sa1,en})$。

b. 根据本仓平均温度更新本仓的速度 w_{sa1} 和换热系数 a_{sa1}。

c. 按式（4-145）第二式由平均风温 $t_{sa1,mn}$ 计算二次风 1 离开时的壁温 $t_{w,sa1,lv,nw}$，即

$$t_{w,sa1,lv,nw} = t_{sa1,mn} + \frac{BQ_{sa1}(x_{fg} + x_{sa1} + x_{pa} + x_{sa2})}{\xi C_n \alpha_{sa1} F_x x_{sa1}} - \frac{30B \cdot Q_{w,sa1}}{nx_{sa1}Gc_w}$$

d. 按式（4-144）由进口壁温 $t_{w,fg,lv}$ 和出口壁温 $t_{w,sa1,lv,nw}$ 计算烟气在二次风 1 波纹板
放热 $Q_{w,sa1,nw}$，即

$$Q_{w,sa1,nw} = \frac{n}{60B}x_{sa1}Gc_w(t_{w,fg,lv} - t_{w,sa1,lv})$$

e. 比较 $Q_{w,sa1,nw}$ 和 $Q_{w,sa1}$：如其绝对值差大于 2%，则使用二分法更新 $Q_{w,sa1} = 0.5$
（$Q_{w,sa1,nw}+Q_{sa1}$），转入 a. 重新计算 Q_{sa1} 和 $t_{sa1,lv}$，直至误差小于 2%。

f. 计算合格后，取最后计算的 $t_{sa1,lv,nw}$ 和 $Q_{sa1,nw}$ 作为最后的 $t_{sa1,lv}$ 和 Q_{sa1}。

2）调整 Q_{pa}。

a. 先让 $Q_{pa}=Q_{w,pa}$，按热平衡计算出一次风出口风温 $t_{pa,lv}$ 和平均温度 $t_{pa,mn}$；$H_{pa,lv} = \frac{Q_{pa}}{r_{pa}\beta_{AH}V_a^0} - H_{pa,en}$，然后根据 $H_{pa,lv}$ 求解 $t_{pa,lv}$；进而通过出入口温度计算平均值 $t_{pa,mn}=0.5$
（$t_{pa,lv}+t_{pa,en}$）。

b. 根据本仓平均温度更新本仓的速度 w_{pa} 和换热系数 a_{pa}。

c. 按式（4-145）第三式由 $t_{pa,mn}$ 计算一次风出口壁温 $t_{w,pa,lv,nw}$，即

$$t_{w,pa,lv,nw} = t_{pa,mn} + \frac{BQ_{pa}(x_{fg} + x_{sa1} + x_{pa} + x_{sa2})}{\xi C_n \alpha_{pa} F_x x_{pa}} - \frac{30B \cdot Q_{w,pa}}{nx_{pa}Gc_w}$$

d. 按式（4-144）由 $t_{w,pa,lv,nw}$ 和 $t_{w,sa1,lv}$ 计算一次风波纹板放热量 $Q_{w,pa,nw}$，即

$$Q_{w,pa,nw} = \frac{n}{60B}x_{pa}Gc_w(t_{w,sa1,lv,nw} - t_{w,pa,lv})$$

e.$Q_{w,pa,nw}$ 和 $Q_{w,pa}$ 比较；如其绝对值差大于 2%，则调整 $Q_{w,pa}$=0.5（$Q_{w,pa,nw}$+$Q_{w,pa}$），转入 a. 重新计算 Q_{pa} 和 $t_{pa,lv}$，直至误差小于 2%。

f. 计算合格后，取最后计算的 $t_{pa,lv,nw}$ 和 $Q_{pa,nw}$ 作为最后的 $t_{pa,lv}$ 和 Q_{pa}。

3）调整 Q_{sa2}。

a. 先让 Q_{sa2}=$Q_{w,sa2}$，按热平衡计算出二次风 1 出口风温 $t_{sa2,lv}$ 和平均温度 $t_{sa2,mn}$；

$$H_{sa2,lv} = \frac{Q_{sa2}}{r_{sa2}\beta_{AH}V_a^0} - H_{sa2,en}$$，然后根据 $H_{sa2,lv}$ 求解 $t_{sa2,lv}$；进而通过出入口温度计算平均值

$t_{sa2,mn}$=0.5（$t_{sa2,lv}$+$t_{sa2,en}$)。

b. 根据本仓平均温度更新本仓的速度 w_{sa2} 和换热系数 a_{sa2}。

c. 按式（4-145）第二式由平均风温 $t_{sa2,mn}$ 计算二次风 1 离开时的壁温 $t_{w,sa2,lv,nw}$，即

$$t_{w,sa2,lv,nw} = t_{sa2,mn} + \frac{BQ_{sa2}(x_{fg} + x_{sa1} + x_{pa} + x_{sa2})}{\xi C_n \alpha_{sa2} F_x x_{sa2}} - \frac{30B \cdot Q_{w,sa2}}{nx_{sa2}Gc_w}$$

d. 按式（4-144）由进口壁温 $t_{w,fg,lv}$ 和出口壁温 $t_{w,sa2,lv,nw}$ 计算烟气在二次风 1 波纹板放热量 $Q_{w,sa2,nw}$，即

$$Q_{w,sa2,nw} = \frac{n}{60B} x_{sa2}Gc_w(t_{w,pa,lv,nw} - t_{w,sa2,lv})$$

e.$Q_{w,sa2,nw}$ 和 $Q_{w,sa2}$ 比较：如其绝对值差大于 2%，则使用二分法更新 $Q_{w,sa2} = 0.5$（$Q_{w,sa1,nw}$+$Q_{w,sa2}$），转入 a. 重新计算 Q_{sa2} 和 $t_{sa2,lv}$，直至误差小于 2%。

f. 计算合格后，取最后计算的 $t_{sa2,lv,nw}$ 和 $Q_{sa2,nw}$ 作为最后的 $t_{sa2,lv}$ 和 Q_{sa2}。

（6）调整 Q_{AH}。

1）计算 $Q_{AH,nw}$=（Q_{sa1}+Q_{pa}+Q_{sa2}）/φ 的绝对值，如其与事先假定值 Q_{AH} 相对误差小于 2%，则认为假定计算结果全部正确，计算完成。

2）对误差大于 2% 时，按热平衡（$H_{fg,lv} = Q_{AH,nw} + H_{fg,en}$）计算出口烟气焓 $H_{fg,lv}$，然后根据焓值 $H_{fg,lv}$ 确定出口烟气温度 $t_{fg,lv}$。

3）求一、二次风的平均空气焓值 $H_{a,lv}$（$H_{a,lv} = H_{a,en} + \dfrac{\varphi Q_{AH,nw}}{\beta_{AH}}$）及相应平均热风温度 $t_{sa,lv}$。

4）更新烟气仓的流速 w_{fg} 和换热系数 a_{fg}。

5）更新传热系数 $$k = \frac{\xi C_n}{\dfrac{1}{x_{fg}\alpha_{fg}} + \dfrac{1}{x_{sa1}\alpha_{sa1} + x_{pa}\alpha_{pa} + x_{sa2}\alpha_{sa2}}}$$。

6）更新对数温压 $$\Delta t = \frac{t_{fg,lv} + t_{a,lv} - t_{a,en} - t_{fg,en}}{ln\left(\dfrac{t_{fg,lv} - t_{a,en}}{t_{fg,en} - t_{a,lv}}\right)}$$。

7）进行空气预热器整体热力计算，求出新的 $Q_{AH,nw} = \dfrac{F_x k\Delta t}{B}$，更新 Q_{AH}=$Q_{AH,nw}$，根据 Q_{AH}，并按 $Q_{AH,nw}$ 和原来的 Q_{AH} 的比值调整 Q_{sa1}、Q_{pa}、Q_{sa2}，返回（5）重新计算，

上述计算过程中，最后的烟气仓换热计算是通过空气预热器整体换热计算代替的，在各仓换热都等于自己仓中被加热空气的吸热量的关系满足要求时，去验证烟气仓换热量与空气预热器与波纹板该仓的换热量，也是必然满足要求的。

这种分步式计算的方法同样也适用于三分仓空气预热器。

四分仓空气预热器热力计算框图如图 4-25 所示。

（四）计算的封装

程序代码 4-42　四分仓空气预热器热力计算

```cpp
BOOL CQuaAirHeater::heatCalc ( )
{
    CBoiler* boiler=CBoiler::getInstance ( );
    CCoal* coal = boiler->getCoal ( );
    double firingRate= boiler->getFiringRate ( );
    double heatInsulation = boiler->getHeatInsulation ( );
    double cw=0.487; // 蓄热元件比热容
    CFlueGas* gas;
    CAir* priAir, secAir1, secAir2;
    double heatPa=ratioPrimaryAir*heat;       // 对流吸热量
    double heatSa1=ratioSecondaryAir*heat/2;
    double heatSa2=ratioSecondaryAir*heat/2;
    double paHTC, saHTC1, saHTC2, dqsa1, dqsa2, dqpa=0;
    double twFgLv, twSaLv1, twPaLv, twSaLv2;
    dq=0;
    do{
        enthaplpyGasLv = gasEn->getEnthalpy ( ) - heat;
        gasLv->setEnthalphy ( enthaplpyGasLv );
        gas=CFlueGas::mean ( gasEn, gasLv );
        double enthalpyPimaryAirLv= primaryAirEn->getEnthalpy ( ) +
                heatInsulation*heatPa*firingRate/primaryAirEn->getFlowRate ( );
        primaryAirLv->setEnthalpy ( enthalpyPimaryAirLv );
        priAir=CAir::mean ( primaryAirEn, pirmaryAirLv );
        double enthalpySecondaryAirLv1= secondaryAirEn->getEnthalpy ( ) +
                2*heatInsulation*heatPa1*firingRate/secondaryAirEn->getFlowRate ( );
        secondaryAirLv1->setEnthalpy ( secondaryPimaryAirLv1 );
        secAir1=CAir::mean ( secondaryAirEn, secondaryAirLv1 );
        double enthalpySecondaryAirLv2= secondaryAirEn->getEnthalpy ( ) +
                2*heatInsulation*heatPa2*firingRate/secondaryAirEn->getFlowRate ( );
        secondaryAirLv2->setEnthalpy ( secondaryPimaryAirLv2 );
```

294

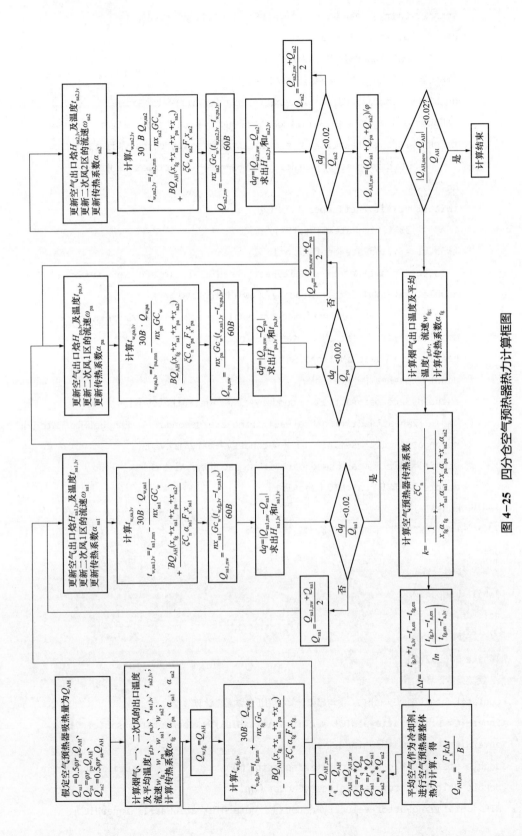

图 4-25 四分仓空气预热器热力计算框图

```
secAir2=CAir∷mean（secondaryAirEn, secondaryAirLv2）;
paHTC= calcInnerHTC（gas, priAir）;
saHTC1= calcInnerHTC（gas, secAir1）;
saHTC2= calcInnerHTC（gas, secAir2）;
double ratio=ratioPirmaryAir+ratioSecondaryAir+ratioGas;
twFgLv= gas->getT（）+30*firingRate*G*heat/（rotateVelocity*ratioGas*G*cw）;
twFgLv-=firingRate*heat*（ratioPirmaryAir+ratioSecondaryAir+ratioGas）/
        （utilizingFactor*velocityFactor*gasHTC*ratioGas*Fx）;
do{
twSaLv1=priAir->getTemperature（）
        -30*firingRate*G*heatSa1/（）
twSaLv1+=firingRate*heatSa*ratio
    /（utilizingFactor*velocityFactor*saHTC1*ratioSecondaryAir*Fx）;
double heatSaNw1=rotateVelocity/（60*firingRate）
                    *ratioSecondaryAir*G*cw/2*（twSaLv1-twFgLv）;
dqsa1=100*fabs（heatSaNw1-heatSa1）/heatSa1;
heatSa=0.5*（heatSaNw1+heatSa1）
double rps=heatPa/heatSaNw;
enthalpySecondaryAirLv1= secondaryAirEn->getEnthalpy（）+
        2*heatInsulation*heatPa1*firingRate/secondaryAirEn->getFlowRate（）;
secondaryAirLv1->setEnthalpy（secondaryPimaryAirLv1）;
secAir1=CAir∷mean（secondaryAirEn, secondaryAirLv1）;
double saHTC1= calcHTC（secAir1）;
}while（dqsa1>1）
// 对于一次风和二次风 2 同样地进行迭计算:
do{
// 一次风迭计算
}while（dqpa>1）
do{
// 二次风 2 迭计算
}while（dqsa2>1）
// 锅炉整体计算
coolantLv=calcAirLv（）; // 平均出口计算，用于整体温差计算
innerHTC= priAirratio*paHTC+ secAirratio*saHTC1/2+ secAirratio*saHTC2/2;
outerHTC  = calcGasHeating（gas）;
double utilizingFactor=calcutilizingFactor（）;          // 得到 utilizingFactor
double volcityFactor=calcVelocityFactor（）;
HTC = utilizingFactor*velocityFactor*（1/outerHTC*ratioGas+1/ innerHTC）;
```

```
dt = calcDT ( );
double heatNew =  HTC * dt * Fx/ firingRate;
dq = fabs ( heat - heatNew ) / heat * 100;
heat=0.5* ( heat+heatNew );
} while ( dq>1 );
}
```

第八节　肋片管和鳍片管的传热系数

扩展受热面通常应用于低温部位，如省煤器、低压省煤器或管式空气预热器。在锅炉中鳍片管束和肋片（径向肋片或螺旋肋片）管束都采用烟气横向冲刷的流动方式。鳍片管束和膜式鳍片管束都采用错列布置方式；对于肋片管束，错列布置和顺列布置都有采用。

一、扩展受热面的分类及特点

（一）肋片管和鳍片管

鳍片平行焊接在管轴方向（纵向）的管子称为鳍片管（finned tube），如相邻的鳍片管焊接在一起形成膜式管（membrane tube）。肋片垂直地焊接在管轴方向（也称横向或径向）称为肋片管（ribbed tube），形式有圆肋片、方肋片和螺旋肋片等。与普通受热相比，在相同的空间内加大了换热面积而强化传热，因此称为扩展受热面（Extended heating surface），也称为强化传热式受热面，还有减轻磨损、增加强度等优点。

扩展受热面管子类型分布如图 4-26 所示。

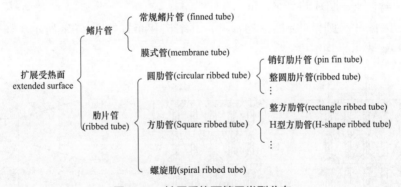

图 4-26　扩展受热面管子类型分布

考虑扩展受热面肯定会用在 CTubeBank 中，因此其种类可以用常数的形式定义在 CTubeBank 中，分别用其英文字母来表示：BareTube（光管）、FinTube（鳍片管）、RibTube（肋片管）、RectRibTube（方肋片管）、SpiralRibTube（螺旋肋片管）、ConicalRibTube（锥形肋片管）、MembrabeTube（膜式管）、HShapeTube（H 形肋片管）、FinHShapeTube（带鳍 H 形肋片管）等，这些表示不同管子的常数需要给予不同的数值以示区别。

（二）扩展受热面结构参数

1. 管径

肋 / 鳍片管的结构参数与光管一样，包含管径、壁厚、管长等，分别用 d、ds 和 l 表示，单位为 m。管径指受热管本身（不带肋片时）的外径。由于肋 / 鳍片管的重量都由受热管来承担，所以有时候受热管也称为承重管。

2. 肋 / 鳍片

肋 / 鳍片为受热面带来了复杂的结构，特别是形式多样的肋片管，需要增加多个额外的参数来描述，包括外径、肋 / 鳍片的形状（方形还是锥形）、肋 / 鳍片的高度和厚度及节距等。典型的肋 / 鳍片管结构如图 4-27 所示。

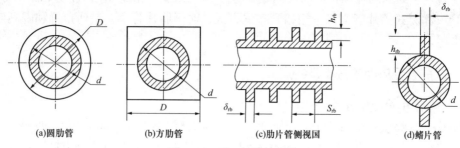

(a)圆肋管　　　　(b)方肋管　　　　(c)肋片管侧视国　　　　(d)鳍片管

图 4-27　肋 / 鳍片管结构

图 4-27 中　D ——圆形肋片的直径或方形肋片的边长，m；

d ——管本体的直径，m；

H_{rb}、δ_{rb} ——肋片的高度及厚度，m；

s_{rb} ——肋片的节距，m。

方形肋 / 鳍片与圆锥肋 / 鳍片均常见，其结构和布置如图 4-28 所示。如果是圆锥肋 / 鳍片，δ_{rb} 表示平均厚度。

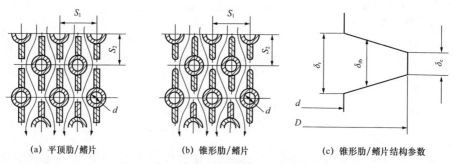

(a) 平顶肋/鳍片　　　　(b) 锥形肋/鳍片　　　　(c) 锥形肋/鳍片结构参数

图 4-28　平顶肋（鳍）与锥形肋布置方式

δ_r、δ_c—肋片的根部厚度和顶部厚度，m

通常肋片管扩展的面积远大于鳍片管。为简化符号系统，本书中肋片与鳍片管的下标统一用 rb 来表示，面积统一称为 F_{rb}。但在鳍 / 肋片结合管中，需要分辨两种扩展受热面分别是多少时鳍片管用下标 f 来表示，即 F_{rb} 和 F_f 分别表示换热器中的肋片部分和鳍片部分。

（三）传热面积

1. 肋片管的传热面积

肋片管的圆管面积指肋片管的光管部分的面积。从几何外形上看，肋片管每个节距的长度内为一个单元，假定肋片或鳍片的厚度为 δ_{rb}，节距为 s_{rb}，则在光滑管的长度为 $s_{rb}-\delta_{rb}$，肋片占的长度为 δ_{rb}，这样长度为 l 的肋片管中共有 $\dfrac{l}{s_{rb}}$ 个单元，可知其圆管外表面积为

$$F_t = \pi d \ (s_{rb}-\delta_{rb}) \times \frac{l}{s_{rb}} \tag{4-146}$$

因为肋片两面受热，所以肋片管中肋片的面积按两面计算。由于肋片比较薄，所以大多数情况下、如 1973 年热力计算标准和我国大部分文献中，肋顶的面积不考虑，此时：

如果肋片为圆肋片，肋片的面积为

$$F_{rb} = 2 \times \frac{\pi(D^2 - d^2)}{4} \times \frac{l}{s_{rb}} = \frac{\pi(D^2 - d^2)}{2} \times \frac{l}{s_{rb}} \tag{4-147}$$

如果肋片为方肋片，肋片的面积为

$$F_{rb} = 2 \times \left(D^2 - \frac{\pi d^2}{4} \right) \times \frac{l}{s_{rb}} = \left(2D^2 - \frac{\pi d^2}{2} \right) \times \frac{l}{s_{rb}} \tag{4-148}$$

俄罗斯 1998 年版热力计算标准中则考虑了肋顶的面积，圆肋片管的肋片面积式变为

$$F_{rb} = \left[\frac{\pi(D^2 - d^2)}{2} + \pi D \delta_{rb} \right] \times \frac{l}{s_{rb}} \tag{4-149}$$

方肋片的肋片面积式变为

$$F_{rb} = \left(2D^2 - \frac{\pi d^2}{2} + 4D \delta_{rb} \right) \times \frac{l}{s_{rb}} \tag{4-150}$$

方肋中当量直径 $d_{eq}=1.13D$，肋高 $h_{rb}=0.5(1.13D-d_{eq})$。

肋片管的总传热面积为圆管面积与肋片面积之和，即

$$F_x = F_{rb} + F_t \tag{4-151}$$

式中　F_x——肋片管的传热总面积，m^2；

　　　F_{rb}——肋片管中肋片的表面积，m^2；

　　　F_t——肋片管的圆管面积（不包含肋片与管子连接处所占的面积），m^2。

2. 鳍/膜片管的表面积

相对于肋片管，鳍片管在承重管外侧对称地焊有两个鳍片，其结构相对简单，鳍片管的圆管外表面积为

$$F_t = (\pi d - 2\delta_{rb})l \tag{4-152}$$

鳍片的外表面积由鳍片及鳍顶面积两部分构成，即

$$F_{rb} = 2\delta_{rb}l + 4h_{rb}l \qquad (4\text{-}153)$$

如果鳍片管的两端连在一起，则形成膜片管。膜片管的膜片外表面积没有鳍顶面积，即

$$F_{rb} = 4h_{rb}l \qquad (4\text{-}154)$$

同样的，鳍片管的总传热面积为圆管面积与鳍/膜片面积之和，即 $F_x = F_{rb} + F_t$。

3. H 形肋片管的表面积

H 形肋片管是近年来发展起来的一种方形肋片管，由一对圆形承重管和两个长方形肋片对称组成，立根管的形状如同一个"H"的字母，一个单元则如同左右两个"H"叠加起来，因此也有人称为双 H 形肋片管。由于其加工简单而大受欢迎，在大型锅炉余热利用系统的低压省煤器中广泛应用。

1973 年热力计算标准中没有该形肋片管的计算方法，国内有学者参考 1973 版的关于方形肋片管的要求，把 H 形肋片管等价为方形肋片管后再进行计算，形式比较复杂。俄罗斯 1998 年版热力计算标准提供了另一种思路，即把它等价为一个角度为 φ、半径为 R_c 的扇形肋片（如图 4-29 中 EOF 所围成的图形），然后再按环形肋片处理。

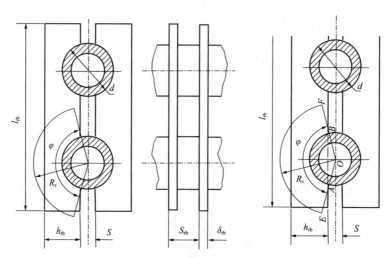

图 4-29　H 形肋片管几何尺寸

从图 4-29 中可得：

（1）扇形 EOF 的面积为 $\dfrac{\varphi \pi R_c^2}{360}$。

（2）H 形肋片管两根受热管固定肋片组成一个单元，单元一侧肋片所占的面积为 $l_{rb}h_{rb}$（包含部分圆管的面积），每根支撑管分摊其中的一半，因此每根承重管上挂的半片方形肋片的面积为等价扇形 $\bigtriangledown EOF$ 的面积与其被肋片管所割而剩下的三角形 $\triangle AOB$ 的面积之差，即

$$\frac{\varphi \pi R_c^{\,2}}{360} - \frac{d^2}{8}\sin\varphi = \frac{l_{rb}h_{rb}}{2} \tag{4-155}$$

式中　$S_{\triangle ABC} = \dfrac{d^2}{8}\sin\varphi$ 为三角形 AOB 的面积。进一步整理可得

$$R_c = \sqrt{\frac{360}{\varphi\pi}\left(\frac{l_{rb}}{2}h_{rb} + \frac{d^2}{8}\sin\varphi\right)} \tag{4-156}$$

得到 R_c 后，与环肋管对比可得

$$D = 2R_c \tag{4-157}$$

$$h_{rb} = R_c - 0.5d \tag{4-158}$$

每根管子肋片面积按双面换热考虑，为

$$F_{rb} = 2\frac{l}{s_{rb}}\left[l_{rb}h_{rb} - \left(\frac{\pi d^2}{2}\frac{\varphi}{360} - \frac{d^2}{4}\sin\varphi\right) + \delta_{rb}\left(l_{rb} + h_{rb} - d\sin\frac{\varphi}{2}\right)\right] \tag{4-159}$$

式中　$l_{rb}h_{rb} - \left(\dfrac{\pi d^2}{2}\dfrac{\varphi}{360} - \dfrac{d^2}{4}\sin\varphi\right)$ ——每根管子所挂的两侧肋片总面积，其为等价扇

形肋面积的两倍，m^2；

$\delta_{rb}\left(l_{rb} + h_{rb} - d\sin\dfrac{\varphi}{2}\right)$ ——两侧肋片的肋顶面积，m^2；

$d\sin\dfrac{\varphi}{2}$ ——侧肋片割管子的割线 AB 的长度，m。

肋片管的圆管面积包含无肋片的圆管面积部分和两个半方对称布置肋片之间直截缝隙间圆管的面积，即

$$F_t = \pi dl\left(1 - \frac{\delta_{rb}}{s_{rb}}\frac{\varphi}{180}\right) \tag{4-160}$$

肋片管的总传热面积为圆管面积与肋片面积之和，即 $F_x = F_{rb} + F_t$。

4. 带鳍片的 H 形肋片管的表面积

带鳍片的 II 形肋片管是 H 形肋片管的进一步发展，即在 H 形肋片管的承重管由鳍片管来承担，也就是在原来的 H 形肋片缝隙中增加了两个鳍片，进一步增加了扩展换热面积，也增加了管组的强度。

同样，1973 年热力计算标准中没有该形肋片管的计算方法，俄罗斯 1998 年版热力计算标准的处理思路与 H 形肋片管的处理思路相同，只是增加了鳍片相关的内容。

带鳍片 H 形肋片管几何尺寸如图 4-30 所示。

H 形肋片等价扇形环肋的半径 R_c 半径、肋高、面积等计算式不变，仍然为

$$R_c = \sqrt{\frac{360}{\varphi\pi}\left(\frac{l_{rb}}{2}h_{rb} + \frac{d^2}{8}\sin\varphi\right)} \tag{4-161}$$

$$h_{rb} = R_c - 0.5d \tag{4-162}$$

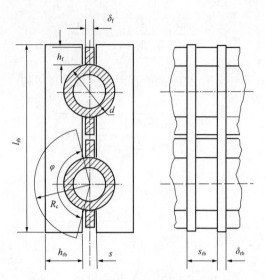

图 4-30 带鳍片 H 形肋片管几何尺寸

$$D = 2R_c \tag{4-163}$$

$$F_{rb} = 2\frac{l}{s_{rb}}\left[l_{rb}h_{rb} - \left(\frac{\pi d^2}{2}\frac{\varphi}{360} - \frac{d^2}{4}\sin\varphi\right) + \delta_{rb}\left(l_{rb} + h_{rb} - d\sin\frac{\varphi}{2}\right)\right] \tag{4-164}$$

但是管子表面的部分又被鳍片占掉了 $2\delta_f l$，因此，圆管面积变为

$$F_t = \pi dl\left(1 - \frac{\delta_{rb}}{s_{rb}}\frac{\varphi}{180}\right)\frac{l}{s_{rb}} - 2\delta_f l \tag{4-165}$$

同时增加了两个鳍片的面积。考虑一个单元间两个鳍片的距离非常小，烟气基本上不通过，因此，鳍片的面积仅考虑外表面积而不考虑鳍片顶部面积，即

$$F_f = 4h_f l \tag{4-166}$$

式中　F_f——鳍片的面积，m²；

　　　h_f——鳍片的高度，m。

总面积为

$$F_x = F_t + F_{rb} + F_f \tag{4-167}$$

5. 鳍/肋化系数

鳍/肋化系数表示扩展受热面增加后的总面积占同长度承重光管外表面积的比值，即

$$\gamma_t = \frac{F_x}{\pi dl} \tag{4-168}$$

对于圆形肋片管，肋化系数为

$$\gamma_t = \frac{F_x}{\pi ds_{rb}} = \frac{D^2 - d^2 + 2D\delta_{rb} + 2(s_{rb} - \delta_{rb})d}{2ds_{rb}} \tag{4-169}$$

对于方形肋片管，肋化系数为

$$\gamma_t = \frac{F_x}{\pi d s_{rb}} = \frac{2\left(D^2 - 0.785 d^2 + 2D\delta_{rb}\right) + \left(s_{rb} - \delta_{rb}\right)\pi d}{\pi d s_{rb}} \tag{4-170}$$

1973 年热力计算标准中不考虑肋顶面积，因此对于圆形肋片管有

$$\gamma_t = \frac{F_x}{\pi d s_{rb}} = \frac{D^2 - d^2 + 2\left(s_{rb} - \delta_{rb}\right)d}{2 d s_{rb}} \tag{4-171}$$

1998 年热力计算标准中方形肋片的圆管为

$$\gamma_t = \frac{F_x}{\pi d s_{rb}} = \frac{2\left(D^2 - 0.785 d^2\right) + \left(s_{rb} - \delta_{rb}\right)\pi d}{\pi d s_{rb}} \tag{4-172}$$

对于 H 形肋片管，肋化系数为

$$\gamma_t = \frac{2}{\pi d s_{rb}}\left[l_{rb}h_{rb} - \left(\frac{\pi d^2}{2}\frac{\varphi}{360} - \frac{d^2}{4}\sin\varphi\right) + \delta_{rb}\left(l_{rb} + h_{rb} - d\sin\frac{\varphi}{2}\right)\right] + 1 - \frac{\delta_{rb}}{s_{rb}}\frac{\varphi}{180} \tag{4-173}$$

对于带鳍片的 H 形肋片管，肋化系数为

$$\gamma_t = \frac{2}{\pi d s_{rb}}\left[l_{rb}h_{rb} - \left(\frac{\pi d^2}{2}\frac{\varphi}{360} - \frac{d^2}{4}\sin\varphi\right) + \delta_{rb}\left(l_{rb} + h_{rb} - d\sin\frac{\varphi}{2}\right) + 2h_f - \delta_f\right] + 1 - \frac{\delta_{rb}}{s_{rb}}\frac{\varphi}{180} \tag{4-174}$$

带鳍片管应称为鳍化系数，为

$$\gamma_t = \frac{F_x}{\pi d l} = 1 + \frac{4h_f}{\pi d} \tag{4-175}$$

鳍 / 肋化系数的主要功能是计算肋 / 鳍片受热面中各部分的面积比进行加权平均，如果是计算机程序计算，也可以不计算鳍 / 肋化系数而直接用几个面积直接相除，如常用的环形肋片管有

$$\frac{F_t}{F_x} = \frac{1}{\gamma_t}\left(1 - \frac{\delta_{rb}}{s_{rb}}\right) \tag{4-176}$$

$$\frac{F_{rb}}{F_x} = \left(1 - \frac{F_t}{F_x}\right) \tag{4-177}$$

（四）烟气通流面积

凡是要确定气流速度都采用最小断面积的原则。

在布置有被烟气或空气作横向及斜向冲刷的光滑管束和肋片管束的烟道中，烟气或空气的流通截面按通过垂直于气流方向的排管中心线的平面来确定，其面积等于烟道的整个横向断面积与管子和肋片所占的面积之差。按此法求得的烟气通道面积和其他平行断面比起来，是最小的。

肋片管束烟道的通流面积示意如图 4-31 所示。

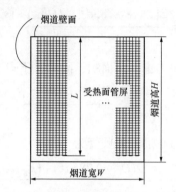

图 4-31 肋片管束烟道的通流面积示意图

对于横向肋片的管束，流通截面积为

$$F_{fg} = \left[1 - \frac{d}{s_1} \left(1 + 2 \frac{h_{rb}}{s_{rb}} \frac{\delta_{rb}}{d} \right) \right] W \cdot H \qquad (4-178)$$

（五）辐射层厚度

鳍片管箱的辐射层厚度与光管管箱类似，按光管求得的辐射层厚度值再乘以 0.4 就可以了，但是膜片管把管箱分成了更小的空间，因此计算时要考虑鳍片的影响，即

$$\begin{cases} s = 0.36d \left(\frac{4}{\pi} \frac{s_1 s_2}{d^2} - 1 \right) & \text{鳍片管} \\ s = 0.9d \left(\dfrac{0.785\sigma_1\sigma_2 - 1}{0.785 \dfrac{h_f}{d} + 1} \right) & \text{膜式管} \end{cases} \qquad (4-179)$$

二、扩展受热面的传热

（一）传热不均匀性及影响因素

扩展受热面的传热与光管既有一致的地方，又有所不同，原因是肋片或鳍片距离管内冷却介质远一些，这些扩展表面吸热后，再通过传导传递给管内工质需要有更长的路径，并受到受热面内温度场分布的影响，主要有：

（1）受管内工质冷却的影响，扩展受热面在鳍根或肋根的温度与圆管表面的温度相同。这样，从鳍（肋）端到鳍（肋）根温度逐渐降低，才会产生热流，即在鳍片或肋片高度方向（径向）表面温度是变化的，并沿热流方向降低，扩展受热面上的吸热与管子外表面是不相同的。

（2）上述不平衡受到鳍（肋）片本身几何特性的影响，如是不是等厚度、厚度和高度的大小等。

（3）在鳍（肋）片与管子根部结合处，也存在由于焊接、连接或外形不同而引起的吸热能力不平衡。

（4）扩展换热面积通常比管子本身的换热面积还大，特别是肋片管、H形肋片管及带鳍片的H形肋片管，其扩展换热面积比管子本身换热面积大很多，因此，上述这种不平衡、不均匀的差异性很大。

总之，扩展受热面虽然面积增加，但其增加的传热能力与增加的面积不成正比。这种不平衡、不均匀使得肋/鳍片的传热计算非常复杂，肋/鳍片具体细微结构差别就会显著影响传热系数的计算。为简化计算，通常采用肋/鳍片效率的方法。

（二）肋/鳍片效率

1. 定义与含义

肋/鳍片效率是肋/鳍片实际传热量与整个肋/鳍片都处于肋基温度下的最大可能的传热量之比。肋/鳍根部的传热能力与受热面圆管表面相同，因此当整个肋/鳍片都处于肋基温度时得到的最大传热量也就是整个肋/鳍片增加的面积等同于圆管表面时得到的传热量。如果先计算该最大传热量，再将其乘以肋/鳍片效率、肋/鳍片的实际传热量，就可以把肋/鳍片复杂的传热问题转变为先由结构求肋/鳍片效率的问题，使传热过程与肋/鳍片结构的复杂因素解耦，大大简化计算工作。

2. 计算原理

从传热的角度，肋/鳍本质上没有区别，因而本书从最简单的矩形鳍片管的传热推导出肋/鳍片的效率。假定受热面上有一矩形鳍片，高为 h，管长为 l，鳍厚为 δ，导热系数为 λ（常物性），周围流体温度为 t_{fg}，忽略鳍顶截面积，鳍基温度为 t_0，对流换热系数为 α_1，如图 4-32（a）所示。

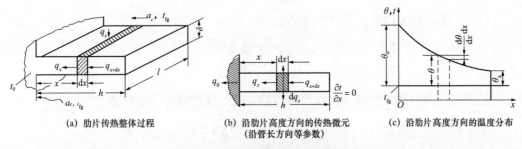

(a) 肋片传热整体过程　　(b) 沿肋片高度方向的传热微元　　(c) 沿肋片高度方向的温度分布
　　　　　　　　　　　　　　（沿管长方向等参数）

图 4-32　平肋换热非均匀过程示意图

任意位置鳍片的上、下两个外表面接收到整体对流换热量为

$$q_x = 2F_x \alpha_1 (t_{fg} - t_x) \tag{4-180}$$

式中　$F_x = \mathrm{d}x \times l$ —— 鳍片在 x 处的上、下外表面积，m^2。

该吸收到的热量需要沿着鳍片由鳍顶通过热传导传递给鳍片根部，因而对图 4-32（a）中所示的微元体建立相应的传热方程，有

$$q_x = q_{x+\mathrm{d}x} + \mathrm{d}q_x \tag{4-181}$$

任何位置鳍片的导热都符合傅里叶定律，即

$$q_x = -\lambda \delta l \frac{\mathrm{d}t_x}{\mathrm{d}x} \tag{4-182}$$

$$q_x = q_{x+dx} + \frac{dq_x}{dx}dx = q_{x+dx} - \lambda\delta l\frac{d^2 t_x}{dx^2}dx \tag{4-183}$$

由于"微元体净吸热量＝微元体从烟气中吸收的对流换热量",所以得到鳍片换热的导热微分方程式为

$$\frac{d^2 t_x}{dx^2} - \frac{2\alpha_1}{\lambda\delta}(t_{fg} - t_x) = 0 \tag{4-184}$$

令传热温差 $\theta = (t_{fg} - t_x)$,并令

$$m = \sqrt{\frac{2\alpha_1}{\lambda\delta}} \tag{4-185}$$

有

$$\frac{d^2\theta}{dx^2} - m^2\theta = 0 \tag{4-186}$$

得到其通解为

$$\theta = c_1 e^{mx} + c_2 e^{-mx} \tag{4-187}$$

把边界条件 $x = 0$、 $t = t_0$ 和 $x = h$、 $\dfrac{dt}{dx} = 0$ 代入,可求得

$$c_1 = \theta_0\frac{e^{-mh}}{e^{mh} + e^{-mh}} \quad c_2 = \theta_0\frac{e^{mh}}{e^{mh} + e^{-mh}} \tag{4-188}$$

这样,就得到传热温差沿鳍片的温度分布为

$$\theta = \theta_0\frac{ch[m(h-x)]}{ch(mh)} \tag{4-189}$$

传热温差沿肋高方向减小,在鳍根为最大 θ_0,在鳍端为最小值 $\theta_h = \theta_0\dfrac{1}{ch(mh)}$。这样,鳍片整体传热量 $q_x = \int 2F_x\alpha_1\theta_x dx$,也等于鳍片根部的导热流量,即

$$q_c = -\lambda\delta l\frac{d\theta}{dx}\bigg|_{x=0} = \lambda\delta ml\theta_0 \cdot th(mh) \tag{4-190}$$

式中 $th(x) = \dfrac{e^x - e^{-x}}{e^x + e^{-x}}$ ——双曲正切函数, x 代表 mh。

把 $m = \sqrt{\dfrac{2\alpha_1}{\lambda\delta}}$ 代入并化简得

$$q_c = \lambda\delta l\sqrt{\frac{2\alpha_1}{\lambda\delta}}th(mh) = \frac{2\alpha_1 l}{m}th(mh) \tag{4-191}$$

整个鳍片都处于鳍基温度下时,最大可能散热量为

$$q_0 = 2\alpha_1 hl\theta_0 \tag{4-192}$$

由此可得鳍片效率为

$$E = \frac{q}{q_0} = \frac{\frac{2\alpha_1 l}{m}\theta_0 \cdot \text{th}(mh)}{2\alpha_1 h l \theta_0} = \frac{\text{th}(mh)}{mh} \tag{4-193}$$

肋 / 鳍片传热量的计算为

$$q_x = Eq_0 = 2\alpha_1 h l \theta_0 E \tag{4-194}$$

（三）参数 *mh* 的物理意义

mh 作为鳍 / 肋片效率计算时的输入变量，也具有一定的物理意义。将其平方后在分子分母通乘以 1，再作相应的变形后有 $(mh)^2 = \frac{2lh\alpha_1}{l\delta(\lambda/h)}$，很明显是表示鳍 / 肋片效率对流换热能力和传导能力的比。

通常对流换热是原动力，需要肋 / 鳍片的导热可以迅速地把对流换热导到根部，这样才具有很好的经济性。鳍片或肋片效率的数值总是小于 1，工程上经济的鳍 / 肋片效率大约在 0.7，也就是 *mh* 接近 0.8 ~ 1。

（四）烟气侧对换热系数 α₁

1. 整体思路

烟气侧的放热系数 α_1 取决于烟气冲刷管壁的放热系数 $\alpha_{c,t}$、烟气冲刷肋片的放热系数 $\alpha_{c,rb}$、两者的面积分布、肋片热阻及管外灰污层的热阻，可以认为是一个各因素加权平均的复杂耦合关系。1973 年热力计算标准和 1998 版热力计算两个版本均以总体换热面积作为传热面，均把管本体的换热系数和扩展受热面都折算到整体换热面积；烟气侧整体对流放热系数 $\alpha_{1,rb}$ 的准则关系式以管子外径为定性尺寸，均通过鳍 / 肋片效率把它们与管壁传热性能的差异体现出来。相比较，1973 年热力计算标准还考虑肋片的几何参数（如肋片高度 h_{rb}、肋片间距 s_{rb} 等）和肋片管束的布置（顺列或错列布置、s_1/d，s_2/d 等）；1998 版热力计算更多地把它们的影响放在修正系数中，而使得思维更加清晰。

由于 1998 版热力计算思路更为清晰，本书基于 1998 版热力计算标准进行介绍，最后介绍 1973 年热力计算标准的规定供对比。

2. 鳍 / 膜管的烟气侧换热系数

1998 版热力计算烟气侧对流换热系数通用计算方法为两部分按面积加权平均，即

$$\alpha_1 = \frac{F_t}{F_c}(\varphi_t \alpha_{c,t} + \alpha_r) + \frac{F_{rb}}{F_c}E(\varphi_{rb}\alpha_{c,rb} + \alpha_r) \tag{4-195}$$

式中　　　　F_t——圆管外表面积（不包含扩展受热面与管子的连接部分），m²；

　　　　　　F_c——圆管和扩展受热面总对流面积，m²；

　　$\varphi_t = \frac{\alpha_c}{\alpha_{c,t}}$、$\varphi_{rb} = \frac{\alpha_c}{\alpha_{c,rb}}$——肋片表面和管子外表面对流传热系数与整体放热系数的比值，φ_4 取 1.08，φ_{rb} 的计算需要根据结构参数

进行；

$\alpha_{c,t}$——管子外表面的对流传热系数，Bt/（m²·K）；

$\alpha_{c,rb}$——管束区的辐射放热系数，kJ/（m²·K）；

F_{rb}——扩展换热面积（不包含扩展受热面与管子的连接部分），m²；

$\alpha_{c,rb}$——肋片外表面的对流传热系数，Bt/（m²·K）。

对于顺列管有

$$\varphi_{rb} = 1 - \frac{0.12}{\sigma_2 - 1} \qquad (4-196)$$

对于错列管，当其管子布置条件满足 $1.4 < \sigma_1 < 5.0$ 且 $0.75 < \sigma_2 < 1.52$ 时有

$$\varphi_{rb} = 1 - \frac{0.05(\sigma_1\sigma_2^{0.5})^{0.8} - 0.03}{2\sigma_2 - 1} \qquad (4-197)$$

错列管 $\sigma_1 > 5.0$ 按顺列管计算，此时的纵向相对节距按斜向相对节距的两倍，即按 $\sigma_1=2\sigma_2'$ 使用式（4-196）计算。

$E = \dfrac{\text{th}(mh_{rb})}{mh_{rb}}$——鳍片或肋片效率，实际上就是式（4-193），但其中的 m 值需要综合考虑管子自己参数确定，与式（4-185）有一些区别

$$m = \sqrt{\frac{2(\varphi_{rb}\alpha_{c,rb} + \alpha_r)}{\lambda_{rb}\delta_{rb}}} \qquad (4-198)$$

3. 肋片管

因为肋片间辐射层厚度很小，所以辐射换热系数可以忽略不计，即此时 $\alpha_r=0$；肋片管同时换热系数变为

$$\alpha_{1,rb} = \left(\frac{F_t}{F} + \frac{F_{rb}}{F}E\mu\varphi_{rb}\right)\alpha_c \qquad (4-199)$$

式中　μ——锥形肋片的修正系数；

φ_{rb}——考虑肋片表面放热不均匀系数，对于一肋片管，1998 年热力计算标准提了拟合计算方法，即

$$\varphi_{rb} = 1 - 0.058mh_{rb} \qquad (4-200)$$

锥形肋片底部比顶部厚一些，因而其换热与平肋片有所不同，用系数 μ 来修正，因此系数 μ 与肋片顶部厚度 δ_c 和肋片底部厚度 δ_r 相关，如图 4-33 所示。

图 4-33 中的 m 根据锥形肋片平均数据进行计算，把肋片参数代入式（4-189）得

$$m = \sqrt{\frac{2\alpha_c}{\lambda_{rb}\delta_{rb}}} \qquad (4-201)$$

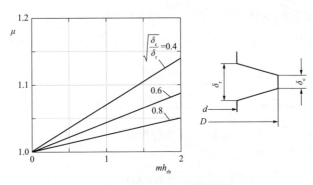

图 4-33 锥形肋片换热修正系数

4. H 形肋片管

H 形肋片管的换热系数计算方法与一般的肋片管相同,仍为式(4-199),但是其中的表面放热不均匀系数 φ_{rb} 确定方法有所不同,需要按表 4-8 中,根据肋片管的外形尺寸和布置参数来确定。

表 4-8 H 形肋片管表面放热不均匀系数 φ_{rb} 取值

l_{rb}/d	h_{rb}/d	s/d			
		0.2	**0.26**	**0.34**	**0.4**
3.5	0.75	1.007	1.011	1.017	1.023
3.5	1.0	1.007	1.012	1.021	1.030
3.5	1.25	0.994	1.001	1.013	1.025
3.5	1.5	0.967	0.977	0.993	1.007
5.0	0.75	0.967	0.978	0.993	1.005
5.0	1.0	1.009	1.018	1.034	1.047
5.0	1.25	1.026	1.036	1.053	1.068
5.0	1.5	1.019	1.031	1.051	1.068
6.5	0.75	0.924	0.940	0.961	0.978
6.5	1.0	0.996	1.009	1.029	1.046
6.5	1.25	1.035	1.048	1.068	1.086
6.5	1.5	1.042	1.056	1.078	1.097
8.0	0.75	0.878	0.896	0.921	0.942
8.0	1.0	0.967	0.983	1.008	1.028
8.0	1.25	1.019	1.035	1.059	1.079
8.0	1.5	1.035	1.051	1.075	1.096

5. 带鳍片的 H 形肋片管

带鳍片的 H 形肋片管相当于肋片管与一般鳍片管的复合，其换热系数计算方法增加了鳍片部分后为

$$\alpha_1 = \left(\frac{F_t}{F} + \frac{F_{rb}}{F}E\varphi_{rb} + \frac{F_f}{F}E_f\right)\alpha_c \tag{4-202}$$

肋片表面放热不均匀系数 φ_{rb} 的计算仍然使用式（4-200），只是肋片参数要换成鳍片的参数

$$E_f = \frac{\text{th}(mh_f)}{mh_f} \tag{4-203}$$

$$m_f = \sqrt{\frac{2\alpha_c}{\lambda_f \delta_f}} \tag{4-204}$$

6. 1973 年热力计算标准肋片管

对于肋片管，烟气侧的 α_1 值按下式计算，即

$$\alpha_1 = \left(\frac{F_{rb}}{F_c}E\mu + \frac{F_t}{F_c}\right)\frac{\alpha_c \cdot \varphi_{rb}}{1 + \zeta\varphi_{rb} \cdot \alpha_c} \tag{4-205}$$

式中　　E——肋片效率，含义相同，但是根据参数 β、h_{rb} 及 D/d 按线算图查出，处理起来比较复杂；

　　　　μ——含义相同，但是需要根据参数 β、h_{rb} 及查曲线；

　　　　φ_{rb}——考虑肋片表面放热不均匀系数；对于肋底直线型肋片（含销钉式肋片）取 0.9，对肋底圆柱形肋片取 0.85。

1973 年热力计算标准中线算图中的 β 含义与常规意义上的参数 m 相似，但多增加考虑了热阻的影响，按式（4-206）计算，使用起来更加复杂，即

$$\beta = \sqrt{\frac{2\varphi_{rb}\alpha_c}{\delta\lambda_{rb}(1 + R_h\varphi_{rb}\alpha_c)}} \tag{4-206}$$

式中　　R_h——灰污热阻。

1973 年热力计算标准中系数 μ 的含义是相同的，但是它使用 βh_{rb} 代替通常的参数 mh 作为计算基准，有学者提出拟合曲线为

$$\mu = \left(0.119901961 - 0.120751634\sqrt{\frac{\delta_c}{\delta_r}}\right)\beta h_{rb} + 1 \tag{4-207}$$

（五）烟气侧对流传热系数 α_c

1973 年热力计算标准把肋片的特征直接写入对流传热计算式中，而 1998 年热力计算标准把对流传热计算式尽量地往光管方向靠近，而把肋片的影响用几何结构相关的系数进行修正。两者本质完全相同，线算图也差别不大。但是 1998 年热力计算标准思路显然更加清晰，且提供了更多的应用式，在通用化方面更为方便一些。

1. 横向冲刷顺列鳍片或膜片管束

1998 年热力计算标准中对流传热系数为

$$\alpha_c = 0.1 C_z C_s \frac{\lambda}{d} \left(\frac{wd}{v} \right)^{0.75} Pr^{0.33} \tag{4-208}$$

式中　C_z——流动方向管子排数的修正系数，1973 年热力计算标准需查线算图，1998 年热力计算标准给出了计算式

$$C_z = \begin{cases} 1.0 + 0.017(8 - z_2) & z_2 < 8 \\ 1 & z_2 \geqslant 8 \end{cases} \tag{4-209}$$

C_s——14.5 < $\sigma_2 \leqslant 3.5$，C_s 计算式为

$$C_s = \begin{cases} 0.64 & 0 > \sigma_2 \leqslant 3.0 \\ 0.64 - 0.035(\sigma_1 - 3.0) & 3.0 < \sigma_1 \leqslant 5.0 \\ 0.57 & \sigma_2 > 5.0 \end{cases} \tag{4-210}$$

2. 横向冲刷错列鳍片管束

对于横向冲刷错列鳍片管束受热面，1973 年热力计算标准和 1998 年热力计算标准的处理基本上一样，只是在指数和修正方法方面略有调整。

1973 年热力计算标准中对流传热系数为

$$\alpha_c = 0.14 C_z \varphi^{0.24} \frac{\lambda}{d} \left(\frac{wd}{v} \right)^{0.68} \tag{4-211}$$

1998 年热力计算标准中对流传热系数为

$$\alpha_c = 0.14 C_z C_s \frac{\lambda}{d} \left(\frac{wd}{v} \right)^{0.7} Pr^{0.33} \tag{4-212}$$

式中　C_z——流动方向管子排数的修正系数，1973 年热力计算标准需查线算图，1998 年热力计算标准给出了计算式，即

$$C_z = \begin{cases} 1.0 - 0.017(8 - z_2) & \sigma_1 > 3.0, z_2 < 8 \\ 1.0 - 0.0083(8 - z_2) & \sigma_1 \geqslant 3.0, z_2 < 8 \\ 1 & z_2 \geqslant 8 \end{cases} \tag{4-213}$$

C_s——1998 年热力计算标准用管子节距修正 C_s 代替 1973 年热力计算标准中 φ 的系数，本质是相同的，都可以直接计算；1998 年热力计算标准 C_s 计算式为

$$C_s = 0.78 \left(\sigma_1^{-1.2} \frac{\sigma_1 - 1}{\sqrt{\sigma_1^2 + 4\sigma_2^2 - 2}} + 1 \right) \tag{4-214}$$

$\sigma_1 > 5.0$ 的错列管束，按横节距为错列管横向节距的一半（$5.0\sigma_1$）、纵节距为错列管纵向节距的一位（$2.0\sigma_1$）的顺列管束计算烟气流束，并进而计算对流传热系数。

3. 横向冲刷环状肋片顺列管束

烟气横向冲刷环形肋片顺列管束是最常见的肋片管，1973 年热力计算标准和 1998 年热力计算标准处理方法不同。

1973 年热力计算标准规定为

$$\alpha_c = 0.105 C_z C_s \frac{\lambda}{s_{rb}} \left(\frac{d}{s_{rb}}\right)^{-0.54} \left(\frac{h_{rb}}{s_{rb}}\right)^{-0.14} \left(\frac{w s_{rb}}{v}\right)^{0.72} \tag{4-215}$$

式中　C_z ——考虑管束中沿烟气流行程方向管排数影响的修正系数，其含义与光管修正系数式（4-66）相同，但数值不同。当纵向管数 $z_2 \leqslant 4$ 时，需查线算图；当纵向管数 $z_2 > 4$ 时，即取 1。

　　　　C_s ——考虑管束中管子的几何布置的修正系数，其含义与光管修正系数式（4-67）相同，但数值不同；当纵向相对截距 $\sigma_2 \leqslant 2$ 时，需查线算图；当纵向相对截距 $\sigma_2 > 2$ 时，即取 1。

如果肋片为方形，则其放热系数等于肋片直径为方形肋片边长的圆肋管放热系数 0.92 倍。

1998 年热力计算标准规定的计算式与 1973 年热力计算标准的处理思路有所不同，它把对流传热数式尽量地往光管方向靠近，而把肋片本身的特性用系数进行修正。其对流换热方程为

$$\alpha_c = 0.113 C_z C_s \frac{\lambda}{d} \left(\frac{wd}{v}\right)^n Pr^{0.33} \tag{4-216}$$

$$n = 0.7 + 0.08f + 0.005\gamma_t \tag{4-217}$$

$$f = \text{th}\left(\frac{4\gamma_t}{7} + 8 - 4\sigma_2\right) \tag{4-218}$$

$$C_z = \begin{cases} 3.15 z_2^{0.05} - 2.5 & \sigma_1/\sigma_2 < 2.0, z_2 < 8 \\ 3.5 z_2^{0.03} - 2.72 & \sigma_1/\sigma_2 \geqslant 2.0, z_2 < 8 \\ 1 & z_2 \geqslant 8 \end{cases} \tag{4-219}$$

$$C_s = (1.36 - f)\left(\frac{11}{\gamma_t + 8} - 0.14\right) \tag{4-220}$$

1998 年热力计算标准规定顺列布置的方肋、H 形肋片同样适用于上述处理方式，只不过是其肋化系数 γ_t 需要根据不同的肋片形式选取。

4. 横向冲刷环状肋片管错列管束

1973 年热力计算标准的处理方式与横向冲刷顺列布置的方式完全相同，对流换热系数的计算式为

$$\alpha_c = 0.23 C_z \varphi_{rb}^{0.2} \frac{\lambda}{s_{rb}} \left(\frac{d}{s_{rb}}\right)^{-0.54} \left(\frac{h_{rb}}{s_{rb}}\right)^{-0.14} \left(\frac{\omega s_{rb}}{v}\right)^{0.65} \tag{4-221}$$

式中 C_z ——由线算图查得；

$\varphi_{rb}=(\sigma_1-1)/(\sigma_2'-1)$ ——考虑管束中管子几何布置的参数；

σ_2' ——斜向的平均相对管节距。

1998 年热力计算标准中烟气横向冲刷错列管束的对流换热方程与横向冲刷顺列管束相同，同为式（4-217），只是其中的系数 f 计算式变为

$$f = \mathrm{th}\left(\frac{\sigma_1}{\sigma_2} - \frac{126}{\gamma_t} - 2\right) \tag{4-222}$$

错列布置的方肋、H 形肋片处理方式相同，只不过是其肋化系数需要根据不同的肋片形式选取。

5. 横向冲刷 H 形肋片管束

对于烟气横向冲刷 H 形肋片管是 1998 年热力计算标准给出的新应用对象，其流传热系数为

$$\alpha_c = 0.09 C_z C_s \frac{\lambda}{d}\left(\frac{wd}{v}\right)^n Pr^{0.33} \tag{4-223}$$

指数与相关系数按烟气横向冲刷环状选取。

6. 气流横向冲刷螺旋环圈肋片错列管束

螺旋环圈肋片结构如图 4-34 所示，1998 年热力计算标准和 1973 年热力计算标准的换热系数相同，按式（4-224）计算。

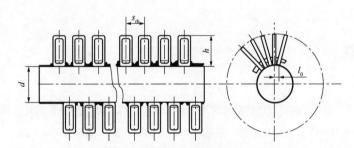

图 4-34 螺旋环圈肋片结构

$$\alpha_c = 2.55 \frac{\lambda}{s_{rb}}\left(\frac{s_1}{d}\right)^{0.2}\left(\frac{s_2}{d}\right)^{-0.1}\left(\frac{l_0}{h}\right)^{0.36}\left(\frac{d}{s_{rb}}\right)^{-0.6}\left(\frac{w s_{rb}}{v}\right)^{0.46} \tag{4-224}$$

式中 d ——管了外径，ⅲ；

s_{rb} ——螺距，m；

h ——环圈高度，m；

$l_0=\pi d/z$ ——环圈节距，m；

z ——螺圈内的环圈数。

对于俄罗斯使用 CO－110 螺旋环圈肋片管，其结构与错列布置参数如表 4-9 所示。

表 4-9 螺旋环圈肋片在管箱中的布置参数

管径×壁厚 (mmXmm)	螺距 (mm)	肋高 (mm)	环圈节距 (mm)	横向相对节距	纵向相对节距	通流面积占比	每米管换热面积 (m^2/m)	每米管扩展面积 (m^2/m)	每米管重 (kg/m)
16×2.5	5.0	8.0	0.84	2.13	1.81	0.405	0.365	0.347	1.5

代入这些数据，换热系数计算式（4-224）就变为

$$\alpha_c = 10.9\lambda \left(\frac{w}{v}\right)^{0.46} \qquad (4-225)$$

（六）整体换热系数

扩展受热面传热系数通常表示为

$$k_{rb} = \frac{\xi}{\dfrac{1}{\alpha_1} + \dfrac{1}{\alpha_2} \cdot \dfrac{F_c}{F_{in}}} \qquad (4-226)$$

式中　α_1——烟气侧的对流放热系数，但是要考虑污垢层的影响；

　　　α_2——管子内侧的对流放热系数，如果管内无肋片，则其为内壁向受热介质传热的放热系数 α_2。

当计算省煤器时，$1/\alpha_2$ 可以忽略不计。

参考文献

［1］ 北京锅炉厂.译.钢炉机组热力计算标准方法［M］.北京：机械工业出版社，1976.

［2］ 锅炉机组热力计算方法（规范法）第三版 补充和修订［S］.圣彼得堡：1998.
ТЕПЛОВОЙ РАСЧЕТ КОТЛОВ（НОРМАТИВНЫЙ МЕТОД）Издание третье, переработанное и дополненное.Санкт-Петербург：1998.

［3］ 周强泰.锅炉原理.3 版［M］.北京：中国电力出版社，2013.

［4］ 车得福.锅炉.2 版［M］.西安：西安交通大学出版社，2008.

［5］ 赵翔，任有中.锅炉课程设计［M］.北京：水利电力出版社，1991.

［6］ 樊泉桂.锅炉原理［M］.北京：中国电力出版社，2003.

［7］ 初云涛.电站锅炉过热系统分布式传热模型及其应用［J］.中国电机工程学，2007，27（11）：62-67.

［8］ 初云涛.两类过热器壁温分布特性的仿真研究［J］.动力工程，2008，28（1）：40-44.

［9］ 阎维平.回转式空气预热器最低壁温与进口风温计算［J］.热力发电，2007（4）：47-50.

［10］ 阎维平.电站锅炉三分仓回转式空气预热器热力计算方法研究［J］.热力发电，2009，38（3）：44-47.

[11] 阎维平. 回转式空气预热器最低壁温与进口风温计算 [J]. 热力发电, 2007, 36 (4): 47-49.

[12] 王萍华. 三分仓回转式空气预热器计算机辅助计算 [J]. 华中电力, 2001 (1), 9-12.

[13] 冷伟. 一种改进的回转式空气预热器热力计算方法 [J]. 动力工程, 2005 (6): 27-30.

[14] 王洪跃. 求解回转空气预热器传热模型的解析 - 数值法 [J]. 中国电机工程学报, 2006 (6): 51-55.

[15] 包德梅. 回转式空气预热器动态分析矩阵算法 [J]. 锅炉技术, 1998, (9): 6-10.

[16] 周俊虎. 三分仓空气预热器热力计算的研究 [J]. 动力工程, 2003 (6): 2810-2813.

[17] 解海龙. 锅炉计算机辅助计算及设计 [M]. 北京: 水利电力出版社, 1993.

[18] 黄景立. 三分仓回转式空气预热器的热力计算方法研究 [D]. 华北电力大学, 2007.

[19] 李皓宇. 电站锅炉三分仓回转式空气预热器传热的数值解法研究 [D]. 华北电力大学, 2009.

[20] 程芳真. 三分仓回转式空气预热器的建模与仿真 [J]. 发电设备, 1998, (1): 9-12, 29.

[21] 周英文. 回转式空预器漏风大的原因及改进 [J]. 电力建设, 2002, 23 (6) 12-14, 22.

[22] 任泽需. 回转蓄热式换热器的动态传热分析 [J]. 工程热物理学报, 1984, 5 (3): 269-274.

[23] 胡华进. 三分仓空气预热器传热特性的算法研究 [J]. 动力工程, 1998, 18 (1): 53-57.

[24] 冷伟. 基于解析方法的回转式空气预热器换热计算 [J]. 中国电机工程学报, 2005, 25 (3): 141-146.

[25] 刘福国. 考虑轴向导热的三分仓回转预热器传热模型及验证 [J]. 机械工程学报, 2010, 46 (22): 144-150.

[26] 沈利. SCR 脱硝机组空预器换热元件的选型分析 [J]. 电力科技与环保, 2016, 32 (2): 26-28.

[27] 陈昌贤, 孙奉仲, 李飞, 吴艳艳. 四分仓回转式空气预热器热力计算方法 [J]. 山东大学学报, 2014, 44 (4): 58-63.

[28] 张磊. 四分仓回转式空气预热器热力计算模型研究. [D]. 华北电力大学, 2017.

第五章　半辐射半对流受热面热力计算

半辐射受热面主要指布置在炉膛出口的屏式受热面或凝渣管，如单独计算的前屏过热器、后屏过热器、后屏再热器、凝渣管等，主要作用是继续整理烟气的流动，尽可能减少烟气沿炉膛宽度分布的不均匀，尽快地远距离冷却烟气中的灰粒，使其黏性下降到不粘的水平，为其后面的纯对流受热面避免结渣和良好换热做准备。这种受热面所处位置的烟气温度高，管排间的横向节距大，换热中主要份额为烟气辐射，但同时相比纯辐射式受热面，冲刷烟气的速度也不低，对流换热的特性也不可忽略，因而称之为半辐射半对流受热面，兼具辐射与对流的特点，热力计算方法更加接近于对流受热面。

第一节　半辐射受热面结构和热平衡

一、半辐射半对流受热面结构

锅炉最主要的半辐射半对流受热面是屏式受热面，本章中大多情况下半辐射半对流受热面实际上就是指屏式受热面。屏是从其结构特征的定义，行业中通常分为前屏和后屏。两者在热力计算中不同，前屏是纯辐射受热面，因此本书中称为辐射屏，而后屏是半辐射半对流受热面，即本书中的屏式受热面。

（一）认定条件

屏式受热面的管束结构与前面的纯辐射分隔屏及纯对流受热面是相似的，为但为实现冷却烟气中软灰颗粒的目的，必须设置较大的横向截距，其 s_1 比分隔屏的 s_1 小很多（通常只有分隔屏的 s_1 一半或三分之一左右），但它比纯对流受热面的 s_1 大数倍。因而对于 Ⅱ 型锅炉屏后的第一级过热器，特别是塔型锅炉的炉膛出口处的换热器，到底是屏式受热面还是对流顺列受热面，需要通过横向相对节距 σ_1（s_1/d）和纵向相对节距 σ_2（s_2/d）来界定。

1973 年热力计算标准规定：当 $\sigma_1 \geqslant 4$ 且 $\sigma_2 \leqslant 1.5$ 时，受热面可按屏来计算；1998 版热力计算标准规定当 $\sigma_1 \geqslant 3$ 且 $\sigma_2 \leqslant 1.5$ 时，受热面就可以按屏来计算。按此划分标准，大部分的锅炉的分隔屏、后屏和末级再热器这三个受热面均应按屏来计算。

（二）传热特点与计算整体思路

半辐射式受热面换热工况较为复杂，主要特点为：

（1）接收的两部分热量，包括从炉膛投射过来热量、烟气经过受热面时对受热面的对流放热（包含烟气经过受热面时对受热面的对流放热）。

（2）从炉膛投射过来热量和烟气经过受热面时的辐射放热都不能完全被本地吸收，

继续向后面的受热面传递（"漏掉"）一部分。

（3）当地放热量（含对流和部分辐射换热量）和屏自己向后辐射的热量降低烟气的温度；炉膛投射过来且被屏吸收的部分不降低烟气的温度，但它和当地放热量共同提升工质温度。

（4）炉膛来的辐射热量通过提升工质温度、降低传热端差而影响对流换热量；屏自己向后辐射的热量通过降低烟气温度，降低传热端差而影响对流换热部分；最终换热量为它们的平衡。

这些因素和关系使得半辐射半对流受热面热力计算比纯对流受热面、纯辐射受热面均复杂一些。在形式上以对换换热为基础，但是实际上在处理换热面积、换热系数及计算过程控制上也有一些明显的不同，又实现了辐射换热的单独计算。

（三）换热面积

半辐射半对流受热面同时受到辐射换热和对流换热，两种换热的换热面积是不同的。换热计算以对流换热的形式为主，因而计算时需要辐射换热时需要把对流换热面积转化为辐射换热面积。

1. 辐射换热面积

辐射换热有效换热面积为烟气容积辐射换热条件下的投影面积。炉内的屏式受热各管，均为两面受热的换热面，只要辐射的能量进入管屏范围之内，大部分都会被吸收，因此其换热面积为受热各管中心线并由屏最外圈管子的外廓线所围成的平面的两倍的面积，再乘以角系数 x 确定，即

$$F_\mathrm{p}=2H \times D \times x \tag{5-1}$$

式中 F_p——屏辐射平面的面积，m^2；

H——管屏高度，m；

D——烟气流程方向屏的长度，m。

用 CPlaten 来封装半辐射半对流受热面屏式过热器，显然它扩展于 CTubeBank。根据式（5-1），屏式过热器 CPlaten 应增加一个半辐射换热面积 F_p 来表示辐射换热面积，并且提供 getter 函数。

程序代码 5-1 屏式受热面的辐射换热面积

```
double CPlaten::calcFp()
  {
      Fp=2*depth*height*rows;
      return Fp;
  }
```

屏间烟气向管屏辐射换热的角系数 x 可以按炉膛换热中单排光管水冷壁的角系数来考虑，即图 3-29 中曲线 5（不考虑炉墙反射辐射）来考虑，封装在 CFurnace::calcAngleFactor() 中。

2. 对流换热面积

和对流受热面一样，半辐射半对流受热面对流换热部分换热面积是等于管子外侧（烟气侧）的外表面积，其计算方法同 CTubeBank 中对流换热的封装，在 CTubeBank

中已有封装 CTubeBank：：getFx（ ）。

3. 换热面积折算系数

根据图 5-1，对一个具体的管屏来说，假定其沿烟气方向有 z 根管子并列，则其对流换热时的圆管外表面计算方式为

$$F_x = z \times \pi \times d \times H \tag{5-2}$$

管屏宽度 W_p 与管子外径 d 之间关系为

$$W_p = (z-1) \times s_2 \times H + \pi \times d \times H \approx z \times s_2 \times H \tag{5-3}$$

圆管平面积和圆管表面积的比值 F_p/F_x 可以进行如下化简，即

$$\frac{F_p}{F_x} = \frac{2s_2 h}{\pi d h} = \frac{2s_2}{\pi d} \tag{5-4}$$

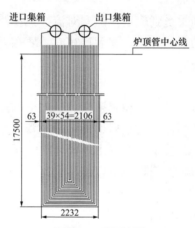

图 5-1　后屏简图

（四）对出口的角系数

半辐射半对流受热面的横向截距较大，且两屏间烟气量比较大，由进口射入的远程辐射无法完全被管子吸收完毕，并漏出管屏区；管屏间的烟气辐射不仅仅辐射到管屏上，也会向屏后的受热面传递给后面的受热面。因此，对于此类受热面，除了管排区的角系数外，还需要计算受热面整个区域对出口断面的角系数，可以用式（5-5）计算，即

$$x_o = \sqrt{1 + \left(\frac{W_p}{s_1}\right)^2} + \frac{W_p}{s_1} \tag{5-5}$$

根据式（5-5）实际上和 1998 年热力计算标准中处理辐射式屏辐射系数的方法 ［式（3-109）］ 是一致的，可以把出口角系数命名为 angleFactorLeave，同时屏的宽度正好等于屏区管箱处的深度，这样封装求出对出口角系数的代码为

程序代码 5-2　从入口到出口的辐射角系数

```
double CPlaten：：calcAngleFactorLeave（ ）
  {
```

```
        return sqrt（1 + depth*depth/s1/s1）+depth/s1;
    }
```

（五）辐射层厚度

半辐射半对流受热面的辐射层厚度根据式（3-112）计算，与 1998 年热力计算标准中对于辐射式受热面的封装函数一样，直接拷贝过来即可。

程序代码 5-3　屏式受热面辐射层厚度

```
double CPlaten::calcBeanLength（）
    {
        return = 1.8 /（1/hight + 1/width + 1/depth）;
    }
```

二、半辐射式半对流受热面的热平衡

半辐射半对流受热面涉及的热量比常规对流受热面多了外界进入的辐射热 $Q_{rf,en}$ 和自己向后面流出的辐射热 Q_{lv}，这样其需要平均的热量就包括烟气经过受热面时对受热面的对流放热 Q_x（包含烟气经过受热面时对受热面的对流放热 Q_c 和当地烟气的辐射换热 Q_r）、从炉膛投射过来且被屏吸收的部分 Q_{rf}、从炉膛投射过来且又漏出屏后的 $Q_{rf,lv}$、屏自己向后辐射的热量 $Q_{r,lv}$ 等，关系比较复杂。

（一）各热量来源及特性

1. 烟气的对流放热量 Q_x

烟气冲刷引起的对流放热和烟气在屏间路过时对管屏的辐射换热基于第四章介绍的对流换热计算过程得到，即

$$Q_x = \frac{kF_x \Delta t}{B} = Q_c + Q_r \tag{5-6}$$

2. 屏间烟气向出口辐射的热量 $Q_{r,lv}$

通过烟气侧出口传递到下一级受热面或空间，计算式为

$$Q_{r,lv} = \frac{5.67 \times 10^{-11} \varepsilon_{fg} x F_{p,lv} t_{fg}^4 \xi_c}{B} \tag{5-7}$$

式中　　ε_{fg} ——屏间烟气黑度，可由烟气平均温度确定；

　　　　$F_{p,lv}$ ——（屏区出口面积）布置在屏后的管簇的辐射换热面积；

　　　　t_{fg} ——屏间烟气平均温度，K；

　　　　ξ_c ——燃料种类的修正系数，与燃料的性质有关：煤及液体燃料为 0.5，油页岩为 0.2，天然气为 0.7。

3. 吸收的炉膛辐射热量 Q_{rf}

受热面从炉膛接受的热量 $Q_{rf,en}$ 等于第三章第六节中炉膛向出口烟窗辐射的热量 Q_{fo}，由式（3-153）计算。

$Q_{rf,en}$ 经过屏时，由于烟气的辐射空间比较大（由 s_2 标志），其热量并不会全部被屏吸收，会被烟气吸收一部分（或其辐射被当地烟气中的三原子气体阻拦一部分），透射

部分变为 $Q_{\text{rf,en}}(1-\alpha_{\text{fg}})$。由于吸收率和发射率相等（$\varepsilon_{\text{fg}}=\alpha_{\text{fg}}$），炉膛辐射热量到达出口时变为

$$Q_{\text{rf,lv}} = Q_{\text{rf,en}}(1-\varepsilon_{\text{fg}})x_{\text{o}} \tag{5-8}$$

半辐射半对流受热面吸收的炉膛辐射热 Q_{rf} 为

$$Q_{\text{rf}} = Q_{\text{rf,en}} - Q_{\text{rf,lv}} \tag{5-9}$$

4. 半辐射半对流受热面漏出总热量

半辐射半对流受热面漏出的总热量 Q_{lv} 为

$$Q_{\text{lv}} = Q_{\text{rf,lv}} + Q_{\text{r,lv}} \tag{5-10}$$

漏出的总热量 Q_{lv} 在屏后第一级对流受热面全部吸收完。

5. 热量封装与计算

从宏观上，CPlaten 需要处理的两个热量是从炉膛来的热量和最后到下一级的热量，因此可以在 CPlaten 增加两个变量表示，分别为

```
double heatFromPrev ;            // 从上级来的辐射热量
double heatToNext ;              // 漏到下级的辐射热量
```

其中：漏出的总热量 heatToNext 需要向下级受热面提供对外接口 getHeatToNext（），以便于下级受热面的调用。从上级来的辐射热量通常是在本级获取上级热量后设置，因此需要增加 setHeatFromPrev（double heatPrev）函数。由于屏后的对流受热面也会接受此类热量，因而它们也要使用这两个接口，接口函数可以设置在 CTubeBank 类型中，函数设计很简单，如：

CTubeBank：：setHeatFromPrev（double heatPrev）{heatFromPrev=heatPrev；}

CTubeBank：：getHeatToNext（）{return heatToNext；}

（二）烟气侧热平衡

对流放热 Q_{x} 和对自身烟气对出口的辐射热量 $Q_{\text{r,lv}}$ 降低烟气温度，所以

$$Q_{\text{x}} + Q_{\text{r,lv}} = H_{\text{fg,en}} - H_{\text{fg,lv}} + \Delta\alpha V_{\text{a}}^{0} H_{\text{a,c}} \tag{5-11}$$

式中　　　　　$Q_{\text{r,lv}}$——烟气在屏区或凝渣管区流动时辐射给屏后面受热面的热量；

$H_{\text{fg,en}}$，$H_{\text{fg,lv}}$——屏式受热面或凝渣管进、出口烟气焓。

（三）冷却剂侧热平衡

对流放热 Q_{x} 和炉膛送来且被吸收的辐射热量 Q_{rf} 提升工质温度，所以有

$$\sum D(h_{\text{s,lv}} - h_{\text{s,en}}) = \varphi B(Q_{\text{x}} + Q_{\text{rf}}) \tag{5-12}$$

式中　　　　　D——流过屏式受热面或凝渣管的蒸汽或水的流量，t/s；

$h_{\text{s,lv}}$，$h_{\text{s,en}}$——受热面出口、进口处蒸汽或水的比焓值，kJ/kg；

φ——保温系数；

Q_{rf}——工质吸热量中来自于炉膛辐射的部分，kJ/kg。

三、半辐射受热面传热系数

(一) 整体传热系数 k

半辐射半对流受热面因为烟气对受热面管束冲刷换热的过程中受到了炉膛辐射的影响，其烟气温降与冷却剂温升不一一对应，使得其传热系数 k 的求取与对流受热面有些不同，需要重新推导。

(1) 由式 (5-6) 和式 (5-11) 可知，汽水管外表面获取包含了炉膛出口送来的远程辐射传热和本身的对流换热，其管壁积灰层表面得到的热量计算式为

$$Q = Q_x + Q_{rf} = \alpha_1 F_x (t_{fg} - t_{ao}) + Q_{rf} \qquad (5-13)$$

式中，Q_{rf} 是接近常数的值，但又和 Q_x 是同量级的数值，所以可以用 Q_x 表示 Q_{rf}，令 $b = \dfrac{Q_{rf}}{Q_x}$，式 (5-13) 变为

$$Q = Q_x + Q_{rf} = \alpha_1 F_x (t_{fg} - t_{ao})(1 + b) \qquad (5-14)$$

写成热阻形式为

$$Q = \frac{t_{fg} - t_{ao}}{\dfrac{1}{\alpha_1 F_x (1 + b)}} \qquad (5-15)$$

(2) 这两部分热量总和 Q 进入管子的积灰层以后，共同按"积灰层外、积灰层内→管壁外、管壁外→管壁内、管壁内→汽水"的路径进行串联式换热，忽略面积的差异，有

$$Q = \frac{\lambda_{ao}}{\delta_{ao}} F_x (t_{ao} - t_{po}) = \frac{\lambda_p}{\delta_p} F_x (t_{po} - t_{pi}) = \frac{\lambda_{si}}{\delta_{si}} F_x (t_{pi} - t_{si}) = \alpha_2 F_x (t_{si} - t_s) \qquad (5-16)$$

这样根据串联热阻的关系，有

$$Q = k F_x (t_{fg} - t_s)(1 + b) = \frac{t_{fg} - t_s}{\dfrac{1}{\alpha_1 F_x (1 + b)} + \dfrac{\delta_{ao}}{\lambda_{ao} F_x} + \dfrac{\delta_p}{\lambda_p F_x} + \dfrac{\delta_{si}}{\lambda_{si} F_x} + \dfrac{1}{\alpha_2 F_x}} \qquad (5-17)$$

考虑半辐射式半对流受热面中的汽水侧热阻远小于烟气侧，可忽略管子壁热阻 (δ_p/λ_p) 和管子内侧垢污层热阻 (δ_{si}/λ_{si})，最终可得整体换热系数 k 的表达式为

$$k = \frac{1}{\dfrac{1}{\alpha_1} + \left(1 + \dfrac{Q_{rf}}{Q_x}\right)\left(R_h + \dfrac{1}{\alpha_2}\right)} \qquad (5-18)$$

如果有管肋，则

$$k = \frac{1}{\dfrac{1}{\alpha_1} + \left(1 + \dfrac{Q_{rf}}{Q_x}\right)\left(R_h + \dfrac{F_x}{F_i}\dfrac{1}{\alpha_2}\right)} \qquad (5-19)$$

如果没有辐射热 ($Q_{rf}=0$)，则式 (5-19) 等价于纯对流受热面换热系数，为

$$k = \frac{1}{\dfrac{1}{\alpha_1} + R_{\mathrm{h}} + \dfrac{F_{\mathrm{x}}}{F_1}\dfrac{1}{\alpha_2}}$$ （5-20）

通常半辐射半对流受热面后的第一级对流受热面全部吸收漏出的总辐射热量 $Q_{\mathrm{rf,lv}}$，原则上该受热面也应使用式（5-18）来计算换热系数，但是因为此时的辐射换热量很小，所以可以忽略，只是在计算工质吸热量时加上即可。

（二）烟气侧放热系数 α_1 的确定

与纯对流受热面相同的，烟气侧放热系数 α_1 包括烟气冲刷管壁的对流传热系数 α_{c} 和烟气对管壁的辐射放热系数 α_{r}，还需要考虑烟气冲刷不均匀系数 ξ。因此，按圆管壁面计算传热则烟气侧放热系数表达为

$$\alpha_1 = \xi\left(\alpha_{\mathrm{c}} + \alpha_{\mathrm{r}}\frac{F_{\mathrm{p}}x}{F_{\mathrm{x}}}\right) = \xi\left(\alpha_{\mathrm{c}} + \alpha_{\mathrm{r}}\frac{2s_1}{\pi d}x\right)$$ （5-21）

1. 利用系数

因为屏式过热器的吹刷是比较弱的，所以也用不均匀系数 ξ 来表示烟气侧的折扣。1973 年热力计算标准提供了屏式过热器三阶系数的拟合式为

$$\xi = -0.059397324 + 0.53515626w_{\mathrm{fg}} - 0.10286459w_{\mathrm{fg}}^2 + 0.0065104168w_{\mathrm{fg}}^3$$ （5-22）

如果该式结果大于 0.85 时，取 0.85。

根据式（5-22），屏的利用系数可以封装为

程序代码 5-4　屏式受热面的利用系数

```
double CPlaten::utilizingFactor(double wfg)
{
    if ( wfg >= 4)
        utilizingFactor = 0.85;
    else
    {
        utilizingFactor = ((0.006510417*wfg-0.10286459)*wfg+0.53515626) * wfg- 0.059397324;
    }
    return utilizingFactor;
}
```

2. 烟气侧对流传热系数 α_{c}

热力计算标准规定半辐射半对流的屏式过热器的 α_{c} 按对流受热面顺列管束被烟气横向冲刷的情况处理，由式（4-65）进行计算。

周强泰认为屏中烟气的流速比较低，不能直接采用多排管顺列布置的方法求解对流放热系数，而应当按单排管子考虑、验证其流动状态后进行计算，是一种更加精细的模型。

$$\alpha_c = \begin{cases} 0.51\dfrac{\lambda}{d}Re^{0.5}Pr_d^{0.37} & Re\leqslant 10^3 \\[2mm] 0.26\dfrac{\lambda}{d}Re^{0.6}Pr_d^{0.37} & Re>10^3 \end{cases} \tag{5-23}$$

3. 烟气侧对流传热系数 α_r

烟气侧辐射放热系数在灰污表面温度的基础上求得

$$\alpha_r = 0.9\varepsilon_{fg}\sigma_0 T_{fg}^3 \frac{1-\left(T_w/T_{fg}\right)^4}{1-\left(T_w/T_{fg}\right)} \tag{5-24}$$

如果采用周强泰考虑了灰粒漫反射效应，则烟气侧辐射放热系数变为

$$\alpha_r = \frac{\sigma_0 T_{fg}^3}{0.48 k_{fg}s_1 + \dfrac{1}{\varepsilon_{fg}} + \dfrac{1}{\varepsilon_w} - 1} \cdot \frac{1-\left(T_w/T_{fg}\right)^4}{1-\left(T_w/T_{fg}\right)} \tag{5-25}$$

式中　k_{fg}——屏空间三原气体和灰分颗粒的辐射减弱系数，按式（3-77）计算，m^{-1}；

　　　ε_w——壁面黑度，取 0.8；

　　　ε_{fg}——烟气的黑度，无量纲。

4. 灰污壁温 T_w

半辐射半对流受热面区的管子比较稀疏，灰粒还未完全变硬，而此时的高温烟气却产生了明显的冲刷过程，其中还处于升华状态的气态钠、钾成分接触管壁后会迅速凝结，因而与水冷壁相比，其表面的灰污是比较严重的，因此求取烟气侧辐射放热系数 α_r 所用的灰污表面温度 T_w 采用灰污热阻法进行，其计算式为

$$T_w = t_s + \left(R_h + \frac{1}{\alpha_2}\right)\frac{B(Q_x+Q_{rf})}{F_x} + 273.15 \tag{5-26}$$

式（5-26）与式（4-88）中基本是相同的，只是式（5-26）多了炉膛辐射吸热量 Q_{rf}。

与对流受热面不同，屏式受热面的结渣情况主要取决于温度，烟气冲刷速度总体上说较小，因而 1973 年热力计算标准给出灰污热阻的取值方法主要是分煤种的温度函数，1998 年热力计算标准沿用这一做法。1973 年热力计算标准线灰污热阻的计算图为图 5-2，相应的计算式为式（5-27）。

$$R_h = \begin{cases} 0.03 + 0.5E5(t_{fg}-500) & \text{不结渣煤} \\ 0.06 + 0.1E4(t_{fg}-500) & \text{微结渣煤并带吹灰} \\ -0.012 + 0.3E5(t_{fg}-75) & \text{微结渣无吹灰/强结渣煤带吹灰} \\ 0.076 + 0.817E5(t_{fg}-1000) & \text{油页岩并带吹灰} \end{cases} \tag{5-27}$$

当燃用重油时，不论过量空气系数和重油中的含硫量是多少，R_h 值一律取为 5.2 $(m^2\cdot\text{℃})/kW$。当燃用气体燃料时，$R_h=0$。当重油或煤粉炉用气体燃料再燃时，此时灰污热阻 R_h 应取为重油（或煤粉）与气体燃料的均值。

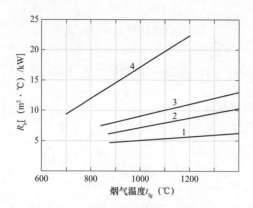

图 5-2　屏式过热器的灰污热阻 R_h

1—不结渣煤；2—微结渣煤并带吹灰；3—微结渣煤无吹灰及强结渣煤带吹灰；4—油页岩并带吹灰

由于屏式过热器灰污热阻的计算与纯对流受热面的计算方法不一样，所以它需要重新编写（重载）。屏式过热器灰污热阻仅与烟气温度和煤种有关，所以封装为

程序代码 5-5　屏式受热面的热阻

```
double CPlaten::calcHeatResistance( double tg)
{
    CBoiler* boiler=CBoiler::getInstance();
    int slaging = boiler->getCoal()->getSlaging();
    BOOL hasSootBlowing=boiler->getHasSootBlowing();
    switch(slaging)
    {
        case (CCoal::NoSlag) :
            heatResistance=0.03+0.5E5*(tg-500);
            break;
        case (CCoal::SlightSlag):
            heatResistance=0.06+0.1E4*(tg-500);
            break;
        case (CCoal::HeavySlag || !hasSootBlowing):
                heatResistance=-0.012+0.3E5*(tg-75);
            break;
    dfaut:
        heatResistance=0.0076+0.817E5*(tg-1000);
        break;
    }
    return heatResistance;
}
```

从程序设计的角度来看，上述屏式过热器的灰污热阻的接口和纯对流灰污热阻

的接口 calcHeatResistance(double gasVelocity) 并没有不同。当对象是一个 CTubeBank 而不是一个 CPlaten 时，它会调用纯对流灰污热阻的 calcHeatResistance(double gasVelocity)；当对象是一个 CPlaten(同时也是 CTubeBank) 时，它会就近调用本段程序 calcHeatResistance(double tg)。

由于屏式过热器灰污热阻、灰污壁温的计算均与纯对流受热面不同，所以屏式过热器的辐射换热系数也需要重新封装，根据本节内容，它可以更新为

程序代码 5-6　屏式受热面的辐射换热系数

```
double CPlaten::calcRadiateHTC(CFlueGas* gas,CWaterSteam * ws,double radHeat)
{
    double gasEmissivity=gas->getEmissivity();

    double gasT=gas->getTemperature();

    double stmT=ws->getTemperature();

    double hR = calcHeatResistance (gesT); // 计算热阻

    double Tw= stmT+ (hR+1/innerHTC) *firingRate* (heat+radHeat) /Fx+273.15;

    double temp = (1.0-pow (Tw/gasT, 4)) / (1.0-Tw/gasT);

    double radiateHTC= 5.67e-8 * 0.9* (1+gasEmissivity ) * 0.5*pow (gasT, 3) * temp);

     return  radiateHTC;

}
```

四、附加受热面

对于一般处于折焰角上方的屏式受热面所处的空间来讲，附加受热面包含 4 部分，上部的顶棚过热受热面，两个侧墙水冷壁和一个折焰角上坡水冷壁，由于折焰角上坡水冷壁很容易积灰，一般可以认为是绝热过程，不考虑其传热量。

第二节　凝渣管束

凝渣管布置于炉膛的出口，通常用水冷壁拉稀或合并后形成，是典型的半辐射半对流受热面，特点如下。

（1）由于冷却剂侧是沸腾的汽水混合物，工质温度不变，因此计算时不用冷却剂侧热平衡方程式，温压取烟气平均温度与饱和温度之差。

（2）管束中管子的排数等于或多于 5 排时，可认为由炉膛辐射给管束的热量，全部被管束所吸收，就会有一部分热量穿过管束被后面的受热面所吸收，此时可以按半辐射式屏的方式计算。

（3）凝渣管束的误差控制为 5%，计算即告完成。

事实上，当前的大型锅炉，凝渣管通常只设置很少管排，通常热力计算按烟气温度下降 5~10℃ 即可。

第三节　转向室

转向室作为一种以辐射为主要换热方式的受热面，其形为与典型的炉膛辐射有差别：炉膛辐射的温度最高点差不多在其中心，因而它是假定按当量球体考虑沿半径方向的一维辐射强度的减弱模型。转向室的特点是在垂直的进口截面烟气的温度最高，沿烟气行程烟气温度逐渐下降，在转向室四周膜式壁面附近和转向室的水平出口截面，烟气温度最低。转向室的进口截面上通常是中心烟气温度最高，并沿截面的左右和上下方向逐渐下降。为了能获得转向室简化的辐射强度沿射线方向减弱的计算方法，周强泰提出了把转向室近似看做以进口截面为底面、容积与转向室相同的半球体而进行计算模型，是比较合理的一种算法。

半球体的当量直径为

$$R = \sqrt[3]{\frac{3V}{8\pi}} \tag{5-28}$$

假设半球体中心（坐标原点）的辐射强度最高，能量沿半球体的半径方向传递，由于介质的辐射减弱作用，辐射强度逐渐降低，至半球体表面（按假设即为包围转向室的四周吸热壁面），辐射强度降低至最低值。为简化问题，可假设辐射强度沿半球体径向呈线性变化，则烟气进、出口平均烟气温度条件下所对应的介质有效辐射强度位于半球体半径中间点（$x=0.5R$ 处）的位置上。

如果忽略介质的散射作用，只考虑烟气介质的辐射减弱，其辐射热流之差即为辐射传热热流 q_R。在半径方向上某点辐射强度沿整个半球进行积分，可获得黑体介质辐射强度梯度沿径向变化与热流的关系 $q_R = f(R)$。然后，对黑体介质辐射强度梯度沿半球体由 $x=0.5R$ 至 $x=R$ 进行积分，可以导出以转向室进出口平均烟气温度为平均烟气、向转向室四周的半球空间辐射放热系数，即

$$\alpha_r = \frac{\sigma_0 T_{fg}^3}{0.25ks_1 + \dfrac{1}{\varepsilon_{fg}} + \dfrac{1}{\varepsilon_w} - 1} \cdot \frac{1 - \left(T_w / T_{fg}\right)^4}{1 - \left(T_w / T_{fg}\right)} \tag{5-29}$$

式中，0.25 实际上就是式（5-25）分母中 0.48 的一半。

转向室烟气平均温度可取转向室进、出口烟气的平均温度。在计算转向室包覆管（贴墙管）的灰污表面温度 T_w 时，需有贴墙管的灰污热阻 R_h 的数据，但公开文献中提供的数据极少。根据壁面灰污机理，与炉膛水冷壁相比，转向室包覆管的灰污环境要稍好一些；同时，煤灰中高温下处于挥发（升华）状态的气态钠、钾成分，在烟气进入这个区域之前已经基本上或大部分完成了凝结过程。因此，对转向室包覆管的 R_h，建议取比炉膛水冷壁稍低的数值。

此处烟气流速低，对流换热一般不计，只计算辐射换热，即

$$Q = \alpha_r (t_{fg} - t_s) F_r \tag{5-30}$$

式中　　　α_r——辐射传热系数；

　　t_{fg}、t_s——指烟气、工质平均温度；

　　　　F_r——指有效辐射换热面积。

在辐射传热系数的计算中需要获取有效辐射层厚度 s 和灰污热阻 R_h，对于固体燃料灰污热阻可取为 0.0086（$m^2 \cdot \text{℃}$）/W，对于液体燃料可取为 0.007（$m^2 \cdot \text{℃}$）/W，对于气体燃料可取为 0.0055（$m^2 \cdot \text{℃}$）/W。

锅炉的转向室中经常布置着敷壁管和悬吊管，由于转向烟室中没有重要受热面，但转向烟室中有较多烟气量进行容积辐射，悬吊管还有对流，因而大家的处理较为自由，赵翔等不少学者把转向室分为若干个受热面进行计算，但是由于这种方法在烟气量的分配过程中，人为因素比较大，因而计算复杂。

第四节　半辐射半对流受热面的热力计算封装

半辐射半对流受热面和大多数纯对流受热面一样，通常也有自己的顶棚受热面和两侧壁受热面作为附加受热面，因此它的热力计算程序封装过程也和第四章中纯对流受热面的封闭过程基本是相似的。但考虑需要处理炉内辐射热量、漏出辐射热量等数据，且壁温、换热面积与方式、辐射换热系数等多种因素有一些差别，因此需要重新封装，单独设计。示例代码为

程序代码 5-7　屏式受热面的热力计算程序

```
BOOL CPlaten::heatCalc()
{
    // 准备热力计算的平均烟气和冷却剂
    CFlueGas* gas;
    CWaterSteam*ws;
    // 获取锅炉主要参数, 如燃料量、保温系数等
    CBoiler* boiler=CBoiler::getInstance();
    CCoal* coal = boiler->getCoal();
    double firingRate= boiler->getFiringRate();
    double heatInsulation = boiler->getheatInsulation();
    double utilizingFactor=calcutilizingFactor();
    dq=0;
    // 根据入口烟气焓计算出口烟气初值
    double enthaplpyGasLv = gasEn->getEnthalpy() -
                (heatRoof+heatSideWall+heat+0.8*heatFromPrev)/heatInsulation
                    + airLeakage*boiler->getEnthalpyColdAir();
    gasLv->setEnthalpy(enthaplpyGasLv);
    do{
```

```
// 根据出、入口计算平均烟气
gas= CFlueGas::mean（gasEn, gasLv）;
// 计算平均炉膛辐射热的吸收部分和自己漏出去的辐射热
double emst=gas->calcEmmissity（）;
double xo=calcAngleFactorLeave（）;
double gasT=gas->getTemperature（）;
double QrfLv =heatFromPrev * (1-emst) * xo;
double QrLv=5.67e-11 * emst * areaGasLv * pow（gasT+273.15, 4）* / firingRate ;
heatToNext = QrLv+QrfLv;
// 按面积比分配炉膛辐射热的吸收部分
double FxTotal=Fp + roof->getFx（）+ sideWall->getFx（）;
double Qrf=heatFromPrev-QrfLv; // 炉膛辐射热的吸收部分
radHeat= Qrf * Fp / FxTotal;
radHeatRoof= Qrf * roof->getFx（）/ FxTotal;
radHeatSideWall= Qrf * roof->getFx（）/ FxTotal;
// 根据入口蒸汽焓计算出口蒸汽
flow = ws->getFlowRate（）;
double heatWs=heat+radHeat;
double enthalpySteamLv= coolantEn->getEnthalpy（）
                    + heatWs*firingRate*heatInsulation/flow;
coolantLv->setEnthalpy（enthalySteamLv）;
// 计算平均蒸汽
ws = CWaterSteam::mean（coolantEn, coolantLv）;
steamT=ws->getTemperature（）;
// 求传热系数
convectHTC  = crossInlineHTC（gas）; // 计算管外对流传热系数
innerHTC  = calcInnerHTC（ws）; // 计算管内对流传热系数
radaiteHTC    = calcRadiateHTC（gas, ws, radHeat）; // 计算管内对流传热系数
outerHTC = utilizingFactor * (outerHTC + 2*s1/3.14/d*radaiteHTC*angleFactor);
HTC =1/（1/outerHTC + (1+radHeat/heat) * (hR+1/innerHTC)）;
// 求传热量
dt = calcDT（）;
double heatNew =  HTC * dt * Fx/ firingRate;
dq = fabs（heat - heatNew）/ heat * 100;
// 更新出口烟气参数
enthaplpyGasLv = gasEn->getEnthalpy（）-
            （heatRoof+heatSideWall+heat -QrLv）/heatInsulation
            + airLeakage*boiler->getEnthalpyColdAir（）;
```

```
        gasLv->setEnthalpy ( enthalpyGasLv );
        // 顶棚过热器热力计算
        roof->setGasLvT ( gasLv-getTemperature ( ));
        roof->setHTC ( HTC );
        roof->setHeatFromPrev ( radHeatRoof );
        roof->heatCalc ( );
        // 侧边水冷壁热力计算
        sideWall->setGasLvT ( gasLvT );
        sideWall->setHTC ( HTC );
        sideWall->setHeatFromPrev ( radSideWall );
        sideWall->heatCalc ( radSideWall );
    } while ( dq>1 );
}
```

在使用上述程序之前，需要完成 CPlaten 的初始化工作，如找到炉膛 CFurnace 的对象，从它那里利用 getHeatToNext ( ) 函数从炉膛来的辐射热设置好。假定用 furnace 表示 CFurnace 的指针，则可用如下代码实现：

```
setHeatFromPrev ( furnace->getHeatToNext ( ));
```

参考文献

[1]　北京锅炉厂.译.钢炉机组热力计算标准方法 [M]. 北京：机械工业出版社，1976.
[2]　锅炉机组热力计算方法（规范法）第三版 补充和修订 [S]. 圣彼得堡：1998.
　　ТЕПЛОВОЙ РАСЧЕТ КОТЛОВ（НОРМАТИВНЫЙ МЕТОД）Издание третье, переработанное и дополненное.Санкт-Петербург：1998.
[3]　周强泰.锅炉原理.3 版 [M]. 北京：中国电力出版社，2013.
[4]　车得福.锅炉.2 版 [M]. 西安：西安交通大学出版社，2008.
[5]　赵翔，任有中.锅炉课程设计 [M]. 北京：水利电力出版社，1991.
[6]　刘长振.大型锅炉屏区辐射传热分区模型的建立及应用研究 [D]. 山东大学，2005.
[7]　樊保国，祁海鹰.大型锅炉屏式过热器热力计算方法分析 [J]. 锅炉技术，2000，31（12）：1-3.
[8]　樊泉桂.大容量锅炉屏式过热器传热计算方法的研究 [J]. 华北电力大学学报，1997，24（4）：59-64.
[9]　周托.大容量锅炉屏式过热器利用系数的研究 [J]. 动力工程，2010，30（5）：313-318.

第六章　全锅炉的热力计算控制及其通用化设计

第二章～第五章分别描述了热力计算过程的各个环节和不同换热单元传热计算的详细过程，已经具备了一定能力的通用化热力计算的能力，但这些通用化设计都是从这些受热面局部的。锅炉整体是一个更为复杂的对象，需要针对这一复杂对象进行专门的设计，才能完成其通用化的目的。与前几章中具体的对象一样，全锅炉也需要先对其结构特点及传统热力计算过程有充分的了解后，才能设计完成热力计算的迭代控制与检验验证过程，做到不用修改源码就可以适应各种类型结构锅炉的热力计算工作。

第一节　全锅炉结构及热力计算方法

全锅炉整体结构看作是前几章所述具体设备的组合，因而锅炉结构主要集中在这些受热面的灵活配置和组建，每一锅炉就是一种组合，就对应一种具体的热力计算过程。由于结构化程序的设计原则是完全针对做一件事情的具体过程进行的，结构化的热力计算程序与热力计算手工计算的过程非常相似，本节在介绍锅炉不同结构组合原理的基础上，介绍早期结构化程序，以帮助读者进一步理解热力计算的过程和通用化需求。

一、全锅炉结构典型特点

我国的电站锅炉从超高压参数（400t/h、14MPa、540/540℃）开始采用一次再热技术，其受热面布置是总体高度相似而在细节又有不同，主要技术特征为过热器通常设前屏过热器、后屏过热器、低温过热器、高温过热器等四到五级，再热器通常设低温再热器和高温再热器两级；过热蒸汽温度通常采用喷水减温的方式调节，通常在过热器侧设置低温过热器、前屏过热器（分隔屏）、后屏过热器和高温过热器等受热面、两级或三级喷水减温；为避免喷水对于机组效率影响很大，再热蒸汽温度通常采用摆动喷燃器改变炉膛火焰中心和烟气挡板改变受热面烟气份额的方法来调节；各类受热面的配置、顺序等差异主要体现为锅炉沿烟气流的受热面顺序布置、沿汽水流的受热面顺序和炉型三方面，主要源于燃用煤种、燃烧方式、调温方式及锅炉厂习惯的不同。

（一）沿烟气流的受热面布置顺序

沿烟气流的受热面布置顺序称为烟气流程，主要受不同燃烧方式对再热蒸汽温度调节的影响，主要分为"切圆燃烧＋摆动燃烧器调节火焰中心"和"墙式燃烧＋烟气挡板调节烟气量"两种大的技术流派，锅炉受热面布置具有较大的差异性。

1."切圆燃烧＋摆动燃烧器"锅炉

切圆燃烧锅炉的燃烧器通常可以左右摆动，可通过燃烧器摆动调节炉膛火焰中心，进而调节再热蒸汽温度，从而保证汽轮机生产的经济性，基于摆动燃烧器调节炉膛火焰中心成为一大技术流派，典型受热面配置如图 6-1 所示。

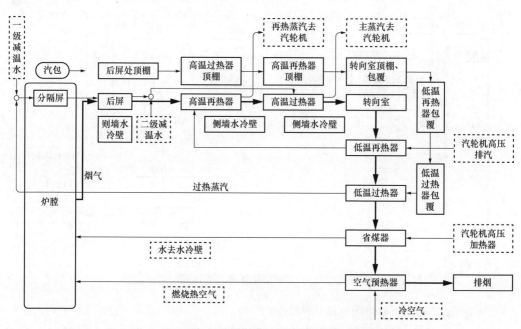

图 6-1　一次再热四角切圆锅炉典型受热面配置示意图

从图 6-1 可以看出，此类锅炉燃烧器摆动后，主要改变炉膛上部布置辐射受热面或半辐射受热面的吸热量，即在此区域内布置前 / 后屏过热器和再热器等受热面。前 / 后屏过热器热流量太大，通常采用高压的过热蒸汽进行冷却，以保证受热面安全；此外，受火焰中心影响最大的受热面是屏后的第一级对流受热面，而烟气侧调节汽温主要针对再热蒸汽，因此在后屏出口布置高温再热器是此类锅炉明显的特征之一。不少锅炉为了增加再热蒸汽温度对于炉内火焰中心变化的敏感度，还在屏区水冷壁的表面覆盖一层壁式再热器，面积并不大，可以显著增加再热器的调温能力，是此类锅炉的另一个特征。

2."墙式 / 对冲＋烟气挡板"锅炉

对冲燃烧式墙式燃烧锅炉采用旋流燃烧器无法左右摆动，通常采用改变再热器的烟气流量来调节再热蒸汽温度，是另一种典型的配置方式，如图 6-2 所示。这种锅炉低温再热器面积通常设置很大以保证温度调节能力，与再热器并列布置的受热面必须是高压值受热面，以保证有较大的热容量可以承接低温再热器不要的热量，同时其吸热量变化对于机组的经济性影响不大。因此，常见做法是把低温再热器和低温过热器并列布置，有时候是把低温再热器和省煤器并列布置，在并列受热面的出口设置烟气挡板来调节通过两个受热面的烟气流量，从而实现调节再热蒸汽温度的目的。为了更好地适应后屏出口的高温烟气，原来用于接受火焰中心温度变化的高温再热器布置为吸热能力更佳的高温过热器，壁式再热器也不再布置。

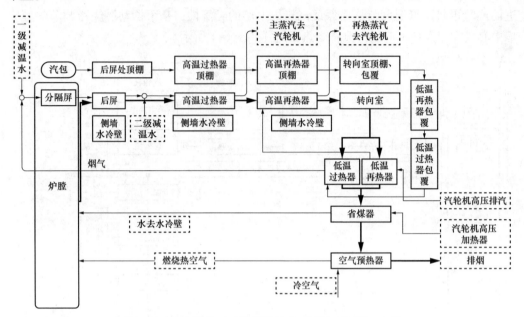

图 6-2　一次再热对冲燃烧锅炉典型受热面配置示意图

3. 四角切圆锅炉配置烟气挡板的锅炉

虽然四角切圆燃烧锅炉通常采用摆动燃烧器实现汽温调节，但也可以同时采用烟气挡板调节低温再热器入口的烟气流量来实现再热蒸汽温度调节，特别是在煤质较差、火焰中心对辐射式受热面变化不明显的条件下，采用"摆动燃烧器＋烟气挡板"的方式可以更好地实现再热蒸汽温度的烟气侧调节。《锅炉课程设计》中设计了 SG400/140-50415 再热煤粉锅炉是这种锅炉的典型案例，该锅炉也为采用 Π 型布置、切圆燃烧、一次再热，但调温方式是把低温再热器与省煤器并列，如图 6-3 所示。其烟气流程为炉膛→后屏过热器→高温过热器→高温再热器→转向室（第一转向室烟道→第二转向室烟道→低温再热器引出管烟道→第三转向室烟道）；其中，第一转向室烟道→旁路省煤器烟道→主省煤器烟道；第二转向室、第三转向室烟道→低温再热器烟道→主省煤器烟道；两支烟气回路在主省煤器汇合后，出主省煤器烟道进入空气预热器烟道，整体上是比较复杂的配置方式。

四角切圆锅炉配置烟气挡板的案例并不多见。如图 6-3 所示，与典型的摆动燃烧器调节模式和烟气挡板调节模式相比，这种模式虽然兼有两者的特点，但是更接近于挡板调节模式，通常不设置壁式再热器，高温过热器布置在高温再热器的前面，挡板调温为主、摆动燃烧器调温为辅。

（二）汽侧流动不同走向

除沿烟气侧受热面摆放不同的受热面之外，汽水侧流向的变化就更加多样化了，各家锅炉设计制造单位的考虑多种多样。图 6-4 即根据有无再热总结了两种锅炉的典型布置，通常的考虑为炉膛出口后顺烟气的流动方向，各个受热面的烟气温度由高

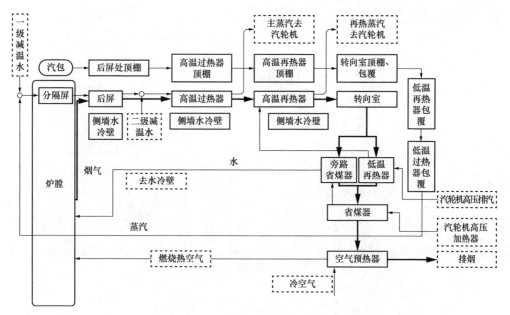

图 6-3　四角切圆锅炉配置烟气挡板示意图

到低逐渐降低，换热强度也逐渐降低。顶棚管、包覆管的主要目的是密封炉内的烟气，受边界层的影响，其换热相对弱且均匀也不好控制，因此其中的蒸汽或水主要是用来冷却管子而并非关注其换热量，从汽包或分离器出来的蒸汽通常先要进入这些受热面，然后再进入换热强度大的前屏或低温过热器。无再热的锅炉蒸汽压力通常在 10MPa 以下，蒸汽的冷却能力弱，从顶棚和包覆管出来的低温蒸汽先进屏式过热器，然后再进入低温过热器，通过高温过热器引出到汽轮机；有再热锅炉压力通常较高，其蒸汽的冷却能力也相对较高，因此此类锅炉通常蒸汽先进低温过热器，然后进入屏式过热器，最后由高温过热器引入到汽轮机。这样，结合锅炉传热与冷却能力的特点，各受热面中的工质温度沿烟气流程会形成一个先高到低，然后经过一到两个折返回到高温区域再由高到低的过程，其中的烟气温度变化与烟气顺序严重不一致。

（三）塔式锅炉

塔型锅炉有采用四角切圆燃烧方式的，也有采用对冲燃烧方式的，整体上其受热面与图 6-1 和图 6-2 是相似的。但是塔型锅炉烟气垂直经过各受热面，没有前、后屏过热器之分，也没有转向室等换热份额不大但计算特别复杂的受热面，从热力计算的角度，将它们看成没有转向室的切圆燃烧锅炉或对冲燃烧锅炉即可。

二、全锅炉的热力计算

（一）任务

要完成一台全锅炉的热力计算，需要根据锅炉的具体结构，设计相应的数据结构，把锅炉各个受热面描述出来，并按其在锅炉中的位置顺序排列好，按一定的流程完成各个受热面的热力计算及蒸汽温度、排烟温度、喷水量等各种参数的校核工作。

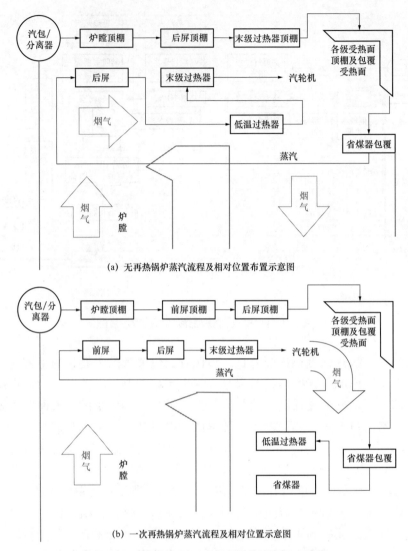

(a) 无再热锅炉蒸汽流程及相对位置布置示意图

(b) 一次再热锅炉蒸汽流程及相对位置示意图

图 6-4　两类蒸汽侧不同走向的典型布置示意图

热力计算过程中锅炉宏观参数的假定、控制各受热热力计算执行顺序过程和参数校核过程的控制，如什么时候计算完成、什么时候进行校核、校核哪些参数、什么时候返回计算等称为全锅炉热力计算的流程控制，也称为锅炉热力计算的调度过程。显然，由于每个锅炉的设备不同、组合不同，对应的各受热面计算的前后顺序就不同、参数校核的内容与方法也会有所不同。

由于现代化大型锅炉的复杂性，即使一台锅炉的热力计算控制，也不是很容易的工作。考虑手工计算时人脑可以很好地适应这一流程，以及结构化程序设计的方法可以非常好地反映这种思想，本节先针对一台具体的锅炉设备情况及对应的结构化程序，来说明热力计算的调试过程。

（二）总体控制流程

赵翔在《锅炉课程设计》中针对 SG400/140-50145 型锅炉提供了完整的手工计

算过程，并编制了相应的结构化热力计算Fortran 程序，成为锅炉热力计算程序设计的经典参考，热力计算总体控制过程如图6-5 所示，当输入已知数据后，是一个三层嵌套、共四个迭代的过程，具体任务包括燃料燃烧等准备计算过程、炉膛等各受热面的热力计算及蒸汽温度等参数的校核过程。

1. 准备计算过程

图 6-5 中的燃料与燃烧产物计算和锅炉热平衡计算前需要先假定锅炉的排烟温度和热风温度，得到燃料量、烟气量、烟气成分等参数。

假定的参数最后进行校核更新。

2. 炉膛热力计算

按照本书第三章所述的内容，选取一种算法进行炉膛的热力计算。这部分计算结果获得炉膛出口烟气温度及炉膛区域各受热面的吸热量、焓增量等数据，并获得炉膛沿高度方向上的热量分布，用于计算前屏、壁式再热器、炉膛顶棚过热器、出口烟窗等获得的热量。

炉膛热力计算还包括前屏、壁式再热器、炉膛顶棚过热器的热力计算，在SG400/140 –50145 型锅炉中，它们均为炉膛的附加受热面，其吸热量基本上是按面积和热量不均匀系数分配的，因而其吸热量大小并不影响主受热面的计算过程，但炉顶棚过热器作为过热器的第一级，其参数是从事先假定的汽包参数确定的。同时前屏在计算时，其蒸汽侧参数前端受热面，如大量的顶棚和包覆式受热面、低温过热器受热面均未进行计算，因此其入口参数也是假定的，其入口参数的改变会影响其后的后屏过热器和高温过热器的热力计算，也需要进行校核更新。

锅炉前屏过热器还设置一级减温水，当其后的高温过热器出口烟气温度不能满足需要时，还要反向地进行减温水的改变，以使得锅炉的高温过器出口温度（主蒸汽温度）满足要求。当前屏过热器减温水量改变时，其出口蒸汽参数也会发生改变，从而影响到后屏、高温过热器的计算。

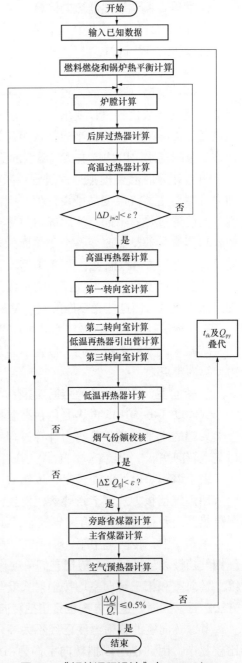

图 6-5 《锅炉课程设计》中 SG400/140–50145 型锅炉热力计算调度框图

3. 后屏、高温过热器热力计算

后屏热力计算按本书第五章半辐射半对流的方法进行，高温过热器按本书第四章对流受热面的方法进行。

4. 减温水校核

锅炉在高温过热器的入口设置二级减温水，作为主蒸汽参数的精细调整手段，以保证主蒸汽参数达到设计要求，运行时机组会根据主蒸汽参数的变化趋势进行减温水的调整。加减喷水量的大小通常按照片先操作一级减温水、一级减温水控制不住时再操作二级减温水，以住持主蒸汽温度的稳定。

热力计算时需要模拟这一过程：减温水喷入在前，高温过热器的热力计算在后，如果计算出主蒸汽温度高于设计值，则需要加大减温水量，该过程称为减温水校核过程。与前屏过热器不同，从后屏过热器开始，减温水量的改变会通过改变本级过热器的入口蒸汽参数，而改变整个受热面的热力计算，需要将主、附受热面同时计算，反复换代，直到主蒸汽温度、再热蒸汽温度的计算结果合格。

减温水量变化后，不仅仅影响本级受热面和后级受热面，也会改变喷水点前所有受热面的流量，使这些受热面的蒸汽参数发生变化，影响它们的热力计算结果。

有些锅炉还设置三级减温水来更加精细地调整主蒸汽温度。

减温水设置的级数不同、位置不同及之间水量的协调，使减温水校核过程成为热力计算的难点之一。

5. 转向室、再热器、旁路省煤器热力计算

SG400/140-50145 再热器包括高温再热器和低温再热器，高温再热器位于高温过热器后端的水平烟道，其热力计算过程和高温过热器的基本一致。烟气出高温再热器后进入转向室。

由于该锅炉设计时间较早，虽然采用四角切圆燃烧方式，但燃烧器无法摆动，因而采用烟气挡板方式调节再热蒸汽温度。在省煤器部位设计旁路烟道，主烟道安装低温再热器，旁路烟道安装旁路省煤器，如图6-6所示。

图6-6中，转向室中第一、第二、第三转向室是人为划分的，主要目的是为了匹配烟气挡板和悬吊管，希望把它们单独作为一组受热面进行计算，这样，第一转向室、第二转向室和第三转向室均按辐射式受热面进行热力计算，而悬吊管按对流受热面的方法进行。同时，这种方法也希望把转向室与再热器调温结合起来。

考虑转向室的辐射温度已经不太高，其本身换热能力就比较弱，且上述烟气流向比较复杂，因此也可以把转向室作为一个整体，把悬吊管作为附加受热面进行计算，烟气份额仅限于烟气挡板控制的范围。

热力计算中用挡板进行再热蒸汽调温称为烟气份额校核。

6. 烟气份额校核

省煤器入口安装的烟气挡板动作时，烟气流量份额不仅仅会影响低温再热器和旁路省煤器的烟气份额，还会向上影响转向室中第一、第二、第三转向室的烟气流量份额。《锅炉课程设计》做了复杂的假定并给出了非常详细的设计：烟气进入转向室后，第一转向室的烟气进入旁路省煤器和第二转向室；第二转向室的烟气进入低温再热器

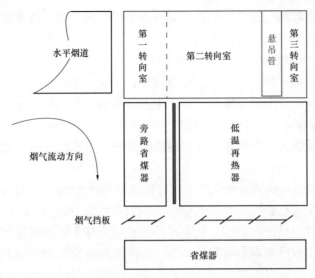

图 6-6　SG400/140-50145 的烟气挡板安装位置

和悬吊管；悬吊管进行单独计算，其烟气然后再进入第三转向室，拐弯向下后，最后由第三转向室进入低温再热器。第一转向室的烟气份额假定和旁路省煤器的一样，第二、第三转向室的烟气份额总和为低温再热器的烟气份额。在进行烟气份额校核计算时，烟气份额的更新同时更新第一转向室和第二、三转向室的总和。

在主烟道的再热系统烟气份额确定的基础上，旁路省煤器的热力计算就相对简单了。但是同减温水量一样，旁路省煤器烟气份额的变化也会影响主省煤器及炉膛的受热变化。现代化大锅炉大部分都采用低温再热器与低温过热器并列布置的方案，影响的范围就会更大。因而烟气份额的校核也是热力计算控制的难点之一。

7. 主省煤器热力计算和热平衡校核

SG400/140-50145 的包覆受热面布置至烟气挡板的上侧，因此当旁路省煤器计算完成后，炉膛所有汽侧受热面计算完毕，可以对附加受热面的吸热量进行校核工作，过程较为复杂。

（1）前屏的影响。由于前屏位于炉膛上部，在进行炉膛计算时作为炉膛附加受热面一并计算，因而它是蒸汽侧热力计算的第一级受热面，计算时其入口汽温是假定的。前屏入口蒸汽温度是接续低温过热器出口的，而低温过热器入口又是所有附加受热面的出口，因而附加受热面计算完成后，根据各级蒸汽受热面的结果，由主蒸汽温度开始，反过来计算出新的前屏入口的蒸汽温度，才能确定原来假定的前屏入口蒸汽温度是否合适，如原来的假定不合适，则需要重新假定前屏入口蒸汽温度，重新进行各级蒸汽受热面的热力计算，直到假定的初始汽温合适为止。

（2）汽包压力的影响。在炉膛计算时作为炉膛附加受热面一并进行计算的除了前屏外，还有炉顶棚受热面。炉顶棚受热面的入口来源于汽包，因而它是饱和蒸汽，进行热力计算时由给定的汽包压力计算而来。也就是说，进行热力计算时，汽包或汽水分离器的压力也是假定的，并在此基础上求得过热器系统的进口蒸汽温度（超临界锅炉的汽水分离器还可以有一定的过热度）。实际的热力计算过程中，这两个参数大多数

电站锅炉热力计算方法与通用化程序设计

情况下是靠不到一起的。理论上说，也可以和前屏影响一样，通过省煤器、炉膛的吸热量来改变汽包出口蒸汽温度，但是这样就涉及饱和区蒸汽参数的计算、压力和温度相互转换等任务，不但温度会变，压力也要同时改变，且汽水焓值与压力/温度间的单调关系呈台阶状，很不敏感，因而，计算过程收敛性很差。热力计算中，对于该处汽温、汽压不进行调整，而把温度校核转化为省煤器出口水温和汽包饱和温度之间的比较，两者之间的温度差小于10℃即可满足要求。省煤器出口往往要有50℃左右欠饱和温度，因此对于受热面吸热量和出口水温的控制要求不像其他蒸汽受热面那样要求精确控制。

考虑由于给水进入锅炉到汽包之间只有省煤器一种受热面，所以进行设计计算时，通常可以用调整省煤器受热面的方法来保证两者温度的衔接。其主要思想是基于汽包/汽水分离器出口的初始蒸汽温度，把除省煤器之外所有受热面的吸热量加起来，与燃料在炉内的放热相减后得到省煤器出口焓，并进而根据水的物性由该焓确定省煤器应具备的水温，作为主省煤器热力计算的初值是否满足的判定条件，一次性实现锅炉整体热平衡的校核和省煤器出口水温的校核。具体包括。

1）所有过/再热器的吸热总量可以通过过热蒸汽得到，并折算到每千克燃料的基准上，有

$$Q_{\mathrm{fg,c}} = \frac{D_{\mathrm{sh}}(H_{\mathrm{sh,lv}} - H_{\mathrm{ss}}) + \sum D_{\mathrm{sw}}\Delta H_{\mathrm{sw}} + D_{\mathrm{rh}}(H_{\mathrm{rh,lv}} - H_{\mathrm{rh,en}})}{B} \tag{6-1}$$

式中　　$Q_{\mathrm{fg,c}}$——每千克燃料基准条件下过热器和再热器吸热总量，kJ/kg；

D_{sh}、D_{rh}、D_{sw}——主蒸汽、再热蒸汽和减温水的流量，kg/s；

$H_{\mathrm{sh,lv}}$、$H_{\mathrm{rh,lv}}$——主蒸汽出口和再热蒸汽出口的焓，kJ/kg；

H_{ss}、$H_{\mathrm{rh,en}}$——饱和蒸汽（主蒸汽入口）和再热蒸汽入口焓，kJ/kg；

ΔH_{sw}——减温水焓增，kJ/kg；

B——锅炉燃料量，kg/s。

2）由于过热蒸汽的吸热量中还包含炉膛出口带出的一部分辐射热量$Q_{\mathrm{fo}}^{\mathrm{R}}$，因此在对流器中吸热量的总和实际为

$$Q_{\mathrm{fg,c}}^{\mathrm{C}} = Q_{\mathrm{fg,c}} - Q_{\mathrm{fo}}^{\mathrm{R}} \tag{6-2}$$

当后屏出口有凝渣管时，对流过热器吸收的辐射热为

$$Q_{\mathrm{fg,c}}^{\mathrm{C}} = Q_{\mathrm{fg,c}} - Q_{\mathrm{fo}}^{\mathrm{R}}(1-x) \tag{6-3}$$

式中　　$Q_{\mathrm{fg,e}}^{\mathrm{C}}$——每千克燃料基准条件下过热器和再热器按纯对流换热方式的吸热总量，kJ/kg；

$Q_{\mathrm{fo}}^{\mathrm{R}}$——由炉膛出口烟窗向后辐射且被对流部分吸收总量，由式（3-153）计算，kJ/kg；

x——凝渣管的角系数，图3-29中曲线5（不考虑炉墙反射辐射），无量纲。

注意：$Q_{\mathrm{fo}}^{\mathrm{R}}$在式（3-153）中用$Q_{\mathrm{fo}}$表示。

3）从炉膛出口始计算，所有过热器、再热器后烟气焓为

338

$$H_{fg,c,lv} = H_{fg,fo} - \frac{Q^C_{fg,c}}{\varphi} + \Delta\alpha_c V^0_a H_{ca} \qquad (6-4)$$

式中　$H_{fg,c,lv}$——过热器、再热器后烟气焓，kJ/kg；

　　　$H_{fg,fo}$——炉膛出口烟气焓，kJ/kg；

　　　H_{ca}——冷空气的焓，kJ/kg；

　　　$\Delta\alpha_c$——对流段所漏空气占理论燃烧空气量的比，无量纲；

　　　V^0_a——理论空气量，m³/kg；

　　　φ——保温系数，无量纲。

4）此时，空气预热器的热力计算虽然没有进行，但是其吸热量可由空气温升得到，即

$$Q_{ah} = \frac{\beta_{ah} V^0_a (H_{ha} - H_{ca})}{\varphi} \qquad (6-5)$$

式中　Q_{ah}——空气预热器对流换热量，kJ/kg；

　　　β_{ah}——空气预热器热空气占理论空气量的比，无量纲；

　　　H_{ha}——空气预热器热空气的焓，kJ/kg。

5）求得的空气预热器进口烟气焓为

$$H_{fg,ah,en} = H_{fg,ah,lv} + Q_{ah} - \Delta\alpha_{ah} V^0_a H_{ca} \qquad (6-6)$$

式中　$H_{fg,ah,en}$——空气预热器入口烟气焓，kJ/kg；

　　　$H_{fg,ah,lv}$——空气预热器出口烟气焓，kJ/kg；

　　　$\Delta\alpha_{ah}$——空气预热器所漏空气占理论燃烧空气量的比，无量纲。

6）省煤器的吸热量为从汽水侧计算，锅炉的总吸热量扣除炉内辐射热量、凝渣管的对流受热面及过热器的吸热量，计算式为

$$Q_{w,ec} = Q_{ar,net,bd} - (Q_f + Q^C_{fg,c} + Q^R_{fo}) \qquad (6-7)$$

式中　$Q_{w,ec}$——省煤器锅水吸热量，kJ/kg；

　　　Q_f——煤在炉膛内的放热量，kJ/kg。

从热平衡的角度计算省煤器的吸热量：过热器出口烟气即省煤器进口烟气温度，空气预热器进口烟气即为省煤器出口烟气温度，因此省煤器的吸热量为

$$Q_{fg,ec} = \varphi(H_{fg,sh,lv} - H_{fg,ah,en} + \Delta\alpha_{ec} V^0_a H_{ca}) \qquad (6-8)$$

式中　$Q_{fg,ec}$——热平衡角度计算的省煤器吸热量，kJ/kg；

　　　$H_{fg,sh,lv}$——烟气离开所有过热器后的焓，kJ/kg；

　　　$H_{fg,ah,en}$——烟气进入空气预热器处的焓，kJ/kg；

　　　$\Delta\alpha_{ec}$——省煤器所漏空气占理论燃烧空气量的比，无量纲。

该省煤器吸热量即为省煤器热力计算时的初值与目标，如果最终的省煤器吸热量不够，则需要调整换热面积。

式（6-7）中的 $Q_{w,ec}$ 满足整体锅炉吸热量与放热量之间平衡的省煤器应有吸热量，

用它和省煤器传热计算后得到的吸热量进行比较，误差为

$$\Delta Q = \frac{Q_{w,ec} - Q_{fg,ec}}{Q_{ar,net}\eta} \qquad (6\text{-}9)$$

式中 ΔQ ——省煤器吸热量相对误差，无量纲；

η ——锅炉效率，无量纲。

式（6-9）控制的合格标准为不超过 0.5%。虽然在整个计算过程中，各受热面的计算误差均控制在 2% 以内，附加受热面的计算误差是按 10% 控制，但考虑附加受热面占比小，各受热面的计算误差又有正负抵消的现象，因此锅炉整体放热误差小于 0.5% 是可行的。由于该过程控制的标准是热量偏差，因此该过程也称为热平衡校核。

上述热平衡校核的过程是按省煤器为最后一级受热面、通过加减换热面积保证设计参数全部到位而进行的。如果有两级省煤器，热平衡校核的热量偏差可以安排在任何一级省煤器上，因而在进行锅炉设计时，必须有一级省煤器是用于调整换热面积来保证设计参数全部到位。

如果是校核计算，汽包压力是真实的值，相当于设计计算时给出了不需调整换热面积就能达到的假定值，因而正确的热力计算得到的结果，为锅炉实际工况下可运行的工况和参数。在任何受热面进行校核都有同样的效果。

对于直流锅炉而言，只有在湿态运行时顶棚入口蒸汽温度才可能是定值，干态时顶棚入口往往有 10～20℃ 的过热度，且过热度并不易确定，因而附加受热面校核和热平衡校核需要同时完成，需要基于省煤器入口水温开始计算。

最后一级再热器要反算，以调整烟气份额或火焰高度实现再热蒸汽温度的调整。

8. 空气预热器热力计算及总误差核校

由于热平衡计算时使用的排烟温度、热风温度是假定的，在该温度条件下获得锅炉效率和烟气量等参数，决定了各级受热面的传热量和出口烟气温度。当锅炉最后一级受热面的热力计算都完成以后，会根据传热能力得到一个新的排烟温度和热空气温度，该排烟温度就不一定正好和事先假定的排烟温度一致、该热空气温度就不一定正好和事先假定的热空气温度一致，因此最后一步是空气预热器热力计算及总误差校核工作。

如果新的排烟温度和事先假定的排烟温度之间的偏差不超过 ±10℃，则热力计算结束；否则，如果热空气温度计算偏高，则提高炉膛入口热风温度，反之则降低炉膛入口热风温度，直到其间温度相差不超过 ±40℃ 时，返回锅炉热平衡计算处重新开始迭代；如果计算求得的排烟温度比假定温度高，需要降低排烟温度，反之则需要提高排烟温度，直到新的排烟温度偏差相差满足要求。

迭代计算期间，新值更新后所引起的燃料量变化不超过 2%，则可以不更新传热系数的变化，而仅仅更新温差带来的影响。

（三）热力计算结构化程序

因为结构化程序的过程与热力计算手工计算的过程非常相似，所以用结构化设计程序可以更好地阐明热力计算过程。本书针对某 670t/h 锅炉的较为完整的程序，体会和掌握热力计算的控制过程，然后再学习本书编写的通用化程序设计技术。

1. 主程序

文献中最为经典、全面的结构化热力计算是赵翔在《锅炉课程设计》中提供的针对 SG400 编制的 Fortran 77 程序。该程序包含了数据文件输入/输出、燃料计算、热平衡计算、炉膛热力计算等功能的主程序、受热面热力计算子程序和辅助功能子程序三部分，但主程序并没有完全实现，教材中只给出到高温过热器热力计算完成的部分，并没有完整的实现图 6-5 中的控制过程程序，特别是其中过程非常复杂的校核工作。本书利用基于该程序定制而来、针对某 670t/h 锅炉改进后的结构化 Fortran 程序，两者在程序设计的风格上完全相同，变量名称和辅助子程序规则完全一致，但是主程序较为完整，完成了所有受热面的计算，这样可以比针对 SG400/140-50145 的程序更有机会了解热力计算的全貌。

SG400/140-50145 主体程序的细化框图如图 6-7 所示。

Fortran 语言由 formuler transfer（公式翻译器）缩写而来，广泛用于科学计算。Fortran77 是其在 1977 年发布的一次重大修订，自此成为最早具有结构化设计特点的语言之一。它是一种分行设计的程序设计语言，每一行程序放 80 个字符，语句的内容从第 8 个字符开始有效，一行写不完程序移到第二行时，可以在第 7 个字符处用一个 "&" 来表示接序，因为比较麻烦，所以通常采用比较紧凑的设计风格，常用一段话的首字母表示变量。如果文本中第一个字符为 C，则说明该行是一段解释性语言（comment），用于说明程序的用途、功能等。因为 Fortran77 中循环通过 "GO TO" 语句实现，因此在程序中应重点关注该型语句。此外，为了减少篇幅，把在屏幕上显示计算结构的语句大部分都进行了删除，并在部分重要的语句后用下划线的形式增加了说明，以帮助更容易理解。整体而言，Fortran 语言没有复杂的底层操作，有了前面程序设计的基础和这样简单的规则，读懂程序的难度并不大。

当前程序设计计算有了很大的发展，该程序实际上已经很少有人使用了，也不太方便。因为本书中只是用它来显示热力计算结构化程序的思路，以便更好地理解后续章节的通用化设计，所以本程序中部分没有实现的功能也没有再花费额外的时间去完善它。

程序示例为

程序代码 6-1 **面向过程的热力计算** Fortran 程序

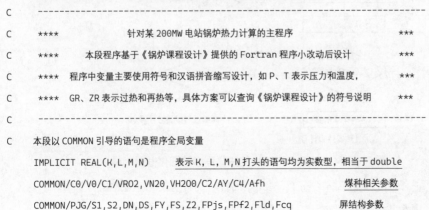

```
C    -------------------------------------------------------------------
C    ****          针对某 200MW 电站锅炉热力计算的主程序              ***
C    ****        本段程序基于《锅炉课程设计》提供的 Fortran 程序小改动后设计   ***
C    ****    程序中变量主要使用符号和汉语拼音缩写设计，如 P、T 表示压力和温度，  ***
C    ****    GR、ZR 表示过热和再热等，具体方案可以查询《锅炉课程设计》的符号说明  ***
C    -------------------------------------------------------------------
C    本段以 COMMON 引导的语句是程序全局变量
     IMPLICIT REAL(K,L,M,N)      表示 K, L, M, N 打头的语句均为实数型，相当于 double
     COMMON/C0/V0/C1/VRO2,VN20,VH2O0/C2/AY/C4/Afh      煤种相关参数
     COMMON/PJG/S1,S2,DN,DS,FY,FS,Z2,FPjs,FPf2,Fld,Fcq      屏结构参数
```

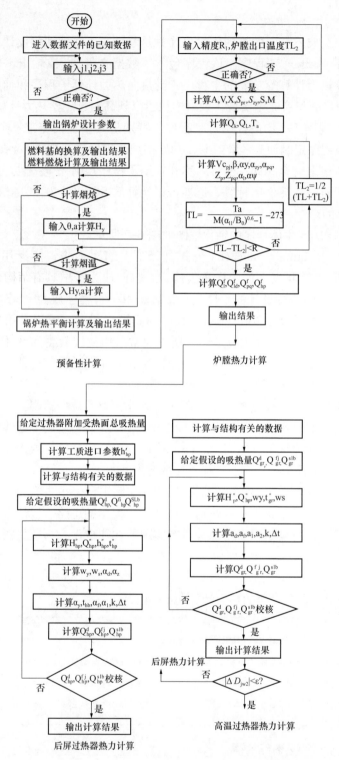

图 6-7 SG400/140-50145 的主体程序的细化框图

COMMON/GGjg/Sgg1,Sgg2,DNgg,DSgg,FYgg,FSgg,Z2gg,Fggjs,Fggld,Fggcq 高温过热器结构

COMMON/D/Dgr,Djw1,Djw2,Dzr/B/BWXS,Bj,Icoal/B1/Qr,q4,XLgl 流量相关参数

```
        COMMON/GZjg/Sgz1,Sgz2,DNgz,DSgz,FYgz,FSgz,Z2gz,Fgzjs,Fgzld,Fgzcq  高温再热器结构
        COMMON/SLJG/Ssl1,Ssl2,DNsl,DSsl,FYsl,Z2sl,Fsljs                    水冷壁结构
        COMMON/XDjg/Sxd1,Sxd2,DNxd,DSxd,FYxd,FSxd,Z2xd,Fxdjs               悬吊管结构
        COMMON/QZjg/Vqz,Fqzjs,Fqzxd                                        前再热器结构
        COMMON/DZjg/Sdz1,Sdz2,DNdz,DSdz,FYdz,FSdz,Z2dz,Fdzjs,Fdzbf         低温再热器结构
        COMMON/CKjg/Sck1,Sck2,DNck,DSck,FYck,FSck,Z2ck,Fckjs               出口结构
        COMMON/HZjg/Vhz,Fhzjs                                              后再热器结构
        COMMON/DGjg/Sdg1,Sdg2,DNdg,DSdg,FYdg,FSdg,Z2dg,Fdgjs,Fdgbf         低温过热器结构
        COMMON/SMjg/Ssm1,Ssm2,DNsm,DSsm,FSsm                               省煤器结构
        COMMON/KYjg/FYky,FKky,Xy,Xk,Ddl,Fkyjs,Nky                          空气预热器结构
C       ----------------------------------------------------------------------
C       输入／输出：用 input.dat 文件输入数据，用 result.dat 输出计算结果
C       ----------------------------------------------------------------------
        OPEN(6,FILE='input.DAT')
        OPEN(7,FILE='Result.DAT')
        READ(6,*)C,H,O,N,S,Ay,Wy,Vr,Qdw,Afh
        READ(6,*)DAl,DAzf,AL2,DAgr,DAgz,DAdz,DAdg,DAsm,DAky
        ......
        WRITE(7,*)R1,TL2
        WRITE(7,*)Tdg2
        ......
C       ----------------------------------------------------------------------
C       燃料和烟气计算：先用挥发分确定煤种种类，计算烟气容积。煤种种类用干燥基 Vr 判别，确
C       定为无烟煤、贫煤、烟煤和褐煤，然后确定 q4
C       ----------------------------------------------------------------------
        IF (Vr.LE.10.0) Icoal=1
        IF (Vr.GT.10.0.AND.Vr.LE.20.0) Icoal=2
        IF (Vr.GT.20.0.AND.Vr.LE.39.0) Icoal=3
        IF (Vr.GT.39.0) Icoal=4
        V0=0.0889*(C+0.375*S)+0.265*H-0.0333*O
        VRO2=0.01866*(C+0.375*S)
        VH2O0=0.111*H+0.0124*WY+0.0161*V0
        VN20=0.79*V0+0.008*N
        VY0=VRO2+VH2O0+VN20
C       ----------------------------------------------------------------------
C              热平衡计算：先根据煤种种类确定 q4 的值，然后根据假定排烟温度计算锅炉效率
C       本段为大循环的开始：如计算的排烟温度和热风温度不合适后，返回标号为 40 的语句重新开始
C       ----------------------------------------------------------------------
```

```
      IF(Icoal.EQ.1.OR.Icoal.EQ.2) THEN
      CPr=0.92
      FIA=0.6
      ELSE IF (Icoal.EQ.3) THEN
      CPr=1.09
      FIA=0.65
      ELSE IF (Icoal.EQ.4) THEN
      CPr=1.13
      FIA=0.65
      END IF
C **** 第一次执行时读入初值，此后如计算排烟温度和热风温度不合适则返回标号 10 重新开始 ***
10    Apy=AL2+DAgr+DAgz+DAdz+DAsm+DAky
      Vpy=VY0+1.0161*(Apy-1.0)*V0
      VpyH2O=VH2O0+0.0161*(Apy-1.0)*V0
      tr=30
      Qr=Qdw+(0.0419*Wy+(100.0-Wy)*CPr/100.0)*Tr
      Q4=1.5
      Q3=0.5
      IF(Dgr.LE.3.0) THEN
      Q5=4.89857433-0.621742857*Dgr+3.1428571E-02*Dgr**2
      ELSEIF(Dgr.LE.20.0) THEN
      Q5=-0.64671482E-3*Dgr**3+0.31406089E-1*Dgr**2
   &  -0.53576969*Dgr+0.46200103E+1
      ELSEIF(Dgr.LE.100.0) THEN
      Q5=-0.62289562E-6*Dgr**3+0.20064935E-3*Dgr**2
   &  -0.23848966E-1*Dgr**2+0.16996826E+1
      ELSEIF(Dgr.LE.900.0) THEN
      Q5=0.13468014E-9*Dgr**3+0.63997113E-6*Dgr**2
   &  -0.12802068E-2*Dgr+0.81825397
      ELSE
      Q5=0.2
      END IF
      Q5=Q5*Dgr/Dyx
C     -------------------------------------------------------------------
C     在下面的程序中用到子程序，如焓值计算函数，同样通过汉语拼音与英语结合的方式设计，如：
C         KQH ( ) 求空气焓
C         wpti ( ) 由 P、T 来求水的焓，w 表示水，i 表示焓值
C         grpti ( ) 由 P、T 来求过热蒸汽的焓，gr 表示过热，i 表示焓值
```

```
C     ----------------------------------------------------------------------
      Hlk=KQH(Tlk)
      Hpy=YQH(Tpy,Apy)
      Q2=((Hpy-(Apy-DAKY)*Hlk-DAKY*HLKK)*(100.0-Q4))/Qr
      XLgl=100.0-(q2+q3+q4+q5)
      CALL wpti(Pgs,Tgs,Hgs)
      CALL grpti(Pgr,Tgr,Hgr)
      CALL grpti(Pzr1,Tzr1,Hzr1)
      CALL grpti(Pzr2,Tzr2,Hzr2)
      Qgl=(Dgr*(Hgr-Hgs)+Dzr*(Hzr2-Hzr1))*4.1868/3.6
      Hgr=Hgr*4.1868
      Hgs=Hgs*4.1868
      Hzr1=Hzr1*4.1868
      Hzr2=Hzr2*4.1868
      B=100.0*Qgl/Qr/XLgl
      Bj=B*(1.0-q4/100.0)
      BWXS=1.0-q5/(XLgl+q5)
      WRITE(*,11) q2,q3,q4,q5,Qr
11    FORMAT(1X/1X,8X,'Q2 %',9X,'Q3 %',9X,'Q4 %',9X,'Q5 %',9X,
     & 4X,'Qr(kj/kg)'/5X,5(f10.4,2X),9X,F10.4//)
C     ----------------------------------------------------------------------
C                        炉膛热力计算
C     ----------------------------------------------------------------------
      Xslb=1.0                                          水冷壁角系数
      SBDld=Sld/Dld                                     水冷壁管的截距
      Xld=X(SBDld,0.0)                                  炉顶管的角系数
      SBDqp=Sqp2/Dqp                                    炉顶管的截距
      Xqp=X(SBDqp,0.0)                                  前屏角系数
      Fqp=2.0*Aqp*Lqp*Zqp                               前屏面积
      Fpqcq=2.0*Aqp*Lqp                                 前屏区侧墙面积
      Fpqld=Alt*Aqp                                     前屏区炉顶面积
      Fpq=Fpqcq+Fpqld                                   前屏区附加受热面
      Fzyld=Fld-Fpqld                                   空炉膛顶棚面积
      Fspfg=Aqp*Alt                                     前屏区屏底面积（水平分割）
      Fqhfg=2.0*Alt*Lqp                                 前屏区前后分割面积
      Fpr=Fqp+Fpq+Fspfg+Fqhfg                           前屏区辐射总面
      Vpr=Lqp*Aqp*Alt                                   前屏区容积
      Vzy=Vl-Vpr                                        空炉膛容积
```

```
        Spr=3.6*Vpr/Fpr                                              辐射层厚度（下两行同）

        Szy=3.6*Vzy/Fzy

        Sl=3.6*Vl/(Fzy+Fqp+Fpq)*(1+Fqp/(Fzy+Fpq)*(Vzy/Vl))

        Xl=Hr/Hl+DETAX

        Azs=Ay/Qdw*4187.0

        IF(ICOAL.EQ.1.OR.ICOAL.EQ.2.OR.Azs.GT.4.0) THEN

        M=0.56-0.5*Xl

        ELSE

        M=0.59-0.5*Xl

        END IF

        HKlk0=KQH(Tlk)

        HKrk0=KQH(Trk)

        Qk=(AL2-DAl-DAzf)*HKrk0+(DAl+DAzf)*HKlk0

        Ql=Qr*(100-q3-q4)/(100-q4)+Qk

        T=TY(AL2,Ql)

        Ta=T+273.0

20      HY2=YQH(TL2,AL2)                                             本语句标号为"20"，是炉膛迭代计算的起始句

        Vcpj=(Ql-HY2)/(Ta-(TL2+273.0))

        CALL YQHD(Sl,AL2,TL2,HDy,Icoal)                              烟气黑度计算

        CALL YQHD(Szy,AL2,TL2,HDzy,Icoal)

        CALL YQHD(Spr,AL2,TL2,HDpr,Icoal)

        CALL BB(Cp,Cpq,FSXSp,FSXSpq,Szy,HDy,Lqp,Aqp,Sqp1)           计算前屏的遮挡系数等参数

        HDp=HDpr+FSXSP*Cp*HDzy

        HDpq=HDpr+FSXSpq*Cpq*HDzy

        Zp=HDp/HDzy

        Zpq=HDpq/HDzy

        Fl=Fzy+Fqp*Zp+Fpq*Zpq

        BT=BETA(TL2)

        EWyc=BT*EWslb                                                出口烟窗计算

        Xyc=1.0

        RYXXS=EWslb*Xslb*(Fslb-Fpqcq+Fpqcq*Zpq)                     热有效系数
&          +EWld*Xld*(Fzyld+Fpqld*Zpq)
&          +EWqp*Xqp*Fqp*Zp*Xqp+EWyc*Xyc*Fyc

        Faipj=RYXXS/Fl                                               计算平均清洁系数

        HDlt=HDy/(HDy+(1.0-HDy)*Faipj)                               炉膛黑度

        TL=M*(5.67E-11*Faipj*Fl*HDlt*Ta**3/(BWXS*Bj*Vcpj))**0.6+1.0

        TL=Ta/TL-273.0                                               炉膛出口烟气温度

        IF(ABS(TL-TL2).GT.R1) THEN
```

```
      TL2=0.5*(TL+TL2)
      GO TO 20                                          如果不满足，返回到标号为"11"的语句
      END IF
      TL2=TL
C    ----------------------------------------------------------------------
C    ****           炉膛热力计算合格后，下面开始热量分配的计算              *********
C    ----------------------------------------------------------------------
      HY2=YQH(TL2,AL2)
      QLf=BWXS*(Ql-HY2)
      Fldf=(Fld-Fzyld)*Xld*Zpq+Fzyld*Xld
      Fqpf=Fqp*Xqp*Zp
      Fycf=Fyc
      Qpj=QLf/FL*Bj
      Qldf=YITAld*Qpj*Fldf/Bj
      Qqpf=YITAqp*Qpj*Fqpf/Bj
      Qhpf=YITAhp*Qpj*BT*Fycf/Bj
      CALL bhpis(Pgs,Hbh)                               饱和水通过压力 p 求焓值
      Hbh=Hbh*4.1868
C    ----------------------------------------------------------------------
C    **** 后屏热力计算，先调用后屏结构子程序 HPJG( … )，计算出入口参数，然后调用   ****
C    ****           后屏的热力计算子程序 HPRLJS( … )完成热力计算的迭代过程         *********
C    **** 标号为 30 的语句为热平衡校核的开始，标号 50 的语句为减温水校核的开始      ******
C    ----------------------------------------------------------------------
      CALL HPJG(S1,Fpjs,Fld,Fcq,Fyc,CC,Hpj,Fpf,Faip,Fpfld,Fpfslb,SFhp)
      Pdg2=Pqp1
40    CALL grpti(Pdg2,Tdg2,HHdg2)
      Hdg2=HHdg2*4.1868
50    Hqp1=((Dgr-Djw1-Djw2)*Hdg2+Djw1*Hgs)/(Dgr-Djw2)
      HHqp1=Hqp1/4.1868
      CALL grpit(Pqp1,HHqp1,Tqp1)
      Hqp2=Hqp1+Qqpf*Bj/(Dgr-Djw2)*3.6
      HHqp2=Hqp2/4.1868
      CALL grpit(Pqp2,HHqp2,Tqp2)
      CALL HPRLJS(Thp1,Thp2,AL2,Qpfjld,Qpslb,Qldf,HIp2,
     &  Qhpf,SFhp,Faip,Keser,BT,Fpfld,Fpfslb,Fpf,Jhp,T2,
     &  P1,P2,Pgs,Hbh,Hqp2,Tqp2,Jcoal,Qpd)
C    ----------------------------------------------------------------------
C    ****      高温过热器热力计算，调用过程与后屏基本相似，只是多了减温水的处理     *********
```

C   本段程序只实现了第二级减温水的自动更新，使用的是牛顿切线法，即先通过汽温差计算出所需

C   要的减温水量，然后用新的减温水量作为第二级减温水量的新值，返回标号为 50 的语句重新计算。

C   如果调整一级减温水流量，需要手动设置 Djw1 的数据。

C   --

   TYgg1=Thp2

   CALL GGRLJS(TYgg1,Tgr,Pgg1,Pgg2,Pgs,AL2,HHIgg1,Tgg1,

 & Qggld,Qggslb,DAgr,Hlk,Jgg,KESEgg,FAIgg,Pggld,

 & HUXSgg,Qggd)

   Hgg1=HHIgg1*4.1868

   DD=Dgr-Djw2

   DDjw2=Dgr*(HIp2-Hgg1)/(HIp2-Hgs)

   DADjw2=(Djw2-DDjw2)*100.0/Djw2

   IF(ABS(DADjw2).GT.3.0) THEN

   Djw2=(Djw2+DDjw2)/2.0

   go to 50

   end if

C   --

C   ****   高温再热器热力计算   *********

C   --

   Agg=AL2+DAgr

   CALL GZRLJS(TYgz2,Tzr2,Pgz1,Pzr2,Agg,Pgs,Tgz1,

 & Qgzld,Qgzslb,DAgz,Hlk,Jgz,KESEgz,FAIgz,Pgzld,HUXSgz,Qgzd)

   Agz=Agg+DAgz

C   --

C   ****   转向室及尾部烟道热力计算   *********

   本 670t/h 锅炉的转向室与尾部烟道布置如图 6-8 所示。烟气从高温再热器出来后，先经过水冷管后进入稀疏布置悬吊管的转向室，然后再进入前置再热器。前置再热器出口烟道分为两侧，分别为前墙侧的低温再热器、省煤器和后墙侧的低温过热器出口管、后级再热器、低温过热器、省煤器，在空气预热器前汇合。

   根据图 6-8 所示的布置情况，需要先计算水冷管（SLRLYS）、悬吊管（XDRLJS）、前置再热器（QZRLJS）、低温再热器（DZRLJS）、低温再热器出口管（DGCKRLJS）、后级再热器（HZRLJS）、低温过热器（DGRLJS）和省煤器（SMRLJS）的热力计算，并在省煤器出口进行热平衡校核和烟气份额校核。省煤器热力计算需要在前后烟道各算一次。中间在计算完低温过热器出口后还需要进行减温水校核。

C   --

   CALL SLRLJS(TYgz2,TYsl2,Agz,Pgs,Faisl,Qsld)

   CALL XDRLJS(TYsl2,TYxd2,Pxd1,Pxd2,Agz,Jxd,KESExd,FAIxd,HUXSxd,

 & Txd2,Hxd2,Qxdd)

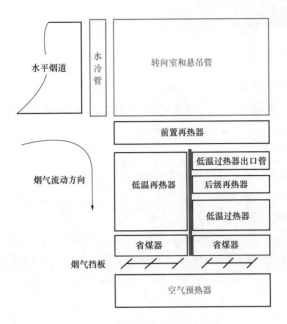

图 6-8　锅炉尾部烟道布置图

```
      TYqz1=TYxd2
      CALL  QZRLJS(TYqz1,TYqz2,Tbf2,Pbf2,Pgs,
     & Agz,Qqzxd,HUXSqz,HUXSxd,Txd2,Hxd2,Qqz)
60    CALL  DZRLJS(TYqz2,Tzr1,Tgz1,Pgz1,Pzr1,Agz,Qdzbf,TYdz2,
     & DAdz,Hlk,Jdz,KESEdz,FAIdz,HUXSdz,Gdz,Pgs,Tbf2,Qdzd)
      Gdg=1.0-Gdz
      CALL  DGCKRLJS(TYqz2,TYck2,Pck1,Pck2,Agz,Jck,KESEck,FAIck,
     & HUXSck,Tdg2,Hdg2,Tck1,Qckd)
      TYhz1=TYck2
      CALL  HZRLJS(TYhz1,TYhz2,Tbf2,Pgs,Agz,HUXShz,Qhz,Gdg)
      TYdg1=TYhz2
      Qfj1=Qpfjld+Qggld+Qgzld+Qqz+Qhz+Qdgbf+Qdzbf
      Hbf2=Hbh+Qfj1*Bj/(Dgr-Djw1-Djw2)*3.6
      CALL  GRPHT(Pbf2,Hbf2,Tbf2)
      CALL  DGRLJS(TYdg1,Tbf2,Tck1,Pck1,Pbf2,Agz,Qdgbf,TYdg2,
     & Qfj1,Hbh,DAdg,Hlk,Jdg,KESEdg,FAIdg,HUXSdg,Gdg,Pgs,Qdgd,dq)
      Tdg22=Tck1+3.0
      DATdg2=(Tdg2-Tdg22)*100.0/Tdg2
C     ------------------------------------------------------------------
C     减温水量校核，然后用新的减温水量作为第二级减温水量的新值，返回标号为 40 的语句重新计算。
C     ------------------------------------------------------------------
      IF(ABS(DATdg2).GT.1.0)  THEN
```

```
        Tdg2=(Tdg22+Tdg2)/2.0
      GO TO 40
      END IF
C     ----------------------------------------------------------------
C     下面这一段是进行热平衡校核，用于计算式（6-1）的总热量，进而计算省煤器需要的换热量。
C     计算完成后，需要手动设计 Qsmd 作为初值进行迭代
C     ----------------------------------------------------------------
      Qfj2=Qpslb+Qggslb+Qgzslb+Qsld+Qxdd+Qckd
      Qd=Qpd+Qggd+Qgzd+Qdgd+Qdzd
      TotQ=Qlf+Qfj1+Qfj2+Qd
C     ----------------------------------------------------------------
C     以下两段分别是过热器出口省煤器和再热器出口省煤器热力计算，入口烟气温度、过量空气温度不同。
C     ----------------------------------------------------------------
      Adz=Agz+DAdz
      Adg=Adz
      CALL SMRLJS(TYdz2,TYds2,HYds2,Tgs,Tsm2,Psm2,Adz,Z2zs,
     & DAsm,Hlk,Jsm,KESEsm,FAIsm,Gdz,Hgs,FYzs,Fzsjs,Qsmd)
      CALL SMRLJS(TYdg2,TYgs2,HYgs2,Tgs,Tsm2,Psm2,Adg,Z2gs,
     & DAsm,Hlk,Jsm,KESEsm,FAIsm,Gdg,Hgs,FYgs,Fgsjs,Qsmd)
C     ----------------------------------------------------------------
C     烟气份额校核，逐步增减低温再热器的烟气份额，返回标号为 60 的语句重新计算。
C     ----------------------------------------------------------------
      IF(TZR.GT.545)  THEN
         Gdz=0.9*Gdz
         GO TO 60
      END IF
      IF(TZR.LT.535)  THEN
         Gdz=1.1*Gdz
         GO TO 60
      END IF
      Bky2=AL2-DAzf-DAl
      HYsm2=Gdg*HYgs2+Gdz*HYds2
      Asm=Adg+DAsm
      TYky1=TY(Asm,HYsm2)
      HYky1=HYsm2
      tpy1=tpy
      trk1=trk
C     ----------------------------------------------------------------
```

```
-
C    ****                        空气预热器热力计算                    *********
C    -------------------------------------------------------------------------
-
     CALL   KYRLJS(TYky1,HYky1,Bky2,DAky,Apy,Trk1,TLK,TYky2,Qkyd)
C    -------------------------------------------------------------------------
-
C    总误差校核，设定新的排烟温度，返回标号为 10 的语句重新计算。
C    -------------------------------------------------------------------------
-
     IF((ABS(Trk1-Trk).GT.10).OR.(ABS(Tpy1-Tpy).GT.10)) THEN
       IF(ABS(Trk1-Trk).GT.10.0)  THEN
         Trk=(Trk1+Trk)/2.0
       END IF
       IF(ABS(Tpy1-Tpy).GT.10.0)  THEN
         Tpy=(Tpy1+Tpy)/2.0
       END IF
       GO TO 10
     END IF
     CLOSE(6)
     CLOSE(7)
     END
```

2. 各级受热面的热力计算

每一级受热面中都需要设计两个子程序，一个用于结构参数计算的通常命名为"受热面名汉语拼音缩写 JG"，另一个为传热计算的通常命名为"受热面名汉语拼音缩写 RLJS"，如后屏过热器的结构计算子程序为 HPJG，对应的热力计算子程序为 HPRLJS。两个子程序的示例为

```
     SUBROUTINE HPJG(S1,Apjs,Ald,Acq,Ayc,C,Hpj,Apf,Faip,
    &  Apfld,Apfslb,SFhp)
     APfj=Ald+Acq
     Apqf=Ayc
     Apf=Apqf*Apjs/(Apjs+ APfj)
     Apfld=Apqf*Ald/(Apjs+Apfj)
     Apfslb=Apqf*Acq/(Apjs+Apfj)
     SFhp=1.8/(1.0/Hpj+1.0/S1+1/C)
     Faip=SQRT((C/S1*1000.0)**2+1.0)-C/S1*1000.0
     END
     SUBROUTINE HPRLJS(Thp1,Thp2,Ahp,Qpfjld,Qpslb,Qld,HIp2,
```

```
     &   Qhp,SFhp,Faip,Keser,BT,Fpfld,Fpfslb,Fpf,JJ,T2,
     &   P1,P2,Pgs,Hbh,Hqp2,Tqp2,Jcoal,Qpd)
         IMPLICIT REAL(K,L)
         COMMON/C0/V0/C1/VRO2,VN20,VH2O0/C2/AY/C4/AFH
         COMMON/PJG/S1,S2,DN,DS,Fy,Fs,Z2,FPjs,Apf2,Fld,Fcq
         COMMON/D/Dgr,Djw1,DjW2,Dzr/B/BWXS,Bj,Icoal
         COMMON/PH/HP2,QPf2,Hpld2,TPld2
         MM=MM+1
         SBD1=S1/DN
         SBD2=S2/DN
         Xhp=X(SBD2,0.0)
         HP1=YQH(Thp1,Ahp)
100      HP2=HP1-(Qpd+Qpfjld+Qpslb)/BWXS
         Thp2=TY(Ahp,HP2)
         Qpf1=Qhp
         TYpj=(Thp1+Thp2)/2.0
         CALL YQHD(SFhp,Ahp,TYpj,HDy,Icoal)
         QPf2=Qpf1*(1.0-HDy)*Faip/BT
     &   +5.67E-11*HDy*APf2*(TYpj+273.0)**4*Keser/Bj
         Qpqf=Qpf1-Qpf2
         Qpfld=Qpqf*Fpfld/(Fpfld+Fpfslb+Fpf)
         Qpfslb=Qpqf*Fpfslb/(Fpfld+Fpfslb+Fpf)
         Qpf=Qpqf-Qpfslb-Qpfld
         Qp=QPd+Qpf
         DD=Dgr-Djw2
         Di=Qp*Bj/DD*3.6
         T1=Tqp2
         HIp1=Hqp2
         HIP2=HIP1+Di
         HHIP2=HIP2/4.1868
         CALL GRPIT(P2,HHIP2,T2)
         Tpj=(T1+T2)/2.0
         Ppj=(P1+P2)/2.0
         CALL QA2(Ahp,TYpj,Ppj,Tpj,Fy,DD,Fs,SBD1,SBD2,Z2,DN,DS,Bj,JJ,
     &   UY,VCP,U,AD,A2)
         HUXS2=PHWXS(Jcoal,TYpj)
         HUXS1=PHWXS(1,TYpj)
         HUXShp=(HUXS1+HUXS2)/2.0
```

```
      Vpj=VY(Ahp)
      Thb=Tpj+(HUXShp+1.0/A2)*Bj*Qp/Fpjs*1000.0
      PLYXS=LYXS(UY)
      AF=AFS(HDY,TYpj,Thb)
      A1=PLYXS*(AD*3.14*Dn/(2.0*S2*Xhp)+Af)
      K=A1/(1.0+(1.0+Qpf/Qpd)*(HUXShp+1.0/A2)*A1)
      DTd=Thp1-T1
      DTx=Thp2-T2
      DT=(DTd-DTx)/LOG(DTd/DTx)
      Qpcr=K*DT*Fpjs/Bj/1000.0
      DQ=(Qpd-Qpcr)/Qpd*100.0
      CALL  bhpt(Pgs,Tgs)
      Qpcq=K*(TYpj-Tgs)*Fcq/Bj/1000.0
      DQcq=(Qpslb-Qpcq)/Qpslb*100.0
      Hpld1=Hbh+Qld*Bj/(DD-Djw1)*3.6
      CALL  grpht(Pgs,Hpld1,Tpld1)
      Hpld2=Hpld1+Bj*(Qpfld+Qpfjld)/(DD-Djw1)*3.6
      CALL  grpht(Pgs,Hpld2,Tpld2)
      DTld=TYpj-(Tpld1+Tpld2)/2.0
      Qpld=K*Fld*DTld/Bj/1000.0
      DQld=(Qpfjld-Qpld)/Qpfjld*100.0
      IF(ABS(DQ).GT.2.0.OR.ABS(DQLD).GT.10.0.OR.ABS(DQcq).GT.10.0)
   &  THEN
      IF(ABS(DQ).GT.2.0) THEN
        Qpd=(Qpcr+Qpd)/2.0
      END IF
      IF (ABS(DQcq).GT.10.0) THEN
        Qpslb=0.5*(Qpslb+Qpcq)
      END IF
      IF(ABS(DQld).GT.10.0) THEN
      Qpfjld=0.5*(Qpfjld+Qpld)
      END IF
      GO TO 100
      END IF
      END
```

除后屏过热器外，670t/h 锅炉还需要编制的受热面热力计算子程序有高温过热器
热力计算子程序（GGJG、GGRLJS）、高温再热器热力计算子程序（GZJG、GZRLJS）、
水冷管热力计算子程序（SLRLJS）、悬吊管热力计算子程序（XDJG、XDRLJS）、前

置再热器热力计算子程序（QZJG、QZRLJS）、低温再热器热力计算子程序（DZJG、DZRLJS）、低再出口管热力计算子程序（DGCKJG、DGCKRLJS）、后级再热器热力计算子程序（HZJG、HZRLJS）、低温过热器热力计算子程序（DGJG、DGRLJS）、省煤器热力计算子程序（SMJG、SMRLJS）和空气预热器热力计算子程序（KYJG、KJRLJS），各个受热面的热力计算子程序的代码总体上相似，但需要根据受热面的结构调整、修改变量名称和一些计算方法，如果锅炉的设备有变化，需要较大辐度的调整。

3. 辅助功能计算子程序

主要辅助计算子程序与《锅炉课程设计》的完全一致，主要子程序有：

（1）AA：随意起的名称，是子程序 BB 时多次调用的一段函数。

（2）BB：随意起的名称，用于计算前屏和前屏区的辐射系数、放热系数。

（3）CK：符号和拼音结合命名，C 表示比热，下标 K 表示空气，求空气比热。

（4）FFH：拼音缩写，FF 表示飞灰，H 表示焓，求飞灰的焓。

（5）GRQH：拼音缩写，GRQ 表示过热蒸汽，H 表示焓，求过热蒸汽的焓。

（6）GSH：拼音缩写，GS 表示给水，H 表示焓，求给水的焓。

（7）YH：拼音缩写，Y 表示烟气，H 表示焓，求烟气的焓。

（8）MUfh：符号和拼音缩写，Mu 表示浓度 μ，fh 表示飞灰，求烟气中飞灰浓度。

（9）GHD：拼音缩写，HD 表示黑度，求烟气的黑度。

（10）Tk：符号和拼音缩写，T 表示温度，k 表示空气，求空气温度。

（11）TY：符号和拼音缩写，T 表示温度，Y 表示烟气，求烟气温度。

（12）VH_2O：符号，V 表示容积，H_2O 表示水，求单位燃料燃烧的水蒸气容积。

（13）VY：符号和拼音缩写，V 表示容积，Y 表示烟气，求单位燃料燃烧的烟气容积。

（14）X：符号，求角系数。

（15）AF：符号和拼音缩写，求辐射放热系数。

（16）BR：拼音缩写，求蒸汽比热。

（17）EHU：符号和拼音缩写，E 表示 ε，HU 表示灰污，求错列对流管束灰污热阻。

（18）HBHS：第一个 H 表示焓，BH 表示饱和，S 为蒸汽 steam，求饱和汽焓。

（19）HBHW：第一个 H 表示焓，BH 表示饱和，W 为水 Water，求饱和水焓。

（20）KNU：NU 表示黏度 μ，K 为空气，求空气的黏度。

（21）LNDT：LN 为自然对数，DT 为温度差，求对流平均温差。

（22）QA2：A2 即为蒸汽侧对流换热系数，DT 为温度差，求对流平均温差。

（23）QK：空气预热器传热系数。

（24）SMU：MU 表示黏度 ν，S 为蒸汽，求蒸汽的动力黏度。

（25）TS：T 表示温度，S 为蒸汽，求蒸汽的温度。

（26）TW：T 表示温度，W 为水，求水的温度。

（27）VBHS：V 表示比容 ν，BH 为饱和，S 为蒸汽，求饱和蒸汽的比容。

（28）VCPW：VCP 表示定压比容 v，W 为水，求水的比容。

（29）VGRS：V 表示比容 v，GR 为过热，S 为蒸汽，求过热蒸汽的比容。

（30）YLAM：LAM 表示导热系数 λ，Y 烟气，求烟气的导热系数。

（31）YNU：LAM 表示黏度 μ，Y 烟气，求烟气的黏度。

（32）YPr：Pr 表示普朗特数，Y 烟气，求烟气普朗特数。

三、热力计算程序设计面临的问题

热力计算标准中关于锅炉整体热力计算的迭代过程通常是通过案例计算表格进行展示的，其中迭代计算过程的思路并无明确、严格地描述，从事热力计算的人员均按自己的理解和体会完成相应工作。通过本节对电站锅炉常见配置方式、热力计算整体思路和结构化程序的介绍可见，把它用程序实现并不容易，热力计算过程中的细节和整体过程的控制面临难题。

（一）热力计算过程控制的问题

大家通常的感受是按热力计算标准进行的各类受热面热力计算过程收敛都很快，但是全锅炉热力计算的收敛性明显不如单受热面的好。即使受热面的面积设计得非常好，全锅炉热力计算时收敛并不容易，计算过程控制严重依赖于计算者的经验和初始值的好坏。该问题主要原因如下。

（1）"蒸汽温度调整不过来"导致的不收敛。在减温水校核和烟气份额校核过程中，需要把过热蒸汽温度、再热蒸汽温度等需要调整的参数调整到目标数值才完成收敛。热力计算是对想象的锅炉工况进行的预测性计算，想象中使用了 xx 减温水、xx 烟气挡板把过热蒸汽温度和再热蒸汽温度调整到理想的状态，然后进行计算，但有可能想象（受热面的设置）根本不合理，即使在现实运行中，它也不可能达到预定目标，但是热力计算的校核判定标准就是蒸汽温度达到理想状态、不到则迭代不停，因此最终计算必然不收敛。

（2）汽包/分离器压力设置不正确导致的计算不收敛。热力计算包含烟气冷却和冷却剂（工质）温升两大交织的过程，但温升过程冷却侧对热力计算有影响的主要是对流换热部分，炉膛换热部分基本上可以看成是纯烟气侧的计算。对流换热计算的开端是汽包/分离器的饱和蒸汽开始，它的设置是否合理，决定了锅炉对流热和辐射热的分配是否合理，从某种程序上对于总体计算的收敛性有关键的决定作用。

（3）校核计算与设计计算的影响。校核计算与设计计算虽然从本质上是相同的，但设计计算可以调整受热面的面积，如果计算结果不理想，特别是空气预热器热风温度、省煤器出口水温和过/再热蒸汽温度不足时可以通过调整换热面积来使计算结果快速收敛，《锅炉课程设计》中强调全炉膛一定要有一级受热面是设计计算。手工计算时人的大脑可以通过计算过程中数据的总体分析及时地调整计算方向（如是不是先降低参数），但大部分锅炉热力计算程序开发人员都仅当作校核计算来执行，遇到参数与受热面匹配不当、计算就是不收敛的情况比较常见。

（4）校核过程要控制的因素过多。热力计算通常都至少是三层迭代、四个循环过程，控制收敛的影响有六七个，且各因素间相互影响，因此无论是手算还是机算，都需要实施者有一定的技巧。

（二）热力计算程序设计

通过阅读结构化的锅炉热力计算程序可见，虽然其与锅炉热力手工计算高度相似，但与具体结构高度相关，密不可分，如果锅炉受热面配置改变时，需要对源码改动的量还是比较大的。此外，涉及的变量众多，变量间的传递要非常严格地按变量在程序间的顺序，在程序改动时非常容易出错，因此需要通过更为先进的技术来进行改进。

（三）改进方向

如果一个程序可以针对不同的锅炉设备配置都能适应，则它具有通用化。各受热面的热力计算已经在前面章节完成，其变化并不大，因而通用化主要是全锅炉热力计算总体控制流程的通用化。本章的主要目标是解决这些问题，并结合锅炉具体情况和面向对象的程序设计技术，对锅炉热力计算进行深度改进，全面解决锅炉热力计算通用性，主要工作包括：

第二节主要任务是基于本书第二章到第五章利用面向对象编写技术（OOP）完成的单受热面封装，并对锅炉整体对象进行封装，并对热力计算控制算法进行改进，保证热力计算整体程序具有良好的收敛性。

第三节的主要任务是开发受热面对象统一表述、动态识别的封装对象技术，解决锅炉整体对象封装时产生的固定变量、固定顺序问题。

第四节的主要任务是基本新开发的受热面动态表述、动态识别封装技术，重新设计的热力计算调度算法，实现全锅炉热力计算的通用化工作。

第二节　锅炉整体对象的封装及热力计算的调度

锅炉或其对应的热力计算均是对一系列受热面的组合的操作。本书前五章已经对各类型受热面进行封装，本节基于热力计算整体的调度工作需要，介绍如何利用前文设计的受热面热力计算模块，根据对应锅炉的实际受热面情况，手工地完成受热面的组装，并根据受热面的具体设计完成热力计算调度的改进工作，使其满足电站锅炉热力计算程序通用化设计的需求，也是整个通用化设计的基石。

一、锅炉受热面的组装

锅炉受热面的组装主要是指沿烟气流程方向把各个受热面的前后顺序连接起来以备热力计算提供准备数据，并把冷却剂侧的工作相互联系起来的工作。不同锅炉受热面的配置映射到热力计算的程序中，体现为不同受热面模块的组装过程。本书前五章对各种受热面进行的数据封装为这一工作奠定了基础。

（一）可组装的受热面模块

可供热力计算模块组装的模块包括前面几章中编写的数据封装自定义类型，即锅炉 CBoiler、燃料 CCoal、空气 CAir、汽水工质 CWaterSteam、热平衡 CBalance、炉膛 CFurnace、屏式过热器 CPlatenHeater、汽水工质对流换热器 CSuperHeater/CReheater 和三种空气预热器 CTubularAirHeater、CRotateAirHeater、CTriAirHeater 等。这些自定义类型都相当于模子，受热面组装时根据锅炉的实际配置方式根据这些模子构建各自对象实例，然后放置到 CBoiler 实例的容器中并完成数据的初始化，就完成了受热面的灵活配置。从程序设计的角度来看，这些实例对象分为根实例、受热面、受热面的连接关系实例模块三个层次。

1. 根实例

根实例对应于 CBoiler 或者其派生自定义类型的实例，因为热力计算程序运行时，热力计算所有的参数、模块实例都是 Boiler 的内部变量，其计算过程都是 CBoiler 的内部操作，计算结果也存放在 CBoiler 内部的变量，因此它也是所有过程和模块的容器，负责协调锅炉热力计算的数据输入、输出及过程调度，是热力计算的总入口、总出口及总框架。

根实例由 CBoiler 的派生类型定义，如本书中多次提到的 SG400/140-50415 型锅炉，可以从 CBoiler 类型派生出一个 SG400 类型并实例化，表示与 SG400/140-50415 型锅炉完全对应的数据集合。典型的一次再热四角切圆 Π 型锅炉为哈尔滨锅炉厂制造的 600MW 亚临界锅炉可以从 CBoiler 类型派生出一个 HG1025，典型的东方锅炉厂制造的某一次再热 Π 型对冲燃烧锅炉可以由 CBoiler 类型派生出一个 DG2000 等，本质上它们都是 CBoiler 的实例。

这些数据量很大，大部分数据已在第二章配置在 CBoiler 中，派生类型实例可以直接把这些参数继承过来当作自己的参数，但如果有新的参数需要配置，可以在新派生类型中添加相应的参数，如某锅炉为 HG1025 亚临界锅炉，还需要设置一个排污率的数据 rateBlowdown，此时可以在其派生类型中增加，为

```
class HG1025:  CBoiler
{
    CCoal    coal;                    //CBoiler 中已有数据
    CAir     air;                     //CBoiler 中已有数据
    doule    mainSteamT, mainSteamP;  //CBoiler 中已有数据
    ......
    double   rateBlowdown;            // 新添加数据：亚临界锅炉排污率, 亚临界锅炉特有数据
}
```

2. 受热面

受热面包括锅炉炉膛、屏式过热器、对流过热器及空气预热器等。从锅炉设计的角度来看，受热面配置过程可以看作：设计人员也是把各类型受热面组装起来、调整受热面的大小、使其符合预想的目标（排烟温度、蒸发量等）。由于各受热面自定义类型中首先要封装的数据是结构参数，所以受热面配置也称为结构配置。

热力计算的程序与此是类似的。前面几章中为每一个受热面设计了相应的自定义类型作为模子，用于打包各型受热面的结构参数。热力计算程序需要根据锅炉受热面的实际情况，找到相应的数据类型，构建相应的受热面实例来完成数据封装，完成机组的受热面结构参数数据的配置打包，并且加入到 CBoiler 的容器，就完成了各受热面实例模块组合成为一台锅炉的设计过程。

例如：典型的一次再热四角切圆 Π 型锅炉为哈尔滨锅炉厂制造的 HG1025 亚临界锅炉，其沿烟气流程布置的受热面分别为炉膛（包含前屏）→后屏过热器→后屏再热器（中温再热器）→末级再热器→末级过热器→立式低温过热器→转向室→省煤器→空气预热器，根据上述配置，可以为 HG1025 增加下列受热面实例：

```
class HG1025: CBoiler
{
    ......
    CBalance            balance;
    CFurnace            furnace;
    CPalten             platen;
    CConvectHeater      midReheater;
    CConvectHeater      finalReheater;
    CConvectHeater      finalSuperHeater;
    CConvectHeater      lowSupterHeater2;
    CCombineHeater      reversingRoom;
    CConvectHeater      lowSuperHeater;
    CConvectHeater      economizer;
    CTirSectorHeater    airHeater;
    ......
}
```

再如：东方锅炉厂制造的某一次再热 Π 型对冲燃烧锅炉，采用烟气挡板来进行调温，则其沿烟气流程布置的受热面分别为炉膛（包含前屏）→后屏过热器→末级过热器→末级再热器→转向室→低温再热器 / 低温过热器→省煤器→空气预热器。可以用如下的代码进行组织为

```
class DG2000: CBoiler
{
    ......
    CBalance    balance;
    CFurnace            furnace;
    CPalten             platen;
    CConvectHeater    finalSuperHeater;
    CConvectHeater    finalReheater;
    CCombineHeater    reversingRoom;
    CConvectHeater    parallelSupterHeater;
    CConvectHeater    parallelReSuperHeater;
    CConvectHeater    economizer;
    CTirSectorHeater  airHeater;
    ......
```

```
}
```

SG400/140—50415 型锅炉布置复杂，且热力计算过程数据翔实，本书以它为例对此进行说明，该锅炉受热面配置主要为：

```
class SG400: CBoiler
{
    CCoal     coal;
    ......
    CCoal     coal;
    CAir      air;
    CBalance  balance;
    CFurnace          furnace;
    CPalten           platen;
    CConvectHeater    finalSuperHeater;
    CConvectHeater    finalReheater;
    CRadiateHeater    room1;
    CRadiateHeater    room2;
    CConvectHeater    lowReHeaterTube;
    CRadiateHeater    room3;
    CConvectHeater    bypassEcomizer;
    CConvectHeater    lowReHeater;
    CConvectHeater    economizer;
    CRotiateHeater    airHeater;
    ......
}
```

代码中的各个受热面中，从 furnace 到倒数第二的 economizer 均为主受热面，其附加受热面没有列出，如 furnace 中实际上还包含了其自由炉膛的顶棚受热面 furnaceRoof、前屏 frontPatlen、屏顶棚 frontPlatenRoof、屏两侧水冷壁 frontPlatenSideWall 等，主要目的是为了和下文中的控制计算过程相对应，同时也因为它们的热力计算过程包含在其主受热面的热力计算中，但是配置过程中需要定义。

各型受热面硬件类型比较多，每台锅炉的受热面都不一样，受热面灵活组装是锅炉热力计算通用化的主要工作和难点。

3. 受热面的连接关系

受热面的连接关是指各个受热面烟气侧的顺接关系和冷却剂侧的顺接关系。热力计算是按烟气流动方向进行的，因而热力计算时各个受热面顺序即是清楚地表达了烟气侧的顺接关系，但是冷却剂侧的顺接关系是较为复杂的，在手工计算时，它体现在设计者或计算者的脑海里，人们按照图纸预想把这些关系设计在表格中并进行相关操作。在热力计算过程中，也要充分体现，如更新前屏进口蒸汽温度时，会调用 rontPlaten 的变量，然后给它的温度变量进行赋值，参见本节各段示例程序。

（二）数据初始化

数据初始化包括各换热面积等固定数据和需要计算的初值两部分内容。

回顾前几章的内容可知，每一个受热面的实例都包含了其结构参数，如 CBoiler 中后屏过热器变量 rearPlaten 会有一个 CPlaten 的实例与其对应，用以完成一些结构参数的范围内的相关计算，包括：

（1）受热面自己的参数，如布置方式（即错列或顺列、立式或卧式）、面积、辐射层厚度、烟气份额等。

（2）附加受热面配置情况，通常是顶棚管和包覆水冷壁等的结构参数。

数据初始化的过程还包括烟气、冷却剂侧的参数初值。对于烟气侧和空气侧，需要设置各级受热面的出、入口烟气温度等参数；对于汽水冷却剂侧，除了温度外还要设置压力参数和减温水量等参数的初值。温度、减温水量等参数是在热力计算中不断变化的，但压力不变，不同负荷下应当有不同的压力条件。

所有这些参数的初始化都是与手工热力计算一一对应的工作，但其赋值过程在构建实例时就同时完成，读者可以自行设计用 Excel、数据库或由其他可视化的软件完成相应工作。本书中为了集中说明数据初始化的过程，通常在 CBoiler、CBalance 及每个受热面中，都设计一个初始化函数 init（）中完成赋值的任务，如：

```
void HG1025::init()
{
    coal.C=55;
    coal.H=3;
    coal.O=4.3;
    ......
    mainSteamT=540;
    mainSteamP=16.4;
    ......
}
```

二、热力计算控制程序的设计

SG400 针对锅炉整体及其受热面的封装完成后，就可以用面向对象的程序设计思想对图 6-5 及第一节中结构化热力计算控制程序进行改进。改进分为主程序控制和各个校核子程序重新设计两部分。

（一）主程序控制

主程序控制包括锅炉受热面沿烟气流向的顺次计算与减温水校核、烟气份额校核等校核过程。假定减温水校核、烟气份额校核、附加受热面和热平衡校核和总误差校核均为热力计算根实例 SG400 的子程序，分别用 SG400::SprayWaterCheck()、SG400::gasFractionCheck()、SG400::HeatBalanceCheck()、SG400::FinalCheck() 来表示，则根据框图 6-5 可以编制如下通用化的热力计算调度子程序，用 SG400::heatCalc() 来表示为：

程序代码 6-2　面向对象热力计算程序 1

```
void SG400::heatCalc ( )
{
    ......
    BOOL sparyWaterPass=FALSE;
    BOOL gasFractionPass = FALSE;
    BOOL heatBalancePass = FALSE;
    BOOL finalCheckPass = FALSE;
    do{
        heatBalanceCalc ( );
        do{
            furnace 入口烟气与蒸汽更新;
            furnace.heatCalc ( );                      // 炉膛热力计算（含前屏）
            do{
                platen 入口烟气与蒸汽更新;
                platen.heatCalc ( );                   // 后屏过热器热力计算
                finalSuperHeater 入口烟气与蒸汽更新;
                finalSuperHeater.heatCalc ( );         // 高温过热器热力计算
                sparyWaterPass=SprayWaterCheck ( );    // 减温水校核，更新后屏出口的减温水量
            }while ( !sparyWaterPass )                 // 减温水校核不合格
            finalReHeater 入口烟气与蒸汽更新;
            finalReheater.heatCalc ( );                // 高温再热器热力计算
            room1 入口烟气与蒸汽更新;
            room1.heatCalc ( );                        // 第一转向室热力计算
            do{
                room2 入口烟气与蒸汽更新;
                room2.heatCalc ( );                    // 第二转向室热力计算
                lowReHeaterTube 入口烟气与蒸汽更新;
                lowReHeaterTube.heatCalc ( );          // 低温再热器引出管热力计算
                room3 入口烟气与蒸汽更新;
                room3.heatCalc ( );                    // 第三转向室热力计算
                lowReHeater 入口烟气与蒸汽更新
                lowReHeater.heatCalc ( );              // 低温再热器热力计算
                gasFractionPass=gasFractionCheck ( );  // 烟气份额校核，去更新 room2 的烟气份额
            }while ( !gasFractionPass )                // 烟气份额校核不合格
            heatBalancePass=heatBalanceCheck ( )( )    // 蒸汽参数连续性的校核，去更新前屏入口蒸汽参数
            bypassEcomizer 入口烟气与蒸汽更新
            bypassEcomizer.heatCalc ( );               // 炉膛热力计算
        }while ( !heatSteamPass )                      // 热平衡校核不合格
```

```
        economizer 入口烟气与蒸汽更新
        economizer.heatCalc ( );              // 省煤器热力计算
        airHeater 入口烟气与蒸汽更新
        airHeater.heatCalc ( );               // 空气预热器热力计算
        finalCheckPass=FinalCheck ( );  // 总误差校核, 去更新排烟温度
    }while ( !finalCheckPass )             // 排烟温度校核不合格
}
```

　　代码中各语句的功能已经在其后的注释中说明, 整体上非常简洁, 逻辑清楚, 可读性强, 但是实现起来并不容易: 从炉膛开始到最后一级受热面, 每一次迭代计算完成后, 都需要根据实际的锅炉受热面连接情况来获得入口烟气与冷却剂侧的参数更新, 从而使迭代计算有效。由于每台锅炉的这个连接情况都不一样, 所以每一台锅炉, 如当前的 SG400, 都需要写其独特的语句来完成此项工作, 从而无法直接通用化。从通用化的角度, 最希望 heatCalc 是通用锅炉类型 CBoiler 的函数, heatCalc ( ) 中所用的变量均为针对 SG400 — 140/50145 锅炉而对应的类型 SG400, 因为几乎没有 CBoiler 的变量, 所以它只能是 SG400 的特征。由于 SG400 是基于 CBoiler 中扩展、定制而来的, 锅炉组成不同 (如 HG1000), 所以其 heatCalc ( ) 就需要重定。

　　除了这些信息外, 各个校核子程序也存在类似的问题。

（二）减温水量校核 SprayWaterCheck

　　在《锅炉课程设计》给出的程序计算框 (如图 6-5 所示) 只实现了对于二级减温水的校核和调整。原因就在于热力计算中减温水量具有不唯一性。还以设置有两级减温水的 SG400/140-50145 型锅炉为例, 该锅炉最大蒸发量为 420t/h (117kg/s), 第一级减温水设定在前屏入口作为过热汽温的粗调, 二级减温水设在后屏与对流过热器中间, 作为过热汽温的细调。由于受到管道直径、锅炉的热效率等的影响, 一级减温水的流量一般限制在主蒸汽流量的 5% 以内, 二级减温水量限制在 2% 以内, 即一级减温水量最大值为 5.6kg/s, 二级减温水量最大值为 2.3kg/s。在喷水减温的过程中, 一、二级减温水量有无数个组合, 如实际的减温水喷入量可能需要 1.3kg/s, 那么它即可能在一级减温水处, 也可能在二级减温水处, 也可以两级都有一点, 其间有无数种组合, 均可以达到目的, 如何分配、如何控制计算过程均有一定的难度。

　　此外, 最大减温水量是由阻力和压差决定的, 并不能增加。如果给出的锅炉结构就是蒸汽温度无法调整到目标值, 如何能保证程序可以完成计算并且收敛, 也是造成自动计算程序过程中报道不多的难点之一。

　　1. 减温水量的反向控制思路

　　考虑减温水的控制目标是主蒸汽温度, 人为控制时需要信息的反向传递: 如果主蒸汽温度高, 则加大喷水量; 反之, 则减少喷水量, 并根据喷水后汽温的变化, 按 "高加低减" 的原则进一步作出继续增加还是反向减少的操作。进行热力计算时因为无法预知需要喷入的减温水量, 所以只能通过 "先假定后校核" 的迭代过程, 主要步骤如下。

（1）在炉膛传热计算后期，对前屏的热量分配完成后，先根据经验值给定初始的蒸汽温度和一、二级减温水量的初值，如初始的蒸汽温度为 400℃，一级减温水量为 2kg/s，二级减温水量为 0kg/s。

（2）以主蒸汽温为减温水量校核的判定标准：在末级对流过热器传热计算后，根据蒸汽和额定参数的超温或欠温情况，可以计算出需要的减温水量是多少，或按"高加低减"的原则，用最简单的二分法先调整减温水量。

（3）按"先粗调、后细调"的原则调整减温水量的分配，先一级减温水量，然后再调整二级减温水量，最大到其限值，最小到零，并返回到炉膛受热面，重新进行传热计算，直到误差在允许范围之内。

根据上述思路，可以按简单二分法设计减温水量的分配控制方法和焓值控制法来实现减温水量的分配与控制。

2. 简单二分法控制减温水量

完全实现两级减温水控制功能就是完全仿照人操作减温水量思路，按照"温度高则减温水量加倍、温度低则减温水量减半、减温水量加减先低后高"的思路进行减温水量的更新，同时，把计算的目标区域设置为一个调温范围，而不是一个具体的数据，这样在迭代过程中必然会进入该区间，就完成"调整不过来"的问题。

二分法两级减温校核及水量分配示意图如图 6-9 所示。

根据图 6-9 可知，可以设计减温水校核控制的过程如下。

（1）计算本次热力计算主蒸汽温度计算值与设计温度之间的差值。如果计算出的温度大于设计温度 5℃ 以上，则需要加大喷水量；反之，如果小于设计温度 5℃ 以上，则需要减少喷水量。如果在 -5 ~ +5℃，则说明不需要改变喷水量，返回真值，校核过程完成。

（2）增加减温水量过程。

1）查看一级减温水，如果没到减温水量的最大值，则优先一级减温水，预设的减温水量是当前的一级减温水量和一级减温水量最大值的平均值。但如果设定的减温水量已增加到最大减温水量的 0.995，则直接设为最大减温水量。本步骤主要目的是防止最后减温水量从 0.995 ~ 1 之间进行反复而无效的迭代过程。

2）如果一级减温水到了最大值，开始加二级减温水。预设的减温水量是当前的二级减温水量和二级减温水量最大值的平均值。但如果设定的二级减温水量已增加到最大二级减温水量的 0.995，则直接设为二级最大减温水量。

3）如果一级减温水、二级减温水均到了最大值，则表明没办法再增加了。

4）如果有办法增加减温水量，则根据设定的一、二级减温水量，返回初始开始，重新计算，否则直接跳出循环。

（3）减少减温水量过程。

1）查看二级减温水，如果没到 0，则优先二级减温水，预设的减温水量是当前的二级减温水量和 0 的平均值。但如果设定的减温水量已小到最大减温水量的 0.005，则直接设为 0，本步骤主要目的是防止最后减温水量从 0 ~ 0.005 之间进行反复而无效的迭代过程。

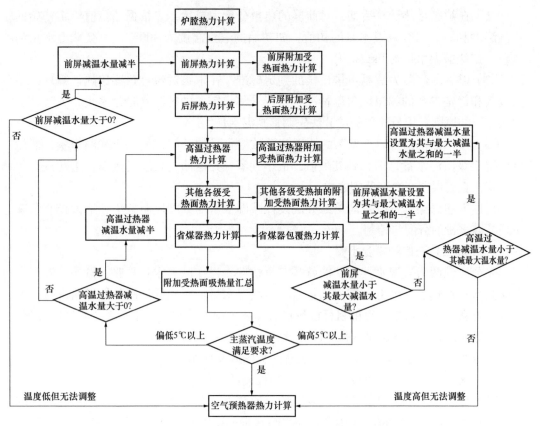

图 6-9　二分法两级减温校核及水量分配示意图

2）如果二级减温水到了 0 值，开始减一级减温水。预设的减温水量是当前的一级减温水量和 0 的平均值。但如果设定的一级减温水量已增加到最大一级减温水量的 0.005，则直接设为 0。

3）如果一级减温水、二级减温水均到了 0 值，则表明没办法再减了。

4）如果有办法减少减温水量，则根据设定的一、二级减温水量，返回初始开始，重新计算，否则直接跳出循环。

按本书设计的减温水校核和水量分配算法与初值完全无关，无论初值如何，都只能出三种结果：①参数调整到位，校核完成；②温度高但是减温水量都已到最大值，因此无法调整，校核完成；③温度低但是减温水量都已到最大值，因此无法调整，校核完成。这样就解决了调整不过来的问题。

可以设计减温水控制的程序为

程序代码 6-3　**二分法减温水校核程序** 1

```
BOOL SG400::SprayWaterCheck()
{
    double Dsw1=furnace.getFrontPlaten().getSprayWater();
    double Dsw2=finalSuperHeater-.getSprayWater();
    double DswX1=furnace.getFrontPlaten().getSprayWaterMax();
```

```
double DswX2=finalSuperHeater.getSprayWaterMax ( );
double boilerMainSteamT=mainSteam.getT ( );
double dt = finalSuperHeater.getCoolantLvT ( ) -boilerMainSteamT;
if ( dt>5 )   // 如果计算出的温度大于设计温度，则需要加大喷水量。
{
        if ( Dsw1<DswX1 ) // 一级减温水没到最大值，则优先一级减温水
        {
            if ( Dsw1<0.995DswX1 )
                Dsw1+=0.5*DswX1;
            else
                Dsw1 = DswX1;   // 减温水量增加到 0.995 以上全开，以防止死循环
            furnace.getFrontPlaten ( ) .setSprayWater ( Dsw1 );
            furnace.getFrontPlaten ( ) .setReCalc ( TRUE );
            return FALSE;
        }
        else// 一级减温水到了最大值，开始加二级减温水
        {
            if ( Dsw2<DswX2 ) // 二级减温水没到最大值
            {
                if ( Dsw2<0.995DswX2 )
                        Dsw2+=0.5*DswX2;
                else
                        Dsw2 = DswX2;   // 减温水量增加到 0.995 以上全开
                finalSuperHeater.setSprayWater ( Dsw1 );
                finalSuperHeater.setReCalc ( TRUE );
                return FALSE;
            }else  // 一级减温水、二级减温水均到了最大值
            return TRUE;    // 没法再加了，循环停止
        }
    }
if ( dt<-5 )  // 如果计算出的温度小于设计温度，则需要减少喷水量。
{
    if ( Dsw2>0 ) // 二级减温水还有，则优先减二级减温水
    {
        if ( Dsw2>0.005*DswX2 )
                Dsw2=0.5*Dsw2;
        else
            Dsw2 = 0;  // 减温水量减少到 0.005 以上全关，以防止死循环
```

```
            finalSuperHeater.setSprayWater ( Dsw1 );
            finalSuperHeater.setReCalc ( TRUE );
        }
        return FALSE;
    }
    else// 二级减温水 0, 开始减一级减温水
    {
        if ( Dsw1>0 ) // 一级减温水还有
        {
            if ( Dsw1<0.005*DswX1 )
                Dsw1=0.5*Dsw1;
            else
                Dsw1 = 0;    // 减温水量增加到 0.005 以上全关, 以防止死循环
            furnace.getFrontPlaten ( ) .setSprayWater ( Dsw1 );
            furnace.getFrontPlaten ( ) .setReCalc ( TRUE );
            return FALSE;
        }else //  一级减温水、二级减温水均到 0
                return TRUE;    // 没法再加了, 循环停止
        }
    }
    return TRUE; // 温差在 [-5, 5] 之间, 循环停止
}
```

3. 焓值控制法改变减温水量

所谓焓值控制法改变减温水量，就是先计算减温水量的整体用量，然后再进行减温水量分配的方法。在《锅炉课程设计》给出的程序实现的对于二级减温水的校核和调整本质上就是这样一种调整方法，但是需要针对多级减温水设置时进行减温水量分配的运算。

由于过热器两级减温水的来源是一致的，因而可以把它们当作一级减温水来进行求解，然后再按先粗调后细调的方法来进行分配。

全锅炉减温总量与蒸汽的热平衡示意图如图 6-10 所示。

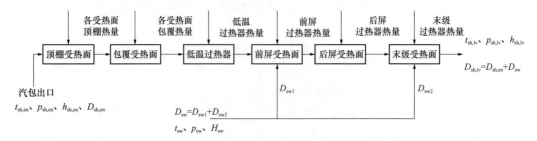

图 6-10 全锅炉减温总量与蒸汽的热平衡示意图

从汽包出口开始，根据两级减温水喷入和主蒸汽之间的关系有

$$h_{sh,lv}(D_{sh,en} + D_{sw}) = D_{sw}h_{sw} + D_{sh,en}h_{sh,en} + \sum Q\varphi \qquad (6\text{-}10)$$

式中　$t_{sh,lv}$、$p_{sh,lv}$、$h_{sh,lv}$——主蒸汽离开系统时的温度、压力和焓值，℃、MPa、kJ/kg；
　　　　$t_{sh,en}$、$p_{sh,en}$、$h_{sh,en}$——饱和蒸汽进入系统时的温度、压力和焓值，℃、MPa、kJ/kg；
　　　　t_{sw}、p_{sw}、h_{sw}——喷入系统的减温水的温度、压力和焓值，℃、MPa、kJ/kg；
　　　　$D_{sh,en}$、$D_{sh,lv}$——蒸汽进入系统和离开系统的流量，kg/s、kg/s；
　　　　D_{sw1}、D_{sw2}——第一、二级减温水的流量，kg/s、kg/s；
　　　　$\sum Q$——过热系统各级受热面吸收的总热量，kJ；
　　　　φ——保温系数。

图 6-10 中的主蒸汽温度并不是理想的主蒸汽目标温度。假定受热面为理想的主蒸汽温度对应的主蒸汽焓为 $h_{lv,th}$，则对应的减温水量为 $D_{sw,th}$，则有

$$D_{sw,th} = \frac{(h_{sh,en} - h_{lv,th})D_{en} + \sum \varphi Q}{(h_{lv,th} - h_{sw})} \qquad (6\text{-}11)$$

$D_{sw,th}$ 为把主蒸汽温度控制到理想水平时的喷水量，当它大于零时需要加减温水量，当它小于零时需要减减温水量。实际工作过程中，两级减温水的最大值为 $D_{sw,max}$，两级减温水量的总和在 $[0, D_{max}]$ 之间，即

$$0 < D_{sw,th} = D_{sw1} + D_{sw2} < D_{sw,max} = D_{sw1X} + D_{sw2X} \qquad (6\text{-}12)$$

式中　D_{sw1X}、D_{sw2X}——第一、二级减温水最大的流量，kg/s、kg/s；
　　　　$D_{sw,max}$——减温水总量最大值，kg/s。

按加减温水量先加一级，减减温水量时先减二级的原则，其工作过程如下。

（1）计算主蒸汽温度与设计温度的偏差值，根据偏差值调整减温水量。

1）偏差值在 $-5 \sim 5℃$，则说明不需要改变喷水量，返回真值。

2）偏差大于设计温度 5℃ 以上，则需要增加喷水量。

3）偏差小于设计温度 5℃ 以上，则需要减少喷水量。

（2）根据式（6-12）计算把温度控制在目标所需要的减温水量 $D_{sw,th}$。

1）当 $D_{sw,th}$ 大于最大减温水量 D_{max} 时，对应于计算蒸汽温度大于设计温度，则需要加大喷水量，但需要的减温水量超限的工况，此时如果减温水量已经调到最大值，参数虽然没有调整到位，但校核工作也已完成，不再计算；如果实际的减温水量没有调到最大值，则把它们调整到最大值，返回重新计算一次。

2）当 $D_{sw,th}$ 小丁 0 时，对应于计算蒸汽温度低于设计温度，需要减少喷水量，但喷水量实际上已经减少到 0 的工况。如果实际的减温水量已经减少到 0，则直接跳出程序，不再计算；如果实际的减温水量还没有调整到 0，则把所有的减温水量调整到 0，返回重新计算一次。

计算的过程中，需要把过热系统各级受热面的换热量累加，这一环节比较复杂。

（3）如果 $D_{sw,th}$ 大于 0 且在减温水量最大值之间时，则对应于可以把温度进行很好的调整到位的工况，需要重新分配减温水量并返回作迭代计算。减温水量分配的方法

主要为查看 $D_{sw,th}$ 是否大于一级减温水量的最大值 D_{sw1X}。如果 $D_{sw,th}>D_{sw1X}$，则一级减温水量新值为 D_{sw1X}，二级减温水量为 $D_{sw,th}-D_{sw1,X}$；如果 $D_{sw,th}<D_{sw1X}$，则一级减温水量为 $D_{sw,th}$，二级减温水量为 0。

（4）根据设定的一、二级减温水量，返回初始开始，重新计算。

焓值控制法两级减温水量校核与分配如图 6-11 所示。

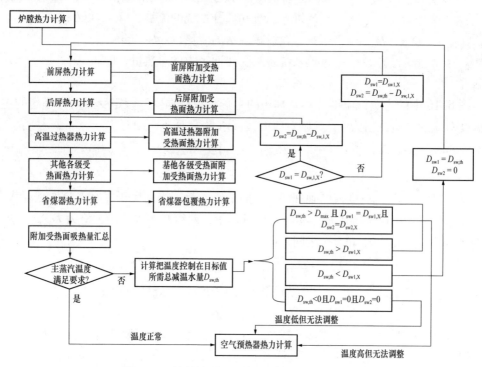

图 6-11　焓值控制法两级减温水量校核与分配

根据图 6-11，可以设计减温水控制的程序为

程序代码 6-4　焓值控制法校核程序 1

```
BOOL SG400::SprayWaterCheck(BOOL)
{
    double Dsw1=furnace.getFrontPlaten().getSprayWater();
    double Dsw2=finalSuperHeater.getSprayWater();
    double DswX1=furnace.getFrontPlaten().getSprayWaterMax();     //5.6
    double DswX2=finalSuperHeater.getSprayWaterMax();     //2.3;
    double boilerMainSteamT=mainSteam.getT();
    double dt = finalSuperHeater.getCoolantLvT()-boilerMainSteamT;
    if(dt<5 && dt>-5) return TRUE;

    double flowSteamLv=mainSteam.getFlow();
    double flowWaterEn=feedWater.getFlow();
```

```
double mainSteamH=mainSteam.getEnthalpy ( );

double sparyWaterH=sprayWater.getEnthalpy ( );

double Hen=furnace.getFrontPlaten ( ) .getCoolantHen ( );

double Qsum=furnace.getRoof ( ) .getheat ( );

        Qsum+=furnace..getFrontPlaten ( ) .getheat ( );

        ......

        Qsum+=finalSuperHeater.getheat ( );

        Qsum/=Qsum*heatInsulation;

doulbe Dsw= (( mainSteamH-Hen ) *flowWaterEn +Qsum ) / ( mainSteamH-sprayWaterH );


if ( Dsw<0 ) // 减温水需要减少
    if ( Dsw2==0  && Dsw1==0 )
    {
        finalSuperHeater.setReCalc ( FALSE );
        furnace.getFrontPlaten ( ) .setReCalc ( FALSE );
        return TRUE;
    }  else{
        finalSuperHeater.setSprayWater ( 0 );
        furnace.getFrontPlaten ( ) .setSprayWater ( 0 );
        finalSuperHeater.setReCalc ( TRUE );
        furnace.getFrontPlaten ( ) .setReCalc ( TRUE );
        return FALSE;

    }
if ( Dsw>Dsw1X+Dsw2X ) // 减温水需要减少
    if ( Dsw2==Dsw2X && Dsw1==Dsw1X )
    {
        finalSuperHeater.setReCalc ( FALSE );
        furnace.getFrontPlaten ( ) .setReCalc ( FALSE );
        return TRUE;
    }  else{
        finalSuperHeater.setSprayWater ( Dsw2X );
        furnace.getFrontPlaten ( ) .setSprayWater ( Dsw1X );
        finalSuperHeater.setReCalc ( TRUE );
        furnace.getFrontPlaten ( ) .setReCalc ( TRUE );
        return FALSE;

    }
if ( Dsw>Dsw1X )
    if ( Dsw1==Dsw1X )
```

```
            {
                furnace.getFrontPlaten ( ) .setReCalc ( FALSE );
                finalSuperHeater.setReCalc ( TRUE );
                finalSuperHeater.setSprayWater ( Dsw-Dsw1X );
                return FALSE;
            }   else{
                finalSuperHeater.setSprayWater ( Dsw-Dsw1X );
                furnace.getFrontPlaten ( ) .setSprayWater ( Dsw1X );
                finalSuperHeater.setReCalc ( TRUE );
                furnace.getFrontPlaten ( ) .setReCalc ( TRUE );
                return FALSE;
            }
        finalSuperHeater.setSprayWater ( 0 );
        furnace.getFrontPlaten ( ) .setSprayWater ( Dsw );
        finalSuperHeater.setReCalc ( TRUE );
        furnace.getFrontPlaten ( ) .setReCalc ( TRUE );
        return FALSE;
            }
```

4. 重新计算的触发

减温水校核程序 SprayWaterCheck ( ) 完成减温水量设置后，并没有直接调用前屏 platen 的 heatCalc ( )，而是返回一个是否要继续迭代的标志，借由 heatCalc ( ) 的 Do 循环能实现图 6-6 所示的完整迭代，控制程序为

```
        do{
            platen.heatCalc ( );                      // 后屏过热器热力计算
            finalSuperHeater.heatCalc ( );            // 高温过热器热力计算
            sparyWaterPass=SprayWaterCheck ( );       // 减温水校核，更新后屏出口的减温水量
        }while ( sparyWaterPass )                      // 减温水校核不合格
```

这是一种比较有技巧的工作方法，原因 SprayWaterCheck ( ) 中图 6-6 中的迭代过程对应到上述示例中，无论是条件检查，还是重新计算或是最后的结果修正目标，位于 SprayWaterCheck ( ) 程序的范围之外。如果 SprayWaterCheck ( ) 自己触发迭代过程，则必须把功能融合到 heatCalc ( ) 中，或者使用 goto 语句，使主控制程序变得庞大。

5. 减温水量改变后的汽水流量调整

如减温水的流量调整后，汽水侧（冷却剂侧）减温器之前所有受热面流量均需要反向调整：如果本级减温水量是增加的，则本级受热面汽水侧前面的所有受热面，包括炉膛水冷壁 / 附加受热面 / 省煤器等，流量均要减少本级受热面减温水的增加量；反之，如果本级减温水量是减少的，则这些前面的受热面均需要增加本级受热面减温水

的减少量。

furnace.setCoolantFlow（mainSteamFlow−Dsw）；

furnace.getFrontPlaten（）.setCoolantFlow（mainSteamFlow−Dsw）；

furnace.getFrontPlaten（）.getRoofHeater（）.setCoolantFlow（mainSteam-Flow−Dsw）；

......

通过图6-10可见，只更改省煤器的水流量即可，其他的流量可以从上级受热面取得就可以了，但是由于此处程序还没设置上下级关系的信息，因而还必须手工地逐步设置各个受热面的流量。各个主受热面、各个附加受热面均需要设置，整体工作还是很复杂的。

有些受热面位于减温器位置之后还没有进行热力计算，有些受热面位于减温器之前已经完成热力计算，流量反向调整后这些受热面的热力计算需要重新计算。

6. 受热面调整

在减温水量已经无法调整，主蒸汽温度还无法满足要求的情况下，是否调整受热面面积根据预先设置的"是否过热器调整受热面"的变量来决定。如果该变量为真，则就需要调整受热面，此时为设计计算，同比增加受热面面积，调整位置为最后一级过热器，直到过热蒸汽温度符合预设温度。否则为校核计算，受热面不动，直接输出结果，为当前条件下锅炉实际可以达到的蒸汽参数。

（三）再热汽温调整

再热蒸汽温度最主流的控制设备通常为烟气挡板控制低温再热器烟气流量或燃烧器摆角改变火焰中心两种方式，也有部分锅炉设计为两种控制设备共同作用。热力计算过程中，烟气挡板调节再热蒸汽温度通常称为烟气份额校核，改变火焰中心通常称为燃烧器摆角校核。

1. 烟气份额校核 gasFractionCheck

烟气份额校核与具体的烟气挡板安装位置有关。大部分再热器调温挡板安装在低温再热器出口位置，调整两个并列受热面的挡板开度，就可以改变低温再热器流通的烟气份额，但也有部分锅炉配置为省煤器作为低温再热器的并列受热面，如本书中的SG400锅炉就是把低温再热器和一部分的省煤器并列布置，与低温再热器并列的受热面能承受的热量输入一般比低温再热器大即可。

因为烟气挡板的控制目标是再热蒸汽温度满足控制要求，所以计算时优先确定流经低温再热器的烟气份额，使得高温再热器出口蒸汽温度满足要求：如果高温再热器出口蒸汽温度低于锅炉再热蒸汽温度设定值，则低温再热器的传热量需要提升，通过增加其烟气份额；反之，如果高温再热器出口蒸汽温度高于锅炉蒸汽温度，说明再热系统传热量大于所需，可以通过减少其烟气份额来达到调整目的，最大的再热器烟气份额为 gasFactionX，这样，通过简单的二分法可以使低温再热器的烟气份额调节到合理状态，调整思路如图6-12所示。

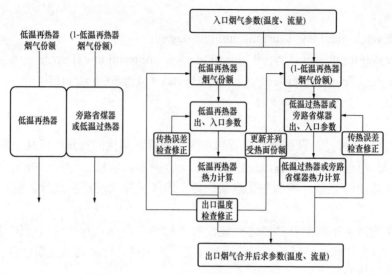

图 6-12 烟气份额校核与调整思路

手算时旁路烟气份额的精度要求最低，一般可取 5% 左右。机算时可以根据再热蒸汽温度的控制范围确定计算精度，如再热蒸汽温度设计时一般控制在 ±10℃ 的范围之内，则相应的控制代码可以表示为

程序代码 6-5 再热蒸汽温度调节（烟气份额）校核程序

```
BOOL SG400::gasFractionCheck()
{
    // 计算末级再热器出口温度与设计温度的差值;
    double dt=finalRHeater->getCoolantLvT() - getReheatSteamT();
    if(dt>-10 && dt<10) return TRUE;
    double gasFraction1=lowReheater.getGasFraction();
    double gasFractionX=lowReheater.getGasFractionMax();
    double gasFraction2=bypassEconomizer.getGasFraction();
    /* 如果再热器出口温度高于再热温度设定值，应当减少低温再热器烟气流量份额，同
       时增加旁路省煤器的烟气流量。*/
    if(dt>10)
    {
        if(gasFraction1>0.05)
            return passCheck=TRUE;
        gasFraction1=0.5*gasFraction1;
        gasFraction2=0.5*gasFraction1+gasFraction2;
        lowReheater.setGasFraction(gasFraction1);
        bypassEconomizer.seGasFraction(gasFraction2);
        return FALSE;
    }
```

```
/* 如果再热器出口温度高于再热温度设定值，应当增加低温再热器烟气流量份额，减
   少旁路省煤器的烟气流量。*/
if ( dt<-10 )
{
    if ( gasFraction1<gasFractionX )
            return passCheck=TRUE;
    gasFraction1=0.5* ( gasFraction1+gasFraction1X );
    gasFraction2=1-gasFraction1;
    lowReheater.setgasFraction ( gasFraction1 );
    bypassEconomizer.setgasFraction ( gasFraction2 );
    return FALSE;
}
return true;
}
```

当低温再热器烟气份额流量改变后，与其平行的另一条支路的烟气份额也就随之确定，如在 SG400 中，低温省煤器的并列受热面为旁路省煤器。《锅炉课程设计》中认为实际的烟气分流发生在转向室，第一转向室后一部分烟气流到达低温再热器，另一部分烟气流经旁路省煤器，但最主要的影响部分在再热器和并列的旁路省煤器的两部分受热面的烟气份额，两受热面出口烟气最终混合后流入主省煤器。大量的实践中可知，出口布置的烟气挡板影响烟气流量的范围其实是有限的，同时转向室整体换热量小，各部分的烟气份额调整发生变化时，对于锅炉热力计算的影响非常有限，因而本书忽略烟气挡板对于转向室的影响，认为其烟气份额不变，而直接使用其烟气通流面积之比来确认烟气份额。

主程序中还需要进行烟气份额相关关系的修改，为体现逻辑性，把更新参数的代码略去后的主干部分为

```
......
room1.heatCalc ( );              // 第一转向室热力计算
room2.heatCalc ( );              // 第二转向室热力计算
lowReHeaterTube.heatCalc ( );    // 低温再热器引出管热力计算
room3.heatCalc ( );              // 第三转向室热力计算
do{
    lowReheater.setgasFraction ( room1.getgasFraction ( ) +lowReheaterTube.getgasFraction ( ));
    lowReHeater.heatCalc ( );        // 低温再热器热力计算
    gasFractionPass=gasFractionCheck ( ); // 烟气份额校核，去更新 room2 的烟气份额
    bypassEcomizer.setgasFraction ( room1.getgasFraction ( ) +lowReheaterTube.getgasFraction ( ));
}while ( gasFractionPass )       // 烟气份额校核不合格
heatBalancePass=SteamContinuityCheck ( ) // 蒸汽参数连续性的校核，去更新前屏入口蒸汽参数
bypassEcomizer.heatCalc ( );             // 炉膛热力计算
```

......

2. 燃烧器摆角校核 TitlingAngleCheck

SG400 是四角切圆锅炉，因而它也可以有 TitlingAngleCheck 的再热蒸汽温度控制。但是其功能基本上等同于低温再热器的烟气份额，而四角切圆锅炉又大量的存在，因此应当为此类锅炉设计相应的计算方法。

燃烧器摆角控制再热蒸汽温度示意如图 6-13 所示。

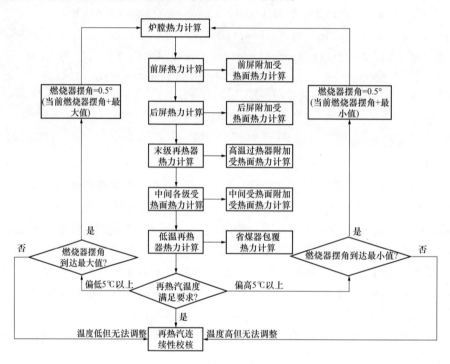

图 6-13 燃烧器摆角控制再热蒸汽温度示意图

根据图 6-13，可设计摆动火嘴调节再热蒸汽温度的程序为

程序代码 6-6　再热蒸汽温度调节（摆动火嘴）校核程序

```
BOOL SG400::titlingAngleCheck()
{
    // 计算末级再热器出口温度与设计温度的差值；
    double dt=finalRHeater->getCoolantLvT() - getReheatSteamT();
    if(dt>-10 && dt<10) return TRUE;
    double angle=furnace.getBurnerAngle();
    double angleMax=furnace.getBurnerAngleMax();
    double angleMin=furnace.getBurnerAngleMin();
    /* 如果再热出口温度高于再热温度设定值，燃烧器下摆。*/
    if(dt>10)
```

```
{
    if ( angle<angleMin )
            return passCheck=TRUE;
    angle=0.5* ( angle+angleMin );
    furnace.setBurnerAngle ( angleMin );
    return FALSE;
}
/* 如果再热出口温度低于再热温度设定值，燃烧器上摆 */
if ( dt<-10 )
{
    if ( angle>angleMax )
            return passCheck=TRUE;
    angle=0.5* ( angle+angleMax );
    return FALSE;
}
return true;
}
```

燃烧器摆角改变后热力计算主程序也要进行修改，以形成迭代：

```
do{
  do{
      furnace.heatCalc ( );                    // 炉膛热力计算（含前屏）
      do{
          platen.heatCalc ( );                 // 后屏过热器热力计算
          finalSuperHeater.heatCalc ( );       // 高温过热器热力计算
          sparyWaterPass=SprayWaterCheck ( );  // 减温水校核，更新后屏出口的减温水量
      }while ( sparyWaterPass )                // 减温水校核不合格
      finalReheater.heatCalc ( );              // 高温再热器热力计算
  while ( !titlingAngleCheck ( ) };
  room1.heatCalc ( );                          // 第一转向室热力计算
  room2.heatCalc ( );                          // 第二转向室热力计算
  lowReHeaterTube.heatCalc ( );                // 低温再热器引出管热力计算
  room3.heatCalc ( );                          // 第三转向室热力计算
  lowReHeater.heatCalc ( );                    // 低温再热器热力计算
  gasFractionPass=gasFractionCheck ( );        // 烟气份额校核，去更新 room2 的烟气份额
  heatBalancePass=heatBalanceCheck ( )( )      // 蒸汽参数连续性的校核，去更新前屏入口蒸汽参数
  bypassEcomizer.heatCalc ( );                 // 炉膛热力计算
}while ( heatBalancePass )                     // 热平衡校核不合格
```

3. 燃烧器摆角与烟气份额双迭代

部分锅炉同时设置烟气挡板控制低温再热器烟气流量和燃烧器摆角改变火焰中心两种再热蒸汽温度调节方式，对于这部分锅炉即要进行火焰中心的迭代，也要进行烟气挡板的迭代，迭代的方式与单独控制再热蒸汽温度的方式相同，在热力计算里需要增加一个迭代过程，即

```
do{
  do{
    furnace.heatCalc ( );                              // 炉膛热力计算 ( 含前屏 )
    do{
      platen.heatCalc ( );                             // 后屏过热器热力计算
      finalSuperHeater.heatCalc ( );                   // 高温过热器热力计算
      sparyWaterPass=SprayWaterCheck ( );  // 减温水校核，更新后屏出口的减温水量
    }while ( sparyWaterPass )                          // 减温水校核不合格
    finalReheater.heatCalc ( );                        // 高温再热器热力计算
  room1.heatCalc ( );                                  // 第一转向室热力计算
  do{
    room2.heatCalc ( );                                // 第二转向室热力计算
    lowReHeaterTube.heatCalc ( );                      // 低温再热器引出管热力计算
    room3.heatCalc ( );                                // 第三转向室热力计算
    lowReHeater.heatCalc ( );                          // 低温再热器热力计算
    gasFractionPass=gasFractionCheck ( ); // 烟气份额校核，去更新 room2 的烟气份额
  }while ( gasFractionPass )                           // 烟气份额校核不合格
  }while ( !titlingAngleCheck ( ) };
  heatBalancePass=heatBalanceCheck ( )( ) // 蒸汽参数连续性的校核，去更新前屏入口蒸汽参数
  bypassEcomizer.heatCalc ( );                         // 炉膛热力计算
}while ( heatSteamPass )                               // 热平衡校核不合格
```

4. 再热器受热面调整

在调温手段已用尽、火焰中心摆到最大位置或烟气挡板最大位置或两者都到最大位置，再热蒸汽温度还无法满足要求的情况下，是否调整受热面面积根据预先设置的"是否再热器调整受热面"的变量来决定。如果该变量为真，则就需要调整受热面，此时为设计计算，同比增加受热面面积，调整位置为最后一级再热器，直到再热蒸汽温度符合预设温度。否则，为校核计算，受热面不动，直接输出结果，为当前条件下锅炉实际可以达到的蒸汽参数。

（四）连续性校核 ContinuityCheck ( )

对于同类冷却剂的两个受热面，如果其内部冷却剂的流向与外部热烟气的流动方向相反，则会产生冷却剂侧温度相互连接不连续的问题。以前屏热力计算为例，其入口蒸汽通常从省煤器包覆受热面出口来，但前屏热力计算在省煤器热力计算之前进行，因而前屏热力计算时需先假定入口蒸汽温度，直到省煤器热力计算完成

后（省煤器包覆受热面算完），才能知道这个事先假定前屏温度是否合适，如果不合适就必须返回去重新计算。也就是说，冷却剂的流向是从省煤器包覆流向前屏，而烟气是从前屏流向省煤器包覆，流向是相反的。这种为保证烟气流向与冷却剂流量不同时两个受热面间冷却剂温度的接续过程连续而进行的校核过程即称为连续性校核。

通常锅炉中过热蒸汽、再热蒸汽等受热面均存在连续性问题。

1. 过热蒸汽连续性校核 steamContinuityCheck（）

根据锅炉的不同配置，过热蒸汽的连续性问题主要是发生在前屏入口和低温过热器入口两个位置处，蒸汽连续性校核就是检查这些位置温度缺口的大小，并通过迭代计算完成缺口的消除。

（1）超高压以下参数的锅炉，通常不设置低温过热器，前屏入口蒸汽来源于省煤器包覆过热器的出口；蒸汽连续性校核的方法是计算完包覆过热器的热力计算后，比较包覆式过热器出口温度与前屏入口蒸汽温度的差值，如果该差值超过允许误差，则前屏入口蒸汽温度用包覆式过热器出口温度代替，返回前屏热力计计算模块重新计算。如果该差值满足要求，则校核完成，进行后续热力模块计算，如图 6-14（a）所示。

（2）超高压及以上参数的锅炉通常设置低温过热器，前屏过热器的入口蒸汽通常来源于低温过热器出口，而低温过热器入口蒸汽来源于省煤器包覆过热器的出口。此时校核工作在两处进行，先校核包覆过热器和低温过热器的连续性，再校核低温过热器与前屏入口蒸汽的连续性，如图 6-14（b）所示。

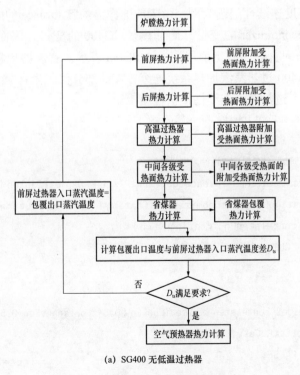

(a) SG400 无低温过热器

图 6-14　汽水流程连续性校核框图（一）

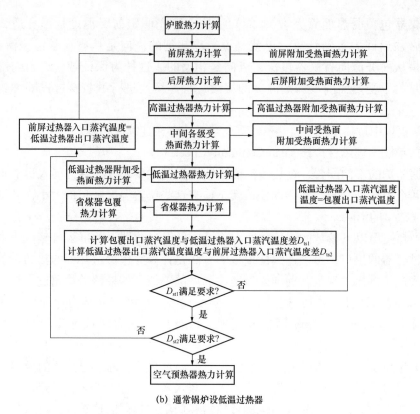

(b) 通常锅炉设低温过热器

图 6-14　汽水流程连续性校核框图（二）

以前屏入口温度连续性问题为例：由于前屏作为炉膛 furnace 的附加受热面，包覆受热面是省煤器 economizer 的变量，而非锅炉 SG400 的变量，因而需要通过 furnace 和 economizer 去访问它们。假定前屏用 frontPlaten 表示，省煤器包覆用 coatingEconomizer 表示，则 SG400 过热蒸汽加热系统连续校核的部分代码为

程序代码 6-7　过热蒸汽连续性校核程序 1

```
BOOL SG400::SteamContinuityCheck()
{
    // 计算低温过热器出口温度与设计温度的差值;
    double tFrontPlatenEn=furnace.getFrontPlaten().getTCoolEn();
    double tCoatingLvEco=economizer.getCoating().getTCoolLv();
    if(abs(tFrontPlatenEn-tCoatingLvEco)<1)
        return TRUE;
    else
    {
        furnace.getFrontPlaten().setTCoolEn(0.5*tCoatingLvEco+0.5* tFrontPlatenEn);
        furnace.setReCalc(TRUE);
        return FALSE;
    }
}
```

```
}
```

如果有低温过热器，则除了校核屏式过热器入口的温度以外，还需要校核低温过热器入口的连续性，代码为

程序代码6-8　过热蒸汽连续性校核程序2

```
BOOL SG400::SteamContinuityCheck()
{
    // 计算低温过热器出口温度与设计温度的差值;
    double tFrontPlatenEn=furnace.getFrontPlaten ( ) .getTCoolEn ( );
    double tLowSuperHeaterEn=furnace.getFrontPlaten ( ) .getTCoolEn ( );

    double tCoatingLvEco=economizer.getCoating ( ) .getTCoolLv ( );
    if ( abs ( tFrontPlatenEn-tCoatingLvEco ) <1 )
        return TRUE;
    else
    {
        furnace.getFrontPlaten ( ) .setTCoolEn ( 0.5*tCoatingLvEco+0.5* tFrontPlatenEn );
        return FALSE;
    }

    double tCoatingLvEco=economizer.getCoating ( ) .getTCoolLv ( );
    if ( abs ( tFrontPlatenEn-tCoatingLvEco ) <1 )
        return TRUE;
    else
    {
        furnace.getFrontPlaten ( ) .setTCoolEn ( 0.5*tCoatingLvEco+0.5* tFrontPlatenEn );
        return FALSE;
    }
}
```

2. 再热蒸汽连续性校核 reheatContinuityCheck ( )

再热蒸汽连续性校核与主蒸汽是类似的，校核时需要先检查一下再热器出口温度和低温过热器入口温度之间的差别，然后决定是否完成校核，如图6-15所示。

3. 水侧连续性校核

锅炉中以水的形式存在的受热面主要有省煤器和炉膛，因为炉膛是最先计算的汽水工质受热面，而省煤器是最后计算的汽水工质受热面，所以两者必然存在连续性问题。同时，如果是两级省煤器布置方式的，两级省煤器通常也是逆流布置，因此也存在连续性问题。对于两级省煤器之间的校核与上述再热蒸汽连续性校核类似，比较简单，但是省煤器出口与炉膛的连接则比较复杂，它的去向是炉膛中的锅水。炉膛是辐射式受热面，其换热过程主要受制于烟气热端的辐射能力，热力计算模型中假定其换

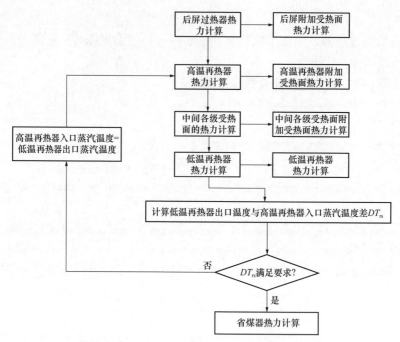

图 6-15　再热蒸汽连续性校核

热量与锅水温度关系不大，但与其出口饱和蒸汽温度却密切相关，因而最后一级省煤器的水侧连续性校核工作实际上是校核炉膛出口饱和蒸汽温度。炉膛出口饱和蒸汽是顶棚过热器入口的蒸汽温度。

根据 SG400 设置旁路省煤器和主省煤器两级省煤器的特点，可以设计图 6-16 所示的水侧连续性校核算法框图。由图 6-16 可知，省煤器计算完成后，第一步需要先校核省煤器出口水温和旁路省煤器入口水温之间的差别，如果两者之差 DT_{ws} 大于允许误差，则先返回旁路省煤器重新计算其出口温度，直至 DT_{ws} 满足要求。当 DT_{ws} 满足要求后开始进行省煤器出口水温经过炉膛后与炉膛顶棚入口蒸汽温度接续性 DT_{ws} 的校核工作。该过程较为复杂，主要过程如下：

（1）锅水从末级省煤器到顶棚入口之间蒸汽吸收了大量的热量，主要蒸发位置是炉膛水冷壁，但是有很多的对流受热面的两册墙由水冷的包覆管构成，悬吊管以及凝渣管等受热面也都是水，它们吸收的热量共同完成锅水蒸发的过程。这样，从省煤器出口水熔开始，加上所有的这些水侧受热面吸热量之和与保温系数的积，就变成了炉膛出口饱和蒸汽应具有的焓值，即

$$h_{sh,en} = h_{ec,lv} + \frac{\sum Q_{fw} B \varphi}{D_{sh,en}} \tag{6-13}$$

式中　$h_{sh,en}$、$h_{ec,lv}$——顶棚过热器入口蒸汽和省煤器出口之间的熔值，kJ/kg；

　　　$\sum Q_{fw}$——所有锅水受热面的吸热量，kJ；

　　　B——锅炉燃料量，kg/s；

　　　φ——保温系数，可取 0.99；

$D_{sh,en}$ ——顶棚过热器入口蒸汽流量，kg/s。

（2）式（6-13）计算所得的 $h_{sh,en}$ 和锅炉热力计算预设的汽包/汽水分离器出口蒸汽焓进行比较，小于允许误差为通过（允许误差通常为 10℃）。如果误差大于允许误差，则必须要修改省煤器的面积或者修改前屏入口蒸汽温度的给定值；否则，锅炉将进入死循环或者最后的热平衡校核无法通过。需要先设定并由程序判定是否修改省煤器面积，如果不修改省煤器面积，则一定要修改顶棚入口蒸汽温度。

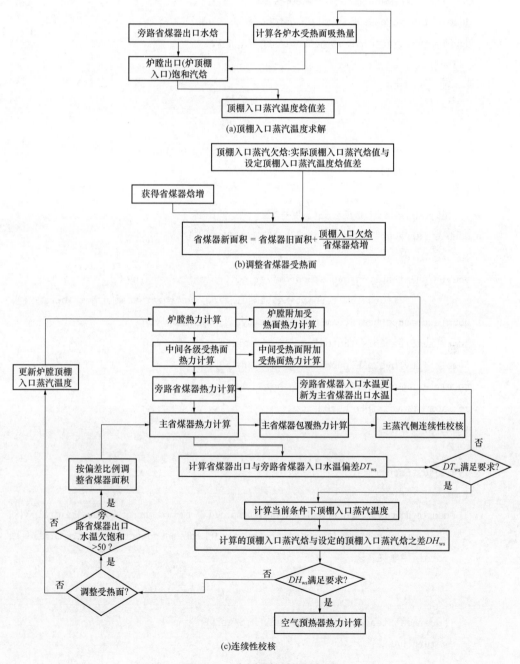

图 6-16　水侧连续性校核框图

根据如上原理，可以设计锅炉水侧连续性校核的程序框图如图 6-16 所示。

前期在 CBoiler 中设置了 superheatSteamEn 表示，因此，水侧连续性校核实际上是更新 superheatSteamEn 的温度项，具体的代码过程为

程序代码 6-9　水连续性校核程序

```cpp
BOOL SG400::waterContinuityCheck()
{
    // 计算低温过热器出口温度与设计温度的差值;
    double twEn=bypassEconomizer.getCoolantEnT ( );
    double twEco=economizer.getCoolantLvT ( );
    if ( abs ( twEn-twEco ) <1)
        return TRUE;
    else
    {
        bypassEconomizer.setTCoolantEnT ( 0.5*twEn-0.5*twEco );
        return FALSE;
    }
    // 计算低温过热器出口温度与设计温度的差值;
    double furnaceWaterHeat=furnace.getWaterHeat ( );
    furnaceWaterHeat+=......;
    double shEnthaplyEn=bypassEconomizer.getCoolantLvEnthalpy ( )
              +furnaceWaterHeat*heatInsulation/superheatSteamEn.getFlowrate ( );
    double dh=superheatSteamEn.getEnthalpy ( ) -shEnthaplyEn;
    superheatSteamEn.setEnthalpy ( shEnthaplyEn );
    double tsLv=bypassEconomizer.getCoolantLvT ( );
    double tsSHEn=superheatSteamEn.getT ( );
    if ( abs ( tsLv-tsSHEn ) <10)
        return TRUE;

    if ( adjustEconomizer )
    {
        double dhEco=economizer.getCoolantLvEnthalpy ( ) -economizer.getCoolantEnEnthalpy ( );
        economizer.setArea ( economizer.getArea ( ) +dh/dhEco*economizer.getArea ( ));
        return FALSE;
    }

    superheatSteamEn.setT ( 0.5*tsLv-0.5*tsSHEn );
    return FALSE;
}
```

4. 空气侧连续性校核 airContinuityCheck

当空气预热器多级布置时也是先计算高温空气预热器，再算低温预热器，此时应当进行空气侧连续性校核工作，目的是解决高温空气预热器的入口空气温度预先假定的问题。此外，空气预热器的热风最后进入炉膛，当锅炉最后一级空气预热器热力计算完成后，还要用最终热空气温度和事先假定的炉膛入口热风温度进行比较和校核：如果热空气温度计算偏高，则提高炉膛入口热风温度；反之，则降低炉膛入口热风温度，直到其间温度相差不超过 ±40℃ 时。

与水侧连续性校核过程相同，空气侧连续性如果不通过校核，也必须选择是调整空气预热器受热面还是修改锅炉炉膛入口热风温度。

空气侧连续性校核框图如图 6-17 所示。

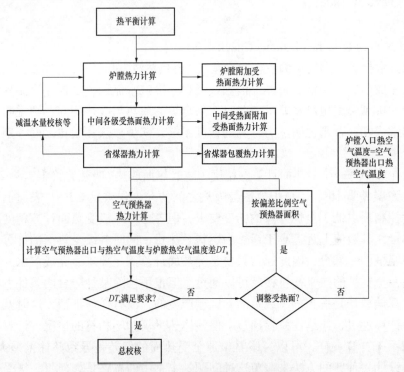

图 6-17　空气侧连续性校核框图

（五）排烟温度校核 gasTempCheck（）

排烟温度校核针对锅炉热平衡计算时最初假定的排烟温度进行（参见第二章）。当锅炉最后一级受热面、即空气预热器的热力计算完成后，可以用得到的最终排烟温度和事先假定的排烟温度进行比较：如果计算求得的排烟温度比假定温度高，需要降低排烟温度；反之，则需要提高排烟温度，返回热平衡模块重新计算，直到与原来估计的排烟温度相差不超过 ±10℃。

重新设置的排烟温度直接更改 CBoiler 的变量 flueGasLvT 即可以了，在下一次热平衡计算时会用到这个变量。

程序代码 6-10　**排烟温度校核程序**

```
BOOL SG400::gasTempCheck()
{
    double tFgLv=airHeater.getGasLvT(); // 空气预热器计算后的出口烟气温度;
    double dTfg=tFgLv-flueGasLvT;
    BOOL passT=abs(dTfg)>10;
    if(passT){
        flueGasLvT = 0.5*(tFgLv+flueGasLvT);
        return FALSE; // 返回热平衡迭代计算时会使用修改后的值;
    }
    return TRUE;
}
```

（六）热平衡校核 heatBalanceCheck（ ）

当减温水校核、烟气份额校核、主蒸汽/再热蒸汽/水/空气的连续性校核、排烟温度校核完成后，说明锅炉整体上沿烟气流程、沿汽水流程、沿再热汽流程均满足要求，锅炉的排烟温度也满足要求，此时如果全炉的放热与吸热相同，则说明锅炉的热力计算非常成功；否则说明热力计算的精度不够，锅炉放热和吸热之间差别过大，需要重新计算。

热力计算中每一个受热面计算的精度（主受热面放热/吸热允许误差为2%，附加受热面允许误差为10%），全炉放热与吸热之间的允许误差是0.5%。表面上看各受热面的精度控制要求低于全炉计算的精度要求，但考虑每一级受热面计算精度基准都是自身吸热量，其数值上远远小于锅炉中燃料总热量，同时各级受热面的计算偏差有正有负会相互抵消一部分，因此通常只要是受热面计算满足要求，完成汽水、空气的连续性校核，全锅炉的热平衡校核就可以通过。但也不排除某种巧合的条件下存在这些受热面计算偏差均是按正的（或负的）偏差产生的，没有任何抵消，这时就有可能产生受热面计算通过、连续性校核通过，但整体热平衡却不相符的情况。计算机计算时不可能像手工计算一样，可以一眼看出那个受热面的偏差是导致整体偏差大的原因，因此必须设计一种新的方法来避免这种问题。本书中的思路是如何每一级受热面的计算精度都小于0.5%，则整体精度必然小于0.5%的要求，因此这种情况下把每一级受热面的计算精度允许范围都减少后再进行一次迭代计算，必然会保证整体计算收敛。如果此时锅炉整体热平衡还不收敛，则标志着在受热面统计时有漏掉的元素，而非精度控制问题，此时也要跳出控制循环。

相应的算法表示如图6-18所示。

热平衡的难点之一是吸热量的累加过程，需要对逐个受热面进行换热量累加。根据图6-18，可以写出热平衡校核的程序为

程序代码 6-11　**排烟温度校核程序**

```
BOOL SG400::heatBalanceCheck()
{
```

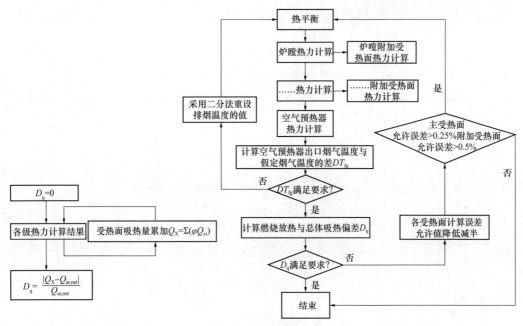

图 6-18　总校核

```
// 把省煤器以外各受热面吸热量加总后与煤发热量相减，得到省煤器应吸热量与实际吸热量进行误差
   计算，并计算出省煤器的吸热量需求；
double qFromCoal=coal.getLHV ( );
double qAbsorbed=boiler->furnace->getheat ( );          // 炉膛热力计算（含前屏）
qAbsorbed +=boiler->platen->getheat ( );                // 后屏过热器热力计算
qAbsorbed +=boiler->finalHeater->getheat ( );           // 高温过热器热力计算
qAbsorbed +=boiler->finalReheater.getheat ( );          // 高温再热器热力计算
........
double qEcNeeded=qFromCoal-qAbsorbed;
double qEc=boiler->getEconomizer ( ) ->getheat ( );
passQ=abs ( qEc/qEcNeeded-1 ) >0.005;

if ( passQ | passT ) {
    setFlueGasLvT ( tFgLv+tAhLv ) /2;
    return FALSE;
}
return TRUE;
}
```

（七）主程序改进

图 6-5 所示的校核过程可以进一步根据功能拆分为减温水校核、烟气份额校核、主蒸汽系统连续性校核、再热蒸汽连续性校核、水连续性校核、空气连续性校核、排烟温度校核和热平衡校核共 6 层嵌套、8 个迭代，各迭代之间的关系如图 6-19 和图 9-20 所

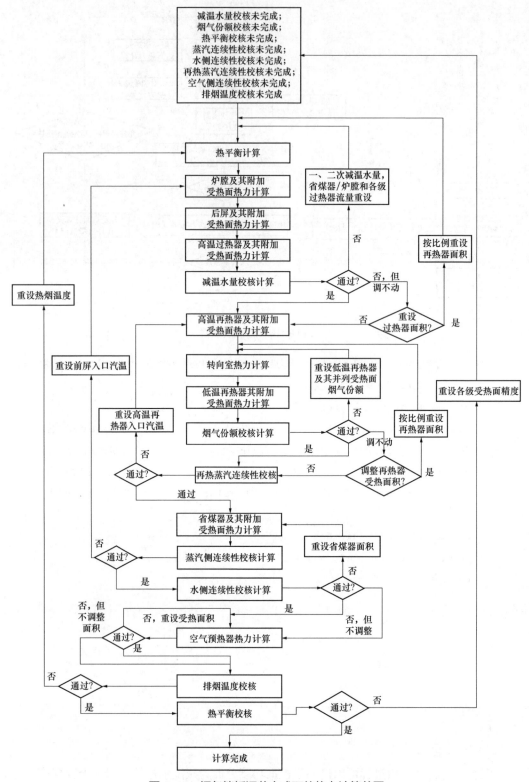

图 6-19　烟气挡板调节方式下的热力计算总图

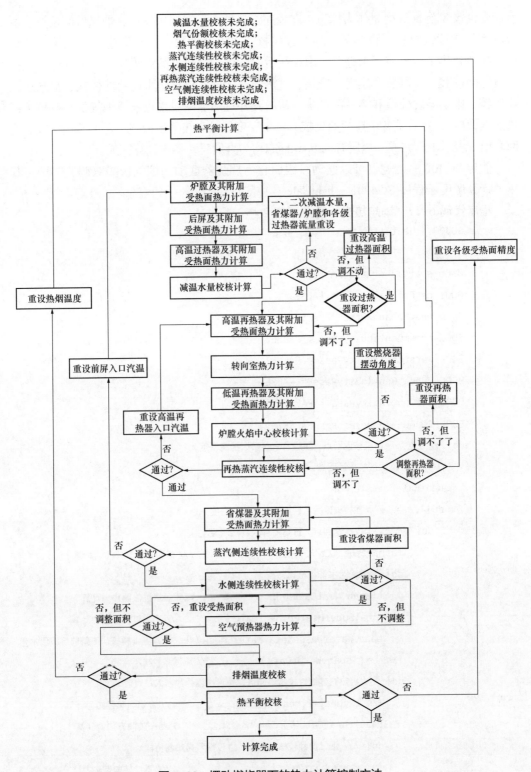

图 6-20　摆动燃烧器下的热力计算控制方法

示。先设置 8 个 bool 变量作为标志,在程序入口处表示减温水校核、烟气份额校核、主蒸汽系统连续性校核、再热蒸汽连续性校核、水连续性校核、空气连续性校核、排烟温度校核和热平衡校核还未进行。由先往后的顺序为过热器减温水校核、烟气份额校核(再热蒸汽调温)、再热汽连续性校核、过热蒸汽连续性校核、水连续性校核、空气连续性校核、排烟温度校核和热平衡校核,从内到外过热器减温水校核、烟气份额校核(再热蒸汽调温),然后是各个连续性校核、排烟温度校核和热平衡校核。每个校核完成后返回真值,表示工作完成。当所有的 bool 标志均为真值时,热力计算完成。

假定 SG400 的燃烧器可以摆动,因而它为燃烧器摆动和烟气份额双调温锅炉,其热力计算调度子程序 SG400∷heatCalc( ) 表示为

程序代码 6-12　锅炉热力计算总程序 2

```
void SG400∷heatCalc( )
{
        BOOL sparyWaterPass=FALSE;
        BOOL gasFractionPass = FALSE;
        BOOL heatBalancePass = FALSE;
        BOOL steamContinuityPass = FALSE;
        BOOL waterContinuityPass = FALSE;
        BOOL reheatContinuityPass = FALSE;
        BOOL airContinuityPass = FALSE;
        BOOL flueGasTemperPass = FALSE;
        do{ // 全炉热平衡校核返回点,重设所有参数以提高精度
          do{  // 排烟温度校核返回点,重设排烟温度
            heatBalanceCalc( );                         // 热平衡计算
            do{ // 空气连续性校核返回点,重设入炉热风温度
              do{ // 减温水校核返回点,重高前屏入口蒸汽温度
                furnace.heatCalc( );                     // 炉膛热力计算(含前屏)
                do{   // 减温水衡校核返回点
                  platen.heatCalc( );                    // 后屏过热器热力计算
                  finalSuperHeater.heatCalc( );          // 高温过热器热力计算
                  sparyWaterPass=SprayWaterCheck( ); // 减温水校核,更新前屏减温水量
                }while (!sparyWaterPass)                // 减温水校核不合格
                do{   // 再热汽连续性校核返回点,重设高温再热器入口汽温
                  finalReheater.heatCalc( );             // 高温再热器热力计算
                  room1.heatCalc( );                     // 第一转向室热力计算
                  do{   // 烟气份额校核返回点,重设烟气再热器份额
                    room2.heatCalc( );                   // 第二转向室热力计算
                    lowReHeaterTube.heatCalc( );         // 低温再热器引出管热力计算
                    room3.heatCalc( );                   // 第三转向室热力计算
```

```
        lowReHeater.heatCalc ( );                // 低温再热器热力计算
          gasFractionPass=gasFractionCheck ( );  // 烟气份额
        }while ( !gasFractionPass )              // 烟气份额校核不合格
        reheatSteamContinuiteyPass=reheatSteamContinuiteyCheck ( );
      }while ( !reheatSteamContinuiteyPass )     // 再热蒸汽连续性校核返回点
      steamContinuityPass=SteamContinuityCheck ( )  // 主蒸汽连续性校核
    }while ( !steamContinuityPass )              // 主蒸汽连续性校核返回点
    do{// 水路计算开始，水连续性返回点，重设旁路省煤器入口温度
        bypassEcomizer.heatCalc ( );             // 旁路省煤器热力计算
        economizer.heatCalc ( );                 // 省煤器热力计算
        waterContinuityPass=waterContinuityCheck ( );
      }while ( !waterContinuityPass )
      airHeater.heatCalc ( );                    // 空气预热器热力计算
      airContinuityPass=airContinuityCheck ( );
    }while ( !airConitnuityPass )
    flueGasTemperPass=flueGasTempCheck ( );
  }while ( !flueGasTemperPass )
  heatBalance=heatBalanceCheck ( );  // 总误差校核，去更新排烟温度
  }while ( !heatBalancePass )                    // 排烟温度校核不合格
}
```

（八）受热面调整与设计计算

由图 6-19 和图 6-20 所示两类调温模式锅炉的控制过程可见，可能需要受热面调整的部位有主蒸汽温度、再热蒸汽温度、热空气温度和给水温度。热空气温度和给水温度是在连续性校核过程中完成的，空气预热器出口热空气温度要和炉膛入口热风温度相衔接，省煤器出口给水温度要和炉膛入口的给水温度相衔接，如果接不上都需要进行受热面的调整或者炉膛入口给水温度 / 热风温度需要改变，面积调整时为设计计算，后续受热面参数调整时校核计算。主蒸汽温度、再热蒸汽温度略有不同，在其调温过程计算完成后，如果主蒸汽温度、再热蒸汽温度还不满足预设的运行参数，说明受热面设置总体上不合格，可以选择调整受热面面积使其符合运行参数，此时为设计计算，或者什么也不做直接输出，此时为校核计算。

三、仍需改进的问题

本节通过面向对象的编程技术完成全锅炉的热力计算封装，解决了第一节中传统热力计算程序控制的可读性，具有明确的逻辑。但是明显的问题是，所有的控制对象和过程都在 SG400：：heatCalc 中，而不是 CBoiler：：heatCalc（）中。从程序设计的角度上看，CBoiler 相当于是锅炉的草图，描绘了所有锅炉的大概，SG400 才是一台精确的锅炉，它与真实锅炉的一系列受热面一一对应，换一台锅炉，如前文提到的DG2000，它的核心计算过程 heatCalc 就需要重写，从而制约了通用化的水平。

具体来说，该问题可以用"固定组合、固定变量和外部校核"来描述。

（一）固定变量

程序代码 6-12 使用的变量中有两类：一类是源于 CBoiler 定义的变量，作为所有锅炉共有的变量，如 coal、air、mainSteamT 等，从 SG400 的角度，它们也是自己的固定变量。另外一类是 SG400 特有的变量，如表示炉膛的 furnace、表示前屏受热面的 platen、表示高温过热器的 finalSuperHeater 等随受热面定制过程产生的变量，它们不是 CBoiler 的变量。固定变量主要产生在与受热面对应于一个受热面实例中。这些受热面实际的内涵相差很大，如在 SG400::heatCalc() 必须调用 furnace 和 platen 的名称进行程序设计，指挥 furnace 和 platen 这两个受热面实例的热力计算 heatCalc() 子程序去做各自不同的热力计算任务；在烟气份额校核 SG400::gasFractionCheck() 中要调用 lowReheater.setgasFraction() 来完成 lowReheater 的烟气份额，也必须使用 SG400 中固定的变量名，限定死了 SG400::heatCalc() 的结构，不能完全通用化。

应对这一问题的方法是受热面变量去固定化，就是在程序中指挥受热面 furnace 和 platen 去做热力计算时，不是用 furnace 和 platen 的变量名去调用，而是用某一通用的变量，如把它们俩看作是其父类型 CHeater 的数组，则 furnace 可能是 heater［i］，而 platen 可能是 heater［j］，给它们发出指令 heatCalc（ ），它们就调用各自的内部过程，实现了受热面配置的多态性。这样，当某一个受热面的顺序进行调整，或者增加 / 减少一个受热面，才不受制于变量名 furnace 和 platen 的变量限制，才能做到灵活配置。

本章第三节解决受热面的去固定化的问题称为受热面变量的动态识别。

（二）固定组合

固定组合问题是固定变量的升华，因为 SG400 和 DG2000，不仅仅是受热面组成不同导致的变量不同，它们各受热面的摆放顺序和位置也是不不同的，热力计算顺序、校核位置与核校过程都固定，导致 SG400：：heatCalc（ ）和 DG2000：：heatCalc（ ）的结构可能完全不同。即使是同一台锅炉，如 SG400，考虑用摆角调整汽温，可以把原来高温过热器在前、高温再热器在后变为高温再热器在前、高温过热器在后，则根据受热面的配置 SG400：：heatCalc（ ）必须做相应的调整：

```
void SG400：：heatCalc（ ）
{
      ......
      platen.heatCalc（ ）;                    // 后屏过热器热力计算
      finalReheater.heatCalc（ ）;             // 高温再热器热力计算
      finalSuperHeater.heatCalc（ ）;          // 高温过热器热力计算
      sparyWaterPass=SprayWaterCheck（ ）; // 减温水校核，更新后屏出口的减温水量
      }while（ sparyWaterPass ）
      room1.heatCalc（ ）;                     // 第一转向室热力计算
      ......
}
```

实际中的锅炉受热面组合变化较多的，特别是局部受热面，看前文中引例的

670t/h 锅炉和 SG400 锅炉，虽都是烟气挡板调温，但在尾部受热面的安排上差异还是很大。这种组合中轻微的变化就会导致整个对象有所不同，使程序修改起来非常麻烦。

应对固定组合问题的方法是在受热面的去固定化的基础上，研究如何动态识别各个受热面的位置与连接关系，也是本章第三节要解决的问题。

（三）外部校核

全锅炉的整体热力计算 SG400::heatCalc() 的调度过程实际上是按序进行各个受热面的热力计算和按一定条件进行校核 / 返回迭代的过程。根据校核比较和修改目标的位置不同，校核过程可分为内部校核和外部校核。

内部校核指热力计算中假定值、计算过程和计算后的更新过程，全部在一个对象的内部变量来操作，大部分受热面的热力计算过程均是内部校核过程，外部调用时内部校核是黑匣子里的东西，因此对变量名固定不固定或组合情况不敏感。

外部校核是使用或修改另外一个受热面对象的值，如 SG400：：SprayWaterCheck 中，减温水流量的调整一定要等到所有的附加受热面吸热量全部完成后，才能计算得到各级减温水量值，然后才能对减温水量进行校核，而减温水调整后，该受热面前所有受热面的流量都发生变化，需要重新计算，因而必须使用精确的变量名对其定位，受热面不同或定制过程中变量命名不同（如把 finalSuperHeater 定义为 highTemperature-SuperHeater），调用它们的"程序写法"就不同（本质是相同的）。可见，对变量名固定和对象组合的严格要求是发生在外部校核过程中的。

DG400 中的校核子程序基本上都是外部校核，如果受热面可以实现动态识别，必须进一步改进外部校核的算法，使原来在热力计算主程序中相对固定路线进行热力计算工作也需要进行相应的调整，与受热面间的组合顺序和组合关系彻底解耦，从而完成整个受热面热力计算的灵活配置和迭代求解等过程都变成 CBoiler 的事，从外部校核变为内部校核，是本章第四节处理的问题。

第三节　受热面对象的统一存取和动态识别

从前节介绍内容可知，每一个受热面用固定的变量来表示是导致锅炉热力计算控制程序相对固定的原因，因而受热面变量去固定化是解决这一问题的关键。本节基于面向对象的技术原理，设计如何对各类型受热面自定义对象进行通用的表述和统一存储的技术，以解决受热面组合对顺序去敏感化的问题，并设计相应的受热面类型灵活检索和使用时动态识别技术以解决通用描述的受热面精确定位问题，使其使用时与固定变量具有同样的功能，以与传热计算工作解耦、为通用化热力计算模块做准备工作。

一、受热面的统一描述

本书前面章节已经深入探讨了炉膛、过热器、再热器等受热面的计算，每一个受热面其实都是一个由若干主受热面 / 附加受热面组成的复杂换热单元。这些复杂换热单元又可以分为以主受热面为中心的换热单元、烟气侧并列换热单元等类型，关系复杂，组合多变，是造成其受热面组合顺序敏感性的主要原因。

（一）以主受热面为中心的换热单元

根据本书第三章到第五章的内容可知，本书涉及的受热面分别为辐射式受热面 CRadiator、对流受热面 CConvector 和屏式受热面 CPlaten（半辐射半对流）三大类，进一步细分：辐射式受热面 CRadiator 又可分为炉膛的全向辐射 CFurnace 和转向室的半向辐射 CTurningRoom；结合受热面中的冷却剂不同，CConvector 对流受热面，派生出管式对流受热面 CTubeBank 和回转式空气预热器 CRotateAirHeater；结合受热面中的冷却剂不同，CConvector 又派生出 CWaterHeater（水受热面）、CTubularAirHeater（管式空气预热器）、CSuperHeater（过热器）、CReHeater（再热器）四种类型；根据分仓数的不同，CRotateAirHeater 分为 CBiAirHeater（二分仓空气预热器）、CTriAirHeater（三分仓空气预热器）、CQuaAirHeater（四分仓空气预热器）。

不同受热面结构类型不同、传热类型计算方式不同，是造成主程序设计流程特别复杂的首要原因。解决问题的关键是把它们的共同点找出来，可以总结出它们都是以由一个主受热面为中心、由若干附加受热面构成的换热单元，可以按某种原则统一起来表述、统一起来处理。这种以主受热面为中心的换热单元是热力计算的基本单元，其总体特征通常如图 6-21 所示。

（1）主受热面和其附加受热面共同接收热烟气的放热，主受热面吸热量和附加受热面吸热量之和为烟气通过换热单元后扣除散热量的放热量。

（2）由于锅炉处于负压运行条件下，且换热单元通常有漏风，因而出入口的烟气流量不同，出口烟气流量等于进口烟气流量与漏风量之和。

（3）附加受热面的数量不等，通常为 1～3 个。

（4）附加受热面的数量工质连接的前后端受热面都不相同，进出口参数不同，出口参数变化影响的后续受热面也不同。

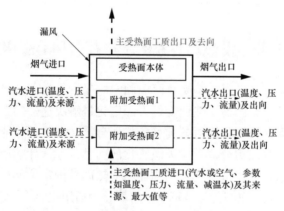

图 6-21　以主受热面为中心的换热单元示意图

（二）烟气并列受热面换热单元

烟气侧指在同一烟道内并列地设置两个相对独立的受热面，通常主要用于再热蒸汽温度调整，也是造成计算流程复杂化的原因。但也有不调节温度的并列受热面，如转向室也可以认为是并列受热面。并列受热面典型示例如图 6-22 所示，其特点如下。

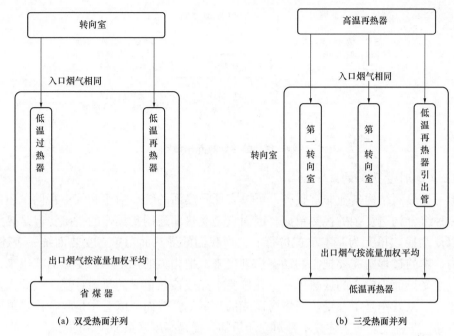

图 6-22　并列受热面两种情况

（1）并列受热面中每个受热面均为主受热面换热单元，有各自的附加受热面。

（2）并列受热面中各主受热面换热单元（主受热面及其附加受热面）共享入口烟气，入口烟气温度是相同的，烟气份额之和为 1。热力计算时具体的各受热面的烟气份额实际上由计算者根据具体情况分配给各并列受热面。

（3）并列受热面各换热单元单独计算，出口烟气温度不同；并列受热面整体出口烟气焓为各个并列受热面出口烟气焓值按其烟气流量份额的加权平均后得到的值，并在此基础上计算出烟气的温度作为下一级受热面的入口烟气温度。

（三）水侧并列受热面

水侧并列受热面主要指与上升管并列布置的受热面，如凝渣管、水平烟道的侧墙水冷壁等，还有部分单独计算的省煤器的引出管等。这些受热面通常是面积比较小、温升不大，作这附加受热面的一部分，因而在计算时通常认为它出入口温度是相同的，用烟气平均温度与其温度之差作为换热温差，只计算其换热量而不用更新出口温度。

（四）单一受热面

与复杂换热单元不同，单一受热面只有一个加热源、一个冷却源与受热面自身结构组成，其结构如图 6-23 所示。

如果换热单元中主受热面和附加受热面都看作是单一受热面，则图 6-21 所示的受热面单元和图 6-22 所示的并列受热面，都可以看成是若干单一受热面的组合。组成复杂换热单元的所有单一受热面共享一个加热源，但各自有自己的进出口工质、工质温升、传热系数等变量。各受热面的吸热量总和为烟气放热量总和。

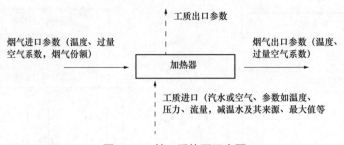

图 6-23　单一受热面示意图

（五）各种受热面的统一性

单一受热面结构参数非常整齐，可以实现受热面的统一描述和统一存储，还可以通过多种组合构造复杂的换热单元，因而它是受热面通用化操作的基础。但是热力计算是以复杂换热单元为基本单位进行的，当我们的受热面用单一受热面统一表述后，在热力计算的过程中需要把它们动态识别出来、把相关的几个单一受热面找出来，还原为以主受热面为中心的换热单元，并按要求完成换热单元的热力计算。因此，复杂换热单元可以看作是单一受热面组合而成的，单一受热面可以看作是复杂换热单元拆分而得到，两种受热面表述并不是对立矛盾的，而是高度联系和统一的。

并列受热面可以看作由 2 ~ 3 个换热单元组成，因而其与单一受热面的关系是相同的。

二、受热面封装类型 CHeater

（一）根类型地位与任务

本书中用 CHeater 来表述、存储单一受热面，其任务包括借助于面向对象的程序设计技术，在需要时也需要让某一些 CHeater 的实例表达复杂的换热单元或并列受热面等复杂对象，以满足热力计算的需求，因而它是受热面封装的根类型，与前面章节中各种受热面类型之间的继承和扩展关系如图 6-24 所示。

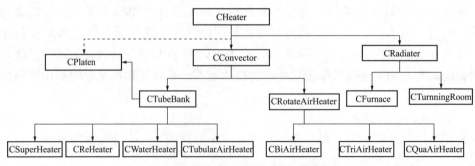

图 6-24　不同结构受热面类型继承图

为完成上述任务，CHeater 及其扩展的子类型需要包含受热面用于热力计算描述的自身结构参数、换热类型、在锅炉中的位置等复杂描述及其与其他各受热面间的相互联系关系两大部分数据。

（二）受热面自身信息

从全局的角度来看，受热面自身结构信息包括前面章节中描述的各受热面管径、面积等参数和各个受热面的类型等两部分数据。前者主要在各型受热面的换热计算 heatCalc() 中使用，因而主要存储在各个具体的子类型中。每个受热面的子类型均有所不同，对它们的封装是本书前面章节的主要工作。后者是 CHeater 基于其子类型的工作方式而产生的新特征，包括其冷却介质为何种、换热方式如何、是主受热面还是附加受热面等数据，主要是用于 CHeater 如何把其子类型动态地识别出来，是本节讨论的重点。

1. 受热面类型信息

从图 6-24 的扩展结构来看，尽管整个类型扩展图要分三到四层，但真正执行 heatCalc（）热力计算工作的是最下面的叶子层，即 CFurnace、CPlaten、CSuperHeater、CReHeater 等 10 个自定义的受热面封装类型。为了能让 CHeater 动态地识别出来这些子类型，先定义表示这些子类型类别的常数为

```
static final int FURNACE;
static final int PLATEN;
static final int TURNINGROOM;
static final int BI_SECTORAIRHEATER;
static final int TRI_SECTORAIRHEATER;
static final int QUA_SECTORAIRHEATER;
static final int TUBULARAIRHEATER;
static final int WATERHEATER;
static final int SUPERHEATER;
static final int REHEATER;
```

在 CHeater 中定义存储受热面类型的变量为 heatingMode，就在使用时通过 heatingMode 的值来识别子类型的类别。如假定某一个 CHeater 实例的 heatingMode 的值为 SUPERHEATER，则可以判断其为过热器，通过强制转化机制得到一个 CSuperHeater 的类型：

```
if（heatingMode==SUPERHEATER）
    {
        CSuperHeater* =（CSuperHeater）this;
        // 其他操作 ...
    }
```

2. 冷却工质信息

各型受热面中冷却介质可以归为空气预热器和汽水工质两大类。第四章中已经完成用冷却剂类型 CCoolant 统一表示其冷却剂对象的工作。CCoolant 可以应用到所有的受热面，包括炉膛、半辐射式受热面等，其规则包括：

（1）每一级单一受热面中都有自己的冷却剂：分别用数据 coolantEn 或 coolantLv 来表示、且 coolantEn 和 coolantLv 的种类相同，即为水、过热蒸汽、再热蒸汽或空

气（Air）的一种。其中，水、过热蒸汽和再热蒸汽为 CWaterSteam 类型，空气为 CAir 类型。

（2）冷却剂的种类可以由 CCoolant 类型中的 classification 变量来设置并记录。CHeater 通过读取 coolantEn 或 coolantLv 中的这一标志就可以动态地识别具体种类，如：

```
int CHeater::getCoolantClass(){return coolantEn.getClassifaction();}
```

（3）第四章中 CConvector 自定义类型通过 coolantEn 或 coolantLv 变量对冷却剂温度出入口的温度、压力和流量的单指标进行设置和获取，即：

```
double CHeater::getCoolantEnT(){ return coolantEn.getT(); }
double CHeater::getCoolantLvT(){ return coolantLv.getT(); }
void CHeater::setCoolantEnT(double t){coolantEn.setT(t);}
void CHeater::setCoolantLvT(double t){coolantLv.setT(t);}
```

由于这些方法在所有受热面子类型中都要频繁使用，因而可以把它们定义在根类型 CHeater 中，CConvector 中通过继承来获得这些函数的使用权。

3. 主附受热面

主受热面和附加受热面是热力计算中同一烟气流位置处两种不同种类的受热面：从程序设计的角度来看，主受热面的传热系数是实时计算的，而附加受热面的传热系数是从主受热面那里直接"拿来"的；主受热面的换热量允许误差为 2%，而附加受热面的允许误差为 10%。对于一个具体的受热面描述体而言，它有可能是换热单元，也有可能是换热单元的核心受热面。由于这种不同，主受热面和附加受热面必须分开描述，主要技术方案为：

（1）可以在 CHeater 中设置变量 isMajor（BOOL 型）来描述，如果其值为 TRUE，则为主受热面，否则为附加受热面。

（2）由于附加受热面也可以用 CHeater 来表示，其数量又不定，因而在 CHeater 自定义类型中增加一个 vector <CHeater*> 类型的变量 sons，来存储附加受热面，用一个 string mom 的变量表示附加受热面所属的主受热面的名称。

（3）如果某受热面是附加受热面，则 mom 应当设置为其主受热面的名称，sons 为无值的空变量；反之，如果它是主受热面，则动态数组 sons 表示自己的附加受热面，mom 则为值的空变量。

CHeater 中的相关信息为

```
class CHeater
{
    ......
    vector<string*> sons;        // 存储列表
    string mom;
    BOOL isMajor;
    string mom;
    ......
};
```

如果某一个 CHeater 的实例为附加受热面，则其 mom 的信息有，根据 mom 的信息就可以获得主受热面，并进而进行相应的操作，如可以用 CHeater：：getK（）函数获得受热面的传热系数，作为自己的传热系数，也可以用下面的方式进一步完成相应的功能。

```
double k=getMom()->getK();
```

4. 减温水信息

为了蒸汽温度调节的需求，有些受热面设计有减温水。热力计算过程中减温水量会变化，以逐步适应减温的需求，但受热面的减温水量受其管径、取水来源的影响，其最大减温水量是确定的。本书中用 sprayWater 表示当前的减温水量，用 sprayWaterMax 表示最大减温水量，最大减温水量是固定的值，设定后不再改变。主受热面、单一受热面均采用这一设计。为了简化处理，本书假定所有的单一受热面默认均有这两个值。如果没有减温水装置，则这两个值均为 0；否则应设定最大减温水量。最大减温水量需要事先设定。因而，在本书的设计中，把它的设置工作放置在 init 中。

```
BOOL CHeater：：init（maxSprayWater）
 {
    ......
    sprayWaterMax=maxSprayWater;
    ......;
 }
```

5. 烟气挡板信息

与减温水信息相同，用于调节再热蒸汽烟气挡板的数据为 gasFraction 和 gasFractionMax，gasFraction 表示当前的再热器烟气流量，gasFractionMax 表示最大烟气量，最大烟气流量是固定的值，设定后不再改变。本书假定所有的单一受热面默认均有这两个值。如果不是再热器挡板，则这两个值均为 0；否则应设定最大烟气流量 gasFractionMax。

（三）受热面连接信息

受热面的连接信息是单一受热面中的冷、热流体在整个锅炉中位置的连接关系。根据这些连接关系，就可以在需要时方便地把单一受热面还原为复合换热单元，从而实现不同受热面组合特征的动态识别和动态还原，达到热力计算进行自动匹配和对整体热力计算进行自动控制的目的。

因此，如果以受热面为中心，受热面连接信息要能表达"我是谁、我在哪、加热我的热流体来自哪里、加热完我又去了哪里、我的冷流体来自哪里、加热后又流向了哪里？"等信息。

1. 受热面标识

为回答"我是谁"的问题，需要为每一个受热面都添加一个名称变量（string name）用来标识自己。传统的 IT 设计方法中，特别是大量同类数据用到数据库时，通常采用整数型的 ID 来标示，但为了可读性每一个 ID 的数据也往往有字符串的名称。本书中每台锅炉的受热面数量是有限的，每个受热面又有自己独特的信息，因直接采用名称在程序中代替变量，因此它必须唯一，不能有重复。

每个受热面都有了自己的唯一名称，就可以根据名称去索引受热面，进而进行需要的操作，使受热面摆脱必须用固定变量来表示的问题。假定采用 getByName（string name）完成受热面检索功能。如前文根据子受热面中的 mom 信息找到主受热面的函数可以写为

```
CHeater* CHeater::getMom()
{
        if(mom.isEmpty())
            return NULL;
    return getByName(mom);
}
```

再如，想用它找出名为 frontPlaten 的前屏受热面，并得到其出口温度，就可以用：

```
CHeater heater=getByName("frontPlaten");
double tLv=heater.getGasLvT();
```

通过上述代码，可以看出，在确认 heater 究竟代表什么受热面时，其名称比变量名更加重要。由于名称是一个可变的数据，这就意味着程序设计进一步由固定的变量组合变为数据的组合。在指挥一个不具有明确含义（表达含义可以变化）的变量，就不一定非要在 CBoiler 的派生类型中定义，而直接在 CBoiler 中定义即可。

受热面的命名没有限定，但是遵循一定的原则会大大提高程序的可读性，因而本书中把主受热面按照常规名称的方法来命名，而其附加受热面则按"主受热面名称＋类别"的方式命名，这样基本上可以保证其唯一性和可读性。如主受热通常有炉膛、独立计算的前屏、后屏过热器、高温过热器（末级过热器）、高温再热器、低温再热器、低温过热器、省煤器和空气预热器，可以分别命名为 furnace、frontPlaten、platen、finalSuperHeater、finalReheater、lowerTemperReheater、lowerTemperSuperheater、economizer 和 airHeater；其附加受热面有顶棚、侧边水冷壁、包覆等类型，可以用"主受热面名称＋类型"完成命名，这样有 furnaceRoof、frontPlatenRoof、frontPlatenSideWall、finalSuperHeaterRoof、finalSuperHeaterSideWall 等，这样一看就知道这个受热面是什么，也可以在程序设计中最大限度地避免错误。

2. 烟气侧前后联系

烟气侧联系表示本受热面在烟气流程中的位置，回答"加热我的热流体来自哪里、加热完我又去了哪里"的问题。可以用位置编号来完成相应工作，也可以用表示前后受热面的双向链表来表示相应关系。如，在 CHeater 中增加 gasPrev、gasNext 的数据，并且规定第一个受热面的 gasPrev 用 BEGIN 标志，最后一级受热面用 FINAL 标志，则可以设计如下的 CHeater* getGasPrev() 和 CHeater* getGasNext() 来方便地找到前后级受热面。

```
class CHeater
{       .....
    string coolPrev, coolNext;
```

```
        string gasPrev, gasNext;
        .....
};
```

使用 getByName 按名称检索的功能可以方便地实现查找前后级受热面的函数，最简单的代码为

```
CHeater* CHeater::getGasPrev()
{
    if(gasPrev ==BEGIN)
            return NULL;
    return getByName(gasPrev);
}
CHeater* CHeater::getGasNext()
{
    if(gasNext ==FINAL)
            return NULL;
    return getByName(gasNext);
}
```

3.冷却剂侧前后联系

由于热力计算沿烟气流动方向的顺序进行，回答"我的冷流体来自哪里、加热后又流向了哪里？"的问题。冷却侧温度增加的顺序与主换热单元面的顺序无关，需要通过工质的前后连接关系确定，因而冷却剂侧的前后联系比烟气侧的前后联系更加重要。

尽管冷却剂有多种，但连续受热面之间的工质前后是一致的，如果本级是汽水工质，则其上一级受热面和下一级受热面的工质同样是汽水。因而，冷却剂侧处理方式基本与烟气侧处理方式相同：通过 coolPrev 和 coolNext 建立的双向链表表述其来源和去向，也是通过 CHeater* getCoolPrev() 获取上一级受热面，通过 CHeater*getGoolNext() 来获取下一级受热面。和 getGaslPrev()、getGaslNext() 函数相同。

可以在受热面开始热力计算时获取上一级受热面出口工质的参数来作为本级受热面入口工质参数的基础，在热力计算完成后更新本级受热面出口工质。

4.烟气侧并列受热面的连接信息

并列受热面中有 2～3 个主受热面，它们共享烟气前端受热面和烟气后端受热面，给其连接信息的处理带来一定的难度，可以有多种处理方法，典型的如：

（1）直接描述法。前端受热面的烟气后项 gasNext 包含多个受热面，其后端受热面的烟气前项 gasPrev 也包含多个受热面的信息。为解决这一问题，用逗号分隔字符串对象表示这样的信息，如图 6-22 所示，左侧受热面"转向室"中的 gasNext 和受热面"省煤器"的 gasPrev 均为"低温过热器，低温再热器"，右侧受热面"高温再热器"中的 gasNext 和受热面"低温再热器"的 gasPrev 均为"第一转向室、第二转向室、低温

再热器引出管"。

```
vector<string> CHeater:: heatersFromString ( string names )
{
    vector<string> heaters;
    string delimiter = ", ";
    unsigned int  pos = 0;
    while ((pos = names.find (delimiter)) != string:: npos) {
        names.push_back (names.substr (0, pos));
        names.erase (0, pos + delimiter.length ( ));
    }
    return heaters;
}
```

上述程序中, find 是 string 的内置函数, 用于查找逗号作为分隔符的位置。找到了一个逗号分隔符后, 程序把字符串会存储在 vector 容器中成为一个元素, 然后, 调用 erase 方法把逗号分隔符及其之前的字符全部删除, 再进行一次迭代, 按同样的方法继续查找字符串中包含的元素, 直到 find 找不到逗号分隔符, 返回 string 的常数 npos, 循环结束。这样, 程序就会把用逗号作分隔符的一个并列受热面关系字串解析到一个动态数组中, 供程序其他部分使用。C++ 中这种处理逗号分隔字符串的方法较为复杂, 在其他面向对象的高级语言中此问题要简单得多。虽然 CHeater:: getGasPrev ( ) 和 CHeater:: getGasNext ( ) 两个函数需要重写以确保其获取的受热面是正确的, 但由于前后端都是直接描述的, 逻辑上非常明确, 后期的调用也会非常方便。

如果采用这种方式, 则用 CHeater 表示并列受热面时, 其前、后受热面所指向的名称实际上是多个受热面的复合字串, 其他非并列受热面再以这个字串去查找受热面就找不到了, 因此 CHeater:: getGasPrev ( ) 和 CHeater:: getGasNext ( ) 就需要重写。为了与此前保持一致, 假定它返回的是字串中多个受热面名称的第一个, 即

程序代码 6-13   CHeater 查找上、下级受热面

```
CHeater* CHeater:: getGasPrev ( )
{
    if ( gasPrev ==BEGIN )
        return NULL;
    vector<string> prevs=heatersFromString (gasPrev);
    return getByName (prevs[0]);
}
CHeater* CHeater:: getGasNext ( )
{
    if ( gasNext ==FINAL )
        return NULL;
```

```
vector<string> nexts=heatersFromString(gasNext);
return getByName(nexts[0]);
}
```

根据这一信息处理特点，如果本级受热面存在并列受热面，则可以根据前级受热面后烟气后项 gasNext 或后级受热面的烟气前项 gasPrev 所指的字串判断是否有与自己同位置的并列受热面、获得它们的名称等，如从上级受热面的烟气后项 gasNext 判断是否有并列兄弟受热面存在，只要从该烟气前项中找出有逗号即可认为是有受热面。

程序代码6-14　**CHeater 查找自己的并列主受热面**

```
BOOL CHeater::hasBrothers()
{
    string brothers=getGasPrev()->gasNext;
    if(brothers.find(",“))
        return TRUE;
}
```

考虑锅炉的并列受热面设置通常不超过 3 个，因此为使用方便，可以直接定义为 CHeater：：getBrother2（）和 CHeater：：getBrother3（），表示自己并列布置的第 2 个受热面和第 3 个受热面，它们的烟气前项与烟气后项与本受热面的完全相同。本书下面将直接使用，有兴趣的读者可以自行设计这两个函数。

（2）连接信息判断法。根据并列受热面共享前端受热面和后端受热面的特点，在连接信息时让并列受热面前端受热面的 gasNext 指向并列受热面中的任意一个、让该受热面的烟气后端受热面 gasNext 指向并列受热面的共同后端、让并列受热面的前端受热面指向他们共同的前端，如图 6-25 所示。这种方法的好处是前期处理起来较为方便，各受热面之间的关系也可以在使用时通过其共享信息判断出来，但是在整体完整性检查等工作时比较麻烦。

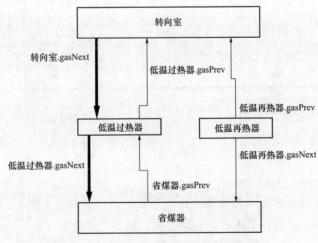

图 6-25　并列受热面连接信息判断法

本书中推荐是第一种，即直接描述法，虽然在程序设计时多用一点字符处理，但是可以节省大量的逻辑处理的问题。

5. 水侧并列受热面的连接信息

水侧并列受热面分为两类，一类是与锅水并列受热面，如多个对流受热面的侧壁包覆、悬吊管、凝渣管等，其工质前项 coolPrev 与工质后项 coolNext 均为"furnace"。还有一部分受热面为省煤器的悬吊管和包覆管，其中的水温与省煤器出口基本一至，本质上不是并列受热面，但是考虑其温升小，也按并列受热面来处理，其工质前项 coolPrev 与工质后项 coolNext 均为"Economizer"。

三、受热面的统一存取

换热单元拆分成单一受热面后就变成一组格式相同的数组元素，可以用统一的方式来存储，每个变量元素有自己的名称和连接信息，在需要时可以动态地识别出来，动态地还原为换热单元完成计算，从而得到极大的便利。

（一）在 CBoiler 容器中的存取

1. 存储方式

每一个单一受热面都由一个 CHeater 的实例表示，其表示自身工作方式的信息和在锅炉中的位置 / 组合 / 连接等关键信息，如表 6-1 所示。

表 6-1　　　　　　　　　　单一受热面封装特性数据总表

名称	封装类型	受热面名称	isMajor	工质前项	工质后项	烟气前项	烟气后项
示例	CConvector	低温再热器	TRE	Begin	高温再热器	转向室	省煤器
名称	母受热面名	兄弟受热面	进口工质类型	进口工质温度	进口工质压力	进口冷却剂流量	出口工质温度
示例		低温过热器	REHEATSTEAM	330	4	200	357
名称	出口工质压力	进口烟气温度	出口烟气温度	减温水量	烟气份额	最大减温水量	…
示例	4	700	590	0	60	0	

由于受热面的数量是不固定的，所以用动态数组可以很好地表达表 6-1 的清单化数据。本书中用受热面根类型 CHeater 指针地址的数组来完成统一存储，即在 CBoiler 中加入

```
vector <CHeater*> heaters;
```

heaters 作为 CBoiler 的内部变量，相当于都把内存开辟在 CBoiler 对象的栈内，可以方便地在 CBoiler 中的各个成员函数中使用，给热力计算程序的设计带来了极大的变利性。

2. 受热面清单的遍历

受热面遍历就是把 heaters 中存储的单一受热面从前到后全部查看一遍，然后进行某种操作。例如把某个名称的受热面找出来，以便于让它进行热力计算等。

受热面遍历是受热面通用表述后的最基本的操作。锅炉的受热面数量并不多，因此虽然遍历的执行效率不高，但是它是最简单的实现方法，如

```
for(int i=0; i<heaters.size(); i++)
{
        CHeater* me=heaters[i];
        // 某种操作
}
```

由于 heaters 放在 CBoiler 的栈内，因而最方便的遍历操作者为 CBoiler 对象，因而本小节部分的大部分函数体均定义为 CBoiler 对象之内。

3. 按名称索引

用名称来索引受热面是最基础的功能，其方法是把存储受热面的列表遍历一遍，找出其名称与要索引的名称符合的，如

程序代码 6-15　CBoiler **中按名称索引受热面**

```
CHeater* CBoiler::getHeaterByName(string name)
{
    for(int i=0; i<heaters.size(); i++)
    {
        if(heaters[i]->getName()==name)
            return heaters[i];
    }
    return NULL;
}
```

在前文中的很多地方，已经使用了 CHeater::getByName（string name）的函数，还没有实现。有了本节中存储方式和 CBoiler::getHeaterByName（string name），就可以方便地设计 CHeater 中的 getByName 函数了，它只是得到 CBoiler 的指针，然后调用 CBoiler 的 getHeaterByName 函数即可：

程序代码 6-16　CHeater **转用** CBoiler **中按名称索引受热面功能**

```
CHeater* CHeater::getByName(string name)
{
    CBoiler* boiler=CBoiler::getInstance();
    return boiler->getHeaterByName(name);
}
```

4. 受热面清单的增删与更改

vector 提供了非常方便的相关操作，只不过是针对受热面对象的特定需求，加入一些自己的逻辑后，调用 vector 的相关操作即可。

例如：应用 name 作为受热面的主要标识，则其在一台锅炉中不能够重复，因而在加入 heaters，需要遍历一下看相同名称的受热面是否已有定义，如果没有则使用 vector 的 vector 的 add（）操作加入清单，就可以确保其唯一性。代码为

程序代码 6-17　CBoiler 增加受热面

```
CBoiler::addHeater (CHeater* heater)
{
    CHeater* finded=getByName (heater->getName ());
    if (finded==NULL)
        heaters.add (heater);
}
```

再如，删除某一名称的受热面，需要先在清单中查一下是否存在，然后再调用 vector 的 remove（）进行删除：

程序代码 6-18　CBoiler 删除受热面

```
CBoiler::delHeater (string name)
{
    CHeater* finded=getByName (name);
    if (finded!=NULL)
        heaters.remove (finded);
}
```

（二）初始化

初始化就是给每个受热面所封装的各个数据对象赋值，可在各个受热面数据添加的过程集中完成，也可以以构造一个添加一个的方式逐步加入。前者通常是算法程序调试过程中使用，后者通常在软件系统应用中使用。初始化后还应进行完整性检查，以确保所有的数据初始化过程均完成。

1. 图形化的始化方法

图形化的初始方法往往针对受热面的具体类型而设计，以炉膛受热面为例，通常设计一个图形化的炉膛 CXXX，在图形上做好需要输入的各个受热面的数据点，然后按各个数据点的要求完成数据输入，接受数据的过程为

```
CFurnace* CXXX::getFurnace ()
{
    CFurnace furnace;
    furnace.setName ("furnace");      // 设置名称，作为唯一识别码
    furnace.setXXX (......);          // 设置联系特征，如主/辅特性、烟气前/后项、工质前/后项等
    furnace.setXXX (......);          // 设置其他数据，如主/辅特性、烟气前/后项、工质前/后项等
    ......
    heaters->add (furnace);
    ......
    return &furnace;
```

}

图形界面获取了一个包含受热面数据的封装对象后，可以由网络、文件等方式把数据对象送给 CBoiler 对象，CBoiler 通过前面定义的 addHeater（），把它添加到可以用下列代码完成添加受热面对象清单中：

```
……
CFurnace* furnace=CXXX::getFurnace（）;
addHeater（furnace）;
……
```

这样，在完成初始化以后，每一个 CHeater 包含了受热面的全部信息，在使用时再根据这些数据还原为所需的关系，就可以完成受热面的热力计算了。

2. 完整性检查

因为受热面清单实际上是一个包含所有受热面结构信息和前后连接的双链结构，该双链结构必须完整才能进一步使用，所以初始化完成后必须进行完整性检查，主要目的就是检查该双链结构中是否存在断链现象，检查的方法是从每一个标志为"BEGIN"的受热面开始，沿着其烟气流程和冷却剂流程的"next"，一直追溯到标志为"FINAL"为止；同样，从每一个每一个标志为"FINAL"的受热面开始，沿着其烟气流程和冷却剂流程的"prev"，一直追溯到标志为"BEGIN"为止。如果所有的受热面都能完成这一追溯，则说明受热面清单是完整的，即

程序代码 6-19　CBoiler 受热面连接情况完整性检查

```
BOOL CBoiler::integrationCheck（）
    {
        BOOL integrated=TRUE;
        if（heaters.size（）≤1）return FALSE;
        CHeater me;
        for（int i=0; i<heaters.size（）-1; i++）
        {
            me=heaters[i];
            if（me->gasPrev==CHeater::BEGIN）
            {
                while（me->getGasNext（）!=NULL）
                {
                    me=me->getGasNext（）;
                    if（me->hasBrother（））
                        integrated=（me->getBrother2（）->gasPrev==me->gesPrev ||
                                    me->getBrother3（）->gasPrev==me->gesPrev）;
                    if（!integrated）return FALSE;
                }
```

```
            integrated=(me->gasNext==CHeater:: FINAL)?TRUE, FALSE;

            if(!integrated) return FALSE;

        }

        me=heaters[i];

        if(me->gasPrev==CHeater:: FINAL)

        {

            while(me->getGasPrev()!=NULL)

            {

                me=me->getGasNext();

                if(me->hasBrother())

                    integrated=(me->getBrother2()->gasPrev==me->gesPrev ||

                                me->getBrother3()->gasPrev==me->gesPrev);

                if(!integrated) return FALSE;

            }

            integrated=(me->gasPrev==CHeater:: BEGIN)?TRUE, FALSE;

            if(!integrated) return FALSE;

        }

        me=heaters[i];

        if(me->coolPrev==CHeater:: BEGIN)

        {

            while(me->getCoolNext()!=NULL)  me=me->getCoolNext();

            integrated=(me->getCoolNext()==CHeater:: FINAL)?TRUE, FALSE;

            if(!integrated) return FALSE;

        }

        me=heaters[i];

        if(me->coolNext==CHeater:: FINAL)

        {

            while(me->getCoolPrev()!=NULL)   me=me->getCoolPrev();

            integrated=(me->coolPrev()==CHeater:: BEGIN)?TRUE, FALSE;

            if(!integrated) return FALSE;

        }

    }

    return TRUE;

}
```

（三）受热面信息的序列化和持久化

正常情况下，受热面的信息是根枝状分散的，从一个 CHeater 的指针，就进而获得各个分枝的信息。但是当受热面需要在不同的程序之间或网络上传输时，其信息要变成一个有规律的连续信息才更加方便。受热面序列化（Serialization）就是将受热面对象实例所有信息按一定的规范转化为一段连续数据，以用于存储、传输及与其他软件系统或网络进行交换的工作；按照转化过程完全相反的操作就可以把一个受热面对象的序列化数据复现为对象实例，通常称为"反序列化"（Deserialization）。序列化后的对象往往更加方便持久化（archive），它是将对象数据存入数据库或文件中永久保存，也就是"存盘"和"读盘"的过程，它们是可以实现数据的长期使用的基础，因而是软件开发必不可少的环节。

1. 使用编程语言自己的序列化和持久化方式

很多主流面向对象语言，如 java，已经实现了序列化的框架，编程序时只要声明一下、用一两条语句就可以完成对象的序列化与持久化的功能，在程序设计时非常方便。

C++ 系统或标准库目前还无直接的实现支持，需要使用第三方工具，如谷歌公司的 Google Protocol Buffers（GPB）、微软公司的 MFC 和 Net Framework，由 C ++ boost 社区开发的 Boost.Serialization 等完成序列化工作，特别是 GPB 和 Boost.Serialization 均支持 JSON 的解析，使用非常方便，读者可以参考使用。

但是这种方式的缺点是序列化与持久化只能由对象自己来完成，特别是其"读盘"的反操作，也必须由对象自己来操作。如果程序需要和其他的软件交互，需要把软件中设计好的对象发送给对方，并使其嵌入到对方的系统中才能完成，并不是很方便。

2. 文本方式的序列化和持久化方式

考虑受热面信息数据在程序调试或与其他软件交流的方便性，本节推荐把受热面序列化为文本文件表示的数据，最为简单的是逗号分隔的文件，序列化时每个受热面一行，把 CHeater 中各个变量依次写入，数据结果是文本形式的，因而是透明的，与其他软件交互时，只要把数据的规则告诉对方，它们按文本方式把数据读出来自己还原就可以了，因而非常方便，这也是目前软件设计的流行方式。除逗号分隔文件以外，更常见的还有 XML、JSON 等格式化的方案，均为全文本方式的序列化、持久化方案。

（1）以逗号分隔文件序列化方案。C++ 标准库中可使用流对象 istringstream 和 ostringstream 把 string 对象当作一个流进行输入输出，使用起来非常方便。可以设计两个子程序分别命名为 serialization 和 deSerialization 来完成这一功能，其示例代码为

```
#define comer ","
string CHeater::serialization()
{
    ostringstream strO;
    strO<< name << comer<< isMajor<<comer << coolPrev <<comer << coolNext <<comer << ……;
    return strO.str();
}
CHeater* CHeater::deSerialization(string srcEn)
{
    string spt;
```

```
        istringstream str ( srcEn ); // 建立 src 到 istrStream 的联系
        strO>>name>> spt >>isMajor>>spt >>coolPrev>>spt >> coolNext <<spt << ……;
        return this;
    }
```

这样的文件可以被 Excel 软件识别，调试时文件可以直接在数据文件中修改数据，非常方便，但是缺点是写下来的数据文件只有自己明白，无法和其他开发人员交流。

（2）XML 序列化方案。可扩展标记语言（Extensible Markup Language，XML）是一种允许用户对自己的标记语言进行定义的源语言，可扩展性良好，格式严谨、简单，遵循严格语法，常用于不同软件系统的数据交换或工作背景设置。如表 6-1 的一个受热面用 XML 表示受热面的局部，从表 6-1 中可见，其特点是看上去比较复杂，但由于写入数据的同时往往还写入了项目名称，结果是醒目的。即使不用软件，用人工也可以进行排错，因而在其发明三十余年来，得到了非常广泛的应用。

```
        ......
        <heat>
        < 封装类型 >CConvector</ 封装类型 >
        <name> 低温再热器 </name>
        <isMajor>TRUE</isMajor>
        ......
    </heat>
    <heat>
        < 封装类型 >CWaterHeater</ 封装类型 >
        <name> 前屏侧包覆 </name>
        <isMajor>FALSE</isMajor>
        ......
    </heat>
        ......
```

由于其格式规范、功能强大，所以各种语言中都有成熟的 XML 语言解析包，且通过这些语言包可以把 XML 语言中所规定的树形结构变成对象，使用起来非常方便。

（3）JSON 序列化方案。JSON 文件是当前软件系统开发中数据交换过程中应用最为流行的方案，其使用"属性 - 值"来代替 XML 的斜括号标记，功能上具有 XML 几乎所有的优点，但是比 XML 语言更为简洁明了，解析工作也比 XML 简单，因而获得大量程序语言，如 C、Python、C++、Java、PHP 的支持，特别是轻量级的软件开发或小型软件系统的开发。前文中用 XML 语言表示的受热面局部用 JSON 表示为

```
    [{"name": " 低温再热器 ", " 封装类型 ": "CSuperHeater" , "isMajor": TRUE...... },
     {"name": " 前屏侧包覆 ", " 封装类型 ": "CWaterHeater" , "isMajor": FALSE...... },
     ......
    ]
```

考虑热力计算软件系统处理数据的量总体不大，本书推荐使用 JSON 来完成 CHeater 的序列化 / 持久化方案。

四、受热面的动态识别及还原

进行热力计算时需要的是各个换热单元的具体信息，如炉膛 CFurnace、再热器 CReheater、过热器 CSuperheater 等，但是当把它们拆成单一受热面并存在 heaters 中后，再取出来时，它们就都变成了 CHeater 的对象，没有了原来 CFurnace 和 CReheater 的特征。把这些 CHeater 对象，根据其中所存储的数据，再识别出来，重新构造为换热单元，才能为热力计算程序 CBoiler：：heatCalc（）正确地使用。这一过程称为受热面的动态识别及还原。因为识别和使用者是 CBoiler：：heatCalc（），所以本节中所有的操作都是在 CBoiler 中实现。

（一）动态识别的技术原理

程序语言本身也提供具体对象类型的动态识别技术，通常称为 "RTTI"（Run-Time Type Identification），如 furnace 是 CFurnace 类型，platen 是 CFlaten 类型，这种 RTTI 技术只能识别出自定义数据类型，而不能全面识别一个受热面对象在锅炉结构中代表的含义，如一个 CSuperSteamHeater 实例，它到底是一级过热器还是二次过热器，就需要设计相应的算法，而不仅仅是依靠高级语言的特性。

本书中的动态识别技术是依靠单一受热面在对象 CHeater 中记录的数据完成的。根据这些数据，如受热面的名称、受热面之间的顺序（本质上是体现各受热面之间工质、烟气的连接信息、减温水量的投入点等数据）等信息，可以方便地识别出受热面的特征，然后利用编程语言强制转化功能实现的，如假定知道炉膛受热面的名称 "furnace"，且某个 CHeater 对象的名称为 "furnace"，可以用下面的简单方法完成 CHeater 对象向炉膛对象 CFurnace 的动态识别。

```
CHeater* ht=heaters[5];
......
if（ht->getName（）=="furnace"）
        CFurnace* furnace=（Furnace*）ht;
```

强制转化绝大多数面向对象的程序设计语言都具有的功能，因而本书中提供的思路是普遍适用的。

（二）单个受热面的动态识别

单一受热面还原功能是最基本的操作，目的是把从 heaters 取出的各个单一受热面识别出来，并还原成其原来的样子，如它到认出为一个 CSuperSteamHeater 还是一个 CAirHeater、是前屏受热面还是低温再热器等。很多特殊的受热面，如炉膛、省煤器等均需要通过单一受热面的数据识别出来。

1. 寻找炉膛 CFurnace* CBoiler::getFurnace();

因为炉膛是热力计算的开始，所以需要首先找到炉膛。

因为每个锅炉都有唯一的炉膛，所以在进行程序设计时炉膛的名称可以固定为 "furnace"，找到炉膛最为简单的方法就是 getByName（"furnace"），找到后把它强制转

化为 CFurnace 类型即可完成，代码为

```
CFurnace* furnace=（Furnace*）getByName（"furnace"）;
```

2. 寻找第一级省煤器

因为第一级省煤器是水路的开始，所以要找到它。按照前文的规定，第一级省煤器典型特征是受热面类型是主受热面"major"、换热器类型为 WATERHEATER、其工质前项 coolPrev 为 BEGIN。

根据这三个数据，寻找第一级省煤器的主要方法为

程序代码 6-20　CBoiler 查找第一级水路受热面

```
CWaterHeater* CBoiler::getFirstWaterHeater（）
{
    for（int i=0; i<heaters.size（）; i++）
    {
            CHeater* ht=heaters[i];
            BOOL isMajor= ht->isMajor（）;
            if（ht ->getHeatingMode（）==CHeater::WATERHEATER&& isMajor）
                if（ht->coolPrev=="BEGIN"）
                    return（CWaterHeater*）ht;
    }
    return NULL;
}
```

按照同样的方法，可以设计查找最后一级省煤器（假定有两级省煤器时）getFinalWaterHeater，或把所有的水路受热面都找出来等功能。例如，查找所有水路受热面时，有

程序代码 6-21　CBoiler 查找所有的水路受热面

```
vector <CWaterHeater*> CBoiler::getWaterHeater（）
{
    vector <CWaterHeater*> waterHeaters;
    for（int i=0; i<heaters.size（）; i++）
    {
            CHeater* ht=heaters[i];
            BOOL isMajor= ht->isMajor（）;
            if（ht ->getHeatingMode（）==CHeater::WATERHEATER&& isMajor）
                    waterHeaters.add（ht）;
    }
    return waterHeaters;
}
```

3. 寻找过热器

因为过热器计算部分是最为复杂的，所以要设计寻找第一级过热器、寻找末级过

热器、有减温水的过热器等一系列操作，所用的原理相同，例如寻找首级过热器为

程序代码6-22　**CBoiler 查找第一级过热器**

```
CSuperHeater* CBoiler::getFirstSuperHeater ( )
{
    for ( int i=0; i<heaters.size ( ); i++ )
    {
            CHeater* ht=heaters[i];
            BOOL isMajor= ht->isMajor ( );
            int heating =ht ->getHeatingMode ( );
            string coolPrev=ht->getCoolPrev ( );
            if ( heating==CHeater:: SUPERHEATER && isMajor && coolPrev==BEGIN )
            return ( CSuperHeater* ) ht;
    }
    return NULL;
}
```

按照本书程序设计的习惯，寻找末级过热器定义为 getFinalSuperHeater ( )，寻找带有减温水的过热器为 getSprayedSuperHeater ( )；带减温水过热器寻找所用的条件是看其是否设置了最大减温水量 sprayWaterMax，可以根据设定的最大减温水量是否大于 0 来判断是否有减温水的信息：

程序代码6-23　**判断某级过热器有无减温水设置**

```
BOOL CHeater:: hasSprayWater ( )
{
    BOOL hasSprayWater= ( sprayWater>0 ) ?TRUE : FALSE;
    return hasSprayWater;
}
```

再热器的查找过程与过热器的操作是非常相似的，也是从 heaters 动态数组中寻找相应名称的受热面，或将受热面的冷却剂类型 CoolantClass 中的判断条件改为 "ReheatSteam"，最后用 CReHeater* 来强制转化。

4. 寻找空气预热器

按照空气预热器的方法完全一致，从 heaters 动态数组中寻找相应名称的受热面，只是在受热面的冷却剂类型 CoolantClass 中的判断条件改为 "AIR" 即可以，最后用 CAirHeater* 来强制转化。

程序代码6-24　**CBoiler 查找第一级空气预热器**

```
CAirHeater* CBoiler:: getFirstAirHeater ( )
{
    for ( int i=0; i<heaters.size ( ); i++ )
    {
            CHeater* ht=heaters[i];
```

```
                CoolantClass cc= ht->getCoolantClass ( );
                BOOL isMajor= ht->isMajor ( );
                 string coolPrev=ht->getCoolPrev ( );
                if ( cc==AIR && isMajor && coolPrev==BEGIN )
                return ( CAirHeater* ) ht;
        }
    return NULL;
}
```

5. 寻找并列受热面中的兄弟受热面

主要涉及的烟气挡板调节再热器的锅炉和转向室。并列布置受热面共享有共同的烟气侧前项和烟气后项，前文中已经设计了利用这一特性查找并列受热面的函数 getBrother2() 和 getBrother3()。

（三）换热单元的还原

初始化工作要以单一受热面为主进行，为每个受热面输入自身信息和连接信息。初始化完成后，换热单元中的主受热面也以单一受热面形式成为 CBoiler：：heaters 中的一个元素，与其同名的换热单元相比，主要的不同是该单一受热面的 sons 没有元素。热力计算是以换热单元为核心进行的，因而需要完成换热单元的还原，包括把附加受热面与主受热面的关系补充完整、并列受热面出 / 入口烟气温度的求解等工作。

1. 重建附加受热面信息

附加受热面中的 mom 变量都是主受热的名称。根据这一特点，只要在 heaters 中找到换热单元的主受热面，并进一步把 heaters 中所有变量 mom 值为该主受热面名称的受热面放置在动态数组 sons 中，就实现了换热单元的还原功能。

重建附加受热面信息的代码为

程序代码 6-25　主受热面重建附加受热面系统

```
void CHeater：：rebuildSons ( )
{
    sons.empty ( );
     CBoiler* boiler=CBoiler：：getInstance ( );
    vector<CHeater*> heaters=boiler->getHeaters ( );
    for ( int i=0; i<heaters.size ( ); i++ )
      {
          if ( heaters[i].mom==this->name )
          sons.add ( heaters[j]->getName ( ));
      }
}
```

完成换热单位的重建后，就可以在每一个 CHeater 的对象中，通过 vector ＜CHeater*＞ CHeater：：getSons（）的方法获得各附加受热面，然后再调用它们的 heatCalc（）即完成对各附加受热面进行热力计算的调度。

2. 入口烟气获取与更新

建立了烟气前后连接的双向链表后，可以由前一级出口的参数来更新本级入口参数，也可以把本级参数送到下级去更新下级入口。为了简化运算过程，本书中所有的受热面，无论烟气侧参数还是冷却侧参数，均采用由前一级出口取来更新本级入口的向前更新方法。

由于附加受热面是和主受热面共享入口烟气的，所以在入口烟气获取时得到主受热面，也就是换热单元的入口烟气就可以。一般的换热单元入口烟气的更新相对比较简单，通常情况下是通过查取烟气流程前一级的出口烟气参数就可以了，但是对于上级受热面存在并列受热面而言，情况相对复杂，此时需要把并列的受热面都找出来，按其烟气份额对焓值进行加权平均，并进而获得本级的入口烟气焓，即

程序代码 6-26　受热面更新入口烟气参数

```cpp
void CHeater: : updateGasEn ( )
{
        double gasHi=0;
        vector<CHeater*> prev=getGasPrev ( );
        for ( int i=0; i<prev.size ( ); i++ )
        {
                gasHi+=prev[i]->getGasLvEnthalpy ( ) *prev[i]->getGasFriction ( );
        }
        gasEn.setEnthalpy ( gasHi );
}
```

3. 入口冷却剂更新

冷却剂尽管有多种多样，但是在一个流程中其前后都是相同的，因而可以用受热面的成员变量 coolantEn 和 coolantLv 非常方便地完全冷却剂入口参数的获取问题。大多数情况下，把前一级的 coolantLv 取来，赋值给本级的入口 coolantEn 即可，但如下情况需要专门处理：

（1）如果是第一级受热面，则不用更新入口，入口是定值。

（2）如果不是第一级受热面：对最大减温水量为 0 的受热面，直接取前级受热面的出口冷却剂；有减温水喷入的蒸汽受热面，其冷却剂入口需要把从上级出来的蒸汽与冷却水混合后作自己的入口冷却剂。

（3）如果是水受热面或空气预热器，则不用更新入口参数。

程序代码 6-27　受热面更新入口冷却剂参数

```cpp
void CHeater: : updateCoolantEn ( )
{
        if ( coolPrev==CHeater: : BEGIN )
                return;
        CBoiler* boiler= CBoiler: : getInstance ( );
        CCoolant prev=boiler->getByName ( coolPrev );
```

```
        coolantEn=prev->getCoolLv ( );
        if ( coolantClass==Coolant∷Water || coolantClass==Coolant∷Air )
                return;
         CWaterSteam sw=boiler->getSprayWater ( );
         if ( sprayWaterX>0 )
        {
                coolantEn.enthalpy=coolantEn.getEnthalpy*coolantEn.flowRate
                        + sw.getEnthalpy*sparyWater;
                coolantEn.flowRate=coolantEn.flowRate+sparyWater;
                coolantEn.temperature=calcTemperature ( coolantEn.enthalpy );
                return;
        }
}
```

五、CHeater 的封装

根据本节所描述的信息，加入受热面配置信息且可以统一存储、动态识别的
CHeater 类型整体代码示例为

```
class CHeater
{
public∷
        CHeater ( ) {};
        virtual ~CHeater ( ) {};
        virtual void init ( ); // 采用虚拟函数使得此函数以派生类的同名函数为最终函数体
        virtual CHeater* getByName ( string name );
        void     setName ( string name ) {this->name=name; }
        string    getName ( ) {return name; }
        CHeater* getGasPrev ( );
        CHeater* getGasNext ( );
        int getCoolantClass ( ) {return coolantEn.getClassifaction ( ); }
        int getHeatingMode ( ) {return heatingMode; }
        CHeater* getCoolPrev ( );
        CHeater* getCoolNext ( );
        CHeater* getMom ( );
        void rebuildSons ( );
        ......
protected∷
        string     name; // 受热面的名称变量
        string   gasPri, gasNext; // 工质上、下游受热面的名称变量
```

```
string    coolPri, coolNext; // 工质上、下游受热面的名称变量
int       heatingMode;
BOOL  isMajor;
string mom;
BOOL reCalc; // 默认为 ture，热力计算完成后设置为 false;
double Tolerance; // 允许误差
......
};
```

由于 CHeater 程序包含了本书前几章所有受热面的类型，所以可以统一从 CHeater 启动各型受热面的热力计算程序，根据 CHeater 中存储的类型，适当地完成类型转化和子类型的热力计算程序，示例如

程序代码 6-28 **受热面 CHeater 热力计算的统一调度**

```
CHeater::heatCalc ( )
{
    updateGasEn ( );
    updateCoolantEn ( );
    switch ( heatingMode ) {
        case CHeater::FURNACE :
                CFurnace* ch= ( CFurnace* ) this;
                ch->heatCalc ( );
                break;
        case CHeater::TURNINGROOM :
                CForwardRadiateHeater* ch= ( CForwardRadiateHeater* ) this;
                ch->heatCalc ( );
                break;
        case CHeater::PATEN :
                CPlaten* ch= ( CPlaten* ) this;
                ch->heatCalc ( );
                break;
        case CHeater::BI_SECTORAIRHEATER :
                CBiAirHeater* ch= ( CBiAirHeater* ) this;
                ch->heatCalc ( );
                break;
        case CHeater::TRI_SECTORAIRHEATER :
                CTriAirHeater* ch= ( CTriAirHeater* ) this;
                ch->heatCalc ( );
                break;
        case CHeater::QUA_SECTORAIRHEATER :
```

```
            CQuaAirHeater* ch= ( CQuaAirHeater* ) this;
            ch->heatCalc ( );
            break;
    case CHeater∷ TUBULARAIRHEATER∶
            CTubularAirHeater* ch= ( CTubularAirHeater* ) this;
            ch->heatCalc ( );
            break;
    case CHeater∷ WATERHEATER∶
            CWaterAirHeater* ch= ( CWaterHeater* ) this;
            ch->heatCalc ( );
            break;
 case CHeater∷ SUPERHEATER∶
            CSuperHeater* ch= ( CSuperHeater* ) this;
            ch->heatCalc ( );
            break;
 case CHeater∷ REHEATER∶
            CReHeater* ch= ( CReHeater* ) this;
            ch->heatCalc ( );
            break;
    }
```

六、应用示例

本示例仍以 SG400/140-50145 型锅炉为例，说明受热面统一标识、统一存取和动态识别及以主受热面为中心换热单元还原的工作过程。完成换热单元还原工作后，还可以看到它为我们的热力计算主程序带来的变化。

（一）受热面拆分

前述中都是以主受热面为主来描述锅炉热力系统及其各个流程，为了使高度耦合主受热面与附加受热面解耦，需要把它们分拆为只有一个个小的、仅有加热烟气和冷却工质相互对应的单一受热面，以解决受热面的统一标识、存取问题。拆分的过程可以沿烟气流程方向，也可以以冷却剂流程方向，或两者相互配合完成均可。如本书中以烟气流程方向开始进行拆分，有：

（1）炉膛部分拆分为 5 个单一受热面，辐射受热面为炉膛的水冷壁，附加受热面有前屏、前屏区的顶棚过热器、前屏过热器等；前屏左、右两侧墙的水冷壁虽然也是水冷壁，但是其换热系数不同于其他部分的平均换热系数，因而需要单独拆出；顶棚过热器同样也有前屏上方的顶棚过热器和炉顶直接辐射的顶棚过热器两部分分别表示，总而言之，可以分别标识为炉膛 furnace、前屏 frontPlaten、炉膛顶棚 furnaceRoof、前屏区顶棚 frontPlatenRoof 和炉膛两侧水冷壁 frontPlatenSideWall。前屏入口喷入第一级减温水，是整个主蒸汽系统计算的开始。

（2）后屏过热器部分包含 3 个单一受热面：后屏过热器本体 platen 内冷却剂为前屏出口过热蒸汽；后屏两侧水冷壁 platenSideWall 为锅水并列受热面；后屏顶棚过热器管内冷却剂为前屏顶棚过热器出口的过热蒸汽 platenRoof。它们的烟气来源于炉膛出口。

（3）高温对流过热器部分包括高温过热器本体 finalSuperHeater、顶棚过热器 finalSuperHeaterRoof 及其两侧的水冷壁、下部的斜烟道省煤器等，其中下部斜烟道省煤器的吸热份额很小，为计算方便，把它和两侧水冷壁合并考虑为 finalSuperHeaterSideWall；这样，高温过热器部分共有高温过热器本体为共 3 个单级受热面。

（4）高温再热器受热面部分可以拆出高温再热器本体、顶棚过热器、水平烟道侧包覆过热器 3 个受热面：finalReHeater、finalReHeaterRoof、finalSuperHeaterSideWall。

（5）转向室部分：第一转向室 room1，由其顶部 roomRoof1、两侧包覆受热面及 roomSideWall1 的前隔墙省煤器悬吊管 hangingPipeEcon1 组成；第二转向室 room2 由其顶部 roomRoof2、两侧包覆受热面及其 roomSideWall2 和前隔墙省煤器悬吊管 hangingPipeEcon2 组成；第三转向室 room3 其顶部 roomRoof3、两侧包覆受热面及其 roomSideWall3 和低温再热器引出管 lowReheaterOutleter 组成；room1 ~ room3 和并列的悬吊管是并列的烟气受热面，其中 room2 的进口为 room1、room3 的进口为 room2，但共享烟气出口。顶棚与包覆为附加受热面。由于这些附加受热面太小，它们也可以合并到一个大的受热面中，按第五章中所述半向辐射的受热面统一计算。

（6）低温再热器 lowReheater 和旁路省煤器 bypassEcon 是两个并列的主受热面，还包括 3 个附加受热面：lowReheaterSideWall、bypassEconSideWall 和 lowReheaterBack。lowReheaterBack 的冷却剂是顶棚来的过热蒸汽，lowReheaterSideWall 和 bypassEconSideWall 为锅水并列受热面。两个并列受热面由前后隔墙省煤器分开，按理说隔墙省煤器两面的换热系数不同、冲刷方向也有所不同，应当单独计算，但由于其面积比较小，所以可以合并到旁路省煤器中。

（7）主省煤器 economizer 和其包覆受热面 economizerSideWall、economizerBack 部分。

（8）空气预热器 airHeater 只有 1 个受热面。

最后 SG400 共 34 个单一受热面，主要特性可以列于表 6-2 中。

表 6-2　　　　　　　　　SG400/140-50145 主要受热面特性

名称	isMajor	工质前项	工质后项	烟气前项	烟气后项	mom 指向
furnace	TURE	Begin	FINAL	Begin	rear Platen	—
front Platen	FALSE	economizer Roof	rear Platen	—	—	furnace
furnace Roof	FALSE	Begin	platen Roof	—	—	furnace
front Platen Roof	FALSE	furnace Roof	platen Roof	—	—	furnace

续表

名称	isMajor	工质前项	工质后项	烟气前项	烟气后项	mom 指向
front Platen Side Wall	FALSE	furnace	furnace	—	—	furnace
platen	TURE	front Platen	final Super Heater	furnace	final Super Heater	—
platen Roof	FALSE	front Platen Roof	final Super Heater Roof	—	—	platen
platen Side Wall	FALSE	furnace	furnace	—	—	platen
final Super Heater	TURE	platen	FINAL	platen	final Reheater	—
final Superheater Roof	FALSE	platen Roof	final Reheater Roof	—	—	final Super Heater
final Super Heater Side Wall	FALSE	furnace	furnace	—	—	final Water Heater
final Reheater	TURE	low Reheater Outleter	FINAL	final Super Heater	room1	—
final Reheater Roof	FALSE	final Super-heater Roof	room Roof1	—	—	final Re Heater
final Re Heater Side Wall	FALSE	furnace	furnace	—	—	final Re Heater
room Roof1	FALSE	final Reheater Roof	room Roof2	—	—	room1
room Roof2	FALSE	room Roof1	room Roof3	—	—	room2
room Roof3	FALSE	room Roof2	low Reheater Back	—	—	room3
room Side Wall1	FALSE	furnace	furnace	—	—	room1
room Side Wall2	FALSE	furnace	furnace	—	—	room2
room Side Wall3	FALSE	furnace	furnace	—	—	room3
hanging Pipe Econ1	FALSE	economizer	economizer	—	—	room1
hanging Pipe Econ2	FALSE	economizer	economizer	—	—	room1
low Reheat Outleter	FALSE	low Reheater	final Reheater	—	—	room2

名称	isMajor	工质前项	工质后项	烟气前项	烟气后项	mom 指向
room1	TRUE	—	—	final Re Heater	room2, bypass Ecomizer	—
room2	TURE	—	—	room1	room3, low Reheater	—
room3	TURE	—	—	room2	low Reheater	—
bypass Econo-mizer	TURE	economizer	FINAL	room1	economizer	—
bypass Econo-mizer Side Wall	FALSE	furnace	furnace	—	—	bypass Economizer
low Reheater	TURE	Begin	low Reheat Outleter	room2, room3	economizer	—
low Reheater Roof	FALSE	room3 Roof	economizer Roof	—	—	low Reheater
low Reheater Side Wall	FALSE	furnace	furnace	—	—	low Reheater
economizer Roof	FALSE	low Reheater Roof	front Platen	—	—	economizer
economizer	TURE	Begin	bypass Economizer	bypass Econoizer, low Reheater	Air Heater	—
air Heater	TURE	Begin	FINAL	economizer	FINAL	—

表 6-2 中，第 1 列为每个受热面的名称，在一台锅炉的受热面中具有唯一性，默认地有一个 furnace 的受热面，其余的名称是输入自行定义的值，存储时需要遍历 heaters 容器确认已输入名称中没有重复的，在程序设计时并不知道它是什么。第 2～6 列，均为第 2 列中出现的名称值。第 7 列为每个受热面的实际类型，也就是 CFurnace furnace 语句定义的 CFurnace。它的指针存入 heaters 后，就变成了 CHeater，假定再次把它们从 heaters 取出后，需要根据其中的数据来还原为 CFurnace 类型。实际过程中表中所列受热面的顺序在按各级受热面添加时随机产生的顺序，本书中只是为了方便阅读而把相关信息集中在一起。

（二）受热面还原

可以方便地根据表 6-2 中的单一受热面信息，构建受热面单元：以锅炉炉膛

furnace 为例，遍历一下清单，发现 mom 指向自己的有 furnaceRoof、frontPlatenRoof 和 frontPlatenSideWall，把它加入 furnace 的可调数据 sons 中完成了受热面单元的还原。同样的，platen、finalSuperHeater 等主受热面均可以完成自己 sons 元素的添加，从而完成受热面单元的还原。对这些受热面单元进行 heatCalc（）的调用，即可以完成受热面单元的热力计算。

（三）校核过程与程序代码的解耦

受热面单元还原只是建立起了主受热面和附加受热面的联系，每一个单一受热面还存在 heaters 中，可以根据其名称来动态识别，就解决了传统程序设计中每一个受热面必须使用一个固定的变量名的问题，下列以减温水量校核 SprayWaterCheck（）来说明：

在原来的 SprayWaterCheck（）中，需要通过"炉膛—前屏（furnace->front-Platen）"路径找到第一级减温水的受热面、当前减温水量、最大减温水量，通过末级过热器 finalSuperHeater 找到第二级减温水的受热面、当前减温水量、最大减温水量，即

```
double Dsw1=furnace.getFrontPlaten（）.getSprayWater（）;
double Dsw2=finalSuperHeater.getSprayWater（）;
double DswX1=furnace.getFrontPlaten（）.getSprayWaterMax（）;    //5.6
double DswX2=finalSuperHeater.getSprayWaterMax（）;     //2.3;
```

在需要重设减温水量时，再次使用这些受热面的固定名称，如重设前屏减温水量为 0 时：

```
furnace.getFrontPlaten（）.setSprayWater（0）;
```

受热面动态识别后，同样的过程就可以通过检索受热面的名称的方法来获得受热面而不用使用受热面的固定变量，上述代码可以改变为

```
CHeater* frontPlaten=（CHeater*）getByName（"frontPlaten"）;
CSuperHeater* finalSuperHeater=（CSuperHeater*）getByName（"finalSuperHeater"）;
double Dsw1=frontPlaten->getSprayWater（）;
double Dsw2=finalSuperHeater->getSprayWater（）;
double DswX1=frontPlaten->getSprayWaterMax（）;    //5.6
double DswX2=finalSuperHeater->getSprayWaterMax（）;    //2.3;
......
frontPlaten->setSprayWater（0）;
```

代码中虽然还用到 frontPlaten，只是为了理解程序而使用的，也可以使用其他任何一个变量，如 heater1、heater2 等，重点信息是其名称"frontPlaten"。采用二分法和焓值控制法两级减温水校核及水量分配示意图如图 6-26 所示。

上述过程中，通过名称检查前屏过热器，完全抛开了其与 CFurance 之间的主/附隶属关系，使程序设计变量简单的同时，更是使得 SprayWaterCheck（）不再使用 SG400 中定义的变量，而是升级为 CBoiler 的成员函数，也就是把 SG400 的外部校核转化为 CBoiler 的内部校核过程。

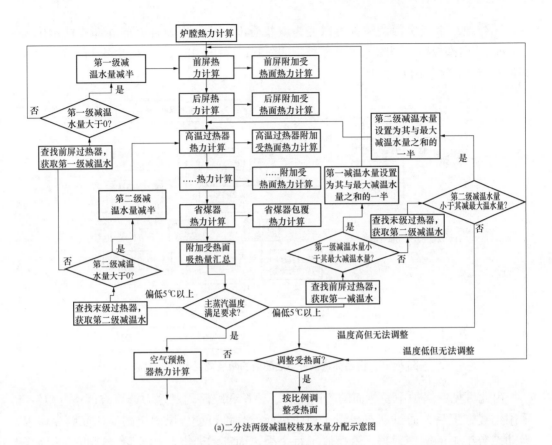

(a)二分法两级减温校核及水量分配示意图

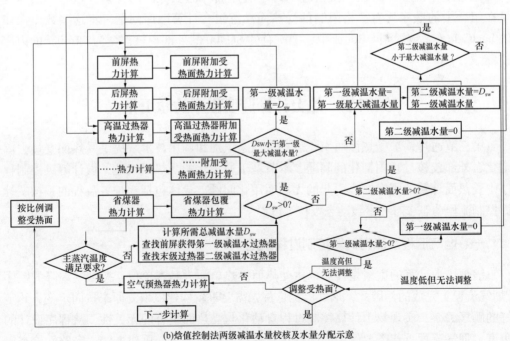

(b)焓值控制法两级减温水量校核及水量分配示意

图 6-26　采用二分法和焓值控制法两级减温水量校核及水量分配示意图

同样地，烟气份额调整也可以变为查找受面，从而把 SG400 的外部校核转化为 CBoiler 的内部校核，摆脱 SG400 子类型的限制，这样，按名称索相并灵活配置的两级减温水调整方案如图 6-27 所示。

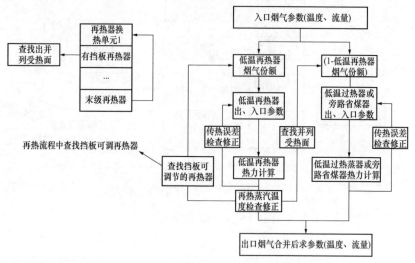

图 6-27　按名称索相并灵活配置的两级减温水调整方案

由此可见，锅炉中受热面的不同组合、数量和顺序均对热力计算有严格的限制。采用上述方案后，通过动态数组实现受热面的数量可变、原固定的受热面顺序体现为动态数组中的顺序数据，就摆脱了每个受热面都需要专门的变量，这些受热面变量在组合中的顺序均有严格限制的受热面动态组合计算顺序问题。将这些数组操作的 heatCalc（　）放置到 CBoiler 中，把所有的 SG400 的外部校核都变为 CBoiler 的内部校核。

第四节　热力计算调度程序的通用化

第三节通过锅炉受热面通用化表述、动态识别和调用技术解决了受热面变量去固定化、外部校核过程内部化的问题，本节基于通用化的受热面表述，设计解决控制程序中受热面计算的固定顺序引起的无法通用化问题，具体包括锅炉各流程的重构、计算控制流程动态求解和参数动态校核等过程。

一、烟气流程及热力计算控制过程重建

锅炉热力计算的主线是针对以主受热面换热单元为基本单位，按烟气温降的顺序（烟气流程）完成的，因此，烟气流程是首先需要重新构建以恢复原来按固定变量约定好的顺序关系，实现热力计算控制过程自动化与受热面组合的无关性。从程序设计的角度，烟气流程重建需要解决的问题包括受热面存储位置、重建方法、完整性检查等问题。

（一）烟气流程存储位置

CBoiler 中设置变量 gasPath，用于存储沿烟气走向从前到后排列好的各级主受热面换热单元，即

```
CBoiler
{
    ......
    vector<CHeater*> gasPath;
    ......
}
```

（二）烟气流程重建

烟气流程的重新构建是从 CBoiler：：heater 检取主受热面，把它们还原为换热单元，按烟气流向的顺序放入一个表示烟气流程动态数组。烟气冷却流程动态构造的第一个任务就是通过 CBoiler：：findFurnace（）找到炉膛受热面，作为烟气流程第一个受热面。然后从炉膛受热面开始，逐步调用 CHeater：：getGasNext（）来找到烟气侧的下一个主受热面，逐渐把所有的受热面按顺序加到 gasPath 中。由于热力计算过程针对"以主受热面为中心的换热单元"，所以 CHeater：：getGasNext（）找到主受热面后要使用 rebuildSons（），把单一受热面对象重建为换热单元。

程序代码 6-29　CBoiler 重建烟气流程

```
void CBoiler：：rebuildGasPath（）
{
    .......
    CHeater heater=boiler->findFurnace（）;
    string gasNext;
    while（gasNext≠"FINAL"）
    {
        gasNext =heater->getGasNext（）;
        if（heater->isMajor（））
        {
            heater=getByName（gasNext）;
            heater->rebuildSons（）;
            gasPath->addHeaters（heater）;
        }
    }
    ......
}
```

某些锅水并列受热面，如凝渣管，需要把它设置为主受热面，就可以单独地作为一个换热单元加入到烟气流程中。

（三）获取烟气流程中的位置

主要目的是获得某一个换热单元或某一单一受热面在烟气流中的位置，以方便热力计算中的调用。获取方法都是从受热面名称在烟气流程数据中索引，如果是主受热面或换热单元，得到的结果实际上是该受热面在烟气流程数据的序号；如果是附加受热面，得到的结果是其主受热面的位置。即

程序代码 6-30　受热面在烟气流中的位置

```
void CBoiler∷getPosGas ( CHeater* me )
{
    string myName=me->getName ( );
    if ( !me->isMajor ( ) )
        myName=me->getMom ( ) ->getName ( );
    for ( int i=0; i<gasPath.size ( ); i++ )
        if ( gasPath[i]->getName ( ) ==myName )
            return i;
    return -1;
}
```

并列烟气受热面在烟气中的序号相同。

（四）heatCalc() 新设想

烟气流程构建完成后，动态数组 gasPath 就是按烟气流程排序的主受热面，受热面变量不再需要使用固定的变量名称表述，这样，原热力计算程序中按各换热单元调用的非常复杂的过程变为按其在 gasPath 中顺序调用过程：

程序代码 6-31　受热面通用对象按烟气流完成热力计算设想

```
void CBoiler∷heatCalc ( )
{
    .......
    CHeater heater;
    for ( int i=0; i>gasPath.size ( ); i++ )
    {
        heater=gasPath[i];
        heater.getGasEn ( );
        heater.heatCalc ( );
    }
    sprayWaterCheck ( );
    ......
}
```

二、冷却剂流程重新构造

烟气流程的目的是为了换热单元热力计算的顺序控制，冷却剂流程重新构造的目

的则是为明确冷却剂的前后顺序，为更方便地实现连续性校核。与烟气流程中各受热面位置与烟气温降基本一致的顺序排列特点不同，冷却剂流程复杂而多变，如果把烟气流程看作一棵大树，各冷却剂流程则如同一根根绑在大树上的绳子钻来钻去，先后顺序和其在烟气流程中完全无关。从热力计算的角度来看，不同锅炉排列之间的主要差异就是冷却流程的巨大差异，也是热力计算的难点和复杂性所在。一次再热机组加热流程包括空气加热流程、给水主蒸汽加热流程和再热蒸汽加热流程；对于二次再热机组在上述三组加热流程上再增加一组再热流程；如机组无再热，则加热流程减少为两组。烟气流程、主蒸汽流程、再热蒸汽流程和空气流程均需重建。

（一）水流程

实际的锅炉水流程比较复杂，图 6-28 所示的 SG400-140/50145 锅炉的水系统，给水从汽轮机的高压加热器出口来，先后经过省煤器、前/后隔墙省煤器管束（可作为旁路省煤器的附加受热面）、前/后隔墙省煤器悬吊管（第一转向室、第二转向室的附加省煤器受热面）、隔墙省煤器引出管（不考虑其换热）、旁路省煤器、斜烟道包覆管束（可作为高温再热器的附加省煤器受热面）、汽包、下降管、炉膛前后左右墙水冷壁、汽包和不少的侧壁受热面。

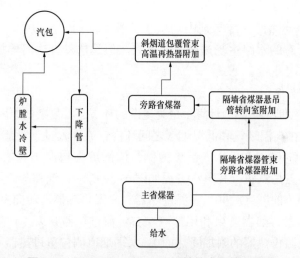

图 6-28　SG400-140/50145 锅炉的水系统示意图

水流程重建的目的主要用于计算受热面计算时的工质温度和连续性校核，因而只包含热力计算过程中需要计算其温升受热面的部分，大部分的水受热面，如侧壁受热面、悬吊管等，吸热量小、温升小，大多数不计算温升，可以看作是省煤器的水并列受热面，因而多只考虑省煤器，使问题大为简化。

基于上述考虑，水流程重建由第一级省煤器开始，到炉膛水冷壁上端结束。因为典型特征是"major"类型的水受热面，所以其重建的过程同烟气流程基本类似，主要要点为：

（1）在 CBoiler 中的存储位置为 waterFlow。

（2）找到第一级省煤器，并在 CBoiler∷heaters 查找水流程，并添加到 water-

Flow 中。

程序代码 6-32　重建水流程

```
void CBoiler::rebuildWaterFlow()
{
        waterFlow.RemoveAll ( );
        CWaterHeaters* me=getFirstWaterHeater();
        waterFlow.add(me);
        string gasNext=me->getGasNext ( );
        while ( gasNext≠"FINAL" )
        {
            me =getByName ( gasNext );
            if ( me≠NULL )
                    waterFlow.add(me);
            gasNext=me.getGasNext ( );
        }
}
```

因为水流程中受热面在冷却剂中均位于炉膛的前面，所以也可用 getCoolPrev ( ) 函数中以建立把所有的水路主受热面都找出来。但是这种方法需要把锅水并列受热面找出，排除水流程之外。

（二）主蒸汽流程

锅炉主蒸汽流程是锅炉热力计算中最为复杂的环节，其复杂的原因主要有：

（1）过热蒸汽在高温烟气和低温烟气之间环绕，流程太过于复杂。

以前文所述 SG400-140/50145 锅炉为例，该锅炉为超高压参数、一次再热锅炉，主蒸汽系统的开始点是汽包，其蒸汽流程如图 6-29 所示：饱和蒸汽从汽包出来后，先后流经顶棚过热器（前屏、后屏、高温过热器、高温再热器、转向室顶部）、尾部包覆过热器管束、悬吊管过热器管束和尾部侧左右包覆过热器管束（一部分为转向室受热面，另一部分为低温再热器的附加受热面）、水平烟道侧包覆过热器管束（高温再热器附加受热面）、前屏过热器（屏前设置一级喷水减温装置）、后屏过热器、高温过热器，

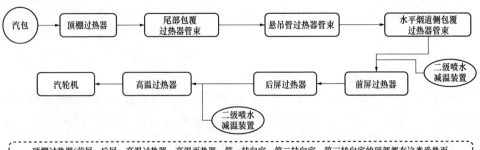

图 6-29　过热蒸汽的流程示意图

然后进入汽轮机。过热蒸汽从高温烟气段沿烟气方向走到省煤器前，折回到高温烟气部分的前屏，再沿烟气流动方向走到高温过热器，离开锅炉，非常复杂。

（2）附加受热面均需包含。尽管顶棚、前屏、包覆等这些受热面细小且多，但其温升也不能忽略，需要根据锅炉的不同配置情况对应地嵌入到主受热面的热力计算中，因而蒸汽流程中所有的附加受热面都需要包含，即主蒸汽流程重建时不分主辅受热面。

（3）主汽流程中还往往涉及减温水的处理。基于上述情况，在重建主蒸汽流程用 CBoiler：：superHeaters 表示，重建的过程同烟气流程基本类似，其存储位置为 vector ＜CSuperSteamHeater*＞ CBoiler：：superHeaters，主要代码为

程序代码 6-33　重建过热蒸汽流程

```
void CBoiler：：rebuildSuperHeaters（）
{
    superHeaters.RemoveAll（）；
    CSuperSteamHeater* me=getFirstSuperHeater（）；
    superHeaters.add（me）；
    string coolNext=me->getCoolNext（）；
    while（coolNext≠"FINAL"）
    {
        me=getByName（coolNext）；
        if（me≠NULL）
            superHeaters.add（me）；
        coolNext=me.getCoolNext（）；
    }
}
```

由于过热器涉及减温水量，在过热蒸汽流程重建时，可以顺便地把具有减温水的受热面整理一下，存在 CBoiler：：sprayedSuperHeaters 中。

程序代码 6-34　有减温水的过热器放到一块

```
BOOL CBoiler：：RebuildSprayWaterChains（）
{
    sprayedSuperHeaters.removeAll（）；
    // 沿烟气流程查找各级有减温水的受热面，并加入到清单中
    for（int i=0；i<gasPath.size（）；i++）
        if（gasPath[i]->getSprayWaterMax（）>0）
            sprayedSuperHeaters.add（gasPath[i]）；
}
```

（三）再热蒸汽流程

大部分锅炉的再热蒸汽流程相对简单，通常它们都从汽轮机的高压缸排汽来，进入低温再热器、转向室的引出管后进入高温再热器，或对于切向燃烧锅炉进入壁式再热器后再进入高温再热器。也有锅炉还设置中温再热器。每一级再热器也都有顶棚或

是包覆的附加受热面。

再热蒸汽流程重建 CBoiler：: rebuildReheaters（）与 CBoiler：: rebuildSuper-Heaters（）完全相同，只是程序中的 SuperSteamHeater 变为 Reheater 即可。

设计时再热器没有调节温度的减温水，但是在低温再热器入口设置有事故减温水，生产中往往需要用事故减温水调节再热蒸汽温度，此时如果进行校核计算，需要按对流受热面的减温水来进行计算；事故减温水通常设置在第一级再热器中，因此校核有再热减温水的锅炉不用新增加变量。

程序代码 6-35　**有调节挡板的再热器放到一起**

```
void CBoiler：: getDampedReheater（）
{
    for（int i=0；i<reheaters.size（）；i++）
            if（reheaters[i]->gasFractionX（）≥0）
                    return reheaters[i]；
    return NULL；
}
```

再热蒸汽调温通常采用挡板调节，因而再热流程中的主要问题是烟气份额调整。平行受热面应当是再热器优先计算。因此，再热器流程再建时应对并列布置的再热器平行受热面进行检查，确保其在烟气流程中的位置后于再热器受热面。

程序代码 6-36　**调整位置让带调节挡板的再热器成为优先调整的受热面**

```
void CBoiler：: adjustDamperPos（）
{
    CHeater* damper=getDampedPeheater（）；
    CHeater* parallel=damper->getBrother（）；
    int myGasPos=damper->getPosGas（）；
    int parGasPos=parallel->getPosGas（）；
    if（myGasPos >parGasPos）
        swap（gasPath[myGasPos]，gasPath[parGasPos]）；
}
```

（四）空气加热流程

空气流程比较简单，只是从空气预热器入口进入，经空气预热器加热后送入炉膛进行燃烧。实际生产中一次风可能还要经过磨煤机完成煤粉制备及输运，温度变成 70~80℃ 的过程，如图 6-30 所示。但是从热平衡的角度来看，最终的一次风温虽然降了下来，但是煤的温度升高，总体上能量与冷煤和热的一次风一次性给入炉膛的情况是完全等价的。

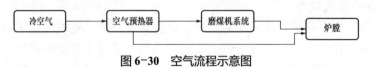

图 6-30　空气流程示意图

大容量锅炉通常只布置一级空气预热器，但小锅炉或高水分褐煤锅炉布置两级空气预热器也比较多见，因而空气流程重建也需要在 CBoiler 中设置 airheaters 的动态数组，重建方法与烟气流程、水流程等的重建方法基本一致。

（五）各流程的汇总点

各流程的汇总为炉膛，它即是水流程、空气流程的结束，又是烟气流程、主蒸汽流程的开始，还是锅水并列受热面的合并点。

三、连续性校核

连续性校核实际上就是冷却剂侧各流程后计算的受热面更新其前计算受热面入口参数的过程，典型的是低温过热器计算完成后、低温过热器出口来修正事先假定的前屏入口蒸汽温度。实际上过热蒸汽、再热蒸汽、空气侧和水侧均存在连续性的问题，因此应分别单独完成。

（一）单流程连续性校核

1.过热蒸汽连续性校核

大部分过热器间的蒸汽流向都是与烟气流动方向平行的，例如附加过热器中的各类顶棚过热器，都是顺着烟气流动方向的，直到省煤器包覆过热器出口，然后折回到前屏过热器或低温过热器。与烟气平行的受热面间连续性不存在问题，而折返点处存在连续问题，因此在校核过热蒸汽连续性问题时首先要找出折返点。

折返点典型特征是检查 1 个受热面的蒸汽侧下一级受热面在烟气侧位置（getCool-Next 获得的受热面在烟气中的位置）是否在本级受热面之后：如果某一受热面蒸汽侧下一级受热面在烟气流中的位置比它在烟气中位置靠前，则说明其为折返点，需要检查连续性；反之，则说明该受热面在烟气 / 蒸汽的平行流中，不存在连续性。例如，图 6-29 所示的受热面中，蒸汽折返点为省煤器包覆式过热器，其在烟气中的位置为 6 或 7 左右，而其下级受热面前屏的烟气侧位置为 0，小于省煤器包覆在烟气中的位置，就说明前屏入口的温度需要检查，此时可以进一步检查它们之间的温度差是不是小于某一允许误差。

过热蒸汽系统连续性校核代码变为

程序代码 6-37　**过热蒸汽连续性校核**

```
void CBoiler: : SuperHeaterContinuityCheck ( double gap=2 ) //

{
        CHeater* me, coolPrev;
        for ( int i=1; i<superheaters.size ( ); i++ )
        {
                CHeater* me=superheaters[i];
                CHeater* coolPrev=superheaters[i-1];
                int gasPosPrev = getPosGas ( coolPrev );
                int gasPosMe   = getPosGas ( me );
                if ( gasPosPrev-gasPosMe<0 )
```

```
            {
                double coolGap=abs ( me->getCoolantEnT ( ) -coolPrev.getCoolantLvT ( ));
                if ( coolGap>gap ) me->setReCalc ( TRUE );
            }
        }
    }
```

带前屏过热蒸汽连续性检查：

根据图 6-31 可以设计蒸汽连续性折返点位置的检查程序。

程序代码 6-38　过热蒸汽连续性折返点判断

```
BOOL CHeater∶∶isReturnPoint ( double gap=2 ) //
{
    if ( getCoolPrev ( ) ==CHeater∶∶BEGIN ) return FALSE;  // 无连续性问题
    CHeater* heaterCoolPrev=getByName ( getCoolPrev ( ) );
    int gasPosPrev = getPosGas ( heaterCoolPrev );
    int gasPosMe   = getPosGas ( me );
```

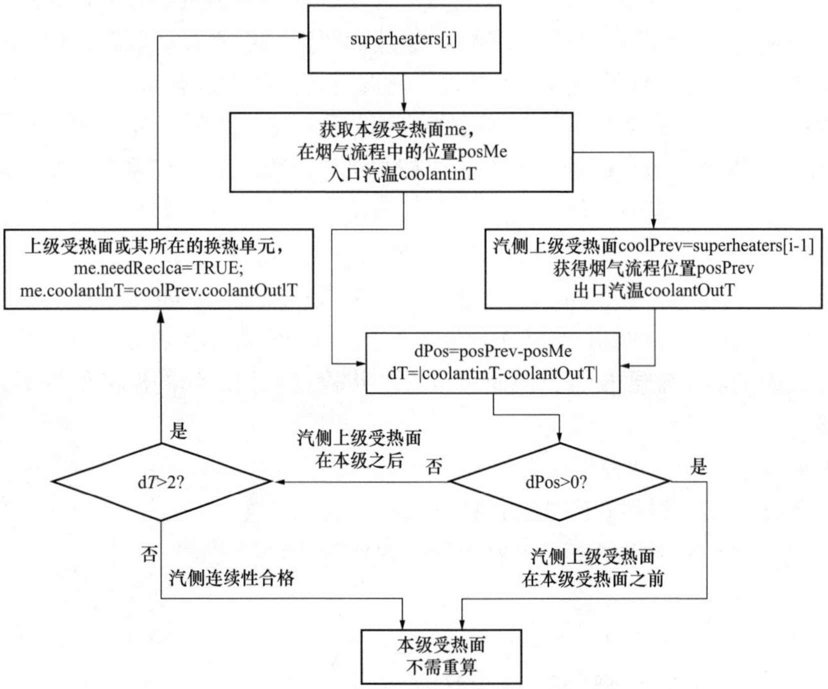

图 6-31　带前屏过热蒸汽连续性检查

```
    if ( gasPosPrev-gasPosMe>0 ) return TRUE;
    double coolGap=abs ( getCoolantLvT ( ) -heaterCoolPrev.getCoolantEnT ( ));
    if ( coolGap>gap ) return TRUE;
    return FALSE;
```

```
}
```

2.再热蒸汽连续性校核

再热蒸汽连续性校核与过热器完全相同。

3.水流程连续性校核

因为大部分锅炉通常只设一级省煤器，所以水流程核校通常只对省煤器出口的水温进行校核。一级水路受热面出口温度与炉膛热力计算时采用的入口水温相比，热力计算标准规定当其差值小于10℃时，热力计算即可以停止。

水流程连续性校核如图6-32所示，空气流程连续性校核如图6-33所示。

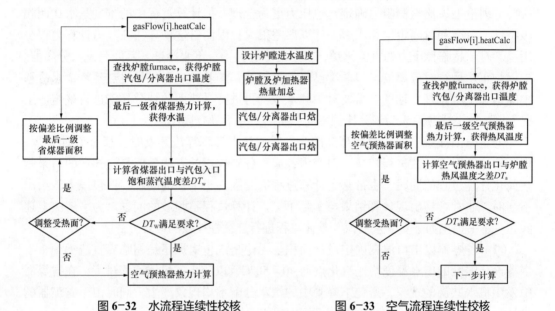

图6-32　水流程连续性校核　　　　图6-33　空气流程连续性校核

4.空气流程连续性校核

烟风校核主要工作：在空气预热器热力计算工作完成后，将空气预热器出口热风温度与炉膛计算中使用的热温度温作比较，如果温度超过40℃，则空气预热器出口热温度代替炉膛热力计算时采用的入口热风温度，空气预热器reCalc标志设置为TRUE。

（二）跨流程联合校核

烟气、水、主蒸汽、再热蒸汽、空气五个流程是为了计算方便而人为划设的，其实烟气和空气是一个流程、水和主蒸汽是一个流程，真实的物理流程只有3个。这就涉及5个流程中的参数的跨流程数据更新的问题。

1."水-汽"流程连续性

水流程和主蒸汽流程串联并共同构成"水＋主蒸汽"流程，因此按照前向校正的原则，需要根据省煤器出口温度来校核或重设出口的饱和温度，如果省煤器出口水温不能达到预定的水温，则需要调整受热面的面积，这样就可以保证计算收敛，如图6-32所示。上述的问题就在于，由于水流程和主蒸汽流程是各自计算的，且汽流程计算在前，水流程计算在后。汽水流程温度接续时，和水流程出口相比较的蒸汽温度如何选定才是合适的？因为如果该温度选高，则本来正常的省煤器需要增加面积，结果反而不正确了，所以正确的方式应当是根据省煤器出口水温来修改蒸汽流程的初始温度，从而完成"水－汽"流程整体的连续性校核。实际中通常不这样工作，原因如下：①亚临界锅炉工况下，锅水汽包/分离器的压力很难动态更新。此时，汽包或汽水分离器工作在饱和温度下，影响汽水温度不仅仅是其焓值，还包括其压力。由于此处的蒸汽压力由从汽包到主汽门前蒸汽流动的阻力决定的，动态计算动态更新很复杂，所以并不可行。一种可行的办法是通过饱和蒸汽的焓值来计算干饱和蒸汽的压力，进而校验汽包压力并进行更新，这种算法的原理是基于给水泵出口通过水侧的阻力确定汽包压力，理论上说比汽侧阻力确定汽包压力更为合理，但计算过程中的难度是水在两相区特性（由饱和焓确定饱和压力）计算误差很大，因而给这种算法在热力计算也很少用。②对于超临界压力的直流锅炉，其水冷壁分为上、下水冷壁，其间为汽水分离器。当锅炉正常运行时分离器出口温度已经是微过热，炉膛出口已经是过热蒸汽，水冷壁中间饱和温度点是变动的、需要对炉膛水冷壁再进行受热面的划分才能进行确定。工况不同，这个受热面人为划分比例不同，实际上并不具有操作性。

上述原因导致早期热力计算标准开发时或热力计算算法开发时，都避免对"水－汽"整体流程连续性进行校核，而变为各流程分别校核的方法。但是这样做的后果是在简化计算过程的同时，也带来了计算过程需要强人工干预的问题，汽包压力值给出不当时，非常容易出现计算结果与实际不符、计算过程不收敛的问题。为了解决上述问题，本书提出如下对"水－汽"整体流程进行连续性校核的计算方法。

（1）省煤器以出口温度确定设计面积。无论是汽包锅炉还是超临界直流锅炉，省煤器设计温度的出水温度均比汽化点低40～50℃，以防止省煤器面积过大，在省煤器中发生汽水共沸的现象，避免下降管中的汽水分配不均现象产生，同时由于省煤器的设计只考虑出口温度一个因素，所以可以使问题大为简化。

（2）亚临界锅炉的汽化点为省煤器出口压力下的饱和温度，超临界锅炉的汽化点为临界点374℃、临界压力22.4MPa。

（3）基于省煤器出口参数，通过炉膛的吸热量和并列锅水受热面的吸热量，水冷壁口蒸汽的焓值为

$$H_{st,f,lv} = H_{w,ec,lv} + \frac{\left(Q_{f,w} + \sum Q_{x,w}\right)\varphi B}{D_{w,en}} \qquad (6-14)$$

式中　$H_{w,ec,lv}$——省煤器出口水焓值，kJ/kg；

　　　$H_{st,f,lv}$——锅炉水冷壁出口蒸汽的焓值，kJ/kg；

　　　$Q_{f,w}$——锅炉炉膛锅水吸收的热量，kJ/kg；

　　　$Q_{x,w}$——各级锅水加热热量总和，kJ/kg；

　　　$D_{w,en}$——锅炉入炉时给水流量，kg/s。

总而言之，本算法还是延用汽水两段分开计算的原理，只是对于分开点温度通过设定一个相对较少的范围，并结合焓值来确定汽侧入口蒸汽温度的方法，即避免传统方法中固定的蒸汽系统入口温度点，在实现"汽—水"系统连续性校核的同时，又避

免用汽水两个系统连续计算时饱和温度计算的不确定性。

对于亚临界锅炉，蒸汽系统入口为汽包锅炉出口蒸汽，可以根据 $H_{w,ec,lv}$ 和蒸汽干度 $x=1$ 的条件来求解饱和压力，从而确定该条件下蒸汽系统入口压力，并更新温度参数。对于超临界锅炉，用该焓值和顶棚入口的压力求解蒸汽温度，更新蒸汽流程初始温度，即

```
superHeaters[0]->t=furnact.getFinailT();
```

2. 空气侧 - 烟气侧连续性校核

烟风校核主要工作：空气预热器热力计算工作完成后，将空气预热器出口热风温度与炉膛计算中使用的热空气温度作比较，如果温度超过 50℃，则用空气预热器出口热温度代替炉膛热力计算时采用的入口热风温度，空气预热器 reCalc 标志设置为 TRUE。

对于空气流程和烟气流程，最后计算的空气预热器出口热风温度，会对炉膛产生明显的影响，因而炉膛的热力计算可以根据空气预热器入口温度进行参数更新。热风温度可以存在 CBoiler 中，因此在 CFurnace 类型中，添加从 CBoiler 对象中取得热风温度的语句即可：

```
furnace.hotAirT=boiler->getHotAirT ( );
```

程序代码 6-39　空气续性检查

```
BOOL CBoiler::AirContinuityCheck ( double gap=2) //
{
    CHeater* me, coolPrev, finalAirHeater;
    finalAirHeater=airheaters.size[airheaters.size ( ) -1];
    for ( int i=1; i<airheaters.size ( ); i++ )
    {
        CHeater* me=airheaters[i]
        CHeater* coolPrev=airheaters[i-1];
        int gasPosPrev = getPosGas ( coolPrev );
        int gasPosMe  = getPosGas ( me );
        if ( gasPosPrev-gasPosMe<0  )
        {
            double coolGap=abs ( me->getCoolantEnT ( ) -coolPrev.getCoolantLvT ( ));
            if ( coolGap>gap ) me.setReCalc ( TRUE );
        }
    }
    double dtAhFurnace=hotAirT-finalAirHeater.getCoolLvT ( );
    if ( dtAhFurnace>50  )
        if ( airHeaterAdjust )
        {
```

```
            hotAirT=hotAirT-dtAhFurnace;
            furnace.setReCalc ( TRUE );
        }else{
            double airDT= ( hotAirT-coldAirT ) / ( finalAirHeater.getCoolantLvT ( ) -coadAirT );
            finalAirHeater->setArea ( finalAirHeater->getArea ( ) *DT );
            finalAirHeater->setReCalc ( TRUE );
        }
    }
```

四、减温水量校核改进

前面第三节已经完成实现了根据名称查找前屏、末级过热器调整减温水量的方法，但是还是比较固定，原因是必须知道前屏、末级过热器上设置了减温水，必须把前屏的名称固定等，才能正确无误地应用。如果 SG400 在后屏入口又增加了一级减温水，那 CBoiler 作为 SG400 的父类型，并不能自动探知这个变化，因而需要进一步优化。

（一）二分法减温水校核

本节前文中在进行汽水流程的重建时，已经把带有减温水的过热器按烟气前后顺序放置在了 sprayedSuperHeaters 动态数组中，通过该数组就可以按减温水的顺序、一级一级地调整了，二分法减温水和焓值法控制减温水的计算框图变为如图 6-34 所示。

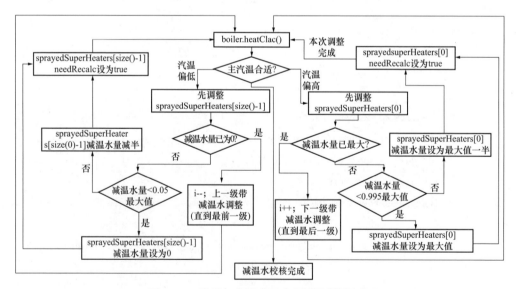

图 6-34　简单二分法减温水量校核模块更新

减温水在运行中是实时调整、动态变化的，减温水量变化后，影响的不光是本级受热面出口的温度，还影响到该喷水点之前所有受热面中的冷却工质的流量。此外，减温水的加入量也不是随意的，每一级减温水都有最大量限制，有时减温水量喷到最大了，也没有把温度控制下来，在计算中到底如何控制喷水量，也是造成问题复杂化的原因。

程序代码6-40 二分法减温水量检查2

```
BOOL CBoiler::sprayWaterCheck ( )
{
    double boilerMainSteamT=boiler->getmainSteamT ( );
    CHeater* finalSuperHeater=getFinalSuperHeater ( );
    double dt = finalSuperHeater->geMainSteamT ( ) -boilerMainSteamT;
    if ( dt>-5 && dt<5 ) // 温差在 [-5, 5] 之间, 循环停止
            return TRUE;
    double Dsw, DswX, DDsw;
    if ( dt>5 )  // 如果计算出的温度大于设计温度, 则需要加大喷水量。
    for ( int i=0; i<sprayedSuperHeaters.size ( ); i++ )
    {
        Dsw=sprayedSuperHeaters[i].getSprayWater ( );
        DswX=sprayedSuperHeaters[i].getSprayWaterMax ( );
        if ( Dsw<0.995DswX ) // 减温水没到最大值, 则优先加本级减温水
        {
                sprayedSuperHeaters[i].setSprayWater ( Dsw + 0.5*DswX );
                resetCoolantFlow ( 0.5*DswX, sprayedSuperHeaters[i].name );
                return false;
         }
        else if ( Dsw<DswX )
        {
                sprayedSuperHeaters[i].setSprayWater ( DswX )
                resetCoolantFlow ( 0.5*DswX, sprayedSuperHeaters[i].name );
                // 减温水量增加到 0.995 以上全开, 以防止死循环
                return false;
        }
    }
    if ( dt<-5 );
    for ( int i=sprayedSuperHeaters.size ( ); i>0; i-- )
    {
        Dsw=sprayedSuperHeaters[i].getSprayWater ( );
        DswX=sprayedSuperHeaters[i].getSprayWaterMax ( );
        if ( Dsw>0.005DswX ) // 减温水没到最大值, 则优先加本级减温水
        {
                sprayedSuperHeaters[i].setSprayWater ( Dsw/2 );
                resetCoolantFlow ( -0.5*Dsw, sprayedSuperHeaters[i].name );
```

```
            return false;
        }
        else if (Dsw>0.005DswX)
        {
            sprayedSuperHeaters[i].setSprayWater(0)
            resetCoolantFlow (-0.5*Dsw, sprayedSuperHeaters[i].name);
            // 减温水量增加到0.995以上全开, 以防止死循环
            return false;
        }
    }
    return true;
}
```

（二）焓值法减温水校核

与二分法类似，焓值法减温水量校核模块算法也可以更新，如图6-35所示。根据图6-35，可以设计减温水控制的程序。

程序代码6-41　焓值法减温水量检查2

```
BOOL CBoiler::sprayWaterCheck (BOOL)
```

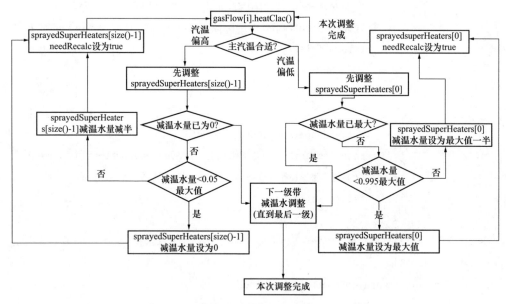

图6-35　焓值法减温水量校核模块算法更新

```
{
    double boilerMainSteamT=boiler->getmainSteamT ();
    CHeater* finalSuperHeater=getFinalSuperHeater ();
    double dt = finalSuperHeater->geMainSteamT () -boilerMainSteamT;
    if (dt>-5 && dt<5) // 温差在[-5, 5]之间, 循环停止
```

```
        return TRUE;
double mainSteamE=CWaterSteam::getEnthalpy(mainSteamP, mainSteamT);
double finalSteamE=finalSuperHeater.getCoolantEnthalpyLv();
double eFeedWater=CWaterSteam::getEnthalpy(feedWaterP, feedWaterT);
double eSprayWater=CWaterSteam::getEnthalpy(sprayWaterP, sprayWaterT);
double eSuperSteamEn=sprayedSuperHeaters[i]->getCoolantEnthalpy();
doulbe DswNeed=(finalSteamE-mainSteamE)*mainSteamFlow/(eSuperSteamEn-SuperSteamEn);
double Dsprayed=0;
if(DswNeed>0)   // 如果计算出的温度大于设计温度，则需要加大喷水量。
{
    for(int i=0; i<sprayedSuperHeaters.size(); i++)
    {
        Dsw=sprayedSuperHeaters[i].getSprayWater();
        Dsprayed+=Dsprayed;
        Dsw=DswNeed-Dsprayed;
        DswX=sprayedSuperHeaters[i].getSprayWaterMax();
        if(Dsw>DswX)
        {
            sprayedSuperHeaters[i].setSprayWater(DswX)
            resetCoolantFlow(DswX, sprayedSuperHeaters[i].name);
            // 减温水量增加到 0.995 以上全开，以防止死循环
            return false;
        }else if(0<Dsw) // 减温水没到最大值，则优先加本级减温水
        {
            sprayedSuperHeaters[i].setSprayWater(Dsw);
            resetCoolantFlow(Dsw, sprayedSuperHeaters[i].name);
            return false;
        }
    }
}
double Dreduced=DswNeed;
if(DswNeed<0) // 减温水需要减少
{
    if(Dsw<DswX1 ) // 一级减温水没到最大值，则优先一级减温水
        for(int i=sprayedSuperHeaters.size()-1; i>0; i--)
        {
            Dsw=sprayedSuperHeaters[i].getSprayWater();
            Dreduced=DswNeed+Dsw;
            string coolPrev=sprayedSuperHeaters[i].getCoolPrev();
```

```
                if ( Dreduced<0 )
                {
                        sprayedSuperHeaters[i].setSprayWater ( 0 )
                        resetCoolantFlow ( 0, coolPrev );
                // 减温水量增加到 0.995 以上全开，以防止死循环
                    return false;
                }else  // 减温水没到最大值，则优先加本级减温水
                {
                        sprayedSuperHeaters[i].setSprayWater ( Dreduced );
                        resetCoolantFlow ( Dreduced, coolPrev );
                        return false;
                }
        }
}
```

（三）流量更改

更改喷水量以后，说明本级受热面及以前所有受热面的流量都下降了，需要重新设置，并供下一次迭代计算时使用。高温过热器前经常设置第二级喷水减温装置，低温过热器出口经常设置第一级喷水减温装置。此外，如减温水的流量后，冷却剂侧减温器之前所有受热面流量均需要反向调整。因为有些受热面位于减温器位置之后还没有进行热力计算，有些受热面位于减温器之前已经完成热力计算，流量反向调整后这些受热面的热力计算需要重新计算，所以直接由 sprayWaterCheck（）触发会变得非常复杂。

程序代码 6-42 减温水量校核后流量更新

```
void CBoiler:: resetCoolantFlow (double flowToLower, string heaterPrev )
{
        CHeater ht=getByName ( heaterPrev ) ->getCoolPrev ( );
        ht = getEconomizer ( );
        ht.setReCalc ( TRUE );
        ht.setCoolantFlow ( ht->getCoolantFlow ( ) -flowToLower );
        ht = getFurnace ( );
        ht.setReCalc ( TRUE );
    int pos=getSuperHeaterPos ( heaterPrev ) +1;
    for ( int i=0; i<pos; i++ )
    {
            ht.setCoolantFlow ( ht->getCoolantFlow ( ) -flowToLower );
            ht.setReCalc ( TRUE );
    }
}
```

五、再热蒸汽温度调整

（一）烟气挡板的烟气份额调整

与过热系统调整相比，再热蒸汽温度的调整相对比较简单，因为它通常只有一级挡板调节，所以采用一个函数在再热器数组里查询、找到 gasFractionX＞0 的那一级就可以了。然后按二分法的方法完成烟气挡板角度的计算、设置新的挡板角度和其对应的平行受热面的角度即可。

程序代码6-43　**烟气挡板校核**

```
void CBoiler：： gasFractionCheck（ ）
{
  BOOL passCheck=FALSE;
  CHeater* finalReheater = getFinalReheat（ ）;
  double dt= finalRHeater->getCoolantLvT（ ）- reheatSteamT;
  // 计算末级再热器出口温度与设计温度的差值；如果满足要求，则跳出校核
  if（（dt≥-10 && dt≤5）return TRUE;
  CHeater* dampedReheater;
  for（int i=0; i<reheaters.size（ ）; i++）
  {
      if（reheaters[i]->gasFractionX（ ）≥0）
          dampedReheater=reheaters[i]
      double gasFraction=dampedReheater->getGasFraction（ ）;
      double gasFractionX=dampedReheater->getGasFractionMax（ ）;
      if（ gasFraction==0.1*gasFractionX || gasFraction==gasFractionX）
          break;
      if（dt>5）   // 关小挡板
      {
          if（gasFraction>0.105*gasFractionX）
              gasFraction=0.05*gasFractionX+0.5*gasFraction;
          else
              gasFraction=0.1*gasFractionX;
      }
      if（dt<-10）// 开大挡板
      {
          if（gasFraction<0.995*gasFractionX）
          gasFraction=0.5*gasFraction+0.5*gasFractionX;
      else
          gasFraction=gasFractionX;
      }
```

```
// 重设其他并列受热面的烟气份额
dampedReheater->setGasFraction ( gasFraction );
dampedReheater->setReCalc ( TRUE );
CHeater* paralHeater = damperReheater->getBrother ( );
paraHeater->setGasFraction ( 1-gasFraction );
paralHeater->setReCalc ( TRUE );
 }
}
```

当程序中的温差 dt 大于 10℃ 时，执行关小挡板动作，其控制框图如 6–36 所示。

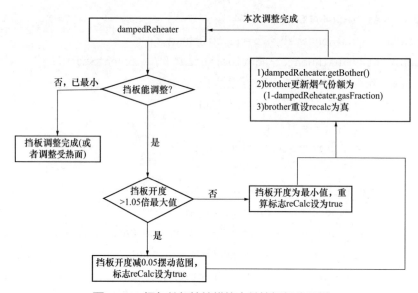

图 6–36 烟气份额校核模块中关挡板部分示例

（二）摆动燃烧器的火焰中心

挥动燃烧器火焰中心的调整与再热蒸汽温度挡板的调整，从程序设计的角度来看是比较相似的，主要不同的是调节对象从低温再热器变为炉膛，要求重新计算的也是炉膛，因此，在计算摆燃烧器的火焰中心改变时，只需在炉膛里做工作即可以了。

程序代码 6–44　火焰中心调整

```
CBoiler::FlameCenterCheck ( )
{
  BOOL passCheck=FALSE;
  CHeater* finalReheater = getFinalReheat ( );
  double dt= finalRHeater->getCoolantLvT ( ) - reheatSteamT;
  // 计算末级再热器出口温度与设计温度的差值；如果满足要求，则跳出校核
  if (( dt≥-10 && dt≤5 ) return TRUE;
  double angle=furnace.getBurnerAngle ( );
  double angleMax=furnace.getBurnerAngleMax ( );
```

```
double angleMin=furnace.getBurnerAngleMin ( );
/* 如果再热出口温度高于再热温度设定值，燃烧器下摆。*/
if ( dt>10 )
{
        if ( angle<angleMin )
                return passCheck=TRUE;
        angle=0.5* ( angle+angleMin );
        furnace.setBurnerAngle ( angleMin );
        return FALSE;
}
/* 如果再热出口温度低于再热温度设定值，燃烧器上摆 */
if ( dt<-10 )
{
        if ( angle>angleMax )
                return passCheck=TRUE;
        angle=0.5* ( angle+angleMax );
        return FALSE;
}
        return true;
}
```

当程序中的温差 dt 大于10℃时，燃烧器执行下摆动作，其控制框图如6-37所示。

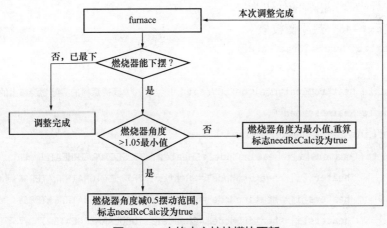

图6-37　火焰中心校核模块更新

六、排烟温度校核

排烟温度校核计算空气预热器出口烟气温度需要用 gasPath 中的受热面来表示。对于大多数的锅炉，烟气侧最后一级受热面是空气预热器，因而可以直接用 gasPath 的最后一个元素来代替原来的 airHeater。用 gasPath 最后一个元素表示空气预热器时，此排烟温度校核模块的示例代码变为

程序代码 6-45　排烟温度校核

```
BOOL Boiler::gasTempCheck()
{
        double tFgLv=gasPath[gasPath.size ( ) -1]->getGasLvT ( );
        double dTfg=tFgLv-flueGasLvT;
        BOOL passT=abs ( dTfg ) >10;
        if ( passT  ) {
                flueGasLvT = 0.5* ( tFgLv+flueGasLvT );
                return FALSE;  // 返回热平衡迭代计算时会使用修改后的值；
        }
        return TRUE;
}
```

七、热平衡校核

热平衡校核需要把所有汽水受热面的吸热量相加，然后与燃料在炉内的放热量相比较，误差要小于 0.5% 即可认为计算完成。在第二节需要人为、一个一个地通过枚举的方法把每一个汽水受热面找出来，把它们的热量相加后，才能完成相应的工作。本节中，因为所有的受热面都放在 heaters 数组中，所以只要遍历这个数组，把 AIRHEATER 去掉，然后简单把热量相加就可以得到汽水受热面换热量之和，然后再把它与燃料的放热量去比，就可以进一步得到它们的误差，决定是否对受热面热力计算的精度进行修改。相应的代码为

程序代码 6-46　热平衡校核

```
BOOL Boiler::heatBalanceCheck()
{
        double heatFromCoal=coal.getLHVreal ( );        // 获得燃料的实际燃烧放出的低位热量
        double heatAbsorbed=0;
        for ( int i=0; i<heaters.size ( ); i++ )
            if(heaters[i]->heatingMode!=CHeater::BI_SECTORAIRHEATER &&
                heaters[i]->heatingMode!=CHeater::TRI_SECTORAIRHEATER&&
                heaters[i]->heatingMode!=CHeater::QUA_SECTORAIRHEATER&&
                heaters[i]->heatingMode!=CHeater::TUBULARAIRHEATER)    // 不是空气预热器
                heatAbsorbed+=heaters[i].getHeat ( );
            if ( abs ( heatAbsorbed/heatFromCoal-1 ) >0.005 )
                for ( int i=0; i<heaters.size ( ); i<0)
                {
                    if ( heaters[i]->getTolerance ( ) >0.005) {
```

```
            heaters[i].setTolerance ( heaters->getTolerance ( ) /2 );
            heaters[i].setReCalc ( TRUE );     // 重设精度后,

        }
    }
    return TRUE;
}
```

八、迭代控制

第二节中通过把不同的校核程序安排在最佳的位置后进行,形成了三到四层不同嵌套迭代,使得热力计算程序 CBoiler：：heatCalc（）结构特别复杂。为了更加方便程序的设计,在当时就采取了一种通过设置一个变量 CHeater：：reCalc 来表示每个受热面是否需要重新计算,并且通过 do 循环来实际迭代的重新启动。现在,每一个受热面都是动态数组中的一个元素,且每个校核都最终通过 CHeater：：setReCalc（BOOL）,把受热面设置为是否需要重新计算,可以考虑把所有的校核计算放在最后一起进行,然后再检查所有的受热面是否需要重新计算,就使得热力计算程序变得非常简单,把原来的多层嵌套迭代降维到一维迭代。

具体步骤为:

（1）各流程重建后,先按烟气流程进行一次热力计算。

（2）计算完成后进行各种校核;严格地说,此时校核的顺序无关紧要,但按照传统热力计算控制顺序可以得到更好的收敛性,这样分别为减温水校核、过热蒸汽连续性校核、再热蒸汽连续性校核、水侧连续性校核、空气侧连续性校核、排烟温度校核、热平衡校核等,无论任何一种校核,只要不满足校核要求,就通过可以 CHeater：：setReCalc（TURE）设置为需要重新计算。

（3）最后设计一子程序,遍历 heaters 看看中间是否有需要重新进行热力计算的,如果都不需要进行热力计算了,则程序计算完成,否则返回重新计算。

```
BOOL CBoiler:: reCalcCheck ( )
{
    for ( int i=0; i<heaters.size ( ); i++ )
        if ( !heaters[i].reCalc ( ))
            return TRUE;
    return FALSE;
}
```

根据要述思想,可以设计相应的程序流程图,如图 6-38 所示。

根据图 6-38 所示的流程图,可以设计最终的全炉热力计算程序。

程序代码 6-47　全炉热力计算程序 3

```
void CBoiler::heatCalc()
{
    ......
```

443

BOOL reCalc = TRUE;

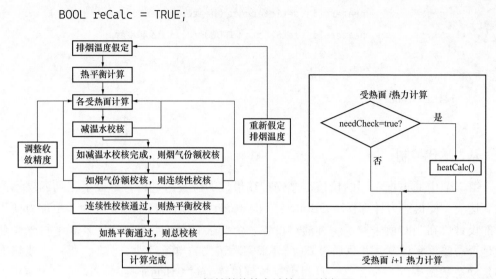

图 6-38 锅炉整体热力计算最后的框图

```
CHeater heater;
 do{
     heatBalanceCalc();
     for(int i=0;i<gasPath.size();i++)
     {
         heater=gasPath[i];
             if(heater.getRecalc() )
             {
                 heater.updateGasEn();
                 heater.updateCoolantEn();
                 heater.heatCalc();
                 heater.setReCalc(FALSE);
                 if(i<gasPath.size()-1) heater[i+1].setReCalc(TRUE);
             }
     }
     sprayWaterCheck();
     superHeaterContinutyCheck();
     reheaterContinutyCheck();
     waterContinutyCheck();
     airContinutyCheck();
     gasFractionCheck();
     gasTempCheck();
     geatBalanceCheck();
     reCalc=reCalcCheck();
```

```
        }while(reCalc)                 // 校核不合格返回
    }
```

由程序代码6-47可见，最终的程序通过受热面统一存储、动态识别、流程再建等手段，所有的受热面变量、校核过程都实现了 CBoiler 的内部化，受热面组合实现了动态化，把原来的 8 层立即迭代模式变为最后的两层延迟迭代模式，较好地解决了热力计算程序通用化设计问题，为热力计算软件系统的通用化设计提供了基础。

参考文献

［1］　北京锅炉厂.译.锅炉机组热力计算标准方法［M］.北京：机械工业出版社，1976.

［2］　锅炉机组热力计算方法（规范法）第三版 补充和修订［S］.圣彼得堡：1998.

　　　ТЕПЛОВОЙ РАСЧЕТ КОТЛОВ（НОРМАТИВНЫЙ МЕТОД）Издание третье，переработанное и дополненное.Санкт-Петербург：1998.

［3］　周强泰.锅炉原理.3 版［M］.北京：中国电力出版社，2013.

［4］　车得福.锅炉.2 版［M］.西安：西安交通大学出版社，2008.

［5］　赵翔，任有中.锅炉课程设计［M］.北京：水利电力出版社，1991.

［6］　陈文远.浅谈有关锅炉的校核计算［J］.科技创新导报，2011（14）.

［7］　庞亚军.锅炉校核热力计算方法简析［J］.电力学刊，1991（1）：58-63.

［8］　马明金.通用锅炉运行参数计算组态软件的开发［D］.东南大学，2004.

［9］　范传康.锅炉热力计算系统的理论模型及框架研究［D］.浙江大学，2005.

［10］　曾东和，裴海灵，等.VC 与 FORTRAN 混合编程及其在煤粉锅炉热力计算中的应用［J］.锅炉技术，2005，36（6）：47-51.

［11］　张华，林江.大容量锅炉热力计算程序开发和应用［J］.热能动力工程，2005，20（5）：310-313.

［12］　张蕾.电站锅炉热力计算通用软件的编制及应用［J］.能源研究与利用，2000，（1）：21-24.

第七章　循环流化床锅炉热力计算方法简介

　　循环流化床锅炉（CFB）与煤粉炉燃烧方式不同，导致其在热力计算方面最大的不同在于炉膛的不同：煤粉锅炉炉膛的换热以辐射换热占绝对主要方式，因而采用纯辐射换热为原理导出计算方法；循环流化床锅炉炉膛中的传热是一个复杂的过程，其炉温水平只有 800～900℃（和煤粉锅炉水平烟道的温度水平差不多），但是床料的辐射能力又强于烟气，同时炉内床料的循环对于水冷壁的冲刷强烈，因此对流换热量和辐射式换热量的比例难以准确确定。基于这种特性和难度，流化床锅炉的研究和热度远超过煤粉锅炉，至今技术观点层出不穷，但是成熟度比煤粉锅炉略差。本章着重于介绍循环流化床锅炉炉膛的热力计算方法，分别为基于辐射换热模型、基于鳍片管对流换热模型及加拿大学者巴苏提出的分相交替更新换热模型。

第一节　基于辐射换热的 CFB 炉膛传热计算

　　基于辐射换热的炉膛传热计算方法总体上说和煤粉锅炉的传热计算思路、过程与方法都很像，只是在计算过程中的参数处理有所不同，我国小型层燃锅炉和小型的流化床锅炉中稀相区的炉膛计算即采用这种方法。

一、炉膛热平衡

　　与煤粉锅炉相同，炉膛的吸热量为燃料实际燃烧释放的热量与炉膛进出口介质带入炉膛传热量之和相减后得到。但是，除了煤粉锅炉的燃料、空气之外，循环流化床锅炉进入炉膛的物质还包括高温的循环床料，因而燃料在炉膛的放热量计算式略有不同。

　　具体而言，进入炉膛的热量由燃料带入热量、空气带入热量和循环灰三部分组成，分别为

$$Q_{\mathrm{fg,en}} = Q_{\mathrm{net,ar}} \frac{100 - q_3 - q_4 - q_6^{\mathrm{ba}}}{100} + Q_{\mathrm{a,en}} + Q_{\mathrm{as,en}} \qquad (7\text{-}1)$$

$$Q_{\mathrm{a,en}} = \beta_{\mathrm{ah,lv}} V_a^0 H_{\mathrm{ha}} + \Delta \alpha_f V_a^0 H_{\mathrm{ca}} \qquad (7\text{-}2)$$

$$Q_{\mathrm{as,en}} = 0.01 r_{\mathrm{as,c}} A_{\mathrm{ar}} c_{\mathrm{as,c}} \left(t_{\mathrm{as,c}} - t_o \right) \qquad (7\text{-}3)$$

式中　　$Q_{\mathrm{fg,en}}$ ——1kg 燃料在炉膛燃烧放出的热量，kJ/kg；

　　　　$Q_{\mathrm{net,ar}}$ ——1kg 燃料的热量，kJ/kg；

　　　　$Q_{\mathrm{a,en}}$ ——1kg 燃料燃烧时由燃烧空气代入炉膛的热量，kJ/kg；

$Q_{as,en}$ ——1kg 燃料相对应循环灰代入炉膛的热量，kJ/kg；

q_3、q_4 ——气体不完全燃烧损失和固体不完全燃烧损失，%；

q_6^{ba} ——底渣带出炉膛产生的锅炉效率损失，%；

$\beta_{ah,lv}$ ——空气预热器空气出口过量空气系数，无量纲；

V_a^0 ——理论空气量，m³/kg；

H_{ha}、H_{ca} ——空气预热器出口的热空气和进入炉膛冷空气的焓值，kJ/m³；

$\Delta\alpha_f$ ——炉膛漏风系数，无量纲；

A_{ar} ——燃料灰分，%；

$r_{as,c}$ ——流化床灰循环倍率，返回炉膛的循环灰占总灰分的比值，无量纲，下标 as 为 ash，c 为循环（circulated）；

$c_{as,c}$ ——返回炉膛中循环灰的比热，kJ/（kg·℃）；

$t_{as,c}$、t_0 ——循环灰温度和空气进口温度，℃。

离开炉膛的热量包含烟气带走的自身热量和灰的热量，灰热量又包含循环灰带走热量和飞灰带走热量，其计算式为

$$Q_{fg,lv} = H_{fg,lv} = \left[\sum V_{fg,i}c_{p,i} + 0.01\left(r_{as,c} + r_{fa}\right)A_{ar}c_{as}\right]\left(t_{fa,lv} - t_{re}\right) \tag{7-4}$$

式中　$V_{fg,i}$ ——1kg 燃料燃烧烟气中各组分的容积，m³/kg；

$c_{p,i}$、c_{as} ——1kg 燃料燃烧烟气各组分和灰的比热容，kJ/（m²·℃）；

r_{fa} ——1kg 燃料相对应循环灰代入炉膛的热量，kJ/kg；

$t_{fg,lv}$、t_{re} ——炉膛出口烟气温度和计算焓值的基准温度，℃。

根据能量平衡原理，对于整个炉膛，烟气在炉膛中的放热量为进入炉膛的热量 $Q_{fg,en}$ 与离开炉膛的热量 $Q_{fg,lv}$ 之间的差值、工质在炉膛中的吸热量烟气放热量与保温系数之积，也等于理论燃烧温度与出口温度之间的平均热容关联式，有

$$Q_{sw} = \varphi Q_x = \varphi\left(Q_{fg,en} - Q_{fg,lv}\right) = \varphi\overline{VC}\left(T_{fg,en} - T_{fl,lv}\right) \tag{7-5}$$

式中　$T_{fg,en}$ ——燃料理论燃烧温度，K；

$T_{fg,lv}$ ——炉膛出口烟气温度，$T_{fg,lv} = t_{fg,lv} + 273.15$，K。

Q_{sw} 的下标 sw 是 Steam 和 Water 首字母缩写，同煤粉锅炉相同。

二、炉膛换热式导出

（一）换热方式假定

我国层燃炉热力计算标准方法参照 1973 年热力计算标准方法（第三章）得出，还是假定循环流化床锅炉炉膛的换热以辐射为主要方式，即

$$Q_x = Q_R = \frac{\sigma_0\varepsilon_0 F_R}{B}\left(T_{flm}^4 - T_w^4\right) \tag{7-6}$$

式中　σ_0 ——斯蒂芬－玻尔兹曼常数，取 5.67×10^{-8} W/（m²·K⁴）；

ε_0 ——炉内辐射换热时壁面灰体与烟气灰体的平均黑度，无量纲；

F_R ——炉内辐射换热的面积，m³；

B ——锅炉给煤量，t/h；

T_{flm} ——炉内烟气灰体的换热温度，K；

T_w ——水冷壁管外结灰层表面温度。

（二）火焰温度处理方法

与第三章中热力计算标准中采用壁面转化法不同的是，我国层燃炉热力计算标准方法采用经验法直接获得炉内烟气灰体温度与出口温度相关联的方法，即

$$T_{flm} = T_{fg,en}^{(1-n)} T_{fl,lv}^{n} \qquad (7\text{-}7)$$

式中 $T_{fg,en}$ ——绝热燃烧温度，即理论燃烧温度，K；

$T_{fg,lv}$ ——炉膛出口温度，K；

n —— 反映燃烧工况对炉内温度场的影响。抛煤机炉 n=0.6，层燃炉 n=0.7；循环流化床 n 也可以取为 0.6。

（三）炉膛辐射换热式

定义 q_F 为辐射受热面热流密度，用以表示单位炉壁面积的换热能力，有

$$q_F = \frac{BQ_R}{F_F} \qquad (7\text{-}8)$$

由式（7-6）可得

$$q_F = \sigma_0 \varepsilon_0 \left(T_{flm}^4 - T_w^4 \right) \qquad (7\text{-}9)$$

应用 q_F 把式（7-9）变吸热侧和放热侧的特性，有

$$q_F \left(\frac{1}{\varepsilon_0} + \frac{\sigma_0}{q_F} T_w^4 \right) = \sigma_0 T_{flm}^4 \qquad (7\text{-}10)$$

显然，式（7-10）左边所表示特性中分为两部分，一部分为 $\dfrac{q_F}{\varepsilon_0}$，表示烟气黑度和壁面黑度组成的换热系统，另一部分为 $\dfrac{\sigma_0}{q_F} T_w^4$，表示水冷壁结灰层对炉膛传热的影响，定义

$$m = \frac{\sigma_0}{q_F} T_w^4 \qquad (7\text{-}11)$$

灰层表面温度 T_w 可以基于锅水温度 T_p 求出，即

$$T_w = R_h q_F + T_p \qquad (7\text{-}12)$$

式中 R_h ——管外灰层热阻，按顺列对流管取 R_h=0.0026 m²·℃/W（参见第四章第三节）；

T_p ——水冷壁管金属温度，通常可取为工作压力下水的饱和温度，K。

并将式（7-12）代入式（7-10），有

$$m = \frac{\sigma_0}{q_{\mathrm{F}}} \left(R_h q_{\mathrm{F}} + T_{\mathrm{p}}^4 \right) \tag{7-13}$$

于是得

$$q_{\mathrm{F}} = \frac{1}{\dfrac{1}{\varepsilon_0} + m} \sigma_0 T_{\mathrm{flm}}^4 \tag{7-14}$$

炉内的辐射换热可以写为

$$Q_{\mathrm{R}} = \frac{q_{\mathrm{F}} F}{B} = \frac{\sigma_0 F T_{\mathrm{flm}}^4}{B \left(\dfrac{1}{\varepsilon_0} + m \right)} \tag{7-15}$$

与热平衡方程 $Q_{\mathrm{X}} = \overline{VC} \left(T_{\mathrm{fg,en}} - T_{\mathrm{fl,lv}} \right)$ 联立，得

$$\frac{\sigma_0 F T_{\mathrm{flm}}^4}{B \left(\dfrac{1}{\varepsilon_0} + m \right)} = \overline{VC} \left(T_{\mathrm{fg,en}} - T_{\mathrm{fg,lv}} \right) \tag{7-16}$$

同样地，Boltzmann 准则数为

$$Bo = \frac{B \overline{VC}}{\sigma_0 F T_{\mathrm{fg,en}}^3} \tag{7-17}$$

炉内换热方程为

$$\frac{\left(\dfrac{T_{\mathrm{flm}}}{T_{\mathrm{fg,en}}} \right)^4}{1 - \dfrac{T_{\mathrm{fg,lv}}}{T_{\mathrm{fg,en}}}} = B_{\mathrm{o}} \left(\frac{1}{\varepsilon_0} + m \right) \tag{7-18}$$

无量纲式为

$$\frac{\theta_{\mathrm{flm}}^4}{1 - \theta_{\mathrm{fg,lv}}} = Bo \left(\frac{1}{\varepsilon_0} + m \right) \tag{7-19}$$

用出口温度关联式（7-7）替换 T_{flm} 得

$$\frac{T_{\mathrm{flm}}}{T_{\mathrm{fg,en}}} = \left(\frac{T_{\mathrm{fg,lv}}}{T_{\mathrm{fg,en}}} \right)^n \tag{7-20}$$

或无量纲式

$$\theta_{\mathrm{flm}} = \theta_{\mathrm{fg,lv}}^n \tag{7-21}$$

最后得到与煤粉锅炉相似的换热式

$$\frac{\theta_{fg,lv}^{n}}{1-\theta_{fg,lv}} = Bo\left(\frac{1}{\varepsilon_0} + m\right) \tag{7-22}$$

若已知 $Bo\left(\dfrac{1}{\varepsilon_0} + m\right)$ 及 n，则可得 $t_{fg,lv}$。

为了便于工程计算，改写上式成为

$$\theta_{fg,lv} = k\left[Bo\left(\frac{1}{\varepsilon_0} + m\right)\right]^{p} \tag{7-23}$$

三、计算过程中的关键参数的处理

（一）m、n、k、p 值的选取

当 $q_F=474 \sim 1186 kW/m^2$ 时，层燃炉对应一定的工质温度，式（7-11）定义的 m 可取为常数，有表图供查取，见表 7-1。用于循环流化床出口烟气温度估算时，可粗略认为等于 0.2。

表 7-1 系数 m 的数值

汽包工作压力（MPa）	0.7	1.0	1.3	1.6	2.5	3.9
m	0.13	0.14	0.15	0.16	0.18	0.21

n 的选择主要依据是炉型，如抛煤机链条炉 $n=0.6$，其他层燃炉 $n=0.7$。

k、p 之值在计算 $Bo\left(\dfrac{1}{\varepsilon_0} + m\right)$ 的基础上由表 7-2 查得。用于循环流化床估算时，可粗略认为 k 取 0.66，p 取 0.2。

表 7-2 系数 k 和 p 的数值

n	$Bo\left(\dfrac{1}{\varepsilon_0} + m\right)$	k	p
抛煤机链条炉，$n=0.6$	$0.6 \sim 1.4$	0.6465	0.2345
	$1.4 \sim 3.0$	0.6383	0.1840
其他层燃炉，$n=0.7$	$0.6 \sim 1.4$	0.6711	0.2144
	$1.4 \sim 3.0$	0.6755	0.1714

（二）系统黑度

根据层燃锅炉的特点，系统黑度也由火焰黑度和壁面黑度构成，计算式为

$$\varepsilon_0 = \cfrac{1}{\cfrac{1}{\varepsilon_w} + \cfrac{x(1-\varepsilon_{flm})(1-r)}{1-(1-\varepsilon_{flm})(1-r)}} \tag{7-24}$$

式中　　ε_{w}——水冷壁壁面黑度，一般可取 0.8；

　　　　x——水冷壁的平均角系数；

　　ε_{flm}——火焰黑度与煤粉锅炉的黑度相同，见式（3-76）；

　　　　r——无吸热处占炉内面积的比例。

对于层燃炉，无吸热处主要是炉排面积，因此无吸热面积比为

$$r = \frac{R}{F} \tag{7-25}$$

式中　R——炉排有效面积，m^3；

　　　F——炉膛不包括 R 的所有炉壁面积，m^3。

（三）绝热燃烧温度 $T_{\text{fg,en}}$

送入炉膛的热量为绝热燃烧提供了热量，使炉内的烟气和循环回来的灰，共同升高到了绝热温度。如果用绝热温度和比热容的方式表达该过程，其计算方法与炉膛出口焓的计算式（7-4）相同。将其变形，得到绝热燃烧温度 $T_{\text{fg,en}}$ 的计算式为

$$T_{\text{fg,en}} = \frac{Q_{\text{fg,en}}}{\sum V_{\text{fg},i} c_{\text{p},i} + 0.01(r_{\text{as,c}} + r_{\text{fa}}) A_{\text{ar}} c_{\text{as}}} + t_{\text{re}} + 273.15 \tag{7-26}$$

第二节　基于鳍片管对流换热的 CFB 炉膛传热计算

考虑 CFB 锅炉炉膛实际上只有 $800 \sim 900℃$ 的温度，而且其烟气中的飞灰浓度远远大于常规煤粉锅炉，且循环灰往往沿着炉壁四周往下流动，从而产生比较强的对流作用，因而清华大学提出了基于鳍片管对流换热模式导出的 CFB 炉膛传热计算方法，在大型电站锅炉流化床锅炉应用更为普遍。

一、循环流化床炉膛内的对流换热

循环流化床的炉膛通常比同容量煤粉锅炉炉膛略小，燃料不制粉而是在炉膛下部直接加入与床料混合；一次风通过底部布风板及风帽进入炉膛后，把燃料小颗粒和已燃烧灰粒吹起来，在炉膛下部区域产生一个固相颗粒浓度高两相流区段并进行燃烧。固相高浓度两相流区段称为密相区，其中大量的高温灰粒相当于巨大的储热装置，可以保证燃料的稳定着火。二次风从炉膛密相区以上部分进入炉膛，保证未燃尽的小颗粒在炉膛中上部继续燃尽，此区域称为稀相区，其整体流场形态接近于煤粉锅炉，但固相颗粒浓度明显高于煤粉锅炉，远远低于密相区，大量的灰粒上升到一定高度后沿炉膛周壁下滑回到密相区。炉膛顶部布置有屏式水冷受热面、屏式过热受热面面、屏式再热受热面。炉膛出口设置旋风分离器，通过旋风分离器将燃烧后的产物根据颗粒大小的不同分离成飞灰和循环灰。飞灰随着烟气进入尾部烟道，循环灰经旋风分离器、回料装置、外置式流化床换热器进入炉膛。

由于稀相区固相颗粒浓度明显高于煤粉锅炉，其所含热量成为决定该区域温度的主要因素：大量固相颗粒沿近壁区贴壁下降，加大了其对于壁面的对流换热，阻碍了

炉膛中心向近壁区的辐射换热。烟气携带固相颗粒向上运动然后又水平散开，使中心区的高温固体颗粒迅速输运到近壁区，使得截面炉内烟气在各个水平方向的温度趋于一致。

正因为如此，循环流化床锅炉，特别是大型的流化床锅炉，炉内的换热计算不能用单纯的辐射换热方式来计算，而应当采用同时考虑对流和辐射因素的对流换热来考虑。大型锅炉的水冷壁结构如图 7-1 所示，为典型的单排、单面受热的鳍片管，因而大型锅炉炉内换热采用基于鳍片管对流换热模式条件导出的 CFB 炉膛传热计算方法。

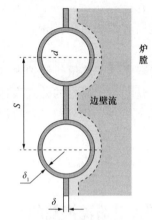

图 7-1　炉膛受热面结构简图

二、炉膛换热计算方法

根据对流换热原理，循环流化床锅炉炉膛受热面的换热量可以表达为

$$Q_{\mathrm{x}} = k \cdot F_{\mathrm{f}} \cdot \Delta T \qquad (7\text{-}27)$$

式中　Q_{x} ——炉膛传热量，W；

　　　　k ——基于烟气侧总面积的传热系数，W/（m²·℃）；

　　　　F_{f} ——烟气侧总面积，m²；

　　　　ΔT ——温压，℃。

因为循环流化床锅炉炉膛内烟气的热量主要贮存于其中灰粒中，因而整个炉膛内温度场的温度比较均匀，高负荷时可认为炉膛出口烟气温度与炉膛平均温度一致，相当于在烟气灰体温度与出口烟气温度关联式（7-7）中的 n 取 1，$T_{\mathrm{flm}} = T_{\mathrm{fg,lv}}$。同时水冷壁管内工作在饱和温度下也比较一致，循环流化床锅炉的传热温压可以由床温和表达为

$$\Delta T = T_{\mathrm{b}} - T_{\mathrm{sw}} = T_{\mathrm{flm}} - T_{\mathrm{sw}} \qquad (7\text{-}28)$$

式中　T_{b} ——循环流化床炉膛的平均温度，℃，下标 b 是 bed；

　　　　T_{sw} ——锅炉冷却剂侧工质的平均温度，℃。

上述式（7-27）、式（7-28）与炉内换热平衡方程式（7-5）联立，就可以得到炉

腔换热方程组。与基于辐射换热得到的计算方法不同的是，由于用炉腔平均温度代替了炉腔的火焰温度，方程组中的热烟气温度只有炉腔出口烟气温度 $T_{fg,lv}$ 一个未知数，通过迭代计算就可以解出方程。

这样循环流化床锅炉炉腔热力计算的重点工作就从解决温度关系变为确定方程式（7-29）中的传热系数 k。传热系数的计算精度直接影响了受热面设计时的布置数量，从而影响锅炉的实际出力、蒸汽参数和燃烧温度。正确计算燃烧室受热面传热系数是循环流化床锅炉设计的关键之一，也是区别于煤粉炉的重要方面。

三、对流传热系数 k 的计算

本书第四章第八节详细介绍了扩展受热面换热系数的计算方法。基于对流鳍片管的对流传热系数取决于炉腔受热面的结构尺寸，如鳍片的净宽度、厚度等。同时，鳍片形状对流化床中物料颗粒的团聚产生影响，由利用系数影响换热系数。清华大学对此进行了大量的实验研究，归纳出循环流化床锅炉炉腔换热系数的计算方法。

（一）传热系数的组成

基于管流的换热过程，忽略管内部的灰污影响，式（4-40）所表示的传热系数 k 应用到循环流体床锅炉水冷壁可表达为式（7-29），其中分母包括烟气侧热阻 $\dfrac{1}{\alpha_{1,f}}$、冷却剂侧热阻 $\dfrac{F_x}{\alpha_2 F_s}$、受热面本身热阻 $\dfrac{\delta_t}{\lambda_t}$、耐火层热阻 $\dfrac{\delta_{rl}}{\lambda_{rl}}$ 及管外积灰层的灰污热阻 $\dfrac{\delta_{ao}}{\lambda_{ao}}$ 共 5 部分，即

$$k = \frac{1}{\dfrac{1}{\alpha_{1,f}} + \dfrac{1}{\alpha_2}\dfrac{F_x}{F_s} + \dfrac{\delta_t}{\lambda_t} + \dfrac{\delta_{rl}}{\lambda_{rl}} + \dfrac{\delta_{ao}}{\lambda_{ao}}} \qquad (7-29)$$

式中　$\alpha_{1,f}$——烟气侧向壁面总表面的名义换热系数，W/（m²·℃）；

　　　α_2——冷却剂侧换热系数，W/（m²·℃）；

　　　F_x——烟气侧总面积，包括鳍片和管子两部分的面积之和，m²；

　　　F_s——冷却剂侧总面积，m²；

　　　δ_t——管子厚度，m；

　　　λ_t——受热面金属导热系数，W/（m²·℃）；

　　　δ_{rl}——受热面耐火层厚度，m；

　　　λ_{rl}——受热面耐火层导热系数，W/（m·℃）；

　　　δ_{ao}——管子外积灰层厚度，m；

　　　λ_{ao}——灰层导热系数，W/（m²·℃）。

通常定义为 $R_h = \dfrac{\delta_{ao}}{\lambda_{ao}}$ 管子附加灰污热阻，（m²·℃）/W，与煤质有关。循环流化床的计算中，由于炉腔温度小于灰熔融温度不会发生结渣，且壁面灰流会有一定的清洗

作用，所以壁面可以认为较干净，通常取值为 0.0005。

因为鳍片管具有扩展受热面，所以其外表面积明显大于管内换热面积，但是受热面外、内面积之比是管子与鳍片之间纯几何特性的关系，计算式为

$$\frac{F_x}{F_s} = 1 + \frac{2}{\pi}\left[\frac{s - \delta_{fin} - (2-\pi)\delta_t}{d - 2\delta_t} - 1\right] \tag{7-30}$$

式中 s ——管节距，m；

δ_{fin} ——鳍片根部厚度，m；

δ_t ——管壁厚度，m。

（二）烟气侧名义换热系数 $a_{1,f}$

根据 1973 年热力计算标准，鳍片管以烟气侧换热面积为基准的烟气侧名义换热系数为

$$\alpha_{1,f} = \left(\frac{F_t}{F_x} + \frac{F_{fin}}{F_x}E\mu\nu\right)\frac{\alpha_1}{1 + R_h \cdot \alpha_1} \tag{7-31}$$

式中 F_t ——鳍片管的面积，m²；

F_{fin} ——鳍片面积，m²；

E ——鳍片效率，实际传热量与受热面都处于肋基温度下最大传热量的比值，无量纲；

μ ——鳍片宽度系数，表示鳍片宽度对于传热的影响；

ν ——鳍片厚度系数，表示鳍片各处不同的厚度对于传热的影响；

α_1 ——烟气冲刷管子外表面的综合换热系数，W/（m² · ℃）。

1. 面积比

式（7-31）中包含鳍片面积和管子面积与总面积的比值，其为纯几何特征参数，计算方法为

$$\frac{F_{fin}}{F_x} = \frac{s - d}{s - \delta_{fin} + \left(\frac{\pi}{2} - 1\right)d} \tag{7-32}$$

$$\frac{F_t}{F_x} = 1 - \frac{F_{fin}}{F_x} \tag{7-33}$$

式中 d ——管子外径，m。

2. 鳍片效率 E

鳍片效率计算方法主要根据 1973 年热力计算标准，但同时也考虑了循环流化床锅炉水冷壁管的特殊情况，争取考虑得更为全面。计算式为

$$E = \frac{th(\beta \cdot h_{fin})}{\beta \cdot h_{fin}} \tag{7-34}$$

式中 β ——求解鳍片效率微分方程时用的中间变量，无量纲；

h_{fin} ——膜式壁中等价于平鳍的有效高度，m。

$$h_{\text{fin}} = \frac{s-d}{2\mu\sqrt{N}} \quad\quad (7\text{-}35)$$

在求解鳍片效率微分方程时，β 通常用 m 表示，参见式（4-186）。本处 β 的计算式基本上与 1973 年热力计算标准相同，但更加充分地考虑了受热面受热情况、膜式壁鳍片结构尺寸等因素，其计算方法为

$$\beta = \sqrt{\frac{N\alpha_1\left(\dfrac{s-d}{2\mu}\right)}{(\delta_{\text{fin}}v)\lambda(1+R_h\alpha_1)}} \quad\quad (7\text{-}36)$$

式中　　N ——受热情况，单面受热 $N=1$，双面受热 $N=2$；

$\dfrac{s-d}{2}$ ——膜式壁中膜片宽度拆分成两个鳍片的高度，它除以宽度系数 μ 后，是为了考虑鳍片宽度对于换热的影响，依然是高度，通常称为折算高度，m；

$\delta_{\text{fin}}v$ ——考虑膜片各处厚度均匀后折算到鳍的厚度，m。

3. 鳍片宽度系数

根据实验和运行数据，可得到鳍片宽度系数 μ 与结构尺寸的关系，即

$$\mu = -0.1659\left(\frac{s}{d}\right)^2 + 0.3032\frac{s}{d} + 0.8608 \quad\quad (7\text{-}37)$$

4. 鳍片厚度系数

根据实验和运行数据，可得到鳍片宽厚度系数 v 与结构尺寸的关系，厚度系数 v 可表达为

$$v = \frac{N\delta_1}{5(s-d)} \quad\quad (7\text{-}38)$$

（三）烟气侧换热系数 α_1

对于水冷壁管的鳍片和管外面，炉膛烟气物料两相混合物向壁面的换热需要考虑对流和辐射两部分，按两者的线性叠加考虑，则有

$$\alpha_1 = \alpha_r + \alpha_c \quad\quad (7\text{-}39)$$

式中　α_r ——辐射换热系数，W/（m²·℃）；

α_c ——对流换热系数，W/（m²·℃）。

1. 辐射换热系数 α_r 的计算

与煤粉锅炉中烟气的对流换热（第四章第二节）直接以四次方计算处理烟气辐射换热系数为

$$\alpha_r = \frac{5.67\times10^{-8}\cdot\varepsilon_0\left(T_b^4 - T_w^4\right)}{T_b - T_w} \quad\quad (7\text{-}40)$$

式中　T_w ——炉膛壁面管壁温度，K；

T_b——烟气温度（床温），K；

ε_0——壁面与烟气侧组成的双灰体系统的黑度，无量纲。

炉膛壁面管壁温度由管内水温与灰污外表之间温差相加而得

$$T_w = T_s + \Delta T_w \tag{7-41}$$

炉膛壁面管壁管内水温与灰污外表之间温差为

$$\Delta T_w = \left(c_0 + c_1 T_b\right)\sqrt{N} \tag{7-42}$$

式中　c_0——取 4~6；

　　　c_1——取 0.1~0.2。

系统黑度 ε_0 为

$$\varepsilon_0 = \cfrac{1}{\cfrac{1}{\varepsilon_{fg}} + \cfrac{1}{\varepsilon_w} - 1} \tag{7-43}$$

式中　ε_{fg}——烟气侧黑度，需要根据烟气中成分和灰分情况计算；

　　　ε_w——壁面黑度，通常直接选取，值一般为 0.5~0.8。

在气固两相中，烟气侧黑度包括颗粒黑度和烟气中三原子气体黑度两部分，即

$$\varepsilon_{fg} = \varepsilon_p + \varepsilon_{g3} - \varepsilon_{g3}\varepsilon_p \tag{7-44}$$

烟气三原子气体的黑度 ε_{g3} 为

$$\varepsilon_{g3} = 1 - e^{-k_{g3}p_{g3}s_b} \tag{7-45}$$

烟气辐射减弱系数 k_{g3} 可按下式简单计算，即

$$k_{g3} = \left(\frac{0.55 + 2r_{H_2O}}{\sqrt{s_b}} - 0.1\right)\left(1 - \frac{T_{fg}}{2000}\right)r_{g3} \tag{7-46}$$

式中　r_{H_2O}——烟气中水蒸气份额，无量纲；

　　　s_b——烟气辐射厚度，近似为下降流厚度，m；

　　　r_{g3}——烟气中三原子气体份额，无量纲。

烟气辐射厚度由下式计算，即

$$s_b = \frac{3.6V_b}{F_b} \tag{7-47}$$

式中　V_b——流化床的辐射容积；

　　　F_b——包围流化床辐射容积的包围面积，对于圆柱形炉膛，s_b 约为床直径的 0.88 倍。

固体物料黑度计算式为

$$\varepsilon_p = \sqrt{\frac{3\varepsilon_s^p}{2(1-\varepsilon_s^p)} \cdot \left[\frac{3\varepsilon_s^p}{2(1-\varepsilon_s^p)} + 2\right]} - \frac{3\varepsilon_s^p}{2(1-\varepsilon_s^p)} \tag{7-48}$$

式中　ε_s^p——物料表面平均黑度，与固体颗粒的浓度有关，可表示为

$$\varepsilon_s^p = 1 - e^{-C_\varepsilon C_p^{n_1}} \tag{7-49}$$

式中　C_ε——常数；C_ε 为 0.1 ~ 0.2；

　　　C_p——物料空间浓度，kg/m³；

　　　n_1——常数，0.2 ~ 0.4。

2. 对流换热系数的计算

对流换热系数由烟气对流和颗粒对流两部分组成，即

$$\alpha_c = \alpha_c^p + \alpha_c^g \tag{7-50}$$

式中　α_c^p——颗粒对流换热系数，W/（m²·℃）；

　　　α_c^g——烟气对流换热系数，W/（m²·℃）。

（1）颗粒对流换热系数的处理。床中颗粒相对于管壁对流换热的系数比较难以确定，因为在传热过程中它不像气相的冲刷中几乎所有的分子都和管壁接触，而是只有最外层的颗粒与壁面接触产生冲刷，其他颗粒则通过导热和过距离辐射把热量传递给外层的冲刷颗粒，因而其计算式为

$$\alpha_c^p = C_c^p \left(\frac{w_{fg}}{5}\right)^{0.5} \alpha_c^{p_0} \tag{7-51}$$

式中　C_c^p——颗粒间传热影响对流换热中继过程的系数，无量纲；

　　　w_{fg}——烟气对流速度，颗粒对流速度本质上受制于烟气对流速度，在本处实际上表示颗粒对流速度对于传热系数的影响，m/s；

　　　$\alpha_c^{p_0}$——初始流态条件下颗粒对流理论换热系数，其值与颗粒的粒度、温度、受热面布置有关，实验室事先确定。

颗粒对流系数计算式为

$$C_c^p = 1 - e^{-C_{pc} C_p^{n_2}} \tag{7-52}$$

式中　C_{pc}——颗粒系数，0.01 ~ 0.02；

　　　C_p——近壁区的炉膛局部物料浓度，kg/m³；

　　　n_2——常数，0.85 ~ 1.25。

在以上计算中，C_p 定义为局部物料空间浓度，计算结果为壁面局部传热系数。燃烧室物料浓度分布参见有关文献。在近壁区局部物料浓度 C_p 计算困难条件下，可用燃烧室特征物料浓度计算燃烧室受热面的平均传热系数。

（2）烟气冲刷造成的对流换热系数。在循环流化床锅炉的对流换热中，烟气的对流相对而言份额比较小，因而与煤粉锅炉少灰气流中需要根据管子的冲刷确定烟气对流换热系数不同，循环流化床锅炉炉内烟气对流换热系数采用简化的经验式加速度影响修正的方法计算，即

$$\alpha_c^{fg} = C_c^{fg} \cdot w_{fg} \tag{7-53}$$

式中　C_c^{fg}——基础的烟气对流系数，取 4 ~ 6J/（m³·K）。

（四）导热系数

耐火层应用于炉膛内部耐磨区域，其导热系数即是材料的函数，又受到温度的影响。耐火层平均温度可以按内、外壁平均温度考虑时，计算式为

$$\lambda_{rl} = a_0 + a_1 \frac{T_b + T_w}{2} \tag{7-54}$$

式中　　a_0、a_1——与材料相关的系数，可通过查物性参数。

受热面金属的导热系数也可以用类似的方法得到，只是受热面的平均温度可认为是受热面壁面温度 T_w 和工质温度 T_s 的算术平均值，即

$$\lambda = b_0 + b_1 \frac{T_s + T_w}{2} \tag{7-55}$$

式中　　b_0、b_1——与材料相关的系数，可通过查物性参数。

四、商用流化床锅炉的换热系数

商用流化床锅炉热力计算时所用的换热系数也是一种基于对流换热的炉膛热力计算方法，但是对流换热系数计算式往往比较简单，但辅以复杂的修正来实现与实际相符。如早期大量的商业化流化床锅炉所用的对流换热系数很简单，为

$$\alpha_c = a\rho_b^c \tag{7-56}$$

式中　　ρ_b——流化床炉膛中带灰气流的平均密度，kg/m^3；

　　　　c——指数，通常取 0.5。

巴苏对其进行了改进，通过床温修正引入辐射换热系数，得到的计算式为

$$\alpha = \rho_b^{0.391} T_b^{0.408} \tag{7-57}$$

这样，就得到烟气侧换热系数

$$\alpha_r = k_c \rho_b^{0.5} + k_r \rho_b^{0.319} T_b^{0.408} \tag{7-58}$$

通过试验可以得到 k_c、k_r 的值，就可以进一步使用了。

第三节　颗粒团交替换热模型

清华大学发展的基于鳍片管对流的循环流化床锅炉传热模型，是把沿壁面下滑的固体颗粒对壁面的传热当作是稳定的过程，见式（7-39）。考虑固体颗粒的对流传热受到壁面气固两相质量、动量和能量平衡情况的影响比较复杂，在大部分时间内颗粒团并不是在稳定的状态下平均的覆盖整个壁面，因而在理论的描述上存在一定的不足。加拿大学者 P. Basu 与 Subbarao 发展了颗粒团交替模型可以更方便地解释炉内颗粒团只是部分覆盖炉内水冷壁的换热的过程，称为巴苏模型。虽然从传热行为解释上，巴苏模型的描述符合实际，但在工程应用中，由于增加了更多的不确定关键数据，也依赖于大量经验的结果，我国工业锅炉层燃炉和循环流化床锅炉热力计算标准方法中密相区的计算也采用这种方法。在稀相区的计算并不一定比基于鳍片管对流的循环流化

床锅炉传热模型更加精确。

一、基本假定

巴苏模型的基本假定是把沿壁面下滑的固体颗粒对壁面的传热和气相传热分开考虑并认为：

（1）任何时候，炉内水冷壁只是部分地被颗粒团覆盖。

（2）颗粒团覆盖壁面的部分以颗粒团的换热为主，其他带灰分的烟气与壁面的换热被颗粒团阻挡。

（3）其他没有被颗粒团覆盖的部分和烟气及壁面直接产生换热。

（4）颗粒团覆盖壁面的部分动态变化，可以认为是烟气和颗粒团交替与壁面换热。

这样，假定 δ_c 是被颗粒团覆盖的壁面面积的平均百分比，式（7-39）表示的对流换热系数可以进一步分解为

$$\alpha_1 = \alpha_c + \alpha_r = \delta_c(\alpha_{cc} + \alpha_{cr}) + (1 - \delta_c)(\alpha_{dc} + \alpha_{dr}) \tag{7-59}$$

式中　　α_{cc}——覆盖壁面的颗粒团与壁面换热的对流传热系数；

$\quad\quad\quad\alpha_{cr}$——覆盖壁面的颗粒团与壁面换热的辐射传热系数；

$\quad\quad\quad\alpha_{dc}$——固体颗粒分散相与壁面换热的对流传热系数；

$\quad\quad\quad\alpha_{dr}$——固体颗粒分散相与壁面换热的辐射传热系数。

本节中，双字母下标由换热模式和换热介质组合而成：换热模式包括对流换热（convection）或者辐射换热（radiation），分别用 c 和 r 表示；换热介质包括颗粒团（partial cluster）和表示分散相（dispersed phase），也就是带灰的烟气流；每个双字母的下标的含义就非常明确。

巴苏模型也是一种以对流传热为主要传热方式的传热模型，只是第二节强调了鳍片管扩展受热面的对流换热，而巴苏模型强调了颗粒团的单独换热。基于上述假定，烟气侧对流换热系数的确定工作主分解为 δ_c、α_{cc}、α_{cr}、α_{dc} 和 α_{dr} 五个变量的确定工作。

二、颗粒团的时间平均壁面覆盖率

循环流化床锅炉壁面一部分被颗粒团所覆盖，其余部分则暴露在固体颗粒分散相中，颗粒团覆盖壁面，其时间平均覆盖率 δ_c 可由下式计算，即

$$\delta_c = \xi\left(\frac{1 - v_w - Y}{1 - v_c}\right) \tag{7-60}$$

式中　　ξ——用于修正气固两相流浓度影响的系数，浓度高时取上限 0.5，浓度低时可以取到 0.1，对于颗粒团，通常取上限 0.5；

$\quad\quad\quad v_w$——壁面处的空隙率（voidage），无量纲；

$\quad\quad\quad Y$——带灰烟气流（固体颗粒分散相）中固体颗粒的容积比，无量纲；

$\quad\quad\quad v_c$——颗粒团（partial cluster）中的空隙率，无量纲，可取临界流化态下的空隙率。

空隙率定义为在某个空间内颗粒间空隙容积占堆积容积的比例。在带灰烟气流中，

颗粒间的空隙被烟气所占，其计算式为

$$v = \frac{V_d - V_p}{V_d} = 1 - \frac{\rho_d}{\rho_p} \tag{7-61}$$

式中　　ρ_d ——分散相（含灰烟气流）的密度，kg/m³；

　　　　ρ_p ——颗粒的密度，kg/m³。

固体颗粒分散相的密度可用物料浓度求出，即

$$\rho_d = \rho_p Y + \rho_{fg}(1-Y) \tag{7-62}$$

整个炉膛中，带灰烟气流的容积比从炉膛中心向壁面沿半径不断增加，在壁面处达到最大。据此，空隙率的径向分布仅与径向无量纲距离（r/R）和截面空隙率的平均值有关，由此可得壁面空隙率的经验式为

$$v_w = v_d(R) = \left(\bar{v}_d\right)^{0.3811} \tag{7-63}$$

式中　　v_d ——分散相的截面空隙率，无量纲；

　　　　$\bar{v}_d$ ——分散相平均截面空隙率，无量纲。

三、颗粒团的对流传热指数

（一）传热系数的导出

当颗粒团贴壁下滑时，颗粒团会向壁面的半无限平面产生不稳态导热，但是在靠近壁面的第一层固体颗粒与壁面之间还存在一气膜热阻。这一薄层气膜中几乎没有固体颗粒，热阻层比较大，尤其是对于粗颗粒或对于较短颗粒团停留时间的情况。因此，循环流化床炉膛上部快速床传热整体热阻包括颗粒团与壁面的接触热阻和颗粒团对壁面的对流平均热阻两部分。气体薄层厚度通常认为有颗粒平均直径的 1/10，假定颗粒团对壁面的平均对流换热系数为 $\bar{\alpha}_{ct}$，则综合考虑两部分热阻后颗粒团对于劈面的整体传热系数 α_{cc} 计算式为

$$\alpha_{cc} = \frac{1}{\dfrac{d_p}{10\lambda_{fg}} + \dfrac{1}{\bar{\alpha}_{ct}}} \tag{7-64}$$

式中　　d_p ——颗粒相平均直径，m；

　　　　λ_{fg} ——气膜的导热系数，W/（m·s）；

　　　　$\bar{\alpha}_{ct}$ ——颗粒团对壁面的平均对流换热系数，kJ/（m²·℃）。

$\bar{\alpha}_{ct}$ 和颗粒团沿壁面下滑时的具体行为有很大的关系。颗粒团通常在锅炉炉膛的上升过程中形成，然后运动到壁面与壁面接触并沿着壁面下滑，下一段时间后，颗粒团就会破裂消失或者运动到别处。颗粒团与壁面接触时的初始温度为床温 T_b，下滑过程中与壁面间产生非稳态传热，传热过程使颗粒团靠近壁面的温度水平降至与壁面温度相同。如果颗粒团贴壁时间足够长，颗粒团内部距离壁面远的颗粒也参与和壁面的非稳态换热过程，其局部传热系数的瞬时值为

$$\alpha_{\text{et}} = \sqrt{\frac{\lambda_c c_c \rho_c}{\pi \cdot t}} \qquad (7\text{-}65)$$

式中　λ_c——颗粒团的导热系数，W/（m·s）；

　　　c_c——颗粒团的比热，kJ/（kg·℃）；

　　　ρ_c——颗粒团的密度，kg/m³；

　　　t——颗粒团的壁面接触时间。

颗粒团消失前在水冷壁等温表面下滑的距离称为特征停留长度 L，其接触时间为 t_c，则其时间平均传热系数为

$$\overline{\alpha_{\text{ct}}} = \frac{1}{t_c} \int_0^{t_c} \alpha_t \mathrm{d}t = \sqrt{\frac{4\lambda_c c_c \rho_c}{\pi \cdot t_c}} \qquad (7\text{-}66)$$

代入式（7-64），可得颗粒团对壁面的总传热系数 α_{cc} 为

$$\alpha_{\text{cc}} = \frac{1}{\dfrac{d_p}{10\lambda_{\text{fg}}} + \sqrt{\dfrac{t_c \pi}{4\lambda_c c_c \rho_c}}} \qquad (7\text{-}67)$$

由于颗粒团形成和发展的随机性，总传热系数计算式中，关于颗粒团的特性都是比较难以处理的，具体包括密度、导热系数、比热容、停留时间等。

（二）颗粒团的比热和密度

颗粒团的导热是基于鼓泡床颗粒小团的导热类推的，可以认为颗粒团的性质与鼓泡床中的乳化相性质相同，其比热、密度可以表达为

$$\begin{cases} c_c = (1 - v_c) c_p + v_c c_{\text{fg}} \\ \rho_c = (1 - v_c) \rho_p + v_c \rho_{\text{fg}} \end{cases} \qquad (7\text{-}68)$$

式中　c_p、c_{fg}——颗粒团中颗粒相和气体相的比热，kJ/（kg·℃）；

　　　v_c——颗粒团的空隙率（气体容积占比），无量纲；

　　　ρ_p、ρ_{fg}——颗粒团中颗粒相和气体相的密度，kg/m³。

（三）颗粒团的导热系数

固体颗粒团的有效导热系数 λ_c 的大小及对于总体换热系数的贡献研究了很长时间，通常认为与携带它们的烟气的导热系数 λ_{fg} 和颗粒团的空隙率 v_c 等参数有关，有学者给出其间的关系为

$$\frac{\lambda_c}{\lambda_{\text{fg}}} = 1 + \frac{(1 - v_c)\left(1 - \dfrac{\lambda_{\text{fg}}}{\lambda_p}\right)}{\dfrac{\lambda_p}{\lambda_{\text{fg}}} + 0.28 v_c^{0.63} \left(\dfrac{\lambda_{\text{fg}}}{\lambda_p}\right)^{0.18}} \qquad (7\text{-}69)$$

巴苏给出曲线如图 7-2 所示。

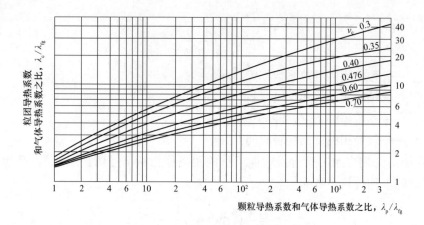

图 7-2　颗粒团导热系数比

我国层状和循环流化床锅炉热力计算标准方法给出的计算式为

$$\lambda_{c} = \lambda_{fg}\left(\frac{\lambda_{p}}{\lambda_{fg}}\right)^{0.28-0.757\lg(v_{c})-0.0571\lg\left(\frac{\lambda_{p}}{\lambda_{fg}}\right)} + 0.1\lambda_{fg}c_{fg}d_{p}w_{cr} \tag{7-70}$$

式中　　λ_{fg}——气体导热系数，可根据气体薄层的平均温度由气体的成分求出。

（四）贴壁时间的影响

贴壁的颗粒团在重力作用下加速下滑，受到壁面的阻力与向上气流的曳引力作用，这些力作用的最后结果使颗粒团达到最大速度 w_{m}。颗粒团在壁面上的停留时间 t_{c} 是指在颗粒团破裂之前，其在传热表面长度上移动所需的时间，可由下述运动方程求得

$$L = \frac{w_{m}^{2}}{g}\left(e^{\frac{-gt_{c}}{w_{m}}} - 1\right) + w_{m}t_{c} \tag{7-71}$$

式中　　L——颗粒团在传热表面的特征停留长度，m；

　　　　w_{m}——最大速度，m/s；

　　　　g——重力加速度，m/s²。

颗粒团存在的不稳定性使得颗粒团特征停留长度 L 和自由沉降速度 w_{m} 很难确定，还需要大量的试验方法，当前有关这方面的研究尚缺乏有效的结果，作为近似情况，可以选取 w_{m} 的值为 1.2 ~ 2.0 m/s。

颗粒团贴壁时间较短时或颗粒很粗大、不足以阻挡烟气对于壁面的对流传热时，可以认为其对于壁面对流传热的影响很小、传热限于颗粒群的贴壁层的导热，这样忽略其对壁面的对流后有

$$\alpha_{cc} = \frac{10\lambda_{fg}}{d_{p}} \tag{7-72}$$

用于描述颗粒团对流传热的影响的变量是其热力时间常数 J。热力时间常数的计算方法及可以忽略颗粒团对流传热影响的条件为

$$J = \frac{C_{\mathrm{p}} d_{\mathrm{p}}^2 \rho_{\mathrm{p}}}{36 \lambda_{\mathrm{fg}}} < t_{\mathrm{c}} \tag{7-73}$$

我国层状和循环流化床锅炉热力计算标准方法给出了颗粒团在传热表面特征停留长度的计算式为

$$L = 0.178 \left(1 - v_{\mathrm{w}} \rho_{\mathrm{fg}}\right)^{0.595} \tag{7-74}$$

但该式应用的范围较式（7-71）小，只有在较高流动速度时才与式（7-71）有相似的结果。对于较长的连续表面，人们推测固体颗粒贴壁面下滑时壁面吸收颗粒的热量从而使颗粒冷却。因此，对于循环流化床锅炉中的膜式炉膛壁面，与绝热壁面上较短传热面相比，辐射传热要小些。

四、带灰烟气流（固体颗粒分散相）的对流传热系数

快速床中其壁面并不总是与颗粒团接触。在与两颗粒团接触之间，壁面与床中的上升气流接触，在上升气流中含有分散的固体颗粒。因此，选用基于稀相气固混合物导出的传热系数计算式来近似计算固体颗粒分散相传热系数 α_{dc}，即

$$\alpha_{\mathrm{dc}} = \frac{\lambda_{\mathrm{fg}}}{d_{\mathrm{p}}} \frac{c_{\mathrm{p}}}{c_{\mathrm{fg}}} \left[\frac{\rho_{\mathrm{d}}}{\rho_{\mathrm{p}}}\right]^{0.3} \left[\frac{w_{\mathrm{t,p}}^2}{g d_{\mathrm{p}}}\right]^{0.21} Pr \tag{7-75}$$

式中　c_{fg} ——气体的比热；

$w_{\mathrm{t,p}}$ ——平均颗粒径下的终端速度，指颗粒在悬浮气流中加速度为 0 条件下的流速。

我国层状和循环流化床锅炉热力计算标准方法给出的颗粒的终端速度计算方法为

$$w_t = \begin{cases} \dfrac{\mu Ar}{18 d_{\mathrm{p}} \rho_{\mathrm{fg}}} & 0.4 < Re \\[2ex] \dfrac{\mu}{d_{\mathrm{p}} \rho_{\mathrm{fg}}} \left(\dfrac{Ar}{7.5}\right)^{0.667} & 0.4 < Re < 500 \\[2ex] \dfrac{\mu}{d_{\mathrm{p}} \rho_{\mathrm{fg}}} \left(\dfrac{Ar}{0.33}\right)^{0.5} & 500 < Re \end{cases} \tag{7-76}$$

式中　Re ——颗粒处的烟气的雷诺数，无量纲；

Ar ——阿基米德数，计算方法为

$$Ar = \frac{d_{\mathrm{p}}^3 g \rho_{\mathrm{p}} (\rho_{\mathrm{p}} - \rho_{\mathrm{fg}})}{\mu^2} \tag{7-77}$$

式（7-76）给出的是球形粒子的终端速度。循环流化床中的颗粒是非球形，非球形粒子阻力大，因而其终端速度比球形粒子的终端速度小，为

$$w_{\mathrm{t,p}} = K_t w_t \tag{7-78}$$

当粒子的球形度在 0.67～0.996 之间时，非球形速度修正系数 K_t 可以通过下式计算，即

$$w_t = \begin{cases} 0.843\log\left(\dfrac{\varphi}{0.065}\right) & Re < 0.2 \\ \sqrt{\dfrac{4(\rho_p - \rho_{fg})g d_{p,e}}{3\rho_{fg}(5.31 - 4.88\varphi)}} & Re > 1000 \end{cases} \tag{7-79}$$

式中　　φ ——粒子的球形度，无量纲；

$d_{p,e}$ ——平均颗粒的等价真经，m。

五、贴壁颗粒团的辐射传热系数

贴壁颗粒团的辐射传热系数 α_{cr} 符合四次方定理，因而重要的是确定贴壁颗粒团的黑度。基于颗粒群的多相反射原理可以推出其计算式与床料吸收率相关，为

$$\varepsilon_c = 0.5（1+\varepsilon_p） \tag{7-80}$$

对于颗粒浓度不大的介质，可用下式来估算颗粒悬浮相对没有颗粒团覆盖表面的有效吸收率，即床内的有效吸收率，则

$$\varepsilon_p = 1 - e^{\frac{-1.5\varepsilon_p Y_{s_b}}{d_p}} \tag{7-81}$$

式中　　ε_p ——固体颗粒的吸收率；

s_b ——辐射层厚度。

气体辐射的影响可由下式计算，即

$$\varepsilon_d = \varepsilon_g + \varepsilon_p{}' - \varepsilon_g\varepsilon_p{}' \tag{7-82}$$

若 s_b 与 $C_{p,fr}$ 的取值使 $\varepsilon_p{}'$ 超过 $0.5 \sim 0.8$，考虑漫反射的影响。由此，对于大型循环流化床锅炉，床的吸收率计算式为

$$\varepsilon_d = \left[\frac{\varepsilon_p}{(1-\varepsilon_p)B}\left(\frac{\varepsilon_p}{(1-\varepsilon_p)B} + 2\right)\right]^{0.5} - \frac{\varepsilon_p}{(1-\varepsilon_p)B} \tag{7-83}$$

在循环流化床锅炉中，壁面通常是管屏的形式，床中的颗粒密度，尤其是在布置受热面的上部区域，其值较小。因此，稀相的辐射传热占有主导地位。由此，用设计表面来估算辐射传热分量、总的表面积来估算对流传热分量较为合适。

第四节　其他受热面的热力计算

除了炉膛以外，循环流化床锅炉特有的受热面还包括气固分离器是和外置床分离器、过热器、再热器和省煤器等设备与煤粉锅炉的算法是一致的，但是考虑流化床在尾部烟道中的飞灰的区别，在计算取值方面也有一定的区别。

一、分离器的计算

气固分离器是循环流化床锅炉系统的核心部件之一。烟气从炉膛出来后，首先经

过气固分离器，把循环灰和飞灰分离，完成循环燃烧的关键功能。分离器是循环流化床锅炉运行的关键设备，决定了循环流化床锅炉主要性能，也是循环流化床燃烧技术流派区分的主要标志，是流化床锅炉最热门的研究之一，至今还有不少的成果出现。

分离器的种类很多，但是从热力计算的角度，可以简单地归为如下两个问题。

（1）有受热面的分离器和绝热分离器。

（2）有无后燃现象。

（一）换热计算

气固分离器的种类受热情况更为复杂，由于分离器各位置上的流动情况存在差异，各处烟气中的固体物料浓度不同，因此详细的传热计算比较困难。一般地，可采用燃烧室的计算方法近似，该处理方法不会引起较大的误差。

布置在分离器进口之前的受热面，由于固体物料的浓度较高，所处的烟气温度一般在 850℃ 左右，因此该部分受热面的计算可按燃烧室受热面的计算方法进行。

（二）后燃现象

常规煤粉锅炉炉膛出口即布置有较密的受热面，高温烟气经过时温度会迅速下降到燃料的燃烧温度以下，因此此处的煤粉颗粒如果还没有燃烧完成，也会立刻熄火，变成飞灰可燃物；而循环流化床锅炉炉膛出口后进入的是空间较大的分离器，分离器通常是内附绝热材料，因而和炉膛具有类似的燃烧条件。如果由于燃料品质差、颗粒度大、炉膛温度不够或烟气流速过高导致燃料在炉膛内未能完全燃烧，则其进入绝热分离器内必然会继续燃烧。这种指燃料在炉膛之外燃烧的现象就称为后燃现象。

因为后燃过程会继续放出热量，但是没有传热，所以出口烟气温度会比升高，升高幅度可能到 30～70℃，后续进行对流传热面热力计算时必须考虑这种现象，并对循环物料的温度控制以避免不利影响。也可以采用冷却式分离器，可以使后燃释放的热量得到及时吸收，使循环物料的温度得到有效控制。

针对极低挥发分的无烟煤（$V_{daf} < 6\% \sim 8\%$），一种观点认为，虽然在分离器内有停留时间，但是由于温度不够高、颗粒度偏大，可能不再燃烧而排出，成为飞灰可燃物；但另一种观点认为后燃现象可能更严重。后燃现象特别表现在物料粒度 $d < 0.1mm$ 所占份额较大时发生，如果小于 0.1mm 的颗粒份额不是很大，则后燃的影响就很小。

为便于考虑后燃进行设计，可将主循环回路作为计算对象，以分离器出口的烟气温度 $T_{fg,lv,sep}$ 代替炉膛出口的烟气温度 $T_{fg,lv}$ 进行热平衡，这时炉膛出口烟气带走的热熔增大，飞灰熔也增大，而传给炉膛内受热面的热量则相对减少。根据实际运行的数据，正常运行条件下，采用绝热分离器的锅炉。

即炉膛中受热面的传热按炉膛温度进行计算，而分离器出口带走的热量，分离器温升 Δt_{sp} 表达式为

$$\Delta t_p = P \Delta t_{p,0} \tag{7-84}$$

式中　　P——修正系数，按图 7-3（a）查取；

　　　　$\Delta t_{p,0}$——根据煤种按图 7-3（b）查取。

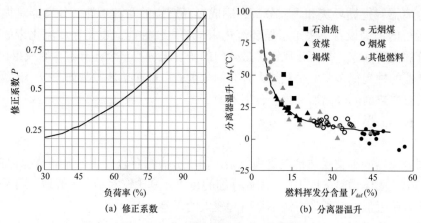

图 7-3 绝热修正系数及分离器温升

若采用冷却式分离器，则分离器进出口的温升可能略有下降，一般在 22℃ 之下。进入尾部对流竖井的烟气温度应改为考虑后燃的分离器出口烟气温度 $T_{fg,lv,sep}$，为了平衡尾部的吸热量应减少对流过热器及再热器的面积，稳定汽温，并增加省煤器的面积，以防排烟温度升高。

由于目前除中国外，大部分 CFB 以燃烧褐煤为多，后燃现象非常弱。但是燃烧挥发分相对较低燃料时，若没有考虑后燃，则势必导致设计时认为分离器前的燃烧份额高而实际运行时没有那么高、设计时认为的分离器后的烟气温度低但实际运行时却偏高，导致同样的煤量下锅炉实际蒸发量偏低，而尾部对流受热面的烟气温度偏高而吸热量偏大。为了保证蒸发量，运行时会增加燃料量，在保证锅炉蒸发量的条件下，烟气量增加，使锅炉排烟温度进一步升高，不但锅炉效率低，还容易产生对流受热面超温的问题。

二、外置床换热器

外置床换热器（External Heat Exchanger，EHE）是循环流化床锅炉特有的设备，也称换热流化床（Fluid Bed Heat Exchanger，FBHE），管内可为过热蒸汽、再热蒸汽或给水，其传热系数和其他受热面没有区别，但其管外烟气侧是从分离器回来的高灰浓度烟气流。为防止受热面磨损，外置床换热器内流化速度不高，一般为 0.4 ~ 0.5 m/s，灰粒粒径为 100 ~ 500μm，温度为 250 ~ 850 ℃（决定于管内冷却工质的温度）。巴苏给出的典型的外置床流化速度为 1m/s，灰粒粒径为 100 ~ 300μm。

外置床传热系数 α_1 计算方法计算时通常也要考虑对流换热与辐射换热两部分，其中的辐射换热系数与前文中相同，不同点主要是对流换热系数有所不同，也是研究比较热门的领域，有较多的成果，各成果在试验与数据处理所用的方法不同，最终的计算式有较大的差异。如巴苏在其专著中引用的计算式为

$$\alpha_1 = 900\left(1 - v_c\right)\frac{\lambda_{fg}}{2r_o}\left(\frac{2w_E r_o \rho_p}{\mu}\frac{\mu^2}{d_p^3 \rho_p^2 g}\right)^{0.326} Pr^{0.3} \qquad (7-85)$$

该式应用条件是 $\dfrac{d_p w_E \rho_p}{\mu_{fg}} < 10$，而清华大学的研究成果采用 $\dfrac{d_p w_E \rho_{fg}}{\mu_{fg}}$ 作为条件，计算式为

$$\alpha_1 = \begin{cases} 0.66 \dfrac{\lambda_{fg}}{d_p} \left(\dfrac{c_{fg} \mu_{fg}}{\lambda_{fg}} \right)^{0.3} \left(\dfrac{d w_E \rho_{fg}}{\mu_{fg}} \dfrac{\rho_c}{\rho_{fg}} \dfrac{1-v_c}{v_c} \right)^{0.44} & \dfrac{d_p w_E \rho_{fg}}{\mu_{fg}} < 2000 \\[4mm] 420 \dfrac{\lambda_{fg}}{d_p} \left(\dfrac{c_{fg} \mu_{fg}}{\lambda_{fg}} \right)^{0.3} \left(\dfrac{d_p w_E \rho_{fg}}{\mu_{fg}} \dfrac{\rho_c}{\rho_{fg}} \dfrac{1-v_c}{v_c} \right)^{0.3} & \dfrac{d_p w_E \rho_{fg}}{\mu_{fg}} > 2000 \end{cases} \tag{7-86}$$

此时换热流化床的流化速度为 w_E，有

$$w_E = \frac{V_a}{F_E} \frac{t_E + 273.15}{273.15} \tag{7-87}$$

式中　V_a——换热床空气容积，m^3/s；

　　　F_E——布风板有效面积，m^2；

　　　t_E——换热床的温度，℃。

三、尾部受热面

（一）热有效系数

布置在分离器出口之后的过热器、再热器、省煤器、蒸发对流管束和空气预热器，吸收烟气的热量。这部分的传热计算与传统煤粉锅炉基本一致。由于分离器出口的烟气中含尘颗粒的粒度相对比较粗，一般为 $40 \sim 80\mu m$，而煤粉炉为 $15 \sim 25\mu m$，飞灰的形态与煤粉炉不同，未经高温熔化，灰分中碱金属化合物的蒸发较少，因此对尾部受热面的污染远远小于煤粉炉，体现为尾部烟道中受热面高温段的热有效系数比相应的煤粉炉高 $0.1 \sim 0.25$，如表 7-3 所示。

表 7-3　　　　　　　　　　尾部对流受热面可用热有效系数

受热面名称	烟气温度（℃）	烟气速度（m/s）	有无吹灰	
			有	无
过热器、再热器	$700 \sim 900$	$7.5 \sim 12$	$0.72 \sim 0.84$	$0.70 \sim 0.83$
	$500 \sim 700$	$6 \sim 9$	$0.71 \sim 0.82$	$0.70 \sim 0.80$
省煤器	$450 \sim 600$	$7.5 \sim 12$	$0.62 \sim 0.67$	$0.60 \sim 0.64$
	$300 \sim 450$	$7.5 \sim 12$	$0.60 \sim 0.65$	$0.58 \sim 0.61$
空气走管内的空气预热器	$250 \sim 400$	$6 \sim 10$	$0.58 \sim 0.63$	$0.56 \sim 0.60$
空气走管内的管式空气预热器	$100 \sim 250$	$6 \sim 9$	$0.55 \sim 0.61$	$0.54 \sim 0.60$
烟气走管内的管式空气预热器	$250 \sim 400$	$7 \sim 13$	$0.75 \sim 0.82$	$0.72 \sim 0.80$
烟气走管内的管式空气预热器	$100 \sim 300$	$7 \sim 12$	$0.73 \sim 0.80$	$0.70 \sim 0.78$

（二）烟气速度

与煤粉炉一样，循环流化床锅炉对流过热器烟速的下限受积灰条件的限制，上限又受飞灰磨损条件的限制。当烟速低于 3m/s 时，烟气中的飞灰容易黏附到管子上，因而造成堵灰，故一般设计应使额定负荷下的烟速不低于 3m/s。当烟气温度接近 900℃时，灰粒黏性不大又不很硬，这时可适当提高烟速，如 Ⅱ 型锅炉水平烟道内的过热器，这里管子通常为顺列布置，常选用 10m/s 以上的烟速，当烟气温度降到 700℃ 左右时，灰粒已变硬，为减轻受热面的磨损，烟速一般不应大于 9m/s。

根据我国有关单位的研究，对于固态排渣煤粉炉，提出最佳的过热器受热面的烟速为 10 ~ 14m/s。在循环流化床锅炉中，分离器前烟气中的物料浓度较高，对受热面的磨损严重；分离器出口的烟气中含尘颗粒的粒度相对比较粗，一般为 40 ~ 80μm，而煤粉炉为 15 ~ 25μm，且飞灰的形态与煤粉炉不同，未经高温熔化。因此，对流过热器的设计要充分考虑发生磨损的可能性。表 7-1 给出循环流化床锅炉的对流受热面推荐烟气流速范围。

第五节　低负荷传热计算

煤粉锅炉炉膛边燃烧边换热的特点并不随锅炉负荷有很大的变化，即认为任何工况条件下炉膛出口烟气温度与炉膛平均温度有函数关系，只是函数关系可能会有所不同。但循环流化床锅炉是先燃烧后传热模型，且高低负荷时燃烧和传热的形为有较大不同：虽然循环流化床锅炉高负荷时的燃烧也是发生在密相区，但上部炉膛的稀相区仅有少部分的燃烧，因此认为炉膛出口烟气温度与炉膛平均温度相等。但当循环流化床锅炉的负荷低于 50% 时，其燃烧和传热模型发生了明显的变化：由于烟气流速明显下降，其携带能力随之而下降，无法把预想的循环灰带到上部空间，导致下部密相区更密而趋向于鼓泡床，燃烧更加集中，故床层温度显著高于炉膛出口温度；锅炉上部炉膛的稀相区则由于物料循环量显著降低，煤粉的燃烧量变少，其温度分布与煤粉锅炉的炉膛更加接近。这时，宜把锅炉炉膛的左右两个部分分开单独计算：即先对下部密相区在已知燃烧份额的条件下进行热力计算，求出床层温度后再作为初始条件给上部炉膛，然后再进行全炉膛计算。

参考文献

［1］　工业锅炉设计计算标准方法［s］. 北京：中国标准出版社，2003.

［2］　冯俊凯，沈幼庭，杨海昌 . 锅炉原理及计算 . 3 版［M］. 北京：科学出版社，2003.

［3］　Lu Junfu. Heat Transfer Factor calculation Method of the Heater in the Circulating Fluidized Bed Furnace［J］. Heat Transfer － Asia Research，2002，31（7）：540-550.

［4］　刘德昌 . 流化床燃烧技术的工业应用［M］. 北京：中国电力出版社，1999.

［5］ 冯俊凯. 循环流化床燃烧锅炉［M］. 北京：中国电力出版社, 2003.

［6］ Prabir Basu. Circulating Fluidized Bed Boilers Design, Operation and Maintenance. Springer International Publishing Switzerland, 2015.

［7］ Wang Y, Lu J, Yang H, et al. Measurement of Heat transfer in a 465t/h Circulating Fluidized Bed Boiler［C］. In：Jia L ed. Proceeding of the 18th International Conference on Fluidized Bed Combustion. Toronto：ASME, 2005：327–335.

［8］ 杨海瑞. 循环流化床锅炉后燃特性及其影响因素分析［J］. 电站系统工程, 2005, 21（1）：23–24.

［9］ 张建胜. 循环流化床锅炉设计方法研究［J］. 锅炉制造, 2003,（1）：1–6.

［10］ 岑可法. 循环流化床锅炉理论设计和运行［M］. 北京：中国电力出版社, 1998.

［11］ 程乐鸣. 循环流化床与压力循环流化床传热研究［D］. 浙江大学. 1996.

［12］ 李爱民. 循环流化床锅炉热力计算方法探讨［J］. 锅炉技术. 2002, 33（6）：23–27.

［13］ 高宁博. 基于 VF 的循环流化床热力计算通用程序设计［J］. 热力发电. 2004,（1）：55–57.

［14］ 周鸿波. 基于经验的循环流化床锅炉统一热力计算模型［J］. 中国电机工程学报. 2006, 26（17）：94–99.